SECOND EDITION PART III

An introduction to Modern Astrophysics

현대천체물리학

PART III
은하와 우주

저자 | Bradly W. Carroll · Dale A. Ostlie
역자 | 강영운, 김용기, 이희원

PEARSON
청범출판사
Always in my heart

서 론

현대 천체물리학서론과 이 책의 일부을 함축한 현대 항성 천체물리학의 초판이 1996년 출판되었다. 그 이후 하늘에 대한 우리의 지식은 폭발적으로 증가하였다. 초판을 인쇄하기 두 달 전에 메이어(Michel Mayor)와 케로즈(Didier Queloz)는 페가수스 51(51 Pegasi) 주위를 공전하는 외계행성을 발견하였다. 이 행성은 주계열 별을 공전하는 최초의 외계행성이다. 그 후 11년 동안 발견된 외계행성의 수는 193개로 증가하였다. 이러한 발견들은 별과 행성들이 어떻게 형성 되는가 뿐만 아니라, 우리 태양계에서 행성이 어떻게 형성하고 진화하는가에 대해서도 매우 유익한 정보를 제공한다.

추가로 지난 10년 동안에 이루어진 중요 발견은 명왕성보다는 멀지만 태양계 안에 있는 명왕성 크기의 물체를 발견한 것이다. 사실 새로 발견된 이 천체는 카이퍼벨트 천체 중의 하나이며, 현재 2003UB313로 명명되었다 (세계천문연맹이 공식으로 결정하기 까지는). 이제는 행성의 정의를 다시 한 번 생각할 때가 되었고, 우리 태양계에는 몇 개의 행성을 가지고 있는가에 대한 정의를 새롭게 할 수도 있다.

로봇으로 움직이는 우주선과 착륙선을 이동하여 수행하는 태양계 탐사도 우리 주변의 천체에 대한 방대한 양의 새로운 지식을 제공하고 있다. 궤도에 남아 있는 모함과 행성에 착륙한 탐사선 Spirit와 Opportunity는 과거에 화성의 표면에는 물이 존재했었다는 것을 확인하였다. 우리가 목성과 토성으로 보낸 로봇 특사들은 타이탄과 소행성 표면에 착륙하였고, 혜성의 핵과 심지어는 지구로 향하는 혜성의 꼬리 먼지 부분에 충돌시키기도 하였다.

Swift와 같은 인공위성 관측으로, 감마선 폭발에 대한 해답은 이제 상당히 근접해졌다. 감마선 폭발은 현대 천체물리학서론 초판이 출판된 당시에는 수수께끼였다. 우리는 현재 감마선 폭발의 한 종류는 핵이 붕괴하는 초신성과 연관이 있고, 또 다른 종류는 아마도 2개의 중성자별 혹은 중성자별과 블랙홀의 쌍성계에서 두 별의 합병과 연관 있다고 생각한다.

초판이 출판된 이후, 우리 은하와 다른 은하들의 중심부에 대한 관측이 매우 정밀하게 수행된 결과, 대부분의 나선은하와 거대타원은하들은 그 중심부에 하나 혹은 그 이상의 초대형의 블랙홀이 존재한다는 사실을 밝혔다. 은하들의 합병으로 은하 중심에 이러한 거대한 괴물들이 존재하게된다. 더욱이 이러한 거대한 블랙홀들은 중심 엔진 역할을 하여 전파은하, 시퍼트(Seyfert)은하, 블레이자(blazar) 그리고 퀘이사에서 색다르고, 가공할 만큼 강한 현상이 나타난다.

지난 10년 동안에 발견된 것 중에서 더욱 깜짝 놀랄 일은 우주의 팽창이 서서히 감소하지 않고 오히려 가속되고 있다는 것이다. 이 놀랄만한 관측으로 우리는 현재 암흑에너지(dark energy)가 더 많은 우주에 살고 있는 사실을 알았다. 그러므로 아인슈타인의 우주상수(한때는 아인슈타인의 최대 실수로 생각되었던 것)가 우주론을 이해하는데 매우 중요한 역할을 한다. 초판을 출판할 당시 암흑에너지는 우주론 모델에서 고려의 대상이 아니었다.

초판의 출판 이후 우주론은 정밀 관측에 기초하는 이론으로 거듭났다. WMAP (Wilkinson Microwave Anistropy Probe)천문위성이 관측한 방대한 자료가 공개되면서 이전에는 큰 오차 범위로 산출되던 우주의 나이가 2%의 오차 범위인 13.7±0.2Gyr로 산출되었다. 같은 시기에 항성진화이론과 관측을 이용하여 가장 오래된 구상성단의 나이와 이 값은 우주 나이의 상한 값과 잘 일치하는 것이다.

초판의 서문을 보니 아래와 같은 문장이 있다. "현대 천체물리학을 연구하는데 지금과 같이 흥분된 시기는 없었다." 이 말은 분명히 지난 10년간 이룩한 발전은 대단하다는 것이다. 그러나 지난 10년간의 대단한 업적들은 단지 앞으로 다가 올 발전의 서곡에 불과하다는 것이다. 허블 우주망원경을 이용하여 천체에 대한 고분해능 연구가 수행되고, 그 뒤를 따라서 찬드라 X-선 천문대와 스피처 적외선 우주 망원경 등이 등장하였다. 지상에서는 8-m 망원경과 그 이상의 망원경을 이용하여 우리의 신비한 우주에 대한 새로운 탐사 관측들이 수행되고 있다. 거대하고 야심찬 탐사들이 수행되어 전에는 상상할 수 없는 값진 자료를 발표하여 아주 중요한 통계자료를 제공하고 있다. 탐사 연구로는 Sloan Digital 전천탐사, 2-Micron 전천탐사, 2 dF 적색이동탐사, Hubble Deep Field와 Ultradeep Fields 등이며, 이러한 탐사 관측들은 연구에 없어서는 안 될 중요한 도구가 되었다. 우리는 또한 새로 건설될 천문대와 우주선들의 최초 관측에도 기대를 많이 한다. 즉 고도가 높은 (5000 m) 곳에 위치한 Large Millimeter

Array와 고정밀 위치측정 우주선, 즉 Gaia와 SIM PlanetQuest 등의 역할을 기대한다. 물론 우리 태양계에 대한 연구는 계속되고 있다. 이 서문을 쓰기 전날에 Mars Reconnaissance Orbiter가 붉은 행성인 화성의 궤도에 진입하였다.

이 책의 초판이 출판되었을 때는 심지어 World Wide Web도 초창기 수준이었다. 오늘날 우리가 이용하는 대부분의 정보를 탐사엔진을 이용하거나 단순히 클릭만으로 얻을 수 있다는 것을 그 당시에는 상상하기 힘들었다. 대부분의 데이터가 온라인상에서 접속 가능하고, 모든 전문잡지와 출판된 논문들도 온라인에서 볼 수 있는 등 정보 교환은 가히 혁명적이다.

제 2판 (학생들은 제 2판을 BOB이라고 부른다. BOB는 Big Orange Book 이라는 것을 칭하며, An Introduction to Modern Astrophysics를 뜻한다.) 과 이와 연관된 2권의 책이 더 출판되었다. 즉 항성 천문학에 초점을 맞춘 An Introduction to Modern Stellar Astrophysics와 은하와 우주론에 초점을 맞춘 An Introduction to Modern Galactic Astrophysics and Cosmology가 출판되었다. 이 두 책은 BOB에서 필요한 부분을 발췌하여 출판한 것이다. BOB과 그와 연관된 2권의 책은 천체물리 과목에 필요한 대부분의 주제를 다루고, 특히 저자와 천문학자들이 중요하다고 느낀 주제에 대하여 쉽게 설명하였다고 자부한다.

제 2판에서는 cgs 단위를 SI 단위로 바꿨다. 개인적으로 저자는 광도를 Watt 보다는 erg s^{-1}로 표시하는 것이 더 익숙하지만 우리 학생들은 그렇지 않다. 우리는 학생들이 현대 천체물리의 개념을 처음 접할 때 단위 때문에 어려움을 겪는 것을 원하지 않는다. 그러나 parsec나 태양 단위 ($M_\odot$ 과 $L_\odot$) 등 자연적인 단위는 그대로 사용하였다. 왜냐하면 parsec와 태양 단위 등은 값을 쉽게 비교할 수 있기 때문이다. 단위 환산을 위한 부록에 SI를 cgs 단위로 환산하는 표를 수록하였다.

이 교재를 집필하는 목적은 현대천체물리학의 전 영역을 물리학의 기본원리를 사용하여 독자에게 소개하는 것이다. 기본적인 물리 원칙을 이해하면서 우주의 드라마를 감상하는 것보다 좋은 것은 없을 것이다. 하늘의 장관을 설명하기 위하여 수학적 방법을 이용하면 아래와 같이 플라톤이 제시하였듯이 보다 명확한 이해를 할 수 있을 것이다.

너는 아느냐 진정한 천문학자는 위대한 지혜의 소유자여야 한다는 사실을? 천문학자는 또한 여러 가지 과학을 알아야만 한다. 그 중에서도 가장 중요한 것은 숫자를 잘 다룰 줄 알아야한다. 이러한 연구를 올바르게 추구하는 사람들에게는 기하학적인 도형, 아름다운 규칙을 따라 정렬하여 만든 수열, 하나의 질서로 움직이는 천체의 회전과 같은 진리들이 밝혀져야만 한다. 그러므로 아무도 우주의 찬란한 경관을 그들이 연구하여 기술한 내용 없이는 이해할 수 없을 것이며 결코 쉽고 편한 길을 따라 이룩한 업적이 아님을 알게 될 것이다.

이 책을 집필하게 된 동기는 우리가 대학에서 학부 고학년을 상대로 천체물리를 강의할 때 경험한 어려움 때문 이었다. 대부분의 천문학 교재는 수학적 표현보다는 주로 서술적인 설명으로 구성되어있다. 슈레딩거 방정식, 분배 함수, 그리고 다극자 전개 등을 강의에서 배우는 학생들은 어려움이 많다. 왜냐하면 학생들이 공부하는 천체물리 교과서는 학생들의 물리지식을 활용하지 않았기 때문이다. 더 부끄러운 일은 천체물리는 그들이 배운 물리 지식을 천문학의 매혹적인 현상을 이해하는데 활용할 수 있는 기회를 제공함에도 불구하고 물리 지식을 사용하지 않고, 단지 서술적으로만 설명하기 때문이다. 더욱이 학문의 한 분야로서 천체물리는 가상적으로 물리의 거의 모든 관점을 다룬다. 그러므로 천체물리는 학생들에게 그들의 물리 지식을 확인하고 확대할 기회를 준다.

물리를 기초로 하는 기초 미적분학을 수강한 사람은 누구나 현대 천체물리의 주요 개념을 거의 이해할 수 있다. 그런 강의에서 배운 현대 물리의 양은 많을 수도 있고 부족할 수도 있다. 그래서 이 책에서는 특수 상대성 이론과 양자 역학의 필요한 부분을 각 각 한 장에서 다루었다. 또 하나 특이할만한 것은 주어진 현상을 자체적으로 설명하고 또한 연관이 있는 다른 현상과 함께 설명하여 서로 인용하였다. 그러므로 학생들은 여러 가지 현상을 과학적으로 설명하고 기발한 아이디어를 제공하는 물리 원리를 지속적으로 접할 수 있다.

우리는 모든 현상을 매우 공정하게 대함에도 불구하고, 우리가 연구 대상으로 하는 한 시스템의 모델에 대하여 대충 어림식으로 계산하려는 경향이 있다. 노력 대 지불의 비율이 매우 높다. 즉 이해하는데 80%, 노력에는 단지 20%만 투자한다. 이 경우 대충 어림식 계산은 각 천체물리학자의 도구의 일부분이 된다. 사실상 이 책을 쓰는 동안, 우리는 많은 수의 현상들이 이러한 방법으로 묘사되고 있는 사실에 놀랐다. 항성내부, 항성대기, 일반상대성이론 그리고 우주론, 이 모든 것은 단순히 손으로 간단히 계산하는 것보다는 더 심도 있는 연구를 통하여 만족스럽게 기술되었다. 오늘날 계산 천체물리는 관측과 전통적인 이론을 바탕으로 천문학을 이해하는데 기본이 되고 있다. 그러므로 우리는 수많은 컴퓨터 문제를 개발하였고 여러 가지 완벽한 컴퓨터 코드를 개발하였다. 이 코드들은 교재에 수록되어있다. 학생들은 행성 궤도를 계산할 수 있고, 쌍성계의 관측 현상도 계산할 수 있고, 별의 모형을 제작할 수 있고, 은하와 은하 사이의 중력 작용도 재현할 수 있다. 이 코드들은 교육학적인 이유로 억지 이론으로 단순화되어있다. 그러므로 우리가 제공한 개념으로 투명한 코드를 쉽게 확장할 수 있다. 천체물리학자들은 전통적으로 대규모 계산과 시각화를 주도하고 있으며 우리는 이러한 과학과 예술이 혼합된 것을 알기 쉽게 설명하려 한다. 강사들은 이 책을 사용하여 천체물리학의 필요한 분야를 심화하여 새로운 강의 과목을 디자인할 수도 있다.

적절한 판단으로 주제를 선정하여 우리는 BOB를 사용하여 항성천문학을 한 학기 강의로 사용할 수 있다. (물론 처음부터 18장까지 많은 것이 생략되었지만 이 책은 적당히 취사선택하도록 디자인되어있다.) 관심 있는 학생들은 추가적으로 우주론 강의를 수강할 수 있다. 반면에 1년 동안 이 책 전체를 다루는 강의를 하면, 현대 천체물리를 선부 취급하므로 매우 유익할 것이다. 주제의 선택을 쉽게 하기 위하여 2판에서는 각장의 절 밑에 소제목을 추가하였다. 그러므로 강사들은 본인이 설정한 강의주제 혹은 학생들의 관심도에 따라 필요 없는 부분은 생략하기가 쉽게 구성하였다.

이 책과 관계된 website는 http://www.aw-bc.com이다. 이곳에서 다양한 컴퓨터 코드를 다운로드 할 수 있다. 코드들은 다양한 언어, 즉 Fortran, C++, 그리고 어떤 경우에는 Java 등으로 되어있다. 또한 천문학과 관련된 여러 중요한 웹사이트와 연결되어있다. 또한 이 책에서 사용한 영상들을 공개된 웹사이트에서 구하여 강의에서 사용할 수도 있다. 강사들은 또한 자세한 문제 풀이 집을 출판사에서 얻을 수도 있다. 전반적으로 확대된 2판을 제작하면서, 편집진은 긍정적이고 협력적인 사고를 일관되게 가지고 있다. 이 책의 출판을 위하여 수고하여 주신 수많은 분들에게 감사드린다. (원문에서는 수많은 사람들의 이름을 거명하였음)

지난 10년 동안 우리는 초판을 사용한 독자들로부터 귀중한 의견을 청취하였다. 그 내용을 2판에 반영하기 위하여 수정하고, 새롭게 구성하였다. 몇 세대에 걸친 학생들의 조언은 서로 상반되는 경우도 있지만 매우 귀중한 조언이었다. 불행하게도 아무리 완벽을 추구하여도 항상 실수는 따르게 마련인 것 같다. 그러므로 이 책에 아직도 잘못이나 틀린 것이 존재한다면 그것은 전적으로 우리들의 책임이다. 우리는 여러분들이 조언, 정정 등을 moastro@weber.edu로 보내주면 아주 귀중한 자료로 감사하게 사용할 것이다.

불행하게도 집필이라는 무거운 짐은 저자에게만 제한되지 않고 필연적으로 가족과 친구들에게도 그 짐이 주어진다. 우리는 우리의 부모님 Wayne and Marjorie Carroll과 Dean and Dorothy Ostlie에게 우리로 하여금 찬란한 우주를 지적으로 탐험할 수 있도록 격려하여 주심에 감사드린다. 마지막으로 우리의(저자들) 우주를 아름답게 만든 사람들에게 이 책을 바친다. 즉 우리들의 부인들, Lynn Carroll과 Cany Ostlie 그리고 Dale의 귀여운 어린이들 Michael과 Megan에게 바친다. 그들의 사랑, 인내, 용기 그리고 지속적인 도움 없이는 이 책의 출간은 불가능했을 것이다.

자, 이제는 가족들과 함께 유타의 아름다운 산으로 가서 스키, 등산, 산악자전거, 낚시, 그리고 캠핑을 할 시간이다.

브레들리 캐롤

데일 오스틀리

유타주 오그덴

modastro@weber.edu

역자 서문

우주 공간을 실험실로 사용하는 천문학자들에게는 우주 실험실에서 진행되고 있는 실험들을 감지할 때마다 그 실험들의 원리와 의미, 그리고 앞으로의 진행 과정들을 예측할 수 있는 이론적인 도구가 필요하다. 과학, 특히 우주개발에 대한 엄청난 진척이 이루어지면서 우주 실험실에서는 지금까지 알려지지 않았던 새로운 과정들이 점차적으로 자세하게 그 베일을 벗게 되었다. 이와 발맞추어 인간은 그것들을 이해하려는 도구들도 새롭게 정비해야 되었다. 각각의 세부분야에서 지금까지 많은 연구들이 수행되어 혁혁한 결과들이 도출되어 우주의 신비를 이해하는 데 큰 기여를 하고 있다.

이렇게 우주의 신비에 대한 베일이 벗겨지기 시작하면서, 서서히 대학에서 학문의 후속세대들에게 이런 우주의 신비를 전수할만한 교과서들이 필요하게 되었고, 그래서 각 분야별로 많은 전공 교과서들이 집필되어 왔다. 특히 우주의 현상들을 설명하는 도구 즉 천체물리 전반에 대한 교과서의 출현이 기대되고 있는 실정이다. 국내에 소개된 대표적인 대학수준의 교과서로는 자일릭, 그레고리 그리고 스미스의 천문학 및 천제물리학 서론 (Introductory Astronomy and Astrophysics)을 들 수 있다. 그런데 이 교과서는 개정판이 나오기는 하였지만 최근의 연구결과들을 포함하고 있지 않아 많은 아쉬움 속에서 대학교 전공학생들의 교과서로 선택되어 왔다.

그런데 1997년에 캐롤과 오스틀리가 현대천체물리학 개론(An Introduction to Modern Astrophysics)이란 훌륭한 이론 교과서를 출간하였다. 이 교과서는 이론 뿐 만아니라 최근의 관측적인 사실들의 해석과 의미 그리고 이론적인 접근을 포함한 아주 좋은 교과서이다. 국내에서도 많은 대학에서 전문학 및 물리학을 전공하는 학생들에게 교재로 사용되어 왔다. 2007년에는 이 교과서의 개정판이 출간되어 더욱 새로운 관측 및 이론 연구의 결과들이 포함되게 되었다.

본 역자들은 이 교과서를 교재로 대학생들에게 현대천체물리학을 소개하는 강의를 수년간 해오던 중 학문의 후속 세대들에게 우리말로 현대천체물리학을 공부할 수 있도록 하기위헤 일부를 번역해서 강의에 사용해 보기도 하였다. 이런 여러 번의 노력이 결실을 맺어 이번 역서를 출간하게 이르렀다. 내용이 방대하여 본 역서에서는 3권으로 분권을 하기로 하였다. 1권은 "천문학 입문과 태양계"라는 제목으로, 원본의 1장에서 6장과 19장에서 23장, 2권은 "항성 천문학"이라는 제목으로, 원본의 7장에서 18장까지, 3권은 "은하와 우주"라는 제목으로, 원본의 24장에서 30장의 내용을 포함하였다. 그래서 대학에서 3학기에 강의를 할 수 있도록 나누어 보았다.

이번에 시도한 번역은 완전한 번역이 아님을 밝힌다. 본 번역서는 앞으로 꾸준히 업데이트 될 예정이다. 우리말 용어도 꾸준하게 올바른 용어를 선택하여 수정해나갈 예정이다. 독자들이 본 번역서를 읽다가 오타나 번역 상 제안사항이 있으면 역자들이 직접 의견을 개진하기도 하고, 오타 등의 지적을 할 수 있도록 다음에 카페를 개설해 놓았다. 카페주소는 http://cafe.daum.net/astrobooks 이니, 많은 독자들이 더욱 더 나은 개정 번역서를 위해 활용해 주기를 부탁한다. 이런 피드백을 통해 앞으로 더욱 좋은 번역서들이 출간되고, 그래서 우리말로 된 천문학 서적들을 가지고 충분히 천문학을 공부할 수 있게 되길 기대해 본다.

본 번역서의 출판을 맡아주신 청범출판사의 연규산 사장님, 그리고 빠른 시일 내에 번역본의 편집에 힘써주신 관련 직원 여러분께 감사드린다. 세종대학교 천문우주학과 학생들과 충북대학교 천문우주학과 학생들은 본 번역서를 읽고 오타를 수정하고 수식을 입력하는 작업에 많은 도움을 주었다. 이들에게도 고마움을 전한다. 아무쪼록 이번 현대천체물리학 교과서가 이제 학부에서 천체물리를 공부하는 학생들과, 대학에서 물리학을 전공하는 학생들 중 천체물리학에 관심이 있는 학생들 모두들에게 우리말로 접해보는 천체물리학 교과서로 귀하게 쓰임받기를 기대하여 본다.

2009년 1월

우리말로 표현되는 더 좋은 번역서들을 기대하면서

강영운 kangyw@sejong.ac.kr

김용기 ykkim153@chungbuk.ac.kr

이희원 hwlee@sejong.ac.kr

차 례

7장 초기 우주 / 460

부록 / 523

1 장

우리은하

1.1 하늘에서 별의 계수

1권의 1장과 2장에서 배운바와 같이 인간은 하늘을 오래전부터 바라보아왔고, 그 광대함을 관찰하면서 그 형태를 설명하기 위해 다양한 모델을 제안하기도 하였다. 어떤 문화권에서는 항성들이 중심에 고정된 지구 위를 당당하게 돌고 있는 천구 위에 놓여있다고 믿기도 하였다. 갈릴레오가 1610년 밤하늘에 대한 최초의 망원경 관측을 하였을 때 비로소 우리는 우주에 대한 우리의 관점을 엄청나게 확장하게 해준 긴 여정을 시작하게 되었다.

이번 장에서 우리는 항싱, 티끌, 가스 그리고 암흑물질로 구성된 복잡한 시스템으로 구성된 우리은하[1)]에 대해서 알아볼 예정이다. 다른 은하들의 성질에 대한 일반적인 정보들은 적어도 외부에 있는 우리들이 보는 관점에서 얻어질 수 있다하더라도, 우리은하를 연구하는 것은 아주 도전적인 일임이 밝혀진 바 있다. 우리가 배우게 되겠지만 우리는 항성, 티끌, 그리고 가스들로 구성된 원반 안에 살고 있는

1) 본 교재 전체에 걸처 우리은하라는 표현을 사용하기로 한다. 은하수(Milky Way Galaxy)라고도 불리기도 하는데, 영어로는 the Galaxy와 our Galaxy로 표기되기도 한다.

데, 원반 평면을 따라 바라볼 때에 소광이 커서 이웃 항성 관측이 어려워진다. 이런 문제는 궁수자리에 있는 은하 중심을 바라볼 때 더 심각해진다. 1.1절에서는 소광 효과를 고려해야하기는 하지만 별의 분포를 연구하는 것이 바깥에서 우리은하가 어떻게 보이는 가에 대한 최초의 힌트를 제공해준다는 것을 발견하게 될 것이다. 1.2절에서는 우리은하를 구성하고 있는 아주 다양한 성분들을 공부할 것이다.

우리은하의 형성과 진화에 대해 오늘날 우리가 알고 있는 것들 중 상당 부분이 우리은하 구성 성분들의 운동에 암호화되어져 있는데, 특히 성분비 변화에 대한 정보와 함께 고려할 때 더욱 그렇다. 불행하게도 우리은하에서 항성과 가스의 운동에 대한 측정이 지상 관측소에서 이루어졌는데, 이들 관측소는 태양 주위를 돌고 있는 지구의 궤도와 우리은하주위를 돌고 있는 태양의 경로를 포함하고 있는 복잡한 운동을 하고 있다. 1.3절에서 우리는 이들 운동에 대해 다루게 되는데, 이런 고찰은 우리에게 태양에 상대적인 운동의 묘사로부터 우리은하 중심에 상대적인 운동을 다루게 해준다. 우리는 또한 우리은하 내에 있는 밝은 바리온 물질이 우리은하 전체를 구성하고 있는 물질 중의 극히 일부분에 불과하다는 놀랄만한 결론에 도달하게 될 것이다.

마지막으로 1.4절에서 우리는 우리은하 중심을 살펴보면서 거기에서 발견된 색다른 환경을 연구하게 되는데, 여기에는 초거대 질량 블랙홀에 대한 명백한 증거도 포함된다.

3권의 나머지부분에서 우리는 더 멀리 떨어진 다른 은하들을 연구하게 될 것이다; 우리는 우리은하의 진화뿐 만아니라 그들의 형태학적인 면과 진화를 고찰하게 될 것이다. 또한 우리는 우주의 거대구조를 연구하면서, 우주의 초기상태와 우주의 궁극적인 운명에 대한 우리의 이해가 진보되어가는 과정을 추적해볼 것이다.

우리은하에 대한 역사적인 모델들

캄캄한 밤하늘을 무심코 바라보았을 때 느낄 수 있는 것처럼, 거의 연속적으로 빛나는 띠가 천구의 적도에 대해서 약 60도 기울어진 채 지구 주위를 돌고 있는 것으로 보인다(그림 1.1). 우리은하가 아주 많은 별들의 집합체라고 하는 것은 갈릴레오에 의해 처음으로 밝혀졌다. 1700년대 중반에 칸트(Immanuel Kant, 1724–1804)와 라이트(Thomas Wright, 1711–1786)는 하늘의 원형 분포를 설명하기 위해 우리은하가 항성으로 구성된 원반 형태이어야 하며 태양계는 단지 그 원반에 있는 한 구성원에 불과하다고 제안하였다. 그 후 1780년대에 허셸(William Herschel, 1738-1822)은 하늘의 683개 영역에서 관측할 수 있는 별들의 수를 측정한 것에 근거하여 대략적인 우리은하 지도를 만들었다(그림 1.2). 관측 자료에 대한 그의 분석에서 허셸은 다음과 같이 가정하였다: (가) 모든 항성들은 거의 같은 절대등급을 지니고 있다. (나) 공간에서 항성의 개수밀도는 거의 일정하다. (다) 항성들 사이에는 그들을 방해하는 아무 것도 존재하지 않는다. (라) 그는 항성분포의 가장자리를 볼 수 없었다. 그의 관측자료로부터 허셸은 태양은 항성 분포의 중심 근처에 놓여 있어야 하고, 원반 평면을 따라 측정된 크기는 원반의 수직 두께보다 5배 이상 클 것이라고 결론지었다.

켑테인(Jacobus C. Kapteyn, 1851-1922)는 항성 계수 기술을 또 다시 사용하여서 우리은하의 허셸 모델을 근본적으로 확증해주었다. 그러나, 더 정량적인 모델을 사용하여, 켑테인은 은하에 대한 그의 모델에서 거리 규모를 상세하게 밝혀낼 수 있었다. 켑테인 우주라고 불리는 이 모델은 중심에서 거리가 증가할수록 항성 밀

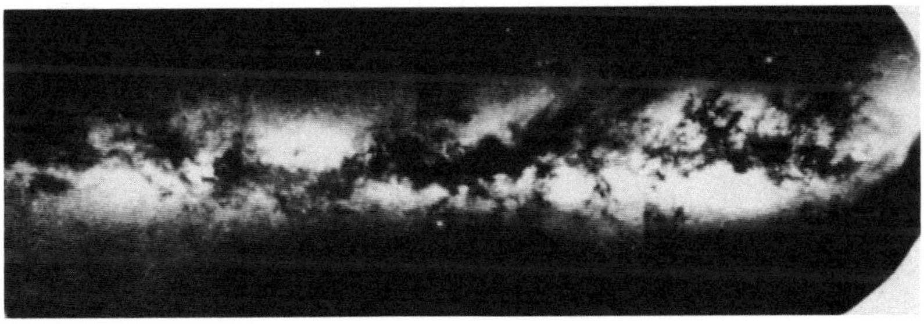

그림 1.1 티끌의 존재를 보여주는 우리은하 모자이크 사진(출처 : The Observatory of the Carnegie Institution of Washington)

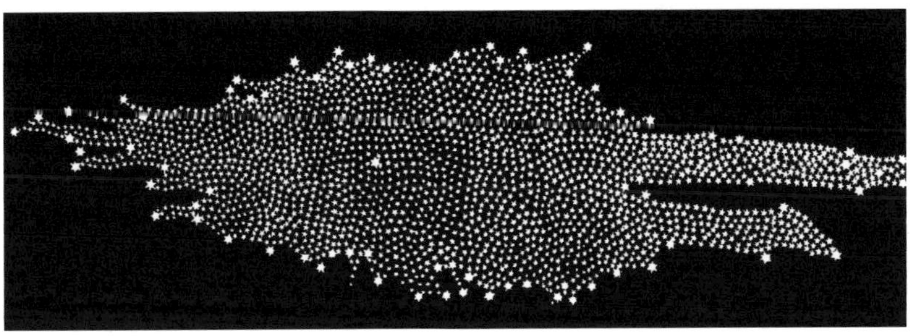

그림 1.2 항성 개수에 대한 허셸의 정성적 분석에 기인한 우리은하 지도. 그는 태양이 상성 구조계의 중심근방에 존재한다고 믿었다(큰 점으로 표시됨, 출처 : Yerkes Observatory)

도가 꾸준히 감소하는 편평한 구형구조체이다. 켑테인 우주가 그림 1.3에 보여졌다. 우리은하의 평면에서와 중심에서 약 80 pc 떨어진 곳에서 항성의 개수밀도는 중심에서의 값에 비해 두 배 이상 감소된다. 중심을 통과하며, 중심평면에 수직인 축에 대해 항성개수밀도는 150 pc의 거리에서 50% 정도 감소한다. 항성개수밀도는 평면에서 8500 pc의 거리에서와 평면에 수직으로 1700 pc에서는 각각 그 중심값의 1%로 감소한다. 켑테인은 태양은 우리은하 중심평면에서 북쪽으로 38 pc 정도 떨어져 있으며, 우리은하 중심평면을 따라 측정할 때 중심에서 650 pc 떨어져있다고 결론지었다.

어떻게 켑테인이 우주에 대한 태양 중심 모델에 도달하게 되었는지에 대한 몇몇 아이디어를 얻어 보기 위해 절대등급이 알려진 항성들까지의 거리에 대한 방정식을 상기해본다. (식 3.5(1권)):

$$d = 10^{(m-M+5)/5}$$

M에 대한 값을 가정하고(예를 들어 분광형과 광도등급이 알려진 경우에) 관측으로 안시등급 m을 결정해내면, 거리지수 $m-M$과 거리 d는 간단히 얻어진다. 그리고 천구에서 항성의 좌표계가 알려진다면 지구에 상대적인 3차원 위치가 결정이 된다.

실제로는 주어진 어느 영역에서든 항성 개수가 너무 커서 위에 언급된 방법대로 각 별들에 대한 거리를 추정하는 것이 실용적이지 못하다. 대신 이미 결정된 겉보기등급의 한계보다 어두운 특정 영역에서 항성 개수를 세어보는 방법에 의거한 통계적인 방법이 사용된다. 이런 항성계수 방법으로부터 태양과 일정거리에 놓인 별들

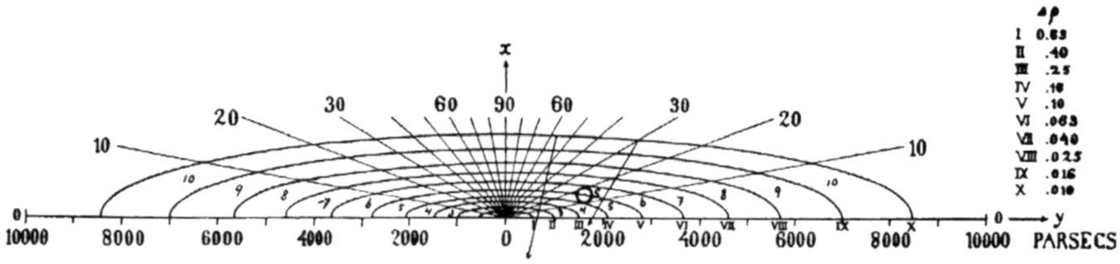

▌그림 1.3 켑테인의 우주. 항성개수밀도가 일정한 표면이 은하중심주위로 표시되었다. 열린원은 켑테인에 의해 유도된 태양의 위치를 나타내주지 않음에 주목해보자. 오히려 열린원은 켑테인이 가능한 관측자료들의 분석을 시작할 때에 초기값으로 사용했던 위치이다.(출처 : Kapteyn, Ap.J., 55, 302, 1922)

의 개수가 추정되어 질 수 있다. 우리는 이 방법에 대한 약간 자세한 사항들을 간단하게 토의해볼 것이다. 켑테인은 그의 초기 연구에서 200개 이상의 하늘영역을 선택해서 사용하였다.

켑테인의 모델이 공개된 직후인 1915년과 1919년 사이에 세플리(Harlow Shapley, 1885-1972)는 RR Lyrae변광성과 W Virginis변광성을 이용해서 93개의 구상성단의 거리를 추정하였다(8.1절(2권)). 이 별들의 광도가 주기적으로 변하는 현상을 통해 성단에서 쉽게 동정될 수 있기 때문에, 이들의 절대등급(식 8.1(2권)과 같은 주기-광도관계로부터 얻어짐)을 이용하여 태양으로부터 거리를 추정하는 것은 아주 간단한 일이다. 변광성들까지의 거리는 곧 그들이 살고 있는 성단까지의 거리와 같다.

그의 자료를 분석하면서, 세플리는 구상성단은 하늘 전체에 균일하게 분포되어 있지 않고, 그의 추정으로 태양에서 15 kpc 정도되는 거리에 놓인 궁수자리를 중심으로 한 하늘의 영역에서 주로 발견된다는 것을 알아차렸다. 더 나아가 그는 가장 멀리있는 성단은 태양에서 70 kpc보다 더 멀리 떨어져있다고 추정하였는데, 이는 중심에서 55 kpc 이상 떨어져 있는 것이다. 결과적으로, 구상성단이 놓인 영역이 우리은하가 퍼져있는 영역이라고 가정하면서 세플리는 우리은하의 직경이 100 kpc 정도 된다고 믿게 되었는데, 이는 켑테인에 의해 제안된 값보다 10배 정도에 가까운 수치이다. 우리은하에 대한 세플리의 모형은 또 다른 중요한 점에서 켑테인의 모형과 다르다. 켑테인의 모델은 태양을 항성 분포의 중심근처에 놓은 반면, 세플리의 우리은하 중심은 태양에서 훨씬 더 멀리 떨어져 있다.

오늘날 우리는 켑테인과 세플리 모두 오류를 범했다는 사실을 알고 있다: 켑테인의 우주는 너무 작고 태양은 너무 중심 가까이에 놓여있으며, 세플리의 우리은하 모델은 너무 크다. 놀랍게도 두 개 모델 모두 같은 이유에 기인한 오류를 범하였다: 그들의 거리추정에서는 티끌과 가스에 기인한 성간소광 효과를 포함하지 않았던 것이다. 켑테인이 선택한 영역들은 소광효과가 아주 극심한 은하원반 내에 주로 놓여있다; 결과적으로 그는 우리은하에서 멀리있는 별들을 보지 못해서 그 크기를 과소평가하게 되었다. 문제는 지구에서 어떤 사람이 주변 경관을 보려할 때 안개가 너무 자욱해서 가시거리가 아주 작은 상황과 비슷하다. 반면에 세플리는 우리은하 평면의 위와 밑에서 일반적으로 발견되며 원래 밝아서 먼 거리에서도 관측가능하게 만드는 천체들을 연구대상으로 삼았다. 성간소광이 전적으로 무시되지는 못한다 할지라도, 원반에 수직인 방향에서는 성간소광이 크게 중요하지 않다. 불행하게도, 세플리에 의해 사용된 주기-광도관계의 눈금조정에서의 오류는 성단의 거리를 과대추정하게 만들었다. 눈금조정오류는 성간소광효과한 기인한다(4.1절).

흥미롭게도, 켑테인은 성간소광이 도입될 수 있을 거라는 것을 인식하고 있었지만, 그는 어떤 정량적인 확증을 찾을 능력이 없었다. 연구자들이 티끌이 우리은하를 가로질러 보여지는 어두운 띠들의 원인이라고 추정은 하였지만(그림 1.1), 강한 소광에 대한 또 다른 확증은 세플리 자신의 자료에서 찾아질 수 있다; 소위 결핍영역(zone of avoidance)이라고 부르는 은하평면에서 거의 ±10° 사이의 영역에서는 구상성단이 관측되지 않는다. 세플리는 강한 중력적 조석력이 이 영역의 구상성단을 파괴하기 때문에 구상성단들이 여기서 존재하지 않는 것이라고 제안하였다. 실제로, 성간소광은 결핍영역에서는 아주 커서 아주 밝은 성단들이 관측되지 않는다. 우리은하의 구조를 연역하는데 있어 켑테인과 세플리가 당면했던 문제들은 은하면 내에서 거의 고정된 위치로부터 일반적인 형태학을 결정하는 것이 얼마나 어려운가를 보여준다. 불행하게도, 주어진 거대한 거리를 포함해서는, 이보다 더 나은 다른 결론에 도달하기는 조만간 힘들 것 같다.

성간소광효과

성간소광 효과가 항성의 거리 추정에 어떻게 영향을 미치는 가를 보기위해 우리는 6.1절(2권)에서 했던 대로 식 (3.5)(1권)를 변형해야 한다. 식 (6.1)(2권)에서 시작하여 d에 대해 풀면,

$$d = 10^{(m_\lambda - M_\lambda - A_\lambda + 5)/5} = d' 10^{-A_\lambda/5} \tag{1.1}$$

을 얻게 되는데, 여기서 $d' = 10^{(m_\lambda - M_\lambda + 5)/5}$는 소광을 무시할 때 생기는 오차가 큰 거리추정이며, A_λ는 등급단위로 표시된 별과 지구사이에서 일어난 감광의 양으로서 파장의 함수이다. 모든 경우에 $A_\lambda \geq 0$이기 때문에(어찌됐든 소광은 별을 더 밝게 보이게 할 수는 없다) $d \leq d'$가 성립된다; 실제 거리는 항상 겉보기 거리보다는 작다).

우리은하 원반에서 가시광 영역에서 소광률은 시선이 거대 분자운 같은 거리가 먼 성운 등을 포함했을 때 심하게 변화할 수는 있지만 전형적으로 1등급/kpc 정도 된다. 다행히도, 소광의 양은 티끌이 항성의 색에 어떻게 영향을 미치는가(성간적색화)를 고려하면 추정가능하다(6.1절(2권)).

예제 1.1.1

겉보기 안시 절대등급이 $M_V = -4.0$인 B0 주계열별이 겉보기 안시등급 $V = +8.2$로 관측되었다하자. 성간소광을 무시하고(즉, 순수하게 $A_V = 0$라 가정한다), 별까지의 거리는

$$d' = 10^{(V - M_V + 5)/5} = 2800 \text{ pc}$$

로 추정할 수 있다. 그러나, 만일 시선 방향의 소광량이 1등급/kpc 라는 것이 다른 독립적인 방법으로 알려진다면, $A_V = kd$ 등급이 되는데, 여기서 $k = 10^{-3}$ 등급 pc^{-1}가 되고 d는 pc로 주어진다. 이는

$$d = 10^{(V - M_V - kd + 5)/5} = 2800 \times 10^{-kd/5} \text{ pc}$$

로 표현되며, 수치적으로 또는 그래프를 써서 풀 수 있는데, 그 결과 실제거리는 $d = 1400$ pc를 얻게 된다.

이 경우 항성까지의 거리는 성간소광효과가 제대로 고려되지 않았다면 두배 정도 과대 추정이 되었음이 분명하다.

미분과 적분 항성 계수

이미 언급한 바와 같이 항성계수에 대한 켑테인의 방법은 개별 항성에 대한 거리 d를 직접 결정하는 것을 기초로 하지 않았다. 오히려 하늘의 선택된 영역에서 특정한 겉보기 등급영역에 걸쳐 존재하는 항성의 개수를 측정한다. 또 다른 방법으로는 겉보기 등급의 선택된 한계보다 더 밝은 모든 별들을 세는 것이다. 이런 접근을 미분과 적분된 항성계수라 부른다. 항성계수 기술은 오늘날도 하늘에서 항성의 개수밀도를 결정하는데 사용되고 있다. 분포는 다양한 변수들에 의해 달라지는데, 여기에는 방향, 거리, 화학적성분비 그리고 분광형들이 포함된다. 그런 정보들은 천문학자들에게는 우리은하의 구조와 진화를 이해하는 데에 아주 유용하다.

절대등급이 M과 $M + dM$ 사이에 있는 별들의 개수밀도를 $n_M(M, S, \Omega, r)dM$라 하고, 관측자로부터 거리 r 떨어진 곳에서 특정방향에서의 입체각 Ω내에 있는 물리량을 S라 하자(S는 예를 들어 2.2절(2권)에서 논의된 화학적 성분비 또는 모건-키난 분광형이 될 수 있다). 여기서 사용된 표기법에 의하면 n_M는 $\text{pc}^{-3}\text{mag}^{-1}$

의 단위를 지니며, 관측자로부터 거리 r 떨어진 곳에서 특정방향에서의 입체각 Ω 내에 있는 물리량 S를 지닌 별의 실제 개수밀도는

$$n(S, \Omega, r) = \int_{-\infty}^{\infty} n_M(M, S, \Omega, r)\, dM \tag{1.2}$$

로 주어진다. 만일 다른 특별한 정보가 더 요구된다면, 그런 물리량들은 S 안에 포함될 수 있다. 그러나 항성계수분석을 수행하기에 필요한 자료의 양은 엄청난 양이 되어 때로 시도 불가능하게 되기도 한다. 자료의 수가 증가하면서 요구되는 자료의 양도 증가하게 된다. 켑테인의 원래 연구에서 그는 분광형과는 상관없이 절대등급만을 추적하는 일반적인 항성계수를 고려하였다.

개수밀도 $n_M(M, S, \Omega, r)dM$는 입체각 Ω에 한정되며 $r=0$에서 관측자로부터 어떤 거리 $r=d$까지 펼쳐진 원뿔의 체적에 대해 적분하면, 결과는 $N_M(M, S, \Omega, r)dM$이 되는데, 이는 공간의 원뿔 체적 내에서 관측되는 절대등급이 M과 $M+dM$ 사이에 있는 별들의 총 개수밀도이다(그림 1.4). 구형좌표계에서 $dV = \Omega r^2 dr$을 이용하면

$$N_M(M, S, \Omega, d)\, dM = \left[\int_0^d n_M(M, S, \Omega, r)\, \Omega r^2\, dr\right] dM \tag{1.3}$$

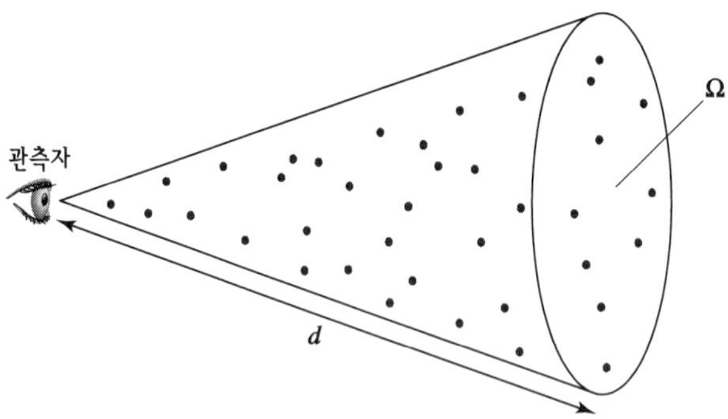

그림 1.4 입체각 Ω의 원뿔내의 거리 d까지에 있는 모건–키난 분광형과 광도의 특정 영역내에 있는 별의 수를 세고 있는 지구의 한 관측자. 성간소광효과가 고려될 때는 이는 같은 그룹의 항성들에서 상응하는 겉보기 등급 m까지 세는 것과 동일하다.

을 얻는다. 식 (1.3)은 한계거리 d의 항으로 쓰여진 적분항성계수의 일반적인 표현이다. 이 공식은 $n_M\,dM$이 $N_M\,dM$으로부터(한계거리 r) 미분해서 얻을 수 있다는 사실에 주목해보자:

$$n_M(M, S, \Omega, r)\,dM = \frac{1}{\Omega r^2}\frac{dN_M\,dM}{dr}$$

물론, 같은 절대등급을 지니고 있는 별들은 우리로부터 서로 다른 거리에 놓여있기 때문에 서로 다른 겉보기등급을 지니게 된다. 우리는 식 (1.1)을 써서 한계거리 d 대신에 겉보기 등급 m을 쓸 수 있다. 그래서 $\overline{N_M}(M, S, \Omega, m)dM$을 얻는데 이는 한계등급 m의 함수로 표시한 적분항성계수이나(가로줄 표현 $\overline{N}$은 이제 적분항성계수가 d보다는 m의 함수임을 나타내준다는 것에 주의하자). 그래서 $\overline{N}_M(M, S, \Omega, m)dM$은 한계등급 m보다 더 밝게 보이는 절대등급이 M과 $M+dM$ 사이에 있는 별들의 총 개수가 된다.

만일 한계등급이 약간 증가하면, 한계거리는 상응해서 약간 커지게 되고 공간의 원뿔 체적은 더 커지고 더 많은 별들을 포함한다. 포함된 항성의 개수증가는

$$\left[\frac{d\overline{N}_M(M, S, \Omega, m)}{dm}\,dm\right]dM$$

이 된다. 이는 다음과 같은 미분 항성계수를 정의해주는데,

$$A_M(M, S, \Omega, m)\,dM\,dm \equiv \frac{d\overline{N}_M(M, S, \Omega, m)}{dm}\,dM\,dm \tag{1.4}$$

겉보기 등급이 m과 $m+dm$ 영역에 있고, 입체각 Ω 내에 발견되는 절대등급이 M과 $M+dM$ 사이에 있는 별들의 총 개수가 된다.

적분항성계수와 미분항성계수의 간단한(그런데 현실성이 없는)예로서, 균일한 항성밀도를 지니고 있으며(즉 $n_M(M, S, \Omega, d) = n_M(M, S) =$ 상수) 성간소광이 없는(A=0) 무한우주의 경우를 고려해보자. 그러면 식 (1.3)은 dM을 나눈 후에

$$N_M(M, S, \Omega, d) = n_M(M, S)\,\Omega \int_0^d r^2\,dr = \frac{\Omega\, d^3}{3} n_M(M, S)$$

이 된다(마지막 항은 모든 방향에 걸쳐 고려할 때 $\Omega = 4\pi$가 되고, $\Omega d^3/3$은 반경 d를 지닌 구의 체적이 된다). d를 pc 단위로 표현하고, 이를 겉보기 등급 m의 단위로 쓰면(식 (1.1)),

$$\begin{aligned}\overline{N}_M(M, S, \Omega, m) &= \frac{\Omega}{3} n_M(M, S)\, 10^{3(m-M+5)/5} \\ &= \frac{\Omega}{3} n_M(M, S)\, e^{\ln 10^{3(m-M+5)/5}} \\ &= \frac{\Omega}{3} n_M(M, S)\, e^{[3(m-M+5)/5]\ln 10}\end{aligned}$$

을 얻는다. 이제 미분항성계수 공식은 식 (1.4)로부터

$$\begin{aligned}A_M(M, S, \Omega, m) &= \frac{d\overline{N}_M(M, S, \Omega, m)}{dm} \\ &= \frac{\ln 10}{5}\Omega\, n_M(M, S)\, 10^{3(m-M+5)/5} \qquad (1.5) \\ &= \frac{3\ln 10}{5}\overline{N}_M(M, S, \Omega, m)\end{aligned}$$

이 된다. 만일 $\overline{N}_M(M, S, \Omega, m)$ 또는 $A_M(M, S, \Omega, m)$이 관측에 의해 알려진다면, 이 식들은 써서 공간개수밀도 $n_M(M, S)dM$을 결정할 수 있다.

방금 다뤄본 상수의 밀도 모델은 한 가지 결정적인 결점을 지니고 있다. 입체각 Ω내에 포함된 별들로부터 지구에서 받는 빛의 양을 계산하기 위해 이 모델을 사용할 때, 결과는 m이 증가하면서 지수함수적으로 발산하게 된다(문제 1.4). 이는 무한대로 멀리 떨어진 곳에서 도달하는 빛의 양이 무한대가 된다는 것을 의미한다! 이 딜레마가 올버스 파라독스의 한가지 표현인데, 이 문제는 케플러시대부터 알려졌지만 올버스(Heinrich Olbers, 1758–1840)에 의해 일반적인 관심을 갖게 되었다. 우리가 만일 우리은하만 놓고 생각한다면, 크기가 유한하고 항성개수밀도가 일정하지 않다는 점 때문에 올버스의 모순은 해결된다. 그러나 올버스 파라독스의

해결은 우주를 전체로 적용했을 때는, 6장에서 배우게 되겠지만 그리 간단하지가 않다.

오늘날에는 항성계수자료를 모으는 데에 자동화된 CCD 검출기를 사용하여 $\overline{N}_M$ 또는 A_M을 결정한다. 이들 자료와 태양계 인근의 항성개수밀도와 결합하여 우리은하의 다른 지역에서 주어진 분광형 별들의 개수밀도를 추정한다. 아주 최근에는 수치적 컴퓨터 모델 접근이 상당한 성공을 거두고 있다. 우리은하와 비슷하다고 여겨지는 다른 은하들의 관측에 일부 기반을 둔 일반적인 모델이(2.2절을 보라) 자료에 첨가되었다: 반복적인 수치계산을 통해, 각 위치에서의 밀도함수, 성간감광의 양, 화학적 성분비 변화 등이 원래 자료와 만족스러운 일치에 도달할 때까지 미세조정이 된다. 그러나 주어진 자료와 분석의 복잡성 때문에 상당한 불확실성이 우리은하내의 항성분포의 묘사에 남아있게 된다.

1.2 은하의 형태학

우리은하 밖에 있는 다른 은하들의 다양한 예들을 바탕으로 항성계수로부터 얻은 자료, 다양한 거리 지시자, 화학적성분비 분석 등과 같은 것들로부터 얻을 정보들을 가지고 천문학자들은 우리은하의 구조에 대한 모델을 짜 맞출 수 있게 되었다. 그러나 모델의 자세한 많은 부분들은 아직 불확실한 상태이고 또 더 많은 정보들이 획득되면서 커다란 변화를 겪게 될 수 있다는 점을 지적하는 것은 중요하다. 그런 단서들을 가지고 우리는 이번 절에서 우리은하의 일반적인 형태학에 대하여 현재까지 알려진 바를 기술할 것이며, 복잡한 운동과 매혹적인 핵부분에 대한 자세한 사항은 이 장의 뒷부분에서 다룬다.

은하중심까지의 거리

허셸과 켑테인이 믿었던 것과 똑같이 우리은하는 항성원반을 지니고 있는데, 태양은 원반 내 항성의 구성원중 하나이다. 그러나 세플리가 의심했던 것과 같이 태양은 원반의 중심 부근에 존재하는 것이 아니라 실제는 중심으로부터 거의 1/3 정도 밖에 놓여있다. 지구에서 보여지는 바와 같이, 원반의 중심은 J2000.0 적도 좌표계의

$$\alpha_{\text{Sgr A*}} = \quad 17^h45^m40.0409^s \tag{1.6}$$

$$\delta_{\text{Sgr A*}} = -29°00'28.118'' \tag{1.7}$$

에 놓인 Sgr A*로 알려진 아주 밝은 밀집방출원과 상응하는 궁수자리 방향에 놓여 있다(1.4절). 우리은하의 평면도와 측면도를 그림 1.5와 1.6에 각각 제시하였다. 우리은하성분들에 대한 자세한 것들은(후에 논의될 것이다) 표 1.1에 제시되었다.

우리은하 중심에서의 태양의 거리는 **태양은하중심거리(solar Galactocentric distance)** R_0라 불리는데, 이는 세플리가 15 kpc라고 추정한 이래 여러 번 하향 조절되어졌다. 1985년 국제천문연맹(IAU)는 여러 연구자들이 우리은하 구조를 직접 비교해 보게 하기위해 표준값으로 $R_0 = 8.5$ kpc를 추천하였다(R_0는 우리은하에서 다른 거리들을 규격화하는데 사용되기도 한다). 그러나 많은 연구들에 의해 R_0의 값이 8 kpc 정도되는 것이 밝혀졌다. 예를 들어 2003년도에 아이젠하우어(Frank Eisenhauer)와 동료들은 우리은하 중심에서 가장 가까운 별인 S2의 측성학과 분광학적 관측에 근거하여 7.94 ± 0.42 kpc란 값을 결정하였다. 은하중심까지의 불확실

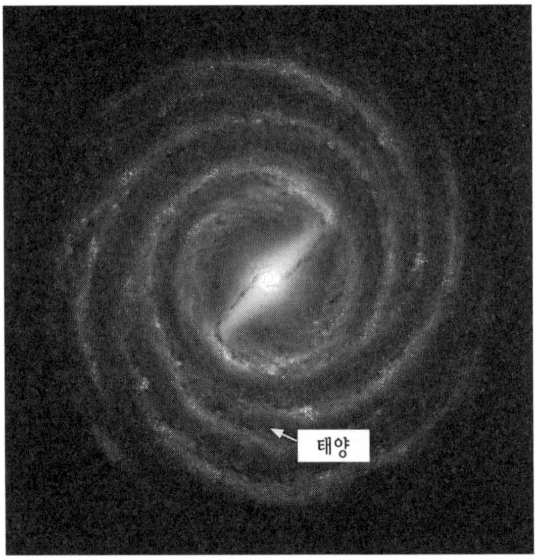

▮ 그림 1.5 우리은하의 평면도. 나선팔의 형태와 중앙 팽대부와 관련된 막대의 길이는 현재까지 획득가능한 자료에 기인한 것이다. 태양의 위치가 표시되었다.
(출처 : NASA/JPL–Caltech/R. Hurt(SSC))

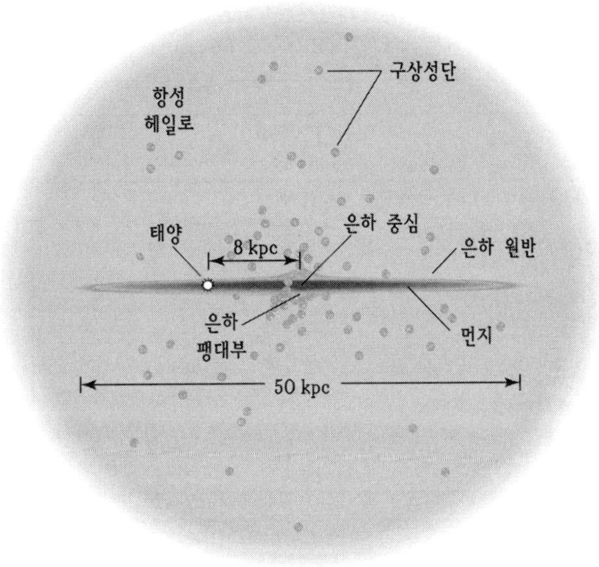

▌**그림 1.6** 우리은하의 측면도. 축척은 원래와 완전히 같지 않음; 표 1.1을 보라.

도가 남아있기도 하고 또 문헌들에서 8 kpc란 값을 일반적으로 사용하고 있기 때문에, 우리는 여기서 태양은하중심거리에 대해

$$R_0 = 8\ \mathrm{kpc} \tag{1.8}$$

란 값을 사용하려 한다.

티끌, 가스 그리고 항성들을 포함한 원반의 총 직경은 40–50 kpc의 범위에 속할 것으로 추정되고 있는데, 약 50 kpc 정도 되는 것으로 믿어지고 있다. 더 나아가 원반은 완전히 실린더 대칭이 아닌 것처럼 보인다. 오히려 원반은 장반경과 단반경의 길이비가 약 0.9 정도 되는 타원인 것 같기도 하다. 태양원(solar circle)은 반경 R_0인 완전한 원인 것으로 정의된다.

얇은 원반과 두꺼운 원반의 구조

원반은 실제 두 개의 구성원을 지니고 있다. 상대적으로 젊은 별들과 티끌 그리고 가스로 구성되어 있는 **얇은 원반**은 $z_{\mathrm{thin}} \simeq 350$ pc의 수직 단위두께를 지니고 있고, 현재 별이 탄생하고 있는 영역이다(1 단위두께는 개수밀도가 e^{-1}만큼 감소하는 거리임을 기억하자). 얇은 원반의 한 부분은(때로 젊은 얇은 원반으로 간주되

표 1.1 우리은하의 성분과 관련된 다양한 물리량들에 대한 어림값들. 정의들과 자세한 설명은 본문에 다루어졌다.

Disks			
	Neutral Gas	Thin Disk	Thick Disk
M (10^{10} $M_\odot$)	0.5^a	6	0.2 to 0.4
L_B (10^{10} $L_\odot$)^b	—	1.8	0.02
M/L_B ($M_\odot/L_\odot$)	—	3	—
Radius (kpc)	25	25	25
Form	e^{-z/h_z}	e^{-z/h_z}	e^{-z/h_z}
Scale height (kpc)	< 0.1	0.35	1
σ_w (km s^{-1})	5	16	35
[Fe/H]	$> +0.1$	-0.5 to $+0.3$	-2.2 to -0.5
Age (Gyr)	$\lesssim 10$	8^c	10^d

Spheroids			
	Central Bulge^e	Stellar Halo	Dark-Matter Halo
M (10^{10} $M_\odot$)	1	0.3	$190^{+360\,f}_{-170}$
L_B (10^{10} $L_\odot$)^b	0.3	0.1	0
M/L_B ($M_\odot/L_\odot$)	3	~ 1	—
Radius (kpc)	4	> 100	> 230
Form	boxy with bar	$r^{-3.5}$	$(r/a)^{-1}(1+r/a)^{-2}$
Scale height (kpc)	0.1 to 0.5^g	3	170
σ_w (km s^{-1})	55 to 130^h	95	—
[Fe/H]	-2 to 0.5	< -5.4 to -0.5	—
Age (Gyr)	< 0.2 to 10	11 to 13	~ 13.5

^{a} $M_{\rm dust}/M_{\rm gas} \simeq 0.007$.

^{b} The total luminosity of the Galaxy is $L_{B,\rm tot} = 2.3 \pm 0.6 \times 10^{10}$ $L_\odot$, $L_{\rm bol,tot} = 3.6 \times 10^{10}$ $L_\odot$ ($\sim 30\%$ in IR).

^{c} Some open clusters associated with the thin disk may exceed 10 Gyr.

^{d} Major star formation in the thick disk may have occurred 7–8 Gyr ago.

^{e} The mass of the black hole in Sgr A* is $M_{\rm bh} = 3.7 \pm 0.2 \times 10^6$ $M_\odot$.

^{f} $M = 5.4^{+0.2}_{-3.6} \times 10^{11}$ $M_\odot$ within 50 kpc of the center.

^{g} Bulge scale heights depend on age of stars: 100 pc for young stars, 500 pc for old stars.

^{h} Dispersions increase from 55 km s^{-1} at 5 pc to 130 km s^{-1} at 200 pc.

는데) 또한 우리은하의 티끌과 가스분포의 중심평면과 일치한다; 이 부분은 약 90 pc의 단위두께를 지니고 있는데, 어떤 연구자들은 35 pc보다 작은 단위두께를 발표하기도 했다. 아마 별들의 늙은 종족인 **두꺼운 원반**은 약 $z_{\rm thick} \simeq 1000$ pc의 단위두께를 지니고 있다. 두꺼운 원반에서 단위체적당 항성개수는 우리은하 중심면에서 얇은 원반의 항성개수의 8.5% 정도밖에 되지 않는다. 얇은 원반과 두꺼운 원반을 조합해보면 항성계수자료들로부터 유도되는 항성개수밀도에 대해

$$n(z, R) = n_0 \left(e^{-z/z_{\text{thin}}} + 0.085 e^{-z/z_{\text{thick}}}\right) e^{-R/h_R} \quad (1.9)$$

와 같은 경험적인 짜맞추기 공식을 얻게 되는데, 여기서 z는 우리은하 중심 면 위쪽의 수직높이이고, R은 은하중심으로부터 방사거리[2]이고, $h_R > 2.25$ kpc은 원반의 단위 길이이며, $n_0 \sim 0.02$ stars pc^{-3}은 절대등급의 범위가 $4.5 \le M_V \le 9.5$인 영역에서의 값이다. 상대적인 밀도계수, 단위두께 그리고 원반 단위길이 등은 모두 다소 불확실하다는 것을 지적해야 한다; 다른 연구자들은 이들 물리량들에 대해 약간 다른 값들을 제공하고 있다. 태양은 얇은 원반 구성원중의 하나이며 현재 중심 면에서 약 30 pc 위에 놓여 있다.

얇은 원반의 광도밀도(단위체적당 광도)에는

$$L(R, z) = L_0 e^{-R/h_R} \operatorname{sech}^2(z/z_0) \quad (1.10)$$

라는 함수형태의 모형을 잡기도 하는데, 여기서

$$\operatorname{sech}(z/z_0) = \frac{2}{e^{z/z_0} + e^{-z/z_0}}$$

는 쌍곡선의 시컨트함수이다. 얇은 원반에 대해 $z_0 = 2z_{\text{thin}}$과 $L_0 \simeq 0.05\ \text{L}_\odot\ \text{pc}^{-3}$이 성립한다.

나이-금속성 관계

얇은 원반과 두꺼운 원반은 서로 다른 단위누께와 항성개수밀도로 구분될 뿐만 아니라, 구성원들의 화학적 성분비와 운동학적 성질들에서도 구분된다. 여기에서 우리는 화학적성분비효과를 논의하고, 운동학은 다음절에서 다루기로 한다.

7.3절(2권)에서 언급한 바와 같이, 항성들은 일반적으로 중원소의 상대함량비에

---

2) 일반적으로, 우리는 R을 원반 내 실린더좌표계에서 반경을 지칭하는데 사용하고 또 r은 구면좌표계에서 반경을 지칭하는데 사용한다. 두 가지 경우 모두 측정은 은하중심에서 부터 시작된다.

의해 분류된다; 종족 Ⅰ항성들은 $Z \sim 0.02$정도로 금속이 풍부하고, 종족 Ⅱ항성들은 $Z \sim 0.001$로 금속이 희박하며, 종족 Ⅲ항성들은 $Z \sim 0$으로 금속을 전혀 함유하고 있지 않다. 실제로 항성들에서는 아주 넓은 범위의 중원소 함량이 존재하고 있다. 한쪽 끝에는 종족 Ⅰ항성들이 있고, 또 다른 한쪽에는 가상적인 종족 Ⅲ항성(만일 존재한다면)이 자리잡고 있다. 종족 I 항성과 종족 Ⅱ항성간에는 중간종족(또는 대안적으로 원반이 존재하는 것으로 가정되는)의 항성들이 존재한다.

화학적 성분비와 같이 중요한 물리량을 조심스럽게 정량화하기 위해, 철과 수소의 비를 거의 모든 학자들이 일반적으로 채택하며, 그 이유는 철방출선이 항성 스펙트럼에서 쉽게 동정 가능하기 때문이다. 초신성폭발이 일어나는 동안에(특이 Type Ia형 초신성에서), 철이 방출되면서 성간물질에 풍부해지게 된다. 그래서 새로운 별은 일반적으로 이전 별보다 대기에 풍부한 철을 보유하게 된다. 결과적으로 철함유량은 항성나이와 상관관계가 있게 된다. 젊은 별일수록, 즉 최근에 탄생한 별일수록 더 높은 철함유량을 보이게 된다. 항성 대기에서 철-수소비는 태양에서의 값과

$$[\mathrm{Fe/H}] \equiv \log_{10}\left[\frac{(N_{\mathrm{Fe}}/N_{\mathrm{H}})_{\mathrm{star}}}{(N_{\mathrm{Fe}}/N_{\mathrm{H}})_{\odot}}\right] \tag{1.11}$$

형태로 비교되는데, 이 양은 11.1절(1권)에서 처음 소개된바 있는 금속성이라 불리기도 한다. 태양과 같은 성분비를 지는 별들은 [Fe/H]=0.0이 되고, 금속이 희박한 별들은 음수의 값을 지니고 금속이 풍부한 별들은 양수의 값을 갖는다. 우리은하에 대해 늙고, 극도로 금속성이 희박한 별에 대해서 −5.4란 값으로부터 젊고, 극도로 금속성이 풍부한 별에 대해 0.6의 값에 이르는 영역이 관측되었다. 성단의 주계열 전향점의 연구에 의하면(구상성단과 은하의 경우 모두), 금속이 풍부한 항성들은 같은 분광형의 금속이 희박한 별들보다 더 젊은 경향이 있다. 나이와 화학적성분비사이의 겉보기 상관관계는 **나이-금속성관계**로 알려졌다.

그러나, 많은 경우에 있어, 나이와 [Fe/H]의 상관관계는 처음 믿어진 것처럼 그렇게 신뢰할만하지는 않은 것 같다. 예를 들어, 중요한 Type Ia초신성의 개수는 별이 탄생하고 약 10^9년이 지날 때까지는 나타나지 않으며, 그래서 Type Ia초신성은 대부분의 철 생성에 책임이 있기 때문에, 철은 성간물질을 풍부하게 할 만큼 많은 양이 존재하지 않는다. 더욱이, SN Ia현상이 일어난 후 성간물질과 혼합되는 것이

완전하지 않을 수도 있다. 다른 말로 표현하자면, ISM의 국부적인 영역이 10^9년 지난 후에 철이 풍부해진다는 것이다. 그래서, 나이-금속성관계에 의하면, 두 개 영역이 실제로 같은 나이를 지니고 있을 때, 철이 풍부한 영역이 더 젊게 보이는 별들을 생성해내게 될 것이다.

ISM의 함량비(그리고 나이)의 두 번째 추정은 식 (1.11)과 아주 비슷한 방법으로 정의되는 [O/H]비를 근거로 이루어진다. 핵이 폭축하는 초신성은 별 탄생이 개시된지 단지 10^7년 후에 나타나고(질량이 큰 별의 진화의 결과라는 것을 회상해보자), 또 이들은 철보다 상당히 많은 산소를 생성해내기 때문에, [O/H]를 측정하여 우리은하의 구성원들의 나이를 추정할 수 있을 것이다; 일부 천문학자들은 이런 목적으로 [O/H]를 사용한다.

상황을 더 복잡하게 만드는 것은 정확한 나이추정이 심하게 거리지수에 대한 정확한 값에 의존한다는 것이다. 거리지수에 대한 값들은 성단의 주계열 전향점을 결정하는데 필요하다(7.3절(2권)); 거리지수에서 0.1의 오차는 나이에서 10%의 오차를 초래한다. 말할 필요도 없이, 우리은하 나이추정이란 중요한 작업은 천문학에서 주요 난제중의 하나로 남아있다.

얇은 원반과 두꺼운 원반의 나이추정

얇은 원반에서 철-수소 금속성비에 대한 전형적인 값은 $-0.5<[Fe/H]<0.3$의 영역에 놓이는 반면, 두꺼운 원반에 있는 대부분 항성들에 대해서는 $-0.6<[Fe/H]<-0.4$이 전형적이지만, 물론 어떤 두꺼운 원반 구성원들은 적어도 $[Fe/H]\sim-1.6$보다 작은 금속성을 지니고 있는 경우도 있다.

다양한 나이추정들에 의하면, 얇은 원반의 항성구성원들은 아마 두꺼운 원반의 항성구성원들보다는 상당히 젊은것 같다. 항성 탄생은 얇은 원반에서 8 Gyr 전에 시작되어서, 오늘날도 계속 진행되고 있는 것 같다. 이런 결론은 얇은 원반에 있는 백색왜성의 관측들과 그들의 이론적인 냉각시간추정들에 의해 지지되어진다(10.5절(2권)). 또한 얇은 원반에서 항성탄생이 시간에 따라 연속적으로는 일어나지 않았지만, 수십억년의 조정간격을 지닌 분출들로 나타난다는 확증들이 몇가지 있다. 반면 두꺼운 원반에서의 항성탄생은 얇은 원반에서 항성탄생의 시작보다 20-30억년정도 빨리 일어난 것처럼 보인다. 두꺼운 원반에서의 항성탄생사건은 10-11 Gyr 전에 일어난 것으로 일반적으로 믿어지고 있다.

질량–광도비

항성계수와 궤도운동에 대한 자료들을 근거로 얇은 원반의 항성질량을 추정해보면 약 $6 \times 10^{10}\,\mathrm{M_\odot}$ 정도 되고, 티끌과 가스들의 질량은 $0.5 \times 10^{10}\,\mathrm{M_\odot}$ 정도 된다. 더나아가, 파랑색 파장대역에서 광도는 $L_B = 1.8 \times 10^{10}\,\mathrm{L_\odot}$ 이 된다. 첫 번째 항성질량을 광도로 나누어보면 질량–광도비를 얻는데 $M/L_B \approx 3\,\mathrm{M_\odot}/\mathrm{L_\odot}$ 이 된다. 이 양은 빛을 만들어내는 역할을 하는 항성들에 대한 정보를 제공해준다.

그림 1.7(2권)과 문제 4.27(2권)로부터 우리는 주계열을 따라서 볼 때 항성의 광도는

$$\frac{L}{L_\odot} = \left(\frac{M}{M_\odot}\right)^\alpha \tag{1.12}$$

와 같이 오히려 질량에 심하게 종속된다는 것을 배웠는데, 여기서 $0.5M_\odot$ 에 대해서 $\alpha \simeq 4$ 이 되고, 더 질량이 낮은 별에 대해서는 $\alpha \simeq 2.3$ 정도 된다. 원반에 있는 대부분의 별들이 주계열별이라 가정할 때, 평균 항성질량을 추정할 수 있다. 관측된 질량–광도비를 치환하고 질량에 대해 풀어보면,

$$\langle M \rangle = 3^{1/(1-\alpha)}\,\mathrm{M_\odot}$$

을 얻게 된다. $\alpha \simeq 4$ 를 가정하면 $< M > \simeq 0.7\,\mathrm{M_\odot}$ 된다. 얼핏 보기에는 원반의 전체광도가 태양보다 약간 질량이 작은 별들에 의해 지배되는 것 같다. 이는 그림 6.12(2권)에서 우리가 본 바와 같이 초기 질량함수가 질량이 큰 별들보다는 질량이 더 낮은 별들이 성간물질에서 생성되었다는 것을 보여주기 때문에 그리 놀랄만한 일은 아니다. 태양주변에서는 M형 왜성들이 가장 빈도가 높은 항성부류라는 사실도 질량이 낮은 별들이 더 많이 탄생된다는 사실과 일치한다.

두꺼운 원반에서 B–파장영역 광도는 $2 \times 10^8\,\mathrm{L_\odot}$ 또는 얇은 원반에서의 값의 1% 정도 된다(이는 왜 두꺼운 원반이 관측되기 어려운가를 설명해준다). 두꺼운 원반의 질량은 아마 $(2-4) \times 10^9\,\mathrm{M_\odot}$ 정도 되는데, 이는 얇은 원반질량의 약 3%정도 된다.

나선구조

원반자체에는 아주 중요한 구조가 존재한다. 중성수소구름이나 O형과 B형같이 상대적으로 젊은 천체들, H II 영역, 그리고 은하의(산개)성단들이 은하구조를 나타내주는 가늠자로 사용되는 **나선구조**가 나오는데, 원반이 바람개비와 같은 모습을 보인다. 확실하게 원반들을 소유하고 있는 다른 은하들이 파랑색영역에서 관측이 되면(뜨겁고, 밝고, 젊고 질량이 큰 주계열별의 가시광영역의 지배적인 파장영역), 이들 은하들은 비슷하게 아름다운 나선구조를 보여준다. 그런 예 중 하나가 그림 1.7에 보여진 안드로메다 나선은하이다. 그러나, 은하들이 더 늙고 질량이 낮은 별들의 특성인 붉은색영역에서 관측되어지면, 나선구조가 덜 뚜렷해지게 된다. 나선들은 현재 별 탄생이 진행되고 있는 것과 관련이 있으며, 더 늙은 별들은 나선구조로부터 이미 오래전에 빠져나온 것처럼 보인다(2.3절). 그림 1.8에서 볼 수 있는 바와 같이, 태양은 오리온-시그너스 나선팔 또는 간단히 오리온 나선팔(이런 특징은 또한 완전한 나선팔 구조는 아니기 때문에 오리온 흔적이라 알려졌다)로 알려진 나선팔중 하나에 정확히는 아니지만 근접해있는 것 같다. 나선팔들은 그들이 관측된 별자리의 이름을 따라 명명되어진다.

▌그림 1.7 안드로메다 은하(M31 또는 NGC 224라고 부르기도 함)는 우리은하와 거의 똑같은 은하로 믿어지는 나선은하이다. M31은 우리은하로부터 770 kpc 떨어져 있다.(출처 : Sandage and Bedke, The Carnegie Atlas of Galaxies, The Carnegie Institution of Washington, Washington.D.C. 1994)

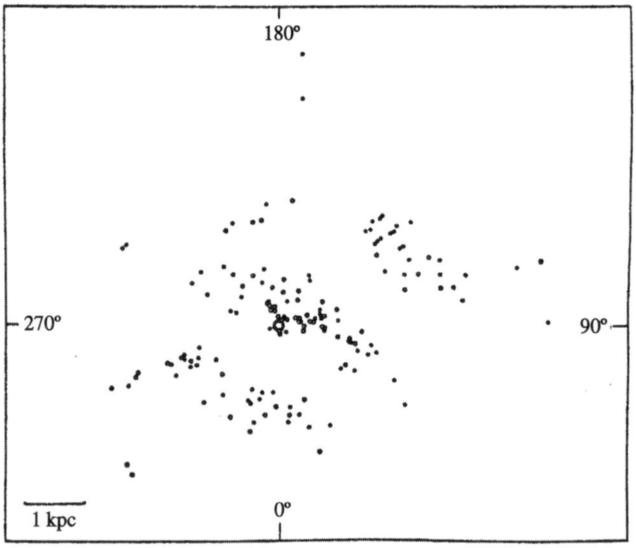

▌그림 1.8 우리은하 내에 있는 젊은 성단들, HII영역들의 공간분포는 우리은하 원반내의 나선팔의 존재를 나타내준다. 태양은 그림의 중심에 표시되어있다(굵은 원표시). 태양은 오리온–시그너스 나선팔 근처에 놓여있다.(그림 출처 : Becker and Fenkart, The Spiral Structure of Our Galaxy, Becker and Contopoulos (eds.), D. Reidel Publishing Company, Dordrecht, 1970)

▌그림 1.9 NGC 891의 측면도는 원반면에서 얇은 티끌 띠를 확실하게 보여주고 있다. 우리은하는 아마 원반 밖에서 보여질 때 NGC 891과 아주 똑같이 보일 것이다. (출처 : Sandage and Bedke, The Carnegie Atlas of Galaxies, The Carnegie Institution of Washington, Washington.D.C. 1994)

그림 1.1에 분명하게 나타나는 성간가스와 티끌구름들은 원래 중심평면 근처에 위치하고 있으며, 주로 나선팔들에서 관측이 되는데, 이는 우리은하의 전체구조를 결정하려 했던 캡테인의 시도를 어렵게 만들었다. 우리은하를 원반 밖에서 측면으로 본다면 아마 그림 1.9에 제시된 은하인 NGC 891[3)]과 비슷하게 보일 것이다.

성간가스와 티끌

6.1절(2권)에서 논의했던대로, 가스와 티끌구름은 상당한 영역의 질량, 온도 그리고 밀도를 가지고 우리은하에 존재하고 있다. 이들 구름들로부터 새로운 별들이 최종적으로 탄생되는 것이다. 천문학자들은 21 cm H I방출의 위치와 H_2의 추적자로서 CO분자선을 이용한 뿐만아니라 티끌에 의해 가려지는 효과와 티끌의 방출도를 측정함을 통해 우리은하 내에 있는 티끌과 가스의 전체적인 분포지도를 만들 수 있게 되었다. 수소분자와 차가운 티끌들은 은하중심에서 각각 3–8 kpc와 3–7 kpc 영역에서 주로 발견되는 반면(즉, 태양이 존재하는 원내부에), 수소원자는 3 kpc에서 우리은하 원반의 가장자리 끝(25 kpc)에 이르는 영역에서 관측되어진다. H_2와 티끌들은 우리은하면에 심하게 제한되어있는 것처럼 보이는데, 중심면 위 아래로 수직인 단위두께는 약 90 pc정도 된다. 이는 얇은 원반에서 항성에 대한 값은 25%에 불과하고, 두꺼운 원반항성들의 단위두께의 9% 정도밖에 되지 않는다. 태양근처의 영역에서, 수소원자의 단위두께는 약 160 pc 정도된다. H I의 총질량은 $4\times10^9\ M_\odot$ 이며, H_2의 질량은 약 $10^9\ M_\odot$ 정도 된다. 태양 근처에서 가스의 총질량은 $0.04\ M_\odot\ pc^{-3}$ 정도 되는데, 그중 수소원자는 양 77%, 분자는 17%, 그리고 철은 나머지 6%를 기여한다.

우리은하 중심으로부터 12 kpc가 넘는 거리에서 H I의 단위두께는 급격하게 증가하는데, 900 pc보다 큰 값에 달하기도 한다. 또한 우리은하의 외곽 지역에서 H I 분포는 더 이상 원반에 한정되어 있지 않고, 오히려 평면으로 편향각도의 최대가 15° 까지 되는 밧줄형태를 보인다. 13.6 kpc의 우리은하 반경에서 H I 분포지도가 그림 1.10에 보여졌다. 우리은하 중심으로 향하는 시선은 그림에서 0°로 표시되었다. 우리은하에서 관측되어진 것과 같은 휘어진 H I 분포들은 안드로메다 은하를 포함한 다른 나선은하들에서도 일반적인 특징인 것처럼 보인다(몇몇 나선은하들에서는 휘어진 각도가 90°에 도달할 수 있다). 우리가 아직 그런 휘어짐의 형상을 야기하는 역학을 완전히 이해하지는 못했다하더라도(예를 들어 그들은 한 개 또는 여러 개의

3) NGC는 은하가 New General Catalog의 구성원임을 나타내주는 표시이다(2.1절).

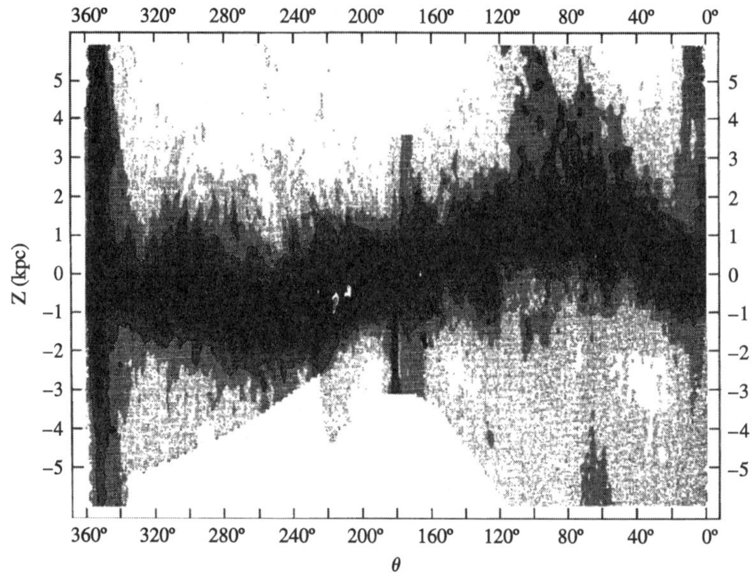

▌그림 1.10 우리은하 중심으로부터 13.6 kpc의 거리에서의 HI 휘어짐. 우리은하의 중심 평면은 $z=0$이고, 우리은하 중심으로의 방향은 0°이다.(출처 : Burton and te Lintel Hekkert, Astron.Astrophys. Suppl.Ser., 65,427(1986))

외부은하들로부터 야기된 간단한 중력적 섭동의 결과는 아닌 것 같다), 그들은 우리은하의 바깥영역에 있는 질량분포와 관계되는 것처럼 보이는데, 그 바깥영역을 넘은 곳에서 대부분의 광도가 생성된다.

수소구름들은 또한 높은 위도에서도 발견된다. 이들 구름들 몇몇들은 양수의 시선속도를 지니고 있어서, 그들이 원반으로부터 멀어져가고 있음을 알려주고 있다하더라도, 대부분의 구름들은 21 cm 방출 측정에서 얻어진 바와 같이 음수의 큰 시선속도(400 km s^{-1} 또는 그 이상)를 지니고 있다. 이런 높은 시선속도 구름의 근원으로는 두 가지 형태가 존재하는 것 같다. 하나는 초신성으로부터 방출된 가스 구름이 z가 큰 지역으로 흩어지는데, 거기서 구름들은 냉각이 되면서 다시 은하 평면으로 되돌아오게 된다. 이런 가정은 우리은하 분수 모델로 알려졌다. 또한 우리은하는 다수의 작은 위성은하들로부터 뿐만아니라 은하간 공간으로부터 가스들을 모으고 있는 것처럼 보인다; 그래서 음수의 시선속도 구름이 우세해지게 된다.

또한 은하중심으로부터 70 kpc를 초과하는 거리에 아주 뜨겁고 밀도가 낮은 가스가 존재한다. FUSE(Far Ultraviolet Spectroscopic Explorer) 위성은 멀리 떨어진 외부은하 천체와 헤일로 항성들의 스펙트럼속에서 빛이 우리은하 헤일로에 있는 가스를 통과할 때 생성된 O VI 흡수선을 검출할 수 있었다. O VI 흡수선을 수소가스의 추적자로 사용하면, O VI 흡수선 세기는 $n_H \sim 10^{-11}\,\mathrm{m}^{-3}$의 수소 입자밀도를 나타내준다. 반경 $R \sim 70$ kpc인 구형분포를 어림으로 가정하면 $M \simeq 4 \times 10^{8}\,\mathrm{M}_{\odot}$의 가스질량을 추정해볼 수 있다. 가스분포가 약간 편평하게 되어있다면, 전체 질량은 $10^{9}\,\mathrm{M}_{\odot}$를 초과할 수 있다. 중력 폭축에 대항하여 가스를 지지하기 위해서 가스온도는 아주 높아야 한다. 이런 뜨겁고 밀도가 낮은 가스의 온도는 10^{6} K을 초과할 것으로 추정되는데, 높은 가스 온도는 아마 우리은하에서 들어오는 가스와 기존 가스 사이의 충돌에서 야기되는 것 같다. 이런 가스는 때로 코로나가스라고도 불리는데, 이는 높은 온도를 암시해 준다.

위성은하들의 붕괴

높은 위도에서 나타나는 또 다른 이상한 특징은 마젤란 흐름으로서, 하늘의 180° 이상 퍼져있으며 남반구 마젤란성운까지 이어지는 좁은 H I 방출 영역이다(대마젤란성운과 소마젤란성운은 우리은하의 작은 위성은하이다; LMC와 SMC는 각각 지구로부터 52 kpc와 61 kpc 떨어져있다).[4] 마젤란흐름은 약 200 Myr전에 마젤란성운과 우리은하 사이의 조석적 만남 결과로 생긴 것 같다. 마젤란흐름은 그들 일부 구조가 우리은하의 뜨거운 코로나 가스와 상호작용하면서 생겨졌을 것이라고 제안된바 있다.

또 다른 위성은하들은 또한 우리은하와 조석적으로 상호작용을 하였으며, 아직도 어떤 것들은 상호작용을 하고 있는 것들도 있다. 예를 들어, 1995년 이바타(Rodrigo Ibata)와 그 동료들은 궁수자리에서 이전에 알려지지 않은 구형 왜은하를 발견했다고 보고하였다. 지구로부터 24 kpc밖에 떨어지지 않았고, 은하중심에서는 16kpc밖에 떨어지지 않은 거리에 놓인 궁수자리 구형 왜은하는 지구에서 가장 가까운 은하이다. 은하중심을 향하여 장축이 길게 늘어 뜨려져 있으며, 140 km s^{-1}의 시선속도로 우리은하와 몇 차례 밖에 궤도적 만남을 하지 않았던 것 같다. 아마도 궁수자리 구형 왜은하는 그 속에 있는 구상성단들과 함께 우리은하의 구성원이 되어버린 것 같다.

---

4) 대마젤란성운은 LMC(Large Magellanic Clouds)로 소마젤란성운은 SMC(Small Magellanic Clouds)로 표기된다. LMC는 30 Doradus와 SN 1987A를 포함하고 있는데, 9장(2권)에서 이미 논의된바 있다.

2MASS(2-Micron All Sky Survey) 성표를 이용하여, 학자들은 우리은하 평면근처의 큰개자리에서 별들의 밀도가 높은 것을 발견했다. 구상성단과 산개성단의 그룹들이 위치와 시선속도 모두에서 과대밀도현상과 관련되어 있다. 이런 특징은 또 다른 위성 왜은하가 과거에 우리은하에 통합되어서 현재 두꺼운 원반의 일부가 되었다는 사실을 강력하게 제안해주고 있다.

특이 구상성단 ω Centauri 또한 우리은하에 포섭된 왜은하의 잔재인 것 같다. ω Cen는 지구에서 보이는 구상성단 중 가장 크고 밝은 구상성단이다. 이 구상성단은 이전의 또 다른 위성은하의 벗겨진 핵인 것처럼 보인다(구상성단 M54와 NGC2419는 또한 ω Cen와 똑같은 운명을 거친 왜은하였다고 제안되었다).

은하팽대부

얇은 원반의 수직 단위두께가 태양근처에서는 350pc 정도 된다하더라도, 그 값은 은하의 안쪽에서는 약간 증가하게 되는데, 그곳에서 원반은 은하 팽대부를 만난다. 팽대부는 단순한 원반의 펼쳐진 연장 영역이 아니라, 우리은하의 독립적인 구성원이다. 팽대부의 질량은 약 $10^{10}\ M_\odot$ 정도 되는 것으로 믿어지며, B-광도는 약 $3\times10^{9}\ L_\odot$ 정도 된다. 이는 $3\ M_\odot/L_\odot$ 의 질량-광도비를 보이는데, 얇은 원반에서 발견된 값과 견줄만한 수치이다.

상자처럼 생긴(또는 펼쳐진) 팽대부가 그림 1.11의 COBE(COsmic Background Explorer satellite)영상에서 뚜렷하게 보인다. 1.2 μm, 2.2 μm 그리고 3.4 μm 에서 관측한 자료들을 합성한 이 영상은 그림 1.9에 보여진 NGC 891의 광학적

그림 1.11 COBE 위성으로 관측한 우리은하의 적외선모습. 1.2μm, 2.2μm 그리고 3.4 μm 에서 관측한 자료들을 합성한 영상으로 은하중심의 양쪽으로 96°퍼져 있다.(출처 : COBE Science Working Group and NASA's Goddard Space Flight Center)

그림과 비교되어져야 한다. RR Lyrae형별들과 K형과 M형 거성들과 함께 COBE 자료를 이용하면 팽대부에서 항성개수밀도의 변화는 100 pc에서 500 pc까지 변하는 수직 단위두께와 일치한다는 것을 발견하게 된다. 수직 단위두께의 결정에 사용된 항성의 나이에 따라 이들 값이 달라지는데, 더 젊은 별들은 더 작은 수직단위두께를 추정하게 한다).

팽대부의 표면밝기, I는($L_\odot$ pc^{-3}의 단위로 측정됨)

$$\log_{10}\left[\frac{I(r)}{I_e}\right] = -3.3307\left[\left(\frac{r}{r_e}\right)^{1/4} - 1\right] \tag{1.13}$$

의 형태로 방사종속성을 보이는데, 이는 때때로 $r^{1/4}$법칙으로 불린다(이 법칙은 1948년에 드 보쿨러스(Gerard de Vaucouleurs)에 의해 처음으로 공식화되었기 때문에 드 보쿨러스 프로필이라고도 불린다). r_e는 기준반경(유효반경이라 불린다)이고, I_e는 r_e에서 표면밝기이다. 형식적으로 r_e는 팽대부의 빛의 절반이 방출되는 영역의 반경을 정의해준다. 12 μm 의 적외선 파장에서 IRAS(InfraRed Astronomical Satellite)로부터의 항성계수 자료는 0.7 kpc의 유효반경을 제안한다. 비슷한 결과가 COBE에 의해 발견되었다(우리는 드 보쿨러스 윤곽이 느슨해진 구형시스템에 대한 일반적 분포임을 발견하게 될 것이다.)

팽대부의 성질을 관측하는데 있어 심각한 어려운 점은 태양과 은하중심사이의 티끌 때문에 가시광 영역에서 생긴 큰 소광효과이다. 중심에서 수 °내에서 전체 소광량은 30등급 이상이 될 수 있다. 그러나, 몇몇 시선방향에서는 소광량이 최소가 되는 곳이 존재한다. 이들 중 가장 잘 알려진 것이 바데 창으로, 바데(Walter Baade, 1893-1960)가 1944년에 구상성단 NGC 6522를 관측하면서 발견하였다. 바데는 하늘의 이 영역을 관측하면서 실제는 은하중심을 벗어났을 것 같은 RR Lyrae형별들을 관측할 수 있다는 것을 인지하였다. 바데창은 은하중심 밑으로 3.9° 내려가 있고, 시선방향은 중심을 550 pc 내에서 통과한다. NGC 6522가 팽대부내에 존재하는 것으로 믿어지고 있다.

관측적인 확증들로부터, 팽대부의 화학적 성분비는 상당히 심하게 변화됨이 알려졌는데, 아주 금속성이 희박한 경우에서부터 금속성이 풍부한 경우까지 존재한다; $-2<[Fe/H]<0.5$. 사실, 화학직성분비에 근거해서 보면, 중심팽대부에는 3개

의 서로 나이가 다른 부류들이 존재하는 것 같다. 한 부류는 아주 젊은 별의 부류로서 200 Myr보다 젊고, 두 번째 부류는 200 Myr에서 7 Gyr의 나이를 지닌 부류이고, 세 번째 부류는 7 Gyr보다 더 늙은 경향을 보인다(아마 10 Gyr보다 더 늙은 경우도 있는 것 같다).

얼핏 생각해보면 직관에 반대될 수도 있는데, 팽대부에 있는 늙은 별들은 높은 금속성을 지니고 있는 반면, 젊은 별들은 −2에서 0.5영역에서 거의 일정한 금속성 분포를 지니고 있다. 이런 패턴은 아마 우리은하가 젊었을 때 질량이 큰 별들이 갑자기 탄생했던데 기인하는 것 같다. 겉보기에 핵-폭축을 하는 초신성은 팽대부의 삶의 초기에 성간매질을 풍부하게 하는데, 이는 그 다음에 일어나는 별의 탄생이 높은 중원소함량을 보이게 됨을 의미한다. 최근 별탄생에서 더 균일한 금속성분포를 보이는 것은 새롭게 입사하는 물질들의 결과일 수 있다. 이런 복잡성 때문에 1.2절의 나이-금속성관계를 사용할 때 주의깊게 다루어져야한다.

우리은하 중심 막대

원래는 구형이라고 생각되었지만, 많은 관측 캠페인과 자료은행 연구들은 팽대부가 분명한 막대를 포함하고 있음을 밝혀냈다.[5] 우리은하 중심막대는 그림 1.5에 보여진 우리은하의 가상그림에서도 분명하게 묘사되었다. 막대는 중심으로부터 반경(길이의 1/2)이 4.4 ± 0.5 kpc이 되고 지구로부터 은하중심까지의 시선방향에 대해 $\phi = 44^\circ \pm 10^\circ$ 각도로 기울어져 있다. 막대는 z-방향에서보다 은하평면에서 약간 더 두꺼운 것처럼 보인다; 크기비는 약 1 : 0.5 : 0.4정도 된다(2장에서 배우게 되겠지만, 막대는 역학적으로 안정된 구조이고 많은 나선은하에서 공통된 특징들이다).

3-kpc 부풀어진 나선팔

H I의 21 cm 파장의 관측에서 쉽게 보여지는 우리은하 안쪽영역에서 독특한 특징중 하나는 3-kpc 부풀어진 나선팔로, 우리쪽으로 약 50 km s^{-1}로 다가오고 있는 가스구름이다. 한 때는 우리은하 중심에서 거대한 폭발의 결과라고 믿어지기도 했는데, 빠르게 움직이는 구조는 이제 항성막대의 존재 때문이라고 여겨진다. 은하중심으로부터 10^{52} J 의 비현실적인 에너지를 요구하는 폭발적인 사건에서 밖으로

5) 그런 자료은행 연구중 하나는 우리은하 안쪽방향으로 약 3천 만 개의 적외선원 성표인 GLIMPSE (Galactic Legacy Mid-Plane Survey Extraordinaire)분석인데, 이 성표는 스피쳐 우주망원경에 의해 만들어졌다. 우리은하 팽대부는 가시광선영역보다는 적외선영역에서 훨씬 더 투명하다.

몰아쳐 지는 것보다는 오히려, 가스구름이 막대로부터 중력적인 섭동의 결과 은하중심에 거의 타원궤도운동을 하고 있다고 여겨지는 것이다.

항성 헤일로와 구상성단 시스템

우리은하에서 밝은 구성원들 중 마지막 구성원은 **항성헤일로**(또는 간단하게 헤일로)인데, 구상성단들과 구상성단에 속하지 않은 **개별 항성**들로 구성되어 있다. 이들은 은하면에 수직으로 큰 속도성분을 지니고 있다. 이들 개별항성들은 다음 절에서 볼 수 있듯이, 그들의 속도성분이 태양의 속도성분과 크게 다르다는 이유로, 때때로 **속도가 큰 항성**들이라 불리기도 한다. 대부분의 구상성단과 속도가 큰 항성들은 우리은하면의 위아래로 먼 곳까지 도달할 수 있다.

세플리에게는 알려진 모든 구상성단들이 우리은하중심에 거의 구형으로 분포되어있는 것처럼 보였다 하더라도, 이제는 금속성에 의해 구분되는 두 개의 서로 다른 공간분포가 존재하는 것이 인정된다. [Fe/H] < −0.8을 지닌 더 늙고 금속성이 희박한 성단들은 항성들의 퍼진 구형 헤일로에 속하는 반면, [Fe/H] > −0.8을 지닌 더 젊은 성단들은 상당히 편평한 분포를 보이며, 두꺼운 원반과 관계되기도 한다. 두 개의 금속성 부류들의 공간분포가 그림 1.12에 보여졌다. 잘 연구된 구상성단 47 Tucana(47 Tuc, NGC 104로 알려짐)는 뚜렷한 예외를 보여주는데, 이 항성은 우리은하면 아래로 3.2 kpc 떨어져있고, 이상할정도로 높은 금속성 [Fe/H]=−0.67을 보인다. 어떤 천문학자들은 47 Tuc가 헤일로 종족의 구성원이라고 주장하는 반면, 어떤 학자들은 47 Tuc를 두꺼운 원반의 구성원으로 간주하기도 한다. 47 Tuc의 색-등급도가 그림 7.20(a)(2권)에 제시되었다.

우리은하는 은하중심에서 거리가 500 pc에서 120 kpc 사이에 적어도 150개의 구상성단을 지니고 있는 것으로 알려졌다. 가장 젊은 구상성단은 약 11 Gyr정도 되는 것 같고, 가장 늙은 성단은 아마 13 Gyr를 약간 넘어선 것 같다.[6] 현재 가장 젊은 헤일로 구성원과 가장 늙은 헤일로 구성원사이에는 20억년정도의 분명한 나이 차이가 나는 것처럼 여겨진다.

---

6) 크라우스와 채보이어(Kraus and Chaboyer, Science, 299, 65, 2003)는 구상성단들 자료들의 짜맞추기를 통해 95%의 신뢰도로 12.6 Gyr를 발견했는데, 하한 값과 상한 값은 각각 10.4 Gyr와 16 Gyr였다. 크래톤 등(Gratton et al., Astron. Astrophys., 408,529,2003)은 NGC 6397, NGC 6752 그리고 47 Tuc에 대해 각각 13.9±1.1 Gyr, 13.9±1.1 Gyr, 그리고 11.2±1.1 Gyr을 발견하였다. 참고로 우주의 나이는 13.7±0.2 Gyr이다.

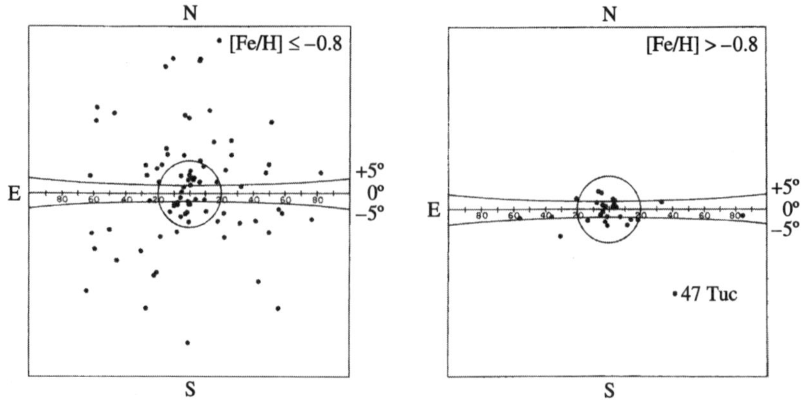

▌그림 1.12 금속성이 희박한 구상성단은 우리은하 중심에 대해 거의 구형분포를 보이는 반면, 금속성이 풍부한 성단은 우리은하면에서 주로 발견되어지는데, 이는 두꺼운 원반과 관련되는 것같다.(출처 : Zinn, Ap.J., 293, 424, 1985)

144개의 구상성단이 은하중심에서 42 kpc내에서 발견되었다 하더라도, 6개의 구상성단이 은하중심에서 69 kpc와 123 kpc 사이 떨어진 곳에서 발견되었다. 어떤 천문학자들은 이들 6개의 아주 멀리 있는 성단들은 우리은하에 의해 포획되었거나 또는 ω Cen와 궁수자리 왜은하들의 관계처럼 구형 왜은하일 것이라고 제안하였다. 우리가 만일 이들 아주 멀리있는 천체들을 포함시키지 않는다면, 금속성이 희박한 성단들은 약 42 kpc정도 반경을 지닌 헤일로 내에 있다고 말할 수 있게 된다. 그러나 아주 멀리 떨어져 있으며 밝은 개별항성들이 발견되어서 아마 항성 헤일로 반경은 50 kpc 정도라고 해야 될 것 같다.

금속성이 희박한 구상성단과 헤일로내 개별항성들의 개수밀도 모양은

$$n_{\rm halo}(r) = n_{0,\rm halo}(r/a)^{-3.5} \tag{1.14}$$

의 형태를 지니는데, 여기서 $n_{0,halo} \simeq 4\times10^{-5}\mathrm{pc}^{-3}$은 얇은 원반중심면 값의 0.2%정도 된다(식 1.9). 개수분포의 단위길이 a는 수천 pc이다. 가시광선영역에서 헤일로 $r^{1/4}$법칙(식 1.13)의 유효반경은 $r_e = 2.7$ kpc이다.

금속성이 풍부한 구상성단들은 구형분포를 비롯하여 두꺼운 원반의 개별항성들과 아주 비슷한 특징을 지니는 것 같다. 두꺼운 원반의 개별항성들과 똑같이, 이들 성단들의 수직 단위두께는 1 kpc 정도 되는데, 이는 상당히 큰 수직 단위두께를 지니는 금속성이 희박한 항성들과는 다른 성질이다.

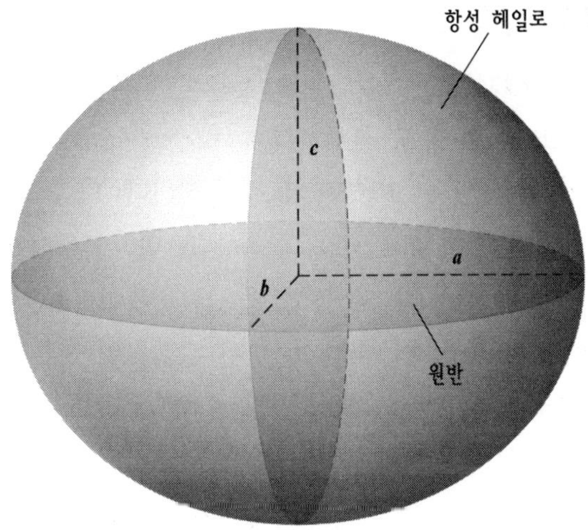

그림 1.13 3축 구형회전체의 일반적인 모습. 구형회전체의 3축은 $a > b > c$로 가정되었다. 우리은하 원반(원근화법으로 그려진)은 거의 원에 가깝다.

그러나, RR Lyrae형 별들을 헤일로의 다른 개별항성들의 추적자로 사용한 연구들을 근거로 해보면, 개별항성들이 실제 금속성이 희박한 성단들에 상응하는 공간분포 패턴을 가지고 있는지에 대한 약간의 의문이 제기된다. 대신, 개별항성들은 $c/a \sim 0.6$정도로 편평화된 체적을 차지하고 있는 것 같은데, 여기서 c는 은하평면에 수직인 방향으로의 타원체의 단반경이고 a는 장반경이다(그림 1.13). 그런 분포에서의 차이는, 그것이 사실이라면, 우리은하의 형성과 진화의 최종적인 모델에 중요한 영향을 미칠 수 있게 된다. 반면, 다른 천문학자들은 $0.8 \le c/a \le 0.9$의 간단한 값이 개별항성들과 성단들에 똑같이 사용될 수 있다고 믿는다.

주로 항성계수에 근거해보면, 태양근처에서 전체 항성 질량밀도는 약 $0.05\ M_\odot pc^{-3}$가 된다. 종합하여보면, 속도가 큰 헤일로 항성들에 기인한 성분은 0.2% 또는 $1 \times 10^{-4}\ M_\odot\ pc^{-3}$정도가 된다. 이 값을 공간밀도의 멱급수 법칙과 조합해보면 항성 헤일로의 전체추정치는 $1 \times 10^9 M_\odot$정도가 되는데, 그 중 1% 정도는 구상성단이 기여한 질량이다; 나머지는 개별항성들에서 기인된다. 헤일로의 B-영역 광도는 $1\times10^9\ L_\odot$ 정도 되는데, 이는 질량-광도비가 1정도 되게 한다(정확한 값은 아주 불확실하다).

우리은하에 기여하는 모든 성분들이 다 함께 고려되어지면, 전체 B-영역 광도는 $L_{B,\text{tot}} = 2.3 \pm 0.6 \times 10^{10}\ L_\odot$이 된다. 그러나 우리은하의 방출중 1/3정도는 적외선영역에서 방출되며, 주로 성간티끌과 관련이 있다. IR 방출을 포함하면 우리은하의 복사광도는 $L_{\text{bol}} = 3.6 \times 10^{10}\ L_\odot$가 된다.

암흑물질 헤일로

우리은하에서 빛을 내는 모든 성분들의 질량이 합쳐지면(얇은 원반과 두꺼운 원반, 성간티끌과 가스, 은하팽대부, 항성헤일로와 막대), 우리은하에서 빛을 내는 물질의 총 질량은 $1\times10^{10}\mathrm{M}_\odot$으로 추정된다. 다음 절에서 볼 수 있듯이, 이 값은 은하중심에 대한 태양의 궤도운동과는 잘 맞아떨어지지만, R_0보다 훨씬 큰 은하중심거리에 놓인 항성과 가스들의 궤도들을 설명하지는 못한다. 겉보기에는 아직도 우리은하의 전체구조에 대한 또 다른 결정적인 성분이 있는 것 같다. 궤도운동에 영향을 주는 것 외에, 이 보이지 않는 은하구조요소는 빛을 내는 원반의 바깥가장자리 근처에서 H I 분포의 휘어짐 현상을 야기시키는 것 같다.

이 암흑물질 헤일로는 거의 구형으로 분포되어 있는 것 같으며, 항성헤일로를 둘러싸고 있으며, 적어도 230 kpc 정도까지 퍼져있는 것처럼 보인다. 밝게 빛을 내는 물질에 미치는 중력에 근거해보면, 암흑물질헤일로의 겉보기 질량분포는

$$\rho(r)=\frac{\rho_0}{(r/a)(1+r/a)^2} \tag{1.15}$$

의 형태를 지니는데, 여기서 ρ_0과 a는 암흑물질 헤일로에서의 질량분포에 짜맞추기를 통해 선택된다(ρ_0과 a의 추정은 문제 1.24에서 풀어진다). 이런 함수의 종속성은 $r\ll a$일 때는 $1/r$이 되고, $r\gg a$일 때는 $1/r^3$이 된다. 암흑물질 헤일로의 질량은 은하중심에서 50 kpc 내에서는 $5.4\times10^{11}\ \mathrm{M}_\odot$ 정도 될 것이고, 은하중심에서 230 kpc 내에서는 $1.9\times10^{12}\ \mathrm{M}_\odot$ 정도 될 것이다. 암흑물질 헤일로는 우리은하 전체 질량의 95% 정도를 감당하는 것처럼 보인다[식 1.15와 같은 암흑물질 밀도분포에 대한 경험적 정당화는 1.3절에서 다루어질 것이다].

암흑물질 헤일로가 무엇으로 구성되었는지는 아직 알려져 있지 않다. 성간티끌들은 별빛의 소광을 통해서 자신의 존재를 알리기 때문에 암흑물질은 성간티끌의 형태를 지닐 수는 없다. 더군다나 암흑물질 헤일로는 또한 성간가스로는 구성되어

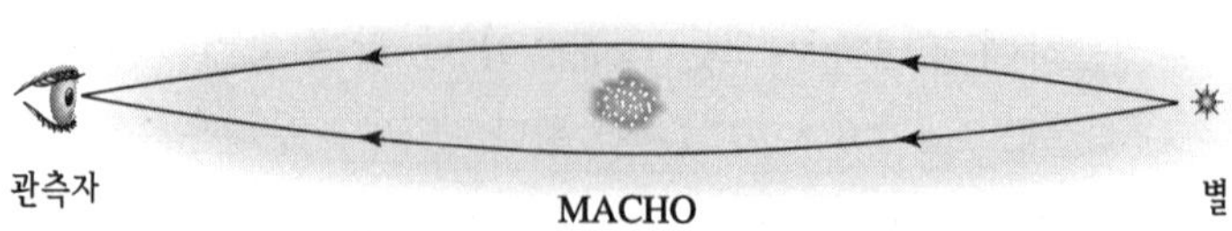

▌그림 1.14 중간에 놓인 MACHO에 의해 일어나는 별빛의 중력렌즈

있을 수 없는데, 왜냐면 헤일로 항성들을 관측할 때 흡수선이 보이지 않기 때문이다. 한 가지 가능한 후보로서 약하게 상호작용하는 무거운 물질들인 **WIMPs**(weakly interacting massive particles)가 언급되고 있다. WIMPs는 우리은하의 전체 광도에는 기여하지 않지만, 중력 상호작용을 통해 영향을 미치게 될 것이다. WIMP가 우세한 우리은하를 바탕으로 한 우주의 형성과 그에 따르는 진화와 관계되는 이론적 고찰들은 비 바리온 물질들(양성자, 중성자와 관련된 중입자들과 다른 물질로 구성된 물질)이 대부분의 암흑물질 헤일로의 질량에 기여할 것이라고 제안하는데, 이는 6장과 7장에서 더 자세히 논의되어질 것이다. 중성미자(렙톤)가 그 요구를 충족시킨다고 제안되었는데, 현재까지는 그들이 암흑물질 헤일로에서 분명 존재하는 량의 질량을 설명하기에는 충분하지 못하는 것처럼 보인다. 아마도 현재 가상적인(아직 검출되지 않은) 입자들이 있을 것 같은데, 그중에는 입자물리의 대통일장이론에서 적용된 **neutralinos**라 알려진 초대칭 입자가 있다.

이와 경쟁하는 또 하나의 가설은 **MACHOs**(massive compact halo objects)가 암흑물질을 구성하고 있을 법 하다고 제안하는 것이다. 보이지 않는 질량을 공급할 수 있는 MACHOs는 백색왜성, 중성자별, 블랙홀 또는 덜 이색적인 적색왜성과 갈색왜성의 형태로 존재할 수 있다. 몇몇 MACHOs 탐사작업들은 별빛이 질량이 큰 천체근처를 지나갈 때 굴절된다는 일반 상대론적 예측에 근거하여 이루어졌다(11.1절(2권) 참조). 만일 MACHOs가 멀리있는 별과 지구사이에 놓여있다면, 별에서 오는 빛은 그림 1.14에서 보여진바와 같이 **중력렌즈**처럼 작용하는 MACHOs때문에 휘어진다. 1993년에 LMC에 있는 별들을 관측하면서, 천문학자들은 MACHO가 시선방향을 통과할 때 생겨날 것으로 예측되는 일시적인 밝아짐에 대한 확실한 증거를 발견하였다. 그림 1.15는 약 33일정도 지속된 하나의 중력렌즈 사건에 대한 광도곡선을 보여주고 있다. 그런 사건들 몇 개를 통계적으로 분석해보면, 암흑물질 헤일로에 포함된 상당부분의 질량을 설명하기에는 너무 적은 MACHOs가 존재하는 것처럼 보인다.

그런 결론은 또한 허블우주망원경을 이용해 수행한 백색왜성들과 작은 적색왜성들의 탐사에 의해 지지된다. 그런 연구들에서 검출된 별들의 수는 너무 작아서 우리은하의 암흑물질의 대부분을 설명할 수 없다. 이 책을 쓸 당시까지 행해진 가장 어두운(가장 멀리있는) 천체들의 탐사에 근거해본다면, 백색왜성들은 암흑물질 헤일로 질량의 10% 이상을 기여할 수 없고, 적색왜성은 6% 이상을 기여할 수 없다.

우리은하의 자기장

다른 많은 천체물리적 환경에서와 같이, 우리은하는 자기장을 지니고 있다. 자기장의 방향과 세기는 여러 가지 방법으로 측정될 수 있는데, 제만효과와 자기장과 나란히 놓여있는 성간 티끌에서 생기는 반사에 의해 전자기 복사의 편광이 가시광과 전파영역에서 일어나는 현상이 포함된다. 원반 내에서 자기장은 우리은하의 나선팔을 따르는 경향이 있으며, 전형적인 세기는 0.4 nT 정도되는 것 같다. 항성헤일로에서의 자기장 세기는 원반에서보다 더 약한 것 같으며, 은하중심근처에서의 자기장세기는 1 μT 에 달하는 것 같다(1.4절).

전체적인 은하자기장이 지구표면의 자기장(50 μT)에 비해 아주 약하다 할지라도, 우리은하의 구조와 진화에 중요한 역할을 하는 것 같다. 이런 사실은 원반 내

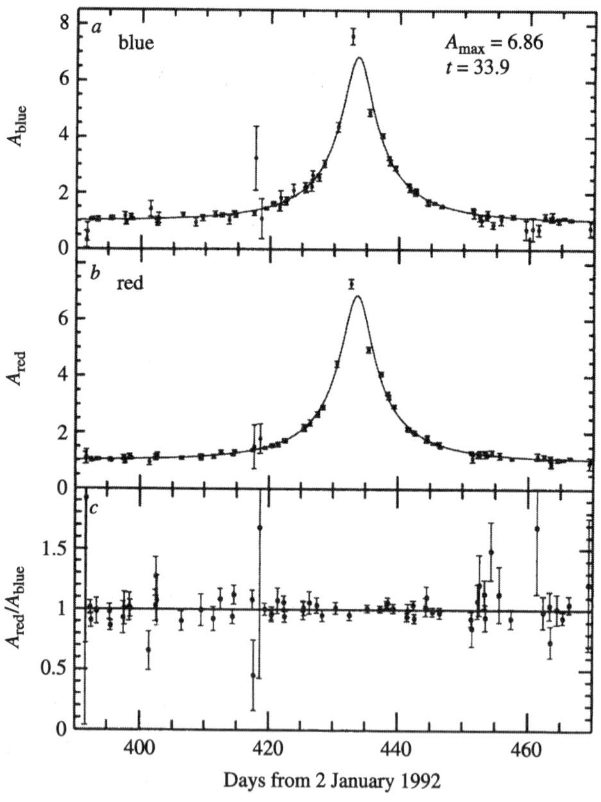

▮ 그림 1.15 33일주기에 걸쳐 밝아진 LMC에있는 별의 광도곡선, 겉보기에는 MACHO가 시선을 통과하여서 생긴 것 같다. (a)는 청색, (b)는 적색, (c)는 청색과 적색빛의 비를 나타내준다.(출처 : Alcock et al., Nature, 365, 621, 1993)

가스의 열에너지 밀도에 견줄만한(아마 같을 수도 있다) 에너지밀도를 지지고 있는 것을 고려해볼 때 설명될 수 있다(문제 1.9).

1.3 우리은하의 운동학

우리은하의 성질을 이해하는데 있어 가장 큰 난제중의 하나는 내부 운동학이다. 이 절에서 우리는 천문학자들이 움직이는 태양주위를 궤도운동하는 우리의 관측위치로부터 어떻게 우리은하 내에서의 복잡한 운동을 파악해 내는지를 토의하게 될 것이다.

은하좌표계

우리은하 중심면은 천구의 적도와 일치하지 않고 62.87° 기울어져 있다. 결과적으로, 우리은하의 구조와 운동역학을 논의할 때는 지구를 기준으로 하는 적도좌표계를 사용하는 것보다 새로운 좌표계를 도입하는 것이 더 편리하다. 은하좌표계는 은하원반 존재에 의해 도입된 자연적인 대칭성을 이용한다.

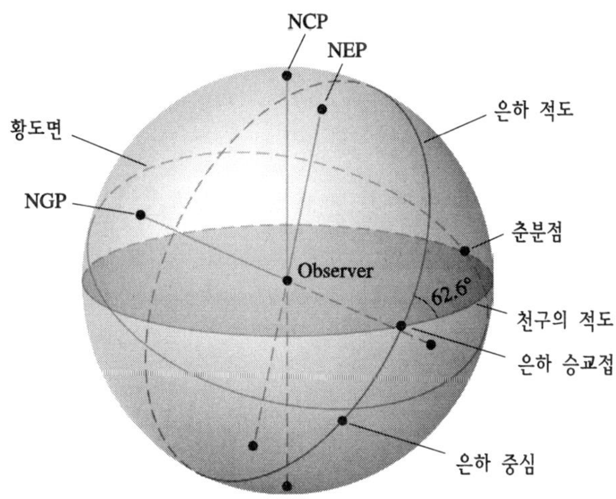

그림 1.16 천구의 적도, 황도, 그리고 은하적도들이 천구에서 어떻게 보이는가에 따른 상대적인 방향. 그림에 표시된 시작점으로부터, 천구의 북극(NCP), 황도북극(NEP), 은하북극(NGP)들이 모두 천구의 앞에 있음을 주목해보자.

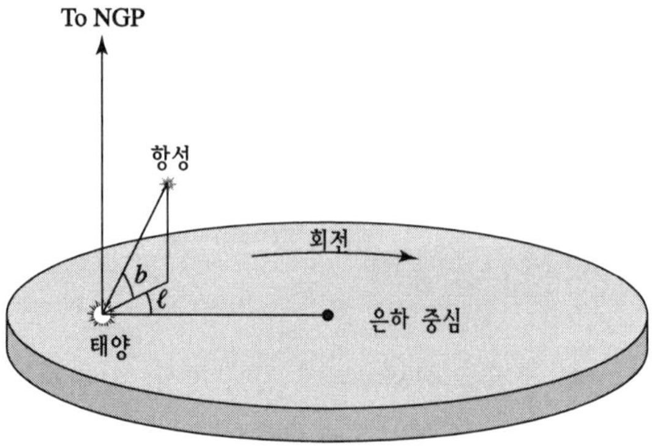

▌**그림 1.17** 은하좌표계 l과 b의 정의. 은하의 회전방향이 또한 표시되었다.

천구와 우리은하의 중심면과 만나는 곳은 거의 대원을 이루는데, 이를 은하적도라 부른다.[7] 은하적도의 방향이 그림 1.16에 묘사되었다. 은위(b)와 은경(ℓ)이 그림 1.17에 보여진 대로 태양을 시작점으로 하여 정의된다. 은위는 은하북극을 통과하는 대원을 따라 은하적도의 북쪽이나 남쪽으로 향하여 °로 측정된다. 은경은(역시 °로 표시되는데) 은하적도를 따라 동쪽으로 측정되는데, 은하중심 부근에서 시작하여 은위를 측정하기 위해 사용된 대원과의 접점까지 측정된다.

국제적인 관례에 따라, 은하북극($b = 90°$)의 J2000.0 적도좌표계들은

$$\alpha_{\rm NGP} = 12^{\rm h}51^{\rm m}26.28^{\rm s}$$

$$\delta_{\rm NGP} = 27°7'41.7''$$

이고, 은하좌표계의 원점($\ell_0 = 0°$, $b_0 = 0°$)은

$$\alpha_0 = \ 17^{\rm h}45^{\rm m}37.20^{\rm s}$$

$$\delta_0 = -28°56'9.6''$$

이 사용된다. 식 (1.6)과 식 (1.7)로 주어진 우리은하의 중심($\alpha_{\rm Sgr\,A*}$, $\delta_{\rm Sgr\,A*}$)은 ($\ell_0 = 0°$, $b_0 = 0°$)에 아주 가깝게 놓여있지만, 아주 똑같은 위치는 아니다.

---

7) 기술적으로, 은하 중심면은 정확하게 대원을 이루지는 않는데, 왜냐면 태양이 정확하게 중심면에 놓여있지 않기 때문이다; 그러나 그 차이는 아주 작다. 1.2절에서 태양이 평면에서 약 30 pc 위에 있다고 한 것을 떠올려 보자.

하늘에서 또 다른 두 개의 유용한 위치를 두 개 좌표계로 표시해 볼 필요가 있다. J2000.0 은하좌표계로 주어진 천구 북극의 위치($\delta_{NCP} = 90°$)는

$$\ell_{\rm NCP} = 123°55'55.2''$$
$$b_{\rm NCP} = \ \ 27°7'41.7''$$

가 되고, 천구의 적도가 음수의 경사에서 양의 경사쪽으로 동쪽으로 이동하는(ascending node) 은하적도와 접하는 곳은 적도좌표계로

$$\alpha_{\rm ascending} = 18^{\rm h}51^{\rm m}24^{\rm s}$$
$$\delta_{\rm ascending} = 0°$$

와 같이 주어지고, 은하좌표계로는

$$\ell_{\rm ascending} = 33.0°$$
$$b_{\rm ascending} = 0°$$

로 주어진다.

적도좌표계와 은하좌표계사이의 변환은 구면 삼각법 방법이 적용된다. 적도좌표계로부터 은하좌표계로의 변환을 하기위해 다음과 같은 삼각법이 필요하다(기산점을 J2000.0을 가정하고):

$$\sin b = \sin\delta_{\rm NGP}\sin\delta + \cos\delta_{\rm NGP}\cos\delta\cos(\alpha - \alpha_{\rm NGP}) \tag{1.16}$$

$$\cos b\sin(\ell_{\rm NCP} - \ell) = \cos\delta\sin(\alpha - \alpha_{\rm NGP}) \tag{1.17}$$

$$\cos b\cos(\ell_{\rm NCP} - \ell) = \cos\delta_{\rm NGP}\sin\delta - \sin\delta_{\rm NGP}\cos\delta\cos(\alpha - \alpha_{\rm NGP}) \tag{1.18}$$

은하좌표계에서 적도좌표계로 변환하려면 다음과 같은 삼각법이 필요하다(또 다시 J2000.0을 가정한다):

$$\sin\delta = \sin\delta_{\rm NGP}\sin b + \cos\delta_{\rm NGP}\cos b\cos(\ell_{\rm NCP} - \ell) \tag{1.19}$$

$$\cos\delta\sin(\alpha - \alpha_{\rm NGP}) = \cos b\sin(\ell_{\rm NCP} - \ell) \tag{1.20}$$

$$\cos\delta\cos(\alpha - \alpha_{\rm NGP}) = \cos\delta_{\rm NGP}\sin b - \sin\delta_{\rm NGP}\cos b\cos(\ell_{\rm NGP} - \ell) \tag{1.21}$$

이런 표현들을 역변환하여서 l과 a를 풀어낼 때는 조심해야한다는 것에 주목해야 하는데, 왜냐면, 컴퓨터와 전자계산기들이 삼각함수의 역함수를 계산을 할 때 잘못된(미리 저장해놓은) 사분면의 값을 제공할 수 있기 때문이다. 이런 중복성으로 고민할 필요가 없는 변환의 도식적 형태가 그림 1.18에 제시되었다.

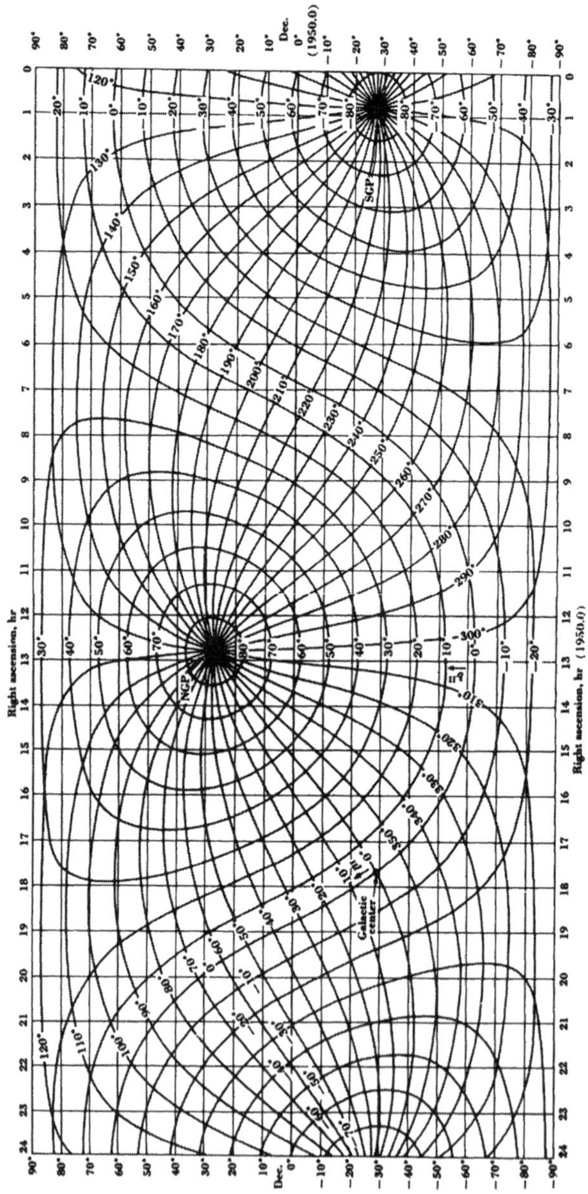

▌그림 1.18 적도좌표계와 은하좌표계사이의 변환표(출처 : Kraus, Radio Astronomy, Second Edition, Cygnus-Quasar Books, 1986)

은하운동에 대한 원기둥 좌표계

태양주변에 있는 항성의 운동은 우리은하의 거대구조에 관계된 중요한 실마리를 찾게 해준다. 은하좌표계가 지구에서 바라본 우리은하내에 있는 천체들의 위치를 표현하는데는 유용하지만, 운동학이나 동역학을 연구하는데는 편리한 선택이 아니다. 그 이유 중 하나는 우리은하시스템의 원점인 태양자체가 은하중심에 대해 운동한다는 것이다. 또 다른 이유는, 태양에 중심을 둔 좌표계는 은하운동에 대해 관성기준계가 아니다는 것이다.

그래서, 은하좌표계를 대신해서, 은하중심을 원점으로 하는 원기둥좌표계가 사용된다. 이 좌표계에서는, 방사좌표 R이 바깥쪽으로 가면서 증가하고, 각좌표 θ가 은하의 회전방향을 가르키며, 수직좌표 z가 북쪽을 향해 증가한다(그림 1.19). 더 나아가, 이 좌표들에 상응하는 속도성분이

$$\Pi \equiv \frac{dR}{dt}, \qquad \Theta \equiv R\frac{d\theta}{dt}, \qquad Z \equiv \frac{dz}{dt} \tag{1.22}$$

와 같이 표시된다. 이런 방향성 있는 선택을 한 좌표시스템은 결과적으로 더 일상적인 오른손 좌표계가 아닌 왼손좌표계를 초래한다는 것에 주목해볼 필요가 있다. 이는 은하북극에서 볼 때, 은하가 시계반대방향이 아니라 시계방향으로 회전하기 때문에 생겨나는 현상이다(다행히도, 우리는 이런 분석에서 벡터적을 고려하려 하지 않는다. 벡터적은 정의에 의해 오른손 좌표 시스템이다).

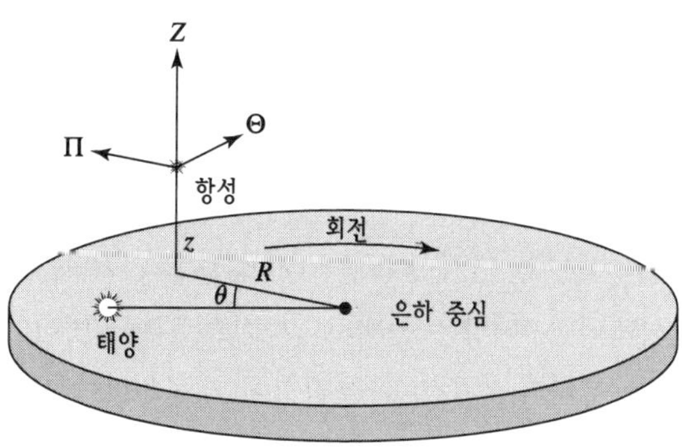

▮ 그림 1.19 은하 운동학을 분석하는데 사용되는 원기둥 좌표계(어떤 학자들은 방사좌표가 은하중심쪽으로 양수가 된다고 정의하기도 한다는 것에 주목해보자. 또한 좌표계가 여기에서는 오른손좌표시스템이 아닌 것으로 정의되었다는 것도 지적해져야 한다.)

고유운동과 국부적 관성계

우리의 관측 모두가 지구(또는 위성관측에서는 적어도 지구근방에서)에서 이루어지고, 또 우리는 이런 관측들을 지구의 자전과 공전운동 또는 우주선의 운동에서 생겨나는 어떤 효과들을 제거함을 통해 태양 중심 좌표로 변환할 수 있기 때문에, 우리는 태양을 우리은하의 모든 관측이 이루어지는 곳으로 간주할 수 있다. 특히, 지구–태양간 거리가 우리은하 규모로 볼 때는 아주 작기 때문에, 우리는 스스로 위치의 변화에 신경 쓸 필요없이, 단지 속도 변화에만 신경써도 된다.

태양으로부터 은하중심까지의 최종 변환을 할 수 있다는 희망을 가질 수 있기 전에, 우리는 그러나 태양의 운동에 대해 이해해야 한다. 사실, 태양은 간단한 평면궤도 또는 닫혀진 비평면 궤도를 따르지 않는다; 대신 태양은 은하중심주위를 돌면서, 현재는 서서히 안쪽으로 운동하고 있으며(음수의 R–방향으로), 중심면으로부터 북쪽으로 멀어지고 있다(양부호의 z–방향으로).

태양주변의 태양과 다른 항성들의 운동을 조사해보기위해서 우리는 우선 역학적 국부관성계(역학적 LSR, dynamical local standard of rest)를 순간적으로 태양에 중심을 두고 은하중심 주위의 태양궤도를 따라 완전히 원궤도를 돌고 있는 한 점으로 정의하려 한다. 운동학적 관성계로 알려진 LSR의 대안적 정의는 태양 주변에 있는 항성들의 평균 운동에 근거하고 있다. 기준 항성을 잘 선택하면 역학적 LSR과 운동학적 LSR은 잘 일치한다 하더라도, 운동학적 LSR이 구조적으로 역학적 LSR에 뒤쳐진다는 것이 보여질 수 있다. 본 교재의 나머지부분에서 LSR은 항상 역학적 LSR을 의미한다.

LSR의 속도성분은

$$\Pi_{\mathrm{LSR}} \equiv 0, \qquad \Theta_{\mathrm{LSR}} \equiv \Theta_0, \qquad Z_{\mathrm{LSR}} \equiv 0$$

이 되어야 하는데, 여기서 $\Theta_0 \equiv \Theta(R_0)$이고, R_0는 태양 은하중심거리이다. 한번 LSR이 선택되면, 태양은 곧바로 그 점으로부터 벗어나기 시작한다는 점에 주목해 보자. 이는 우리가 기준점을 끊임없이 재정의할 필요가 있다는 것을 의미한다. 실제로는, 이것은 중요한 문제가 아닌데, 왜냐면 LSR의 230 Myr 궤도주기가 현대적인 망원경관측이 시작된 이래 경과한 시간에 비해 아주 길기 때문이다(이 주기는 전형적인 연구프로젝트가 진행되는 시간에 비해서도 아주 길다); 결과적으로 이런 효과들 감지할만한 충분한 시간이 없었던 것이다.

LSR에 상대적인 항성의 속도는 항성의 고유속도라 부르는데

$$\mathbf{V} = (V_R, V_\theta, V_z) \equiv (u, v, w) \tag{1.23}$$

로 주어지고, 여기에서

$$u = \Pi - \Pi_{\text{LSR}} = \Pi \tag{1.24}$$

$$v = \Theta - \Theta_{\text{LSR}} = \Theta - \Theta_0 \tag{1.25}$$

$$w = Z - Z_{\text{LSR}} = Z \tag{1.26}$$

이 성립한다. LSR에 상대적인 태양의 고유운동속도는 일반적으로 간단히 대양 운동이라 부른다.

우리가 축대칭의 은하를 가정한다면, 태양을 제외하고 태양주변의 모든 항성들에 대한 u와 w의 평균은 거의 0이 되어야 한다. 그 이유는 회전축과 중심면에 대해 대칭이 성립할 때, 은하남극쪽으로 움직이는 항성들과 똑같은 수의 항성들이 은하북극으로 움직여야 하기 때문이다. 실제로는 우리은하가 완전히 축대칭이지 않기 때문에 이는 꼭 사실은 아니지만, 그러나 오차는 지금 여기서 우리의 목적을 달성하는데 크게 중요하지 않다. 결과적으로, N개의 주변항성들에 대해 합을 구하여서

$$\langle u \rangle = \frac{1}{N}\sum_{i=1}^{N} u_i \simeq 0 \tag{1.27}$$

$$\langle w \rangle = \frac{1}{N}\sum_{i=1}^{N} w_i \simeq 0 \tag{1.28}$$

로 가정해볼 수 있다.

그러나 v성분에 대해서는 이와 똑같은 가정을 적용할 수 없다. 왜 그런지 보기위해, 그림 1.20에 묘사된 상황을 고려해보자. 서로 다른 평균 궤도 반경을 지닌 항성들이 태양주변의 구성원으로 간주되어져서 $< v >$의 계산에 포함될 자격이 있다면, 그들은 LSR에 아주 근접한 궤도로 유도하는 경로를 취해야 한다. 우리의 표본에서 모든 항성들에 대해 $u = 0$이고 $w = 0$인 특별한 경우를 고려해본다면, 항성

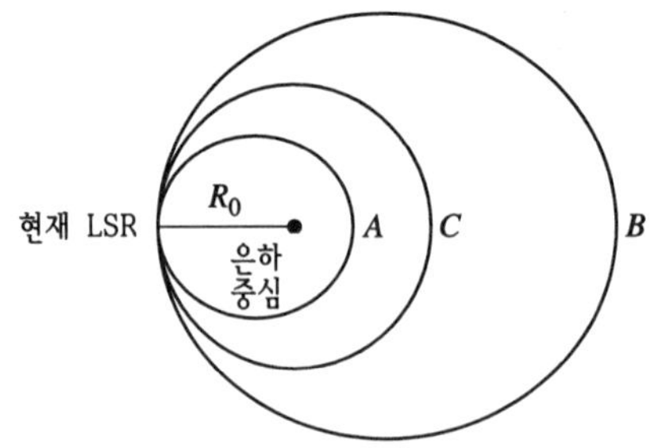

▌그림 1.20 LSR에서 만나는 3개의 가상항성들의 궤도. A와 B는 장반경이 각각 $a_A < R_0$과 $a_B > R_0$일 때의 항성들의 궤도이다. C는 LSR의 완전한 원궤도를 따르는 항성의 궤도이다.

들은 항성중심에서 가장 먼 곳에 위치하거나(원은점, apogalacticon), 또는 그들이 LSR과 완전히 일치했을 때 은하중심에 가장 가까운 위치(근은점, perigalacticon)에 놓이게 될 것이다; 이는 그림에서 각각 A와 B에 대해 사실이다. 그들의 특별한 궤도를 따르는 두 개의 항성에 대해 이제 $\Theta_A(R_0) < \Theta_0$와 $\Theta_B(R_0) > \Theta_0$가 성립한다. 이는 $v_A < 0$과 $v_B > 0$을 뜻하게 된다. 마지막으로, 태양은하중심거리 바깥쪽 보다도 내부에 더 많은 항성들이 존재하기 때문에(예를 들어 식 1.9를 보라),

$$\langle v \rangle < 0 \tag{1.29}$$

이 성립한다(이는 왜 운동학적 LSR이 이전에 언급되었듯이 구조적으로 역학적 LSR에 뒤처지는지의 이유를 설명해준다).

태양에 상대적인 어떤 특정 항성에 대해 측정된 속도는 이제 항성의 고유운동속도와 LSR에 대한 태양운도의 차이로 주어지거나, 또는

$$\Delta u \equiv u - u_\odot, \qquad \Delta v \equiv v - v_\odot, \qquad \Delta w \equiv w - w_\odot$$

로 주어진다. 식 (1.27), 식 (1.28) 그리고 식 (1.29)에 의해 주어진 항성의 고유운동속도에 대한 평균값을 사용하여 항성운동에 대해 풀어보면

$$u_\odot = -\langle \Delta u \rangle \tag{1.30}$$

$$v_\odot = \langle v \rangle - \langle \Delta v \rangle \tag{1.31}$$

$$w_\odot = -\langle \Delta w \rangle \tag{1.32}$$

을 얻게 된다. 태양운동의 u와 w성분들은 단순히 R과 z방향에서에서 태양에 대한 다른 항성들의 평균상대속도를 반영해 준다. 정성적으로, 이들 항성들은 그들이 공간을 움직이면서 태양을 지나치며 흘러가는 것처럼 보인다.

태양운동의 v성분을 구하기 위해, 우리는 우선 태양주변에서 항성들의 평균 v값을 알아야한다. 불행하게도, 이는 현재 논의 수준을 넘어서는 우리은하 운동이론을 요구한다. 그러나, 정성적으로 볼 때 그 과정은 $< v >$에 대한 분석적 표현을 태양주변의 항성개수밀도의 방사변화의 성분으로 유도하는 것을 포함하고 있다. 이런 관계의 정당화는 은하중심거리가 감소하면서 개수밀도가 증가하는 것에 기인한 LSR 뒤의 항성운동의 지체와 관련된 논의에서 찾아진다. 결과는

$$\langle v \rangle = C\sigma_u^2$$

의 형태의 방정식으로 표현되는데, 여기서 C는 상수이고,

$$\sigma_u \equiv \langle u^2 \rangle^{1/2}$$

는 LSR에 대한 태양주변항성들의 고유운동속도의 R성분의 분산 척도가 된다; 물론 $\sigma_u^2 =< \Pi^2 >$이다.

σ_u는 속도분포의 표준편차에 관계되는데, 이는

$$\text{표준편차} \equiv \frac{1}{\sqrt{N}}\left[\sum_{i=1}^{N}(u - \langle u \rangle)^2\right]^{1/2}$$

로 정의된다. $< u >= 0$인 특별한 경우에는, $\sigma_u =< u^2 >^{1/2}$가 표준편차와 같아지는데, 이때 σ_u는 u의 속도분산으로 알려졌다.

그림 1.20으로 다시 돌아가서, 왜 σ_u가 $< v >$와 상관관계가 있는지 살펴볼 수 있다. u에서 큰 분산을 야기하는 항성 표본은 넓은 영역의 타원궤도가 포함되어 있음을 의미한다. 이는 $R < R_0$인 항성종족이 많기 때문에 v의 평균값이 더 음수쪽으로 되는 결과를 초래한다; $v > 0$인 항성들보다 $v < 0$인 항성들이 더 많이 존재한다. 또는 σ_u^2이 감소하면서, 더 작은 수의 항성들이 뚜렷한 비 원형 궤도를 지니게 되고, 그래서 $< v >$가 0에 가까워지게 될 것이다. 식 (1.31)로부터

$$\langle \Delta v \rangle = C\sigma_u^2 - v_\odot$$

가 얻어지고, $-v_\odot$는 단순히 $< \Delta v >$와 σ_u^2의 그래프에서 y축 절편이 된다; 문제 1.14를 보라. C는 선형관계의 기울기이다.

태양의 고유운동속도의 성분들은

$$u_\odot = -10.0 \pm 0.4 \text{ km s}^{-1} \tag{1.33}$$

$$v_\odot = 5.2 \pm 0.6 \text{ km s}^{-1} \tag{1.34}$$

$$w_\odot = 7.2 \pm 0.4 \text{ km s}^{-1} \tag{1.35}$$

이 되어서, LSR에 상대적으로 태양은 (a) 은하중심을 향하여 움직이고 있으며, (b) 은하회전방향으로 더 빠르게 움직이고 있으며, (c) 은하면에서 북쪽 바깥으로 움직이고 있다. 전체적으로 볼 때, 태양운동은 헤르쿨레스자리쪽을 향하여 약 13.4 km s^{-1}로 움직이고 있다. 태양이 움직이는 방향점을 **태양향점(solar apex)**이라 부른다. 또 태양이 멀어져 하고 있는 점을 **태양배점(solar antapex, Columba**에 위치한)이라 부른다. 그러나 태양운동에 대한 정확한 값과 태양향점의 위치는 어떤 항성을 기준항성으로 택했느냐에 따라 달라진다는 사실에 주목하는 것이 중요하다.

태양운동이 알려졌으니, 이제 태양에 상대적인 항성의 속도가 LSR에 상대적인 고유운동으로 변환되어질 수 있다. 그러면 그들의 운동학에 대한 정보를 얻어내기 위해 태양주변에 있는 특별한 항성 표본들에 대해 고유운동의 한 성분에 대한 다른 성분의 그림을 그려볼 수 있다. 그런 그림의 결과로 **속도 타원면**이라는 패턴을 얻게 된다. $u-v$도에 묘사되어 있는 것처럼(그림 1.21), 젊고, 금속성이 풍부한 주계열의 A형 항성이 이용될 때 LSR에 대한 속도영역은 잘 한정되어지는데(작은 분산을 가지고), 늙은 K형 거성들에 대해서는, u와 v모두에서 넓은 변화가 관측이 되며, 늙고, 금속성이 희박한 적색왜성들에 대해서는 그 퍼짐이 더 크다(큰 분산). 일반적으로 똑같은 양상이 $w-v$곡선에서도 나타나는 반면, w가 u에 대해 표현될 때는 상당히 대칭도가 높은 그림이 보여진다.

그림 1.21의 특별한 특징들이 약간 자세히 논의되어질 가치가 있다. 우선 금속성과 속도분산사이에 아주 뚜렷한 관계를 들 수 있는데, 이를 **속도-금속성관계**라

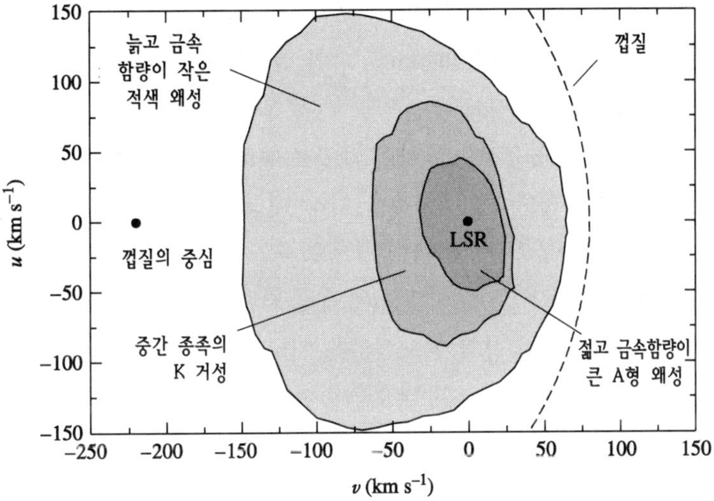

▌**그림 1.21** 태양주변에 있는 항성들의 고유운동속도의 v와 u성분이 지니는 개략도. 가장 안에 있는 윤곽은 금속성이 풍부한 A형 주계열항성이고, 중간에 위치한 윤곽은 이보다는 늙은 K형 거성을 나타내주고 있으며, 가장 바깥 윤곽은 금속성이 아주 희박한 적색왜성을 보여주고 있다. LSR은 $<v,u \geq (0,0)$에 놓여있다. 둘러싸고 있는 $v=-220\ \mathrm{km\ s^{-1}}$에 중심이 있고, 반경이 거의 $300\ \mathrm{km\ s^{-1}}$인 원은 LSR의 궤도속도를 나타내준다.

부른다. 속도-금속성과 나이-금속성관계가 조합되면, 속도타원면들은 우리은하에서 가장 늙은 항성들이 넓은 범위의 고유운동속도를 지니고 있다는 것을 암시해주는데, 이는 3개의 모든 좌표계에서 뚜렷하게 나타난다. 가장 작은 고유운동을 지닌 항성들은 LSR로부터 그렇게 빨리 떠내려가지 않기 때문에, 그들은 LSR의 궤도와 비슷한 궤도를 지니고 있음이 분명하고, 이는 이들 젊은 항성들이 얇은 원반의 구성원이라는 것을 암시해준다. 반면, 가장 큰 고유운동을 지닌 항성들은 우리은하 중심에 대해 아주 다른 경로를 따르게 된다. 특히, 큰 $|w|$의 값을 지닌 항성들은 원반의 위와 아래에서 아주 큰 거리로 그들을 끌어주는 궤적을 따라 태양 주변을 지나가는 것이 틀림없다. 이들 늙고, 금속성이 희박한 항성들은 항성헤일로의 구성원으로써 이전 절에서 언급한 높은 속도 항성들이다.

고유운동속도 그림의 두 번째 공통적인 특징은 속도타원면에서 v축을 따라 분명한 비대칭을 보이는 것인데, 비대칭도는 금속성과 나이의 함수로 나타내진다(이 효과는 비대칭 표류(asymmetric drift)라 불린다). 작은 수의 항성들이 $v>+65\ \mathrm{km\ s^{-1}}$로 관측되었지만, $v<-250\ \mathrm{km\ s^{-1}}$를 지닌 금속성이 희박한 RR

Lyrae와 준왜성들이 또한 존재한다. 사실은, 그림 1.21에 점선으로 제안된 거의 원형이며 반경이 거의 300 km s^{-1}인 껍질은 높은 속도 항성들 주위라고 결론지어질 수 있다. 속도껍질의 중심은 $u-v$도와 $w-v$도 모두에서 거의 $v=-220$ km s^{-1}인 것 같다. 평균적으로 항성 헤일로가(회전한다할 때) 아주 느리게 회전하고 있다면, LSR의 궤도속도는 v축을 따라 대칭인 점으로 보여져야 한다. 이는 $\Theta \simeq 0$인 헤일로 항성들이(은하회전방향으로 속도성분이 없다) v의 고유운동속도를 보여주지 않기 때문에, 단순히 LSR의 운동을 반영하게 된다(즉 $v \simeq -\Theta_0$). 전체적인 은하회전과 반대방향의 궤도성분을 지니고 있는 항성들은 $v<-\Theta_0$의 값을 지닌다. 이런 논거로 LSR의 궤도속도는

$$\Theta_0\,(R_0) = 220 \text{ km s}^{-1} \tag{1.36}$$

이 되는 것 같은데, 이는 현재 IAU 표준으로 받아들여지고 있다. 이 값은 외부은하군을 기준으로해서도 측정되어졌다.[8)]

예제 1.3.1

태양은하중심거리 안에 있는 우리은하의 질량에 대한 추정은 케플러 제 3법칙을 R_0와 Θ_0을 함께 이용해서 이루어질 수 있다. $R_0=8$ kpc와 $\Theta_0=220$ km s^{-1}를 이용하면, LSR의 궤도주기는

$$P_{\text{LSR}} = \frac{2\pi R_0}{\Theta_0} = 230 \text{ Myr}$$

이 된다. 태양원내부의 우리은하 질량이 LSR를 따라 궤도운동을 하는 시험입자의 질량보다 아주 크고, 그래서 우리은하질량덩어리가 구형대칭으로 분포되었다고 가정하면, 케플러 제3법칙(식 2.37)은

$$M_{\text{LSR}} = \frac{4\pi^2 R_0^3}{G P_{\text{LSR}}^2} = 8.8 \times 10^{10} \text{ M}_\odot$$

8) Kuikjken and Tremaine(1994)은 Θ_0에 대한 IAU 값이 너무 크다고 제안하였다. 다양한 우리은하 물리량에 대한 모순없은 해들에 근거해보면 $\Theta_0=180$ km s^{-1}정도된다고 그들은 주장하였다.

이 된다. 이 값은 1.2절에서 빛을 내는 물질의 질량추정과 잘 비교가 되지만, 암흑물질 헤일로가 포함될 때는 추정된 우리은하 총질량보다는 훨씬 작다.

1927년에 오르트(Jan Oort, 1900-1992)은 $v > +65\ \mathrm{km\ s^{-1}}$인 항성들이 관측되지 않았기 때문에 우리은하의 탈출속도는 우리은하중심에 대해 $\Theta_0 + 65\ \mathrm{km\ s^{-1}} \sim 300\ \mathrm{km\ s^{-1}}$임에 틀림없다고 제안하였다. 사실 오늘날 우리는 태양주변에서 은하중심에 대해 $\sim 500\ \mathrm{km\ s^{-1}}$의 속도를 지닌 극도로 높은 속도항성들이 약간은 존재한다는 것을 안다. 이들 항성들이 우리은하를 탈출하지 않기 때문에, $v \sim +65\ \mathrm{km\ s^{-1}}$ 근처의 강한 비 대칭성은 단순히 아주 높은 속도항성들의 결핍 때문이라는 것을 설명해준다; 문제 1.15를 보라.

은하의 차등회전과 오르트 상수들

1927년 오르트는 천문학자들이 우리은하의 차등회전곡선을 결정할 때 시도하는 기본이 되는 일련의 관계들을 유도해냈다. 논의를 간단하게 하기 위해, 우리는 모든 운동들이 우리은하중심에 대해 원운동한다고 가정해본다.

그림 1.22에 서술된 상황을 고려해보자. 태양(O점에 있다)과 (S에 놓인) 다른 항성 또는 다른 어떤 천체가 은하중심면에서 은하중심(C에 놓임)을 궤도운동하고 있다고 가정한다. 태양과 S점에 놓여있는 항성사이에 측정된 속도벡터는 두 천체 사이의 상대속도이다. 그래서, 관측된 속도벡터를 은하중심에 대한 천체의 실제속도와 비교해보기 위해, 항성의 운동과 태양운동사이의 차이를 고려해볼 필요가 있다. 물론, 실제로는 직접 측정되어지는 상대적인 공간운동이 아니고, 시선속도와 고유운동이 측정되는데, 고유운동은 항성까지의 거리 d가 알려질 때 법선속도로 변환되어 진다.

만일 시선방향이 은위 ℓ 방향이고, 또 $\Theta(R)$이 은하중심에서의 거리함수로 나타내진 궤도속도곡선이라면, 항성의 상대적인 시선속도와 법선속도는 각각

$$v_r = \Theta \cos\alpha - \Theta_0 \sin\ell$$
$$v_t = \Theta \sin\alpha - \Theta_0 \cos\ell$$

로 주어지는데, Θ_0는 완전한 원형운동이라는 이상적인 경우에서 태양의 궤도속도이고(실제로 LSR의 궤도속도), α는 그림에서 정의되었다. 각속도곡선을

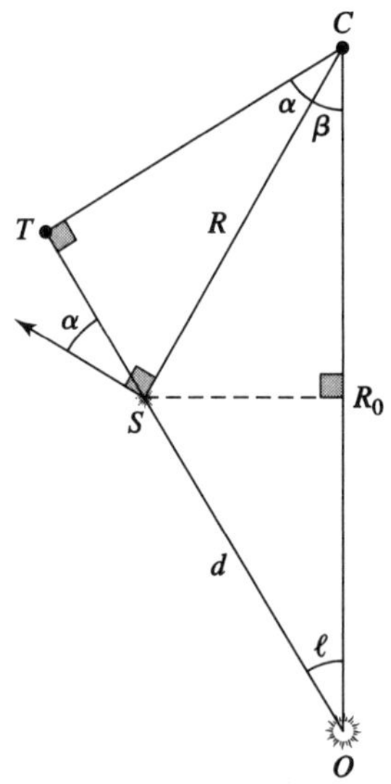

▮ **그림 1.22** 은하면에서 차등회전을 분석하기 위한 기하. 태양은 점 O에 놓여있고, 은하중심은 C에 놓여있다. S에 있는 항성은 태양으로부터 거리 d만큼 떨어져 있다. l은 S점에 있는 항성의 은위이고, α와 β는 보조각들이다. 운동의 방향은 NGP로부터 볼 때 우리은하의 시계방향 회전을 나타내주고 있다.

$$\Omega(R) \equiv \frac{\Theta(R)}{R}$$

로 정의하면, 상대적인 시선속도와 법선속도는

$$v_r = \Omega R \cos\alpha - \Omega_0 R_0 \sin\ell$$
$$v_t = \Omega R \sin\alpha - \Omega_0 R_0 \cos\ell$$

이 된다. 이제, 그림 1.22의 기하를 참고로, 직각삼각형 $\triangle OTC$를 살펴보면

$$R\cos\alpha = R_0 \sin\ell$$
$$R\sin\alpha = R_0\cos\ell - d$$

을 얻게 된다. 이들 관계들을 이전의 표현들에 대입해보면

$$v_r = (\Omega - \Omega_0)\, R_0 \sin\ell \tag{1.37}$$
$$v_t = (\Omega - \Omega_0)\, R_0 \cos\ell - \Omega d \tag{1.38}$$

이 된다. 식 (1.37)과 식 (1.38)은 원형운동 가정이 성립되는 한 유효하다.

은하중심에 대한 태양운동이 완전히 원형은 아니다 할지라도, LSR에 대한 태양의 고유운동속도는 Θ_0에 대해 아주 작다(단지 6%). 결과적으로, 1차어림으로, 식 (1.37)과 식 (1.38)은 다른 상수들이 알려지기만 하면 $\Omega = \Omega(R)$에 대한 합리적인 추정을 제공한다. 그러나 천체가 삼각시차를 이용할 만큼 충분히 가까이 있거나, 또는 다른 상당히 신뢰할 만한 거리측정이 적용될 수 있는 경우(즉 항성이 세페이드 변광성인 경우 가능)가 아니면, d를 측정하기란 일반적으로 아주 어렵다.

또 다른 복잡성은 성간소광 효과 때문에 일어난다. 우리은하의 구조를 아주 먼 거리까지 관측하는 우리의 능력은 가시광선 파장영역에서 심하게 제한된다. 우리가 바데 창같이 상대적으로 투명한 방향을 관측하지 않는 한, 태양으로부터 수천 pc 정도 밖에 있는 항성을 관측할 수 없다. 이런 제한의 중요한 예외 중의 하나는 (아래에 자세히 논의되겠지만), HI의 21 cm 파장 영역이다; 사실상 은하전체가 21 cm 복사에 대해서는 광학적으로 얇아서, 그 파장 영역이 우리은하구조를 연구하는데 값진 도구가 되었다.

광학 영역에서의 거리 한계 때문에 오르트는 태양 주변에만 타당한 v_r과 v_t의 어림 방정식 세트를 유도하였다. 이런 제한점에도 불구하고, 이런 대안적 공식은 아직도 우리은하의 거대구조에 대한 놀랄만한 정보들을 제공해줄 수 있다.

여기서 $\Omega_0(R_0)$에 대한 $\Omega(R)$이 R이 매끄럽게 변하는 함수여서, $\Omega_0(R_0)$에 대해 $\Omega(R)$을 테일러 표현으로 변환될 수 있다고 가정한다:

$$\Omega(R) = \Omega_0\,(R_0) + \left.\frac{d\Omega}{dR}\right|_{R_0} (R - R_0) + \cdots$$

그래서, 1차항을 보면, Ω와 Ω_0의 차이는

$$\Omega - \Omega_0 \simeq \left.\frac{d\Omega}{dR}\right|_{R_0} (R - R_0)$$

이 되고, Ω의 어림은

$$\Omega \simeq \Omega_0$$

이 된다. 우리는 또한 $\Omega = \Theta/R$을 사용한다면, 식 (1.37)과 식 (1.38)은 (정리하고 간단히 하면)

$$v_r \simeq \left[\left. \frac{d\Theta}{dR} \right|_{R_0} - \frac{\Theta_0}{R_0} \right] (R - R_0) \sin \ell$$

$$v_t \simeq \left[\left. \frac{d\Theta}{dR} \right|_{R_0} - \frac{\Theta_0}{R_0} \right] (R - R_0) \cos \ell - \Omega_0 d$$

이 된다. 그림 1.22로부터

$$R_0 = d \cos \ell + R \cos \beta \simeq d \cos \ell + R$$

이 성립하는 것이 분명해지는데, 후자는 $d \ll R_0$가 $\beta \ll 1$라디안을 의미하기 때문에 작은 각 어림 $\cos\beta \simeq 1$을 통해 얻어지게 된다. 최종적으로 적절한 삼각함수의 성질과

$$A \equiv -\frac{1}{2} \left[\left. \frac{d\Theta}{dR} \right|_{R_0} - \frac{\Theta_0}{R_0} \right] \tag{1.39}$$

$$B \equiv -\frac{1}{2} \left[\left. \frac{d\Theta}{dR} \right|_{R_0} + \frac{\Theta_0}{R_0} \right] \tag{1.40}$$

로 정의되는 오르트 상수를 이용하면,

$$v_r \simeq Ad \sin 2\ell \tag{1.41}$$

$$v_t \simeq Ad \cos 2\ell + Bd \tag{1.42}$$

이 얻어진다.

오르트 공식의 은위에 대한 함수적 종속성을 이해하기 위해, 그림 1.23(a)에 보여진 가까이 있는 항성들의 궤도를 고려해보자. $\ell = 0°$와 $\ell = 180°$ 방향의 항성들에 대해, 시선속도는 0이 된다. $\ell = 90°$ 또는 $\ell = 270°$에 대해서 관측되는 항성들은 기본적으로 태양과 같은 원궤도를 돌고 있고, 또 같은 속도로 움직이고 있어서,

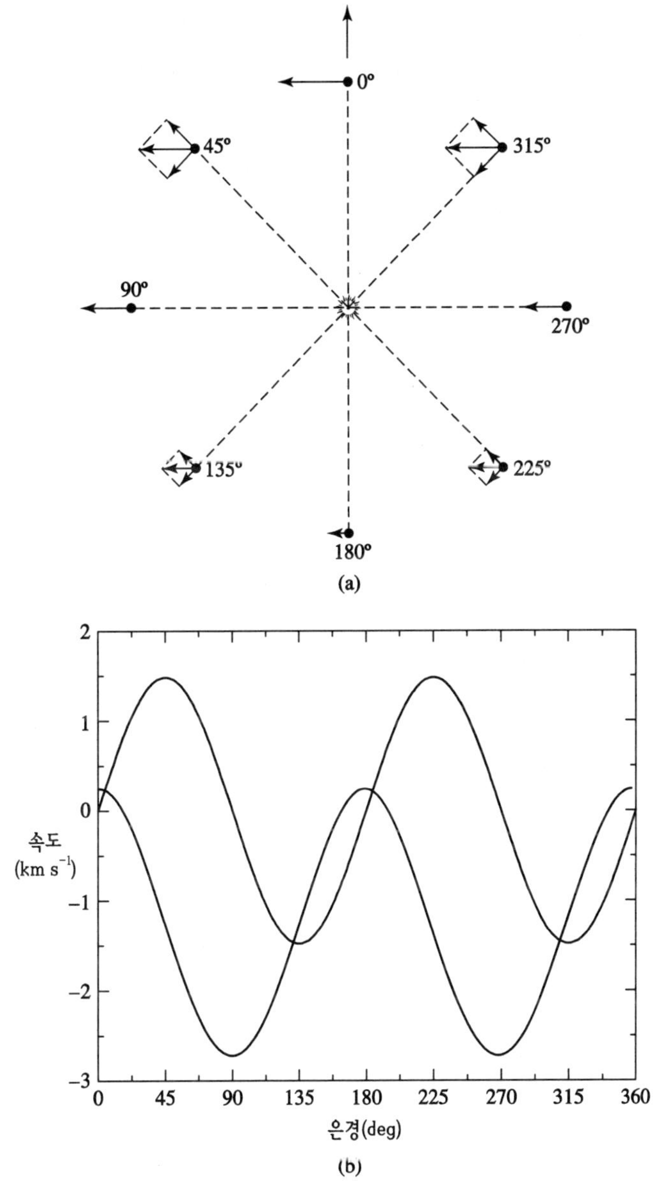

▌그림 1.23 (a) 태양근처에 있는 항성들의 차등회전은 시선속도와 법선속도의 은위에 대한 종속성으로 나타난다. (b) 시선속도는 $\sin 2l$에 비례하고(실선), 법선속도는 $\cos 2l$(점선)의 함수이다. 곡선들은 태양으로부터 100 pc 떨어져 있는 항성들을 보여주고 있는데 이때 A=14.8 km s^{-1}이고 B=−12.4 kgc^{-1}이다.

또 다시 $v_r = 0\ \mathrm{km\ s^{-1}}$이 된다. 중간 정도의 각에서는 그러나 상황이 약간 더 복잡해진다. 즉, 우리가 태양주변에서 $\Omega(R)$이 바깥쪽으로 단순 감소한다고 가정하면, $l = 45°$에서 관측되는 항성은 은하중심에 아주 가깝고, 태양을 앞질러 움직이고 있다; 그래서 양부호의 시선 속도가 측정될 것이다. $l = 135°$에 대해서 태양이 그 별을 앞지르게 되어서 시선 속도가 음의 부호를 지니게 된다. $l = 225°$에서 태양은 그 별로부터 멀어져가고 있어서 양부호의 시선 속도가 나오며, $l = 315°$에서는 별이 태양을 따라잡아서 시선 속도는 다시 음수가 된다. 전체적인 결과는 그림 1.23(b)에 보여지는 이중 사인함수가 된다. 비슷한 분석을 해보면, 법선 속도 곡선은 이중 코사인함수에 일정한 상수가 더해진 형태가 된다는 것을 알 수 있다; 문제 1.17을 보라. 같은 값의 d를 지닌 항성들 표본에 대해서는 v_r과 v_t곡선의 진폭이 (각각 식 1.41과 식 1.42) A가 되고, v_t의 수직 어긋남은 B정도 된다.

이제 오르트 상수(A와 B)와 은하 회전의 국부 변수들(R_0, Θ_0, $\Omega_0 = \Theta_0/R_0$, $(d\Theta/dR)_{R_0}$)사이의 아주 중요한 관계들을 유도해 낼 수 있게 되었다. 예를 들어, 식 (1.39)와 식 (1.40)으로부터 우리는 즉시

$$\Omega_0 = A - B \tag{1.43}$$

$$\left.\frac{d\Theta}{dR}\right|_{R_0} = -(A + B) \tag{1.44}$$

임을 알 수 있다.

상수의 은위 l에서 시선방향을 따라 보여지는 가장 큰 시선 속도를 고려해보면, 한층 더 유용한 관계가 발견되어질 수 있다. 다시 그림 1.22로 되돌아가보면, 최대 관측가능한 시선속도를 지닌 항성은 T에 놓여있게 되는데, 이곳은 $\alpha = 0°$ 되는 점이다. 이 접점에서는 은하중심까지의 거리가 최소가 되고 $\Theta(R)$이 최대가 된다(우리가 $\Theta(R)$이 중심바깥쪽으로 단순 감소한다고 가정할 수 있다면). 더욱이, 궤도 속도 벡터는 그 점에서 시선 방향을 따라 놓여있다. 이 은하중심으로부터 최소 거리는

$$R_{\min} = R_0 \sin \ell$$

로 주어지고, 최대 시선 속도는

$$v_{r,\max} = \Theta(R_{\min}) - \Theta_0(R_0)\sin\ell$$

이 된다. 이제 우리가 우리의 관측들을 은위를 가깝지만 90°보다 작거나, 가깝지만 270°보다 크게 제한한다면(즉 태양원내), 그러면 $d \ll R_0$, $R \sim R_0$ 그리고 $\Theta(R)$은 Θ_0에 대해

$$\Theta(R_{\min}) = \Theta_0(R_0) + \left.\frac{d\Theta}{dR}\right|_{R_0}(R_{\min} - R_0) + \cdots$$

와 같은 테일러 급수로 표현될 수 있다. 이를 $v_{r,\max}$에 대한 표현으로 치환하고, 1차항을 유지한 채 식 (1.39)를 이용하면

$$v_{r,\max} \simeq 2AR_0(1 - \sin\ell) \tag{1.45}$$

을 얻게 된다.

여기서 유도를 시도하지는 않고 단지 완전성을 위해 포함시킨 마지막 관계는 A와 B를 R과 θ방향에서 고유운동속도의 분산과 연관시켜준다:

$$\frac{-B}{A-B} = \frac{\sigma_v^2}{\sigma_u^2} \tag{1.46}$$

식 (1.43)에서 식 (1.46)까지는 위에서 논의된 직접관측을 벗어나는 R_0와 Θ_0의 값에 대한 추가적인 제한을 제공해준다. 사실, A와 B가 태양 주변에서 은하 차등 회전에 대한 결정적인 정보를 제공해주기 때문에, 이들 상수값을 결정하는데 지금까지 상당히 많은 노력들이 경주되어 왔다. 히파르쿠스 측성학 위성 관측의 결과들에 근거하여 보면, 물론 A와 B값의 선택에 대해 아직도 논란이 있기는 하지만,

$$A = 14.8 \pm 0.8\ \mathrm{km\ s^{-1}\ kpc^{-1}} \tag{1.47}$$

$$B = -12.4 \pm 0.6\ \mathrm{km\ s^{-1}\ kpc^{-1}} \tag{1.48}$$

란 값들이 현재 획득 가능한 자료들과 잘 일치하는 것처럼 보인다.

은하구조의 탐사자로서의 수소 21 cm 방출선

우리은하 원반의 속도에 대한 거대구조를 결정하기위해서는, 1차 테일러급수표현에 의존하지 않는 v_r과 v_t의 더 일반적인 표현을 다시 살펴보아야 한다. 이미 언급한 바와 같이 H I으로부터의 21 cm 방출선은 실제 전체 은하를 통과할 수 있어서, 21 cm 방출선은 우리은하의 구조를 연구하는데 필수불가결한 도구이다. v_r을 ℓ의 함수로 측정하고, 방출되는 영역과 태양사이의 거리를 알 수 있다면, 은하회전곡선을 식 (1.37)로부터 구할 수 있다.

그림 1.24(a)는 어떤 특정 시선 방향을 따라 보이는 전형적인 H I 의 21 cm 방출선 세기 분포를 보여준다. 어떤 특정 구름이 시선 방향을 따라서 발견되면, 그 구름에서 나오는 방출선의 파장은 은하 차등 회전 때문에 도플러편이를 일으키게 된다. 더군다나, 주어진 파장(또는 속도)에서 복사선 세기는 구름에서 시선 방향에 놓인 수소원자수에 비례한다. 그림 1.24(a)에 보여진 선윤곽의 마루는 그림 1.24(b)에 보여진 구름들과 일치한다.

$\Omega(R)$을 결정하고 $\Theta(R)$을 결정하는데 21cm 복사를 사용하는데 있어 근본적인 어려움은 d를 측정하는 데 있다. 이 문제는 각 시선방향에서 측정된 가장 큰 시선속도를 선택함을 통해 해결할 수 있다. 가장 큰 시선 속도는 은하중심으로부터 $R_{\min}$ 영역에서 발생되는데, 이는 $d = R_0 \cos \ell$ 를 의미한다. $0° < \ell < 90°$와 $270° < \ell < 360°$에 대해 $v_{r,\max}$를 측정하여서, 태양은하중심거리 내의 회전 곡

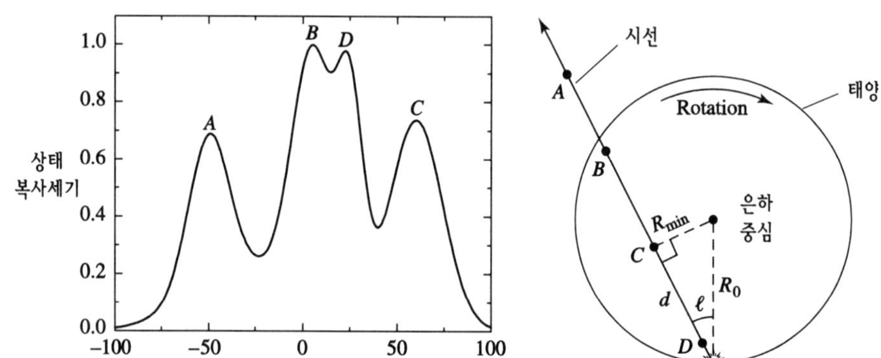

▌그림 1.24 (a) 전형적인 21cm HI 선윤곽, (b) 선 윤곽은 어떤 특정 시선방향을 따라 여러 가스구름을 관측함으로 얻어진다. 은하의 차등회전 때문에 각 구름은 태양에 상대적으로 서로 다른 시선속도를 지니게 된다.

선을 결정할 수 있다. 불행하게도, 이런 방법은 은위가 $90° < \ell < 270°$인 영역에는 사용할 수 없다. 그 이유는 최대시선속도가 관측될 수 있는 유일한 궤도가 존재하지 않기 때문이다. 이런 방법은 또한 $\ell = 90°$와 $\ell = 270°$근처에도 사용할 수 없으며 그 이유는 v_r이 태양으로부터의 거리의 변화에 오히려 민감하지 않기 때문이다. 은하중심의 약 20° 내의 은위에 대해서는 또 다른 문제가 발생한다; 심하게 비원형 운동을 하는 구름들이 이 영역에 존재하는데, 아마도 중심 막대영역의 중력 섭동 때문에 비 원형운동이 일어나서 이전의 분석에서 취했던 가정들이 성립하지 않는다.

편평한 회전곡선과 암흑물질의 증거

$R > R_0$에 대한 $\Theta(R)$을 측정하기 위해서 우리는 세페이드같이 은하면에서 관측가능한 천체들에 의존해야하는데, 그런 천체들에 대해 우리는 직접 거리를 구할 수 있다. 이들 자료들은 우리은하의 회전곡선이 R_0를 넘어선 거리에서는 뚜렷하게 감소하지 않는다는 것을 보여주며, 실제로는 약간 증가하는 것 같다(이는 R_0근처에서는 오르트상수들이 $A < -B$가 됨을 의미한다). 얻을 수 있는 모든 자료들을 다 조합해보면 우리은하의 회전곡선에 대해 가능한 형태를 얻는데, 그림 1.25에 나타냈다.

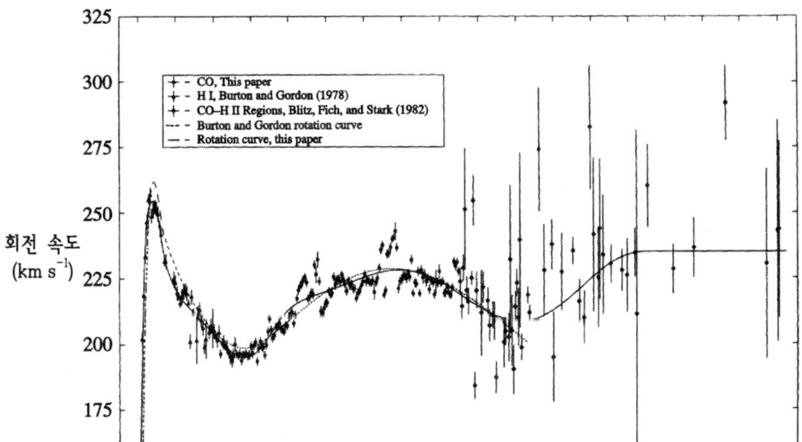

그림 1.25 우리은하의 회전곡선. 1985년 IAU가 정한 표준값인 $R_0 = 8.5$ kpc와 $\Theta_0 = 220$ km s^{-1}가 가정되었다.(출처 : Clemens, Ap.J. 295, 422, 1985)

은하회전곡선이 R_0 밖에서는 거의 상수라는 것을 발견한 것이 천문학자들에게는 아주 크게 놀랄만한 일이었다. 뉴턴 역학에 의하면, 대부분의 질량이 태양원 내부에 있다면, 회전곡선은 케플러운동과 같은 행동을 보이며 $\Theta \propto R^{-1/2}$의 형태로 떨어져야한다(문제 1.18). 그런 사실은 상당한 양의 질량이 은하의 R_0밖에 존재한다는 것을 시사한다. 이 결과는 우리은하에서 대부분 밝은 천체들이 태양은하중심반경 내에 존재하는 물질들에 의해 생성되었기 때문에 더욱 기대되지 않았던 사실이다.

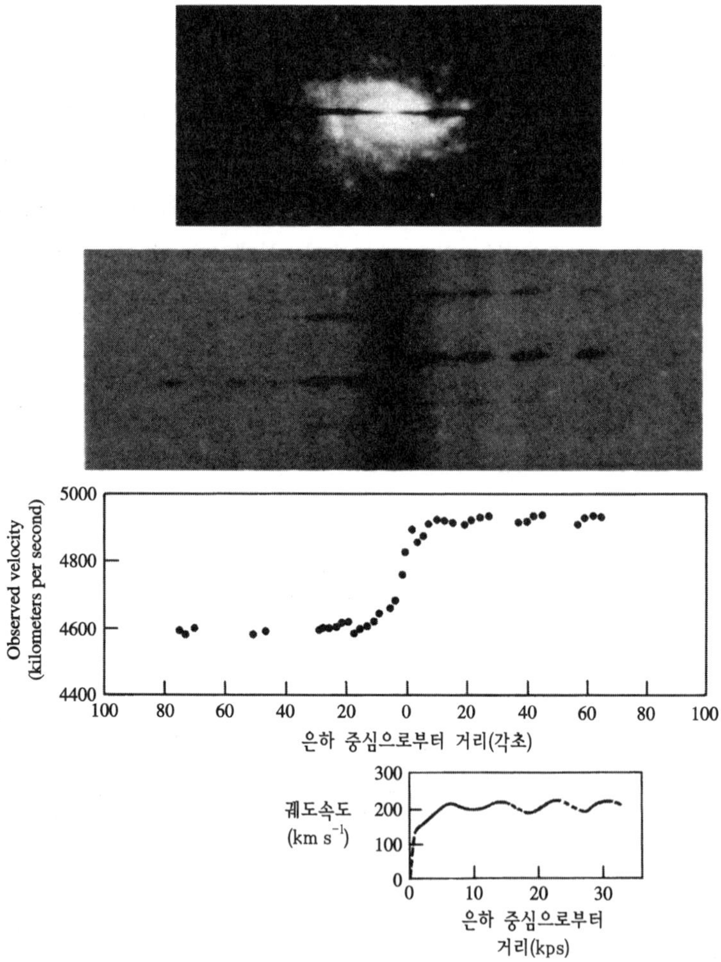

▌그림 1.26 NGC 2998의 회전곡선이 슬릿분광기로 측정되었다. $H\alpha$ 파장영역이 보여졌다. 전체적으로 볼 때 전체 은하는 우리로부터 4800 km s^{-1}의 속도로 멀어져가고 있다.(출처 : Vera Rubin, 1983)

우리은하에 대한 자료는 1970년대 후반 루빈(Vera Rubin)과 그 동료들이 획득한 자료를 비롯하여 외부 나선은하들에 대한 관측자료에 의해 지지되어졌다. 그림 1.26은 지구로부터 96 Mpc 떨어진, 큰개자리의 은하인 NGC 2998에 중첩된 분광 슬릿을 보여주고 있다. 그 영상 아래에 Hα 근처의 파장 영역의 스펙트럼을 보여주고 있다. 빛이 기록된 슬릿의 왼쪽 부분은 청색편이 되었고, 오른쪽 부분은 적색편이 되었다. 도플러 편이들은 이제 시선속도로 변환되고, 거기에 상응하는 회전곡선이 결정된다.

비슷한 회전곡선이 다수의 외부 나선은하들에서 대하여 측정되었다(그림 1.27). 가장 안쪽 영역을 제외하고는(우리은하에 대해서는 1.4절에서 논의되어질 것이다), 중심으로부터 수 kpc 정도까지는 거리가 증가하면서 회전속도가 급격하게 증가한다. $\Theta \propto R$일 때, $\Omega = \Theta / R$이 상수이고, 모든 강체에서와 마찬가지로 모든 항성들이 은하중심에 대해 같은 궤도주기를 지니기 때문에, 이런 회전형태를 강체회전이라 부른다. 수 kpc를 넘어서면, 거의 편평한 회전곡선이 측정의 한계 부근까지 계속된다.

은하회전이 질량분포에 따라 다르기 때문에, 이들 곡선을 연구하면 은하에 대한 많은 사실들을 밝혀낼 수 있다. 예를 들어, 은하중심 근처의 강체회전은 질량이 거의 구형으로 분포하고 밀도는 거의 상수라는 것을 의미하게 된다(문제 1.20). 반면, 편평한 회전곡선은 우리은하의 바깥 부분에 있는 물질들이 r^{-2}에 비례하는 밀도 법칙에 따라 구형으로 분포되어있음을 제안해준다.

이를 살펴보기 위해, V가 상수일 때 $\Theta(r) = V$라 가정하자.[9] 그러면, 구심력과 뉴턴의 중력법칙에 대한 방정식으로부터, 구형대칭이 가정될 때, 항성 위치 r에서 은하내부의 질량 M_r에 기인하여 항성 질량 m에 작용하는 힘은

$$\frac{mV^2}{r} = \frac{GM_r m}{r^2}$$

으로 주어진다. 이를 M_r에 대해 풀면

$$M_r = \frac{V^2 r}{G} \tag{1.49}$$

9) 여기서는 은하면에서 실린더 회전에 대한 R 대신, 구형 질량 분포에 대한 r을 사용한다. 그러나, 은하면내의 회전곡선을 얻기 위해서는 우리는 $r = R$인 특별한 경우를 고려할 필요가 있다.

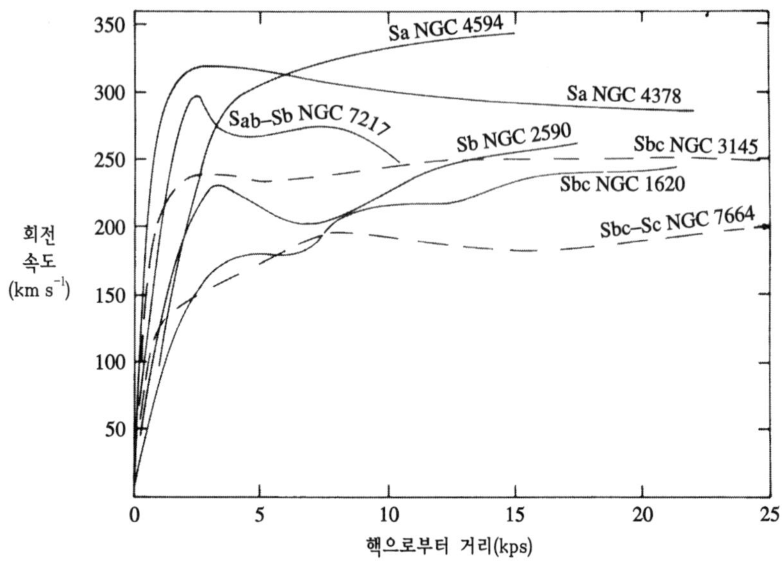

▌그림 1.27 나선은하들의 회전곡선들(출처 : Rubin, Ford and Thonnard, Ap. J. Lett., 225, L107, 1978)

을 얻게 되고, 반경에 대해 미분하면,

$$\frac{dM_r}{dr} = \frac{V^2}{G}$$

이 된다. 이제 항성구조이론으로부터 구형대칭인 시스템에서의 질량보존방정식, 식 (10.7)

$$\frac{dM_r}{dr} = 4\pi r^2 \rho$$

을 사용한다면, 우리는 우리은하의 바깥영역에서 질량밀도가

$$\rho(r) = \frac{V^2}{4\pi G r^2} \tag{1.50}$$

와 같이 변한다는 것을 보게 될 것이다.

이런 r^{-2} 종속성은 태양은하중심반경 밖에 있는 영역의 항성계수로 정의된 형태와는 아주 다르다. 식 (1.14)에서 밝은 항성 헤일로내의 항성개수밀도는 $r^{-3.5}$ 로 변화된다고 믿어진다는 것을 떠올려볼 수 있는데, 이는 편평한 회전곡선에서 보이는 것보다는 아주 심하게 급속하게 개수밀도가 떨어지는 것이다. 이런 어긋남이 천문학자들을 아주 놀라게 하였다. 1.2절의 마지막부분에서 언급했듯이, 우리은하 내 질량의 대부분은 빛을 내지 않는 (암흑)물질의 형태로 구성되어있는 것 같다. 암흑물질은 우리은하와 LMC와 SMC같은 위성은하에 있는 빛을 내는 천체들에 중력적인 영향과 배경복사원으로부터의 빛이 중력렌즈현상을 통해서만 그들의 존재를 밝힐 수 있다.

많은 학자들이 식 (1.50)을 변형해보려 하였는데, 그 중 하나가 중심 근처에서 밀도함수가 분산하지 않고 상수에 접근하도록 하는 것이다. 그런 모델은 또한 강체회전의 관측적 증거들과도 일치한다. 결과적으로, 우리은하 암흑물질 헤일로에 일반적으로 사용되는 밀도윤곽은

$$\rho(r) = \frac{\rho_0}{1 + (r/a)^2} \tag{1.51}$$

의 형태를 지니는 것으로 추정되는데, 여기서 ρ_0와 a는 전체적인 회전곡선에 적합한 매개변수로 선택되어진다. $r \gg a$에 대해, r^{-2}종속성이 얻어지고, $r \ll a$에 대해서는 $\rho \sim \text{contant}$가 성립됨에 주목해보자. 비슷한 윤곽이 다른 ρ_0와 a가 선택된 외부은하들을 모델링하는데 사용된다.

식 (1.51)은 임의로 큰 r값에 대해서는 성립될 수 없다는 것을 지적하는 것이 중요하다. 그 이유는 우리은하의 총질량은 $M_r \propto r$이기 때문에 거리가 증가하면서 무한대로 증가하기 때문이다. 결과적으로, 암흑물질 헤일로에 대한 밀도함수는 결국 사라지거나, 또는 적어도 상당히 감소되어서 질량적분 $\int_0^\infty \rho(r) 4\pi r^2 dr$이 유한으로 유지되어야 한다.

암흑물질 헤일로의 밀도분포에 대한 대안적 형태가 1996년 NFW(Julio Navarro, Carlos Frenk, and Simon White)에 의해 제안되었다. 차가운 암흑물질(CDM, cold dark matter)라 불리는 암흑물질 역학에서 일반적으로 사용되는 형태를 이용하여, NFW는 왜은하에서부터 큰 은하에 이르기까지 다양한 크기와 질량에 대하여 암흑물질 헤일로의 형성에 대한 수리적인 모사를 수행하였다. 그들의 모사는

$$\boxed{\rho_{\mathrm{NFW}}(r) = \frac{\rho_0}{(r/a)(1 + r/a)^2}} \tag{1.52}$$

라는 보편적인 윤곽이 적당한 ρ_0와 a가 선택된 넓은 영역에서 적용될 수 있음을 보여주었다(이는 식 1.15에 의해 처음 주어진 윤곽이다). NFW 밀도윤곽은 많은 헤일로에 대해 $1/r^2$처럼 어림적으로 행동하지만, 중심근처에서는 더 얕아지고($\sim 1/r$), 헤일로 가장자리에서는 더 깊어진다($\sim 1/r^3$). NFW 윤곽이 r이 증가하면서 식 (1.51)보다는 더 급하게 감소한다할지라도, NFW 윤곽내에 포함된 총질량은 여전히 무한에 가깝게 된다(문제 1.23). 실제로, 우주 내에는 우리은하 외에 외부 은하들이 존재하고, 그들의 질량 밀도함수는 우리은하의 함수와 중첩이 된다. 결과적으로, 은하들이 개별적으로 빛을 내는 천체들로 보일지라도, 그들의 암흑물질 헤일로는 실제로 은하간 공간에 합쳐지게 되는 것 같다.

편평한 회전곡선과 암흑물질의 증거

항성계수와 운동학에서 얻어진 질량밀도함수를 근거로 하여 천문학자들은 우리은하 원반의 전체적인 회전곡선에 대한 어림모델을 만들어볼 수 있게 되었다. 그런 모델중 하나를 그림 1.28에 소개하였다. 관측자료는 회전곡선이 태양부근에서(R_0) 약간 감소하고 있는 것을 보여주고 있다는 것에 주목해보자; 그래서 태양부근에서는 $d\Theta/dR = -(A+B)$의 음수값이 나온다. 모델이 속도자료에 존재하는 세부적인 구조(이들은 아마 나선팔같이 얇은 원반에서 국부적인 밀도변화에 기인

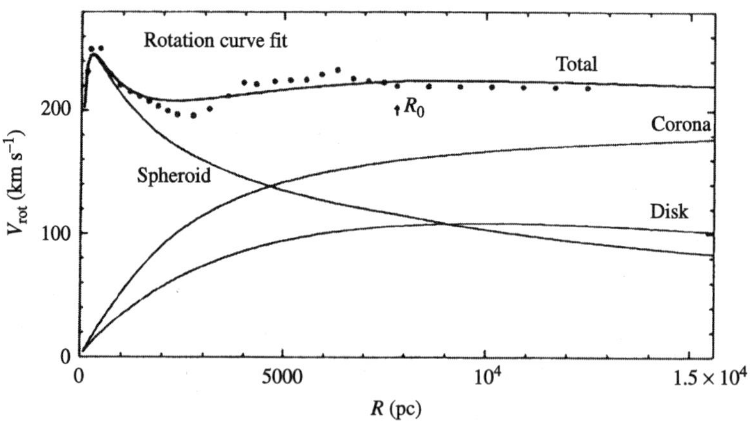

그림 1.28 우리은하의 회전곡선에 대한 한가지 모델. 각 은하성분의 질량분포가 원반의 전체적인 속도구조에 기여한다. 점선은 관측점들이다. Spheroid는 합성된 팽대부와 항성헤일로를 뜻하고, corona는 암흑물질 헤일로를 뜻한다.
(출처 : Gilmore, King and van der Kruit, The Milky Way as a Galaxy, University Science Books, Mill Valley, CA, 1990)

하는 것 같다)를 재생해주지 않는다할지라도, 모델과 관측사이에 전체적으로 잘 일치됨을 볼 수 있다. 특히 주의해서 볼 것들은 중심부분에서의 강체회전, 중심 팽대부의 합성효과에 기인한 국부적인 극대값, 항성헤일로와 암흑물질 헤일로, 그리고 R이 클 때 생기는 편평한 회전등이다.

거리를 측정하는 몇몇 방법들

우리은하 운동학을 마무리하기 전에, 우리은하 내에서 운동에 기인하여 거리를 결정하는 방법들을 논의하는 것이 마땅할 것 같은데, 그 중에 가장 중요한 방법은 움직이는 성단방법(moving cluster method)이다. 성단에서 항성들은 서로 중력적으로 속박되어있기 때문에, 그들은 공간에서 집단으로 운동한다. 성단 집단 운동에 기인한 시간에 따른 구성원들의 위치 변화를 기록해보면, 그들의 운동 방향을 결정

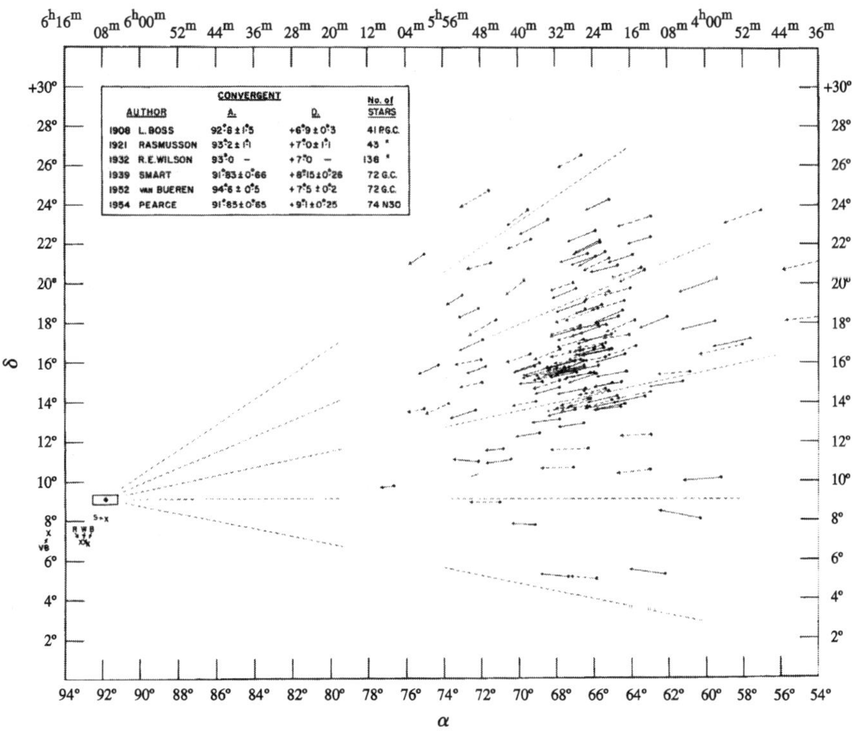

▌그림 1.29 천구상을 가로지르는 하이아데스의 겉보기 운동
(출처 : Elementary Astronomy by Otto Struve, Beverly Lynds, and Hellen Pillans, 1959, 1987년에 Beverly T. Lynds에 의해 수정됨)

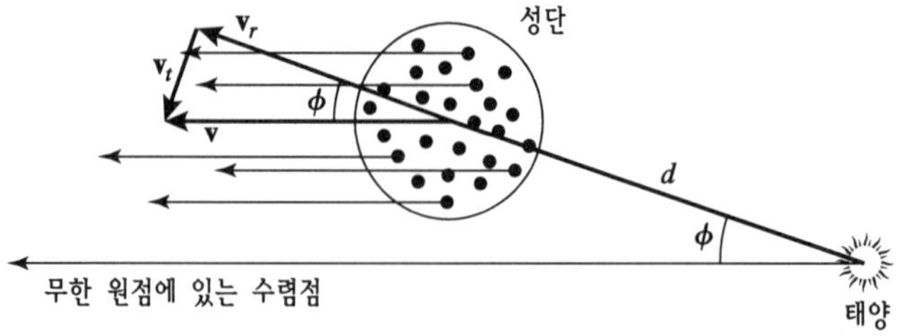

그림 1.30 성단의 공간운동이 수렴점을 향하여 있다. 이 속도벡터는 시선성분과 법선성분으로 분해될 수 있다.

할 수 있다. 태양의 고유운동효과를 제거한 후에, 공간에서 이들의 방향벡터들을 추적해보면 각 항성들이 수렴점이라 불리는 한 점을 향하여(또는 그 점으로부터 나와서) 움직이는 현상을 발견한다. 이는 간단히 긴 철로를 바라볼 때 일어나는 현상과 같이 평행선이 무한점에서 수렴할 것으로 보이는 환상이다. 황소자리에서 발견된, 하이아데스 성단 운동에 대한 그림이 그림 1.29에 보여졌다.

그림 1.30에 보여진 기하로부터, 태양에서 보여지는 성간과 수렴점사이의 각은 성단에 대한 시선방향과 성단의 공간속도벡터 $\vec{v}$사이의 각과 같아야 함을 알 수 있다(이런 주장은 수렴점이 무한대에서 택해졌기 때문에 성립한다). 이제, 공간속도를 그에 수직인 성분으로 분해하면, 시선속도가 $v_r = v\cos\phi$로 주어지고, 법선속도는 $v_t = \sin\phi$로 주어지게 된다. 이들 합쳐보면

$$v_t = v_r \tan\phi$$

을 얻는다. 법선속도는 고유운동, $\mu = v_t/d$로 관측되기 때문에, 성단까지의 거리는 수렴점의 방향 ϕ, 은하단 구성원들의 평균 시선속도, 그리고 그들 고유운동들의 평균들에 대해 알면 결정되어질 수 있다. d에 대해 풀면

$$d = \frac{\langle v_r \rangle \tan\phi}{\langle \mu \rangle} \tag{1.53}$$

이 얻어지는데, 여기서 표준 SI 단위가 d, v_r 그리고 μ에 대해 사용되었다. d, v_r 그리고 μ에 대해 더 일반적으로 사용되는 단위인 pc, km s^{-1}, arcsec yr^{-1}을 이용하면, 식 (1.53)은

$$d\,(\text{pc}) = \frac{\langle v_r \rangle \tan\phi}{4.74\,\langle \mu'' \rangle} \tag{1.54}$$

로 다시 쓸 수 있다.

이 기술은 약 200개의 구성원을 지닌 하이아데스 성단, 큰개 성군(60개)와 전갈-센타우루스 성군(100개)를 포함한 여러 성단의 거리를 측정하는데 사용되어졌다. 이중 가장 중요한 성단이 하이아데스 성단이다. 이 성단까지의 거리는 46 ± 2 pc임이 밝혀졌는데, 이는 삼각시차에 의해 측정된 것과 같은 다른 측정들과 아주 잘 일치하고 있다(히파르쿠스 위성관측자료는 하이아데스 성단 중심까지 47 pc의 값을 제공하였다).

하이아데스 성단까지 거리가 결정되었으니, 그 구성원들의 절대등급을 알아낼 수 있는데, 이때 주계열에 대한 보정이 필요하다. 다른 성단의 H-R도에 있는 주계열 별들의 겉보기 등급을 하이아데스와 비교해보면, 그림 1.31에 보여진대로 이들 성단들의 거리지수를 알아낼 수 있다. 성간소광량이 알려졌다고 가정하면(예를 들어 적색화 자료로부터), 이들 성단까지의 거리가 결정될 수 있다. 이런 거리방법은 7.3절(2권)에서 처음으로 논의되었는데, 주계열맞추기(main-sequence fitting)이라 부르며, 2.2절(2권)의 끝부분에서 논의된 분광시차방법과 비슷하다. 그러나, 주계열맞추기는 더 자세한 과정인데, 왜냐면 한 천체라기 보다는 주계열에 있는 다수의 항성들에 대한 과정이기 때문에 통계적 오차를 현격하게 감소시켜주기 때문이다. 거리가 알려진 성단에서 RR Lyrae형별을 찾아내면 이들 항성들의 고유광

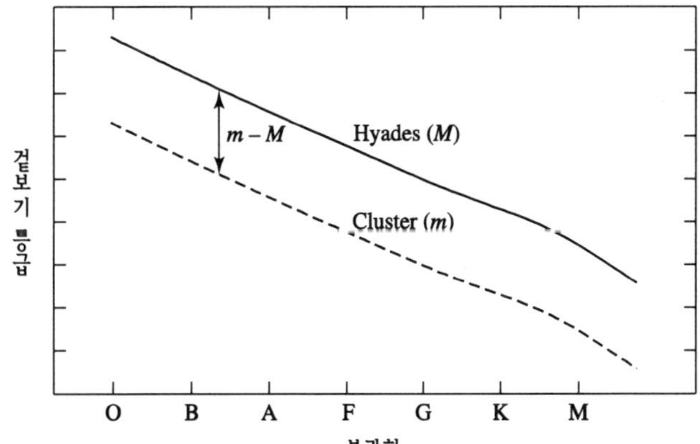

그림 1.31 성단의 거리지수가 성단의 주계열을 H-R도에서 하이아데스 성단의 주계열의 알려진 절대등급과 일치할 때까지 수직으로 이동시켜보면 얻어질 수 있다.

도를 더 정확하게 결정해주는 수단이 된다. RR Lyrae형별의 광도들이 한번 보정이 되면, 이 보정된 수치는 구상성단같은 다른 거리를 결정하는데 사용되어질 수 있다. 역사적으로 하이아데스는 지구에서 100 pc 정도 떨어진 은하나 외부은하의 거리를 측정하는 기초를 제공해주었는데, 물론 이렇게 얻어진 값들은 ESA의 히파르쿠스 위성(1989-1993), Gaia 위성(2011년 발사) 그리고 NASA의 SIM Planet Quest (2011년 발사예정)같은 우주 측성학 위성관측결과로 수정이 되어 지고 있다.

마지막으로 논의할 거리결정방법은 영년시차 방법이다. 3.1절의 삼각시차에 대한 논의에서 알게 된 태양주위의 지구 운동으로부터 직접적으로 거리를 측정할 수 있는 능력은 지구 궤도의 직경인 2AU에 의존한다는 것을 떠올려보자. 만일 기선의 길이가 증가되면, 더 멀리 떨어진 천체까지 이 방법을 사용할 수 있을 것이다. 이런 시도는 같은 분광형, 거리 그리고 공간운동같은 물리량이 같은 항성그룹에 대해 태양의 특이 운동을 이용하여 이루어졌다. 13.4 km s^{-1}의 태양의 전체적인 운동은 2.8AU yr^{-1}에 상응한다; 이는 수 년 동안 누적되면 태양 주위를 지구가 1년 동안 돌면서 얻어지는 기선보다 상당히 큰 기선을 얻을 수 있다. 이렇게 긴 기선은 이제 항성군들의 평균거리를 결정하는데 사용할 수 있다. 그러나, 측정된 태양운동은 기준으로 사용된 항성군에 따라 달라진다는 것을 기억하는 것이 중요하다. 여기에서는 이 방법에 대해 더 이상 논의하지는 않는다.

1.4 우리은하의 중심

우리은하 중심 관측은 특별히 어렵다. 은하면에 있는 다량의 가스와 티끌들은 가시광선 파장에서 30등급이상의 감광을 초래하기 때문이다. 중심면 위로 단지 30 pc 밖에 떨어져 있지 않으며, 중심에서 8 kpc 정도 떨어져있는 상태로, 태양에서 중심까지의 시선은 거의 대부분의 성간물질의 통과를 방해한다. 그러나, 태양의 특이속도가 은하면에 수직성분을 상당히 포함하고 있기 때문에($\omega_{\odot} = 7.2$ km s^{-1}), 태양은 1500만년 후에 은하면 위로 약 85 pc의 높이에 도달하게 된다는 것을 지적하는 것은 흥미로운 일이다(문제 1.27을 보라); 이는 태양을 방해하는 대부분의 물질 위에 놓이게 할 것이다. 인간이 만일 그때까지 살게 된다면, 우리의 후손들은 우리은하 중심 근처에 있는 밀도 높은 성단들의 장관들을 보게 될 것이다.

은하중심 근처의 질량분포

오늘날 우리은하의 중심영역을 직접 살펴보려면, 대부분의 관측을 1 μm 보다 긴 파장에서(즉, 적외선, 마이크로파 그리고 전파) 또는 X-선이나 감마선에서 수행해야 한다. 가시광선 영역에서 은하중심을 확실하게 보는 것이 매우 어려움에도 불구하고, 우리는 격렬한 사건들과 이국적인 현상들의 이력을 보이는 은하핵의 영상을 만들어낼 수 있게 되었다.

우리은하 핵을 연구하기 위해 일반적으로 사용된 하나의 IR 파장영역의 중심파장은 2.2 μm 인데, K-영역이라고 부른다. 이 파장 영역이 사용되는 이유는 은하중심에 존재하는 종족 I인 늙은 K형과 M형 거성의 대다수가($T_e \sim 4000K$) 주로 2.2 μm 에서 쉽게 관측가능하기 때문이다. 우리가 중심에 있는 성단들의 밝기분포를 연구하기 위해 K영역을 이용하고 적당한 질량-광도비($\sim 1M_\odot/L_\odot$)를 이용하면, 항성의 질량 밀도는 중심으로 갈수록 반경이 0.1 pc와 1 pc 될 때까지 $r^{-1.8}$의 관계를 보이며 증가한다. 이는 역학적인 이유로 기대되는 형태의 분포이다(우리은하의 중심영역은 1.3절에서 논의된 강체회전영역의 내부이다).

이들 항성들이 서로 아주 가까운 상태에 있기 때문에, 특히 태양인근 지역의 항성들 사이의 거리와 비교해볼 때, 아주 가까이 만나는 일들이 자주 일어나는데, 평균 10^6년에 한번 씩 그런 만남이 일어난다. 이런 근접만남에 의해 생기는 중력 섭동 때문에 항성들 사이에 끊임없는 역학적 에너지 교환이 거의 등온의 속도 분포를 야기한다; 다시말해, 표본에 있는 항성들은 등온가스에서 입자와 같은 속도분포를 지니는데, 이는 속도 분포가 거의 맥스웰 분포를 나타냄을 의미한다. 실제로 등온의 *항성가스*에서, 질량밀도분포는 r^{-2}인데, 이는 관측된 $r^{-1.8}$변화에 아주 가깝다. 이는 또한 회전곡선에 대해 요구되는 구형밀도분포라는 것을 회상해보자(모든 항성들이 같은 궤도속도를 지니고 $M_r \propto r$일 때; 식 (1.49)).

등온 항성가스로부터 관측된 밀도분포는 그러나 중심에서 2pc 내에 있는 항성들의 속도측정과는 일치하지 않는다. 셀그렌과 그 동료들(Kristen Sellgren, Martina T. McGin, and their colleagues)이 1980년대 후반 차가운 K형과 M형 거성들의 스펙트럼에서 발견된 CO의 2.2 μm 분자 흡수선띠를 이용하여 그런 관측들을 시도하였다. 그들은 속도분포가 중심에서 수백 pc에서 수 pc 아래까지 등온이 잘 형성되었으면서도, 속도들이 중심까지의 거리가 감소하면서 눈에 띄게 증가하기 시작한다는 것을 발견하였다. 이는 항성밀도가 중심쪽을 향하면 r^{-2}보다 빠르게 증가

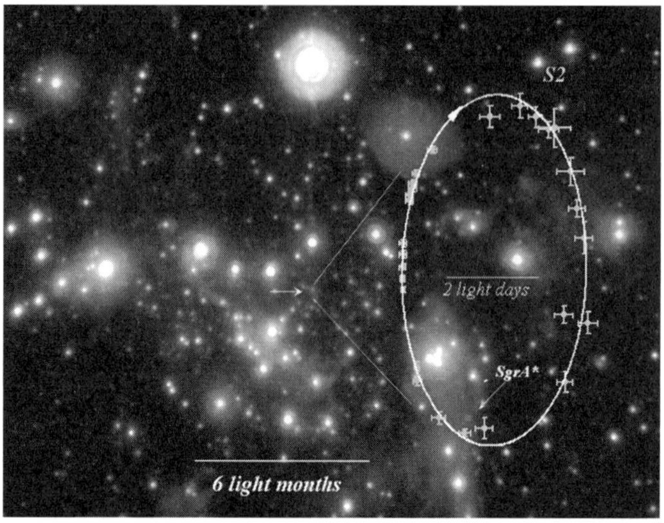

▌그림 1.32 우리은하중심에 대한 S2의 궤도. 중심은 Sgr A*로 지정되었다. (출처 : Genzel and Schoedel)

하거나(적어도 $r^{-2.7}$보다 급하게), 또는 성단의 중심 근처에 아주 작은 체적을 차지하고 있는 엄청난 양의 질량이 있다는 것을 제안해준다.

아주 최근에 쇠델 그룹은(Rainer Schoedel, Reinhard Genzel and their research group)은 은하중심에 아주 가까이 있는 항성들의 궤도를 추적할 수 있게 되었다. 특히 S2라 알려진 항성은 15.2 yr의 궤도주기를 지니고, 궤도 이심율이 $e = 0.87$이고, 근은점거리가 1.8×10^{13} m $= 120$AU(17광시)된다. 이 크기는 명왕성 궤도 장반경의 몇 배정도 밖에 되지 않는다. 그림 1.32는 은하의 중심성단에 대한 S2의 궤도를 보여주고 있다.

예제 1.4.1

S2궤도의 장반경은 (식 (2.5)(1권)으로부터)

$$a_{S2} = \frac{r_p}{1-e} = 1.4 \times 10^{14} \text{ m}$$

이다. 케플러 제 3법칙으로부터, 식 (2.37)(1권), S2궤도 내부질량은

$$M = \frac{4\pi^2 a_{S2}^3}{GP^2} \simeq 7 \times 10^{36} \text{ kg} \simeq 3.5 \times 10^6 \text{ M}_\odot$$

이 됨에 틀림없다. 더 자세한 계산을 해보면

$$M = 3.7 \pm 0.2 \times 10^6\ \mathrm{M}_\odot$$

을 얻는다.

그림 1.33은 중심으로부터 거리가 변화할 때 천체의 측정을 근거로 r까지 내부의 질량의 양을 추정하는 것을 보여준다.

우리은하 중심근처 항성들의 광도 분포는 IRS 16(적외선원)이라 알려진 적외선 천체의 수 각초($\sim$ 0.1pc)내에서 최대값을 보인다. 달에 의해 가리워지는 동안에 IRS 16은 빛을 내는 개별 항성처럼 보이는 적어도 15개의 아주 밝은 점광원으로 분해되었다. 이들 광원들은 $10^6\ \mathrm{L}_\odot$를 능가하는 밝기를 지닌 뜨거운 항성들로 보인다. 이들은 O형과 B형 항성들임이 분명하지만, 광도는 보통 항성들에서 기대되는 값보다 아주 크다. 더욱이, 그들의 자외선 흐름양은 주변 가스와 티끌들에 의해 흡수되어서 적외선으로 재복사된다. 이들 천체들은 아마 볼프 라예형 별들(WR형)인 것으로 제안되었는데, 이들은 우리은하의 다른 부분에서는 아주 드문 천체이다(5.1절을 회상해보라). WR형 별들이 질량이 큰 별들이기 때문에, 이 별들은 현재 상태로 아주 급속하게 진화하였을 것이다. 이들 별이 실제 WR형 별들이라면, 항성 탄생의 분출이 과거 천 만년 내에 일어났음이 분명하다. 그러나, 최근의 항성탄생 사건은 가스와 티끌의 밀도가 아주 낮고 또 오늘날 그 영역에서 항성 탄생이 일어나고 있다는 확증이 없다는 사실과 반대되는 듯하다. 반면에 WR 아이디어를 지지해 주는 것은 IRS16근처에서 높은 속도의 가스가 존재한다는 것으로($\sim$ 700 km s^{-1}), 어떤 학자들은 항성들 중 하나에 의해 항성풍으로 방출되는 가스들이라고 제안한다. 대안적인 설명으로, 다른 천문학자들은 높은 속도의 가스는 단순히 항성으로부터 방출된다기보다는 오히려 은하중심으로 떨어지는 현상으로 가능하다는 것을 지적한다.[10] 가스의 속도 구조는 항성으로부터 거리가 증가하면서 WR 항성풍에서 기대되는 가속과는 일치하지 않는 것처럼 보인다; 대신 가스 속도는 거리에 따라 감소하는 것 같다.

---

10) 가스가 은하중심 쪽으로 떨어지고 있는지 또는 중심으로부터 방출되고 있는지를 결정하는 것은 시선방향에 상대적인 가스 궤도의 방향에 대한 정보가 필요한데, 이는 때때로 결정하기 어려운 문제이다.

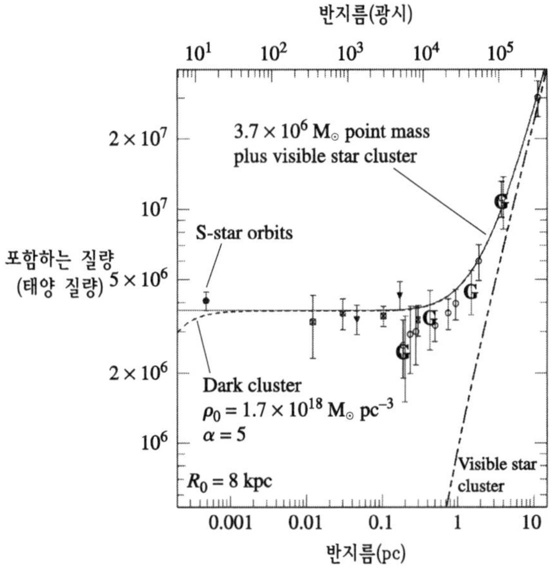

그림 1.33 우리은하의 중심 10pc에 대한 내부 질량함수. 곡선은 5pc를 밖에서 $M_r \propto r$의 질량분포와 일치하지만, 2pc 내부에서는, 분포가 달라져서, $3.7 \times 10^6 M_\odot$의 상수값에 접근하게 된다. 암흑 성단이 가상천체로 언급된다. 우리은하 중심에서 암흑성단 모델의 예측은 관측 자료와는 맞지 않음에 주목하자.(출처 : Reinhard Genzel and Rainer Schoedel et al., Nature, 419, 694, 2002)

IRS 16은 중심 근처의 궤도 속도를 증가시키기에는 충분하지 않은 질량을 지니고 있다. 이런 극도로 국부화된 질량 분포의 근원이 무엇이든간에 전체적인 광도가 현재 우리가 관측할 수 없을 정도로 낮다. 한가지 가능성은 질량이 갈색왜성과 또는 아주 질량이 큰 중성자별의 아주 밀도가 큰 성단으로 구성되어 있다는 것이다. 그러나, 중성자별의 경우라 할지라도, 질량이 큰 별과의 상호작용은 10^8년 이내에 질량이 작은 중성자별들을 중심으로부터 방출해낼 것이다. 이는 성단의 아주 질량이 큰 구성원들이 우리은하의 중력우물의 중심에 가라앉아 있는데 아직 관측되지 않고 있다는 또 하나의 효과가 될 것이다.

궁수자리의 전파원

1930년대에 전파원이 궁수자리 방향에 존재한다고 처음 발견한 사람은 쟌스키(Karl Jansky, 1905-1950)였지만, 우리은하의 방대한 전파관측을 하게 된 것은 2차세계대전이 끝난 후에야 가능했다.[11] 그때 부터 은하중심이 전파영역의 방대한 연구 장소가 되었다.

H I 구름의 전파 관측은 중심에서 수 백 pc와 1 kpc 떨어진 영역을 채우고 있는 중성 가스의 **핵 원반**을 나타내주었다. 원반은 은하면에 대해 약간 기울어져 있는 것처럼 보였고, 뚜렷하게 원운동을 하지 않는 구름들을 포함하고 있다. 핵 원반의 관측으로부터 그림 1.33에서 보여진 100 pc 밖의 은하중심의 질량 추정이 가능하다.

이온가스의 은하돌출부가 또한 중심의 수백 pc 내에서 관측되었다. 10 pc에서 200 pc까지 길게 늘어 뜨려진 채로, 이 돌출부는 거의 은하면과 수직으로 놓여있고 또 은하중심으로부터 방출되는 물질들을 나타내주고 있는 것같다. 그러나, 이 관측 자료들은 안으로 떨어지는 물질들로도 설명할 수 있는 듯하다.

우리은하의 중심 영역에서 생겨나는 전파방출의 가장 이상한 특징들 중 하나는 중심에서 은하면과 수직인 방향에서 20 pc 정도 펼쳐져 있으면서 거의 오른쪽으로 휘어져있는 필라멘트들이다; 그림 1.34를 보라. $\ell \sim 18^\circ$ 근처에 놓인 이런 20 cm 전파구조를 얼핏 보기만 해도 자기장들이 이런 이상한 형태를 야기한다고 생각할 수 있을 것이다. 사실, 전자기파는 편광을 띠고 있어서 싱크로트론 복사로 추정된다. 복사 강도와 편광도로부터, 이 영역의 은하 자기장 세기가 10^{-8} T에서 10^{-6} T 사이에 놓인다는 것을 알 수 있는데, 이는 지구 자기장보다 100배에서 만배정도 약한 세기이다.

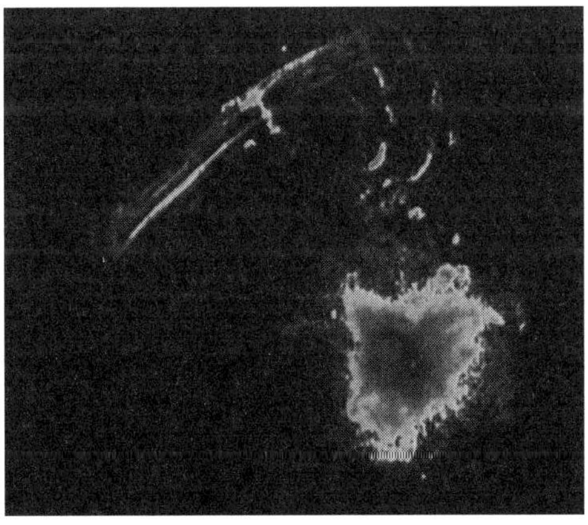

그림 1.34 우리은하의 중심 60 pc×60 pc의 모습. 이 영상은 싱크로트론 복사에 의해 생겨진 20 cm 복사를 이용해서 얻어졌다. Sgr A는 중심의 가장 전파 밝기가 센 영역이다.(출처 : Yusef-Zadeh, Morris and Chance, Nature, 310, 557, 1984)

---

11) 2차 세계 대전 동안 이룩된 전파와 초단파 영역의 기술 발전이 그 후에 이루어진 전파천문학의 발전에 기여했다.

비슷한 특징이 은하면의 남쪽에서도 또한 발견되었다. 이런 구조들은 모두 우리 은하로부터 질량의 분출과 상응하는 광채나는 부분과 필라멘트로 구성된 헤일로의 일부분인것 같다. 자기력선 주위를 나선 운동을 하고 있는 상대론적 전자들 또는 자기장 자체에서 나오는 광원에 대핸 만족할 만한 모델이 아직 개발되지 않았다.

우리은하의 안쪽 8 pc는 **궁수자리 A(Sgr A)**로 명명된 전파원을 포함하고 있다. VLBI(아주 긴 기선 간섭계, Very Long Baseline Interferometry)기술과 VLA(Very Large Array) 같은 망원경의 도움으로 분해능이 향상되면서 Sgr A 복합체의 구조를 0.2 milliarcsecond 정도의 각분해능으로 연구할 수 있게 되었는데, 이 정도 분해능은 2 AU보다 작은 선형 크기에 해당한다.

복합체의 가장 큰 특징은 핵 주위를 둘러싸고 있는 분자 고리인데, 내부 반경이 2 pc 정도 되고 바깥 반경이 8 pc 정도 되며, 은하면에 약 20° 정도 기울어져 있는 도넛 형태의 구조를 지니고 있다. 이 고리의 안쪽 가장자리는 약간 휘어져있고, 고리의 두께는 안쪽에서 0.5 pc에서 시작하여 은하중심거리가 7 pc 정도되는 곳에서는 2 pc 정도로 증가한다. 이 분자 고리는 여러 원자들과 분자들과 관련된 다양한 파장에서 관측되었는데, 이들 중에는 H I, H_2, C II, O I, OH, CO, HCN 그리고 CS가 포함된다. 고리는 은하중심에 대해 110 km s^{-1}의 속도로 회전하고 있는데, 이 값은 반경에는 거의 무관하다. 분자의 충돌 들뜸 방출세기로부터, 2 pc와 5 pc 사이에 존재하고 있는 고리 부분에 대해 추정된 질량은 $1\times10^4\ M_\odot$ 에서 $3\times10^4\ M_\odot$ 에 이른다.

고리는 우리은하에 존재하는 것으로 알려진 다른 분자영역과는 다른 것 같다. 예를 들어, 고리 전체에 존재하고 있는 개별 분자성운의 온도는 4.5 pc 근처에서 300 K보다 작은 값에서 시작하여 안쪽 가장자리 근처에서는 400 K보다 더 커지면서 증가한다. 동시에, 수소 분자의 개수밀도는 같은 거리조건에 대해 $1.5\times10^{10}\mathrm{m}^{-3}$에서 $5\times10^{10}\mathrm{m}^{-3}$로 증가한다. 이들 수치들은 6.1절(2권)에서 논의된 거대 분자 성운 같은 아주 전형적인 분자성운에서의 수치와 비교되어져야 한다. 우리은하 중심에서 수 kpc 떨어져 있는 GMC의 경우, $T\sim15$ K와 $n_{H_2}\sim10^8\ \mathrm{m}^{-3}$이 된다.

고리의 핵 주변 고리는 또한 은하중심근처에서 어떤 격렬한 사건이 상당히 최근에 일어났다는 증거를 보여주고 있다. 고리의 안쪽 가장자리는 아주 뚜렷하다; 중심 공간 안에 있는 입자의 개수밀도는 고리 자체보다 10 배에서 100 배정도 작다. 그렇게 강한 밀도 불연속은 고리와 평형을 이룰 수 없는데 그 이유는 고리의 내부 섭동이 10^5 yr 내에 불연속을 없애버릴 것이기 때문이다. 더욱이, 이 공동 내 가스는 심하게 이온화된 반면, 고리의 가스는 중성 원자나 분자 형태로 존재한다. 이 공동을 제거하는 데 필요한 에너지는 10^{44} J정도 되는데, 이는 초신성폭발에 전형적인 수치이다.

고리는 과거의 격렬한 사건들에 대한 다른 확증들도 보여준다. 예를 들어, 고리 내의 물질들은 아주 덩어리져있는데, 이 상황은 구름-구름 충돌의 아주 심하게 섞여지는 현상 때문에 언제까지나 유지될 수는 없는 상황이다. 또한, 고리의 일부에서 OH 연구를 해보면, 거의 2000 K 가까이 되는 온도가 강한 충격 현상에서 생겨나는데, 이 충격이 분자들을 고리 내 보통에서 발견되는 값들보다 상당히 큰 온도로 가열해주었다. 더군다나, OH기들은 물 분자(H_2O)가 충격파같이 에너지가 큰 사건들에 의해 깨질 때 생겨날 수 있다.

핵 주변 고리 외에서, 다른 몇 가지 성분들이 또한 Sgr A 복합체에서 발견되어 졌다. Sgr A East 는 껍질처럼 보이는 비열적 전파원이다(비열적 광원은 전자기파가 흑체복사스펙트럼으로 방출되지 않은 광원이다; 비열적 방출의 한 형태가 싱크로트론 복사이다). Sgr A East는 아마 100년과 5000년 전 사이인 것으로 보이는 젊은 초신성잔해이다. Sgr A West는 Sgr A East중심으로부터 1.5′ 떨어져 있는데, 미니 나선형태와 아주 똑같이 보이는 특이한 H II 영역(열적 광원)이다. 마지막으로 Sgr A*는(Sagittarius A star라고 읽는다) Sgr A West 중심근처에 있는 강하고, 분해되지 않은 전파 점광원이다. Sgr A West와 Sgr A*의 전파 지도가 그림 1.35(a)에 제시되었다.

Sgr A 복합체의 위치는 중심 성단의 밝기가 최대인 곳에 아주 근접해 있는데, 이는 이 영역이 우리은하의 중심을 나타내고 있다는 것을 강하게 암시한다. 사실 IRS 16의 한 성분(IRS 16 Center라 명명되는 성분)은 Sgr A*의 서쪽으로 1″ 밖에 떨어져 있지 않다. 만일 두 천체가 지구에서 같은 거리에 놓여있고, 우리 시선 상에 복잡하게 정열되어 있다면, 그들의 각 분리 거리는 0.04pc의 선형분리 거리로 변환될 수 있다. 우리가 곧 자세하게 논의해보게 될 이유 때문에, 현재 Sgr A*는 우리은하의 실제 중심인 것처럼 보인다.

Sgr A West가 표면적으로는 우리은하 원반에서 보이는 거대규모의 나선패턴을 지닌 것으로 보일지라도, 근본적으로는 아주 다르다. 서쪽 호는 바로 핵 주변 고리의 이온화된 안쪽가장자리인데, 중심에 대해 110 km s^{-1}의 속도로 회전하고 있다.

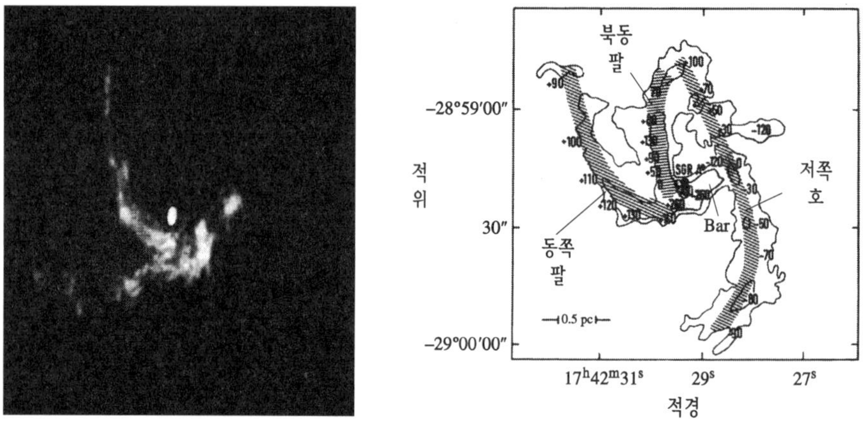

(a) (b)

그림 1.35 (a) Sgr A West의 미니 나선을 보여주는 VLA 6 cm로 관측한 우리은하의 내부 40" 영상. Sgr A* (전파 점광원)는 영상의 중심에 위치한 밝은 타원체이다.(출처 : Lo, Science, 233,1394, 1986) (b) Sgr A West 영역의 전파세기가 같은 윤곽지도. 가스의 시선속도 측정이 또한 지도에 표기되었다(단위는 km s^{-1}). (출처 : Genzel and Townes, Annu. Rev. Astron. Astrophys., 25, 377, 1987)

그림 1.35(b)의 전파지도에 기록된 속도들은 시선속도측정으로 얻어졌다. 거의 시선방향에 나란하게 움직이는 호의 영역이 가장 큰 시선속도를 내며(양의 부호 또는 음의부호), 시선에 수직인 방향으로 움직이는 호는 시선속도 성분을 지니지 않는다.

Sgr A West의 또 다른 성분은 중심 막대와 Sgr A*부근을 중심으로 회전하면서 그 쪽으로 떨어지고 있는 것 같은 이온화된 물질의 필라멘트로 보인다. 이런 특징은 30 nT 정도로 추정되는 중심 자기장과 관련이 있는 것 같다.

항성속도에 대해서 이미 본 바와 같이, 공동 내의 이온화된 가스의 속도는 중심을 향해 극적으로 증가하는데, 핵 주변 고리의 안쪽 가장자리에서 110 km s^{-1}에서 시작하여, 0.1 pc 정도에서 700 km s^{-1} 정도가 된다.

예제 1.4.2

우리은하의 중심 영역에 있는 가스의 운동은 가스가 놓여있는 안쪽의 질량을 추정하는데 사용할 수 있다. 중심에서 0.3 pc 떨어진 가스구름은 260 km s^{-1}의 속도를 지닌 것으로 측정되었다. 구름이 중심에 대해 궤도운동을 한다면, 식 (1.49)로부터

$$M_r = \frac{v^2 r}{G} = 4.7 \times 10^6\ \mathrm{M}_\odot$$

가 얻어진다.

Sgr A의 X-선원

위치 오차 범위 내에서, Sgr A West영역의 전파원(Sgr A*을 포함)은 또한 작고 연속적인 X-선원과 일치한다. 시선방향에서 강한 흡수에 기인한 불확실성 때문에 측정이 아주 불확실하다 할지라도, X-선원은 $T \sim 10^8$ K 정도의 온도와 2-6 keV의 에너지 영역에서(soft X-선) 10^{28} W의 광도 그리고 10 keV에서 10 MeV의 에너지영역(hard X-선)에서 2×10^{31} W를 지니고 있는 것처럼 보인다. X-선원은 또한 아주 심하게 변광하기 때문에, 0.1 pc 이하의 직경을 지닌 한 개 이상의 천체들로 구성되어 있음이 분명하다. 선형 크기의 상한 값은 어떤 정보가 이 천체를 가로질러 움직이는데 필요한 최소시간으로부터 유도될 수 있는데, 이 때 정보는 빛의 속도로 움직인다고 가정한다. 광원의 한쪽면이 밝기를 변화하기 시작했다면, 다른 쪽은 그 변화를 알아차리게 되면서, $\Delta t \geq d/c$시간 후에야 그것에 기여를 하게 될 것인데, 이때 d는 직경이다; Δt를 측정하면 d의 상한값으로 0.1 pc가 나온다.

Sgr A*에 있는 질량이 아주 큰 블랙홀

예제 1.4.1에서 본바와 같이, Sgr A*의 120 AU내에 있는 개별 항성의 궤도를 추적하는 것이 가능한데, 이는 은하중심의 가장 가까운 영역의 질량을 정확하게 계산하는 데 결정적인 자료를 제공해준다. 또한 Sgr A*의 크기에 대해 2 AU보다 작은 상한값이 나올 수도 있다. 이런 자료들로부터 Sgr A*가

$$M_{\mathrm{Sgr\ A^*}} = 3.7 + 0.2 \times 10^6\ \mathrm{M}_\odot$$

의 질량을 지닌 초거대블랙홀인 것이 제안되었다. 이는 블랙홀의 슈바르츠쉴트 반경은 식 (11.27)(2권)

$$R_{\mathrm{Sgr\ A^*}} = \frac{2GM_{\mathrm{bh}}}{c^2} = 0.08\ \mathrm{AU} = 16\ \mathrm{R}_\odot$$

로 주어짐을 암시해주는데, 이는 현재 관측의 한계인 2 AU 분해능 한계 아래에 놓여있다.

고리로부터 관측되는 적외선 복사를 생성시키고, 공동 내부에서 보여진 이온화도를 유지하기 위해 35,000 K의 유효흑체온도를 지닌 $10^7\ L_\odot$ 의 자외선 광도가 요구된다; 이 온도는 S IV, O III 과 Ar III의 IR 방출선 세기로부터 유도되었다. 가스들은 UV 복사의 일부를 흡수하는데, 그래서 가스가 이온화되면서 이상한 H II 영역인 Sgr A West가 형성이 된다. 티끌은 잔여 UV광자를 흡수하고 그 빛을 IR 파장에서 재복사시킨다.

초거대블랙홀이 그 광도를 낼 수 있을까? 핵 주변 고리의 공동 내의 입자개수밀도와 속도구조를 관측해보면 물질들이 은하중심으로 $\dot{M}=10^{-3}-10^{-2}\ M_\odot\ yr^{-1}$ 의 유입률을 지니며 끌려들어오고 있음을 알 수 있다. 이 물질들은 그 거리가 중심으로부터 감소하면서 중력 위치에너지를 방출해야 한다.

Sgr A*내에 있는 물질을 모으고 있는 질량이 아주 큰 블랙홀에 의해 생성될 수 있는 광도의 대략적인 추정이 가능하다. 질량 M의 입자가 초기 반경 r_i에서 최종반경 r_f까지 유입원반을 통해서 나선운동을 할 때 방출되는 에너지를 뉴턴 관점에서 다루어 본다면, 비리얼 정리에 의해, 방출되는 에너지양은 위치에너지의 절반이 되어야 하거나, 또는

$$E=\frac{1}{2}\left(\frac{GM_{\rm bh}M}{r_f}-\frac{GM_{\rm bh}M}{r_i}\right)$$

이 되어야 하는데, 여기서 $M_{\rm bh}$는 블랙홀의 질량이다. $r_i \gg r_f$이고 $r_f=R_S$(슈바르츠실트 반경)이라면,

$$E=\frac{1}{2}\frac{GM_{\rm bh}M}{R_S}$$

이 얻어진다. 광도를 $L=dE/dt$로 놓고, 유입률을 $\dot{M}=dM/dt$라 취한 후에, 슈바르츠실트반경에 대한 표현을 대치해보면

$$L=\frac{1}{4}\dot{M}c^2 \tag{1.55}$$

이 되는데, 이는 블랙홀의 질량과 반경과 무관한 결과가 된다. 이제, $10^7\,L_\odot$를 생성시키기 위해 필요한 최소 유입률은

$$\dot{M} = \frac{4L}{c^2} = 1.7 \times 10^{17}\ \mathrm{kg\ s^{-1}} = 2.7 \times 10^{-6}\ M_\odot\ \mathrm{yr^{-1}}$$

가 된다. 관측된 $10^{-3} - 10^{-2} M_\odot \mathrm{yr}^{-1}$의 유입률은 Sgr A West 와 Sgr A*에서 보여진 광도를 생성하기에 충분하다. 이상하게도 Sgr A*의 고분해능관측만으로도 Sgr A*로부터의 광도 상한값이 $3 \times 10^4\,L_\odot$ 보다 작다는 것을 암시해준다.

Sgr A^*의 중심에 질량이 아주 큰 블랙홀이 존재하고, 실제 그 블랙홀이 우리은하의 중력우물의 중심에 놓여있다고 가정하면, 이 블랙홀은 거의 움직이지 않아야 한다. 퀘이사로 알려진 아주 먼거리에 있는 외부은하에 대한 Sgr A*의 고유운동 측정을 시도한 연구들(5장)은 관측오차의 범위내에서, Sgr A*가 태양의 특이운동만을 반영하고 있음을 보여주는데, 이는 우리은하중심에 정지되어있는 천체에 대해 기대되는 것이다. 더욱이, 우리은하중심에 있는 다른 천체들에 상대적으로, Sgr A*는 10년이 넘는 주기에 걸쳐 그 직경의 아주 일부분만 움직였는데, 이는 그 영역의 다른 천체들보다 아주 느린 움직임이며, 이런 극도로 느린 움직임은 Sgr A*가 아주 큰 질량을 지니고 있음을 암시한다.

2 cm 파장에서 고분해능 VLA지도는 Sgr A*에서 0.06 pc 밖에 떨어지지 않은 이온화된 거대한 가스구름처럼 보이는 것을 발견하였다. 구름의 방향으로부터, 이 구름들이 중심으로부터 반대 방향으로 방출되고 있는 것처럼 보임을 알 수 있다. 또한 중심에서 0.3 pc 이하로 떨어져 있는 적색거성인 IRS 7에서 나오는 뜨겁고 이온화된 가스의 흔적이 발견되었다. 물질흐름의 방향은 Sgr A*의 바깥쪽인데, 이는 강항 항성풍이나 중심으로부터 강한 UV복사가 물질들을 항성으로부터 밖으로 불어내고 있음을 암시해준다.

이미 언급한 바와 같이, 우리은하중심은 오늘날 상당히 조용한 것처럼 보이지만, 최근에 아주 격렬한 사건이 일어났던 것 같다. 이들 주기적인 사건을 야기할 수 있는 가능한 하나의 메커니즘은 스쳐가는 항성의 조석에 의한 붕괴의 결과로 물질이 안으로 떨어지는 것이다. 물질이 중심에 있는 질량이 아주 큰 블랙홀에 떨어지면서, 유입원반을 형성하게 되고, 그러면서 엄청난 양의 중력위치에너지가

방출되면서 광도의 급격한 증가를 초래하게 된다(12.2절(2권)). 전체적인 사건은 단지 수년에 걸쳐 진행되지만, 그런 사건이 $10^4 - 10^5$ yr마다 한번씩 일어난다면, 중심의 공동을 이온화된 채로 유지하면서 핵주변 원반을 요동치게 유지하기에 충분한 에너지가 방출되게 될 것이다.

Sgr A*는 그러나 완전히 활동성이 없는 것은 아니다. 챤드라 X-선 위성과 XMM-뉴턴 위성을 이용한 은하중심의 연구에 의하면, 평균 하루에 한 번 정도의 플레어가 일어나는 것 같다. 한 시간 정도 지속되면서, 광도는 3.6×10^{28}W의 최대값에 도달할 수 있는데, 이는 Sgr A*의 정지기 X-선 때의 160배정도 된다.

다른 많은 은하들은(예를 들어 안드로메다은하) 그 중심에 질량이 아주 큰 블랙홀을 지니고 있는 것처럼 보이는데 아직은 상당히 조용하다(2.2절). 반면 다른 외부은하들은 극도로 활동적인 핵을 지니고 있다. 이들 활동하는 은하핵은 아마 질량이 아주 큰 블랙홀에 의해 공급되는 중심의 엔진으로부터 그들의 에너지를 제공받는 것같다. 활동하는 은하핵은 5장에서 자세히 논의될 것이다.

은하중심 근처에서 나오는 고에너지 방출선들

은하중심에 대한 논의를 마무리하기 전에, Sgr A 복합체 영역에서 생겨난 두 개의 뚜렷한 고에너지 방출선들의 관측에 대해 언급하는 것이 의미있을 것 같다. 이들 중 첫 번째는 양전자와 충돌하는 전자로부터 나오는데, 이들은 서로 쌍소멸하고 각각 511 keV[12]의 에너지를 갖는 두 개의 광자를 생성한다. 블랙홀이 그 주변 공간에서 양전자 생성에 도움을 줄 수 있기 때문에, 511 keV 방출선의 존재는 Sgr A*안에 블랙홀이 존재한다는 사실을 지지해주었다. 그러나 초당 10^{44}개의 광자($L_{511} \sim 5 \times 10^4 \mathrm{L}_{\odot}$)라는 엄청난 흐름양을 설명하기 위해 필요한 양전자의 개수를 생성해내는 것은 은하중심에 대해 기대되는 블랙홀보다는 아주 작은 블랙홀을 요구한다(아마 태양질량의 수백배정도만을 요구한다). 유입원반의 온도가 높다는 것이 입자의 생성에 대해 요구되고, 그래서 원반의 온도는 반경이 작아지면서 증가하기 때문에 이런 현상이 일어난다(식 12.19(2권))

원래 관측의 각 분해능이 좋지 않았기 때문에, Sgr A*가 511 keV 광자를 내는 천체로 간주될 수 있는지의 여부가 분명하지 않았다. 1990년 10월 13일과 14일에

12) 511 keV는 전자 또는 반전자의 정지질량 에너지이다.

소련위성 GRANAT가 고분해 영상장비를 가지고 511 keV의 광자원이 Sgr A*가 아니고, 이전에 알려진 X-선원 1E1740.7-2942(Einstein X-선위성이 1979년에 처음 발견)임을 알아냈다.[13] Einstein X-선원이라 별명 지어진 1E1740.7-2942는 Sgr A*로부터 약 45′ 떨어져 있고, 중심에서 300 pc이상 떨어져있다. 10^9 K의 유입원반 플라즈마 온도와 변화하는 광도 때문에 이 Einstein X-선원은 아주 강력한 항성 블랙홀 후보로 여겨졌다.

은하중심영역에서 관측된 두 번째 고에너지 방출선은 $^{26}_{13}\mathrm{Al}$이 $^{26}_{12}\mathrm{Mg}$으로 붕괴하면서 생기는 1.8 MeV 방출선이다. $^{26}_{13}\mathrm{Al}$은 716,000년의 반감기를 지니고 있고 초신성, 신성, 그리고 아마 WR형 항성에서 아주 작은 양만 생성되기 때문에, $\sim 5\ M_\odot$로 추정된 방사성 동위원소의 존재는 엄청난 수의 초신성이 지난 $10^5 - 10^6$ yr 사이에 그 영역에서 생성되었음을 암시해준다. 은하중심은 분명 아주 역동적인 환경을 지니고 있다.

---

13) 광원은 그 적경과 적위에 따라 이름이 지어진다.

제1장 참고 문헌

일반 도서

Henbest, Nigel, and Couper, Heather, *The Guide to the Galaxy*, Cambridge University Press, Cambridge, 1994.

Mateo, Mario, "Searching for Dark Matter," *Sky and Telescope*, January, 1994.

Oort, Jan, "Exploring the Nuclei of Galaxies, Including Our Own," *Mercury*, March/April, 1992.

Trimble, Virginia, and Parker, Samantha, "Meet the Milky Way," *Sky and Telescope*, January, 1995.

Waller, William H., "Redesigning the Milky Way," *Sky and Telescope*, September, 2004.

고급 도서

Benjamin, R. A., et al., "First GLIMPSE Results on the Stellar Structure of the Galaxy," *The Astrophysical Journal*, *630*, L149, 2005.

Bertin, Giuseppe, *Dynamics of Galaxies*, Cambridge University Press, Cambridge, 2000.

Binney, James, and Merrifield, Michael, *Galactic Astronomy*, Princeton University Press, Princeton, 1998.

Binney, James, and Tremaine, Scott, *Galactic Dynamics*, Princeton University Press, Princeton, 1987.

Eisenhauer, F., et al., "A Geometric Determination of the Distance to the Galactic Center," *The Astrophysical Journal*, *597*, L121, 2003.

Freeman, Ken, and Bland-Hawthorn, Joss, "The New Galaxy: Signatures of Its Formation," *Annual Review of Astronomy and Astrophysics*, *40*, 487, 2002.

Gilmore, Gerard, King, Ivan R., and van der Kruit, Pieter C., *The Milky Way as a Galaxy*, University Science Books, Mill Valley, CA, 1990.

Ibata, Rodrigo A., Gilmore, Gerard, and Irwin, Michael J., "Sagittarius: The Nearest Dwarf Galaxy," *Monthly Notices of the Royal Astronomical Society*, *277*, 781, 1995.

Kuijken, Konrad, and Tremaine, Scott, "On the Ellipticity of the Galactic Disk," *The Astrophysical Journal*, *421*, 178, 1994.

Majewski, S. R., "Galactic Structure Surveys and the Evolution of the Milky Way," *Annual Review of Astronomy and Astrophysics*, *31*, 1993.

Navarro, Julio F., Frenk, Carlos F., and White, Simon, D. M., "The Structure of Cold Dark Matter Halos," *The Astrophysical Journal*, *462*, 563, 1996.

Reid, Mark, "The Distance to the Center of the Galaxy," *Annual Review of Astronomy and Astrophysics*, *31*, 345, 1993.

Reid, Mark, "High-Velocity White Dwarfs and Galactic Structure," *Annual Review of Astronomy and Astrophysics*, *43*, 247, 2005.

Schödel, R., et al., "A Star in a 15.2-year Orbit around the Supermassive Black Hole at the Centre of the Milky Way," *Nature, 419*, 694, 2002.

Sparke, Linda S., and Gallagher, John S., *Galaxies in the Universe: An Introduction*, Cambridge University Press, Cambridge, 2000.

제 1 장 연습 문제

1.1 Approximately how many times has the Sun circled the center of the Galaxy since the star's formation?

1.2 **(a)** What fraction of the total B-band luminosity of the Galaxy is produced by each of the stellar components? Refer to Table 24.1.

(b) What is the total bolometric magnitude of the Galaxy?

1.3 The globular cluster IAU C0923−545 has an integrated apparent visual magnitude of $V = +13.0$ and an integrated absolute visual magnitude of $M_V = -4.15$. It is located 9.0 kpc from Earth and is 11.9 kpc from the Galactic center, just 0.5 kpc south of the Galactic midplane.

(a) Estimate the amount of interstellar extinction between IAU C0923−545 and Earth.

(b) What is the amount of interstellar extinction per kiloparsec?

1.4 Using the differential star count formula for an infinite universe of constant stellar number density and no interstellar extinction (Eq. 24.5), show that the amount of light arriving at Earth from a cone of solid angle Ω diverges exponentially as the length of the cone increases without bound (or, equivalently, as m approaches infinity). Assume that all stars in the field have the same absolute magnitude M. *Hint:* You may find the discussion leading up to Eq. (3.5) helpful.

TABLE 24.2 Hypothetical Differential Star Count Data.

V	$\log_{10} A_M$	V	$\log_{10} A_M$
4	−2.31	12	2.24
5	−1.71	13	2.59
6	−1.11	14	2.94
7	−0.51	15	3.29
8	0.09	16	3.89
9	0.69	17	4.49
10	1.29	18	5.09
11	1.89	19	5.69

1.5 **(a)** From Eq. (24.5), derive an expression for $\log_{10} A_M(m)$ as a function of m for stars of the same absolute magnitude and M–K spectral classification, assuming a constant stellar number density.

(b) If observations are made in apparent magnitude bins separated by one (i.e., $\delta m = 1$), calculate

$$\Delta \log_{10} A_M(m) \equiv \log_{10} A_M(m+1) - \log_{10} A_M(m).$$

(c) If the results of observations show that $\Delta \log_{10} A_M(m)$ is always less than the result found in part (b), what can you conclude about the distribution of stars in the region under investigation? [Recall that Eq. (24.5) applies to the case of an infinite universe of constant stellar number density and no interstellar extinction.]

1.6 **(a)** Plot $\log_{10} A_M$ as a function of V for the hypothetical data given in Table 24.2. Assume that all stars included in the differential star counts are main-sequence A stars of absolute visual magnitude $M_V = 2$.

(b) Assuming a constant density of stars out to at least $V = 11$, how much interstellar extinction is present to that limit (express your answer in magnitudes)? *Hint:* Consider the slope of the curve. You may also find the results of Problem 24.5 helpful.

(c) What is the distance to the stars corresponding to $V = 11$?

(d) If the solid angle over which the data were collected is 0.75 square degrees, or 2.3×10^{-4} sr, estimate the number density $n_M(M, S)$ of A stars out to $V = 11$.

(e) Give two possible explanations for the change in slope between $V = 11$ and $V = 15$.

1.7 **(a)** Assume that a cloud of gas and dust is encountered along the line of sight for the data given in Table 24.2 and plotted in Problem 24.6. Assume also that the stellar number density found in Problem 24.6 is constant along the entire line of sight. Estimate the amount of extinction (in magnitudes) that is due to the cloud. *Hint:* How would the graph change if the cloud were not present? The cloud's presence may be revealed through reddening.

(b) If the density of gas and dust in the cloud leads to an extinction rate of 10 mag kpc^{-1}, what is the length of the cloud along the line of sight?

Graphs of $\log_{10} A_M$ vs. m that demonstrate changes in slope and then resume the original slope at larger values of m are referred to Wolf diagrams, after Maximilian Wolf (1863–1932), who first used them to explore the properties of interstellar clouds.

1.8 **(a)** Plot the old thin disk's luminosity density (Eq. 24.10) as a function of z for $R = 8$ kpc.

(b) Prove that for $z \gg z_0$,

$$L(R, z) \simeq 4L_0 e^{-R/h_R} e^{-2z/z_0}$$

and so $z_0 = 2z_{\text{thin}}$ is the effective scale height of the luminosity density function.

1.9 (a) From the data given in Table 24.1, and, using a typical value for the temperature of hydrogen in the interstellar medium of 15 K, estimate the average thermal energy density of hydrogen gas in the disk of the Galaxy. For this problem, assume that the disk has a radius of 8 kpc and a height of 160 pc.

(b) Using Eq. (11.9), estimate the energy density of the magnetic field in the spiral arms. Compare your answer with the thermal energy density of the gas. Would you expect the magnetic field to play a significant role in the structure of the Galaxy? Why or why not?

1.10 What are the J2000.0 Galactic coordinates of Sgr A*?

1.11 Use Eqs. (24.16–24.18) to determine the Galactic coordinates of the following objects. (You may wish to refer to Fig. 24.18 to verify your answers.)

(a) The north celestial pole

(b) The vernal equinox

(c) Deneb (see Appendix E)

1.12 (a) Estimate the height (z) above or below the Galactic plane for both M13 ($\ell = 59.0°$, $b = 40.9°$) and the Orion nebula ($\ell = 209.0°$, $b = -19.4°$). M13 and the Orion Nebula are 7 kpc and 450 pc from Earth, respectively.

(b) To which components of the Galaxy do these objects probably belong? Explain your answers.

1.13 (a) Consider a sample of stars that lie in the Galactic plane and are distributed in a circle about the LSR, as shown in Fig. 24.36. For the purpose of this problem, assume also that these stars are at rest with respect to the LSR (of course, this could not actually occur in such a dynamic system). With the Sun located at the position of the LSR and the solar motion in the direction of Star *A* as indicated, sketch the velocity vectors associated with the apparent motion of each star, as seen from the Sun. Label the apex and antapex on your diagram.

(b) Sketch the radial-velocity and transverse-velocity components of each star's apparent motion on the diagram used in part (a).

(c) Describe how you might locate the apex of the solar motion given the radial-velocity data of a large sample of stars in the solar neighborhood.

(d) How would you identify the solar apex from proper motion data of stars in the solar neighborhood?

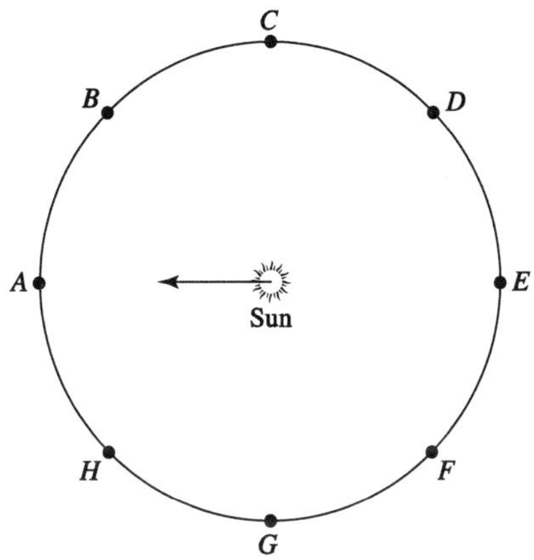

FIGURE 24.36 A set of stars distributed in a circle about the LSR. The circle is assumed to be in the Galactic plane, and the stars are at rest with respect to the LSR. The solar motion is in the direction of Star A.

1.14 Figure 24.37 illustrates older data derived from a kinematic study of the Milky Way. From the data presented, what was the estimate of $v_\odot$ in the early 1960s?

1.15 **(a)** Assuming (incorrectly) that the high-velocity stars known to Oort in 1927 are near the escape speed from the Galaxy, estimate the mass of the Milky Way. For simplicity, take the directions of the velocity vectors to be radially away from the Galactic center and assume that all of the mass is spherically distributed and is interior to R_0. (This calculation is meant only to be an order-of-magnitude estimate.) Compare your answer with the mass estimate given in Example 24.3.1.

(b) Repeat your calculation using the extremely high-velocity stars discussed on page 908. What could account for the extra mass compared to your answer in part (a)?

(c) Comment on the difficulty of determining the true mass of the Galaxy on the basis of observations of stars in the solar neighborhood.

1.16 Starting with Eqs. (24.37) and (24.38), derive Eqs. (24.41) and (24.42), showing each step explicitly.

1.17 Referring to Eq. (24.42) and Fig. 24.23, explain the functional dependence of transverse velocity on Galactic longitude for stars near the Sun.

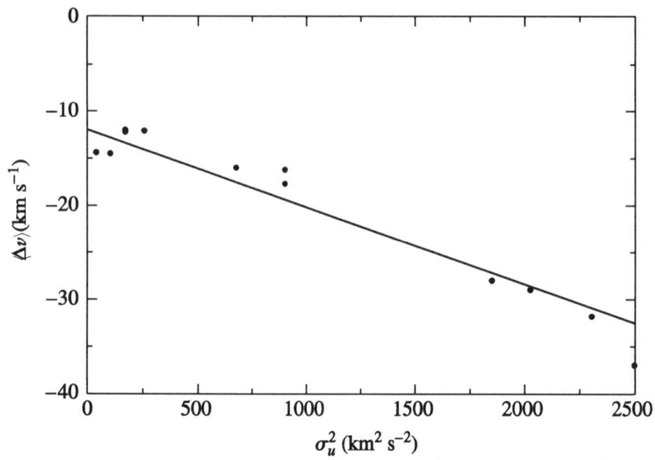

FIGURE 24.37 Each point represents a different sample of objects, including for instance supergiants, carbon stars, white dwarfs, Cepheids, and planetary nebulae. (Data from Delhaye, *Galactic Structure*, Blaauw and Schmidt (eds.), University of Chicago Press, Chicago, 1965.)

1.18 **(a)** Beginning with Kepler's third law (Eq. 2.37), derive an expression for $\Theta(R)$, assuming that the Sun travels in a Keplerian orbit about the center of the Galaxy.

(b) From your result in part (a), derive analytic expressions for the Oort constants A and B.

(c) Determine numerical values for A and B in the solar neighborhood, assuming $R_0 = 8$ kpc and $\Theta_0 = 220$ km s^{-1}. Express your answers in units of km s^{-1} kpc^{-1}.

(d) Do your answers in part (c) agree with the measured values for the Milky Way Galaxy? Why or why not?

1.19 **(a)** Estimate $d\Theta/dR$ in the solar neighborhood, assuming that the Oort constants A and B are $+14.8$ and -12.4 km s^{-1} kpc, respectively. What does this say about the variation of Θ with R in the region near the Sun?

(b) If A and B were $+13$ and -13 km s^{-1} kpc, respectively, what would the value of $d\Theta/dR$ be? What would this say about the shape of the rotation curve in the solar neighborhood?

1.20 **(a)** Show that rigid-body rotation near the Galactic center is consistent with a spherically symmetric mass distribution of constant density.

(b) Is the distribution of mass in the dark matter halo (Eq. 24.51) consistent with rigid-body rotation near the Galactic center? Why or why not?

1.21 Using the result of the "back-of-the-envelope" calculation for the density of dark matter (Eq. 24.50), estimate the mass density of dark matter in the solar neighborhood. Express your answer in units of kg m^{-3}, $M_\odot$ pc^{-3}, and $M_\odot$ AU^{-3}. How does your answer compare with the stellar mass density in the solar neighborhood?

1.22 **(a)** Assuming that Eq. (24.51) is valid for any arbitrary distance from the center of the Galaxy, show that the amount of dark matter interior to a radius r is given by the expression

$$M_r = 4\pi\rho_0 a^2 \left[r - a\tan^{-1}\left(\frac{r}{a}\right)\right].$$

(b) If 5.4×10^{11} $M_\odot$ of dark matter is located within 50 kpc of the Galactic center, determine ρ_0 in units of $M_\odot$ kpc^{-1}. Repeat your calculation if 1.9×10^{12} $M_\odot$ is located within 230 kpc of the Galactic center. Assume that $a = 2.8$ kpc.

1.23 Using Eq. (24.52) for the density profile of the dark matter halo, show that

(a) $\rho_{\mathrm{NFW}} \propto r^{-1}$ for $r \ll a$ and $\rho_{\mathrm{NFW}} \propto r^{-3}$ for $r \gg a$.

(b) the integral of the mass from $r = 0$ to $r \to \infty$ is infinite.

1.24 Using data provided in the text for the mass of the dark matter halo interior to 50 kpc and interior to 230 kpc, estimate the values for the constants ρ_0 and a in the NFW version of the dark matter halo density profile (Eq. 24.52). *Hint:* You may need to use a numerical method to solve for a.

1.25 **(a)** From the information given in Table 24.1 and in the text, determine the approximate mass-to-light ratio of the Galaxy interior to a radius of 25 kpc from the center.

(b) Repeat your calculation for a radius of 100 kpc. What can you conclude about the effect that dark matter might have on the average mass-to-light ratio of the universe?

1.26 The r^{-2} dependence of Coulomb's electrostatic force law allows the construction of Gauss's law for electric fields, which has the form

$$\oint \mathbf{E} \cdot d\mathbf{A} = \frac{Q_{\mathrm{in}}}{\epsilon_0},$$

where the integral is taken over a closed surface that bounds the enclosed charge, Q_{in}. Because Newton's gravitational force law also varies as r^{-2}, it is possible to derive a gravitational "Gauss's law." The form of this gravitational version is

$$\oint \mathbf{g} \cdot d\mathbf{A} = -4\pi G M_{\text{in}}, \tag{24.56}$$

where the integral is over a closed surface that bounds the mass M_{in}, and $\mathbf{g}$ is the local acceleration of gravity at the position of $d\mathbf{A}$. The differential area vector ($d\mathbf{A}$) is assumed to be normal to the surface everywhere and is directed outward, away from the enclosed volume.

Show that if a spherical gravitational Gaussian surface is employed that is centered on and surrounds a spherically symmetric mass distribution, Eq. (24.56) can be used to solve for $\mathbf{g}$. The result is the usual gravitational acceleration vector around a spherically symmetric mass.

1.27 We learned in Sections 24.2 and 24.3 that the Sun is currently located 30 pc north of the Galactic midplane and moving away from it with a velocity $w_\odot = 7.2\ \text{km s}^{-1}$. The z component of the gravitational acceleration vector is directed toward the midplane, so the Sun's peculiar velocity in the z direction must be decreasing. Eventually the direction of motion will reverse and the Sun will pass through the midplane heading in the opposite direction. At that time the direction of the z component of the gravitational acceleration vector will also reverse, ultimately causing the Sun to move northward again. This oscillatory behavior above and below the midplane has a well-defined period and amplitude that we will estimate in this problem.

Assume that the disk of the Milky Way has a radius that is much larger than its thickness. In this case, as long as we confine ourselves to regions near the midplane, the disk appears to be infinite in the $z = 0$ plane. Consequently, the gravitational acceleration vector is always oriented in the $\pm z$ direction. We will neglect the radial acceleration component in this problem.

(a) By constructing an appropriate Gaussian surface and using Eq. (24.56), derive an expression for the gravitational acceleration vector at a height z above the midplane, assuming that the Sun always remains inside the disk of constant density ρ.

(b) Using Newton's second law, show that the motion of the Sun in the z direction can be described by a differential equation of the form

$$\frac{d^2z}{dt^2} + kz = 0.$$

Express k in terms of ρ and G. This is just the familiar equation for simple harmonic motion.

(c) Find general expressions for z and w as functions of time.

(d) If the total mass density in the solar neighborhood (including stars, gas, dust, and dark matter) is $0.15\ \text{M}_\odot\ \text{pc}^{-3}$, estimate the oscillation period.

(e) By combining the current determinations of $z_\odot$ and $w_\odot$, estimate the amplitude of the solar oscillation and compare your answer with the vertical scale height of the thin disk.

(f) Approximately how many vertical oscillations does the Sun execute during one orbital period around the Galactic center?

1.28 Show that

$$d = \frac{\langle v_r \rangle \tan \phi}{\langle \mu \rangle},$$

leads to Eq. (24.54) with the appropriate change in units.

1.29 Refer to the data in Appendix E for this problem.

(a) What angle does Altair's space motion vector make with its radial-velocity vector?

(b) Find Altair's transverse velocity and space motion relative to the Sun.

1.30 Using Newtonian gravity, estimate the amount of energy required to move 10^7 $M_\odot$ from a position just above the event horizon of the supermassive black hole at the center of the Galaxy to 3 kpc, the present location of the expanding arm. Compare your answer to the amount of energy liberated in a typical Type II supernova.

1.31 If the accretion rate at the Galactic center is 10^{-3} $M_\odot$ yr^{-1} and if it has remained constant over the past 5 billion years, how much mass has fallen into the center over that period of time? Compare your answer with the estimated mass of a possible supermassive black hole residing in the center of our Galaxy.

1.32 **(a)** Compute the lowest possible density of Sgr A* based on the data obtained from the orbit of S2. Assume a spherically symmetric mass distribution.

(b) Assuming a mass of 3.7×10^6 $M_\odot$ and a radius of 1 AU (roughly the current limit of resolution of the center of the Milky Way), estimate the density of Sgr A*. Express your answer in kg m^{-3}, $M_\odot$ AU^{-3}, and $M_\odot$ pc^{-3}.

1.33 Using the data found in the text, calculate the speed of S2 when it is closest to Sgr A*.

1.34 Using Newtonian gravity, estimate the Roche limit of a supermassive black hole of mass 3.7×10^6 $M_\odot$ (assume that a 1 $M_\odot$ main-sequence star is tidally disrupted). How does your answer compare with the black hole's Schwarzschild radius? *Hint:* Begin with Eq. (19.4), substituting the appropriate average densities and radii.

1.35 Estimate the Eddington luminosity of a black hole with the mass of Sgr A*. What is the ratio of the upper limit of the bolometric luminosity of Sgr A* to its Eddington luminosity?

1.36 In this problem you will construct a crude model for the mass distribution and velocity curve in the inner 1 kpc of the Galaxy. Assume that a point (a black hole) of mass $M_0 = 3.7 \times 10^6\ M_\odot$ is located at the center of the Galaxy and that the remainder of the mass has an isothermal density distribution that varies as r^{-2}.

(a) Show that if the mass distribution is spherically symmetric, the mass interior to a radius r can be expressed as a function of the form

$$M_r = kr + M_0,$$

where k is a constant to be determined.

(b) Assuming perfectly circular motion and Newtonian gravity, show that the orbital velocity curve is given by

$$v = \left[G\left(k + \frac{M_0}{r}\right)\right]^{1/2}.$$

(c) If the orbital velocity is 110 km s^{-1} at 2 pc, determine a value for k.

(d) Plot $\log_{10} M_r$ as a function of $\log_{10} r$ over the range 0.01 pc $< r <$ 1 kpc. Express M_r in solar units and r in parsecs. Your graph should be qualitatively similar to the observational data depicted in Fig. 24.33.

(e) Plot v as a function of $\log_{10} r$ over the range 0.01 pc $< r <$ 1 kpc. Express v in km s^{-1} and r in parsecs. At what radius does the contribution of the central point mass begin to become significant?

2장

은하들의 성질

2.1 허블분류

1장 시작 부분에서 언급한 바와 같이, 18세기 중반에 칸트와 라이트가 처음으로 우리은하는 항성들로 구성된 유한 크기의 원반 형태의 시스템이라고 제안하였다. 이런 제안이 있은 후 2세기 동안의 천문학연구를 통해서 우리는 정말 우리은하의 주된 성분이 상당양의 가스와 티끌을 포함하고 있는 항성의 원반으로 잘 표현된다는 것을 알게 되었다. 그들의 우리은하의 성질에 대한 철학적 논증의 연장으로, 칸트는 우리은하가 만일 유한하다면, 아마 밤하늘에 보이는 확산되어 있고 아주 희미한 타원의 성운이 실제 우리은하와 비슷하지만 우리은하 경계를 훨씬 넘어서 아주 멀리 있는 원반 형태의 시스템일 것이라는 제안하였다.[1] 그는 이들 천체를 섬우주라 불렀다.

1) 오늘날 우리는 일반적으로 성운을 가스와 티끌 구름을 지칭하는 용어로 사용하고 있지만, 원래는 하늘에 보이는 희미한 빛 덩어리들 중 분명히 항성들의 모임으로 분해될 수 없는 천체를 기술하는데 사용되었다.

섬 우주들의 목록화

섬 우주들의 실제 성질은 많은 연구대상이 되었고, 이런 천체들의 방대한 목록들이 수집되었다. 그런 목록 중 하나가 혜성을 찾는 연구를 하면서, 그의 연구에 적합한 목표물과 혼동될 수 있는 103개의 희미한 천체들을 기록한 메시에(Charles Messier, 1730–1817)에 의해 만들어졌다.[2] 메시에 목록의 많은 구성원들이 실제 우리은하에 포함되어있는 가스 성운들이고(게성운 초신성잔해와 오리온 성운, 각각 M1과 M42), 그리고 다른 구성원들은 성단(예를 들어 플레아데스 산개성단은 M45이고 거대한 헤르쿨레스 구상성단은 M13)으로 알려져 있었지만, 안드로메다 은하의 M31같은(그림 1.7) 다른 성운들의 성질은 알려지지 않았다.

또 다른 성운의 목록은 허셀(William Herschel)에 의해 만들어졌으며, 후에 남반구를 포함시키기 위해 그의 아들(Sir John Herschel, 1792–1871)이 그 목록을 확장시켰다. 후에 드라이어(J.L.E. Dreyer, 1852–1926)는 New General Catalog(NGC)를 펴냈는데, 이 목록은 허셀의 연구에 근거를 두었으며 거의 8000개 천체를 포함하고 있다. 메시에목록과 같이 NGC는 우리은하에 속해있는 가스성운 또는 성단인 구성원들을 포함하고 있다. 그러나, 목록에 있는 다른 천체들의 실제 성질은 의문으로 남아있었다.[3] Ross의 3번째 백작인 파아슨(William Parsons, 1800–1867)이 세계에서 최대의 망원경을 제작한 것은 1845년의 일이다. 아일랜드에 놓여있었으며 Leviathan란 별명을 지닌 1.8 m 망원경은 처음으로 몇몇 성운의 나선 구조를 분해해 낼 수 있었다. 그들의 바람개비처럼 보이는 현상은 이들 나선성운들이 회전하고 있다는 것을 암시해주었다. 이런 생각은 1912년 슬라이퍼(Vesto M. Slipher, 1875–1969)가 이들 여러 천체에서 도플러 편이된 분광선을 관측했을 때 결국 증명되게 되었다.

세플리–쿠티스의 대논쟁(Shapley–Curtis Great Debate)

성운의 성질에 대한 논증은 그들이 우리로부터 얼마나 떨어져 있는가와 우리은하의 상대적인 크기에 집중되어 왔다. 많은 천문학자들은 나선성운은 우리은하의 범위 내에 있다고 믿는가하면, 다른 학자들은 그들이 실제 칸트의 섬 우주들이라는

2) 후에, 다른 천문학자들이 원래 목록에 7개의 구성원을 덧붙여서, 전체 메시에 천체의 수가 110개가 되었다. 메시에 목록은 부록 H에 수록되었다.

3) 메시에 목록의 대부분 구성원들은 NGC에 포함되어 있다는 것을 지적할 필요가 있다; 예를 들어 M31은 또한 NGC 224로 명명되었다.

관점을 선호한다. 1920년 4월 26일, 미국 워싱턴의 National Academy of Science에서 윌슨산 천문대의 세플리와 릭 천문대의 쿠티스(Heber D. Curtis, 1872-1932)가 각 관점들의 장점들을 토론하기 위해 만났다. 천문학의 대논쟁이라 알려진 이 만남에서, 세플리는 성운들이 우리은하의 구성원이라는 아이디어를 주장하였다. 반면, 쿠티스는 자료들의 외부은하적 해석의 지지자였는데, 성운이 우리은하와 물리적으로 아주 비슷하지만, 서로 분리되어있다고 믿었다.

세플리의 강점들 중 하나는 M31에서 관측된 신성의 겉보기 등급에 근거하였다. 그는 안드로메다의 원반이 우리은하정도로 크다고 하면(그 자신의 추정으로는 직경이 거의 100 kpc 정도 됨), 하늘에서의 각크기($\sim 3° \times 1°$)에서 유도된 거리는 M31에 있는 신성의 밝기를 우리은하 내에서 발견된 신성의 밝기보다 엄청나게 크게 할 것이라고 주장하였다.

그의 두 번째 주된 요지는 반 마넨(Adrian van Maanen, 1884-1946)의 자료에 근거하는데, 반 마넨은 당시에 인정받는 관측자로서 그가 관측한 M101의 고유운동은 $0.02'' yr^{-1}$의 각회전율을 암시하는 것처럼 보였다. 만일 M101이 우리은하에 대한 세플리의 추정과 비슷한 직경을 지니고 있다면, 그 바깥쪽 가장자리 근처의 지점들은 우리은하 내에서 관측된 값들보다는 훨씬 큰 자전속도를 지니게 될 것이다.

외부은하석 가성을 방어하면서, 쿠티스는 나선 성운에서 관측된 신성이 우리은하의 신성과 비슷한 고유밝기를 지니기 위해서는 적어도 우리로부터 150 kpc 정도는 떨어져있어야 한다고 주장하였다. 이 거리에서, M31은 우리은하의 직경보다는 아주 작고, 오히려 세플리의 추정보다도 작은 켑테인이 추정한 크기와 비슷할 것이다(1.1절의 논의를 회상해보라). 그는 또한 많은 나선 성운에서 관측된 큰 시선속도가 우리은하에 대한 켑테인 모델 내에 중력적으로 속박된 채 유지할 수 없음을 나타내주는 것 같다고 주장하였다. 더욱이, 성운의 법선속도가 그 시선속도 값과 비슷하나고 가성해보고, 그리고 만일 성운이 우리은하 내에 위치하기에 충분할 정도로 아주 가까이 놓여있다면, 하늘에서 그들의 고유운동을 측정할 수 있게 될 것이다; 그러나 그런 어떤 운동도 관측되지 않았다. 결과적으로, 옆으로 누운 나선성운에 대해, 어두운 흡수영역이 보일 수 있다. 쿠티스는 만일 우리은하가 비슷한 어두운 층을 지니고 있다면, 결핍영역을 쉽게 설명할 수 있을 것을 시사했다.

결국은 어떤 논증도 확실하다고 증명받지 못했고, 대 논쟁은 딜레마를 풀어주기보다는 논쟁점들을 강조하는 역할을 하게 되었다. 우리가 알고 있는 바와 같이, 상충하는 양쪽 주장들에 오차가 존재한다 할지라도, 세플리의 논증이 아마 결함이 더 많은 것 같다. 문제의 일부는 그가 우리은하의 크기에 대해 과대평가를 했다는 데에 있다. 또 다른 어려운 점은 그가 반 마넨의 자료를 의존하고 있다는 점인데, 후에 반 마넨이 스스로 자신의 관측에 오류가 있음을 보였다. 실제, 고유운동 연구는 M101의 어떤 회전에 대한 정보를 제공할 수 없다.

논쟁은 1923년 허블(Edwin Hubble, 1889–1953)이 윌슨산의 100인치 망원경을 이용하여 M31에서 세페이드 변광성을 관측했을 때 최종적으로 마무리되었다. 그들의 겉보기 등급을 측정하고 주기–광도 관계 식 (8.1)(2권)에 대한 절대등급을 결정함을 통해, 허블은 거리지수 $m-M$ (식 3.5)을 사용하여 안드로메다까지의 거리를 계산할 수 있었다. 허블의 285 kpc 라는 원래의 값은 770 kpc 라는 현대의 추정보다는 2.7배나 작지만, 나선 성운들이 실제 섬우주 들이라는 것을 확실하게 보여주기에는 충분하였다.

우리 태양계가 우리은하의 중심근처에 놓여있지 않고, 우리은하도 우주에 있는 무수히 많은 은하들 중 하나에 불과하다는 것을 인정하도록 유도한 과학 탐구의 과정들은 코페르니쿠스 혁명과 견줄 정도의 우주에 대한 우리 이해의 발전을 보여주었다. 많은 사람들이 그런 새로운 이해에 기여를 했지만, 외부은하의 거리 측정에 관한 허블의 중요한 연구가 큰 부분을 차지하게 되었다. 그의 연구는 우주에서 가장 큰 항성계로서 외부은하들을 집중적으로 연구하는 발판을 제공하였다.[4)]

은하들의 분류

은하들이 우리 은하 외부에 있다는 사실이 밝혀지고 난 후에, 이들의 물리적 성질을 결정하는 연구가 시작되었다. 어떤 새로운 천체들의 집합을 이해하는 첫 번째 단계로서, 마치 동물들의 다양한 종들을 동물학적으로 분류하는 것과 같이 그들 고유의 특징에 따라 분류해보는 것이 필요하다. 또 다시 허블이 결정적인 역할을 하였다. 그의 "외부 은하에 있는 성운들"라는 1926년 논문과 "성운의 세계"라는 책에서, 허블은 은하들이 그들의 겉보기 형태에 따라 3개의 기본 부류로 나눠어진다고 제안하였다. 이런 형태학적인 분류형태는, **허블 분류**라고 알려졌는데, 은하들을 **타원은하(E)**,

4) 허블이 또 다른 결정적인 기여를 했던 외부은하의 거리를 결정하는 도전적이고 중요한 과정은 4.1절과 4.2절의 내용이다.

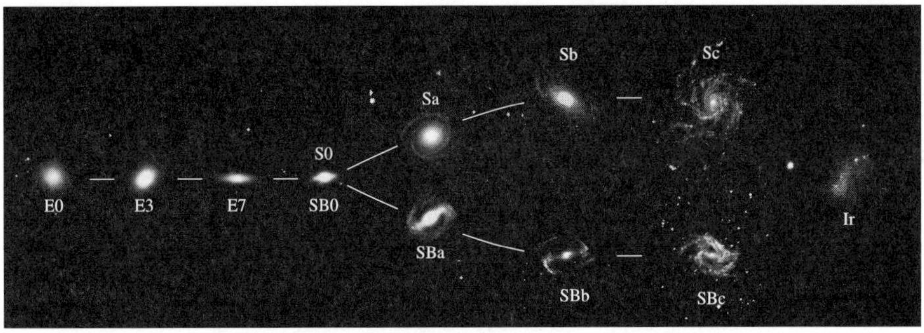

▌그림 2.1 은하 형태에 대한 허블 소리굽쇠 그림

나선은하, 그리고 **불규칙은하(Irr)**[5])로 나눈다. 나선은하는 또 다시 보통 나선은하(S)와 막대나선은하(SB)로 세분되어진다. 렌즈은하로 알려진, 타원은하와 나선은하사이의 중간형태 은하는 보통나선은하(S0)이거나 또는 막대나선은하(SB)일수 있다. 허블은 그의 형태학적 분류를 그림 2.1에 보여진 것처럼 소리굽쇠형태로 보여주면서, 두 개 형태의 나선은하를 확실하게 분류하였다. 은하들에게는 허블 분류에 따라 이름이 붙여진다.

허블은 원래 소리굽쇠 그림이 은하들의 진화론에 따른 분류로 해석될 수 있다고 (틀린)생각을 했었다. 그 결과, 그는 그림의 왼쪽으로 갈수록 조기형으로, 오른쪽으로 갈수록 만기형으로 명명하였고, 이 명명법은 오늘날도 널리 사용되고 있다.

타원은하의 부류 내에서, 허블은

$$\epsilon \equiv 1 - \beta/\alpha \qquad (2.1)$$

로 정의되는 관측된 은하타원율을 근거로 분류하였는데, 여기서 α와 β는 각각 천구면에 투영된 타원의 겉보기 장반경과 단반경이다. 허블형태는 이제 분류형태 뒤에 10ϵ가 붙여져서 사용된다. 타원은하는 항성들이 구형분포를 이룬 E0에서 시작하여 심하게 편평한 분포를 보이고 있는 E7까지 알려져 있다. $\epsilon = 0.7$보다 큰 타원도를 지닌 외부은하는 아직 발견되지 않았는데, 이는 0.7보다 큰 고유 타원도를 지는 E은하들이 존재하지 않는 것같다는 것을 의미한다.

이런 분류에서는 한 가지 어렵고 또한 중요하게 생각할 점이 있다.: 겉보기 타원도는 실제 타원도와는 잘 일치하지 않는다고 하는 것인데, 왜냐면 회전타원체[6])

5) 현대적인 최근의 분류는 그림 2.1에서 보는 바와 같이 실제적으로 불규칙한 은하를 Ir로 명명한다.

의 우리들의 시선방향과 이루는 각도가 관측에 결정적인 역할을 하기 때문이다. 이 효과는 관측자들이 편원 은하(oblate galaxy)와 편장 은하(prolate galaxy)를 볼 때 그림 2.2와 그림 2.3에서 각각 보여질 수 있다. 일반적으로 $a \geq b \geq c$는 3축 타원체의 3축의 길이다. 구에 대해 $a = b = c$가 성립하고, 완전히 편원인 회전체에 대해서는 $a = b$가 성립하며, 완전히 편장인 회전체에 대해서는 $b = c$가 성립한다. 일반적으로는 그러나, 회전체 축의 길이가 같아야 할 필요는 없다.

타원은하의 물리적 성질들은 엄청나게 큰 영역에 놓여있게 된다. 그들의 절대 B 등급은 −8등급정도 희미할 수도 있고, 또는 −23등급보다 밝을 수도 있으며, 그들의 질량(빛을 내는 물질과 암흑물질포함)은 $10^7\ M_\odot$ 보다 작은 값에서 $10^{13}\ M_\odot$ 보다 큰 값까지 변하기도 하고, 그리고 그들의 직경은 수백 pc정도보다 작거나 또는 수백 kpc 정도보다 클 수도 있다. 거대 타원은하는 우주에서 가장 큰 천체 중의 하나

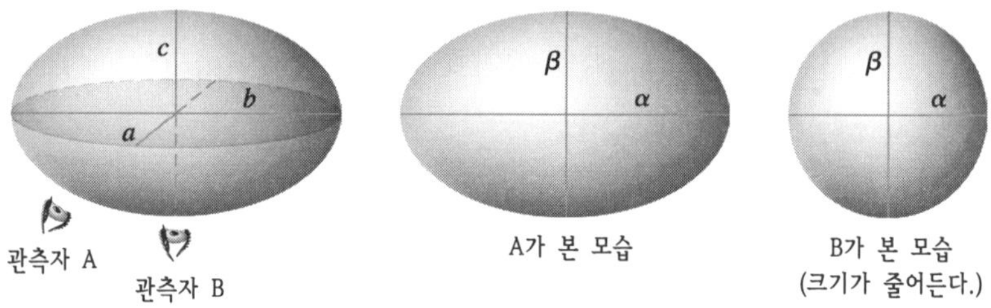

▌그림 2.2 편원 타원은하는 $a = b$와 $c < a$의 관계를 보이는 축길이를 지니고 있다. 만일 $c/a = 0.6$이라면, A의 관측자가 보았을 때 겉보기형태는 E4은하($\beta/\alpha = 0.6$)이 된다. 같은 은하가 B의 관측자($\beta/\alpha = 1$)의 위치에서 관측될 때는 E0로 보인다.

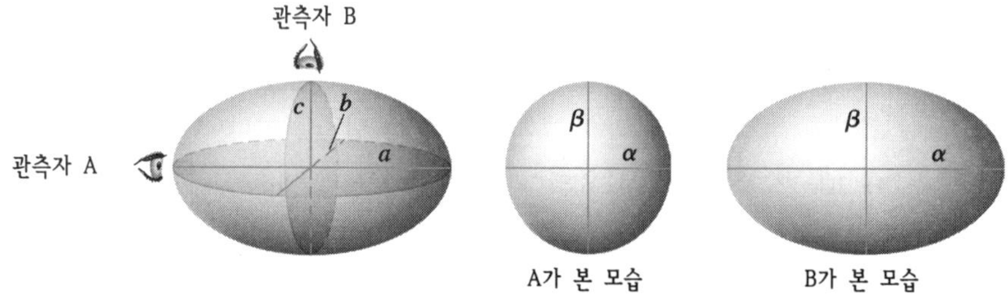

▌그림 2.3 편장 타원은하는 $b = c$와 $a > b$의 관계를 보이는 축길이를 지니고 있다. 만일 $b/a = 0.6$이라면, A의 관측자가 보았을 때 겉보기형태는 E0은하가 된다. 같은 은하가 B의 관측자의 위치에서 관측될 때는 E4로 보인다.

---

6) 회전타원체(spheroid)라는 용어는 주로 평균적으로 축대칭을 보이는 타원체에 사용된다.

에 속하는 반면, 작은 왜은하는 전형적인 구상성단정도의 크기에 견줄만 하다. 렌즈은하는 더 큰 타원은하에 비교될만한 질량들과 광도들을 지니고 있다. 거대 타원은하와 렌즈은하들이 관측되기 가장 쉬운데도 불구하고, 왜은하들이 지금까지는 가장 많이 관측되었다. 타원은하들의 전형적인 예들이 그림 2.4에 보여졌는데 S0와 SB0도 함께 제시되었다. 이들 은하들의 물리적 특징들은 2.4절에서 자세히 논의되어질 것이다.

허블은 나선은하들을 Sa, Sab, Sb, Sbc, Sc 그리고 SBa, SB뮤, SBb, SBbc, SBc로 세분하였다. 가장 뚜렷한 팽대부를 지닌 은하일수록(팽대부광도와 원반광도비가 최대, $L_{\mathrm{bulge}}/L_{\mathrm{disk}\sim 0.3}$), 나선팔이 더 심하게 꼬여있고(경사각[7]이 대략 6° 정도 된다), 나선팔에서 항성분포가 가장 매끄러운 은하를 Sa(또는 SBa)은하로 분류

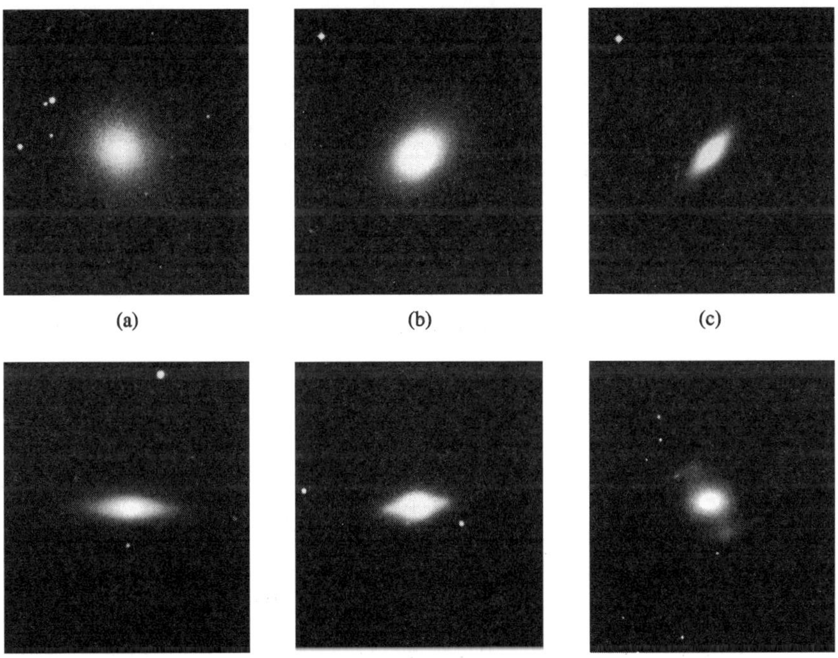

(a) (b) (c) (d) (e) (f)

▌그림 2.4 전형적으로 조기형은하로 분류되는 은하들. (a) IC 4296 (E0), (b) NGC 4365 (E3), (c) NGC 4564 (E6), (d) NGC 4623 (E7), (e) NGC 4251 (S0), (f) NGC 4340 (RSB0)(영상출처 : Sandage and Sandage, Ther Carnegie Atlas of Galaxies, Carnegie Institution of Washington, Washington, D.C., 1994)

7) 경사각(pitch angle)은 나선팔의 법선과 완전한 원의 법선사이의 각으로 정의되는데, 나선팔과 원이 교차하는 지점에서 측정된다.

되는 반면, Sc은하는 작은 팽대부–원반광도비($L_{\rm bulge}/L_{\rm disk} \sim 0.05$)를 보이고, 더 느슨하게 꼬여있는 나선팔을 지니고 있으며(~18°) 또 항성들과 H II 영역들의 덩어리로 분해되는 나선팔을 지니고 있다. 보통나선은하와 막대나선은하의 예들이 그림 2.5와 그림 2.6에 각각 보여졌다. M31(그림 1.7)과 NGC 891(그림 1.9)들은 Sb은하들인 반면, 우리은하는 아마 SBbc 은하인 것 같다(그림 1.5는 우리은하중심에 있는 막대에 대한 확증을 보여준다).

Sa–Sc(SBa–SBc) 은하들의 물리량들은 타원은하들보다 작은 변화를 지니고 있는 것처럼 보인다. 평균적으로 볼 때, 나선은하는 우주에서 가장 큰 은하에 속하는 것처럼 보이는데, 절대 B등급은 −16에서 −23보다 작은 값까지 분포하며, 질량은 (빛을 내는 물질과 암흑물질포함) $10^9\ M_\odot$와 $10^{12}\ M_\odot$ 사이에 놓이고, 원반 직경은 5–100 kpc 정도 안에 놓인다.

허블은 불규칙적인 은하의 나머지 부류에 대해, 그들이 만일 적어도 어떤 구조성을 보이면 Irr I, 또는 아주 무질서한 구조를 지니면 Irr II로 나누었다. 대마젤란은하와 소마젤란은하 모두 Irr I은하의 구성원인 반면, M82 (NGC 3034)는 Irr II의 예이다(그림 2.).

불규칙은하들은 특별히 큰 값은 아닐지라도 상당히 넓은 영역의 물리량들을 지니고 있다. 전형적으로 그들의 B 절대등급은 −13에서 −20까지 변하고, 질량은 $10^8\ M_\odot$와 $10^{10}\ M_\odot$ 사이에 놓이며, 그들의 직경은 1 kpc에서 10 kpc 까지의 영역에 놓여있다. 대부분의 불규칙은하들은 또한 중심에서 벗어나서 뚜렷하게 보이는 막대를 지니고 있는 경향이 있다.

허블의 소리굽쇠 그림의 발표이후, 천문학자들은 그의 원래분류표에 상당히 많은 수정을 가했다. 예를 들어, 드 보쿨러스(Gerard de Vaucouleurs)는 Irr I과 Irr II의 불규칙 분류법대신 Sc(또는 SBc) 다음에 분류되는 다른 형태학적인 분류를 선호하였다. Irr I에 속하는 은하들은 Sd(SBd), Sm(SBm) 또는 Im(여기서 m은 마젤란 처럼 생겼다는 뜻이다)으로 명명되었다; 예를 들어, LMC는 SBm으로 분류되고, SMC는 Im으로 분류되었다. M82같은 실제 불규칙은하들은 간단하게 Ir로 명명된다(이는 Ir이 그림 2.1에서 표기된 이유이다). 샌디지와 브루카토(Sandage & Brucato)는 더 나아가 Ir 부류가 어떤 정형화된 조직이 결여되어 있음을 나타내기 위해 **무정형**(amorphous)이라고 말하는 것이 더 적당하다고 제안하였다. 우리가 보게 되겠지만, 허블부류의 Sd와 그 후속 나선은하는 조기형 나선은하보다 상당히 작은 경향을 보인다; 결과적으로, 그들은 때때로 **왜나선은하**라고 불리기도 한다.

(a)

(b)

(c)

(d)

▌그림 2.5 보통의 나선은하 모습들. (a) NGC 7096(Sa(r)I), (b) M81/NGC 3031(Sb(r) I–II), (c) M101/NGC 5457/Pinwheel(Sc(s)I), (d) M104/NGC 4594/ Sombrero (Sa/Sb), **측면에서 본모습**(영상출처 : Sandage and Bedke, Ther Carnegy Atlas of Galaxies, Carnegie Institution of Wahington, Wahington, D.C., 1994)

보통 나선은하와 막대나선은하사이의 차이를 더 자세하게 하기 위해 드 보큘러스는 또한 보통 나선은하를 간단하게 S라고 표기하는 것보다 SA로 표기하는 것을 제안하였다. 약한 막대를 지닌 중간형태의 나선은하는 SAB, 뚜렷한 막대를 지닌 나선은하를 SB로 명명하게 된다.

더 세분된 분류계로서, 렌즈은하들이 때로 그들 원반에서 티끌 흡수의 정도에 따라 세분되기도 한다. $S0_1$ 은하들은 뚜렷한 티끌원반을 지니고 있지 않는 반면, $S0_3$은하들은 상당량의 티끌을 지니고 있으며, $SB0_1$와 $SB0_3$에 대해서도 비슷한

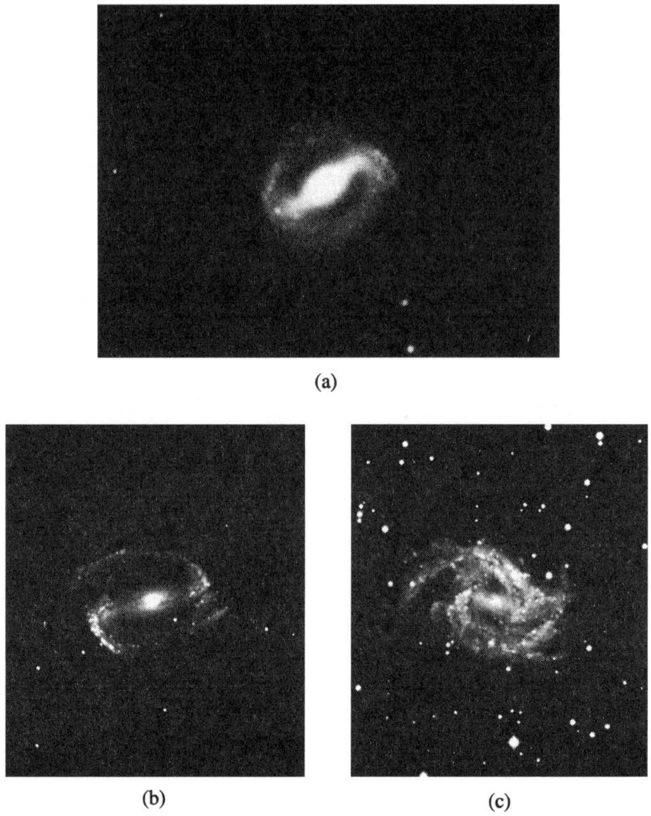

■ 그림 2.6 전형적인 막대나선은하들 (a) NGC 175(SBab(s)I–II), (b) NGC 1300(SBb(s) I), (c) NGC 2525(SBc(s)II).(영상 출처 : Sandage and Bedke, Ther Carnegie Atlas of Galaxies, Carnegie Institution of Washington, Washington, D.C., 1994)

현상이 보인다.

그래서, 조기형 타원은하에서 시작해서 만기형 은하들까지의 현대적인 분류는 (그림 2.1을 보라),

$$E0,\ E1,\ \cdots,\ E7,\ SO_1,\ SO_2,\ SO_1,\ Sa,\ Sab,\ Sb,\ Sbc,\ Sc,\ Scd,\ Sd,\ Sm,\ Im,\ Ir$$

이 된다. 막대나선은하에 대해서도 비슷한 분류가 존재한다.

반덴베르그(Sidney van den Bergh)는 나선은하에 대한 광도등급을 도입하였다. 이 등급은 I에서 V까지 세분되는데, 등급 I는 나선팔이 잘 정의될 때의 경우이고, 나선팔이 가까스로 존재하는 것으로 확인되는 은하들은 등급 V로 분류된다. M31은

(a)

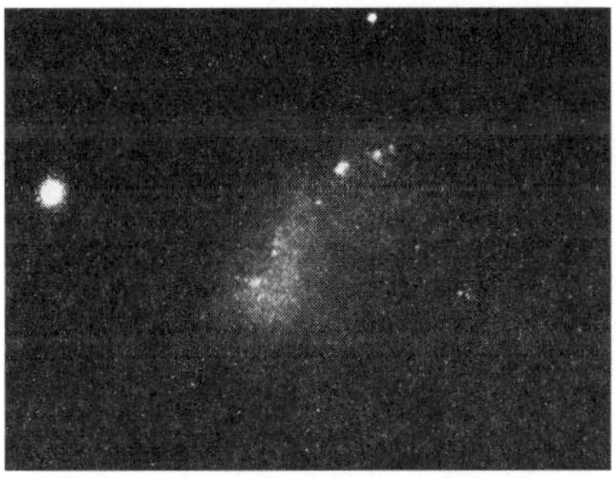

(b)

(c)

▌그림 2.7 불규칙은하들의 예들. (a) LMC(Irr I/SBmIII), (b) SMC(Irr I/ImIV–V), (c) M82/NGC 3034(Irr II/Kr/Amorphous).(영상출처 : Sandage and Bedke, Ther Carnegie Atlas of Galaxies, Carnegie Institution of Washington. Washington. D.C., 1994)

SbI–II로 분류되고(등급 I과 II사이에 존재), 우리은하는 SBbcI–II로 분류된다. M101은 ScI 이고, LMC는 SBmIII 이며, SMC는 ImIV–V 이다. 가장 큰 타원은하들을 제외하고는(2.4절에서 토의될 것임), 우리은하와 M31은 우주에서 가장 크고 가장 밝은 은하들에 속한다. 그러나 그 이름에도 불구하고, 광도 등급은 절대등급과 뚜렷한 상관관계가 존재할 필요가 없다는 것에 유의하는 것이 중요하다.

멋있어 보이는 점외에도, 나선팔은 또한 매우 복잡하고 난해한 특징들을 아주 많이 보여주고 있다. 어떤 은하들은 거의 모두 중심쪽으로 향하고 있는 나선팔을 지니고 있는가 하면, 어떤 은하들은 안쪽 고리위치를 벗어나는 것처럼 보이는 나선팔을 지니고 있기도 하다. 이들을 구분하기 위해 또 다른 특별한 명명법이 필요하다. M101(그림 2.5(c))는 전자 형태를 보이는 은하로서, Sc(s)I로 분류되는데, 여기서 s는 은하중심쪽으로 나선이 들어간다는 것을 나타내준다. 반면 NGC 7096(그림 2.5(a))과 M81(그림 2.5(b))는 후자 형태의 은하로서 각각 Sa(r)I와 Sb(r)I–II로 분류되는데, 여기서 r 은하내부고리를 표시해준다. 은하들은 또한 동정되어질 수 있는 바깥 고리를 지니고 있는 것 같다. 그런 예 중 하나가 NGC 4340(그림 2.4(f)) 인데, 이 은하는 RSB0은하인데, 여기서 R은 바깥고리를 나타내주는 접두사이다. 어떤 경우에는 안쪽고리와 바깥쪽고리를 지니고 있는 은하들도 있는 것 같다.

은하의 형태학적인 다양한 분류들이 주어지면, 어떤 분류표도 복잡할 것이라는 것은 놀랄만한 일이 아니다. 다행히도, 허블 분류는 여러 번의 변경과 보충을 거쳐서, 은하들의 성질을 이해하는 데에 많은 도움을 주었다.

2.2 나선은하와 불규칙은하

만기형 은하들에 대한 허블 분류는 이들 천체들에 대한 우리의 연구를 아주 성공적으로 조직화해준다는 것이 증명되었다. 팽대부와 원반비, 나선팔의 꽉찬정도, 나선팔들을 항성과 H II영역으로 분해하는 능력들은 허블 분류와 좋은 상관 관계가 존재할 뿐만아니라, 다른 물리 상수들 대부분도 허블분류와 상관관계를 보인다.

표 2.1과 표 2.2는 만기형 은하들의 특징들을 요약한 것인데, 이들에 대한 자세한 사항은 나중에 논의하기로 한다. 물론 매개변수들이 아주 다양한 영역에 분포한다 할지라도, 허블형태에서의 경향은 분명하게 보인다. 예를 들어, Sa은하와 Sc은하가 거의 비슷한 광도를 지니고 있다면, Sa은하가 더 질량이 크게 (M/L_B값이

표 2.1 초기형 나선은하들의 특징들

	Sa	Sb	Sc
M_B	−17 to −23	−17 to −23	−16 to −22
M ($M_\odot$)	10^9–10^{12}	10^9–10^{12}	10^9–10^{12}
$\langle L_{\text{bulge}}/L_{\text{total}}\rangle_B$	0.3	0.13	0.05
Diameter (D_{25}, kpc)	5–100	5–100	5–100
$\langle M/L_B\rangle$ ($M_\odot/L_\odot$)	6.2 ± 0.6	4.5 ± 0.4	2.6 ± 0.2
$\langle V_{\max}\rangle$ (km s^{-1})	299	222	175
$V_{\max}$ range (km s^{-1})	163–367	144–330	99–304
pitch angle	$\sim 6°$	$\sim 12°$	$\sim 18°$
$\langle B-V\rangle$	0.75	0.64	0.52
$\langle M_{\text{gas}}/M_{\text{total}}\rangle$	0.04	0.08	0.16
$\langle M_{H_2}/M_{\text{H I}}\rangle$	2.2 ± 0.6 (Sab)	1.8 ± 0.3	0.73 ± 0.13
$\langle S_N\rangle$	1.2 ± 0.2	1.2 ± 0.2	0.5 ± 0.2

▌표 2.2 만기형 나선은하와 불규칙 은하들의 특징들

	Sd/Sm	Im/Ir
M_B	−15 to −20	−13 to −18
M ($M_\odot$)	10^8–10^{10}	10^8–10^{10}
Diameter (D_{25}, kpc)	0.5–50	0.5–50
$\langle M/L_B \rangle$ ($M_\odot/L_\odot$)	~ 1	~ 1
V_{max} range (km s^{-1})	80–120	50–70
$\langle B-V \rangle$	0.47	0.37
$\langle M_{gas}/M_{total} \rangle$	0.25 (Scd)	0.5–0.9
$\langle M_{H_2}/M_{H\,I} \rangle$	0.03–0.3	~ 0
$\langle S_N \rangle$	0.5 ± 0.2	0.5 ± 0.2

더 커진다) 될 것이며, 회전속도곡선(V_{max})에서 더 큰 최대값을 지니고, 가스와 티끌의 질량비가 작으며, 또 더 늙고 적색항성들의 함유량이 더 크게 나타난다.

K-보정

이들 상관관계에 대해 좀더 자세하게 살펴볼 수 있게 되기 전에, 은하 밝기를 결정하는 것과 관련된 문제들을 논의하는 것이 필요하다. 항성에 대해 절대등급을 결정할 때의 경우와 마찬가지로, 우리가 만일 은하 내와 목표 은하 내에서 소광효과에 대해 잘 설명하려 한다면, 은하들의 절대등급을 계산할 때 그들의 관측등급에 대해 상당한 보정을 해야 한다(식 (6.1)(2권)). (감광은 일반적으로 은하간 거의 빈 공간에서는 무시될 수 있다). 더군다나, 외부은하 천체의 경우에는 또 다른 중요한 보정을 고려해야 한다. 대부분의 은하들이 상당한 적색편이를 지니고 있기 때문에(4.2절의 주제), 관심이 있는 파장영역, 예를 들어 B필터 영역에 입사하는 일부의 빛 또는 대부분의 빛이 더 긴 파장영역으로 적색편이 될 것이다. 이런 효과를 설명하는 것이 K-보정이라 알려졌다. 우리가 배우게 되겠지만, K-보정은 아주 먼 은하에 대해서는 아주 힘이 든다. 이 효과가 만일 고려되지 않았다면, 은하의 진화에 대한 결론들이 아마 오류가 많게 될 것이다(3.2절과 6.4절).

배경 하늘의 밝기

희미한 은하들을 관측할 때나 그들의 뒤쪽 영역을 관측할 때 일어나는 또 다른 문제는 배경 하늘의 밝기와 경쟁하는 것이다. 희미하게 빛을 내는 밤하늘은 $\mu_{sky} = 22$ B 등급/arcsec^2 의 평균 표면 밝기를 지니고 있다(B-영역에서 측정되었을 때). 이런 배경광원들은 인근 도시의 광공해, 지구 상층대기의 광화학반응, 황도광, 은하수 내의 분해되지 않은 항성들, 그리고 분해되지 않은 은하들을 포함하고 있다. 그러나, CCD를 이용한 현대적 측광학적 연구들에서는, 은하들의 표면밝기가 $\mu_{sky} = 29$ B 등급/arcsec^2 이하로 낮추어 측정될 수 있다. 결과적으로, 이들 극도로 희미한 부분에서 은하의 광도분포를 정확하게 결정하기 이해서는 배경하늘로부터 오는 기여도를 추출해낼 필요가 있다.

등광선과 드 보쿨러스 윤곽

일단 배경 하늘이 추출되고 나면, 일정한 표면밝기를 나타내는 등고선을 그려낼 수 있다. 그런 등고선을 등광선(광자수가 일정한 선들)이라 부른다. 은하의 반경을 기술하는데 있어서, 그 반경을 결정하는데 사용되는 등광선의 표면밝기를 정의할 필요가 있다. 1장에서 우리은하의 반경을 규명하면서 이 문제에 봉착했었다; 원반의 지수함수적 분포에서 뿐만아니라 타원체의 $r^{1/4}$ 분포에서도 어떤 분명한 구분이 존재한다고 알려지지 않았다. 일반적으로 이용되고 있는 반경중 하나는, 스웨덴 천문학자 홀름베르크(Erik Holmberg)에 의해 도입된 홀름베르크 반경 r_H인데, $\mu_H = 26.5$ B 등급/arcsec^2 의 등광 표면밝기를 지닌 타원체 장반경의 투영된 길이로 정의된다. 자주 사용되는 두 번째 표준반경은 유효반경 r_e로서, 은하복사의 절반정도가 방출되는 반경의 투영된 길이이다.[8] r_e에서 표면밝기의 크기는 μ_e로 표시되는데, 반경에 따른 표면밝기의 분포에 종속된다.

나선은하의 팽대부와 큰 타원은하에 대해, 표면밝기분포는 전형적으로

$$\mu(r) = \mu_e + 8.3268\left[\left(\frac{r}{r_e}\right)^{1/4} - 1\right] \tag{2.2}$$

로 주어지는 $r^{1/4}$ 법칙을 따른다. 이는 1.2절에서 논의된 $r^{1/4}$ 드 보쿨러스 윤곽인데 단위는 $L_\odot$ pc^{-2} 보다는 mag arcsec^{-2} 로 사용된다. 이들 두 개 형태가 똑같다는 것을 보여주는 연습문제(문제 2.5)를 풀어볼 수 있다.

8) 유효반경은 1.2절에서 처음으로 도입되었다.

원반들에는 자주 지수함수적으로 감소한다는 모델이 적용되는데, 이는 우리은하에 대한 식 (1.10)에 주어진 것과 비슷하다. 그러나, $r^{1/4}$법칙처럼, 단위면적당 원반광도는 mag arcsec^{-2}의 단위로

$$\mu(r) = \mu_0 + 1.09\left(\frac{r}{h_r}\right) \tag{2.3}$$

와 같이 표시될 수 있는데, 여기서 h_r은 그 중심면을 따라 형성되는 원반의 특성거리척도이다(문제 2.6).

$r^{1/4}$법칙의 일반적인 형태는 자주 1/4을 $1/n$으로 대체되어 사용된다. 그 결과로 **일반화된 드 보쿨러스 윤곽**, 또한 Sérsic 윤곽(José Luis Sérsic의 이름을 따라)이라고도 알려졌는데,

$$\mu(r) = \mu_e + 8.3268\left[\left(\frac{r}{r_e}\right)^{1/n} - 1\right] \tag{2.4}$$

의 형태를 지닌다. 여기서 μ_e, r_e와 n은 실제 표면밝기윤곽과 최적의 짜맞추기를 하기 위한 자유상수이다. n=1일 때, 식 (2.3)은 식 (2.4)의 특별한 경우가 됨에 주목해보자. 여기서 μ_0와 h_r은 각각 μ_e와 r_e항으로 표시되었다.

은하들의 회전곡선

일반화된 드 보쿨러스 윤곽과 같은 표면밝기 윤곽들은 한 은하내 빛을 내는 물질의 분포를 나타내주기는 하지만, 은하의 암흑물질의 분포를 나타내주지는 않는다. 빛을 내는 물질과 암흑물질을 포함한 모든 물질들의 분포를 결정하기 위한 직접적 수단은, 1장에서 우리은하의 경우에 토의했던 것처럼, 은하의 회전곡선을 측정하는 것이다. 주어진 M_B영역과 허블 분류의 은하군들에 평균된 회전 곡선의 예가 그림 2.8에 제시되었다. 독자들은 그림 1.27을 떠올려 볼 수 있는데, 그 그림은 다양한 허블형태를 지닌 은하들의 실제 회전 곡선을 보여주고 있다.

회전 곡선이 광도 또는 허블 분류와 비교될 때는, 몇 개의 상관관계가 제시된다. 예를 들어, B-영역에서 광도, L_B가 증가하면서, 회전 곡선은 중심으로부터 거리

에 따라 아주 급격하게 증가하는 경향을 보이다가, 더 높은 최고 속도(V_{max})에서 최대로 보인다. 똑같은 B영역 광도를 지닌 은하들에 대해서, 조기형인 나선은하들이 더 큰 값의 V_{max}를 지닌다. 주어진 허블 분류 내에서는, 광도가 큰 은하들이 큰 값의 V_{max}를 지닌다. 또한, 주어진 V_{max}에 대해서, 회전 곡선은 약간 조기형 은하들에서 반경에 따라 약간 더 급하게 커지는 경향을 보인다. 서로 다른 허블 분류를 보이고 있어서, 아주 다른 팽대부–원반광도 비를 지닌 은하들은 진폭이 같지 않더라도 그 형태가 아주 비슷하다는 사실은 중력퍼텐셜의 형태가 꼭 빛을 내는 물질들의 분포를 따를 필요가 없다는 것을 제시해준다. 이런 현상은 이들 은하들에 암흑물질이 존재한다는 표시로 믿어지고 있다.

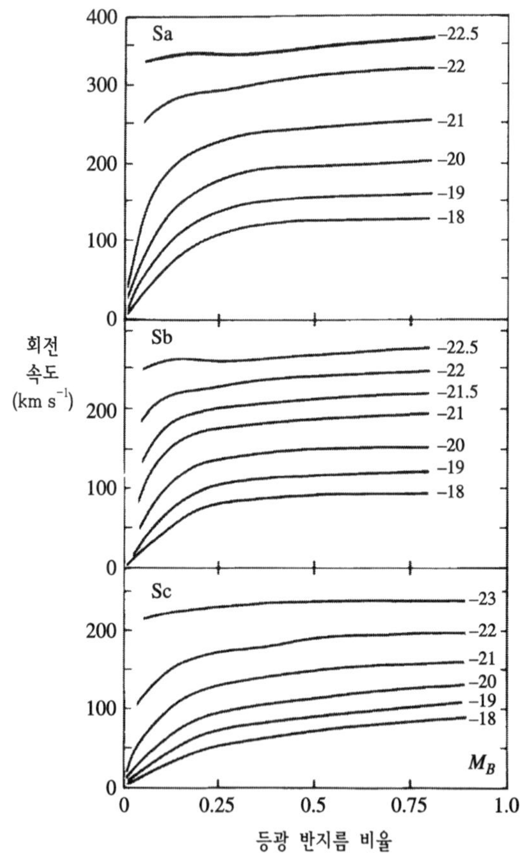

▌그림 2.8 B–영역에서 다양한 절대등급에 대해 Sa, Sb 그리고 Sc은하들의 평균회전곡선 변화(자료출처 : Rubin et al., Ap. J., 289, 81, 1985)

원반 내에서 최대 회전 속도가 조기형 은하에서 증가할지라도, 각 은하 형태에 넓은 범위의 V_{max}값이 존재한다. Sc 나선은하와 이보다 더 조기형 은하들에 대한 평균 최대 회전속도는 Sa에 대해 V_{max}=299 km s^{-1}, Sb에 대해 222 km s^{-1}, 그리고 Sc에 대해 175 km s^{-1}인 반면, 값들이 분포하는 영역들은 각각 163 km s^{-1}에서 367 km s^{-1}까지, 144 km s^{-1}에서 330 km s^{-1}까지, 그리고 99 km s^{-1}에서 304 km s^{-1}까지 다양하다. 우리은하(SBbc로 여겨지는 : 그림 1.25를 보라)에 대한 $V_{max} \cong 250$ km s^{-1}의 값은 Sb은하들에 대한 V_{max} 값보다 단지 약간 크다고 하는 것에 주목해보자.

불규칙은하들에 대해 상응하는 최대 회전속도들은 조기형 나선은하들에 대한 값들보다 상당히 작은데, 전형적으로 50에서 70 km s^{-1}영역에 놓여있다. 이는 약 50에서 100 km s^{-1}영역의 최대 회전속도가 나선이 잘 형성된 은하들에 대해 요구하는 것을 시사해주고 있다. Im 은하들의 더 낮은 회전 속도들은 단위질량당 회전 각운동량에 대한 값들이 태양 주변의 우리은하에서 관측되는 값들의 10% 정도밖에 되지 않음을 암시하고 있다.

툴리-피셔 관계(Tully-Fisher Relation)

앞서 다룬 토의에서 암시해주는 것과 같이, 나선은하의 광도와 그 최대 회전 속도 사이에는 어떤 상관 관계가 존재한다. 이 상관 관계는, 현재 툴리-피셔관계로 알려졌는데, 1977년 툴리(R. Brent Tully)와 피셔(J. Richard Fisher)가 여러 나선은하들에서 중성수소의 21 cm 전파방출선의 도플러편이를 관측할 때 처음으로 결정

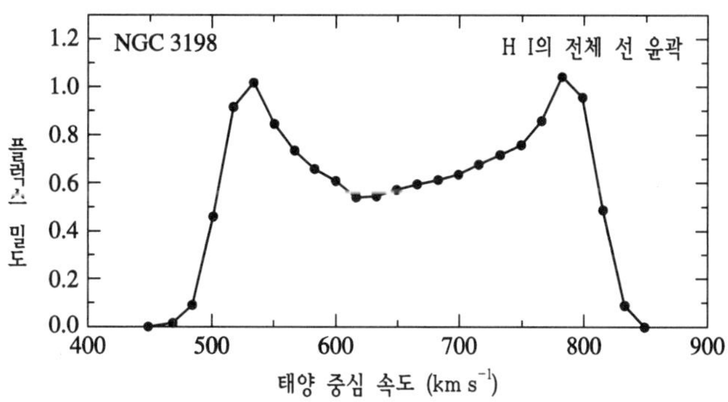

▮ 그림 2.9 NGC 3198에 대한 전체적인 HI 윤곽(자료출처 : Begeman, Astron.Astrophys., 223, 81, 1991.)

되었다. 21 cm 방출선이 한 때 전체 은하들에 대해 관측되었을때, 그림 2.9에서 보는 바와 같이 전형적으로 이중 마루를 보였다. 은하는 일반적으로 회전속도의 편평한 부분에서 가장 큰 회전속도를 지니는데, 이런 은하에서 이 이중 마루는 은하의 편평한 회전 속도 곡선 때문에 생겨난다. 너무 많은 양의 H I이 이 최대 속도에서 회전에 참여하기 때문에, 플럭스 밀도가 이 값에서 가장 크다. 이중 마루는 원반 영역이 관측자 쪽을 향하면서 회전하면서 시선 방향에서 청색편이되고, 또 원반의 한 영역이 관측자와 반대 방향으로 회전하면서 적색편이를 일으키기 때문에 일어난다. 관측자에 상대적인 은하의 평균 시선속도는 두 마루 사이의 중간 값이다.

정지 파장으로부터 마루까지의 편이 $\Delta\lambda$는 식 (4.39)에 의해

$$\frac{\Delta\lambda}{\lambda_{\text{rest}}} \simeq \frac{v_r}{c} = \frac{V \sin i}{c}$$

로 주어진다. 여기서 v_r은 시선속도이고, i는 관측자의 시선방향과 은하평면에 수직인 방향사이의 경사각(은하를 측면에서 보면 $i = 90°$가 된다)이다.

그림 2.10은 Sa, Sb 그리고 Sc은하들에 대한 $M_B - V_{\max}$의 관계를 보이는 툴리–피셔관계를 보여주고 있다. 만기형 허블분류에 속하지만 비슷한 M_B를 지닌 은하들에 대해 더 낮은 값의 $V_{\max}$로 편이되었음에 주목해보자. 자료들을 허블분류에 종속되는 선형관계로 짜맞추기를 해보면,

$$M_B = -9.95 \log_{10} V_{\max} + 3.15 \quad \text{(Sa)} \tag{2.5}$$

$$M_B = -10.2 \log_{10} V_{\max} + 2.71 \quad \text{(Sb)} \tag{2.6}$$

$$M_B = -11.0 \log_{10} V_{\max} + 3.31 \quad \text{(Sc)} \tag{2.7}$$

을 얻게 된다.

툴리–피셔관계는 적외선 파장에서 관측이 이루어지면 더 다듬어지고 개선될 수 있다. 이는 두 가지 장점을 지니고 있다. 티끌을 통과하는 적외선 파장에서 관측을 하면 소광이 10배정도 감소가 된다. 또한 적외선은 만기형 거성들로부터 주로 나오기 때문에 은하 전체적으로 빛을 내는 물질의 분포를 잘 나타내주는 가늠자가 된다; B–영역은 최근 항성형성이 된 영역에 있는 젊고 뜨거운 항성들을 강조해주는

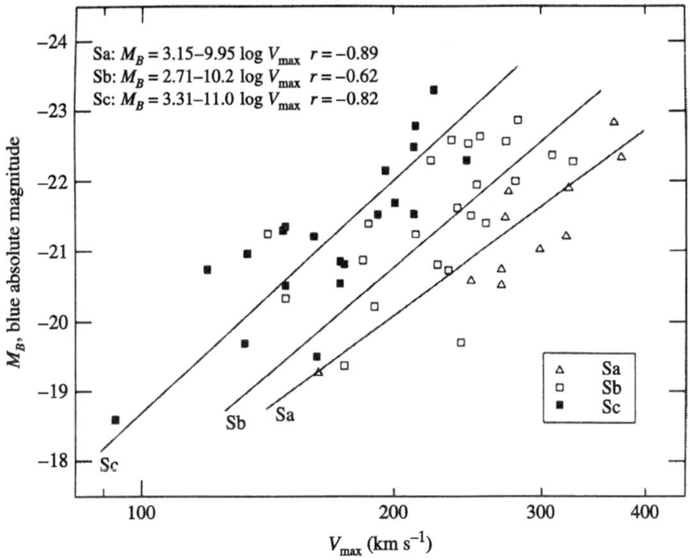

▌**그림 2.10** 초기형 나선은하들에 대한 툴리-피셔관계(자료출처 : Rubin et al., Ap. J. 289, 81, 1985.)

경향이 있다. 적외선 H 영역(1.66 μm)에서 툴리-피셔관계는, Pierce & Tully(1992)에 의해 고안되었는데,

$$M_H^i = -9.50(\log_{10} W_R^i - 2.50) - 21.67 \pm 0.08 \tag{2.8}$$

로 표시된다. W_R^i는

$$W_R^i \equiv (W_{20} - W_{\rm rand}) / \sin i \tag{2.9}$$

로 정의되는 은하의 회전 척도인데, W_{20}은 방출선 세기가 청색쪽 최대값과 적색쪽 최대값의 20%일 때 H-영역에서 청색편이된 방출과 적색편이된 방출의 속도 차이이다. W_{rand}는 은하에서 비선형궤도운동에 기인한 관측된 속도에 중첩된 임의의 속도 성분이다.[9] 마지막으로, i는 은하평면의 경사각이다. 3개 은하단에 대한 H-영역 툴리-피셔관계(식 2.9)의 예가 그림 2.11에 제시되었다.

9) 가우스 임의 속도 분포에 대해, W_{rand}는 $W_{rand} = 3.6\,\sigma$에 의해 속도 분산 σ와 관계 있다는 것이 보여질 수 있다.

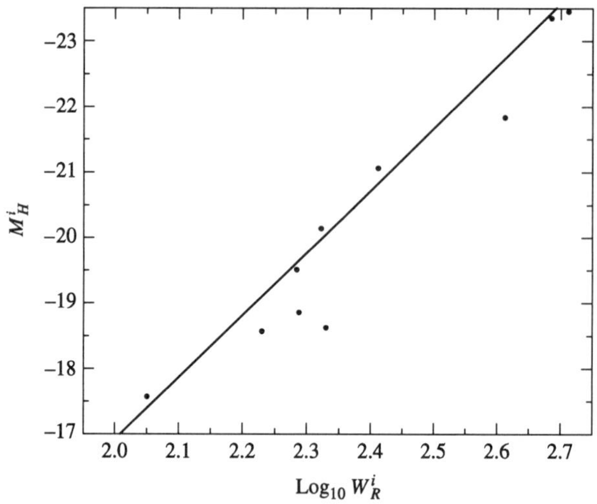

▌그림 2.11 식 2.8에서 주어진 바와 같은 적외선 H–영역(1.66μm)에서의 툴리–피셔관계. 자료들은 국부은하군, Sculpter 은하군 그리고 M81 은하군에 대한 자료이다. (자료출처 : Pierce & Tully, Ap.J., 387, 47, 1992.)

툴리–피셔관계의 정확한 형태는 은하내 질량의 분포 뿐만아니라 질량–광도비의 변화에도 종속되기는 하지만, 우리는 그 원인에 대한 몇가지 통찰을 얻어낼 수 있다. 그림 1.27과 2.8에서 분명히 볼 수 있듯이, 나선은하들은 수 kpc만 넘어가면 거의 편평한 회전곡선을 지니고 있다. 1.3절에서, 우리는 이런 현상이 반경 r 내에 포함된 질량이 식 (1.49)에 의해 주어진다는 것을 암시함을 보았다. 이 값을 전체 은하에 대해 계산하면($r \to R$, $M_r \to M$)

$$M = \frac{V_{\max}^2 R}{G} \tag{2.10}$$

의 결과를 얻는데, 여기서 최대 회전 속도 $V_{\max}$는 회전 곡선의 편평한 부분으로 계산되었다. 이제, 질량–광도비가 모든 나선은하에 대해 같다면($M/L \equiv 1/C_{\rm ML}$에서 $C_{\rm ML}$은 상수),

$$L = C_{\rm ML} \frac{V_{\max}^2 R}{G}$$

이 된다. 마지막으로, 모든 나선은하가 그 중심에서 같은 표면밝기를 지니고 있다고 대략적 어림을 취해보면, $L/R^2 \equiv C_{SB}$이 성립되는데, 여기서 C_{SB}는 또 다른 상수이다. R을 광도의 표현에서 소거해 보면

$$L = \frac{C_{ML}^2}{C_{SB}} \frac{V_{max}^4}{G^2} = CV_{max}^4$$

가 되는데, C는 다른 상수들을 다 통합한 상수이다. 절대등급은 식 (3.8)(1권)에서

$$\begin{aligned} M &= M_{Sun} - 2.5 \log_{10}\left(\frac{L}{L_\odot}\right) \\ &= M_{Sun} - 2.5 \log_{10} V_{max}^4 - 2.5 \log_{10} C + 2.5 \log_{10} L_\odot \\ &= -10 \log_{10} V_{max} + \text{constant} \end{aligned}$$

와 같이 얻는다. 추가적인 (영점)상수가 아직 계산되지 않았다 하더라도, 이런 간단한 논증은 식 (2.6)에서 식 (2.8)까지의 상수들과 Sa, Sb, Sc은하들에서의 B영역 툴리-피셔관계들의 경사들, 그리고 H영역에서 합쳐진 관계의 기울기들을 제공해 준다.

질량-광도 관계

중요한 특징 하나가 조기형 나선은하들의 자료에서 대두된다(즉, Sa-Sc): 반경은 허블 분류형과 관계 없이 광도가 증가하면서 커진다. arcsec^2당 B등급이 25인 표면밝기에 상응하는 원반 반경(R_{25})에서, 관측자료들은

$$\boxed{\log_{10} R_{25} = -0.249 M_B - 4.00} \tag{2.11}$$

의 선형관계를 보여주는데, 여기서 R_{25}는 kpc단위로 측정된다.

질량과 질량-광도 비

툴리-피셔관계(식 2.5-2.7)를 식 (2.11)과 식 (1.49)와 조합하여 사용하면, 이제 조기형 나선은하들의 질량과 그들의 R_{25}안쪽에서의 질량-광도비가 추정가능하다. 질량들은 $10^9\ M_\odot$보다 큰 값에서부터 거의 $10^{12}\ M_\odot$인 값까지 놓여있는 반면, 은하실량과 그들의 허블 분류형 사이에는 아주 약한 관계만 보이고 있는데(평균적으

로 Sc은하들은 Sa은하들보다 약간 가볍다), 이는 R_{25}와 M_B사이의 상관관계에서 허블분류에 어떤 종속성도 나타나지 않는다는 것에서 기대되어진다. 그러나 상관관계가 질량-광도 비에서는 존재하는데, M/L_B의 평균값이 점차적으로 만기형 허블분류형으로 가면서 감소한다; Sa은하에 대해 $\langle M/L_B \rangle = 6.2 \pm 0.6$이고 Sb은하에 대해서는 4.5 ± 0.4, 그리고 Sc은하들에 대해서는 2.6 ± 0.2가 된다.

색, 가스함량 그리고 티끌함량

M/L_B의 추세는 Sc은하들이 더 조기형 나선은하들에 비해 질량이 큰 주계열 별을 더 많이 지니고 있는 경향이 있음을 암시해준다(윗쪽 주계열 별이 낮은 질량-광도비를 지닌 그림 1.7(2권)에서 보여진 질량-광도관계를 회상해보라). 이것이 사실이라면, 우리는 Sc은하들이 Sa와 Sb은하들보다 더 푸르다는 것을 기대할 수 있는데, 이 사실을 관측들이 보여주고 있다. 색지수 $B-V$의 평균값은 만기형 허블분류형으로 갈수록 작아진다: Sa은하들에서 0.75, Sb은하들에서 0.64, 그리고 Sc은하들에서 0.52이다. 계속적으로 이어지는 만기형 은하들에 대해, 나선으로부터 나오는 더 많은 빛들이 파란색 파장 영역에서 방출되는데, 이는 점차적으로 더 젊고, 더 무거운 주계열별들이 많이 포함된 것을 음미한다.[10)]

불규칙은하들은 허블분류에서 모든 은하들 중 가장 푸른 쪽으로 향하는 경향이 있는데, 전형적인 $B-V$값은 0.4정도 이다. 더욱이, 조기형 나선은하들의 경우처럼 더 적색이 되기보다는, Ir은하들은 자주 그들 중심을 향하여 더 파랑색이 된다. 이는 불규칙은하들이 아직 그 중심영역에서 별들을 실제 탄생시키고 있음을 암시해준다. 예를 들어, LMC와 SMC는 아직 그 원반에서 청색 구상성단을 만들어내고 있는 것처럼 보인다.

청색 주계열별들의 수명이 짧기 때문에, 그들은 상대적으로 최근에 탄생되었음이 분명하다. 아마 Sc은하들에는 가스와 티끌들이 풍부하게 공급되고 있는 것 같은데, 이런 상황으로부터 이런 젊은 별들이 생성되어 질 수 있다. 21 cm 복사, Hα 방출 그리고 CO 방출(H_2의 좋은 추적자가 된다)의 분석에 의하면, R_{25} 내에 있는 전체 질량에 대한 가스의 질량비는 Sa에서 Sc, 그리고 더 만기형 은하로 갈수록 급격하게 증가한다. 예를 들어 Sa은하에 대해 $< M_{\rm gas}/M_{\rm total} >$의 값은 0.4이고, Sb

10) 만기형 허블분류 은하들이 실제 주계열별의 위쪽 젊은 쪽에 놓여있는 별들로 구성되었다고 하는 것은 역사적인 발전의 잘못된 추론이다.

에 대해서는 0.16 그리고 Scd에 대해서는 0.25가 된다. 이는 HII방출의 밝기가 만기형 허블형으로 갈수록 증가한다는 관측과 일치한다.

수소 원자와 분자의 상대적인 함량 또한 허블형에 따라 변화한다. Sab에 대해 $< M_{H_2}/M_{HI} > = 2.2 \pm 0.6$인데, Sb은하에 대해 1.8 ± 0.3, Sc에 대해 0.73 ± 0.13, Scd에 대해 0.29 ± 0.07로 감소한다. 이런 관측 결과는 Sa은하들이 더 중심에 밀집되어 있어, 그에 상응하는 더 깊은 중력 우물이 가스들을 모으고 분자를 형성하게 하는 것을 음미한다고 해석되어진다. 이는 Scd은하들의 성간물질은 주로 수소원자로 구성되어 있는 반면, Sa은하의 성간물질은 주로 분자가스로 구성되었음을 의미한다. 전체적으로 볼 때, 나선에서 수소분자의 양은 $5 \times 10^{10} M_\odot$(가장 무거운 은하)에서 $10^6 M_\odot$(왜은하)보다 작은 값까지 분포한다. 티끌의 질량은 전형적으로 ISM에서 가스질량보다 150-600배 작다.

싱크로트론 복사와 항성방출이 전체 밝기에 기여할 수 있지만, 은하의 원적외선(far-infrared, FIR) 광도에는 주로 티끌이 기여한다. IRAS관측에서, M31(SbI-II)에 대해 L_{FIR}/L_B=0.07이고, M33(Sc(s)II-II)에 대해 0.2, 그리고 M101(Sc(s)I)에 대해 0.4, LMC(SBmIII)에 대해 0.18, SMC(ImIV-V)에 대해 0.09의 값들이 발견되었다. 일반적으로, Sc은하들은 Sa나 Sb은하들보다 더 많은 양의 적외선방출을 하고 있는데, 이는 주로 가스와 티끌의 형태로 그들 질량이 구성된 상응하는 영역의 관측결과들과 일치한다. 흥미로운 사실은 SB은하들은 보통은 S은하들보다 더 큰 적외선광도를 지니는 경향이 있다는 것이다.

나선은하에서의 중원소함량 변화와 색 변화

색이 허블 형태에 종속될 뿐만 아니라 개개 나선은하들은 색 변화를 보여주는데, 즉 팽대부에서는 일반적으로 원반보다 더 적색쪽이 된다. 이는 금속성(중원소함량) 변화와 항성 탄생 활동이라는 두 가지 이유에 기인한다. 원자당 전자의 평균개수는 금속성이 희박한 별들보다는 금속성이 풍부한 별에서 더 크다. 이온화와 전자의 궤도천이가 항성 광구의 불투명도에 기여하기 때문에, 금속이 풍부한 별에서의 불투명도는 더 크다. 항성 내부에서 생성된 빛이 높은 불투명도의 광구를 지닌 별을 빠져나오기가 어렵기 때문에, 항성은 부풀어 오르는 경향이 있다; 그 반경은 증가하고, 거기에 따른 유효 온도는 감소한다. 그래서, 높은 불투명도 항성은 낮은 불투명도 항성보다 더 적색쪽이 되고, 그밖에 모든 물리량들은 같다(이 효과는 3.5절(2권)의 예제 3.5.4

에서 처음 토의된 바 있다). 팽대부의 적색화는 이 영역이 우리은하의 경우처럼 중심에서 멀리 떨어져 있는 원반에서 보다 더 금속성이 풍부하다는 것을 보여준다. 사실, 우리은하 내에서, 금속성변화가 4 kpc와 14 kpc 사이의 우리은하중심반경에서 측정된 바 있는데 그 결과는 $d[He/H]/dr = -0.01 \pm 0.008$ dex kpc^{-1}, $d[O/H]/dr = -0.07 \pm 0.015$ dex kpc^{-1}, 그리고 $d[Fe/H]/dr = -0.01 - 0.05$ dex kpc^{-1}이다.[11)]

색 변화의 두 번째 원인인 항성 탄생으로부터 나선은하들의 원반에서 그 팽대부보다 항성 탄생이 더 활발하게 일어난다는 것을 알 수 있다. 이는 은하들에서 가스와 티끌들의 분포와 일치한다. 나선은하의 구면 성분은 상당히 작은 가스양을 포함하고 있어서 원반보다 낮은 항성생성률을 지니고 있다. 원반들은 높은 생성률로 젊고, 뜨겁고 푸른색의 항성들을 만들어낼 수 있기 때문에, 구면부분은 상대적으로 적색화된 것처럼 보이고, 그래서 색변화가 일어난다.

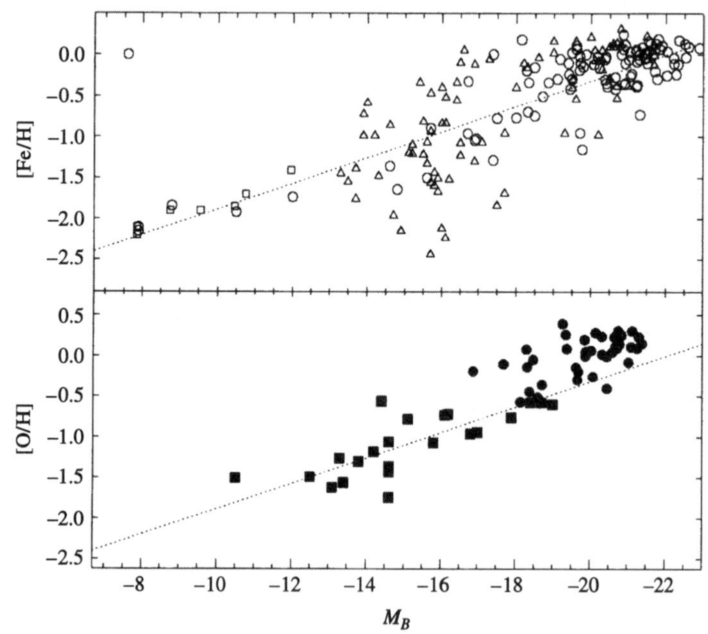

▮ 그림 2.12 금속성은 절대등급과 선형으로 증가하는 것으로 관측되었다. 위 그림에서의 표식들은 dE은하들(타원 왜은하, 열린 사각형)과 타원은하들(열린 원과 열린삼각형)에 상응한다. 아래그림에서 나선은하들은 채워진 원으로 표시되었고, 불규칙은하들은 채워진 사각형으로 표시되었다.(출처 : Zaritsky, Kennicutt, and Huchra, Ap.J., 420, 87, 1994)

11) "dex"는 변화에서 금속성 항의 로그함수성질을 말한다; 식 (1.11)을 보라.

색변화는 NGC 7814 같은 나선은하의 구면부분에서도 관측되었다. 은하의 구면 성분은 반경이 커지면서 청색화가 된다. 이는 또한 우리은하에서도 보이는데, 은하중심에 가깝게 돌고 있는 구상성단들에서 금속성이 더 풍부하고 더 적색화됨이 관측된다.

관측들은 금속성이 은하들의 절대등급과 상관관계가 있음을 보여주고 있다; [Fe/H]와 [O/H] 모두 M_B에 따라 증가한다(그림 2.12). 겉보기에는 더 밝고 질량이 큰 은하들에서 중원소 함량이 증가되는 것같다. 화학적 성분비의 변화는 3.2절에서 토론되겠지만, 은하 형성이론에 중요한 역할을 한다.

X-선 광도

은하의 X-선 광도는 또한 진화에 관련하여 몇몇 정보를 제공해준다. 나선은하에 대해, Einstein 위성에 의해 관측된 파장 영역(0.2–3.5 keV)에서 광도는 대체로 $L_X = 10^{31}$ W 에서 10^{34} W 에 놓인다. 놀랍게도 X-선광도와 B영역 광도사이에 분명한 상관관계가 존재하는데($L_X/L_B \simeq 10^{-7}$), 이는 X-선이 나선은하에서 모든 천체 종족들에서 특정천체부류에 의해 기인된 것임을 함축하고 있다고 해석되고 있다. 추정되는 천체는 X-선 쌍성들이다. 초신성잔해 또한 X-선 방출에 기여하는 것이 가능하다.

초거대질량(supermassive) 블랙홀

몇몇 나선은하의 중심 근처의 항성과 가스 운동의 관측은 초거대질량 블랙홀의 존재를 강하게 시사한다. 예를 들어, M31 중심근처에서 M/L은 35 $M_\odot/L_\odot$을 능가하는데, 이는 작은 영역에 뭉쳐있는 아주 많은 양의 빛을 내지 않는 물질을 암시해주고 있다. 시선 속도를 측정하여 우리은하 중심의 Sgr A^*에 행했던 것과 똑같이 M31의 중심블랙홀에 역학적 질량을 추정할 수 있다(1.4절을 보라). M31의 3중핵에 대한 운동학적 연구(그림 2.13)에 기인하여 자세히 결정해보면, 중심의 초질량 블랙홀에 대해 $1.4^{+0.9}_{-0.3} \times 10^8\,M_\odot$의 질량을 얻는다.

중심에 있는 초거대질량 블랙홀의 질량을 결정하는 또 다른(덜 정확할지라도) 방법은 비리얼 정리를 통한 질량 추정을 하는데 속도 분산을 이용하는 것이다. 식 (2.44)에 의하면, 은하중심영역에서 항성의 시간에 평균된 운동 에너지와 위치에너지의 비는

▌그림 2.13 안드로메다 은하(M31)의 3중핵의 HST영상. 적색별들의 뭉쳐짐 2개 가 영상에서 분명하게 보인다. 왼쪽에 보이는 적색별들의 더 밝은 모임은 P1이고, 약간 희미한 모임은 P2이다. P1과 P2는 은하의 초거대질량 블랙홀을 돌고 있는 항성들의 연장된 원반의 일부분이라고 믿어지고 있다. P1은 블랙홀에서 가장 멀리 떨어져 있고(apocenter), P2는 블랙홀에 가장 가깝다(pericenter). P3로 알려진 푸른색 성단은 P2에 중첩되어 있다. P3는 은하의 초질량블랙홀을 돌고 있는 것으로 믿어진다.(출처 : NASA, ESA, T. Lauer(NOAO/Aura/NSF))

$$\frac{1}{2}\left\langle\frac{d^2I}{dt^2}\right\rangle - 2\langle K\rangle = \langle U\rangle$$

로 주어지는데, I는 이 영역의 관성모멘트이다. 만일 은하가 평형상태에 있다면, $< d^2I/dt^2 >= 0$이 되어, 비리얼정리의 일반적인 형태

$$-2\langle K\rangle = \langle U\rangle$$

를 얻게 된다. 더욱이, 항성 숫자가 많아지면, 중심 팽대부는 어느 때나 똑같이 보이며(통계적으로 볼 때), 그래서 시간에 대한 평균값을 0이 된다. 그래서, N개의 항성에 대해

$$-2\sum_{i=1}^{N}\frac{1}{2}m_i v_i^2 = U$$

이 성립하는데, 여기서 U는 식 (2.43)에서 주어졌다.

간단하게 하기 위해, 우리는 N개 별을 지닌 반경 R의 구면체에만 관심을 기울여본다. 각 항성의 질량은 m이어서, 팽대부의 전체질량은 $M=Nm$이 된다. 위의 표현을 N으로 나누면

$$-\frac{m}{N}\sum_{i=1}^{N} v_i^2 = \frac{U}{N} \tag{2.12}$$

이 된다. 물론, 천문학자들은 실제 속도벡터의 시선 성분을 측정한다(은하들은 너무 멀리 떨어져 있어서 고유운동을 측정하기가 어렵다). 그리고, 시선 방향에 수직인 두 방향에 대한 운동 속도 성분도 시선 방향 운동 속도 성분과 비슷할 것이다. 그러므로 괄호를 평균값을 표시한다고 하면,[12)]

$$\langle v^2\rangle = \langle v_r^2\rangle + \langle v_\theta^2\rangle + \langle v_\phi^2\rangle = 3\langle v_r^2\rangle$$

이 되고, 그래서

$$\frac{1}{N}\sum_{i=1}^{N} v_i^2 = \langle v^2\rangle = 3\langle v_r^2\rangle = 3\sigma_r^2$$

을 얻는다. 여기서 σ_r은 시선속도의 분산이다(1.3절을 보라). 이 결과를 식 (2.12)에 대입하고, 총질량 M과 반경 R의 구형 분포에 대한 (어림의) 위치에너지에 대해 식 (4.22)(2권)를 사용하면

$$-3m\sigma_r^2 \approx -\frac{3}{5}\frac{GM^2}{NR}$$

을 얻게 된다. $M=Nm$을 이용하고, 질량에 대해 풀어보면

$$\boxed{M_{\text{virial}} \approx \frac{5R\sigma_r^2}{G}} \tag{2.13}$$

을 얻는데, 이런 방법으로 얻어진 질량을 비리얼 질량이라 부른다.

---

12) 이 과정은 압력적분을 유도하기 위해 4.2절(2권)에서 사용되었던 과정과 같다.

질량에 대한 정확한 값을 얻으려면 R의 값을 잘 알아야 한다. 관측이 블랙홀로부터 더 멀리 떨어진 영역으로 갈수록, 주변 항성과 가스로부터의 총질량에 대한 기여도가 커진다. R은 블랙홀의 "영향을 받는 구" 내에서 택해져야 한다.

예제 2.2.1

식 (2.13)은 M31의 동반은하인 M32의 중심블랙홀의 비리얼 질량을 추정하는데 사용될 수 있다. 그림 2.14로부터, 중심 시선속도 분산은 약 162 km s^{-1}이 된다. 이는 중심에서 0.1″ (약 0.4 pc)내에서 총질량이 약

$$M_{\rm virial} \sim 1 \times 10^7\ \mathrm{M}_\odot$$

이 됨을 의미한다. 회전 곡선을 토대로 한 더 정확한 추정은 $1.5 \times 10^6\ \mathrm{M}_\odot$에서 $5 \times 10^6\ \mathrm{M}_\odot$ 사이의 값을 제공해준다.

중심에 있는 초거대질량 블랙홀들은 만기형 은하들에만 국한되어 존재하지는 않는다. 예를 들어, HST를 사용한 관측을 토대로 보면 거대타원은하 M87 (NGC 4476)은 $3.2 \pm 0.9 \times 10^9\ \mathrm{M}_\odot$의 블랙홀을 지니고 있는 것 같다. HST는 M87 내에서 550 km s^{-1}에 달하는 회전 속도를 지닌 물질 원반을 분해해 낼 수 있었다; 원반 자체는 우리 태양계보다 더 크지 않은 중심 영역을 돌고 있다. M87까지의 거리가 20 Mpc라고 하면, 이는 대단한 관측이 된다 (M87은 또한 그 중심에서 초거대질량 블랙홀이 에너지를 공급하는 상대론적 제트를 지니고 있는 것으로 알려졌다; 그림 5.10을 보라).

알려진 초거대질량 블랙홀의 개수가 증가하면서, 블랙홀과 그가 속한 은하 사이의 관계를 살펴볼 수 있게 되었다. 아주 흥미있고 유용한 관계가 은하중심의 초거대질량 블랙홀질량과 은하내 항성의 속도분산 사이에서 발견되었다. 이 관계는 그림 2.15에 제시되었고, 멱급수로 짜맞추기를 해보면

$$M_{\rm bh} = \alpha(\sigma/\sigma_0)^\beta \tag{2.14}$$

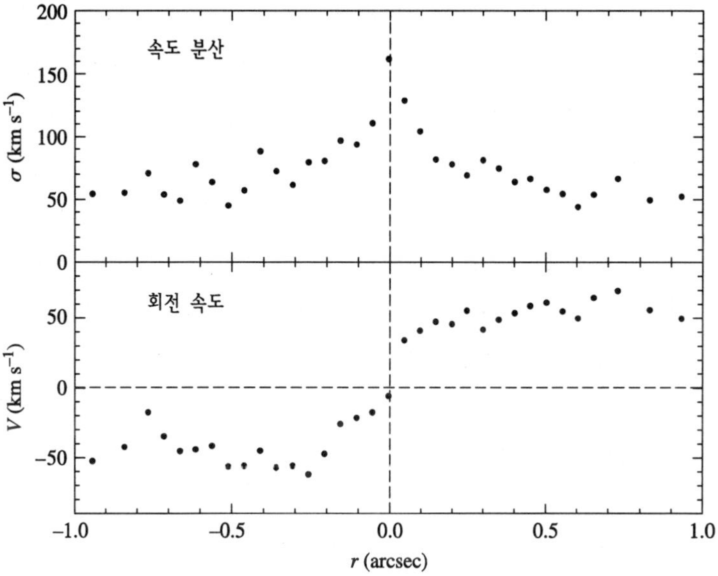

▌그림 2.14 M32의 중심근처에서 항성속도분산과 항성회전속도들. M32까지의 거리가 770kpc라면, 1″는 중심으로부터 3.7pc에 해당한다.(출처 : Joseph et al. Ap. J., 550, 668, 2001)

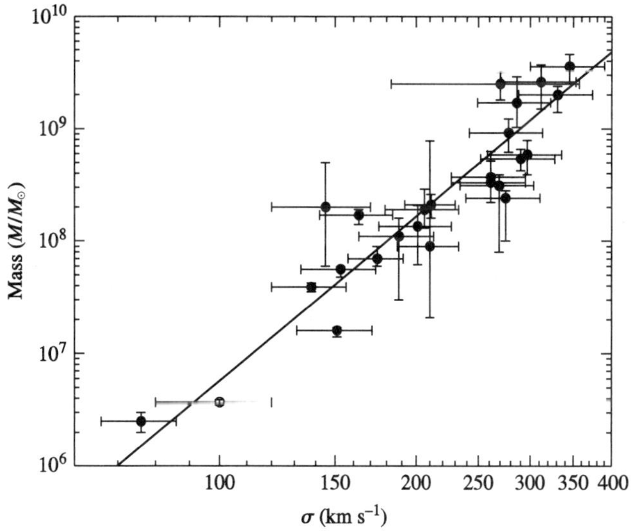

▌그림 2.15 은하의 초거대질량 블랙홀과 은하 타원체의 속도분산σ 사이의 관계. 관측자료는 타원은하, 렌즈형 은하 그리고 나선은하들을 다 포함하고 있다.(출처 : Ferrarese and Ford, Space Science Reviews, 116, 523, 2005). 열린원은 Ghez et al. Ap. J. 620, 744, 2005가 제시한 우리은하의 자료이다.

와 같은 결과를 얻는데, 여기서 σ는 $\mathrm{km\,s^{-1}}$의 단위를 지닌 속도분산이고, $\alpha = (1.66 \pm 0.24) \times 10^8\,\mathrm{M}_\odot$, $\beta = 4.86 \pm 0.43$, 그리고 $\sigma_0 = 200\,\mathrm{km\,s^{-1}}$이다. 속도분산은 블랙홀 주변의 항성종족에 대해 측정되어 졌다. 초거대질량 블랙홀과 팽대부의 광도같은 은하의 팽대부 물리량들 사이의 상관관계 또한 밝혀졌다. 겉보기에 은하의 중심에 있는 초거대질량 블랙홀의 형성과 은하의 전체적인 형성사이에는 근본적인 연관이 있는 것 같다. 그 연관이 무엇인가에 관해서는 토의되어져야 한다(우리은하 형성에 관해서는 3장에서 자세히 논의되어 질 것이다).

초거대질량 블랙홀이 대부분 은하의 중심에 존재한다는 확증이 계속 나오고 있다. M87과 다른 은하들의 중심에 있는 초거대질량 블랙홀과 관련된 극적인 활동들은 5장의 주제이다.

구상성단들의 개수비(specific frequency)

마지막으로 타원은하들에 있는 다수의 구상성단들과 비교해 볼 때 은하의 형성과 진화이론에 중요한 의미를 지니고 있는 만기형 은하들에 존재하는 구상성단의 성분함량비를 살펴보는 것이 필요하다. 구형천체들이 우세한 은하들(즉, 조기 허블형 은하)은 그 초기단계를 거치는 동안 구상성단을 형성하는데 더 효과적인 것처럼 보인다. 실질적으로 모든 은하들은 약간의 구상성단을 지니고 있는 것처럼 보일지라도, 한 은하내에서 성단의 수는 총 은하광도에 따라 증가하며, 조기형 허블분류가 되면서 더 증가하는 것처럼 보인다.

허블분류 내에 있는 성단들을 더 직접 비교해보기 위해, 구상성단의 개수들은 $M_V = -15$등급(가시광선 파장영역에서)인 모 은하의 표준 절대등급에 표준화되어진다. N_t가 한 은하내의 총 구상성단의 개수라 하면, 구상성단의 개수비는

$$\begin{aligned} S_N &= N_t \frac{L_{15}}{L_V} \\ &= N_t\, 10^{0.4(M_V+15)} \end{aligned} \tag{2.15}$$

로 정의되는데, L_V는 은하광도이고, L_{15}는 가시 절대등급 $M_V = -15$등급에 상응하는 기준광도이다(식 (3.7)(1권)이 두 번째 표현을 유도하는데 사용되었다). 그림 2.16에서 볼 수 있듯이, Sc은하와 그 이후 은하에 대해 이 값은 0.5 ± 0.2 영역에 놓여 있고, Sa와 Sb은하들에 대해서 $< S_N >$은 1.2 ± 0.2로 증가한다. $< S_N >$은

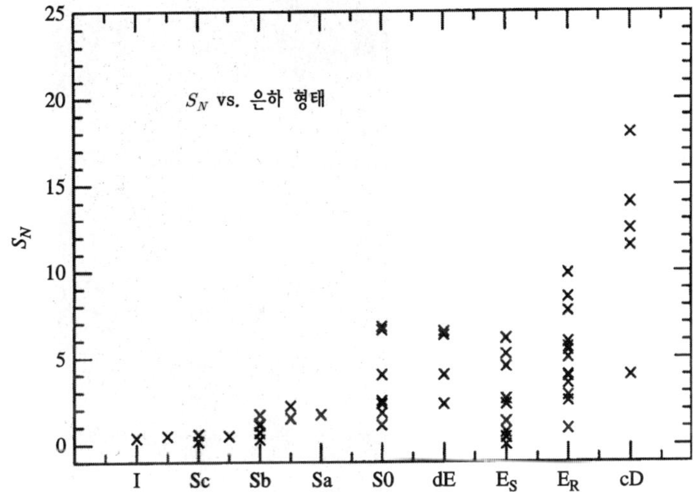

▌그림 2.16 구상성단 개수비의 허블형태에 따른 분포. cD은하들은 우주에서 가장 큰 타원은하이다. dE은하는 타원 왜은하이다.(출처 : Harris, Annu. Rev. Astrophys., 29,543, 1991, Annual Review of Astronomy and Astrophysics, Volume 29, 1991의 허가를 받아 재구성하였음)

타원은하들에 대해서는 더 커지는데, 이는 그들이 나선은하들에서보다 단위광도당 더 많은 구상성단을 지니고 있음을 의미한다. 사실, 지금까지는 단위광도당 가장 큰 구상성단개수를 보이는 은하들은 큰 은하단의 중심근처에서 발견되는 거대 타원은하들(cD)이다(2.4절과 4.3절). 구상성단의개수는 은하구성이론에 중요한 실마리를 제공하는 것처럼 보인다.

2.3 나선구조

은하들은 아주 다양한 나선구조를 보여주고 있는데, 이 나선구조는 팔의 개수, 나선이 꼬인 정도, 항성과 가스의 분포의 균일성, 표면밝기 그리고 막대의 존재유무 등에서 변화한다. 가장 뚜렷하게 보여서 표준나선은하로 불리는 나선은하는 대체적으로 두 개의 아주 대칭을 이루는 확실하게 보이는 나선팔을 지니고 있다. 표준 나선은하중 하나는 M51 (NGC 5194)로 그림 2.17에 제시되었다. 소용돌이은하로 알려진 M51은 나선팔의 한쪽 끝근처에 동반은하(NGC 5195)을 지니고 있다.

▌그림 2.17 소용돌이 은하 M51 (NGC 5194)는 Sbc(s)I–II 표준나선은하로서 Canes Venatiei 자리(Ursa Major 자리 바로 밑에 있는 the Hunting Dogs of Booties)에 놓여있다. 또한 나선팔 중 한쪽 끝 근처에 위치한 동반은하 NGC 5195도 보인다. (출처 : Sandage and Bedke, The Carnegie Atlas of Galaxies, Carnegie Institution of Washington, Washington, D.C., 1994)

▌그림 2.18 Sb은하 NGC 2841은 솜털은하의 대표적인 주자이다.(출처 : Sandage and Bedke, The Carnegie Atlas of Galaxies, Carnegie Institution of Washington, Washington, D.C., 1994)

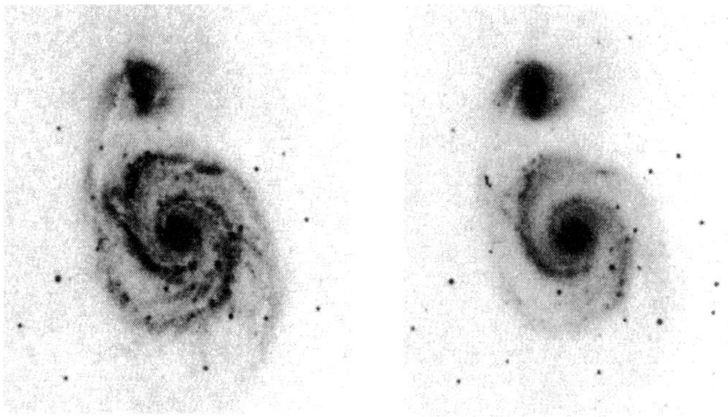

(a) (b)

▌그림 2.19 청색영역(a)과 붉은색영역(b)에서 보여지는 M51(출처: Elmegreen, Ap. J. Suppl., 47, 229, 1981).

그러나, 모든 나선팔이 두 개의 확실한 팔을 지닌 대표적인 형태를 보이지는 않는다. 예를 들어, M101(그림 2.5(c))는 4개의 팔을 지니고 있고, NGC 2841(그림 2.18)은 몇 개의 나선팔 조각들을 지니고 있다. NGC 2841과 같은 은하들을 솜털나선은하라고 부르는데, 상당한 각거리에 걸쳐 구분가능한 잘 형성된 나선팔을 지니고 있지 않다. 모든 나선은하의 10% 정도만이 표준 나선은하로 간주되고, 60% 정도는 다중 나선팔을 지닌 은하, 그리고 나머지 30% 은하가 솜털은하이다.

나선은하들의 광학 관측 사진에서는 그들의 나선팔이 눈에 띈다. 이는 매우 밝은 O형과 B형 주계열 별과 H II 영역들이 나선팔에서 주로 발견되기 때문이다. 질량이 큰 OB형 항성들은 은하 특성회전주기에 비해 아주 수명이 짧은 천체이기 때문에, 나선구조는 항성 탄생이 활발하게 일어나고 있는 영역임이 분명하다.(예를 들어, OB형 항성의 나이는 10 Myr 정도되는데, 우리은하내 국부적 정지계의 궤도주기가 230 Myr라는 것과 비교된다. 표 7.1(2권), 예제 1.3.1을 보라)

이 장에서 발견된 다양한 사진들을 자세히 살펴보면 티끌 띠가 나선은하에서 확실하게 보이는 것을 알 수 있다; M51 (그림 2.17)은 특히 좋은 예이다. 티끌 띠들은 나선팔의 안쪽(오목한) 가장자리에 남아있는 경우가 있다. 21 cm 수소원자 관측은 가스구름들이 나선팔의 안쪽 가장자리에 더 많이 존재한다는 것을 암시해주고 있다.

나선은하들이 적색으로 관측되었을 때 그림 2.19가 보여주듯이, 나선팔 형태는 관측이 되지만, 더 넓어지고 덜 뚜렷해진다. 적색파장에서 관측들은 오래 살지만 낮은 질량의 주계열별들과 적색거성들을 강조하기 때문에, 이는 원반 대부분은

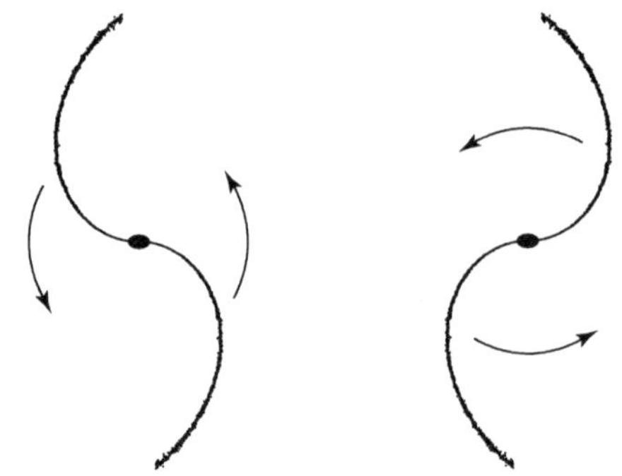

▮ 그림 2.20 끌리는 나선구조와 이끌어가는 나선구조

늙은 별들이 지배적임을 암시해준다. 그러나 나선팔 사이의 낮은 질량의 별들이 지배적임에도 불구하고, 관측들은 나선팔안에서도 늙은 별들의 수가 증가하고 있다(그래서 질량밀도의 증가)는 것을 보여준다.

끌지는 나선팔과 이끄는 나선팔

나선은하들의 일반적인 형태는 그들의 나선팔이 끌리고 있어서 나선팔의 한쪽 끝이 회전방향과 반대방향을 향하고 있다할지라도(그림 2.20), 이것을 증명하기는 항상 간단한 일은 아니다. 끌리는 나선팔과 이끄는 나선팔 사이를 구분하는 것은 우리 시선방향에 상대적인 은하면의 방향을 결정하는 것을 요구하기 때문에 시선속도측정은 은하회전방향의 항으로 의심없이 해석할 수 있다. 그렇게 분명한 결정이 가능한 모든 경우에 있어, 나선팔들은 끌리는 것처럼 보인다. 그러나, NGC 4622같은 한가지 경우에서는 두 개의 팔이 한쪽방향을 향하고 있고 다른 팔은 반대방향으로 꼬여있다; 적어도 이들 팔들중 하나는 이끄는 나선팔임이 분명하다. 또한 M31(안드로메다)는 하나의 바짝 꼬여있는 나선팔을 지니고 있다고 제안된바 있다. 각 경우에 이끄는 나선팔의 원인은 역행하는 천체(안드로메다의 경우는 M32)와 조석적인 만남인 것 같다.

꼬임 문제

나선은하들이 우주에서 일반적으로 일어나는 현상이라면, 무엇이 나선구조를 야기하는지? 나선팔은 오랫동안 유지될 것인지(은하의 나이에 견줄만한 수명을 지니고) 또는 일시적인지에 대한 질문을 던져보는 것은 당연한 일이다.

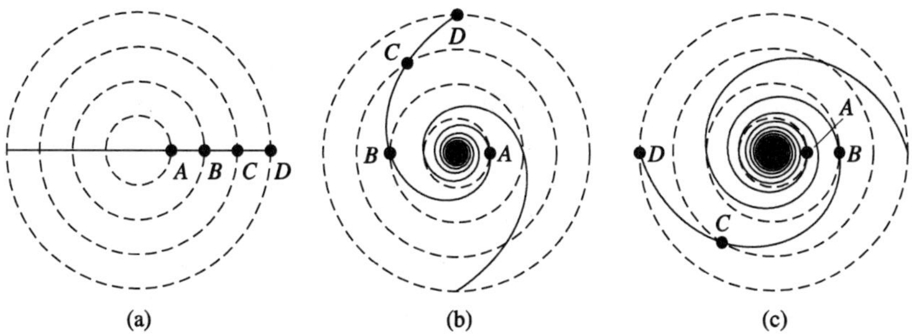

▌그림 2.21 물질 나선팔들의 꼬임문제. 나선팔들은 점차적으로 시간이 지나면서 꽉 꼬이게 된다. 편평회전곡선은 $R_B = 2R_A$, $R_C = 3R_A$그리고 $R_D = 4R_A$로 가정한다. (a) 항성들이 $t = 0$에서 일직선상에서 시작한다. (b) 항성 A가 한궤도를 돌았다. (c) A가 궤도를 두 번 돌았다.

나선구조의 성질을 고려할 때 곧바로 한 가지 문제가 대두된다: 동정될 정도의 항성들과 가스구름들의 덩어리로 구성된 물질 나선팔들은 은하의 나이에 비해서는 아주 짧은 시간 규모로 꼬여졌을 것이라는 것이다. 소위 **꼬임 문제**는 그림 2.21(a)에 보여진바와 같이 원래는 일직선상에 놓여있지만 은하중심으로부터 거리가 다른 곳에 놓여있는 항성들을 고려함으로 이해되어 질 수 있다. 나선은하의 원반은 차등회전을 하기 때문에(중심에 아주 가까운 영역을 제외하고), 바깥쪽에 있는 별들은 더 작은 궤도 반경을 돌고 있는 별들보다 한 궤도를 도는데 더 많은 시간이 걸린다.[13] 이 효과는 물론 끌리는 나선팔의 자연적인 생성을 야기한다. 그러나, 몇몇 궤도를 거친 후에는, 나선팔들은 너무 꽉 꼬여서 관측되기 힘들게 된다; 이런 상황이 그림 2.21(b)와 그림 2.21(c)에 묘사되었다. 또 영원히 존재하는 나선구조를 설명하는데는 다른 메카니즘이 필요하다.

린-슈의 밀도파 이론

1960년대 중반, 미국의 천문학자 린과 슈(C.C. Lin & Frank Shu)는 나선구조가 오랫동안 지속되는 거의 정적인 밀도파 때문에 생겨난다고 제안하였다. 밀도파는 질량 밀도가 평균보다 큰 (약 10%에서 20%사이) 은하원반의 영역들로 구성된다. 항성들, 티끌과 가스구름들은 그들이 은하중심 주위를 궤도 운동하는 동안 밀도파를 통해 움직이는데, 이는 마치 자동차들이 고속도로에서 정체현상이 일어날 때 일어

13) 편평한 회전곡신에 대해, 항성의 궤도속도는 중심에서의 거리에 무관하지만, 각속도, $\Omega = v/R$는 거리가 증가하면서 감소된다.

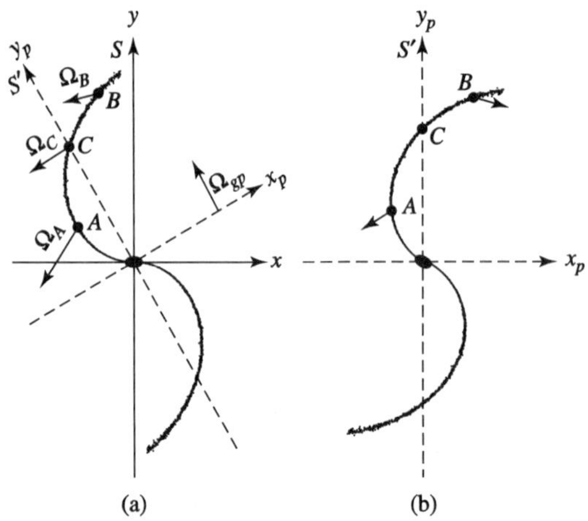

▌그림 2.22 (a) 거의 정적인 밀도파가 global pattern speed Ω_{gp}로 회전하는 비관성기준계에서 보여질 때 끌림나선팔을 보이는 은하. 항성 A는 $\Omega_A > \Omega_{gp}$의 각속도를 지니고, 항성 B는 $\Omega_B < \Omega_{gp}$의 각속도, 그리고 항성 C는 $\Omega_C = \Omega_{gp}$로 밀도파와 동시회전을 하고 있다. (b) 밀도파와 동시회전을 하고 있는 비관성기준계 S'에서 볼 때 항성의 운동

나는 현상과 흡사하다. 린과 슈는 은하가 global pattern speed라 불리는 특별한 각속도 Ω_{gp}로 회전하는 비관성기준계에서 보여질 때, 그림 2.22에 보여지는 바와 같이 나선파 패턴이 고정된 것처럼 보인다고 제안하였다. 이는 그러나 항성의 운동이 그 기준계에서 정지되었다는 것을 의미하지는 않는다. 은하중심근처의 항성들은 밀도파 패턴보다 짧은 궤도 주기를 지닐 수 있다(또는 $\Omega > \Omega_{gp}$). 그래서 그들은 언젠가 한 나선팔을 따라잡을 수 있고, 그들을 통과하여 움직여서 그들이 다음 나선팔을 만날 때까지 움직일 수 있다. 은하중심에서 상당히 멀리 떨어진 항성들은 밀도파보다 훨씬 천천히 움직이게 되어, 밀도파에 의해 추월당하게 된다 ($\Omega < \Omega_{gp}$). 중심에서 동시회전반경(R_C)이라 부르는 특정한 거리에서는, 항성들과 밀도파들이 동시에 회전한다. 밀도파 패턴이 정적인 비관성기준계에서는 $R < R_C$인 곳에 놓인 항성들은 한 방향으로 움직이는 나선팔을 통과하는 것처럼 보이는 반면, $R > R_C$인 곳에 놓인 항성들은 반대 방향으로 움직이는 것처럼 보인다.

린-슈 가정은 지금까지 논의된 나선구조에 관계된 많은 관측들을 설명하는데 도움을 준다 - 예를 들어, 나선팔의 안쪽(끌려지는) 가장자리에서의 H I 구름과 티끌띠의 분류, 젊고 질량이 큰 항성들과 나선팔 전체에 펴져있는 H II 영역의 존재, 그리고 잔여 원반에 있는 늙고 붉은색 별들의 함량들을 이해하는데 도움을 준다.

겉보기에는, 동시반경 내의 티끌과 가스 구름들이 밀도파를 추월하면서, 그들은 국부적 질량 밀도 증가 효과에 의해 압축이 된다. 이는 약간의 구름들이 진스 판단 기준(식 6.14(2권)와 식 6.16(2권))을 만족하여서 폭축이 시작되고, 결과적으로 새로운 항성이 형성된다. 이런 과정들은 약간의 시간을 요하기 때문에(15 $M_\odot$ 항성에 대해 약 10^5 yr정도, 표 6.1(2권)을 보라), 새로운 항성의 출현은 밀도파 끝부분에 있는 티끌과 가스구름보다 약간 아래에 있는 나선팔 내에서 일어날 것이다. 가장 밝고 가장 푸른색 쪽의 새로운 별들인 질량이 큰 O형 별과 B형 별들의 탄생은 이온화시키는 UV 복사가 성간물질을 통과하면서 H II 영역을 만들것이다. 질량이 큰 별들은 상대적으로 짧은 수명을 지니기 때문에, 그들은 탄생한 곳에 있는 밀도파를 완전히 빠져나가기 전에 수명을 다할 것이다. 그 보다 질량이 낮은 붉은색 항성들은 오래 살 수 있어서(은하의 현재나이보다 약간 오래), 밀도파를 통과하고, 원반 전체에 분포하게 될 것이다. 나선팔에서 적색왜성의 개수가 국부적으로 최대가 되는 현상은 다음 통과가 일어나는 동안에 밀도파가 존재하기 때문이며, 이는 밀도파의 중력장벽 바닥에 항성들을 모이게 한다. 물론, 똑같은 시나리오가 동시회전반경 바깥쪽에 있는 나선팔의 바깥쪽(이끄는) 끝에서도 일어날 수 있다. 그러나, 은하의 이런 바깥쪽 영역에 존재하는 티끌과 가스들의 양은 작을 것이다.

원칙적으로, 밀도파 이론은 또한 꼬임 문제에 대한 해결책을 제안한다. 문제는 우리가 물실 나선팔 (항성들로 구성된 나선팔)을 고려하기 때문에 일어난다. 실제 항성들이 거의 정적인 밀도파를 통해 지나가는 것이 허용된다면, 문제는 밀도가 커지는 밀도파를 형성하고 유지하는 문제로 바뀌게 된다. 이는 린-슈 가정이 제안된 이후 상당히 많은 연구의 초점이 되어 왔다.

작은 진폭의 궤도 섭동들

이제 우리는 은하중심에 대한 개별 항성들의 궤도 운동이 린-슈 가정에 의한 나선팔형태의 밀도증가영역을 만들어 내는 과정에 대한 기본 아이디어를 공부한다. 논의의 시작은 은하중심면에 대해 대칭인 실린더 대칭 중력장에서 한 개 항성(또는 가스구름)의 일반적인 운동이다. 이는 밀도파가 중력장에 거의 기여하지 않는다고 가정하는 것과 같다. 이런 가정은 모든 나선은하에 성립되는 것은 아니다. 그러나 그런 가정에 의하여 논의가 매우 간단해진다.

그림 2.23으로부터, 은하 중심면 위의 어떤 점의 위치는

$$\mathbf{r} = R\hat{\mathbf{e}}_R + z\hat{\mathbf{e}}_z \tag{2.16}$$

의 형태로 표시될 수 있는데, 여기서 $\hat{e}_R$, $\hat{e}_\phi$ 그리고 $\hat{e}_z$는 원기둥 좌표계에서의 단위벡터이다.[14] 직각좌표계와 원기둥 좌표계를 변환하기 위해,

$$x = R\cos\phi, \qquad y = R\sin\phi, \qquad z = z$$

와

$$\hat{\mathbf{e}}_R = \hat{\mathbf{i}}\cos\phi + \hat{\mathbf{j}}\sin\phi, \qquad \hat{\mathbf{e}}_\phi = -\hat{\mathbf{i}}\sin\phi + \hat{\mathbf{j}}\cos\phi, \qquad \hat{\mathbf{e}}_z = \hat{\mathbf{k}}$$

가 성립함을 본다.

질량 M인 항성에 대해, 원기둥 좌표계에서 뉴턴의 운동 제2법칙은

$$M\frac{d^2\mathbf{r}}{dt^2} = \mathbf{F}_g(R, z)$$

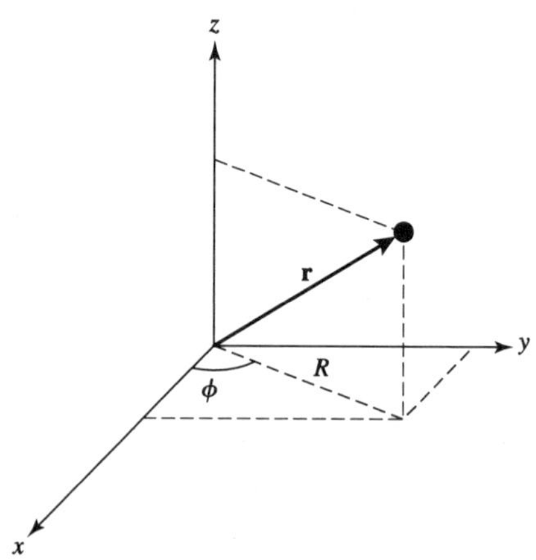

그림 2.23 원기둥 좌표계에서 한 별의 위치벡터. 좌표계의 원점은 은하의 중심이고, x–y 평면은 은하의 중심면이다.

14) 여기서 1.3절의 우리은하 역학을 분석할 때 사용했던 왼쪽좌표계보다는 전통적인 오른쪽 좌표계를 선택하였다. 혼동을 피하기 위해, 우리는 방위각을 표시할 때 θ 대신 ϕ를 사용한다.

이 되는데, 여기서 F_g는 항성에 작용하는 중력이고, ϕ-종속성은 축대칭의 가정 때문에 무시되었다. 힘을 음수값을 지닌 중력 위치에너지의 기울기로 대치하면 (2.2절(1권)에서의 토의를 회상해보라),

$$M\frac{d^2\mathbf{r}}{dt^2} = -\nabla U(R, z) = -\frac{\partial U}{\partial R}\hat{\mathbf{e}}_R - \frac{1}{R}\frac{\partial U}{\partial \phi}\hat{\mathbf{e}}_\phi - \frac{\partial U}{\partial z}\hat{\mathbf{e}}_z$$

을 얻는다. 양변을 항성질량으로 나누고, 중력퍼텐셜[15] $\Phi \equiv U/M$의 항으로 결과를 적은 후 U가 ϕ와 무관하다는 것을 주목하여 정리하면

$$\frac{d^2\mathbf{r}}{dt^2} = -\frac{\partial \Phi}{\partial R}\hat{\mathbf{e}}_R - \frac{\partial \Phi}{\partial z}\hat{\mathbf{e}}_z \tag{2.17}$$

을 얻는다. 항성의 가속벡터 (식 (2.17)의 왼쪽 항)은

$$\frac{d^2\mathbf{r}}{dt^2} = \left(\ddot{R} - R\dot{\phi}^2\right)\hat{\mathbf{e}}_R + \frac{1}{R}\frac{\partial\left(R^2\dot{\phi}\right)}{\partial t}\hat{\mathbf{e}}_\phi + \ddot{z}\hat{\mathbf{e}}_z \tag{2.18}$$

의 형태로 정리될 수 있다는 것을 보이는 것은 연습문제로 남겨둔다(문제 2.13). 여기서 문자 위의 점들은 시간 미분을 의미한다. 식 (2.17)과 식 (2.18)을 비교해보면, 각 좌표계에서 운동은

$$\ddot{R} - R\dot{\phi}^2 = -\frac{\partial \Phi}{\partial R} \tag{2.19}$$

$$\frac{1}{R}\frac{\partial\left(R^2\dot{\phi}\right)}{\partial t} = 0 \tag{2.20}$$

$$\ddot{z} = -\frac{\partial \Phi}{\partial z} \tag{2.21}$$

으로 정리되는 것을 볼 수 있다.

우리가 축대칭을 가정했기 때문에, $\hat{e}_z$ 방향의 힘벡터 성분은 사라지고, 결과적으로 z-축을 따라서 토오크가 형성되지 않는다($\vec{\tau} = \vec{r}\times\vec{F}$임을 회상해보자). 그래서,

15) 12.1절(2권)과 9.1절(1권)의 Φ에 대한 이전의 토의를 회상해보라.

항성 각운동량의 z-성분(L_z)는 $\tau_z = dL_z/dt = 0$이기 때문에 상수가 된다(즉, 각운동량은 항성 운동 전체에서 보존된다). 이 결과는 $R^2\dot{\phi} = Rv_\phi = L_z/M = constant$이기 때문에, 식 (2.20)이 함축하고 있는 바로 그것이 된다.

$$J_z \equiv L_z/M = R^2\dot{\phi}$$

을 항성의 단위질량당 궤도 각운동량의 z-성분이라 정의하면,

$$\dot{\phi} = \frac{J_z}{R^2}$$

과

$$R\dot{\phi}^2 = \frac{J_z^2}{R^3}$$

를 얻게 된다. 식 (2.19)로 대체해보면

$$\ddot{R} = -\frac{\partial \Phi}{\partial R} + \frac{J_z^2}{R^3}$$

이 된다. 식을 간단화하기 위해, 우리는 단위질량당 항성의 운동 에너지의 일부를 나타내주는 유효중력퍼텐셜을 정의할 수 있는데, 이는 항성의 방위각운동($v_\phi = R\dot{\phi} = J_z/R$)과 관련이 있다:

$$\Phi_{\text{eff}}(R, z) \equiv \Phi(R, z) + \frac{J_z^2}{2R^2} \tag{2.22}$$

이제 운동의 방사방향과 수직방향 방정식들이

$$\ddot{R} = -\frac{\partial \Phi_{\text{eff}}}{\partial R} \tag{2.23}$$

$$\ddot{z} = -\frac{\partial \Phi_{\text{eff}}}{\partial z} \tag{2.24}$$

로 표시될 수 있는데, 마지막 표현은 z와 무관한 Φ_{eff}의 방위각 항을 지닌 식

(2.21)로부터 얻어진다.

식 (2.23)과 식 (2.24)를 은하를 통과하는 항성의 운동에 대해 풀어보기 위해, 우리는 먼저 $\Phi_{\rm eff}$의 경향을 결정해야 한다. 특히, 항성이 가능한 최소의 에너지를 지닌 궤도를 추구하기 때문에, 유효중력퍼텐셜의 극소값을 구해야 한다. 다른 말로 표현하면,

$$\frac{\partial \Phi_{\rm eff}}{\partial R} = 0 \tag{2.25}$$

$$\frac{\partial \Phi_{\rm eff}}{\partial z} = 0 \tag{2.26}$$

이 성립하는 r과 z값을 구하고자 한다.

중력퍼텐셜이 중심면에 대칭인 우리 가정이 주어지면, Φ와 Φ_{eff}가 거기서 국부적으로 극대가 되거나 극소가 되기 때문에, $z=0$에서 두 번째 조건이 분명히 만족된다. Φ가 항상 음수이고(식21.1과 비교), 무한대에서는 0이 된다고 가정하였기 때문에, Φ_{eff}가 $z=0$에서 극소가 되어야 한다.

항성 운동에서 대해 J_z가 상수이기 때문에 은하 중심면($z=0$)에서 어떤 반경 R_m에 대해

$$\frac{\partial \Phi_{\rm eff}}{\partial R} = \frac{\partial \Phi}{\partial R} - \frac{J_z^2}{R^3} = 0$$

임을 인정하면 R에 대해 $\Phi_{\rm eff}$에서의 극소점의 물리적 중요성이 밝혀질 수 있다. 이렇게 하면

$$\left.\frac{\partial \Phi}{\partial R}\right|_{(R_m,0)} = \frac{J_z^2\,(R_m,0)}{R_m^3} \tag{2.27}$$

이 얻어진다. $J_z = Rv_\phi$이기 때문에, 마지막 표현의 오른쪽 항은

$$\frac{J_z^2}{R_m^3} = \left.\frac{v_\phi^2}{R}\right|_{R_m}$$

이 되는데, 완전 원운동 구심가속도가 된다. 더욱이, 식 (2.27)의 왼쪽 항은 단순히 실제 중력퍼텐셜 기울기의 방사성분으로서, 항성에 작용되는 단위 질량당 힘의 R 성분에 불과하다. 그래서, 마지막 표현은 완전 원운동 방정식

$$F_R(R_m) = -\left.\frac{Mv_\phi^2}{R}\right|_{R_m}$$

이 되고, Φ_{eff}의 극소값은 항성이 나선은하의 중심면에서 완전한 원 궤도 운동을 하고 있을 때 일어난다.

이것은 1장에서 태양의 위치에 대한 국부적인 정지 기준계의 운동에 관계하여 취했던 바로 그 가정이다. 그러나, 1.3절에서, 우리는 또한 태양 자신은 완전히 원운동을 하는 것이 아니라, LSR에 대해 (태양운동이라 불리는) 특이운동을 보이는 것을 발견한 바 있다. 결과적으로, 우리 태양 운동에 대해 (또는 더 일반적으로는, 어떤 나선은하의 중심면에서 항성 운동에 대해) 더 알기위해서는, Φ_{eff}의 극소값으로부터 편차를 연구할 필요가 있다.

이들 1차 효과를 이해하기 위해, 우리는$(R_m, 0)$의 극소점에서 Φ_{eff}를 이 변수 테일러 급수로 전개해 본다(이는 문제 8.9(2권)에 요약된 과정과 비슷하다).

$$\rho \equiv R - R_m$$

로 취하고, 첨자 m을 주요 상수와 편미분들이 극소 위치에서 계산한다는 것을 나타낸다고 하면,

$$\begin{aligned}\Phi_{\mathrm{eff}}(R,z) = \Phi_{\mathrm{eff},m} &+ \left.\frac{\partial\Phi_{\mathrm{eff}}}{\partial R}\right|_m \rho + \left.\frac{\partial\Phi_{\mathrm{eff}}}{\partial z}\right|_m z + \frac{1}{2}\left.\frac{\partial^2\Phi_{\mathrm{eff}}}{\partial R\partial z}\right|_m \rho z \\ &+ \frac{1}{2}\left.\frac{\partial^2\Phi_{\mathrm{eff}}}{\partial R^2}\right|_m \rho^2 + \frac{1}{2}\left.\frac{\partial^2\Phi_{\mathrm{eff}}}{\partial z^2}\right|_m z^2 + \cdots\end{aligned} \tag{2.28}$$

오른쪽의 첫 번째 항은 Φ_{eff}에서 상수의 극소값이고, 두 번째 1차 미분항은 이 점에서 급수 전개가 수행되는 것을 동정하는데 사용되기 때문에 0이 된다(식 (2.25)와 식 (2.26)을 보라). $z=0$ 평면부근에서 Φ_{eff}의 대칭성 때문에, 혼합된 편미분항 또한 거의 0이 된다. 몇몇의 상수들을

$$\kappa^2 \equiv \left.\frac{\partial^2 \Phi_{\text{eff}}}{\partial R^2}\right|_m \tag{2.29}$$

$$\nu^2 \equiv \left.\frac{\partial^2 \Phi_{\text{eff}}}{\partial z^2}\right|_m \tag{2.30}$$

로 정의하고, 나머지 고차항들을 무시하면, 유효 중력퍼텐셜은 다음과 같이 된다:

$$\Phi_{\text{eff}}\,(R, z) \simeq \Phi_{\text{eff},m} + \frac{1}{2}\kappa^2\rho^2 + \frac{1}{2}\nu^2 z^2 \tag{2.31}$$

마지막으로, $\ddot{\rho} = \ddot{R}$임에 주목하며, 식 (2.23)과 식 (2.24)를 이용하면, 은하 중심면에서 완전 원 궤도 운동 방정식에 대한 3개의 1차항 표현 중 2개를 얻는다.:

$$\ddot{\rho} \simeq -\kappa^2\rho \tag{2.32}$$

$$\ddot{z} \simeq -\nu^2 z \tag{2.33}$$

이들은 단순조화운동을 나타내는 익숙한 미분방정식들이다. 물리적으로, 식 (2.32)와 식 (2.33)은 완전 원운동을 하는 점에 대한 항성의 가속도 성분을 나타낸다.

식 (2.32)를 풀어보면

$$\rho(t) = R(t) - R_m = A_R \sin \kappa t \tag{2.34}$$

을 얻을 수 있는데, 여기서 κ는 주전원 주파수이다.[16] R_m은 에너지가 최소인 원 궤도반경이고, A_R는 방사 진동의 진폭이다. 우리는 임의로 항성이 평형 상태를 지나서 어떤 시각 t=0일 때 바깥쪽으로 운동하고 있다고 가정하였다.

식 (2.33)은 우리은하 중심면 바루 아래와 위로 사인파 형태로 일어나는 태양의 진동에 대해 문제 1.27에서 얻어낸 결과가 같은데, 여기서 ν는 진동 주파수이다. z-축을 따라 일어나는 항성의 위치는

$$z(t) = A_z \sin(\nu t + \zeta) \tag{2.35}$$

16) 주전원 주파수란 개념선택에 대해서는 이후에 간단히 기술될 것이다.

로 주어지는데, A_z는 z 방향의 진동진폭이고, ζ는 $\rho(t)$와 z(t) 사이의 일반적인 위상차이다.

식 (2.31)에서 주어진 바와 같은 $\Phi_{\rm eff}$와 운동방정식들(식 (2.34)와 식 (2.35)) 사이의 관계를 가시화하는 것을 돕기 위해, 항성이(R, z, $\Phi_{\rm eff}$)의 3차원 공간에서의 한 평면에 의해 주어지는 중력 장벽안에 놓여있다고 상상해보는데, 이는 그림 2.24에 제시되었다(형태는 침대 각 구석에 놓여진 침대시트와 같은데, 가장 낮은 곳에서($R=R_{m,}z=0$)이 된다). 이제 항성이 중심면($A_z=0$)에 존재하지만, 완전 원운동 경로에 대해 진동할 수 있는 특별한 경우를 고려해보자. 이는 항성이 그림 2.24에서 R-축만을 따라 움직일 수 있다는 것을 의미한다. 항성이 $\Phi_{\rm eff}$의 극소값으로부터 약간 벗어날 때, (식 2.32에 의해 단위질량당 주어지는) 복원력이 항성을 평형쪽으로 다시 되돌려 놓으려 할 것이다. 이 힘은 항상 $\Phi_{\rm eff}$의 극소 위치로 향하기 때문에, 항성은 퍼텐셜 장벽 바닥쪽으로 가속하게 될 것이고, 평형위치를 약간 넘어서게 되고, 다시 반대쪽으로 기어 올라가게 될 것이다. 항성은 이제 전환점을 돌아 다시 중력장벽의 바닥을 향해 떨어지게 되면서 끊임없이 단순조화운동을 하게 될 것이다. 항성이 만일 중심면($A_R=0$)에 투사되어 완전한 원 궤도 운동을 하지만, 중첩된 수직 진동을 한다면, 이와 비슷한 경향이 일어나게 될 것이다. 그러나 일반적으로 $\kappa\neq\nu$이고 $\zeta\neq0$이기 때문에, 장벽 내에서 일반적인 운동은 그림 2.24가 보여주는 바와 같이 아주 복잡해질 수 있다.

이제 우리는 원 궤도에서 운동하는 평형 위치($R=R_{m,}z=0$)에 대한 항성의 운동을 서술해주는 두 개의 표현을 얻었다(식 (2.34)와 식 (2.35)). 항성의 대략적인 운동에 대한 기술을 완성하기 위해, 다음과 같은 방위각 방면의 궤도 각속도를 고려해보자:

$$\dot{\phi}=\frac{v_\phi}{R(t)}=\frac{J_z}{[R(t)]^2}$$

그러나 $R(t)=R_m+\rho(t)=R_m(1+\rho(t)/R_m)$이 성립한다. 우리의 어림이 요구하는 것처럼 $\rho(t)\ll R_m$을 가정하고, 1차 이항 전개이론을 사용하면[17] 다음을 얻는다:

17) $\delta\ll1$에 대해 $(1+\delta)^n\simeq1+n\delta$

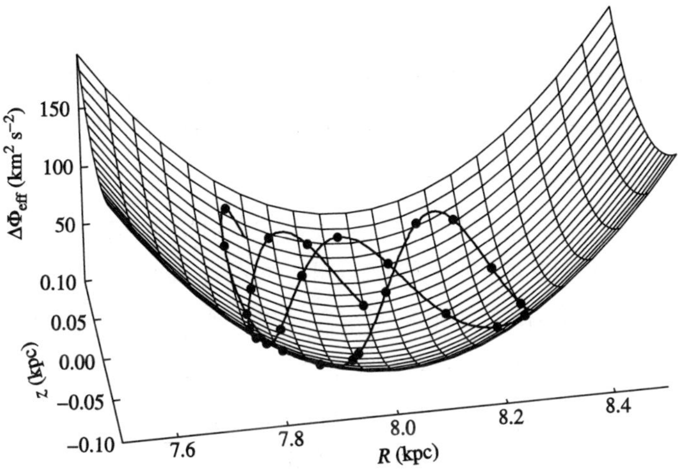

▮ 그림 2.24 원반은하의 중심면 근처에서 완전 원 운동에 대하여 일반적인 1차 단순조화진동을 하고 있는 항성에 대한 유효중력퍼텐셜장벽. 이 경우, 항성은 평형위치에 대해 진동하고 있다고 가정된다($R_m = 8kpc, z = 0$). $\Delta\Phi_{eff} \equiv \Phi_{eff} - \Phi_{eff,m}$

$$\dot{\phi} \approx \frac{J_z}{R_m^2}\left(1 - 2\frac{\rho(t)}{R_m}\right)$$

식 (2.34)로부터 $\rho(t)$에 대한 표현을 대체하고, 시간에 대해 적분하면,

$$\phi(t) = \phi_0 + \frac{J_z}{R_m^2}t + \frac{2J_z}{\kappa R_m^3}A_R \cos\kappa t = \phi_0 + \Omega t + \frac{2\Omega}{\kappa R_m}A_R \cos\kappa t$$

을 얻는데, 여기서 $\Omega \equiv J_z/R_m^2$ 이다. 이 표현의 처음 두 개 항은 일정한 각속도 Ω로 운동하는 평형점에 의한 완전한 원궤도에 상응한다. 마지막 항은 ϕ방향에서 평형점에 대한 항성의 진동을 나타낸다.

마지막으로,

$$\chi(t) \equiv [\phi(t) - (\phi_0 + \Omega t)]\, R_m$$

를 항성과 평형점사이의 방위각위치 차이로 정의하면

$$\chi(t) = \frac{2\Omega}{\kappa}A_R \cos\kappa t \qquad (2.36)$$

을 얻게 된다.

3개의 방정식 - 식 (2.34), (2.35) 그리고 (2.36) - 은 은하중심 주위로 은하중심면에서 완전 원운동을 하는 평형위치에 대해 각각 R, z, ϕ방향으로 진동하는 항성의 운동을 기술해준다.

κ는 그림 2.25에서 보여진 대로, 1차 섭동에 대한 주전원 모델로부터 명명되었다. 일반적으로, 관성기준계에서는 항성의 궤도가 닫혀져 있지 않고, 장미꽃모양의 형태가 된다. 그러나, 항성은 주전원에 위치하고 있다고 상상해 볼 수 있는데, 주전원의 중심은 평형위치에 상응한다. 항성이 주전원에 대해 역행운동을 하면서, 은하중심에 가까워졌다 멀어졌다하는 것을 반복한다. 주전원은 또한 타원 형태를 보이며, χ와 ρ에서 진동의 진폭비 $2\Omega/\kappa$로 주어지는 axial ratio를 지닌다. 주전원의 (χ, ρ)좌표계는 은하중심에 대해 Ω의 각속도(평형위치의 각속도)로 회전하며, 그림 2.25에 설명되었다.[18]

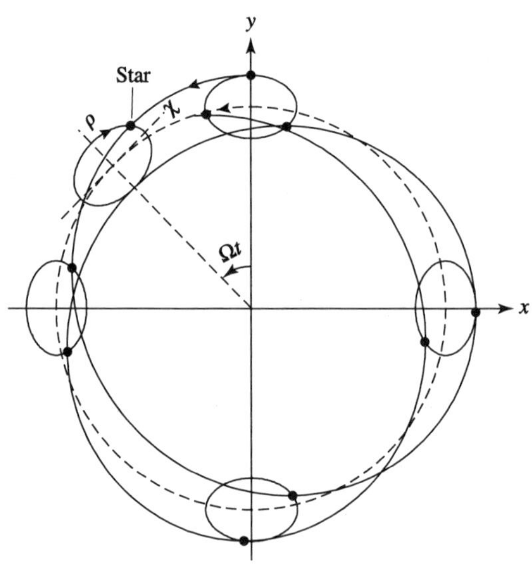

▮ 그림 2.25 관성기준계에서, 은하중심면(실선)에서 항성의 궤도는 닫혀있지 않는 장미형 형태를 지닌다. 1차 어림으로, 운동은 주전원에 대한 역행궤도와 완전원에 대한 주전원 중심의 순행궤도(점선)의 조합으로 생각할 수 있다. 주전원의 크기는 효과를 설명하기 위해 5배정도 과장하였다.

18) 이 모델은 히파르쿠스와 프톨레마이에 의해 유도된 행성운동이 주전원-이심원 모델과 아주 흡사하다(그림 1.3). 그러나, 고대의 행성모델에서는 주전원이 완전한 원으로 가정되었다.

예제 2.3.1

1.3절에서 살펴본 바와 같이, 태양은 LSR의 완전한 원운동에 비례하여 움직이고 있는데, 이는 태양의 특이운동으로 알려져 있다. $u_{\odot} \neq 0$(특이운동의 R 성분)이기 때문에, 태양의 주전원 주파수가 0이 아니다. 태양특이운동의 시선방향 성분에 대한 정보는 오르트 상수(식 (1.39)와 식 (1.40))에 포함되어 있는데, 왜냐면 이들은 우리은하중심반경 R_0에 대한 태양의 궤도속도 Θ_0의 도함수를 포함하고 있기 때문이다.
완전 원운동조건으로부터, 식 (2.27)은

$$\frac{\partial \Phi}{\partial R} = \frac{J_z^2}{R^3} = \frac{\Theta_0^2}{R_0}$$

이 되는데, 태양의 은하중심거리에서 단위질량당 궤도 각운동량에 대해 $J_z = R_0\Theta_0$가 성립하기 때문에 마지막 표현이 나온다. 주전원 주파수의 제곱에 대한 표현(식 2.29)에 대입하고, 식 (2.22)를 사용하면, 태양의 주전원 주파수는

$$\kappa_0^2 = 2\frac{\Theta_0}{R_0}\left[\frac{\Theta_0}{R_0} + \left.\frac{\partial \Theta_0}{\partial R}\right|_{R_0}\right] \tag{2.37}$$

이 된다. 이를 오르트 상수의 항으로 다시 정리해보면

$$\kappa_0^2 = -4B(A-B) \tag{2.38}$$

을 얻는다. 식 (1.47)과 식 (1.48)에서 얻어진 오르트 상수값, A=14.8 $\mathrm{km\,s^{-1}kpc^{-1}}$과 B=−12.4$\mathrm{km\,s^{-1}kpc^{-1}}$를 각각 사용하면, $\kappa_0 = 36.7\ \mathrm{km\ s^{-1}\ kpc^{-1}} = 1.2\times10^{-15}\ \mathrm{rad\,s^{-1}}$의 태양에 대한 주전원 주파수를 얻는다(kpc가 km로 변환되면, κ_0는 rad $\mathrm{s^{-1}}$의 단위를 지닌다). 주전원주파수의 이 값은 $P = 2\pi/\kappa_0 = 170\ \mathrm{Myr}$의 진동 주기와 상응하게 된다.

태양의 주전원 주파수의 그 궤도 각속도(또는 궤도 주파수, $\Omega_0 = \Theta_0/R_0 = A-B$; 식 1.43)에 대한 비율은

$$\frac{\kappa_0}{\Omega_0} = 2\left(\frac{-B}{A-B}\right)^{1/2} = 1.35$$

이 된다. 그래서 태양은 은하중심을 한번 돌 때마다 1.35의 주전원 진동을 하게 된다.

태양의 주전원의 축비는 다음과 같이 주어진다:

$$\frac{\chi_{\max}}{\rho_{\max}} = \frac{2\Omega_0}{\kappa_0} \simeq 1.5$$

비관성계에서 닫혀진 궤도들

은하중심에 대해 궤도당 진동수는 태양 주전원 주파수의 궤도 각속도에 대한 비율과 같다. 만일 κ/Ω가 자연수의 비율이라면, 궤도는 닫혀있다. 그러나 태양과 같이, 대부분의 항성 궤도는 닫혀있지 않고 장미모양의 궤도 형태를 지닌다. 그러나, 관성기준계에 대해 국부적인 패턴 각속도, $\Omega_{\ell p}=\Omega$로 회전하고 있는 비관성기준계에서 항성의 경로는 아주 간단하게 보이게 되는데, 즉 역행하면서 은하중심에서 R_m의 거리에 중심이 있는 닫힌 궤도이다(그림 2.25). 그런 기준계는 주전원 자신의 좌표계에 상응하게 되는데, 거기서 평형점은 정지되어 있고, 닫힌 경로는 간단하게 주전원 자체의 궤적을 따르게 된다.

비관성 기준계에서 닫힌 궤도를 얻기 위해서 우리는 섭동되지 않는 궤도 각속도 Ω와 같은 패턴 각속도를 선택할 필요는 없다. 대신, 우리는 회전 기준계에서 볼 때 항성이 n번의 궤도를 도는 반면 m 번의 주전원 진동을 거치면서, 그 시간에 항성은 원래 출발점으로 돌아온다는 상황을 선택할 수 있다(여기서 n과 m은 양 또는 음의 정수이다). 즉, 우리는 $m(\Omega-\Omega_{\ell p})=n\kappa$를 선택하거나

$$\Omega_{\ell p}(R)=\Omega(R)-\frac{n}{m}\kappa(R) \tag{2.39}$$

를 선택할 수 있다. 이는 국부적 패턴속도여서, $\Omega_{\ell p}$가 R의 함수임에 주목하자. 원칙적으로는, 각각의 R값에 따라 국부 패턴 속력은 무한히 많이 존재하지만 n과 m이 작은 값일 경우에만 질량 밀도가 크게 증가한다.[19)]

그림 2.26은 국부 패턴속도가(n=1, m=2)가 될 때 좌표계의 회전과 한 점에서 항성의 위치를 보여준다. 그림 2.27은 (n,m) = (0,1), (1,2), (2,3) 그리고 (1,4)에 해당하는 회전하는 기준계에서 보여지는 항성의 운동을 나타내준다. 그림 2.26에 표시된 항성의 위치는 그림 2.27(a)에서 같은 위치에 해당한다.

이제 나선은하의 중심에서 다양한 거리 R에 있는 여러 항성들을 상상해보는데, 이들 모든 별들은 전체적인 패턴 각속도 Ω_{gp}로 회전하고 있는 기준계에서 관측된다.

---

19) 이 문제는 태양계 내에서 일어났던 상황과 비슷하다. 예를 들어, 토성의 위성(주로 Mimas)의 행성의 고리시스템내 입자들과 궤도공명을 일으키면서 고리의 틈새가 생겨난다. 또한 목성궤도주기와 소행성의 궤도주기사이에 약간의 차이가 생겨도 어떤 궤도반경을 지닌 소행성의 수가 증가하거나 감소되게 된다.

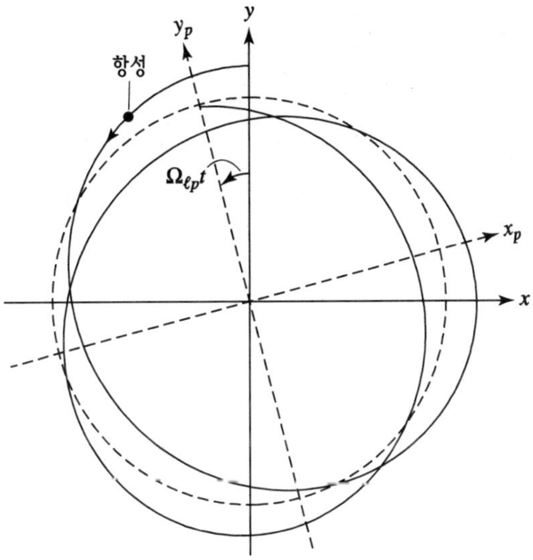

그림 2.26 (n=1,m=2)를 지니고 국부 패턴 각속도가 $\Omega_{\ell p} = \Omega - \kappa/2$인 고정된 관성계 (x, y)내에서 회전하는 비관성좌표계 (x_p, y_p). 점선은 평형점의 완전원운동에 해당하고, 실선은 은하의 관성기준계에서 항성의 궤도운동에 해당한다. 비관성좌표계의 위치에 따라, 그림에서 항성의 위치는 평형점의 궤도 주기의 1/8에 해당한다.

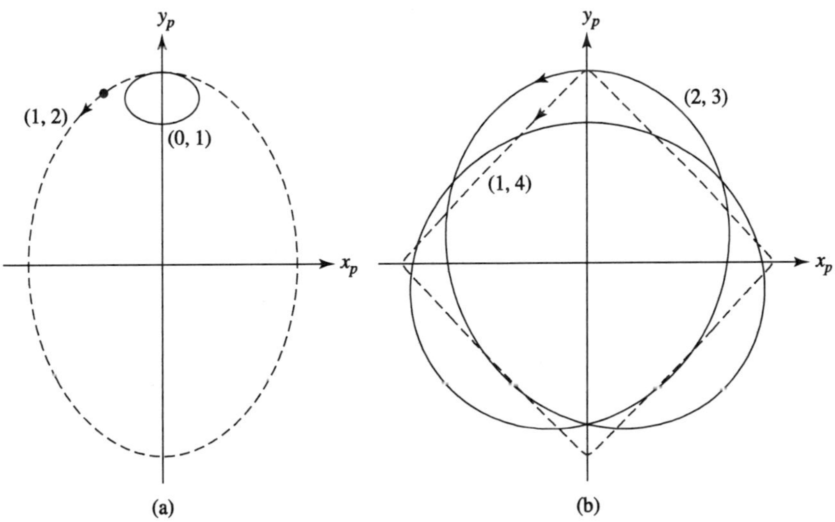

그림 2.27 항성들은 적당히 선택된 패턴 각속도를 지니며 회전하고 있는 비관성 좌표계에서 닫힌 궤도운동을 하는 것처럼 보인다. 항성의 운동은 (n, m)값에 해당하는 국부적 패턴각속도를 지닌 좌표계에서 움직이는 것처럼 보인다.
(a) (0,1) = 실선, (1,2) = 점선, (b) (2,3) = 실선, (1,4) = 점선

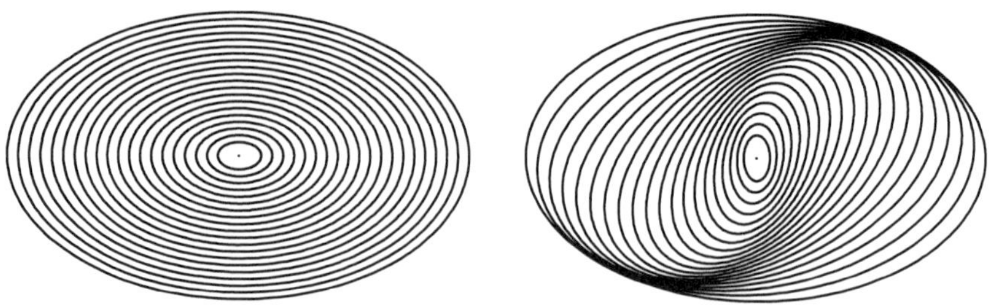

(a) (b)

▌그림 2.28 (a) 전체적인 패턴 각속도($n=1$, $m=2$) 또는 $\Omega_{gp}=\Omega-\kappa/2$로 회전하는 기준계에서 볼때 정렬된 장축을 지닌 차례로 끼워넣어진 타원궤도. 결과는 막대처럼 보이는 구조이다. (b) 각 타원이 그 내부에 있은 궤도에 대해 회전한다. 결과는 두 개의 표준 나선 밀도파가 나온다.

만일 우리가 (n,m)=(1,2)의 경우를 고려하고, 그리고 국부적 패턴 속도 $\Omega_{\ell p}=\Omega(R)-\kappa(R)/2$가 R의 모든 값에 대해 일정하다면, $\Omega_{gp}=\Omega_{\ell p}$로 간주할 수 있다. 비관성계에서 볼 때에, 그림 2.28에 나타난 바와 같이, 결과적인 궤도 패턴은 그들의 장축에 차례로 포개어지는 형태가 될 수 있다. 막대은하와 흡사한 결과를 보이는 패턴이 모든 나선은하의 약 2/3가량에서 보여진다. 물론, 우리는 각각 인접해있는 타원형태의 궤도에 맞추어 가면서, 그 장축을 그 내부에 바로 접해있는 축에 대해 약간 회전시킬 수도 있다. 이런 예에서, 그 결과는 그림 5.28(b)에 제시된 두 개 팔을 지닌 끌려지는 나선파동 형태이다. 타원체를 반대방향으로 비틀면 결과는 이끌리는 두 개의 나선팔이 될 것이다. 두 개 팔을 지닌 나선은하 M51(그림 2.17)은 $(n=1, m=2)$의 패턴구조를 지닌 끌리는 나선팔의 예인 반면, 4개의 팔을 지닌 나선 은하 M101(그림 2.5(c))는 $(n=1,\ m=4)$인 시스템이다. $m=2$인 패턴들은 밀도파 구조의 가장 일반적인 형태이다.

개별 항성들은 관성기준계에서 각자 자신의 궤도를 돌고 있고, 이들 궤도는 단지 국부적 패턴각속도로 회전하는 기준계에서 간단화된 타원 형태로 보인다는 것을 기억하는 것이 중요하다. 더욱이, 회전하는 기준계에서라도, 항성들 자신은 나름의 둥근 궤도를 따라 움직인다. 단지 나선 패턴만 그런 기준계에서 변하지 않는 것처럼 보인다(만일 R에 무관하게 $\Omega_{gp}=\Omega_{\ell p}$라 가정한다면); 회전하지 않는 관성기준계에서 나선 패턴은 Ω_{gp}의 각속도로 움직이는 것처럼 보일 것이다. 자신들의 둥근 궤도들끼리 근접하는 곳에서 항성들은 오밀조밀해지고 "교통 체증"이 나타나며, 여기에서 밀도파가 발생한다.

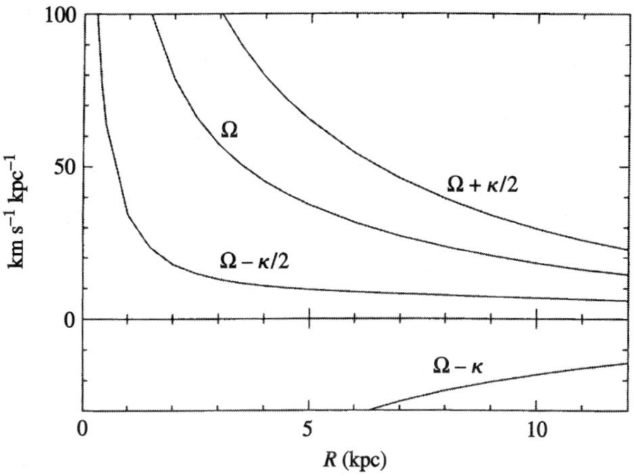

▮ **그림 2.29** 우리은하에 대한 Bahcall-Soneira 모델이 여러 n/m값에 대한 함수값 $\Omega_{lp} = \Omega(R) - \kappa(R)/m$을 구하기 위해 사용되었다. 많은 은하원반에 대해 n/m=1/2에 대한 곡선이 거의 상수임에 주목하자.(출처 : Binney and Tremaine, Galactic Astronomy, Princeton University Press, Princeton, Princeton University Press, Princeton, NJ, 287)

그림 2.28에 보여진 구조의 안정성은 $\Omega_{\ell p} = \Omega(R) - \kappa(R)/2$이 실제 R에 종속되지 않는지, 즉 Ω_{gp}의 적당한 값이 존재하는 지의 여부에 따라 심하게 달라진다. 그림 2.29는 우리은하의 한 모델에 대해 n/m의 여러 값을 지닌 $\Omega_{\ell p} = \Omega(R) - \kappa(R)/m$ 곡선이다. $\Omega - \kappa/2$는 R의 다양한 값에 대해 거의 균일한데, 이 사실은 스웨덴 천문학자 린드블래드(Berti Lindblad, 1895–1965)에 의해 처음으로 밝혔다. 많은 나선은하에서 이와 같은 일반적인 경향이 나타나며, 또 두 개 팔을 지닌 나선은하가 우세한 현상을 설명해준다. 물론 $\Omega - \kappa/2$는 은하중심반경에 대해 정확하게 상수는 아니어서, 다른 주전원 궤도에 대해 약간의 궤도 편차가 일어나, 또 다시 꼬임문제를 야기하기도 한다. 그러나, 이 경우 꼬임은 물질파보다는 밀도파에 대해 일어나고, 그래서 상대적인 편차가 작기 때문에 꼬임현상이 형성되는데 5배나 더 오래 걸린다. 은하들을 이런 잔여 꼬임효과에 대해 안정하게 만드는 수단이 발견된다면, 준정적 밀도파에 대한 원래의 린-슈 가정이 인정되게 될 것이다.

린드블래드 공명, 동시회전 공명, 그리고 초과조화 공명

$\Omega - \kappa/2$는 전체 은하원반에 걸쳐 완전히 상수가 아니기 때문에, 반경이 변하는 항성들은 밀도파들을 계속적으로 통과하면서 주전원 경로에서 똑같은 지점의 나선

팔을 만나지 않는다. 그러나 이런 일이 일어나서, 용수철이 자연주파수에서 진동하게 될 때 일어날 수 있는 공명과 같이 공명을 형성할 수도 있다. 즉, 항성이 만일 밀도파를 만날 때마다 χ의 최대값에 있다면(식 2.26), 그 항성이 밀도와 중력퍼텐셜의 국부적인 증가에 기인하여 겪는 섭동은 항상 똑같이 될 것이고, 그래서 이 효과는 누적될 것이다. 비슷한 논증이 $\Omega_{\ell p} = \Omega(R)$과 $\Omega_{lp} = \Omega(R) + \kappa/2$과 같은 각각의 국부적 패턴속도에 적용된다.[20] 이런 간단화는 은하내의 여러 반경에서 취해질 수 있는데, 이는 질량분포와 그것에 따른 회전곡선에 종속된다. 내부 린드블래드 공명은 항성의 국부 패턴 각속도가 n/m=1/2에 대해 $\Omega_{gp} = \Omega(R) - \kappa/2$인 경우에 밀도파의 전체 패턴각속도와 같을 때 일어난다. 이는 주어진 은하에 대해 0, 1 또는 2개의 내부 린드블래드 반경이 존재할 가능성이 있는데, 이는 회전곡선의 형태에 따라 달라진다. 동시회전공명은 어떤 R값에 대해 $\Omega_{gp} = \Omega$일 때 형성될 수 있고, 외부 린드블래드 공명은 $\Omega_{gp} = \Omega(R) + \kappa/2$일 때 일어날 수 있다. 초과 조화공명은 또한 $\Omega_{gp} = \Omega(R) - \kappa/4$일때 형성될 수 있다. NGC 7096과 M81 같은 은하들의 내부 고리들은(그림 2.5 (a)와 (b)) 내부 린드블래드 공명이나 초과 조화공명에 의해 생겨난 것처럼 보이는 반면, NGC 4340같은 은하의 바깥 고리(그림 2.4(f))는 외부 린드블래드 공명에서 발견된다. 린드블래드 공명과 동시회전공명은 두 개의 서로 다른 회전곡선에 대해 그림 2.30에 제시되었다.

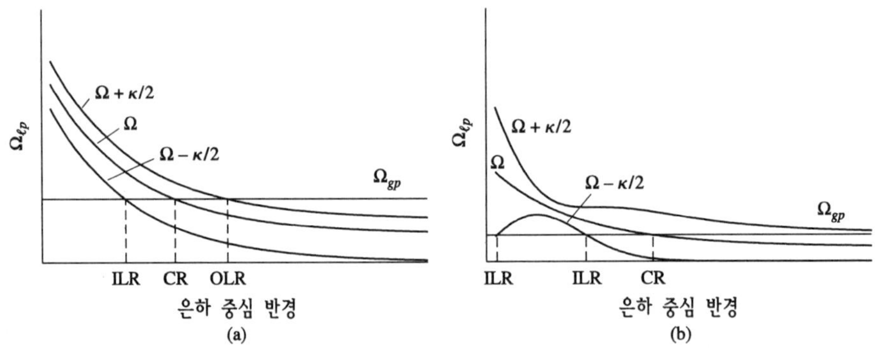

그림 2.30 공명반경의 존재는 나선팔의 전체적인 패턴각속도와 은하의 회전곡선 형태에 종속된다. (a) 한 개의 내부 Lindblad 공명(ILR), 동시회전공명(CR) 그리고 외부 Lindblad 공명(OLR)을 지닌 은하. (b) 두 개의 ILR들, 한 개의 CR 그리고 OLR이 없는 은하. 충분히 큰 값의 Ω_{gp}에 대해서는 어떤 ILR들이 형성되지 않음에 주목해본다.

20) 이제 밀도파가 중력장에 상당한 기여를 하지 못한다는 124쪽에서 취해진 가정을 넘어서고 있다.

공명들은 주전원 진동주파수를 급격하게 증가시키는 효과를 지닌다. 결과적으로, 가스구름의 충돌 또한 공명 위치에서 상당히 증가될 것이고 에너지가 분산될 것이다. 결과적으로, 공명 위치들(만일 그들이 어떤 특정 은하에 존재한다면)은 실제 다른 물리과정들이 물질파를 또 다시 형성할 수 있을 때까지는 나선파들을 억제하도록 할 수 있을 것이다. 이 상황은 항성 맥동과 비슷하다(8장(2권)); 부분이온화 영역(주로 수소와 헬륨)은 맥동을 야기하는 반면, 항성의 다른 영역들은 진동을 억제한다.

밀도파 이론의 비선형효과들

많은 연구가 되어졌음에도 불구하고, 밀도파에 대한 완전한 이해는 아직 이루어지지 않았다. 즉, 여기에 제시된 간단한 모델에서 다루어지지 않은 여러 효과들이 중요한 역할을 할 수도 있는데, 그 중 하나가 Φ_{eff}에서 비선형(고차)항이다(식 2.28을 생각해보자). 또한 밀도파 자체도 밀도파를 일으키는 중력퍼텐셜을 변화시켜서 방위각 대칭이 위배될 수도 있다.

M51(그림 2.17)을 포함한 대부분의 표준 나선은하에서 중요한 메카니즘 하나는 조석상호작용으로 나선구조를 변하게 하는 동반은하의 존재이다(3.1절과 그림 3.10). 밀도파를 형성하고 유지하는 것을 돕는 물리적 가용 메카니즘에 대한 더 자세한 논의는 현재 논의의 수준을 넘어서는 것이지만, 나선 밀도파를 연구하는 기법들이 항성맥동을 연구하는데 사용되는 이론적 과정들과 상당히 유사하다는 것을 지적할 가치는 있다고 본다: 선형모델과 비선형모델들 모두 나선구조를 연구하는데 적용되어 왔다.

수치 N-체 모사

회전하는 원반의 비선형 N-체 모사의 중요한 예 중 하나는 1971년 홀(F. Hohl)의 초기연구에서 계산된 N-체 모사이다(그림 2.31). 그 계산에서, 10^5개의 항성들이 초기에($t=0$) 축대칭 궤도에 놓여졌지만, 모사가 진행되는 동안, 홀의 모델은 $m=2$ 패턴($m=2$ 모드로 알려짐)에 대해서는 아주 불안정하여서, 두 개 나선팔이 있는 밀도파가 형성됨을 보여주었다($t=2$). 모사가 계속되면서, 원반은 "뜨거워"졌고, 이는 항성들의 속도 분산이 그 궤도 속도에 비해 커진다는 것을 의미하는데, 그래서 나선구조가 분산된다. 흥미롭게도, 막대 불안정성이 나머지 모사에 걸쳐 지속되었으며, 최종 구조는 SB0은하와 아주 흡사하다.

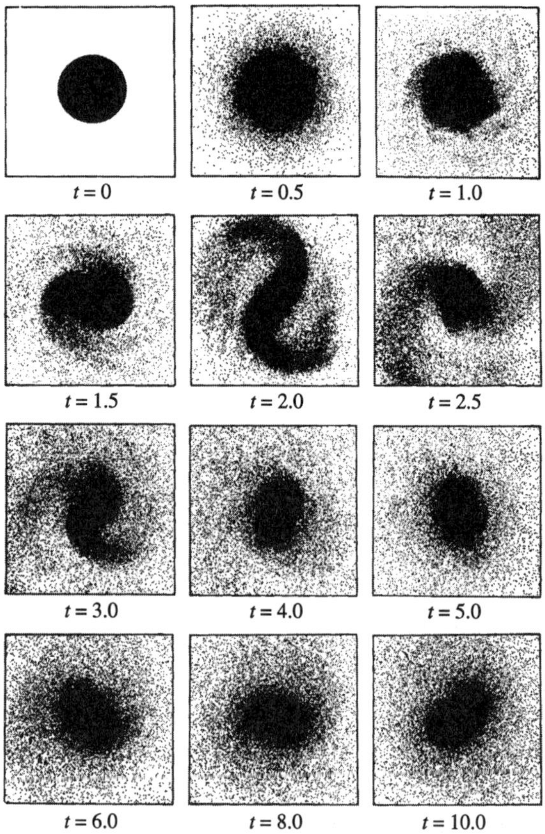

■ 그림 2.31 10^5개 항성을 이용한 N-체 모사를 해본 회전하는 원반의 초기 연구. 원반은 처음에는 완전히 축대칭으로 시작하여서, 빨리 m=2 불안정성을 형성한다. 경우에 따라 원반은 "가열되어서", 나선팔이 파괴되지만 오랫동안 유지되는 막대를 형성한다.(출처 : Hohl, Ap.J., 168, 343, 1971)

그런 막대 불안정성은 N-체 계산에서는 일반적인 특징임이 알려졌다. 적어도 컴퓨터계산에 의하면, 아마 회전하는 원반이 막대-모드 불안정성을 일으킨다고 확실하게 추정된다. 물론, 모든 원반은하의 약 2/3정도가 그 중심에 막대형태의 구조를 지니고 있기 때문에, 실제 은하에서도 막대 모드가 많이 존재한다는 아이디어가 강하게 지지된다.

홀의 연구는 다양한 형태의 불안정성에 대해 안정화되는 원반을 형성하는 수단을 제안해준다: 항성들의 높은 속도분산의 존재. 그의 원래 모사에서 홀의 막대는 원반을 가열시키고, m=2의 끌림 모드를 파괴한다. 3.1절에서 보게 되겠지만, 조석상호작용 또는/그리고 합병들은 또한 나선은하의 원반을 가열하는데 중요한 역할을 할 수도 있다.

현대적인 N-체 모사에서, 모델들은 초거대질량 블랙홀의 중력 영향 같은 중심에 집중된 질량효과들을 포함하였다. 충분히 밀집되고 질량이 큰 중심 질량 농축은 막대 불안정성을 약하게 하고, 오히려 막대불안정정을 깰 수도 있다는 것을 보여주었다. 대부분의 연구들은 은하 원반질량의 수 %정도의 질량이 막대에 영향을 주는데 필요하다는 것을 알아냈다.

자체 확대되는 무작위 항성생성

이번 절에서 발견된 대부분의 논의들이 거의 변하지 않는 밀도파에 대한 린-슈 가정과 표준나선형태의 존재에 초점을 맞추었지만, 우주에서 관측되는 많은 은하들은 솜털같은 나선은하이다. 이들 천체들은 여러 개의 안정된 밀도 섭동들의 선형 결합(항성 진동의 잔여 모드같은)들로 구성되어서, 성간물질 내에서 일부분에서 잘 정의되지 않는 나선들을 보이게 해줄 수 있다. 또는 이들 은하들에서 보여지는 나선구조에 대한 전혀 다른 작동기제가 존재할 수도 있다.

1976년에 뮐러(W. Mueller)와 데이비드(W. David)는 자체 확대되는 무작위 항성생성(SSPSF, stochastic, self-propagting star formation)으로 알려진 솜털 나선구조에 대한 이론을 제안하였다. 그들의 이론에서, 그들은 은하전체로 확대되는 항성생성의 분출이 생기는 나선구조를 상상하였다. 은하의 한 영역에서 항성탄생이 일어나면, 대부분의 질량이 큰 별들은 빨리 늙어가서, 핵폭축이 일어나는 초신성을 만들어 낸다. 초신성의 충격파는 성간물질로 통해 퍼져나가면서, 이웃지역에 있는 가스구름의 수축을 야기하고, 이곳에서 또 다른 항성탄생이 계속되게 한다. 이런 과정은 나무에서 나무로 옮겨 붙는 산불과 비교되었다. 은하의 차등회전이 이렇게 새롭게 빛나는 영역을 끌리는 나선팔 쪽으로 이끌 때 나선구조가 형성된다.

SSPSF가 컴퓨터 모사에서 솜털나선구조를 만들어내는데 성공했다 할지라도, 표준나선은하의 나선팔 전체에 걸쳐 티끌 덩어리에서 OB형별과 붉은색 별들로 전환되는 것은 규명해줄 수 없어서, 이들 은하들을 설명해줄 수 없다. 물론, 우주 전체에서 관측된 나선구조의 분포를 이해하기 위해서는 우리들이 이들 이론들을 모두 필요로 할 수도 있다.

2.4 타원은하

허블분류가 만기형 은하들의 많은 물리량들과 강한 상관 관계를 이루고 있어서, 이들 은하들에서는 계속적인 유용성을 보장받고 있지만, 조기형 은하들에 대한 허블표기는(겉보기 타원율에만 의존하여 분류되는) 다른 특징들의 분류를 시도하는 항에서는 실제 중요하지 않게 된다. 결과적으로, 타원율에 무관한 타원은하들에 대해 하위체계 구분이 이루어지고, 대신 은하영상의 크기, 절대등급과 표면밝기와 같은 다른 형태학적 특징들에 초점이 맞추어졌다. 주된 은하형태중 가장 간단한 것으로 여겨지던 타원은하는 1980년대 이후, 현저하게 다양하고 복잡하게 관측되어졌다. 3.1절에서 보게 되겠지만, 이런 복잡성의 일부는, 적어도 부분적으로는 주변의 강한 진화로부터 일어나게 되고, 아마 주변은하들과의 조석상호작용과 합병들이 포함될 것이다.

타원은하의 형태학적 분류

오늘날 여러 가지의 형태학적 분류들이 타원은하를 구분하는데 사용되고 있다.

- **cD은하** : 거대은하이지만, 드물게 관측되고, 때로 1 Mpc 지름까시 펼쳐지기도 하며 크고 밀도 높은 은하단 근처에서만 보통 발견되는 밝은 은하이다. 그들의 B 절대등급은 −22등급보다 작은 경우에서부터 −25등급까지에 놓여있으며, 질량은 $10^{13}-10^{14}\mathrm{M}_\odot$ 정도 된다. cD은하들은 높은 표면밝기($\mu = 18B-$mag arcsec^2)를 보이는 중심영역을 지니고 있고 아주 넓게 펼쳐진 확산 껍질($\mu = 26\sim27\,B-$mag arcsec^2)을 지니고 있는 것이 특징이다. 그들은 또한 수만개의 구상성단을 지니고 있는데, 전형적인 개수비(S_N)은 15정도 된다(식 2.15). 더욱이, 이들 은하들은 아주 높은 질량–광도비를 지니고 있는 것으로 알려졌는데, 때로는 750 $\mathrm{M}_\odot/\mathrm{L}_\odot$를 넘기도 해서, 다량의 암흑물질이 있는 것을 암시해주고 있다.
- **표준 타원 은하** : 상당히 큰 중심표면밝기를 지니고 있는 중심에 밀집된 은하들이다. 이들은 거대 타원은하(gE), 중간광도 타원은하(E), 그리고 밀집타원은하(cE)들을 포함하고 있다. 표준 타원은하의 B 절대등급은 −15에서 −23사이에 놓여있고, 질량은 $10^8-10^{13}\,\mathrm{M}_\odot$ 정도이며, 직경은 1 kpc보다 작은 것에서부터 거

의 200 kpc가 되는 경우도 있고, 질량-광도비는 7-100$M_\odot/L_\odot$ 정도이며, 구상성단의 개수비는 1-10정도이다. 렌즈은하(S0와 SB0은하)들도 가끔 표준 타원은하로 분류되기도 한다.

- **타원 왜은하(dE)** : 같은 절대등급을 지닌 cE은하의 밝기보다 훨씬 낮은 표면밝기를 지니고 있다. dE은하의 B 절대등급은 −13에서 −19등급사이로 떨어지고, 질량은 $10^7-10^9\ M_\odot$ 사이, 직경은 1에서 10 kpc정도이다. 이들의 금속성은 또한 표준 타원은하들보다 약해지는 경향이 있다. 구상성단 개수비의 평균값은 $< S_N > = 4.8 \pm 1.0$가 되어, 나선은하보다는 약간 높다.
- **타원체 왜은하(dSph)** : 극도로 낮은 광도, 낮은 표면밝기를 지닌 은하로 우리은하 주변에서만 관측된다. 이들의 B 절대등급은 −8에서 −15등급 사이이고, 질량은 거의 $10^7-10^8\ M_\odot$ 정도며, 직경은 0.1에서 0.5 kpc 사이에 놓여있다.
- **청색 밀집 왜은하(BCD)** : 이상하리만치 청색을 띠며, $< B-V > = 0.0$ 에서 0.3정도의 색지수를 지닌 작은 은하이다. 이 정도의 색지수는 A형 주계열별에 해당하는데, 이는 이들 은하들에서 부분적으로 강렬한 항성 탄생이 일어나고 있음을 암시해주고 있다. 이들의 B 절대등급은 −14에서 −17등급에 놓여있고, 질량은 $10^9\ M_\odot$ 정도이고, 직경은 3 kpc보다 작다. 아주 활발한 항성탄생에서 예측할 수 있는 것처럼, BCD은하들 또한 많은 양의 가스를 지니고 있는데, 전체 은하질량의 15%에서 20% 정도되는 $M_{HI} = 10^8\ M_\odot$과 $M_{HII} = 10^6\ M_\odot$을 지니고 있다. 이들은 또한 낮은 질량-광도비를 보이고 있다; 극단적인 경우로, ESO400-G43은 큰 반경에서 암흑물질이 우세함에도 불구하고 $M/L_B = 0.1$를 보인다.

표 2.3과 표 2.4에 조기형 은하들의 특징들을 몇 가지 요약하였다. 렌즈은하들도 많은 타원은하들의 성질과 비슷한 것처럼 보이기 때문에 목록에 포함되었다.

표 2.3 cD, 타원 그리고 렌즈은하들의 특징들

	cD	E	S0/SB0
M_B	−22 to −25	−15 to −23	−17 to −22
M ($M_\odot$)	10^{13}–10^{14}	10^8–10^{13}	10^{10}–10^{12}
Diameter (D_{25}, kpc)	300–1000	1–200	10–100
$\langle M/L_B \rangle$ ($M_\odot/L_\odot$)	> 100	10–100	~ 10
$\langle S_N \rangle$	~ 15	~ 5	~ 5

▌표 2.4 타원 왜은하, 타원체 왜은하, 청색 밀집왜은하의 특징들

	dE	dSph	BCD
M_B	-13 to -19	-8 to -15	-14 to -17
M ($M_\odot$)	10^7–10^9	10^7–10^8	$\sim 10^9$
Diameter (D_{25}, kpc)	1–10	0.1–0.5	< 3
$\langle M/L_B \rangle$ ($M_\odot/L_\odot$)	~ 10	5–100	0.1–10
$\langle S_N \rangle$	4.8 ± 1.0	—	—

표면밝기 윤곽

cD은하들과 표준 타원은하들은 거의 $r^{1/4}$법칙을 따르는 표면밝기윤곽을 지닌다(식 2.2). 예를 들어, gE은하인 NGC 3379의 밝기윤곽이 그림 2.32에 제시되었다. 그러나, 은하의 질량이 감소되면서, 지수함수 윤곽(식 2.3)으로 매끄럽게 변환된다. 이는 특히 dE은하와 dSph은하의 경우에 사실이다.

타원은하들의 티끌과 가스

dE은하와 dSph은하들의 낮은 중력 결합에너지는 이들 은하들이 상당량의 가스들을 잡아두는 것이 아주 어렵다는 것을 의미하는데, 이 점은 이미 관측된바 있다. 사실, dSph은하들은 실제 가스가 결핍된 은하이다. 결과적으로, dE은하와 dSph은하들은 오늘날 활발하게 항성탄생을 겪고 있지 않다. 더욱이, 그들은 아주 낮은 금속함량을 보유하고 있고, 그 값들은 구상성단에서 관측되는 값들과 비슷하다. 이런 시스템들은 초신성폭발에 의한 질량손실에 의해 또는 은하들이 은하단에 있는 가스들을 통과할 때 ram 압력 빼앗김(ram-pressure stripping)에 의해 대부분의 가스를 손실하였을 거라고 제안된다(4.3절).

모든 타원은하들이 아직 항성으로 형성되지 않는 티끌이나 가스들의 대부분을 빼앗겼거나 또는 항성탄생이 이들 은하의 초기단계에 아주 효과적으로 진행되어서, 모든 사용가능한 가스들이 고갈되었다고 수년동안 믿어져 왔었다. 그러나, 최근에는 가스와 티끌들이 나선은하에 비해서는 아주 무시될 정도 수준이지만, 대부분 표준 타원은하에 존재하고 있다는 사실이 밝혀졌다.

E/S0은하에 존재하고 있는 수소가스는 여러 가지 형태로 존재한다는 확증이 있다. 10^7K의 X-선을 방출하는 10^8–$10^9 M_\odot$ 정도의 뜨거운 가스는 전형적인 E/S0은하에 존재하는 모든 가스들의 대부분을 차지하고 있다(가능한 가열 메카니즘은

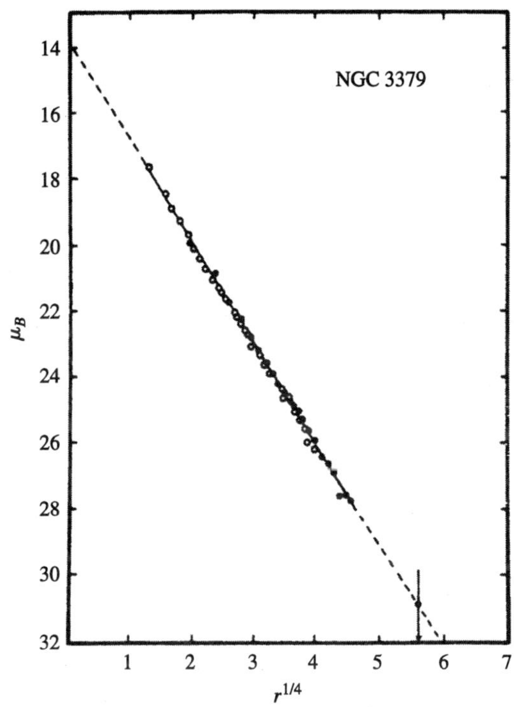

▮ **그림 2.32** 거대 타원은하 NGC 3379의 표면밝기 윤곽은 $r^{1/4}$법칙에 의해 잘 표현된다.
(출처 : de Vaucouleurs and Capaccioli, Ap.J. Supp., 40, 699, 1979)

초신성과 항성풍을 포함한다). Hα에서 관측되는 따뜻한 가스 성분은(10^4 K에서 10^4-10^5 $M_\odot$ 정도) H II영역의 형태로 존재한다. 더욱이 10^7-10^9 $M_\odot$ 정도의 차가운 HI($\sim 10^2$ K)이 21 cm에서 관측된다. CO 방출선 연구에서는 10^7-10^9 $M_\odot$ 정도의 수소 분자가 조기형 은하에서 또한 발견될 수 있음을 보여주었다.

천문학자들은 또한 모든 타원은하의 약 50%정도는 상당량의 티끌을 보유하고 있음을 발견했는데, 포함된 질량은 10^5-10^6 $M_\odot$ 정도된다. 모은하의 광학적 축에 대해 근본적으로 무작위로 퍼져있는 티끌골짜기가 있다는 흥미로운 관측결과도 있다. 티끌은, 자주, 다른 (항성)성분의 회전방향과는 다른 방향으로 회전하는 것으로 발견되기도 한다. 겉보기에는, 이런 가스들의 상당부분은 은하의 초기형성 후에 만들어진 것이다. 타원은하의 티끌고리의 동역학에 대해서는 3.1절에서 더 자세히 다루어질 것이다.

금속성 변화도와 색 변화도

나선은하에 대한 토의를 하면서 그림 2.12에서 본바와 같이, 타원은하의 금속성은 광도와 좋은 상관관계를 보인다; 더 밝은 은하들은 전체적으로 더 큰 금속함량을 지니고 있다. 더욱이, 나선은하처럼, 금속성 변화와 색 변화 또한 타원은하에서 존재한다. 일반적으로, E은하들의 중심영역은 더 적색화되어 있고 또 반경이 큰 영역보다 금속함량이 풍부하다. 이런 경향은 항성분포에서 발견되는 $d\log_{10}Z/d\log_{10}r \approx -0.13$와 같은 금속의 질량비 변화로 표시되어 질 수 있다. 렌즈형 은하에도 똑같이 적용되어 질 수 있다. 또한, 만기형 허블형태의 은하들에서와 같이, S0은하들의 원반은 그들의 팽대부에서 보다 더 청색화되어 있다(S0은하들에 대해 $(U-V)_{\rm disk}-(U-V)_{\rm bulge} \sim -0.1$에서 -0.5). 어떤 성공적인 은하형성이론일지라도 화학적 함량에 관한 관측들을 고려해야 한다.

페이버-잭슨(Faber-Jackson) 관계

dE은하, dSph은하, 표준 E은하, 그리고 나선은하의 팽배부들 모두에 공통적인 하나의 관계는 그들의 시선속도 분산과 M_B사이의 관계이다. 이 관계는 그림 2.33에 나타난다. 왜 이런 관계가 생겨나는지 보기 위해, 우리는 구형 대칭의 질량분포의 중심 시선속도 분산에서 나타나는 비리얼 정리의 결과에서부터 시작해본다(식 2.13). 그 경우, 우리는 질량 M이 반경 R인 체적에 균일하게 분포되었었다는 간단한 어림을 취해본다. 이제, 우리가 더 나아가 질량-광도비가 모든 은하들에 대해 일정하고 또 그들의 평균표면밝기가 똑같다고 가정해본다면(툴리-피셔관계를 유도할 때 취했던 가정), 그 결과는

$$\boxed{L \propto \sigma_0^4} \tag{2.40}$$

이 되는데, 여기서 σ_r은 시선속도 분산이 가정된 중심값이란 것을 나타내기 위해 σ_0로 대치되었다. 이 관계는 페이버(Sandra Faber)와 잭슨(Robert Jackson)에 의해 처음 알려졌고, 그래서 페이버-잭슨 관계라 불린다. 태양 단위로 광도를 표시하고, 방정식의 양변에 로그함수를 취한 다음, 식 (3.8)을 이용하여 M_B들의 차이로 $\log_{10}(L/L_\odot)$를 다시 써보면, 그림 2.33에 나타낸 바와 같이 $\log_{10}\sigma_0$과 M_B에 관한 선형관계를 발견한다:

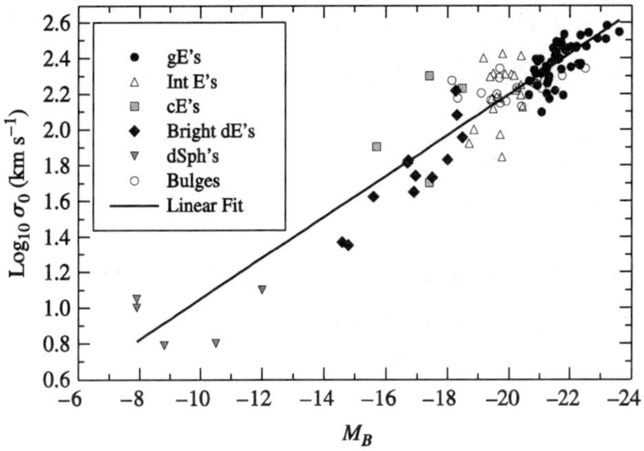

▮ 그림 2.33 Faber-Jackson 관계는 중심속도분산과 광도사이의 상관관계를 보여준다. 이 관계는 비리얼 정리의 결과이다.(출처 : Bender et al. Ap.J., 399, 462, 1992)

$$\log_{10}\sigma_0 = -0.1M_B + \text{constant} \tag{2.41}$$

(이 표현이 $\log_{10}V_{\max}$에 대해 풀어진다면 식 (2.5-2.7)에 주어진 툴리-피셔관계와 비슷하다는 것을 지적해 본다).

기본 평면(Fundamental Plane)

그림 2.33을 살펴보면 쉽게 알 수 있듯이, 자료점들의 산란이 상당하다. 이는 자료점들을 통과하는 짜맞추기 선이 식 (2.41)에서 발견된 관계와 약간 다르다는 사실을 반영하고 있다. 겉보기에, 식 (2.40)은 엄격하게 사실은 아니기 때문에, 이 식을 유도하면서 사용된 가정이 그리 놀랄만한 일은 아니다. 표본이 어떻게 취해졌느냐에 따라 다르지만, $3 < \alpha < 5$사이의 값에 대해 $L \propto \sigma_0^\alpha$ 의 관계를 이룬다.

자료에 더 적합한 짜맞추기를 하기위한 노력을 하면서, 천문학자들은 이 표현에 유효반경이라는 두 번째 매개변수를 도입하였다. 이 짜맞추기에 대한 표현은 다음과 같다:

$$\boxed{L \propto \sigma_0^{2.65} r_e^{0.65}} \tag{2.42}$$

여기서, 은하들은 L, σ_0그리고 r_e좌표계에 의해 표현되는 3차원 공간에서 2차원의 평면에 놓여있는 것으로 상상되어진다. 기본평면이라 불리는 식 (2.42)는 은하의 중력장벽(σ_0)를 그 반경과 광도와 연결시켜준다. 선택적으로, 기본평면은 유효반경에서 은하의 유효표면밝기의 항으로 표현되어 질 수 있다:

$$r_e \propto \sigma_0^{1.24} I_e^{-0.82} \tag{2.43}$$

기본평면은 전체 타원은하들을 표현해주는 것 같으며, 이들 시스템들의 형성에 대한 정보도 제공해주는 것 같다.

회전효과

기본평면과 같은 매개변수화 작업들은 타원율에 기인한 원래의 허블분류보다는 타원은하들을 분류하는데 훨씬 좋은 작업이다. 그러나, 그렇다면 은하의 형태를 만들어내는 원인은 무엇인가? 그 해답이 아직은 완전히 분명하지는 않지만, 대부분 타원은하들은 완전히 매끈한 구형체도 아니고 두 축으로 편장된 회전체가 아니라 3축으로 퍼져있어, 회전에 우선되는 어느 축도 없는 상태이다. 이미 우리는 이런 환경을 모든 타원은하들에서 적어도 절반이 넘는 곳에서 발견된 티끌 골짜기의 무질서도에서 만나본 적 있다. 또 다른 확증은 더 큰 타원은하들의 25% 이상에서 발견된 반대로 회전하는 항성핵의 관측이 자주 된나는 것이다. 적어도 이들 중 몇몇의 경우에, 가스, 티끌, 구상성단 또는 왜은하의 형태로 된 물질들이 은하생성이 된 이후 한 때에 포획되어진 것처럼 보인다. 이런 상황은 3.1절에서 더 자세히 논의될 것이다.

타원은하들의 회전속도들이 측정이 되면, 더 밝은 은하들은 속도분산보다 아주 작은 평균 회전속도를 지닌다는 것을 알게 되는데, 이는 이들 은하의 형태들이 회전에 기인하지 않는다는 것을 의미하게 된다. 실제, 그들이 형태는 은하내 항성들의 비등방 속도분산에 의해 야기된다.[21] 하나의 특별하게 극도인 경우로, 밝은 E4 은하, NGC 1600(M_B=-22.87)는 $V_{rot} = 1.9 \pm 2.3$ km s^{-1}과 $V_{rot}/\sigma < 0.013$을 지닌다; 이 은하는 통계적으로 중요한 어떤 선호되는 회전축도 지니고 있지 않다.

만일 한 은하의 타원율 ϵ(식 2.1)이 등방의 항성속도분포를 지닌 이상적인 매끈한 구형 회전체에서 기인되었다면,

---

21) 비등방 속도분포는 등방분포를 이루는 경우에서처럼 완전한 무작위 운동을 할 때보다는, 운동의 한 방향 또는 두 방향이 우선될 때 일어난다.

$$\left(\frac{V_{\rm rot}}{\sigma}\right)_{\rm isotropic} \approx \left(\frac{\epsilon}{1-\epsilon}\right)^{1/2}$$

임을 보여질 수 있다. NGC 1600에 대해, 이는 ϵ=0.4의 타원율이 순전히 회전에 기인하였다면, V_{rot}/σ는 대략 0.8정도 될 것이다. 회전상수 $(V/\sigma)^*$가

$$(V/\sigma)^* \equiv \frac{(V_{\rm rot}/\sigma)_{\rm observed}}{(V_{\rm rot}/\sigma)_{\rm isotropic}}$$

라고 정의하면, NGC 1600에 대해 $(V/\sigma)^* < 0.016$이 된다. 이런 구분이 약간 임의적이기는 하지만, $(V/\sigma)^* > 0.7$인 은하는 주로 회전에 의해 유지된다고 간주될 수 있다.

밝은 E은하들과 gE은하들은 $<(V/\sigma)^*> \approx 0.4$을 지니고 있으며, 주로 압력에 의해 유지되는데, 이는 그들의 형태가 주로 무작위적으로 일어나는 항성운동에 의해 기인한다는 것을 뜻하게 된다. 또한, 퍼져있는 희미한 왜 E은하들은 주로 비등방 속도분산을 지니고 있고 그래서 압력에 의해 유지된다. 반면 $-18 > M_B > -20.5$인 은하들은 $<(V/\sigma)^*> \approx 0.9$를 지니는데, 이는 이들이 주로 회전에 의해 유지된다는 것을 뜻한다(cD은하도 포함된다). 흥미롭게도, 타원은하들의 팽대부들 또한 회전에 의해 유지되는 경향이 있다.

입방도와 원반도와 상관관계

1988년, 벤더(Ralf Bender), 니토(Jean-Luc Nieto, 1950-1992)와 그의 동료들은 타원은하들은 많은 특성들이 등조(isophotal)평면이 보여주는 입방도(boxiness) 또는 원반도(diskiness) 정도의 개념으로 이해될 수 있다고 제안하였다. 타원형태로부터 차이가 나는 것을 정량화함으로, 등조선의 형태(특정한 μ의 값으로 정의됨)는 극좌표계에서

$$a(\theta) = a_0 + a_2\cos(2\theta) + a_4\cos(4\theta) + \cdots \tag{2.44}$$

형태의 푸리에 급수로 기술되는데, 여기서 a는 등조선의 반경이고, θ는 타원면의 장축에서 시계반대방향으로 측정되는 각이다. 급수전개에서 첫 번째 항은 완전원의 형태를 나타내고, 두 번째 항은 타원율의 정도에 해당하며, 세 번째 항은 입방도에 관계된다. 만일 $a_4 < 0$이라면, 등조면은 "입방체(boxy)" 형태가 되는 경향이 있고, 만일 $a_4 > 0$ 라면, 표면은 "원반(disky)" 형태가 되는 경향이 있다(그림 2.34).

▌그림 2.34 $\epsilon = 0.4$인 은하의 두 가지 예. $|a_4/a_0|$는 효과를 나타내기 위해 0.03보다 큰 값을 취했다. 실선은 "입방" 은하($a_4/a_0 < 0$)이고, 점선은 "원반" 은하 ($a_4/a_0 > 0$)이다.

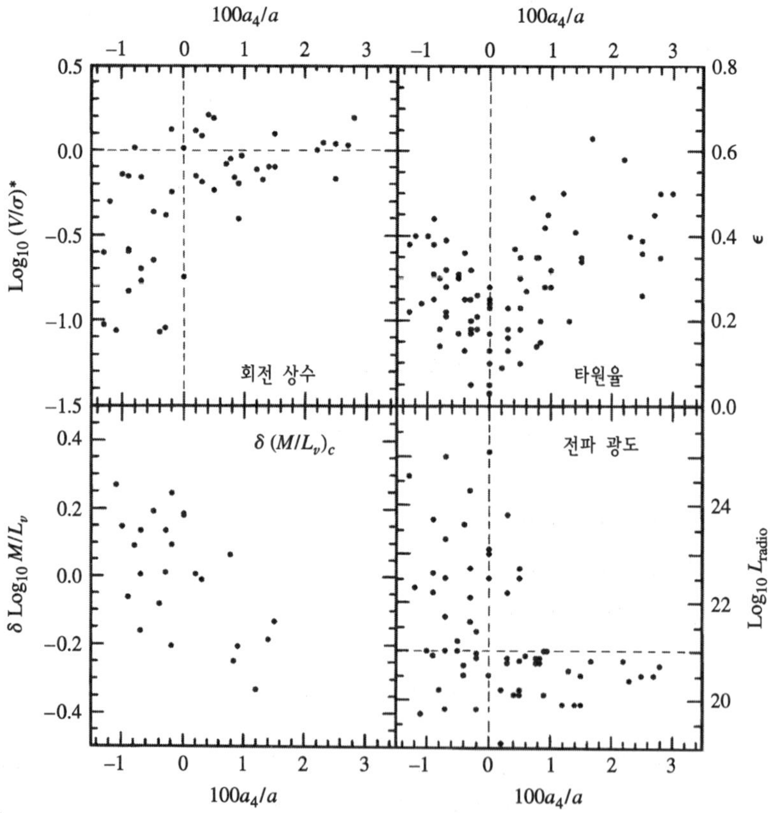

▌그림 2.35 다양한 물리량들의 a_4(등조면 형태)와의 상관관계. 원반 타원은하는 $a_4 > 0$인 반면, 입방 타원은하는 $a_4 < 0$이다.(출처 : Kormedndy and Djorgovski, Annu. Rev. Astron. Astrophys., 27, 235, 1989)

전형적으로, $|a_4/a_0| \sim 0.01$ 이 성립하는데, 완전한 타원으로부터 거의 0.5%정도의 정확도로 측정이 된다.

그림 2.35는 동조 푸리에 상수 a_4와 상관관계가 있는 여러 물리량들을 나타냈는데, $100a_4/a_0$의 단위로 측정되었다. 위쪽 왼쪽그림은 원반은하가 회전으로 유지되는 경향이 있음을 보여주는 반면(큰 값의 $(V/\sigma)^*$), 입방은하들은 주로 압력에 의해 유지된다. 아래 왼쪽 그림은 중심 질량-광도비(V영역에서 측정된)가 같은 광도의 은하들에 대한 평균값과 차이를 보여주고 있다; 입방은하들은 평균비율보다 더 큰 경향이 있는 반면, 원반은하들은 평균값보다 낮은 경향이 있다. 아래 오른쪽 그림은 입방 타원은하들이 원반은하들보다 전파영역에서 더 밝다는 것을 보여주고 있다. 그러나, 입방은하들의 전파광도의 분포는 아주 넓은 반면, 원반은하들의 전파광도 변화는 아주 작다. 비슷한 부류의 상관 관계가 다른 파장영역에서도 발견된다(X-선, UV 그리고 Hα 영역). 원반 타원은하들에 대해, X-선원들은 S0은하들의 경우처럼 단지 밀집원들과 일치하는 경향을 보이는 반면, 입방 타원은하들은 퍼진 광원(즉 뜨거운 가스)에 대한 확증을 보인다. 마지막으로, 오른쪽 위의 그림은 타원율(허블 형태)이 a_4의 절대값($|a_4|$)이 커지면서 증가하는 경향을 보인다. 그러나, 이는 허블형태가 같은 두 개의 은하가 그들이 다른 물리량이 고려될 때 아주 다른 특징을 지닐 수 있음을 보여준다. 예를 들어, 두 개의 E4은하들에 대해(ϵ=0.4), 한 은하는 회전으로 유지되는 반면(a_4>0), 다른 은하는 압력으로 유지될 수 있으며(a_4<0), 또 전자가 평균값보다 더 낮은 핵의 질량-광도비를 지니는 반면, 후자는 평균보다 큰 핵의 질량-광도비를 지닐 수 있다. 또한, 전자의 은하는 전파광도가 낮고, 후자는 더 높은 전파광도를 지닐 수 있다.

다른 물리들 또한 은하의 입방도 또는 원반도에 관련되어진 것 같다. 회전에 의해 유지되는 원반은하들은 상대적으로 큰 회전각운동량 -질량비(비 각운동량)를 지니는 반면, 압력으로 유지되는 입방은하는 낮은 회전각운동량 - 질량비를 지닌다. 입방은하는 자주 반대방향으로 회전하는 핵을 지닌 반면, 원반은하는 반대방향으로 회전하는 핵을 거의 지니고 있지 않다. 마지막으로, 원반은하들은 일반적으로 구체가 편평한 회전 대칭을 이루고 있는 반면, 입방은하는 심하게 3축회전체인 경향이 있다.

은하들중에서 입방도 정도는 두 개의 확실하게 다른 부류보다는 연속적인 형태를 보이고 있기는 하지만, 모든 타원은하들의 약 90%정도가 일반적으로 원반 형태를 보이고 있다. 원반은하들이 S0은하가 점차적으로 원반-뻥대부비가 작아지는 과정에서 생겨난 것을 나타내고 있고, 그래서 몇몇 원반은하들은 S0은하로 잘못분류되는 경우도 있다고 시사된 적이 있다. 그러나, 입방은하들은 조석상호작용이나 합병같은 주변 진화의 사실을 잘 나타내줄 수도 있다(3.1절).

다양한 허블부류들의 상대 개수

형태학적인 토론을 마무리하기 전에, 다양한 허블형태를 지닌 은하들의 상대적인 개수에 대한 문제를 언급하는 것이 중요하다. 이는 보통 광도함수 $\phi(M)dM$으로 나타내는데, 절대등급 M과 $M+dM$사이에 있는 은하들의 개수로 정의된다. 그림 2.36은 두 개 표본들에 대한 광도함수를 보여주고 있다; 위의 그래프는 우리은하 부근에 위치한 은하에 대한 것이고, 아래 그래프는 처녀자리 은하단의 은하들에 대한 것이다(4.3절을 보라). 전체 광도함수는 각 허블 형태의 개개 광도함수들의 합이다.

은하 광도함수에 대한 일반적인 분석학적 짜맞추기를 하기 위한 시도에서, 섹터(Paul Schechter)는

$$\phi(L)\,dL \sim L^{\alpha} e^{-L/L^*}\,dL \tag{2.45}$$

라는 함수형태를 제안하였는데, 이는

$$\phi(M)\,dM \sim 10^{-0.4(\alpha+1)M} e^{-10^{0.4(M^*-M)}}\,dM \tag{2.46}$$

의 동등한 형태로 다시 표현되어질 수 있다. 두 방정식들에서, α와 L^*(또는 M^*)는 관측자료들과 잘 맞도록 해주는 자유상수들이다. 그림 2.36의 자료에서, 우리은하 근처의 국부영역에 대해 $\alpha=-1.0$이고 $M_B^*=-21$인 반면, 처녀자리 은하단에 대해서는 $\alpha=-1.24\pm0.02$이고, $M_B^*=-21\pm0.7$이다. 이 값들이 비슷하다 할지라도, 일반적인 광도함수가 존재하는 것은 아닌 것이 분명하다. 대신, 각 광도함수는 어떤 특별한 은하들의 표본을 취했는가에 따라 달라진다.

그림 2.36에 표시된 두 개의 상황에서 볼 수 있는바와 같이, S은하와 E은하들은 성단광도와 질량의 관점에서 기여를 많이 하고 있지만, dE은하와 불규칙 왜은하들도 모든 은하들에서 상당부분 기여하고 있다. 그림을 주의깊게 살펴보면 또한 또 다른 중요한 사실을 발견할 수 있다; 나선은하들이 각 경우에 밝은 은하들의 대부분을 보여주고 있지만, 처녀자리 은하단에서는 타원은하의 기여도도 상당히 높다.

처녀자리 은하단이 더 크고 더 밀도가 높은 코마은하단과 비교해보면, 나선은하와 타원은하의 상대개수가 현격하게 변화한다. 처녀자리 은하단에서, 우리는 12%의 E 은하, 26%의 S은하 그리고 62%의 S+Ir은하를 발견하는 반면, 코마 은하단에서는 44%가 E은하, 49%가 S0은하, 그리고 7%가 S+Ir은하이다. 또 다시 어떤 표본을 택하느냐가 은하 형성 과/또는 진화에 역할을 한다는 증거가 되는데, 이는 3장에서 더 자세히 살펴볼 것이다.

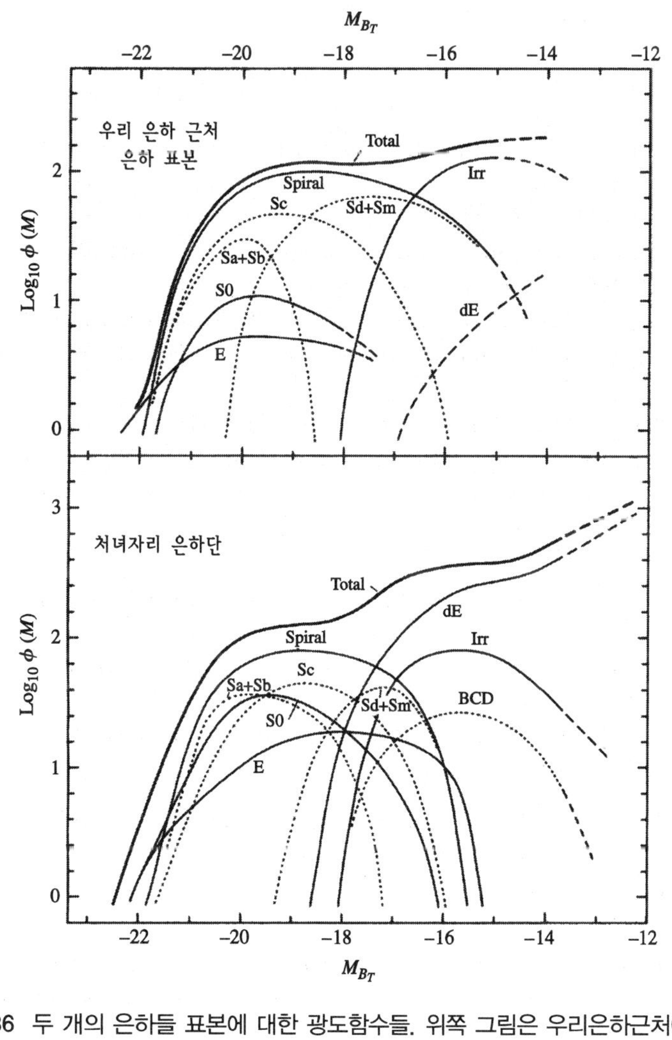

▌그림 2.36 두 개의 은하들 표본에 대한 광도함수들. 위쪽 그림은 우리은하근처에 있는 은하표본들에 대한 것이고, 아래는 처녀자리 은하단에 있는 은하들에 대한 것이다. $\log_{10}\phi(M)$축의 0점은 임으로 정한 것이다.(출처 : Binggeli, Sandage and Tammann, Annu. Rev. Astron. Astrophys., 26, 509, 1988)

제2장 참고 문헌

일반 도서

Ferris, Timothy, *Galaxies*, Stewart, Tabori, and Chang, New York, 1982.

Silk, Joseph, *The Big Bang*, Third Edition, W. H. Freeman and Company, New York, 2001.

Waller, William H., and Hodge, Paul W., *Galaxies and the Cosmic Frontier*, Harvard University Press, Cambridge, MA, 2003.

고급 도서

Athanassoula, E., Lambert, J. C., and Dehnen, W., "Can Bars Be Destroyed by a Central Mass Concentration? – I. Simulations," *Monthly Notices of the Royal Astronomical Society*, *363*, 496, 2005.

Bender, Ralf, Burstein, David, and Faber, S. M., "Dynamically Hot Galaxies. I. Structural Properties," *The Astrophysical Journal*, *399*, 462, 1992.

Bender et al., "HST STIS Spectroscopy of the Triple Nucleus of M31: Two Nested Disks in Keplerian Rotation around a Supermassive Black Hole," *The Astrophysical Journal*, *631*, 280, 2005.

Bertin, Giuseppe, *Dynamics of Galaxies*, Cambridge University Press, Cambridge, 2000.

Binggeli, Bruno, Sandage, Allan, and Tammann, G. A., "The Luminosity Function of Galaxies," *Annual Review of Astronomy and Astrophysics*, *26*, 1988.

Binney, James, and Merrifield, Michael, *Galactic Astronomy*, Princeton University Press, Princeton, NJ, 1998.

Binney, James, and Tremaine, Scott, *Galactic Dynamics*, Princeton University Press, Princeton, NJ, 1987.

Combes, F., Boissé, P., Mazure, A., and Blanchard, A., *Galaxies and Cosmology*, Second Edition, Springer, 2002.

de Vaucouleurs, Gerard, *Third Reference Catalogue of Bright Galaxies*, Springer-Verlag, New York, 1991.

de Zeeuw, Tim, and Franx, Marijn, "Structure and Dynamics of Elliptical Galaxies," *Annual Review of Astronomy and Astrophysics*, *29*, 1991.

Elmegreen, Debra Meloy, *Galaxies and Galactic Structure*, Prentice-Hall, Upper Saddle River, NJ, 1998.

Gallagher, John S. III, and Wyse, Rosemary F. G., "Dwarf Spheroidal Galaxies: Keystones of Galaxy Evolution," *Publications of the Astronomical Society of the Pacific*, *106*, 1225, 1994.

Gilmore, Gerard, King, Ivan R., and van der Kruit, Pieter C., *The Milky Way as a Galaxy*, University Science Books, Mill Valley, CA, 1990.

Hubble, Edwin, "Extra-Galactic Nebulae," *The Astrophysical Journal*, *64*, 321, 1926.

Hubble, Edwin, *The Realm of the Nebulae*, Yale University Press, New Haven, CT, 1936.

Kormendy, John, and Djorgovski, S., "Surface Photometry and the Structure of Elliptical Galaxies," *Annual Review of Astronomy and Astrophysics*, *27*, 1989.

Kormendy, John, and Richstone, Douglas, "Inward Bound: The Search for Supermassive Black Holes in Galaxy Nuclei," *Annual Review of Astronomy and Astrophysics*, *33*, 1995.

Mateo, Mario, "Dwarf Galaxies in the Local Group," *Annual Review of Astronomy and Astrophysics*, *36*, 435, 1998.

Pierce, Michael J., and Tully, R. Brent, "Luminosity–Line Width Relations and the Extragalactic Distance Scale. I. Absolute Calibration," *The Astrophysical Journal*, *387*, 47, 1992.

Rubin, Vera C., Burstein, David, Ford, W. Kent Jr., and Thonnard, Norbert, "Rotation Velocities of 16 Sa Galaxies and a Comparison of Sa, Sb, and Sc Rotation Properties," *The Astrophysical Journal*, *289*, 81, 1985.

Sandage, Allan, "The Classification of Galaxies: Early History and Ongoing Developments," *Annual Review of Astronomy and Astrophysics*, *43*, 581, 2005.

Sandage, Allan, and Bedke, John, *The Carnegie Atlas of Galaxies*, Carnegie Institution of Washington, Washington, D.C., 1994.

Sofue, Yoshiaki, and Rubin, Vera, "Rotation Curves of Spiral Galaxies," *Annual Review of Astronomy and Astrophysics*, *39*, 137, 2001.

Sparke, Linda S., and Gallagher, John S., *Galaxies in the Universe: An Introduction*, Cambridge University Press, Cambridge, 2000.

van den Bergh, Sidney, *Galaxy Morphology and Classification*, Cambridge University Press, 1998.

Wyse, Rosemary F. G., Gilmore, Gerard, and Franx, Marijn, "Galactic Bulges," *Annual Review of Astronomy and Astrophysics*, *35*, 637, 1997.

제 2 장 연습 문제

2.1 Using Shapley's assumption that M101 has a diameter of 100 kpc, and adopting van Maanen's flawed observation of a measurable rotational proper motion, estimate the speed of a point at the edge of the galaxy and compare it to the characteristic rotation speed of the Milky Way.

2.2 **(a)** The absolute magnitude of M101, an Sc galaxy, is −21.51 in the B band. Using Eq. (25.11), estimate its isophotal radius (R_{25}) at 25 B-mag arcsec^{-2}.

(b) Use the Tully–Fisher relation (Eq. 25.7) to estimate the rotational velocity of M101.

(c) Estimate the angular rotation speed of a star at R_{25}, in units of arcsec yr^{-1}.

(d) Could van Maanen have detected the rate of rotation of M101? How long would it take for the galaxy to rotate through 1″?

2.3 **(a)** From the data given in Table 24.1, estimate M_B for our Galaxy. *Hint:* Be sure to include M_B for the Sun in your calculations, not $M_{\rm bol}$; see Appendix G.

(b) Using the Tully–Fisher relation, calculate the maximum rotation speed of the Galactic disk and compare your answer with the observational value given in Section 24.3.

2.4 Neglecting the effects of extinction and the K-correction, show that the surface brightness of a galaxy is independent of its distance from the observer.

2.5 Prove that Eq. (25.2) follows directly from Eq. (24.13).

2.6 Prove that Eq. (25.3) follows directly from Eq. (24.10).

2.7 **(a)** Show that Eq. (24.13) can be written as

$$I(r) = I_e e^{-b[(r/r_e)^{1/4}-1]},$$

where $b = 7.67$.

(b) Integrating over the entire surface brightness profile, show that the luminosity of the galaxy can be expressed in terms of r_e and I_e as

$$L_{\text{tot}} = \int_0^\infty 2\pi r\, I(r)\, dr = 8!\, \frac{e^{7.67}}{(7.67)^8} \pi r_e^2 I_e \simeq 7.22\pi r_e^2 I_e. \qquad (25.47)$$

Hint: $\int_0^\infty e^{-x} x^7\, dx = \Gamma(8) = 7!$.

(c) Recalling that $I_e \equiv I(r_e)$, show that if the integration of Eq. (25.47) is carried over $0 \le r \le r_e$ rather than over $0 \le r < \infty$, then the resulting luminosity is $\frac{1}{2} L_{\text{tot}}$, consistent with the definition of r_e.

2.8 NGC 2639 is an Sa galaxy with a measured maximum rotational velocity of 324 km s^{-1} and an apparent magnitude of $B = 12.22$ mag (after making corrections for extinction).

(a) Estimate its absolute magnitude in the B band from the Tully–Fisher relation.

(b) Determine the distance to NGC 2639 using its distance modulus.

(c) What is the galaxy's radius (R_{25}) at a surface brightness level of 25 B-mag arcsec^{-2}?

(d) Find the mass of NGC 2639 that is interior to R_{25}.

(e) What is the luminosity of the galaxy in the B band? (Refer to the hint in Problem 25.3.)

(f) Calculate the mass-to-light ratio for NGC 2639 in the B band, interior to R_{25}.

2.9 Referring to the color indices ($\langle B - V \rangle$) given in Table 25.1 and Appendix G, estimate the *average* (or integrated) spectral classification of main-sequence stars in spiral galaxies of types Sa, Sb, and Sc.

2.10 Use the rotation curve data in Fig. 25.14 to estimate the mass within the central 1″ of the center of M32. Compare your answer with the value obtained using the velocity dispersion data in Example 25.2.1 and with the estimated range quoted in that example.

2.11 **(a)** From the data shown in Fig. 25.37 for the stellar rotational velocities near the center of M31, estimate the amount of mass within 1″ of the center of the galaxy. Compare your answer with the value quoted in the text.

(b) Estimate the amount of mass within the central 1″ based on the velocity dispersion data.

(c) Comment on the source of the asymmetries evident in Fig. 25.37. Recall Fig. 25.13.

2.12 Beginning with the general expression for the position vector in rectangular coordinates

$$\mathbf{r} = x\hat{\mathbf{i}} + y\hat{\mathbf{j}} + z\hat{\mathbf{k}},$$

show that the vector can be represented in cylindrical coordinates by Eq. (25.16).

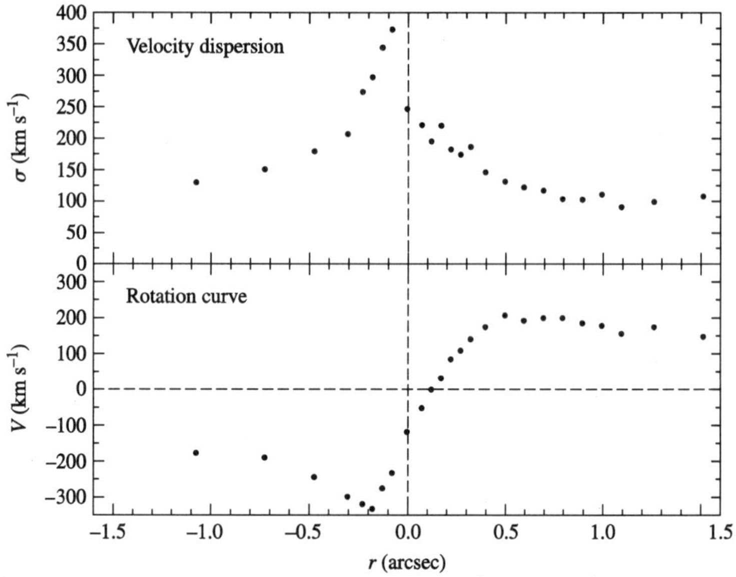

FIGURE 25.37 The stellar velocity dispersion and rotational velocities of stars near the center of M31, measured along the major axis of the bulge. Given the distance to Andromeda of 770 kpc, 1″ corresponds to a linear distance from the center of 3.7 pc. (Data from Bender et al., *Ap. J.*, *631*, 280, 2005.)

2.13 Show that the acceleration vector is given by Eq. (25.18) in cylindrical coordinates. *Hint:* Note that the unit vectors $\hat{\mathbf{e}}_R$ and $\hat{\mathbf{e}}_\phi$ are position-dependent and therefore time-dependent. You may find their relationships with rectangular-coordinate unit vectors helpful.

2.14 Using the solar motion data given in Chapter 24, estimate the amplitude of the Sun's excursion in the radial direction relative to a perfectly circular orbit. Assume that the Sun is currently at the midpoint of its oscillation. Does your result represent a minimum or a maximum estimate of the actual deviation?

2.15 (a) From the information given in the text, derive Eq. (25.37) for the square of the solar epicycle frequency.
(b) Show that Eq. (25.38) follows directly from Eq. (25.37).

2.16 Determine the epicycle axis ratio, $\chi_{\max}/\rho_{\max}$, for a Keplerian orbit (a point mass orbiting a central, spherically symmetric mass). *Hint:* Begin with Eq. (25.37).

2.17 Show that if the surface brightness of an elliptical galaxy follows the $r^{1/4}$ law given by Eq. (24.13), then the average surface brightness over the area of a circular disk of radius r_e is given by

$$\langle I \rangle = 3.607 I_e.$$

Hint: Begin by rewriting the $r^{1/4}$ law in the form

$$I(r) = I_e e^{-\alpha[(r/r_e)^{1/4}-1]}$$

and recall the definition of an integral average given in Problem 2.9. You may also find it helpful to write your integral in such a way that the limits of integration extend from zero to infinity. This can be done by considering the definition of r_e.

2.18 Show that the Holmberg radius of a galaxy obeying the $r^{1/4}$ law is related to the galaxy's effective radius, r_e, and the corresponding isophotal surface brightness, μ_e, by

$$r_H = r_e (4.18 - 0.12\mu_e)^4 .$$

2.19 **(a)** Use the result of Problem 25.17 to show that $\langle \mu \rangle = \mu_e - 1.393$ for an elliptical galaxy that follows the $r^{1/4}$ law.

(b) NGC 3091 has an effective radius of 10.07 kpc in the B band and an average surface brightness within the effective radius of 21.52 B-mag arcsec^{-2}. From this information, determine μ_e in the B band.

(c) What is the Holmberg radius of NGC 3091? You may find the result of Problem 25.18 useful.

2.20 According to the virial theorem, the central radial-velocity dispersion is related to the mass and size of the galaxy by $\sigma_r^2 \propto M/R$ (see Eq. 25.13). Use arguments similar to those for the Tully–Fisher relation to show that $L \propto \sigma_r^4$, which is the Faber–Jackson relation, Eq. (25.40).

2.21 **(a)** From the data given in Fig. 25.33, estimate the slope of the curve that represents the best-fit linear relationship.

(b) How does the slope in Fig. 25.33 compare with Eq. (25.41)? Why wouldn't you expect them to be exactly the same?

2.22 **(a)** It is estimated that M31 has approximately 350 globular clusters. If its absolute visual magnitude is −21.7, estimate the specific frequency for its clusters.

(b) NGC 3311 is a cD galaxy with an estimated 17,000 globular clusters and an absolute visual magnitude of -22.4. Estimate the specific frequency of clusters in this galaxy.

(c) Discuss the problem of globular cluster statistics in the suggestion that cD galaxies are due to mergers of already formed spiral galaxies.

2.23 **(a)** Find a general expression for a_2, the coefficient of the first-order Fourier term in Eq. (25.44), written in terms of a_0 and ϵ (see Eq. 25.1). Assume that all higher-order terms are identically zero for this part of the problem.

(b) Make a polar-coordinate plot of a as a function of θ for an E4 galaxy with $a_0 = 30$ kpc and a_2 determined from the relationship found in part (a). Again assume that all higher-order terms are identically zero.

(c) Make a polar-coordinate plot for the same E4 galaxy, but with $a_4 = 0.1a_0$.

(d) Make a polar-coordinate plot for the same E4 galaxy, but with $a_4 = -0.1a_0$.

(e) Comment on the general appearance of your last two plots. Which one looks more like a lenticular galaxy?

2.24 Plot $\log_{10}\phi(M)$, the logarithm of the Schechter luminosity function, for both the local field of galaxies near the Milky Way and the Virgo cluster over the range $-23 < M_B < -12$ (see Eq. 25.46). Use the values of α and M^* given in the text. To compare your results with those given in Fig. 25.36, shift your data so that $\log_{10}\phi(-23) = 0$ for both groups of galaxies.

3장 은하들의 진화

3.1 은하들의 상호작용

현대적인 지상망원경과 우주망원경들에 의해 환상적인 하늘의 모습들이 제공되면서, 점차적으로 은하들이 고립되어 진화하지 않는 "섬우주"는 아니라는 것이 확실해지고 있다.

상호작용에 대한 증거

거의 모든 은하들이 은하단에 속해있고, 은하들은 성단에 있는 항성들이 차지하고 있는 체적보다 더 큰 체적을 차지하고 있다. 또한 우리는 은하들 사이의 공간이 은하 스스로의 크기보다 100배정도밖에 되지 않는다는 사실을 안다(4.3절). 코마은하단과 같이 밀집된 은하단들은(그림 3.1과 그림 3.2) 바깥쪽의 덜 밀집된 영역에서보다 그 중심에 조기형 은하들(타원은하)을 많이 지니고 있다. 이미 2.4절에서 언급한 바와 같이, 균일한 형태를 보이는 이들 거대은하단의 중심 영역에는 Hercules 은하단(그림 3.3)같이 비정형을 보이는 구성원수가 작은 은하단보다 더 많은 조기형 은하들이 존재하고 있다. 이들의 관측들은 상호작용의 가능성이 커지거나 또는 더 높은 은하개수밀도를 보이는 은하들사이의 합병 가능성이 커지는 현상들과 관계가 있는 것 같다. 상호작용들은 포함된 은하들내에 있는 항성들의 속도분산을 증가시키는 경향이 있고, 그래서 아마 만기형 은하들에서 원반 구조를 파괴하고 은하들을 조기형의 $r^{1/4}$ 윤곽을 따르게 하는 경향이 있다.

▌그림 3.1 코마 은하단의 중심. 이 영상의 너비는 18 arcmin이다.(출처 : National Optical Astronomy Observatories)

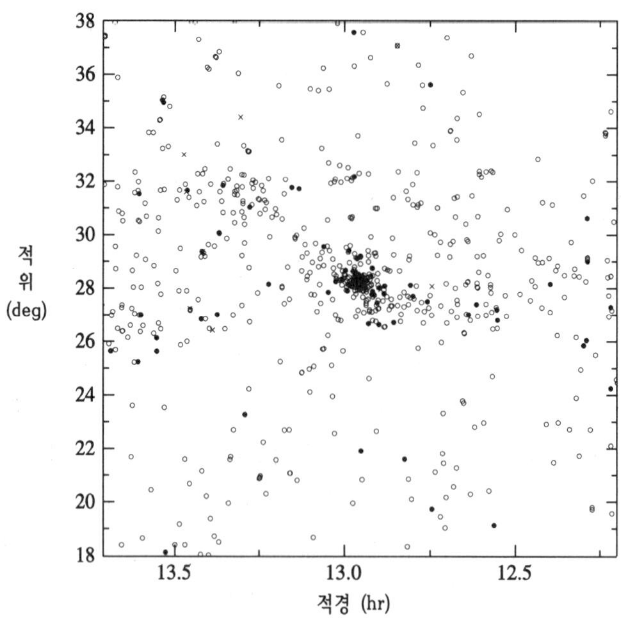

▌그림 3.2 타원은하들(꽉채워진 원)과 나선은하(열린 원)으로 보여주고 있는 코마 은하단. 눈금은 그림 3.1의 영상 너비보다 훨씬 크다.

▌그림 3.3 헤르쿨레스 은하단(출처 : National Optical Astronomy Observations)

은하 원반의 H I층 VLA 전파 관측에 의하면, 모든 원반은하들의 적어도 50%는 뒤틀린 원반 형태를 보이고 있다. 또한, 타원은하의 절반 이상이 여러 형태의 항성 껍질들을 품고 있다.[1] 어떤 원반 뒤틀림은 작은 위성은하와의 조석상호작용에서 생겨날 수 있고, 우리가 보게 되겠지만, 타원은하의 껍질은 합병의 징후가 된다.

관측들은 또한 X-선을 방출하는 뜨거운 가스가 은하들이 많은 은하단내 은하간 공간의 상당부분을 채우고 있고 또 은하단의 모든 항성들의 질량과 같거나 오히려 능가한다는 것을 암시한다(4.3절). 상호작용하는 은하들의 중력적 영향이 은하단을 구성하고 있는 개별 은하들로부터 가스를 빼앗아오는데 주된 책임이 있지만, 은하단 전체 중력 장벽에 묶여진 가스에는 영향을 미치지 못한다. 은하들 가스의 아주 작은 부분만이 직접적인 충돌에 의해 빼앗긴다할지라도, 합병은 항성 질량 손실과 초신성을 만들어내는 격력한 항성탄생을 야기하고, 엄청난 양의 가스를 내놓는 초은하풍을 일으킨다.

이런 증거와 2장에서 인용한 증거는 은하들간의 상호작용들이 그들의 진화에 중요한 역할을 한다는 것을 암시해준다. 다음 절에 서술된 은하 형성에 대한 체계적이며 기초적 원리에 의거한 시나리오에서, 큰 은하들은 합병과 작은 천체들을 중력적으로 포획함에 의해 형성된다고 생각된다. 이런 관점에서, 오늘날 은하간에

1) 이런 통계에 대한 자세한 사항은 Binney(1992)과 Barnes and Hernquist(1992)을 보라.

보여지는 상호작용들은 단순히 그들이 형성된 시대의 자연스런 연장이 된다. 그림 3.4는 은하 상호작용의 여러 가지 예중 하나를 보여주고 있다. 여기에서, 우리는 또 다른 부수적인 현상들과 함께 그런 분명한 예들을 검토해볼 것이다.

동력학적 마찰

은하들이 충돌하면 어떤 일이 일어날까? 항성들이 일반적으로 은하들에서 서로 아주 멀리 떨어져 있다고 한다면, 단순 항성충돌의 기회조차도 아주 작다(문제 3.1). 대신, 항성들 사이의 상호작용은 중력적으로 존재한다. 이를 보기위해, 질량 M인 천체(구상성단이나 작은 은하)가 일정 질량밀도 ρ를 지닌 무수히 많은 별들, 가스 구름, 암흑 물질사이를 통과하여 움직인다고 상상해보자. 배경의 물질 "바다"에 있는 각 천체들의 질량은 M보다는 훨씬 작아서, M은 휘어지지 않고 거의 직선운동을 계속한다고 가정할 수 있다. 그러나, M이 앞으로 움직이면서, 다른 천체들은 중력적으로 항성의 궤도쪽으로 끌려지게 되는데, 가장 가까이 있는 천체가 가장 강한 힘을 느낀다. 그림 3.5에서 보는 바와 같이, 이는 움직이는 경로에서 밀도가 증가된 영역을 만들어내는데, M을 당기는 고밀도 "자국"이 생긴다. 동력학적 마찰이라 알려진 이 결과는 운동에 반대로 작용하는 M에 대한 총 중력이다. M의 속도가 느려지면서, 운동에너지가 M에서 주변 물질로 변환되었다.

그림 3.4 NGC 520 반대쪽에 생긴 깃털모양은 조석상호작용의 증거인데, 아마 두 개의 원반은하가 충돌하는 합병으로 생긴 것 같다. 대각선으로 느리워진 티끌골짜기를 주목해보라.(출처 : Gemini Observatory/AURA)

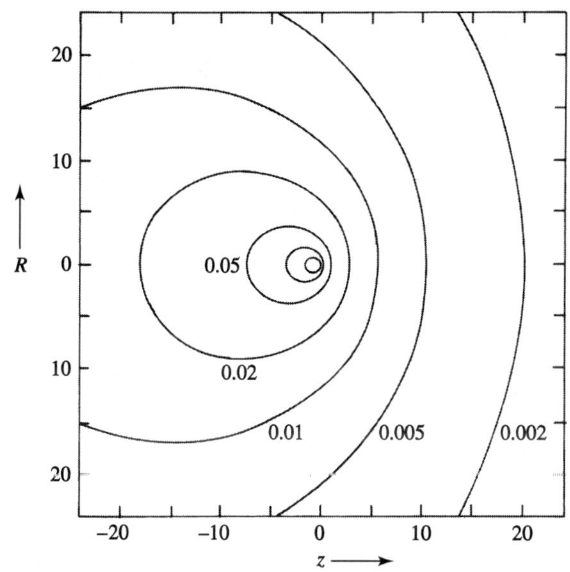

▮ **그림 3.5** 질량 M인 천체가 양의 z 방향으로 움직임에 의해 야기되는 항성밀도의 증가 (출처 : Mulder, Astron. Astrophys., 117, 9, 1983)

동력학적 마찰에 대한 표현의 유도는 본 교과서의 수준을 넘어서는 것이지만, 거기에 포함된 물리량들은 질량이 큰 천체의 질량 M과 속도 v_M 그리고 주변 물질의 질량 밀도 ρ라는 것을 쉽게 알아볼 수 있다. 결과적으로, 힘에 대한 표현은 GM, v_M그리고 ρ를 포함해야 한다.[2] 이들 변수들 간에 힘의 단위를 지닌 조합은 한 가지 밖에 없어서, 동력학적 마찰 힘 f_d에 대한 표현은

$$\boxed{f_d \simeq C\,\frac{G^2M^2\rho}{v_M^2}} \tag{3.1}$$

과 같이 보인다는 것을 보이는 것은 문제로 남겨둔다. 여기서 C는 단위없는 수이다. C는 상수는 아니지만, v_M이 주변 매질의 속도분산 σ와 어떤 관계를 보이느냐에 따라 달라지는 함수이다. $v_M \sim 3\sigma$에 대해, C의 전형적인 값은 LMC에 대해 23이고, 구상성단에 대해 76이고, 또 타원은하들에 대해서는 160이다.[3]

2) M은 뉴턴의 중력 법칙에 따라 공식에 들어가지 때문에 G와 M의 곱(SM)의 형태로만 나타난다.

3) 동력학적 마찰에 대한 자세한 논의는 Binney and Tremaine(1967)을 참고하라.

식 (3.1)을 자세히 검토해보면, 왜 다양한 항들이 나타나는지를 볼 수 있게 된다. 동력학적인 마찰은 항성의 질량 밀도에 비례함이 틀림없다. 다양한 질량을 지닌 천체들의 상대적 개수가 변화하지 않는다고 가정하면, ρ가 두 배가 되면 천체들의 전체 개수도 두 배가 되어, M에 작용하는 중력 또한 두 배가 될 것이다. 질량 M자신은 제곱이 된다; 하나는 질량 뒤에서 끌어당기는 높은 밀도의 자국을 만들어내는 역할에서 생겨나고, 다른 하나는 증가된 밀도에 의해 생성되는 M에 작용하는 중력에 의해 생겨난다. 마지막으로, 분모에 있는 속도의 제곱항을 생각해보자. M이 두 배로 빨리 움직인다면, 주어진 천체 근처까지 가는데 걸리는 시간은 절반이 되어서, 그 천체에 가해지는 충격량 $\int \vec{F}dt = \Delta\vec{p}$도 절반이 된다. 결과적으로, 밀도 증가가 일어나는 데 걸리는 시간도 절반이 되고, M은 증가가 일어나는 시간에 두 배정도 멀리 도망간다. 그래서, 분모의 v_M^2은 중력의 역제곱법칙에서 나오게 된다. 바로 이 점은 천천히 만나는 것이 뚫고 들어가는 질량의 속도가 감소될 때 더욱 효과가 커진다는 것을 보여준다.

은하의 구상성단에 작용하는 동력학적 마찰 효과와 관련된 시간규모를 추정해보기 위해, 편평한 회전곡선이 암흑물질 헤일로의 밀도가 단순하게 식 (1.50)에 의해 어림될 수 있음을 의미한다는 점을 회상해보자:

$$\rho(r) = \frac{v_M^2}{4\pi G r^2}$$

이 표현을 식 (3.1)에 대입하면, 다음과 같은 성단에 작용하는 동력학적 마찰을 얻는다:

$$f_d = C\,\frac{G^2 M^2 \rho(r)}{v_M^2} = C\,\frac{GM^2}{4\pi r^2}$$

만일 성단의 궤도가 원형이고, 그 반경이 r이라면, 그 궤도 각운동량은 바로 $L = Mv_M r$이 된다. 동력학적 마찰이 궤도에 접선 방향으로 작용하고, 항성 운동에 반대방향으로 작용하기 때문에, $\tau = rf_d$크기의 토크가 성단에 작용된다. 토크는 또 다시

$$\frac{dL}{dt} = \tau$$

정도로 성단의 각 운동량을 감소시킨다. 편평한 회전 곡선은 궤도 속도 v_M이 원래 상수가 됨을 의미한다는 것을 기억하고, 각 운동량을 미분하고 토크에 대해 치환해보면

$$Mv_M\frac{dr}{dt}=-rC\frac{GM^2}{4\pi r^2}$$

을 얻는다.

마지막 표현을 적분하면 구상성단이 초기 반경 r에서 모은하의 중심으로 나선운동을 하는데 필요한 시간을 나타내주는 표현을 얻어낼 수 있다.

$$\int_{r_i}^{0} r\,dr=-\frac{CGM}{4\pi v_M}\int_{0}^{t_c} dt$$

성단의 수명 t_c에 대해 풀어보면 다음과 같은 결과를 얻는다.

$$t_c=\frac{2\pi v_M r_i^2}{CGM} \tag{3.2}$$

식 (3.2)를 다시 정리해보면, 은하의 추정된 나이 내에서 포획될 수 있는 가장 먼 성단의 거리를 추정해볼 수 있다:

$$r_{\max}=\sqrt{\frac{t_{\max}CGM}{2\pi v_M}} \tag{3.3}$$

예제 3.1.1

안드로메다 은하(M31)주위를 궤도운동하고 있는 하나의 구상성단을 생각해보자. 성단의 질량을 $M=5\times10^6\,\mathrm{M_\odot}$, 그 속도를 $v_M=250\,\mathrm{km\ s^{-1}}$라 가정하자. 이 속도는 은하의 바깥부분에서 회전곡선에 전형적이다. 만일 M31의 나이가 거의 13 Gyr라면, 식 (3.3)에서 $r_{\max}=3.7\,\mathrm{kpc}$를 얻는다. 이는 안드로메다의 중심에서 거의 4 kpc 내에 원래 있던 $5\times10^6\,\mathrm{M_\odot}$의 구상성단이 현재처럼 핵쪽으로 나선운동을 한 것을 의미한다.

식 (3.3)에 따르면 $r_{max} \propto M^{1/2}$이 되는데, 이는 $5\times10^6\,M_\odot$보다 큰 질량을 지닌 성단들은 더 먼 거리에서부터 모여졌을 것이라는 것을 의미한다. 이는 왜 오늘날 M31주변에 아주 질량이 큰 구상성단이 존재하지 않는지를 설명하는데 도움이 될 수 있다.

구상성단들이 동력학적 마찰에 의해 영향받을 뿐만 아니라, 위성은하들도 그의 영향을 받는다. 1.2절에서 우리는 물질이 조석적으로 마젤란 성운으로부터 빼앗긴다는 것을 배운 것을 회상해보자. 사실, 동력학적 마찰은 궁극적으로 마젤란 성운을 앞으로 140억년 후에 우리은하에 합병되게 할 것으로 보인다. 이것은 궁수자리 타원체 왜은하에서 이미 일어난 운명인데, 이 은하는 큰개자리의 왜은하의 잔재이며 아마 ω Centauri의 선조 왜은하인 것 같다. 사실, 어떤 거대은하는 아마 그 생애 동안 수많은 위성은하들을 삼킨다.

위성 합병과정은 다양한 결과들을 지니게 된다. 즉, 역행궤도에 있는 위성은하의 합병에 포함된 중력비틀림은 핵을 시계방향으로 회전하게 할 수 있는데, 이는 몇몇 타원은하들에서 관측되었다(2.4절을 기억하라). 원반은하에서는, 합병이 전체적인 진동모드를 야기시킬 수 있다(맥동 항성에서와 비슷하게, 8장(2권)을 보라). 합병은 또한 Ir(불규칙)은하들의 특징들인 여러 종류의 형태가 없는 원반을 만들어 낼 수도 있다.

빠른 만남

이제 두 은하들사이에서 아주 급속한 만남이 이루어져 그들이 지닌 항성들이 반응할 시간을 갖지 못하는 경우를 살펴보자. 두 개 시스템이 서로 관통하는 특별한 경우일지라도, 눈에 띌만한 밀도 증가가 없기 때문에 의미있는 동력학적 마찰이 존재하지 않는다. 이런 일시적 충격어림에서는, 항성들이 거의 자신들의 위치를 변화시킬만한 시간이 없다. 결과적으로, 각 은하의 내부 위치에너지 U는 충돌에 의해 변하지 않는다. 그러나, 각 은하들이 서로에게 미쳐진 중력적 일은 두 개 은하의 내부 운동에너지를 임의의 방향으로 증가시킨다. 이 내부 운동에너지는 서로에 대한 은하 운동의 전체적인 운동에너지를 소비하여 생겨난다. 은하들에 의해 생겨진 내부에너지 양은 거기에 가담한 은하들이 얼마나 가깝게 접근했느냐에 따라 달라지는데, 더 멀리 만날수록 내부 에너지 변화량은 급격하게 감소한다(대략적으로 말해, 증가된 에너지는 은하들이 가장 가깝게 접근한 거리의 4제곱에 역비례한다).

은하들 중 하나가 상호작용하면서 내부 운동에너지를 얻는다고 상상해보자. 어떻게 반응하는가를 알아보기 위해 은하가 원래는 평형 상태에 놓여있다고 가정하는데, 이는 만남이 있기 전에 비리얼정리가 성립되고(식 2.46과 식 2.47을 회상해본다), 또 그 운동에너지, 위치에너지와 전체에너지가 $2K_i = -U_i = -2E_i$의 관계를 지닌다는 것을 의미한다. 만남이 이루어지는 동안 은하의 내부에너지는 K_i에서 $K_i + \Delta K$로 증가한다고 하자. 그 위치에너지가 근본적으로 일정하게 유지되기 때문에, 은하의 전체에너지는 $E_f = E_i + \Delta K$로 증가한다. 결과적으로, 은하는 비리얼 평형에서 벗어나게 된다. 마침내 다시 평형 상태에 도달할 때(몇 번의 궤도주기를 거친 후에), 최종 운동에너지는 비리얼정리에 의해

$$K_f = -E_f = -(E_i + \Delta K) = K_i - \Delta K$$

가 된다. 평형이 다시 성립되면서, 은하의 내부 운동에너지는 실제 충돌직후에 지녔던 값보다 $2\Delta K$만큼 감소한다.

은하가 이런 감소를 어떻게 달성할까? 평형을 회복하는 한 가지 방법은 초과 운동에너지를 증가된(음수가 아닌) 중력 위치에너지로 변환하는 것이다. 은하는 그 질량이 증가하면서 약간 팽창한다. 운동에너지를 감소하는 다른 방법은 가장 에너지가 큰 성분을 항성과 가스흐름의 형태로 은하 밖으로 몰아내는 것이다. 이런 증발은 은하를 냉각시켜서 은하를 새로운 평형상태로 이동시킨다. 사실, 이들 두 과정이 모두 일어날 수 있으며, 어떤 과정이 우세한가하는 것은 충돌의 특정상황에 의해 결정된다. 예를 들면, 높은 속도의, 거의 정면충돌은 그림 3.6에 보여진 바퀴 같은 **고리 은하**를 형성하게 된다. 이런 상호작용의 수치적인 컴퓨터 모사와 해석을 연습문제에서 해보라(문제 3.20).

만일 두 개 은하들이 중력적으로 서로 속박되어있다면, 그들은 결국 주어진 어떤 시간에 합병할 것이다. 그들이 퍼진 질량분포 때문에, 은하들은 점질량이었을 때와는 다른 궤적을 따르게 될 것이다; 약간의 궤도에너지가 은하의 내부에너지로 변환되어 내부에너지가 증가되고 궤도는 약간 줄어든다. 조석력이 또한 항성과 가스들을 한 은하 또는 두 은하 바깥으로 끌어당김으로 궤도에너지의 분산을 일으키는데, 이를 조석빼앗음(tidal stripping)이라 부른다. 이는 아마 마젤란 흐름의 원인인 것 같다.

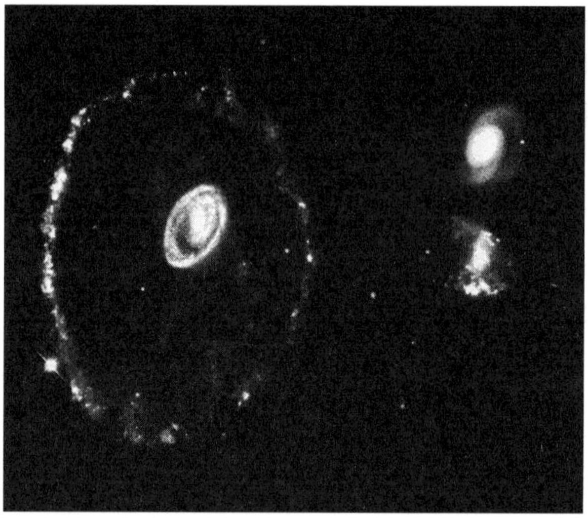

▮ 그림 3.6 바퀴은하(A0035-335)로 알려진 고리은하의 HST영상. 고리의 직경은 약 46kpc정도된다. 고리가 89 km s^{-1}로 퍼져지면서, 항성 탄생의 분출을 야기시킨다. 오른쪽의 두 은하 중 어느쪽이 침략자인지는 확실하지 않다.(출처 : Kirk Borne(STScI)와 NASA)

이런 은하 물질의 손실을 생각하는데 도움이 되는 길은 12.1(2권)에 논의된 근접 쌍성계에서의 중력 등위면에 대한 아이디어를 이용하는 것이다. 그림 12.3(2권)은 회전하는 두 질량 시스템에 대한 등위선을 보여주고 있다. 그림이 원 궤도상의 점 질량에 대한 것이라 할지라도, 원형궤도를 돌지 않고 있는 퍼진 은하의 경우에 대해 값진 통찰력을 지니고 있다. 특히, 은하들의 조석 반경, ℓ_1과 ℓ_2에 대해 다루어 보는 것이 유용하다. 이들은 각 은하의 중심에서 내부 라그랑지점 L_1까지의 거리인데, (이런 비 원형궤도의 경우에는 어림적으로) 식 (12.9)(2권)와 식 (12.10)(2권)으로 주어진다. 두 은하들이 서로 움직이면서, 등위면의 형태와 조석 반경의 값들이 변하게 된다. 만일 항성 또는 가스 구름이 은하의 조석 반경을 넘어선다면, 그들은 중력퍼텐셜장벽으로부터 도망가려는 경향을 지니고 있다(이는 12.1절(2권)에서 논의된 바와 같이, 로시 돌출부를 흘러넘쳐가는 항성과 유사하다). 결과적으로, 은하물질의 밀도는 조석 반경 넘어서부터는 급격하게 감소된다.

극-고리은하들과 티끌골짜기 타원은하들은 보통 은하들로서, 다른 은하들을 지나거나 합병될 때에 다른 은하들로부터 빼앗겨지는 가스, 티끌 그리고 항성들의 고리들이 이들 은하주위를 돌고 있다. 극-고리들은 $10^9\ M_\odot$의 가스를 지니고 있으며, 타원은하나 S0은하 주변에서만 발견된다. 모든 S0은하의 약 5%정도가 극-

고리를 지니고 있거나 지니고 있었다고 추정된다. 그림 3.7은 극-고리은하 NGC 4650A를 보여주고 있는데, 장축에 거의 수직으로 형성된(약 7도 기울어짐) 고리를 지닌 S0은하이다.

고리들이 은하의 중력장에 반응하기 때문에, 천문학자들은 그들의 주 은하에서 빛을 내는 물질과 암흑물질의 3차원 분포의 실험실로 사용한다. 여러 극-고리은하들의 연구 결과들은, 그들이 타원체 암흑 헤일로에 의해 둘러싸여 있음을 보여주었다. 잘 알려진 티끌골짜기 타원은하의 예는 그림 3.8에 보여진 Centaurus A(NGC 5128)이다. Cen A는 또한 5.1절에서 이와 관련해 논의될 강한 전파원이다.

그림 3.7 극-고리은하 NGC 4650A(출처 : Gallagher(University of Wisconsin-Madison) and Hubble Heritage Team(AURA/STScI/NASA)

그림 3.8 티끌 골짜기 타원은하 Centaurus A(NGC 5128)(출처 : NOAO Cerro Tololo Interamerican Observatory)

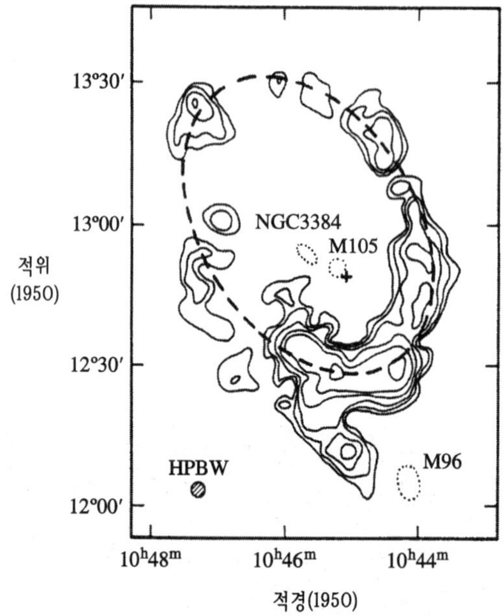

▮ **그림 3.9** M96 은하군에 있는 M105(거대 타원은하)와 NGC 3384(S0은하) 주변에 있는 중성수소를 나타내주는 21 cm 전파지도. 고리는 하늘에서 1° 보다 더 크다는 것에 주목해보자.(출처 : Schneider, Warped Disks and Inclined Rings around Galaxes, Camabridge University Press, Cambridge, 1991)

가스고리(항성이 없는)의 극한 경우는 그림 3.9에 보인 사자자리의 M96은하군에서 두 개 은하들을 둘러싸고 있는 고리이다. 가스는 두 개 은하들 주변의 타원궤도 안에 있다; 궤도의 타원율은 e = 0.402이고 그림에서 "+"표시는 궤도의 중심위치를 나타내준다. 2.3절로부터 타원 궤도는 힘의 역제곱 법칙의 결과라고 배운 것을 기억해보자. 이는 M96은하군에서 가스고리는 두 은하들을 둘러싸고 있는 어떤 암흑물질 헤일로를 넘어서 존재한다는 것을 의미한다. 궤도의 장반경은 a=101 kpc이어서, 어떤 암흑 헤일로의 최대규모는 식 (2.5)(1권)에 의해

$$r_p = a(1-e) = 60\ \text{kpc}$$

로 주어지는데, 이는 원은거리이다(perigalacticon distance). 그러나, 이런 계산은 고리가 단순히 가스의 위치를 나타낼 뿐 실제 한 입자가 그리는 궤적과 일치하지는 않기 때문에 조심스럽게 다루어야 한다.

N-체 모사를 통한 상호작용 모델계산

두 은하들의 합병은 아주 복잡한 작업이다. 은하들의 상대 속도가 이들 항성의 속도 분산보다 상당히 크다면, 충돌은 합병이란 결과를 만들어내지 못할 것이다. 역으로, 충돌의 상대 속도가 한 은하의 항성들 속도 분산보다 작다면, 합병을 불가피해진다. 이런 상황은 은하들의 상대 속도가 한 은하의 항성들 속도 분산과 거의 비슷해질 때 더 복잡해진다. 이런 상황은 오늘날 항성들 원반에서 일어나는 막대 불안정성을 연구하기 위해 사용되어진 것과 같은(2.3절) N-체 모사를 포함한 수리적인 실험으로 잘 연구되어지고 있다. 이런 컴퓨터 계산에서, 뉴턴의 제2법칙이 시간간격을 두고 항성의 운동을 점검하는데 사용되어진다.[4)]

그런 첫 번째 시도 중의 하나가 1971년 툼레 형제(Alar and Juri Toomre)에 의해 이루어졌다. 각 은하는 항성 원반들이 고리로 둘러싸여있는 질량이 큰 핵으로 구성되었다. 계산을 간단화하기 위해, 원반에 있는 항성들은 은하핵의 중력적 이끌림을 느낄 수 있게 허용되었지만, 서로 간의 인력은 느끼지 못하게 하였다. 이런 프로그램으로, 툼레 형제들은 상호작용이 M51같은 은하(소용돌이은하)의 겉보기모습을 어떻게 설명할지 보여주는데 성공하였다. M51은 항성들과 가스를 이어주는 구름다리를 지니고 있는데, 이 구름 다리는 이웃 은하인 NGC 5195까지 퍼져있는 것처럼 보인다. 그림 2.17은 이 시스템을 보여주고 있고, 그림 3.10은 어떻게 이런 형태가 형성될 수 있는지 제안해주고 있다. 또한 M51에 분명히 나타나는 표준 나선은하의 형성을 주목해보라. 또한, 툼레 형제는 그림 3.11에 보여진 NGC 4038과 NGC 4039의 은하쌍(안테나은하)같은 조석-꼬리 은하들이 나타나는 것도 재현하는데 성공하였다. 1970년대 초반부터 컴퓨터의 능력이 급격히 발달하면서 툼레 형제의 프로그램과 비슷한 프로그램을 개인 컴퓨터에서도 실행시킬 수 있게 된 것은 놀랄만한 일이다. 쉬뢰더와 코민스(Schroeder and Comins, 1988)이 개발한 그런 프로그램을 부록 M에 수록하였다.

일반적으로, 느리고 아주 근접한 만남만이 구름 다리들과 꼬리들을 생성할 수 있다. 한 은하의 궤도 각속도가 다른 은하 원반에 있는 몇몇 항성들의 각속도와 일치했을 때 효과는 커진다. 원반의 가까운 부분과 멀리 떨어진 부분 모두에 작용하여 생기는 궤도 공명은 조석력이 아주 효과적이 되게 만든다. 지구의 조석팽대부처럼, 두 개의 팽대부가 한 은하(또는 두 은하)의 서로 반대쪽에 형성되는 경향이 있다.

4) 1941년, Holmberg는 아날로그 컴퓨터를 이용하여 은하들의 조석상호작용을 연구하였다. 그는 전구들을 갖고 모의 "은하"를 제작하고, 중력과 같은 행동을 모사하기 위해 빛의 역제곱 법칙을 사용하였다. 광도계를 사용하여, 그는 하나의 모델 은하의 다른 은하에 대한 중력적 영향을 분석할 수 있었다.

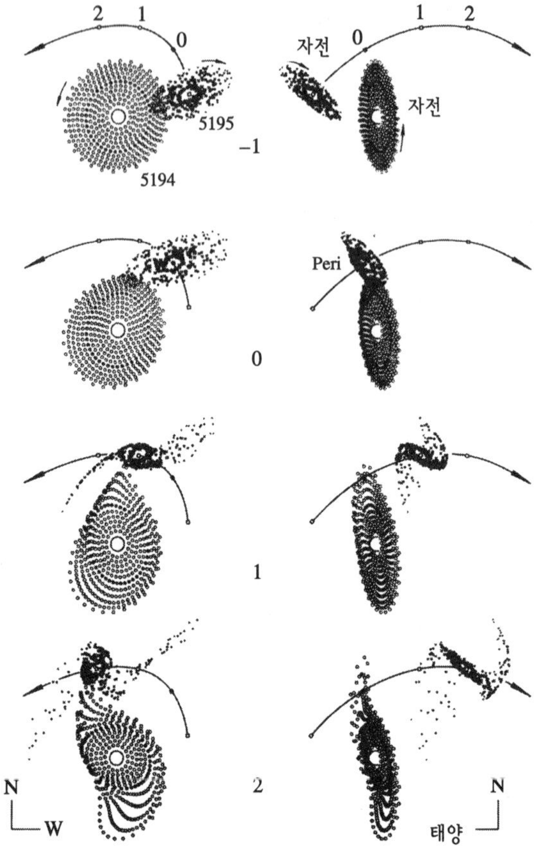

▌그림 3.10 M51(NGC 5194)와 NGC 5195사이의 상호작용에 대한 툼레 형제의 컴퓨터 모사. 옆에서보면 "구름다리"가 실제 두 은하를 연결하고 있지 않음에 주목해보자. 또한 원반이 결과적으로 휘어지는 것을 볼 수 있다.(출처 : Toomre, The Large Scale Structure of the Universe, Longair and Einasto(eds.), Reidel, Dordrecht, 1978)

두 은하가 서로 주위에서 급선회 하면서, 조석빼앗음이 이제 항성과 가스의 흐름을 끌어당기게 된다. 조건이 맞으면, 가까운 부분으로부터 빼앗긴 항성들과 가스들은 겉보기에 구름다리를 형성하는 반면, 각운동량 보존 때문에 멀리있는 곳으로부터 빼앗긴 물질들은 떠나면서 곡선의 꼬리를 형성하게 된다.

최근의 컴퓨터코드는 암흑물질 효과와 개별 항성과 가스 구름들의 중력 상호작용(자체중력)효과까지도 포함한다. 그림 3.12와 그림 3.13은 NGC4038과 NGC4039의 조석-꼬리은하의 겉보기 모습을 재현한 컴퓨터 계산의 결과들을 보여주고 있다. 이들 컴퓨터 코드들은 원반은하(중심팽대부와 헤일로)와 주은하의 10%정도 질량을

▌그림 3.11 안테나 은하, NGC4038과 NGC 4039, 그리고 그들의 조석꼬리들(출처 : Brad Whitmore(STScI)and NASA)

지닌 위성은하의 합병을 모사하는데 사용되었다. 암흑물질 헤일로의 존재는 은하들이 아주 멀리 떨어져 있을 때도 상호작용을 하게 하기 때문에, 합병의 시간규모를 현격하게 감소시켜준다. 위성은하는 원반은하를 두 번 정도 회전하면서 먹히고 원반은하에 흡수된다.

우리은하의 바깥 항성 헤일로에 있는 항성들의 절반 가량이 역행 궤도를 돌고 있는데, 이들은 아마 다른 왜은하의 조석빼앗음 그리고/또는 합병의 결과인 것같다는 사실을 기억하자. 또한 우리은하 주변에는 두 개의 서로 다른 구상성단 분포가 있다는 것을 기억하자(1.2절). 안쪽에 있는 성단들은 늙었고 나이가 거의 비슷한 반면, 바깥에 있는 성단들은 나이가 넓게 퍼져 있다. 안쪽 성단들은 우리은하 중심을 도는 운동이 주요한 궤도 운동인 반면, 바깥쪽에 있는 성단들은 방향이 무작위인 궤도를 지니고 있다. 또한, 이들 바깥쪽에 있는 성단들은 어디에선가 형성된 후에 나중에 우리은하에 의해 포획된 것처럼 보인다. 사실, 어떤 연구자들은 Palomar 12와 Ruprecht 106같은 젊은 구상성단들이 큰 마젤란성운으로부터 조석빼앗김에 의해 우리은하 구성원이 되었다고 제안한다.

마지막으로, 만일 위성은하가 원반평면에 어떤 각도로 비스듬하게 움직인다면, 합병은 30억년에서 50억년 지속되는 휘어진 원반을 형성할 수 있다. 은하 원반의 50% 이상이(우리은하의 원반포함) 그들의 가스분포에서 휘어짐을 보이고 있고(어떤 항성들 또한 이런 휘어짐에 참여하기도 하지만), 이들 대부분의 은하들은 주변에 동반은하를 지니고 있지 않다. 동반은하의 결핍은 동반은하가 주은하에 의해 포위되었다는 가정하에, 합병쪽의 주장을 해줄 수 있다. 그러나, 대부분의 원반들은 합병이 일어났었다는 뚜렷한 증거를 보여주지 못하고 있다. 휘어진 원반들은 단순히 주변 암흑 헤일로의 3축 성질의 결과로도 생겨날 수 있다는 것이 보여졌다. 휘어진 원반을 형성하는데 합병 또는 근접 만남이 하는 역할의 중요성이 규명되어야 한다.

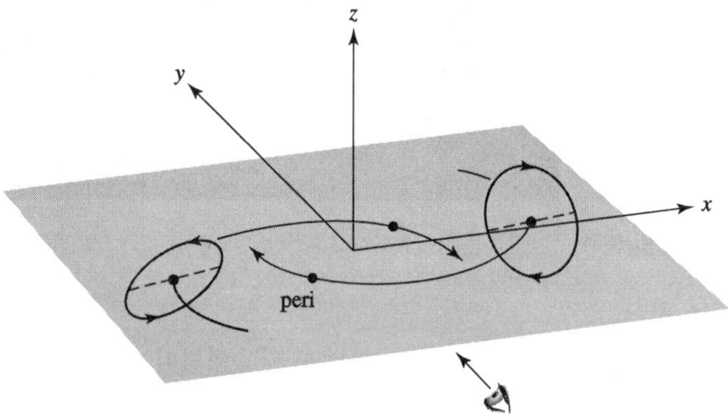

▮ 그림 3.12 그림 3.11에 보인 조석-꼬리 은하의 형성을 계산하기 위해 사용된 궤도 기하. 원반들은 그 초기위치에 보여졌다. 각 원반들은 원래 궤도면에 60°기울어져있고, 점선은 각원반의 궤도면과의 교선을 나타내주고 있다. 가장 가깝게 접근하는 위치를 표시하였다("peri"). 그림 3.13의 부는 방향은 y축의 양의 방향으로 표시되었다.(출처 : Barnes, Ap.J., 331, 699, 1988)

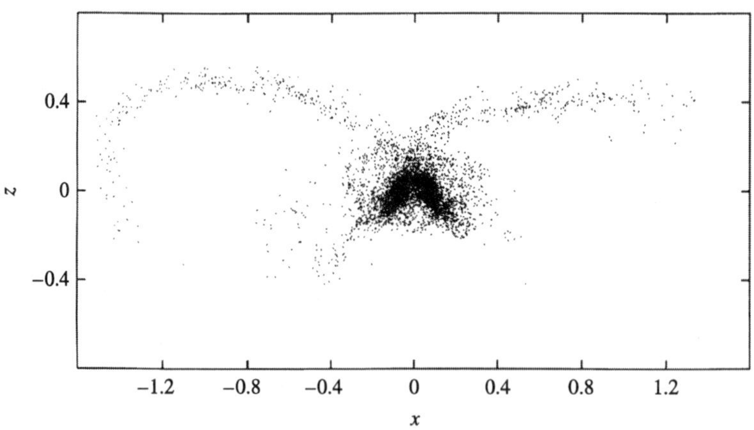

▮ 그림 3.13 조석-꼬리은하의 형성(NGC4038과 NGC 4039)에 대한 Joshua Barnes의 컴퓨터 모사결과. x축과 z축의 눈금 1은 40kpc에 해당한다.(출처 : Barnes, Ap.J., 331, 699, 1988)

항성분출 은하

1972년, 라르손(Richard Larson)과 틴슬레이(Beatrice Tinsley)는 심하게 상호작용하는 은하들은 같은 형태의 고립된 은하보다 더 푸른 것으로 관측되는 경향이 있음을 발견하였다. 그들은 청색빛의 초과가 뜨겁고 새로 생긴 항성들 때문이라고 간주하고, 조석 상호작용이 이들 은하들에서 격렬한 항성 탄생을 야기한다고 주장하였다. 증가된 광도는 관측되기 어려운데, 왜냐면, 모든 항성탄생에서와 같이, 이들은 두꺼운 가스와 티끌의 구름으로 가리워져 있기 때문이다(6.2절(2권)). 젊은 별들이 광학 영역과 자외선 영역에서 방출하는 빛들은 흡수되어 적외선으로 재방출된다. 1983년에, 적외선 천문위성(IRAS, Infrared Astronomy Satellite)는 이런 항성분출은하들이 적외선 영역에서 아주 밝다는 것을 발견했는데, 그들 에너지의 98%를 스펙트럼의 이 영역에서 쏟아내고 있다(비교해보면, 우리은하는 그 광도의 30%를 적외선에서 방출하고 있고, M31은 단지 몇 %만 적외선에서 방출하고 있다). 대부분의 항성탄생은 은하중심에서 1 kpc 정도 내에 국한되어 있는데, 이곳에서 전파 망원경들이 항성탄생의 연료로 사용되는 10^9에서 10^{12} $M_\odot$의 수소 가스를 지니고 있는 거대한 구름들을 발견하였다. 10–300 $M_\odot$의 가스들이 항성분출은하에서 매년 항성들로 변환되는 반면, 우리은하에서는 단지 2개나 3개의 별이 매년 탄생이 된다. 주어진 항성분출은 단지 2000만년정도 밖에 지속할 수 없다할지라도, 구름들은 충분한 수소를 지니고 있어서 10^8에서 10^9년정도 이런 항성탄생률을 유지할 수 있도록 지탱해준다.

관측적인 증거들은 또한 항성분출이 꼭 상호작용하는 은하들의 핵에서만 일어나는 것은 아니라는 것을 보여준다. 때때로 그런 경우가 있기는 하지만, 넓은 원반에서 일어나는 많은 항성분출이 알려졌다. 이런 경우에는, 문제는 어떻게 항성형성이 그렇게 넓은 영역에 걸쳐 거의 동시에 일어날 수 있는가하는 것이다.

수소 구름이 초기에 은하원반 전체에 분포되었기 때문에, 천문학자들이 제기하는 한 가지 수수께끼는 어떻게 다른 은하와의 격렬한 상호작용이 구름의 각운동량의 90% 이상을 제거하여서, 가스들이 은하의 중심으로 집중되게 하느냐하는 것이다. 한 가지 대답이 충돌하는 은하들의 수치적 모사에 의해 제공되었다. 이들 연구들은 가스와 항성들이 침범하는 은하의 충격에 대해 다르게 반작용한다는 것을 지적하고 있는데, 가스는 그들이 은하중심을 궤도 운동하면서 항성의 앞으로 움직이는 경향이 있다. 항성의 중력은 그 가스들을 잡아당기고, 그래서 가스에 작용하는 토크가 그 각운동량을 감소시켜서, 그들을 은하중심으로 향하게 한다. 두 개 은하가 합병하기 시작하면, 더 많은 각운동량이 손실된다. 충격파가 가스를 압축하고, 항성형성의 분출이 시작된다.

그림 3.14는 서로 3.2 Mpc 떨어진 항성분출은하 M82/NGC3034를 보여주고 있다(또한 그림 2.7(c)를 보라). 이상하게 보이는 모습 때문에, 천문학자들은 한때 이 은하가 폭발하고 있다고 생각하였다. 현재의 해석은 10^7에서 10^8년 전에, M82의 내부 400 pc 정도에서 엄청난 항성탄생 사건이 시작되어 아직까지 진행되고 있다는 것이다. M82의 중심은 은하평면으로부터 $10^7\ M_\odot$ 이상의 가스를 방출한 OB형 별과 초신성잔해들이 풍부하게 존재한다. 이런 격렬한 활동성은 모두 M81과 조석상호작용에 의해 야기된 것 같은데, M81은 현재 M82와 36 kpc 떨어져 있는 나선은하로서(천구면에 투영되어), 중성수소 가스가 풍부한 구름다리로 M82와 연결되어 있다. 사실, M81의 중심은 강한 X-선원으로 알려졌는데, X-선 광도가 $L_X = 1.6 \times 10^{33}$ W가 된다. 이는 M81이 중심에 블랙홀을 지니고 있음을 암시해주는 것으로 해석되는데, 이 블랙홀에 가스가 10^{-5}에서 $10^{-4}\ M_\odot \mathrm{yr}^{-1}$의 비율로 떨어지고 있다. 이런 가스의 유입은 또한 M82와 조석상호작용의 결과인 것 같다.

■ 그림 3.14 항성분출은하 M82(NGC 3034). 이 합성된 영상은 Subaru 망원경의 FOCAS 기기를 가지고 B, V와 Hα 파장영역에서 관측한 자료를 이용하여 만들어졌다. (출처 : National Astronomical Observatory of Japan)

타원은하와 cD은하에서의 합병

은하 진화에서 상호작용의 중요성은 타원은하들에서 더 분명해진다. 보통 은하단들의 중심에서 특징적으로 발견되는 cD은하들에 대해서는 그 중요성이 더욱 분명하다. 알려진 cD은하의 절반 이상이 다중핵을 지니고 있는데, 이들은 전체적으로 은하와 다르게 움직이고 있다. cD은하에서 항성 하나의 전형적인 궤도 속도가 $\sim 300\ \mathrm{km\ s^{-1}}$정도 된다 해도, 다중핵은 상대속도가 $\sim 1000\ \mathrm{km\ s^{-1}}$로 움직인다. 이 모든 것은 cD은하들이 수많은 핵과 넓은 항성 헤일로를 제공해주는 은하 합병의 산물이라는 증거로 여겨진다. 그들이 은하단의 중력 퍼텐셜우물 아래에서 빈번하게 일어나는 것은 충돌과 또 다른 근접 만남을 더 가능성있게 만들어 준다. 그림 3.15는 Abell 2199 은하단 중심에 있는 cD은하를 통과하는 3개의 작은 은하들의 놀랄만한 사진이다(이 경우, 그들의 속도들은 너무 커서 이들 은하들이 cD를 통과해서 지나가는 동안 포획되지 않는다). 그림 2.16과 표 2.3으로부터 cD은하들이 대단히 큰 구상성단 개수비를 지니고 있어서 많은 수의 구상성단들이 전형적인 cD은하의 진화과정에서 포획되었다는 것을 암시해준다는 것을 회상해보자.

표준 타원은하 또한 상호작용과 합병의 증거를 보이는데, 특히 상자형의 E은하가 그렇다. 2.4절에서 언급한바와 같이, 모든 타원은하의 25% 가량이 그들의 바깥영역에 비교해 볼 때 핵에서 아주 다른 속도분포를 지니고 있다. 관측들은 또한 모든 타원은하들의 56%가 희미한 껍질을 지니고 있음을 보여준다(S0은하의 32% 정도가 껍질을 지닌다). 그림 3.16에서 보여진 바와 같이, 다른 표준 타원은하들은 은하의 안쪽과 바깥쪽 모두에서 아주 낮은 표면밝기를 지닌 중심이 같은 동심 호들이 20개 이상되는 것 같다. 수치 실험을 해보면, 이런 껍질들은 질량이 큰 타원은하의 수 %질량을 지닌 작은 은하들의 정면충돌(또는 정면충돌에 가까운 충돌)의 결과로 생긴 것 같다. 원래는, 포획된 항성들은 큰 접시의 물이 진동하듯이 타원은하의 중력우물에서 앞뒤로 되튀겨진다. 호들은 항성들이 느려지고 또 그 경로를 바꾸는 곳에서 보여진다. 항성의 운동에너지와 위치에너지가 자연스럽게 피져지는 현상은 동심호를 만들어낸다.

2.4절과 여기서 논의된 증거들로부터, 많은 그리고 아마 모든 큰 타원은하들은 합병에 의해 강하게 영향을 받은 것 같다는 것을 알 수 있다. 은하합병은 여러 가지 면에서 타원은하들과 아주 비슷한 결과들을 만들어내는 것 같다. cD은하들의 안쪽영역과 합병의 산물이 확실한 천체의 측광학은 그들의 표면밝기 윤곽이 대부

▌그림 3.15 3개의 작은 은하들이 은하단 Abell 2199에서 거대 타원은하를 통과하는 모습
(출처 : Whipple Observatory and Harvard CfA)

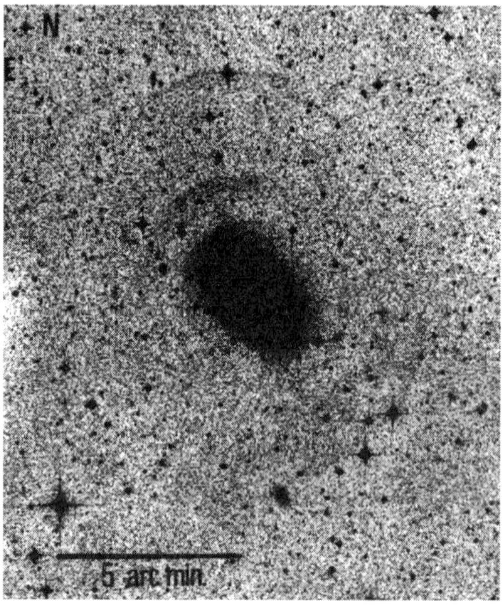

▌그림 3.16 타원은하 NGC 3923주변에 희미하게 생긴 동심껍질들
(출처 : Malin and Carter, Nature, 285, 643, 1980)

분의 큰 타원은하들에서 성립하는 $r^{1/4}$ 법칙(식 2.2)을 따른다는 것을 보여준다. 컴퓨터 모사는 $r^{1/4}$ 밝기 윤곽이 보통의 합병의 산물이라는 것을 보여줌으로서 이 관점을 강화시켜준다. 합병의 계산들은 또한 은하핵의 안쪽과 바깥쪽에서 분명히 다른 속도장들이 관측되는 것을 재생해낼 수 있다.

그러나, 타원은하들에서 가장 일반적인 형태인 타원 왜은하와 타원체 왜은하들은 합병의 결과인 것 같아 보이지 않는다는 것을 지적하는 것은 중요하다.

이중 초거대질량 블랙홀계

타원은하든 나선은하든 관계없이 두 개의 큰 은하 합병의 흥미있는 추론 하나는 이중 초거대질량 블랙홀계가 필연적으로 생성되는 것 같다는 것이다. 만일 합병하는 각자 은하가 원래 초거대질량 블랙홀을 지니고 있다면, 두 개의 블랙홀이 동력학적 마찰의 결과로 합쳐진 시스템의 중력우물의 중심을 향하여 움직이게 될 것이다. 그들의 궤적에 따라, 두 개의 블랙홀은 아마 잘 분리된 이중계를 형성할 수도 있다. 그런 시스템이 NCG 6420에서 보여지는 것 같은데, 여기서는 현재 1 kpc의 거리가 떨어져 있는 아주 강한 X-선원(거대질량 블랙홀로 믿어지는) 2개가 발견된다(그림 3.17).

두 개의 초거대질량 블랙홀이 서로 궤도 운동을 하면서, 그들은 합병된 은하 중심근처에 있는 항성들에 심각하면서도 교란시키는 중력적인 영향을 행사하게 되는데, 이런 영향은 시간에 따라 달라진다. 한 구성원이 다른 둘보다 질량이 훨씬 작은 다른 3체 문제와 같이, 개별 항성들이 은하의 중심영역으로부터 방출될 가능성이 있다. 만일 이런 식으로 방출되는 항성의 총질량이 블랙홀들의 질량과 거의

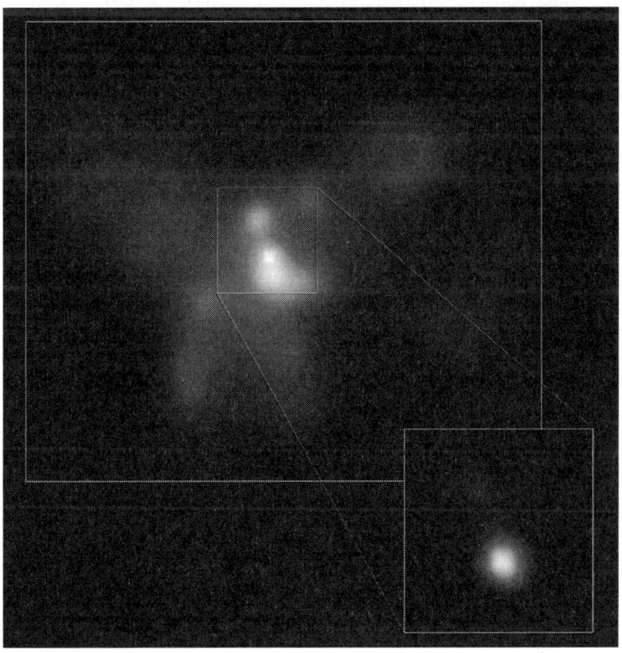

그림 3.17 "나비은하" NGC 6240의 중심근처에 있는 두 개의 거대 질량 블랙홀의 Chandra X-선위성 영상(출처 : NASA/CXC/MPE/S. Komossa, et al.)

비슷해진다면, 항성들에서 충분한 각운동량과 에너지가 휩쓸려가서 두 개의 블랙홀들은 서로를 향하여 나선운동을 하게 된다. 블랙홀들이 충분히 가까워졌을 때, 엄청난 양의 중력복사를 생성하게 되는데, 이 중력복사는 이 블랙홀들이 분리된 상태로 유지되기에 필요한 에너지와 각운동량을 이들로부터 빼앗게 된다(12.6절(2권)에 기술된 펄서 쌍성 시스템으로 부터의 중력복사에 대한 논의를 떠올려보자). 이 과정의 마지막 결과는 두 개 블랙홀들의 합병이 될 것인데, 이때 합병된 은하의 중심에는 아주 큰 괴물천체가 생성될 것이다.

그런 작동기제는 큰 은하의 중심에 존재하는 것 같은 초거대질량 블랙홀이 성장하는 가능한 경로라고 제안된 바 있다.

3.2 은하들의 형성

우리가 지금까지 우리은하와 다른 은하들의 논의에서 살펴본바와 같이, 은하구조는 복잡하고 변화가 심하다. 타원은하들의 광채나는 성분들은 주로 늙은 항성으로 구성된 타원체 질량 분포에 의해 지배되는 반면, 나선은하들은 상당히 늙은 타원체들 뿐만아니라 젊은 항성들, 티끌 그리고 가스들의 원반을 포함하고 있다. 중요한 차이점들이 조기형 은하와 만기형 은하들의 호칭에서조차 존재하는데, 몇 개만 나열하자면, 즉 표준 타원은하의 상자 형태 또는 원반 형태의 정도, 타원체 왜 은하들의 존재, 그리고 나선은하의 팽대부와 원반들의 상대적인 우세 형태 등이다. 더군다나, 많은 은하들의 질량 중 90% 이상을 설명해주고 있는 엄청난 양의 암흑물질의 존재 또한 그들의 전체구조를 결정하는데 있어 결정적인 역할을 한다.

ELS 폭축모델

에겐(Olin J. Eggen, 1919-1998), 린덴-벨(Donald Lynden-Bell) 그리고 샌디지(Allan R. Sandage)가 우리은하의 진화를 모델링하면서 중요한 초기 시도를 한 것은 1962년도인데, 이 모델을 ELS 폭축모델이라 부른다. 그들의 연구는 태양 주변에서 항성의 금속성과 그들의 궤도 이심률과 궤도 각운동량사이의 관측된 상관관계에 근거를 두었다. ELS는 가장 금속성이 희박한 항성들이 가장 큰 이심률을 지니고, 그들의 특이 운동에서 가장 큰 ω 성분을 지니며(1.3절), 또 우리은하의 회전축에 대해 가장 작은 각운동량을 지닌다는 것을 지적하였다.

태양 주변에 있는 항성들의 운동학과 화학적 성질을 설명하기 위해, ELS는 우리 은하가 아주 큰 원시은하성운의 급작스런 폭축으로부터 생겨났다고 제안하였다. 가장 늙은 헤일로 항성들은 폭축과정의 초기지만 아직 거의 시선방향의 궤적을 지닐 때 형성되었는데, 그래서 은하면의 위와 아래로 이심률이 상당히 큰 타원궤도를 지니게 된다. 그들의 급작스런 형성의 또 다른 결과로서, 모델은 헤일로 항성들이 자연적으로 금속성이 희박하다(Pop II)는 것을 예견하는데, 왜냐면 성간물질이 항성 핵합성에 의해 부산물들이 충분히 풍부해 질만한 시간이 없었기 때문이다. 그러나, 질량이 큰 항성의 1세대가 그들의 내부에서 중원소들을 생성하고, 초신성 폭발을 경험하고 또 금속성이 풍부한 물질을 ISM으로 되돌려 방출하는 과정에서, 성간물질(ISM)은 시간이 흐르면서 화학적으로 진화하게 된다.

원시 은하성운이 안쪽으로 계속 뭉쳐지면서, 모델은 가스와 티끌입자 사이의 충돌들이 더 잦아지고 또 입사하는 물질의 운동에너지가 분산될 때(무작위 방향의 입자운동의 열에너지로 변환) 급속한 폭축이 느려진다고 예견한다. 더욱이, 원시 은하성운의 각운동량의 존재는 반경이 감소되면서 구름이 아주 빨리 회전하기 시작한다는 것을 의미한다. 분산이 증가되고 각속도가 커지는 현상의 조합은 화학적으로 풍부한 가스의 원반이 형성되게 하는데, 그 원반가스로부터 종족 I 항성들이 오늘날 계속 형성되고 있다.

예제 3.2.1

ELS에 의해 상상된 바와 같이, 원시 은하성운의 자유낙하 폭축에 필요한 시간은 식 (6.26)(2권)으로부터 추정되어 질 수 있는데, 이 식은 우리가 원시 항성성운의 폭축을 연구할 때 처음 사용한 바 있다. 원시은하성운이 $5\times10^{11}\,M_\odot$을 포함할 수 있다고 가정하자. 이 질량은 우리은하가 반경 50 kpc 정도인 구형체적 내에서 지니는 것으로 추정되는 양이다(암흑물질 헤일로까지 포함해서, 표 1.1을 보라). 더 나아가 질량이 구전체에 균일하게 분포되어 있다고 가정한다면, 성운의 초기밀노는

$$\rho_0 = \frac{3M}{4\pi r^3} = 8\times10^{-23}\ \mathrm{kg\ m^{-3}}$$

가 된다. 이것을 2권의 식 (6.26)에 대입하면 다음과 같은 자유낙하 시간을 얻는다:

$$t_{\mathrm{ff}} = \left(\frac{3\pi}{32}\frac{1}{G\rho_0}\right)^{1/2} = 200\ \mathrm{Myr}$$

물론, 성운이 초기에 약간 중심에 밀집되어 있었다면, 우리은하의 내부 영역이 바깥의 밀도가 소한 영역보다 더 급속하게 폭축하게 될 것이다(문제 3.8). 이는 팽대부 내에 아주 늙은 항성종족들의 존재를 설명해준다. 만일 1세대의 질량이 크고 수명이 짧은 항성들이 우리은하 내 그들이 존재하는 영역에서 상대적으로 밀도가 높은 ISM을 급속하게 풍부하게 할 수 있다면, 팽대부 항성들의 금속함량은 높아질 것이다. 질량이 큰 대부분 항성들의 수명은 백만년정의 크기인데, 이는 추정된 자유낙하 시간보다 아주 짧다.

ELS 모델의 문제점

모델이 우리은하 구조에서 발견된 많은 기본적 성질들을 설명해준다 하더라도, 이런 거대한 단일 원시 은하성운의 쪼개짐을 포함한 하향식(top-down) 접근은 우리은하의 형태학에 대한 현재의 이해에 대한 중요한 관점들을 설명해주지 않는다. 예를 들어, 원시 은하성운의 초기 회전이 주어졌을 때, 기본적으로 모든 헤일로 항성들과 구상성단들은 그들이 은하 중심에 대해 높은 이심율을 지닌 궤도를 지녔다 할지라도 같은 방향으로 움직여야 한다. 그러나, 천문학자들은 모든 바깥쪽 헤일로 항성들의 거의 절반 가량이 역행궤도운동을 하고 있다는 것(1.3절)과 바깥쪽 헤일로의 회전속도가 0 km s^{-1} 정도 된다는 것을 인정하게 되었다. 반면, 안쪽의 구상성단들과 함께 안쪽 헤일로에 있는 항성들은 아주 작은 총 회전속도를 지니고 있는 것 같다(헤일로 항성들과 성단들에 대한 운동학에 대해서는 우리은하의 초기 주변이 아주 난류적이었고 덩어리져 있었다고 현재 이해되고 있다).

ELS모델의 두 번째 문제점은 구상성단들과 헤일로 항성들 사이에 퍼져있는 겉보기 나이이다. 만일 1장에서 논의된 20억년의 나이 변화가 사실이라면(나이 영역은 아마 11에서 13 Gyr), 폭축은 ELS에 의해 예견된 것보다 10배정도 더 오래 지속되었음에 틀림없다. 이 모델은 또한 서로 다른 나이를 지닌 다양한 성분의 원반의 존재를 설명하지 못한다. 젊은 원반의 나이는 아마 8 Gyr 정도되는 반면, 두꺼운 원반의 나이는 약 10 Gyr 정도임을 떠올려 보라(두 개 모두 헤일로보다 상당히 더 젊다).

아직도 구상성단들 사이에서 발견된 화학적 성분비 변화에 또 다른 어려움이 놓여있다. 우리은하 중심 근처에 있는 성단들은 일반적으로 금속성이 가장 풍부하고, 가장 늙은 천체인 반면, 바깥 헤일로에 있는 성단들은 금속성에서 다양한 변화를 보이고 또 더 젊은 경향이 있다. 성단들은 또한 두 개의 공간 분포를 보이고 있는 것 같다; 한 분포는 타원체 은하와 관계가 있고, 다른 분포는 두꺼운 원반과 관계되는 것 같다.

우리은하 형성에 대한 초기 ELS 관점에서 생긴 문제들은 우리은하의 형성과 부수적인 진화에 대한 우리의 이해가 부족하고 아직은 불완전하다는 것을 암시해주고 있다. 더욱이, 현재 서로 상호작용을 하고 또 합병을 통해 동역학적 진화가 일어나고 있는 것과 함께 아주 다양한 은하들이 존재한다는 사실은 은하 진화에 대한 전반적이며 일관성 있는 이론의 개발에 대한 흥미있는 도전을 제기해준다. 본 교과서가 쓰여질 당시에, 그런 이론들이 아직 항성진화에 대한 우리들의 이해에서와 같은 수준의 성숙도에 도달하지는 않았다 할지라도, 중요한 특징들이 드러나기 시작하였다.

항성 탄생률 함수

ELS 모델에서 본 바와 같이, 은하형성에 대한 어느 이론이든 성간물질의 화학적 진화 뿐만 아니라 다양한 질량을 지닌 항성들의 생성율도 설명할 수 있어야 한다. ISM은 다양한 형태의 항성풍과 초신성 폭발을 통한 질량 손실에 의해 풍부해지기 때문에, 이론은 또한 항성진화율과 항성의 화학적 수익률(반응 생성물의 실제량과 이론적 기대량에 대한 비율)을 포함해야 한다.

이런 관점에서 하나의 문제점이 금방 대두된다: 천문학자들이 개별 항성들의 진화에 대한 합리적인 서술을 해 낼 수 있다 할지라도, 항성의 생성율에 대한 우리의 이해는 아직도 불완전하다. 항성탄생률 $B(M,t)$를 항성형성률(SFR, Star formation rate), $\psi(t)$와 초기질량함수(IMF, initial mass function), $\xi(t)$의 항으로 표현하는 것이 일반적이다:

$$B(M,t)\,dM\,dt = \psi(t)\,\xi(M)\,dM\,dt \tag{3.4}$$

여기서 M은 항성의 질량이고, t는 시간이다. $B(M,t)$는 t와 $t+dt$의 시간간격 동안 ISM으로부터 형성되는 M와 $M+dM$ 사이의 질량을 가진 항성들의 단위체적당(또는 우리은하 원반의 경우는 단위 표면적당) 개수를 나타내준다. SFR은 단위체적당 항성이 형성되는 비율로, 그 비율로 ISM에서 질량이 항성으로 변화된다;

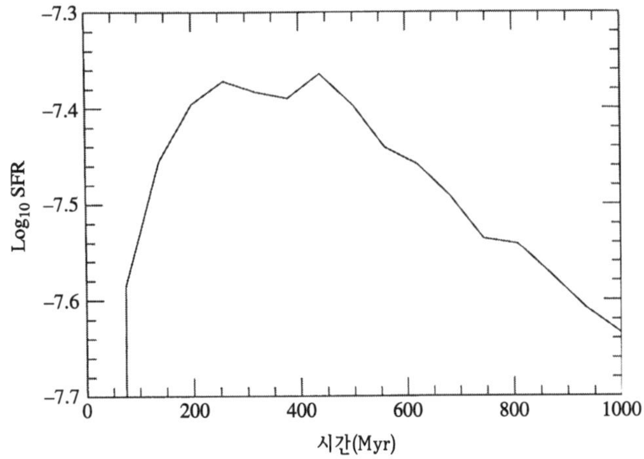

▌그림 3.18 우리은하의 원반에 대해 시간의 함수로 나타낸 전체적인 항성형성율의 모델 (출처 : Burkert, Truran, and Hensler, Ap.J., 391, 651, 1992)

우리은하에서 SFR의 현재 값은 z 방향으로 적분했을 때 $5.0 \pm 0.5\ M_\odot \mathrm{pc}^{-2}\mathrm{Gyr}^{-1}$이 되는 것으로 여겨진다(이 값은 매년 두 개에서 3개의 항성이 형성되는 것에 해당되는데 3.1절에 언급되었다). 마지막으로, 6.3절(2권)에서 처음 논의된 IMF는 (그림 6.12(2권)) 각 질량 간격에서 형성되는 상대적인 항성들의 수를 나타내준다.

항성의 탄생률과 그 결과로 일어나는 ISM의 화학적 진화에 대한 기여를 이해하기 위해, 여러 학자들이 SFR에 대한 다양한 가정들을 하였다. 예를 들어, 어떤 천문학자들은 SFR이 시간과 무관하다고 가정하였는가 하면, 다른 학자들은 시간에 대해 지수함수적으로 감소하는 함수 또는 우리은하 원반의 질량의 표면밀도의 멱급수에 비례하는 함수 등으로 가정하기도 한다. 부커트, 트루란과 핸슬러(Adreas Burkert, James W. Truran and G. Hensler, 1992)에 의해 수행된 우리은하의 원반 진화에 대한 컴퓨터 모사에서 얻어진 SFR은 한 때 최대값에 도달하였다가, ISM에서 가용 가스와 티끌이 점점 소비되면서 시간이 흐를수록 감소되는 형태를 보인다(그림 3.18). 또 다른 연구들은 SFR이 시간과 공간 모두에서 심하게 변화할 것이란 가능성을 고려하였다. 그런 환경은 예를 들어, 짧은 시간 규모의 항성분출 활동 때문에 일어난다.

IMF는 멱급수 짜맞추기로서

$$\xi(M) = \frac{dN}{dM} = CM^{-(1+x)} \tag{3.5}$$

의 형태로 사용되는데, 여기서 x는 다양한 질량범위에 대해 다른 값이 취해지고, C는 표준화 상수이다. 태양 주변에 대한 IMF를 유도하기 위한 첫 번째 시도는 1965년 샬페터(Edwin E. Salpeter)에 의해 수행되었는데, 그는 $x=1.35$의 값을 주장하였다. 더 최근의 추정에 의하면, $x=1.8$이 7 $M_\odot$와 35 $M_\odot$ 질량영역에 있는 항성들에 대해 더 잘 맞는 것처럼 보인다(아마 2 $M_\odot$보다 낮은 경우에도). 40 $M_\odot$보다 더 질량이 큰 항성들에 대해서는, $x=4$가 요구되는데, 이는 질량이 큰 항성의 생성은 질량이 증가하면서 아주 급속도로 감소된다는 것을 의미한다. 낮은 질량의 항성들에 대해서, x 값은 관측적 연구를 통해 결정하기가 아주 어렵다. IMF가 현재 상태의 질량함수와 분리되어져야 하기 때문에 복잡함이 대두되는데, 이 작업 자체는 아주 복잡해질 수 있다. 낮은 질량에 대해서는 IMF가 상당히 편평하다고 제안된 바 있다. 불행하게도, IMF의 정확한 형태는 아직 알려지지 않았고, IMF가 시간이나 장소에 따라서 변하는지 조차도 아직 확실하지 않다.

G형 왜성 문제

태양 근처에 있는 우리은하 원반의 화학적 진화에 대한 모델을 만드는데 SFR과 IMF를 사용하는 시도는 관측과 일치하지 않는 예측을 결과로 제공해준다. 우리가 1세대 항성이 금속도 없는 상태($Z_0=0$, 종족 III)에서 생겨났고, 또 ISM의 화학적 진화가 닫혀진 상자(이런 가스와 티끌도 들어오거나 나가지 못하도록 모델링하는 것을 뜻한다)에서 일어난다고 가정한다면, 관측과 비교해볼 때 너무 금속성이 희박한 별들이 이론으로부터 너무 많이 예측된다. 예를 들어, 이런 간단한 모델은 태양값($Z_\odot \simeq 0.02$)의 1/4보다 작은 Z값을 지닌 항성들이 태양 주변의 항성들 중 거의 절반 정도나 된다는 것을 예측해준다. 그러나, F와 G형 주계열별의 약 2%정도가 그런 낮은 Z값을 지니고 있다. 이것이 G형 왜성문제로 알려져 있다.

G형 왜성 문제에 대한 가능한 해결책 중 하나는 ISM의 중원소 증가가, 가스와 티끌들이 원반에 정착되기 전에, 아주 급속히 진화하는 질량이 큰 항성으로부터 일어난다고 하면, 우리은하의 원반이 $Z_0 \neq 0$인 상태에서 형성된다고 가정하는 것인데, 이것을 "급속한 초기 증가"라고 부른다. 두 번째 제안은 원반이 상당히 긴 기간동안 물질을 축적한다는 가정인데, 아마, 그런 물질 축적은 현재까지도 계속되는 것 같다(다시말해, 닫혀진 상자가정이 성립되지 않는다). 이런 시나리오에서는, 초기 은하형성이 된 이후 금속성이 희박한 물질들이 우리은하 원반으로 상당히 많

이 유입되는 일이 일어난다; 가스가 시스템에 들어오면서, 금속성이 풍부한 ISM과 혼합되어진다. 더 낮은 초기 질량 밀도일수록 원반의 초기형성 과정 동안 더 작은 수의 항성이 형성된다는 것을 의미하기 때문에, 금속성이 희박한 항성의 수가 오늘날 더 작게 된다. 또 다른 제안은 IMF가 우리은하 초기 단계에 아주 달라서, 질량이 더 큰 항성들이 더 많이 형성되고, 상대적으로 작은 수의 낮은 질량 항성이 생성되었다고 주장한다. 질량이 큰 항성들의 수명이 짧기 때문에 이 가정은 오늘날 질량이 희박한 항성들의 수가 작다는 결과도 제공해준다.

확산 폭축모델

은하 진화의 포괄적인 이론에서 다루어야 할 또 다른 논제는 자유낙하 폭축이냐? 느리고 확산이 일어나는 폭축이냐?의 문제이다. 자유낙하 폭축은 식 (6.26)(2권)의 자유낙하 시간규모에 의해 제어되는데, 때때로 동력학적 시간규모라고 불리기도 한다(예제 3.2.1). 반면에, 확산 폭축은 성운이 상당히 냉각되는데 필요한 시간개념으로 서술될 수 있다. 냉각 시간규모, t_{cool}가 자유낙하 시간규모보다 상당히 작으면, 이 성운은 압력에 의해 지탱되지 못하게 되어 급속한 폭축이 일어난다(즉 자유낙하로). 그러나, 냉각 시간이 자유낙하 시간규모를 초과하면, 가스는 급속한 폭축을 야기할만한 에너지를 그렇게 빨리 방출할 수 없게 되고, 폭축되는 동안 방출된 중력 위치에너지는 성운을 단열적으로 가열할 것이다. 이런 상황은 비리얼 정리가 적용되는 또 하나의 예이다.

냉각 시간규모를 추정해보기 위해, 우리는 우선 가스의 각 입자에 포함된 열적 운동에너지의 양을 결정해야 한다. 비리얼정리에 의하면, 가스가 거의 정적 평형에 놓여있다고 가정할 때, 가스의 평균 열 운동에너지는 식 (2.46)에 의해 위치에너지와 연결된다:

$$-2\langle K\rangle = \langle U\rangle$$

만일 우리가 가스의 평균 분자량이 μ이고 N 개의 입자를 지니고 있다고 가정하면, 비리얼 정리에 의해

$$-2N\frac{1}{2}\mu m_H\langle v^2\rangle = -\frac{3}{5}\frac{GM^2}{R}$$

를 얻게 되는데, $m = \mu m_H$는 단일 입자의 평균질량이고, R은 성운의 반경, $M = N\mu m_H$는 성운의 질량이다. 마지막 표현에서, 우리는 시스템의 위치 에너지를 추정하기위해 상수 밀도를 지닌 중력적으로 속박되고 구형의 질량 분포를 사용하였다; 식 (4.22)(2권)를 보라. 속도분산 $\sigma = < v^2 > ^{1/2}$에 대해 풀어보면 다음과 같은 결과를 얻는다:

$$\sigma = \left(\frac{3}{5}\frac{GM}{R}\right)^{1/2} \tag{3.6}$$

구형 성단의 비리얼 질량에 대한 식 (2.13)의 표현과 유사하다.

이제, 우리는 가스 입자에 전형적인 운동에너지를 열에너지와 같게 함으로서, 가스의 특성 온도를 결정해낼 수 있는데, 이를 비리얼 온도라고 부른다:

$$\frac{1}{2}\mu m_H \sigma^2 = \frac{3}{2}kT_{\text{virial}}$$

여기에서 비리얼 온도는 다음과 같이 얻어진다:

$$T_{\text{virial}} = \frac{\mu m_H \sigma^2}{3k} \tag{3.7}$$

마지막으로, 냉각 시간을 추정하기위해, 우리는 에너지가 가스로부터 복사되는 비율을 결정해야 한다. 이 작업은 단위 체적당 냉각률을

$$r_{\text{cool}} = n^2 \Lambda(T)$$

와 같이 표현함으로 이루어지는데, r_{cool}은 단위 체적당 단위 시간당 에너지의 단위를 지니고 있고, n은 가스 내 입자의 개수밀도이며, $\Lambda(T)$는 양자역학적 냉각함수이다. 그림 3.19에 보여진 $\Lambda(T)$은 3.2절(2권)에서 항성의 불투명도에 관계하여 논의된 것과 같은 물리적 과정들을 포함하고 있다(b-b전이, b-f전이, f-f전이 그리고 전자산란). 10^4 K 바로 위에서와 10^5 K 근처의 곡선에서 생긴 두 개의 "돌출"은 각 각 수소와 헬륨의 이온화/재결합 온도에 해당한다. 10^6 K 이상에서, 냉각은 열적 제동복사와 컴프턴 산란에 기인한다. r_{cool}의 표현에서 n^2에 비례하는 이유는 가스 내 입자들

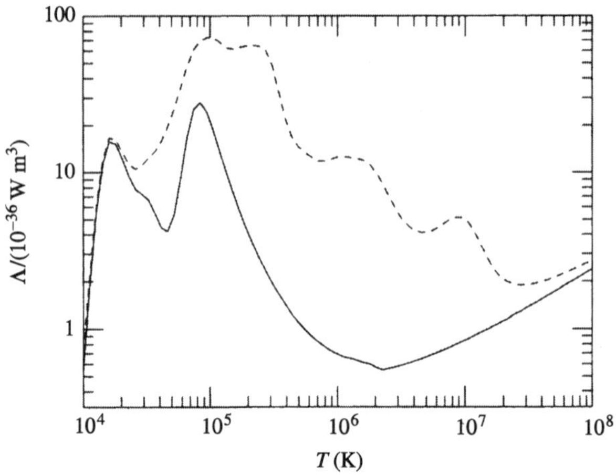

▌그림 3.19 냉각 함수 $\Lambda(T)$. 실선은 개수비로 수소가 90% 그리고 헬륨이 10% 혼합된 가스에 해당한다. 점선은 태양 함량에 대한 선이다.(출처 : Binney and Tremaine, Galactic Dynamics, Princeton University Press, Princeton, NJ, 1987)

쌍 사이에서의 상호작용과 관계하여 이해될 수 있다; 충돌은 이온, 원자 또는 분자들을 여기시키고, 그래서 광자 형태로 에너지가 방출되고 그러면서 가스가 냉각된다.

만일 성운 내의 모든 에너지가 $t_{\rm cool}$시간 내에 다 복사되어버린다면,

$$r_{\rm cool} V t_{\rm cool} = \frac{3}{2} N k T_{\rm virial}$$

가 되는데, 여기서 V는 성운의 체적이다. 냉각 시간에 대해 풀어보면

$$t_{\rm cool} = \frac{3}{2}\frac{kT_{\rm virial}}{n\Lambda} \tag{3.8}$$

을 얻는다.

예제 3.2.2

간단하게 하기 위해 예제 3.2.1에 논의된 원시 은하성운이 원래 90%의 수소와 10%의 헬륨으로(개수비) 구성되었었다고 가정해보자(이는 $X \simeq 0.7$ 그리고 $Y \simeq 0.3$에 해당한다).[5)]

5) 모든 질량이 바리온 물질의 형태에 있다고 가정하고 있음에 주목해본다. 이는 우리가 이 예제에서는 암흑물질의 영향을 무시하고 있다는 것을 의미한다.

우리가 만일 완전한 이온화를 가정한다면, 평균 분자량은 식 (4.16)(2권)에 의해 주어지거나 또는 $\mu \simeq 0.6$이 된다. 또한 식 (3.6)에 의하면, 가스 내 입자들의 초기 속도분산은 약 $\sigma = 160\ \mathrm{km\ s^{-1}}$이 된다. 그러면, 식 (3.7)에 대입하면, 폭축시간에 가스의 비리얼 온도는 약

$$T_{\mathrm{virial}} \simeq 6 \times 10^5\ \mathrm{K}$$

이 된다(이 온도에서 가스가 완전히 이온화 된다는 우리의 가정이 확실히 성립한다). 가스에서의 입자 개수밀도는

$$n = \frac{\rho}{\mu m_H} = \frac{3M}{4\pi R^3 \mu m_H} \sim 5 \times 10^4\ \mathrm{m^{-3}}$$

이 된다. 이 값은 오늘날 우리은하 분자운에서 발견된 전형적인 입자밀도($n \sim 10^8 - 10^9 \mathrm{m^{-3}}$)와 비교되어져야 한다(6.1절(2권)).

이제, 그림 3.19로부터, $\Lambda \sim 10^{-36}\ \mathrm{Wm^3}$을 얻고, 성운에 대한 냉각시간은 (식 3.8)

$$t_{\mathrm{cool}} = 8\ \mathrm{Myr}$$

정도 됨을 알 수 있다.

이 경우 $t_{cool} \ll t_{ff}$임이 분명하다. 겉보기에, 원시 은하성운은 자유낙하 폭축이 일어나기에 충분한 비율로 에너지를 복사할 수 있다.

$t_{\mathrm{cool}} > t_{ff}$가 되는 상황을 고려해보는 것이 도움이 된다. 이 경우, 성운은 폭축에 의해 방출되는 중력위치에너지를 충분하게 방출해 낼 수 없다. 결과적으로, 성운이 수축하면서 성운의 온도가 단열적으로 증가하게 되고, 내부 압력을 증가시켜서 폭축을 정지하게 만든다. 폭축이 정지되고 난 후에는, 비리얼정리가 성운의 평형조건을 형성시켜준다. 처음 은하가 형성될 때 원시 은하성운에 대한 적당한 값들에 대해 ($T \sim 10^6\ K$, $n \sim 5 \times 10^4 \mathrm{m^{-3}}$), 냉각되고 폭축이 되는 질량에 대한 상한값은 $10^{12}\ \mathrm{M_\odot}$가 되는데, 이는 60 kpc 정도에 해당한다. 가스 온도가 수소 재결합이 되는 수준까지 내려가는 성운의 영역에서($T \sim 10^4$ K), 질량한계는 $\sim 10^8\ \mathrm{M_\odot}$이 된다. 그래서, 오늘날 관측되는 은하들은 $10^8\ \mathrm{M_\odot}$에서 $10^{12}\ \mathrm{M_\odot}$ 정도 영역의 질량을 지니고 있다. 하한값은 제일 작은 타원 왜은하들의 질량과 잘 일치하고, 상한값은

질량이 큰 거대 나선은하(Sa – Sc)에서 측정된 값들과 일치한다. 몇몇 거대 타원은하와 cD은하들이 10^{12} $M_\odot$ 을 능가하는 질량을 지니고 있다하지만, 그들은 분명 그들의 생애를 거치는 동안 합병에 의해 큰 영향을 받았고, 그래서 그들 바깥쪽 가장자리 근처에서는 비리얼 평형이 형성되지 않는다.

원시 은하성운이 중력에너지 성분을 그 시스템에서 방출해 낼 수 없다 할지라도, 폭축이 일어난 잠시 후에는 새로운 에너지원이 생겨난다. 아주 질량이 큰 1세대 항성들의 죽음은 초신성 충격파가 ISM을 통과해 0.1 c 크기의 속도로 운동하는 것을 의미한다. 팽창하는 껍질들은 가스들을 때리게 되고, 가스는 수 백만 도의 온도까지 다시 가열되게 되면서 폭축율을 약간 느리게 한다. 그러나, IMF의 추정에 근거하는 초신성 생성율의 계산은 이런 새로운 에너지원이라도 폭축을 눈에 띌만큼 느리게할 수는 없다는 것을 보여주고 있다.

체계적인 합병모델

어떻게 우리들이 우리은하의 원반 내에 있는 다양한 나이를 지닌 서로 다른 성분들의 존재뿐만 아니라 구상성단들 중에서 나타나는 나이와 금속성 차이를 설명할 것인가(즉, 두꺼운 원반과 얇고 젊은 원반)? 해답은 은하형성이 ELS에 의해 최초로 구상되어신 하향식 과정을 포함할 뿐만 아니라, 합병에 대한 체계적인 상향식 과정들과도 관계가 있는 것 같다.

합병이 은하진화에서 중요한 작용을 한다고 하는 것이 1970년대와 1980년대에 인정되고, 또 초기 우주의 성질에 관련된 관측 및 이론적인 진전이 이루어지면서, 체계적인 합병 시나리오가 많은 관심을 받게 되었다. 과학자들은 이제 빅뱅이 일어난 바로 직후에 전체적인 물질 분포에 밀도 요동이 존재했다고 믿고 있다(우주의 전체적인 진화에 대한 자세한 것은 7장에서 다루어진다). 그런 요동에 대한 현재의 이해는 가장 흔한 밀도 섭동이 가장 작은 질량 규모에 일어났다는 것이다. 결과적으로 10^6에서 10^8 $M_\odot$ 을 포함한 밀도 요동이 10^{12} $M_\odot$ 보다 큰 질량의 요동보다 훨씬 더 흔하게 되었다.

우선 체계적인 합병과정의 예로 우리은하의 형성을 고려해보자. 10^6에서 10^8 $M_\odot$ 을 지닌 원시 은하 성운조각들이 중력적으로 서로 뭉쳐지지 시작하면서, 그들은 점차적으로 타원체 질량 분포로 합병되기 시작한다. 초기에는, 서로 고립된 상태에서 진화된 많은 조각들이, 항성을 형성하게 되고, 어떤 경우에는 그들 중심에서 구상성단을 형성하게 된다. 결과적으로 그들은 자신의 화학적인 역사를 지니게 되며 유일한 함량비 특성을 지니게 된다. 타원체가 점점 커지는 내부영역에서는 물질의 밀도가 커지는데, 이때 폭축과 진화가 급속하게 일어난다. 이렇게 오늘날 관측되는 가장 오래된 항성들이 생성되면서, 이 때 화학적 물질들이 아주 풍부해진다(그래서 금속이 풍부한 늙은 중심팽대부가 형성된다). 우리은하에서 밀도가 희박한 바깥영역에서는, 화학적 진화와 항성의 형성이 아주 느리게 된다.

체계적인 모델에 의하면, 합병되는 조각들사이의 충돌과 조석상호작용들은 대부분의 조각들을 분쇄해버리고, 그래서 다른 구상성단의 핵이 노출된다. 더욱이, 이런 모델에서, 파괴된 시스템들은 현재의 일반 헤일로 항성들의 분포를 이루게 하는 반면, 남겨진 구상성단들을 타원체 전반에 퍼져지게 한다. 원래 우리은하 원반과 내부 헤일로의 궤도 운동에 상대적으로 역행운동을 하며 움직이던 원시은하성운 조각은 오늘날 바깥쪽 헤일로의 회전이 전체적으로 0으로 관측 되게 한다.

충돌률은 우리은하의 중심 근처에서 확실히 더 크고, 이는 그런 원시 은하성운 조각들을 우선 분쇄시켜면서 헤일로보다는 더 빨리 팽대부를 형성하게 된다. 결과적으로, 이런 모델에 의하면, 우리은하의 타원체 성분은 안쪽에서부터 형성되었다고 간주될 수 있다.

오늘날 우리은하에 아직도 존재하는 구상성단들은 아마 전체 합쳐도 원시 은하성운조각으로부터 형성된 개수의 10% 정도 밖에 되시 않을 것이다. 다른 90%는 초기 합병 과정 동안 충돌과 조석 상호작용에 의해 그리고 계속해서 일어나는 동력학적 마찰효과에 의해 분쇄되었을 것이다. 이는 오늘날 관측되는 구상성단의 질량이 비교적 균일하다는 것(약 $10^5-10^6\ M_\odot$)을 설명하는데 도움이 될 것이다. 질량이 작은 구상성단들은 작은 중력결합에너지를 지니고 있어서, 우리은하가 젊었을 때 비교적 쉽고 빨리 분쇄되었을 것이다. 반면, 식 (3.1)로부터, 동력학적 마찰이 성단의 질량에 아주 심하게 종속되어서($f_d \propto M^2$), 질량이 큰 성단들이 아주 빨리 우리은하의 내부영역으로 나선운동하며 빨려들어온다는 것을 생각해본다. 우리은하의 내부에서는 상호작용이 더 강해지고 또 더 빈번해져서 결국 그 내부를 파괴해버리는 일이 일어난다.

우리은하의 바깥부분에서는 원시은하성운조각들이 고립되어 있고 그곳에서 진화율이 느리기 때문에, 그 영역에서의 원시은하 성운조각들은 당분간 개별적인 왜은하처럼 진화하게 된나는 것을 지직하는 것은 중요하다. 사실, 국부은하군에 아직 존재하는 상당수의 dSph은하들이 살아남은 원시은하성운조각들이라고 가정된다. 또한, 타원 왜은하인 궁수자리 은하나 마젤란 흐름같이 오늘날도 합병이 일어나는 증거들이 분명이 있는데, 이는 우리은하의 헤일로가 아직도 구성되고 있는 중임을 나타내주고 있다.

두꺼운 원반의 형성

분쇄된 원시 은하성운 조각들의 가스 구름들이 충돌하면서, 폭축은 크게 확산적이 된다. 이는 가스가 우리은하의 중심영역을 향해 천천히 침전되기 시작한다는 것을 의미한다. 그러나, 시스템 내의 초기 각운동량이 약간 존재하기 때문에(이 각운동량은 이웃에 있는 다른 원시은하성운들로부터 비틀림 때문에 생김), 폭축하는 물질은 결국 회전하게 되고 그래서 우리은하 중심의 원반에 침전되기 시작한다. 물론, 이미 형성된 헤일로 항성들은 원반의 폭축에 가담하지 않는데, 왜냐면 그들의 충돌단면적은 이제 너무 작아서(중력을 통하지 않고서는) 그들을 효과적으로 상호작용시킬 수 없기 때문이다.

두꺼운 원반 형성에 관한 모델 하나는 두꺼운 원반이 우리은하 중심면에서 $T \sim 10^6$ K의 특성 온도로 형성될 것이라고 제안한다. 가스에서 전형적인 입자들의 운동에너시를 원반의 중심면 바로 위의 중력에너지와 같게 취해보면, 가스 원반의 대략적 특성두께 h를 추정할 수 있다.

h에서 국부적인 중력가속도 g를 추정해보기 위해, 원반이 질량 밀도 ρ를 지닌다고 가정해본다:

$$\rho(h) = \rho_0 e^{-z/h}$$

여기서 ρ_0는 우리은하 중심면에서 질량 밀도이다(식 1.9). 이제, 가우스 법칙을 중력에 대하여 적용하면(문제 1.26의 식 (1.56)),

$$\oint \mathbf{g} \cdot d\mathbf{A} = -4\pi G M_{\text{in}}$$

이 되는데, 여기서 적분은 질량 M_{in}을 속박하고 있는 닫혀진 표면에 대해서 이루어지고, g는 dA 위치에서의 국부적인 중력가속도이다. 만일 h가 원반의 직경보다 아주 작다면, 중심면에 집중된 $2h$의 가우스 원기둥과 단면적 A에 대해(그림 3.20을 보라),

$$2Ag = 4\pi G M_{\rm in}$$

이 성립하는데, 여기서 $M_{\rm in}$은 원기둥 내부에 포함된 원반의 질량이다. $M_{\rm in}$은 질량 밀도를 원기둥 부피에 적분하여 얻을 수 있다:

$$M_{\rm in} = 2\int_0^h \rho_0 e^{-z/h}\, A\, dz = 1.26\rho_0 A h$$

이전에 얻을 표현에 대입하면, h의 위치에서 국부적인 중력가속도는

$$g(h) = 2.53\pi G\rho_0\, h$$

로 주어진다. 다음으로, 중심면 바로 위의 높이 h에서 질량 m인 입자의 중력위치에너지는

$$U(h) = \int_0^h mg(z)\, dz = 1.26\pi G m\rho_0 h^2$$

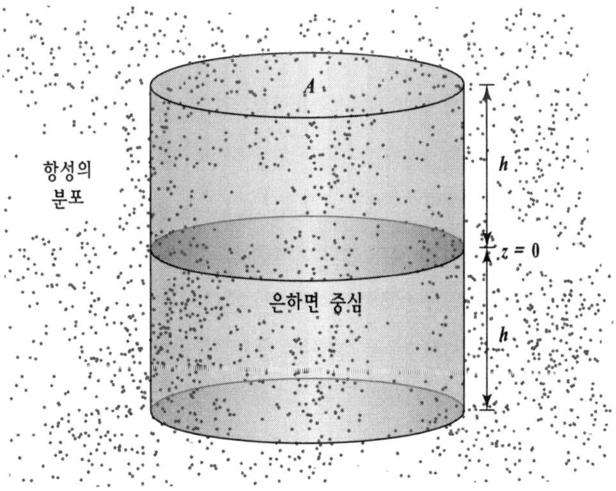

▌그림 3.20 우리은하 원반의 항성들이 있는 곳에 있는 가우스 원기둥

로 주어진다. 위치에너지가 입자의 평균 열운동에너지, $K=3\,kT/2$와 같다고 하면

$$h(T)=\left(\frac{3kT}{2.53\pi Gm\rho_0}\right)^{1/2} \tag{3.9}$$

를 얻는다.

예제 3.2.3

원시 은하성운의 두꺼운 원반내 가스가 $T\sim10^6\,\mathrm{K}$ 정도의 특성온도를 지니고 있고, 중심의 질량밀도가 태양주변에서 오늘날 추정되고 있는 값인

$$\rho_0 \simeq 0.15\ \mathrm{M_\odot\ pc^{-3}} = 1.0\times10^{-20}\ \mathrm{kg\ m^{-3}}$$

와 비슷하다고 가정해본다면,

$$h\left(10^6\ \mathrm{K}\right)\simeq 2.2\ \mathrm{kpc}$$

가 얻어지는데, 여기서 우리는 m에 대해 수소원자의 질량을 사용하였다. 표 1.1로부터, 두꺼운 원반의 특성두께에 대해 측정된 값은 약 1 kpc이다.

가스가 국부적으로 아주 밀해지는 영역에서는 $t_{\rm cool}\propto n^{-1}$이기 때문에 더 빠르게 냉각된다(식 3.8을 보라). 이는 처음에는 열적 제동복사와 컴프턴 산란을 통해 일어나고, 그 다음에는 온도가 $\sim10^4\,\mathrm{K}$이 될 때, 수소 원자에 의해 방출되는 복사를 통해 일어난다. 이는 수소의 재결합 온도가 도달되기만 하면, H I 구름이 형성될 수 있고 항성들을 생성하기 시작한다는 것을 의미한다. 수 백 년 안에, 대부분 질량이 큰 항성들은 핵이 폭축하는 초신성 폭발을 거치게 되고, 그들의 충격파는 분자운들 사이에 놓인 가스들을 다시 가열하기 시작하면서 성운간 가스의 온도를 $10^6\,\mathrm{K}$으로 유지시켜 준다. 동시에, 초신성에서 철의 생성은 [Fe/H] < −5.4인 초기 금속성을(아마 초기에는 원시 은하 성운조각내 형성된 항성들에 의해 약간 증가된다) [Fe/H] = −0.5으로 증가시킨다. 처음 항성들이 두꺼운 원반에서 생겨난 지 4억년이 흐른 후에는, 항성형성이 거의 중지된다. 전체적으로, 가스질량의 몇 %만이 우리은하 진화의 두꺼운 원반이 형성되는 기간 동안 항성으로 변화된다.

위에서 기술한 두꺼운 원반 형성 모델을 개선한 모델은 입사하는 가스가 초기에 더 차가웠다는 것을 제안한다. 이는 가스(그리고 티끌)가 오늘날의 얇은 원반에서처럼, 아주 작은 특성 두께를 지니며 중심면에 침전될 수 있음을 의미한다. 항성 형성은 이제 더 커진 가스와 티끌의 국부 밀도에 기인하여 계속되어질 수 있다. 그러나, 10 Gyr 전의 원시 은하성운조각과 합병된 사건의 직접적인 결과로서, 원반은 상호작용 에너지에 의해 재가열되었고, 원반을 지금의 1 kpc 특성높이로 부풀려지게 하였다.

얇은 원반의 형성

두꺼운 원반이 형성된 후에, 차가운 분자 가스는 약 600 pc 정도의 특성두께를 지니며 중심면에 침전을 계속하게 된다. 그 다음 수 십 억 년 동안, 항성 형성이 얇은 원반에서 일어난다.

특성두께를 유지하는 물리 과정은 주로 자체 조절되는 과정이다. 만일 원반이 더 얇아지게 되면, 그 질량 밀도는 증가하게 된다. 이는 다시 SFR이 증가하게 만들고, 그래서 더 많은 초신성을 만들어내고 원반의 성운 간 가스성분을 재가열시킨다. 계속되는 원반의 팽창은 또 다시 SFR을 줄이고, 초신성의 수가 감소하여 원반은 냉각되며 수축하게 된다. 그러나, 자체조절 과정에도 불구하고, 가스가 ISM에서 고갈되면서, SFR은 $0.04\ M_\odot\ pc^{-3}\ Myr^{-1}$에서 $0.004\ M_\odot\ pc^{-3}\ Myr^{-1}$로 감소된다. 동시에, 금속성은 증가하여 [Fe/H]=0.3정도의 값에 도달하게 된다. SFR이 감소하기 때문에, 원반의 두께는 약 350 pc 정도까지 감소되는데, 이는 오늘날 얇은 원반의 특성두께이다. 얇은 원반이 형성되는 동안, 가용가스의 80% 정도가 항성의 형태로 소모되어 버린다.

마지막으로, 잔여 가스가 계속 냉각되면서, 가스들은 금속성이 풍부하고 가스가 풍부한 얇은 원반 안쪽에 침전되는데, 이 원반은 100 pc 보다 작은 특성두께를 지니고 있다. 오늘날 일어나는 대부분의 항성 형성은 이런 얇은 원반의 안쪽에 있는 젊은 영역에서 일어나는데, 그 곳에 태양이 위치하고 있다.

중앙 팽대부에 존재하는 젊은 항성들

우리은하의 중앙 팽대부에 젊은 항성들이 존재하는 것은 가스가 풍부한 위성은하와 최근에 합병되었다고 주장하면서 기술된 진화와 관계하여 이해될 수 있다.

이들 은하들이 우리은하와 조석 상호작용에 의해 분쇄되어질 때, 그들의 가스는 원반과 우리은하 중심에 침전되어지고, 결국 새로운 항성을 탄생시키게 된다. 또한 우리은하의 중심 막대는 그 막대가 회전하면서 동력학적으로 불안정성해지고 우리은하의 안쪽으로 티끌과 가스들을 몰아넣는데 역할을 하는 것처럼 보인다.

금속성 변화

위에서 요약한 체계적 합병 시나리오는 금속성 변화가 확산적 폭축과정을 거친 은하들에 당연히 존재할거라는 것을 예견해준다. 한 은하가 바깥쪽 근처에서보다 중심에서 금속성이 더 풍부하다면, 색 변화 또한 존재해야 한다. 금속성과 함께 불투명도도 증가하기 때문에(2.2절을 보라), 은하는 바깥쪽보다 안쪽에서 더 적색이 될 것이다.

물론, 금속성 변화와 색 변화의 세기는 다른 은하들과 충분히 자주 그리고 에너지가 풍부한 합병에 의해 감소되거나 아예 없어져버릴 수도 있다. 예를 들어, 많은 항성분출 은하들은 실제 색변화가 역전되어서 그들이 속한 은하단에서 더 청색으로 보인다. 이는 다른 은하가 파괴될 때 은하 중심에 있는 가스가 풍부한 물질이 갑자기 유입되었거나 또는 항성분출은하 자체에 작용하는 조석 비틀림 효과가 자신의 가스들을 중심으로 나선운동하게 하는 현상이 결과로 SFR이 커지기 때문이다. 약한 금속성 변화들은 원반형 은하보다 상자형 타원은하에서 관측이 된다는 사실을 언급하는 것이 좋은데, 이 사실은 상자형 타원은하가 그 생애 동안 상당한 합병현상을 경험하였다는 것을 나타내주는 또 다른 징후이다.

타원은하의 형성

우리가 아직 은하 진화의 복잡하고 자세한 모든 것들을 이해하지 못하고 있다할지라도, 허블분류는 개별 은하의 질량, 항성 형성의 효율 형성 과정에 있어서 자유낙하 폭축, 마찰 폭축과 합병의 상대적 중요성과 궁극적으로 관련될 것이다. 예를 들어, 많은 타원은하들은 그들 항성들의 대부분을 은하 형성 과정 초기에, 가스가 원반에 침전될 기회를 갖기 전에 만들어낸 반면, 만기형 은하들은 더 천천히 항성들을 만들어 낸 것처럼 보인다. 현재의 관측들은 만기형 허블 은하가 조기형 허블 은하들보다 원반 내에서 더 풍부한 가스와 티끌을 지니고 있음을 보여준다는 것을 떠올려 볼 수 있다(표 2.1과 표 2.2).

그러나, 3.1절의 마지막 부분에서 처음 언급한 바와 같이, 다른 타원은하들은 아마 이미 존재하고 있는 나선은하들의 충돌로부터 형성된 것 같다. 충돌에 포함된 에너지는 두 은하들의 원반을 파괴하고, 합병된 시스템을 타원은하의 분포성질인 $r^{1/4}$로 이완시킨 것 같다.

N-체 컴퓨터모사들이 그런 결과들을 만들어낼 수 있었음에도 불구하고(그림 3.21), 몇몇 의문점들이 아직 남아있다. 예를 들어, 타원은하의 구상성단 수가 나선은하에 비해 많이 관측되는 것은 격변적 충돌로 모든 큰 타원은하들이 형성되었다고 주장하는 것에 심각한 문제이다(그림 2.16과 식 (2.15)). 반면, 합병들은 아마 성운에서 항성 형성을 유발하여 구상성단들을 만들어낼 수 있으므로, 구상성단의 개수비가 큰 것이 어려운 문제가 되지 않을 것이다. 또한, 관측된 많은 구상성단들은, 마치 ω Cen가 우리은하에 속해있는 것처럼 보이는 것과 같이, 포획된 타원체 왜은하들일 가능성이 있다.

3.1절의 시작 부분에서 다룬 논의에서, 타원은하들이 밀도가 높고 큰 은하단의 중심에서 나선은하들보다 더 많이 존재하는 반면, 나선은하는 밀도가 낮은 은하단과 큰 은하단의 주변에 많이 존재한다는 것을 살펴보았다(이런 형태-밀도관계는 드레슬러(Alan Dressler)에 의해 1990년에 처음으로 보고되었다). 이 효과는 부분적으로는 은하들이 더 꽉 묶여져 있어, 나선은하를 파괴하면서 타원은하를 형성하는 영역에서 상호작용 가능성이 높아진 것으로 설명되어 질 수 있다.

그러나, 그런 설명과 경쟁하는 가정이 또한 제안되었는데, 즉, 타원은하들은 주로 깊은 상호작용이 없는 경우에라도, 중력위치에너지 우물의 바닥근처에서 형성되는 경향이 있다는 가정이다. 초기우주에서 더 낮은 질량-밀도 요동은 결과적으로 나선은하들을 많이 만들어냈으며, 가장 작은 요동들이 왜은하들의 형성을 야기시켰을 것 같다. 이것이 사실이라면, dSph은하와 dE은하들이 많은 사실은 초기우주에 형성된 작은 요동들이 많이 있었다는 것에서 자연스럽게 설명된다. 만일 우주 초기에 시초 밀도 요동이 가장 큰 곳이 후에 큰 은하단의 중심이 되었다고 한다면, 이런 작동 기제가 은하의 형태학을 설명하는데 도움을 줄 수 있을 것이다. 그런 영역에서 중력위치에너지 우물은 더 깊어졌을 것이기 때문에, 원시은하성운들의 충돌가능성 또한 더 커졌을 것이다. 아마 원시은하성운들의 충돌 빈도는 은하의 형태학과 상관관계가 있는 것 같다.

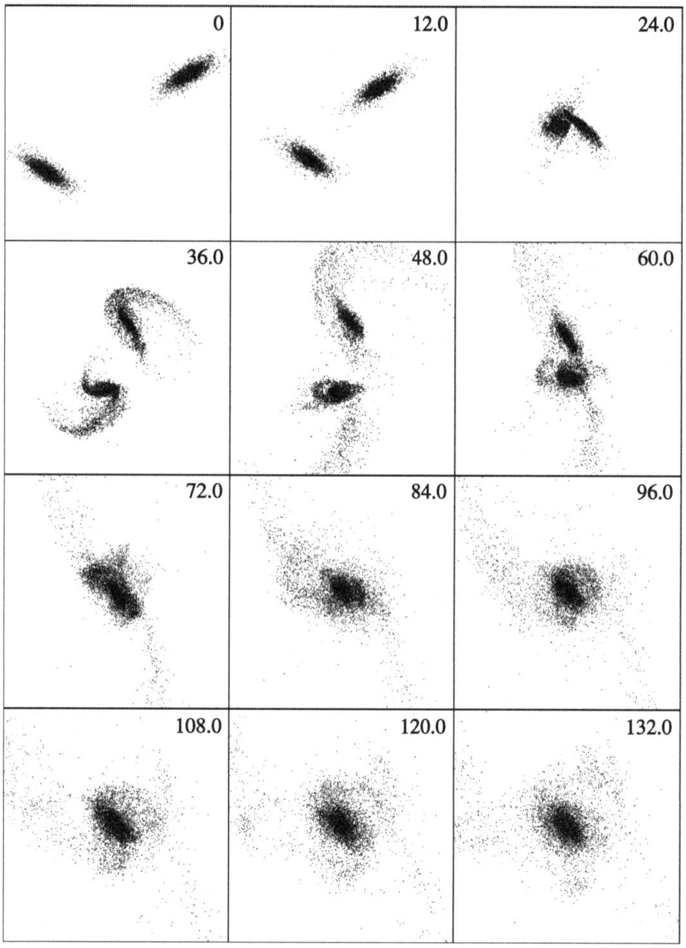

▮ **그림 3.21** 두 개 나선은하들의 합병을 설명하는 N-체 컴퓨터 모사. 각 원반은 16,384개 입자들로 표현되었고, 각 팽대부는 4096개의 입자들을 지니고 있다. 결과는 $r^{1/4}$윤곽을 보이는 타원은하이다.(출처 : Hernquist, Ap. J., 409, 548, 1993)

우주 초기에서 은하 형성

은하형성에 대한 확실한 이론을 개발하는데 있어 아직 남아있는 기본적인 문제들이 많이 있지만, 긴 시간 동안 은하 진화를 관측함으로 통해 우리들의 아이디어를 시험해 볼 수 있는 수단이 있다는 것은(적어도 원리적으로는) 다행스런 일이다. 천문학자들이 우주공간을 더 멀리 바라볼 때, 빛의 속도가 유한하기 때문에 시간을 거슬러 아주 끝까지 바라 볼 수는 없다. 예를 들어, 1 Mpc 떨어진 은하들은 빛을 3백만년 전에 이미 방출하였다. 이는 우리가 오늘날 관측한 은하로부터 오는 빛은 그 자체로 3백만년 된 빛이다; 우리는 과거 3백만년 전의 은하를 보고 있는 것이다.

1978년에, 버쳐와 외믈러(Harvey Butcher and Augustus Oemler, Jr.)는 두 개의 먼 은하단에서 청색 은하들이 너무 많이 존재하는 것 같다고 지적하였다. 이 관측 결과로부터 은하들은 시간이 가면서 진화하여 오늘날 우리 근처에서 흔하게 볼 수 있는 형태의 은하가 된다고 이들 천문학자는 추론하였다. 요즘은 버쳐와 외믈러 효과로 알려진 이 현상은 우주 초기에 은하들이 현재보다 평균적으로 더 푸르러서 항성형성이 활발하였다는 것을 암시해준다. 이 효과는 많은 최근 연구에서 확인된 바 있다.

형태-밀도 관계는 또한 시간에 따라 달라진다는 사실이 알려졌다. 더 초기 시대들을 연구하게 되면서(더 멀리 떨어져 있는 은하단을 관측하게 되면서), 타원은하들과 렌즈형 은하들의 나선은하들에 대한 상대적 개수가 작아지게 되었는데, 이는 만기형 허블 은하들로부터 조기형 은하들로 시간이 지나면서 진화하였다는 것을 나타내 준다. 이것은 나선은하들의 합병으로부터 조기형 허블은하들이 형성된다고 할 때 기대되는 현상이다.

2004년에는 우주망원경 과학연구소가 HUDF(Hubble Ultra Deep Field) 영상을 공개했는데, 그림 3.22에 제시하였다. HUDF 영상은 실제 두 개의 영상으로 구성되는데, 하나는 ACS(Advanced Camera for Surveys)이고 다른 하나는 NICMOS(Near-Infrared Camera and Multi Object Spectrometer)이다. HUDF 영상에 포함된 하늘의 영역은 화로자리에 중심을 두고($\alpha = 3^h 32^m 40.0^s$, $\delta = -27^\circ 48'00''$), 옆으로 약 3 arcmin(보름달의 1/10정도 크기)밖에 되지 않는다. 영상은 ACS에 대해서 노출 시간이 11.3일(2003년 9월 24일과 2004년 1월 16일 사이에 얻어짐)이고 NICMOS에 대해 4.5일(2003년 9월 3일과 2003년 11월 27일 사이의 주기에 걸쳐)정도 이었다.

HUDF 영상은 빅뱅이 일어난 후 400 Myr에서 800 Myr 사이에 존재했던 것 같은 아주 먼 은하들 몇 개를 보여주었다. 그림 3.23에서 보여진 HUDF의 확대 영상에서 확실하게 알 수 있는 것처럼, 아주 먼 은하들은 현재 우주에서 보이는 상당히 가까이 있는 대부분 나선은하들과 타원은하들과는 아주 다르게 보인다.

이런 은하들을 관측해보면, 초기 우주에 멀리 떨어져 있는 이상하게 보이는 청색 은하들이 많이 존재했던 것이 현재 허블형 우주를 만들어냈다는 것을 알 수 있다. 그들은 아마 오늘날도 상당히 감소된 비율로 일어나고 있는 체계적인 합병을 일으켰던 원시은하성운조각들일 것이다.

▌그림 3.22 HST에 장착된 ACS와 NICMOS가 찍은 영상을 합성한 HUDF영상. 이 HUDF영상은 화로자리의 약 3 $arcmin^2$ 영역(보름달의 1/10정도)에서 10,000개 정도의 은하들을 포함하고 있다. HUDF상 몇몇 은하들은 너무 멀리 떨어져 있어서 빅뱅이 일어난 후 1 Gyr 이전을 보고 있는 것이 된다.(출처 : NASA, ESA, S. Beckwith(STScl)and HUDF팀)

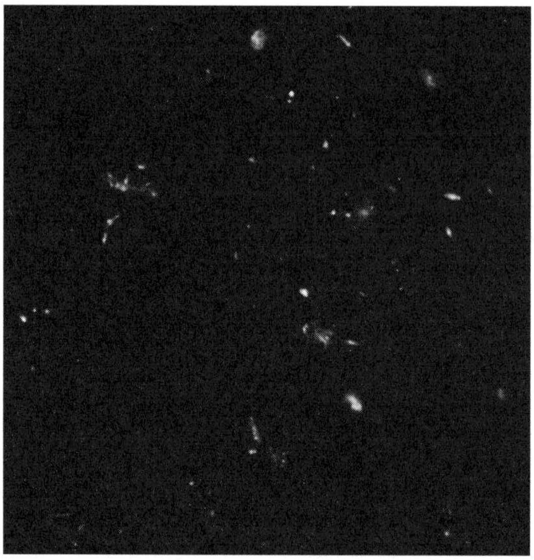

▌그림 3.23 그림 3.22에 보여진 HUDF 영상의 확대영상. 이 영상의 많은 은하들이 매우 멀리 떨어져 있어서, 아주 젊은 상태이다.
(출처 : NASA, ESA, S. Beckwith(STScl)and HUDF팀)

7.2절에서 우리는 우주의 초기 구조에 대해 다시 언급하면서, 암흑 물질이 모여 중력 퍼텐셜 우물이 형성되는 곳에서 은하단들과 다양한 구성원들이 진화하는 과정들도 다루게 될 것이다. 은하들의 복잡한 역사를 완전히 이해하기 전에 아직 해야 할 일들이 분명 많이 있지만, 진화 이론의 기본적인 내용들 중 많은 부분들이 이해되었다고 할 수 있다.

제 3 장 참고 문헌

일반 도서

Barnes, Joshua, Hernquist, Lars, and Schweizer, Francois, "Colliding Galaxies," *Scientific American*, August 1991.

Bothun, Gregory D., "Beyond the Hubble Sequence," *Sky and Telescope*, May, 2000.

Chiappini, Cristina, "Tracing the Milky Way's History," *Sky and Telescope*, October, 2004.

Dressler, Alan, "Observing Galaxies through Time," *Sky and Telescope*, August 1991.

Keel, William C., "Crashing Galaxies, Cosmic Fireworks," *Sky and Telescope*, January, 1989.

Miller, M. Coleman, Reynolds, Christopher S., and Krishnamurthi, Anita, "Supermassive Black Holes: Shaping Their Surroundings," *Sky and Telescope*, April, 2005.

Schroeder, Michael C., and Comins, Neil F., "Galactic Collisions on Your Computer," *Astronomy*, December, 1988.

Silk, Joseph, *The Big Bang*, Third Edition, W. H. Freeman and Company, New York, 2001.

Space Telescope Science Institute, `http://www.stsci.edu`.

Toomre, Alar, and Toomre, Juri, "Violent Tides between Galaxies," *Scientific American*, December, 1973.

van den Bergh, Sidney, and Hesser, James E., "How the Milky Way Formed," *Scientific American*, January, 1993.

고급 도서

Arp, H. C., "Atlas of Peculiar Galaxies," *The Astrophysical Journal Supplement*, *14*, 1, 1966.

Barnes, Joshua E., and Hernquist, Lars, "Computer Models of Colliding Galaxies," *Physics Today*, March, 1993.

Bender, Ralf, et al., "HST STIS Spectroscopy of the Triple Nucleus of M31: Two Nested Disks in Keplerian Rotation around a Supermassive Black Hole," *The Astrophysical Journal*, *631*, 280, 2005.

Bertin, Giuseppe, *Dynamics of Galaxies*, Cambridge University Press, Cambridge, 2000.

Binney, James, "Warps," *Annual Review of Astronomy and Astrophysics*, *30*, 51, 1992.

Binney, James, and Merrifield, Michael, *Galactic Astronomy*, Princeton University Press, Princeton, NJ, 1998.

Binney, James, and Tremaine, Scott, *Galactic Dynamics*, Princeton University Press, Princeton, NJ, 1987.

Burkert, A., Truran, J. W., and Hensler, G., "The Collapse of Our Galaxy and the Formation of the Galactic Disk," *The Astrophysical Journal*, *391*, 651, 1992.

Butcher, Harvey, and Oemler, Augustus Jr., "The Evolution of Galaxies in Clusters. I. ISIT Photometry of Cl 0024+1654 and 3C 295," *The Astrophysical Journal*, *219*, 18, 1978.

Chabrier, Gilles, "Galactic Stellar and Substellar Initial Mass Function," *Publications of the Astronomical Society of the Pacific*, *115*, 763, 2003.

Dressler, Alan, "Galaxy Morphology in Rich Clusters: Implications for the Formation and Evolution of Galaxies," *The Astrophysical Journal*, *236*, 351, 1980.

Eggen, O. J., Lynden-Bell, D., and Sandage, A. R., "Evidence from the Motions of Old Stars That the Galaxy Collapsed," *The Astrophysical Journal*, *136*, 748, 1962.

Elmegreen, Bruce G., and Scalo, John, "The Effects of Star Formation History on the Inferred Stellar Initial Mass Function," *The Astrophysical Journal*, *636*, 149, 2006.

Elmegreen, Debra Meloy, *Galaxies and Galactic Structure*, Prentice-Hall, Upper Saddle River, NJ, 1998.

Kormendy, John, and Kennicutt, Robert C., Jr., "Secular Evolution and the Formation of Pseudobulges in Disk Galaxies," *Annual Review of Astronomy and Astrophysics*, *42*, 603, 2004.

Larson, Richard B., "Galaxy Building," *Publications of the Astronomical Society of the Pacific*, *102*, 709, 1990.

Mo, H. J., Mao, Shude, and White, Simon D. M., "The Formation of Galactic Discs," *The Monthly Notices of the Royal Astronomical Society*, *295*, 319, 1998.

Silk, Joseph, "Formation and Evolution of Disk Galaxies," *Astrophysics and Space Science*, *284*, 663, 2003.

Spinrad, Hyron, *Galaxy Formation and Evolution*, Praxis Publishing Ltd., Chichester, 2005.

Toomre, Alar, and Toomre, Juri, "Galactic Bridges and Tails," *The Astrophysical Journal*, *178*, 623, 1972.

제 3 장 연습 문제

3.1 (a) The mass density of stars in the neighborhood of the Sun is approximately 0.05 $M_\odot$ pc^{-3} (see Section 24.2). Assuming that the mass density is constant and that all of the stars are main-sequence M stars, estimate the fraction of the Galactic disk's volume that is occupied by stars.

(b) Suppose that an intruder star (a main-sequence M star) travels perpendicularly through the Galactic disk. What are the odds of the intruder colliding with another star during its passage through the disk? Take the thickness of the disk to be approximately 1 kpc.

3.2 Write a general expression for the force of dynamical friction as

$$f_d \simeq C\,(GM)^a (v_M)^b \rho^c,$$

where C is dimensionless, and a, b, and c are constants. Set up a system of three linear equations for a, b, and c such that f_d has units of force. Solve the system and show that Eq. (26.1) is obtained.

3.3 Use the age of the Milky Way's oldest globular clusters from Section 24.2 and the orbital velocity of the local standard of rest to estimate the greatest distance from which globular clusters could have spiraled into the nucleus due to dynamical friction. Use 5×10^6 $M_\odot$ for the cluster's mass. Compare your answer with the size of the Milky Way's central bulge.

3.4 (a) The Large Magellanic Cloud, which has a mass of about 2×10^{10} $M_\odot$, orbits the Milky Way at a distance of 51 kpc. Assuming that the Milky Way's dark-matter halo and flat rotation curve extend out to the LMC, estimate how much time it will take for the LMC to spiral into the Milky Way (take $C = 23$). (Note that the Small Magellanic Cloud may be gravitationally bound to the LMC, but its mass is an order of magnitude smaller; therefore, the SMC will be neglected in this problem.)

(b) Compare this rough estimate with the value quoted in the text for the merger time of the LMC (which was based on a detailed computer simulation of the LMC's dynamical interaction with our Galaxy).

3.5 Use Eq. (18.10) and the information in Problem 26.4 to estimate the tidal radius of the Large Magellanic Cloud as it orbits the Milky Way. Take the mass of the Milky Way's dark-matter halo to be 5.4×10^{11} $M_\odot$ from Table 24.1. How does your answer compare with the size of the LMC, which has an angular diameter of $460'$?

3.6 The Small Magellanic Cloud is 60 kpc away and has one-tenth the mass of the LMC (see Problem 26.4). The SMC has an angular diameter of 150′, and its angular separation from the LMC is 21°.

(a) What is the distance between the LMC and the SMC?

(b) Ignoring the influence of the Milky Way, estimate the present tidal radii of both the LMC and the SMC due to the other.

(c) The Magellanic Clouds are in eccentric orbits around one another, and during the last few hundred million years they have been moving apart with an average speed of about 110 km s^{-1}. How recently did the LMC extend beyond its tidal radius? How recently did the SMC extend beyond its tidal radius? Assuming that the Magellanic Stream was formed by tidal stripping when the LMC and SMC were close to each other, when would you estimate that the Magellanic Stream was formed? (*Note:* Following this mutual tidal stripping, the gas was pulled from the LMC/SMC system by our Galaxy.)

3.7 The gaseous ring orbiting the central galaxies of the M96 group has an orbital period of 4.1×10^9 years.

(a) What is the combined mass (in $M_\odot$) of the two galaxies?

(b) The combined visual luminosity of the central galaxies M105 and NGC 3384 is $L_V = 2.37 \times 10^{10}\ L_\odot$ (from Schneider, *Ap. J.*, *343*, 94, 1989). What is the mass-to-light ratio for the pair?

3.8 Suppose that the original density distribution of the proto-Galactic nebula envisioned by Eggen, Lynden-Bell, and Sandage had a radial functional dependence similar to the dark-matter halo [assume the form of Eq. (24.51) with $r \gg a$]. Beginning directly with the radial equation of motion,

$$\frac{d^2r}{dt^2} = -\frac{GM_r}{r^2},$$

show that the free-fall time would be proportional to radius.

Hints: Multiply both sides of the equation by $v = dr/dt$ and use the relation

$$v\left(\frac{dv}{dt}\right) = \frac{1}{2}\frac{dv^2}{dt}.$$

You may also find the following definite integral helpful:

$$\int_0^1 \frac{du}{\sqrt{\ln\left(\frac{1}{u}\right)}} = \sqrt{\pi}.$$

3.9 **(a)** Assume an initial mass function of the form given in Eq. (26.5). If $x = 0.8$, calculate the ratio of the number of stars that are formed in the mass range between 2 $M_\odot$ and 3 $M_\odot$ to those formed with masses between 10 $M_\odot$ and 11 $M_\odot$.

(b) Beginning with the initial mass function and using the mass–luminosity relation for main-sequence stars, Eq. (24.12) (see also Fig. 7.7 and Problem 10.27), derive an expression for the number of main-sequence stars formed per unit luminosity interval, dN/dL.

(c) If $x = 0.8$ and $\alpha = 4$, calculate the ratio of the number of stars that are formed with main-sequence luminosities between 2 $L_\odot$ and 3 $L_\odot$ to the number of those formed with luminosities between 10 $L_\odot$ and 11 $L_\odot$.

(d) Compare your answers in parts (a) and (c), and explain the results in terms of the physical characteristics of stars along the main sequence.

3.10 Use the value for the star formation rate given on page 1019 to estimate the number of stars currently being formed per year in the Milky Way Galaxy. Compare your answer to the value quoted in the text. Clearly describe the assumptions (if any) that you made in arriving at your estimate.

3.11 **(a)** Using the Jeans mass (Eq. 12.14), estimate the upper mass limit of galaxies that are in virial equilibrium. Use the virial temperature and the number density determined in Example 26.2.2.

(b) Assuming that the least massive galaxies could have formed out of a gas with an initial temperature near the ionization temperature of hydrogen, estimate the lower mass cutoff.

(c) By using the Jeans length (Eq. 12.16), estimate the radius of the largest galaxies that are in virial equilibrium and compare your answer to the approximate size of our Galaxy.

3.12 **(a)** By equating the cooling timescale to the free-fall timescale, show that the maximum mass of a protogalactic nebula is given by

$$M = \frac{25}{32}\frac{\Lambda^2}{G^3\mu^4 m_H^4 R}.$$

(b) Estimate the maximum mass of a protogalactic nebula that can undergo a free-fall collapse if $R = 60$ kpc. Assume that $\Lambda \simeq 10^{-37}$ W m^3.

3.13 **(a)** M87 is a giant elliptical galaxy near the center of the Virgo cluster of galaxies. It is estimated that its mass is approximately 3×10^{13} $M_\odot$ within a radius of 300 kpc. How long would it take for a star near the outer edge of the galaxy to orbit the center once? Compare your answer to the approximate age of our Galaxy.

(b) Based on your result from part (a) and assuming that M87 has been capturing smaller satellite galaxies up until the present time, would you expect the outer portions of M87 to be in virial equilibrium? Why or why not?

3.14 **(a)** From the data given in Problem 26.13, calculate the velocity of a star near the outer edge of the galaxy that may be following a circular orbit.

(b) Assuming that the velocity you found in part (a) is characteristic of the velocity dispersion of material near the outer edge of the galaxy, estimate the virial temperature of M87.

(c) What is the characteristic cooling time for M87? Use $\Lambda \simeq 10^{-37}$ W m^3.

(d) If the mass in the outer portions of M87 were to undergo a radial free-fall collapse, estimate the free-fall timescale for such a collapse and compare your answer with the cooling timescale.

3.15 Estimate the scale height associated with a Galactic disk having a temperature of 10^4 K. With which component of our Galaxy might such a disk correspond today?

3.16 It has been pointed out many times that given the current rate of star formation, the disk of our Galaxy will be depleted of interstellar gas in the relatively near future. From the data given in Table 24.1 and Section 26.2, estimate how much longer the Milky Way can effectively create new stars without an appreciable infall of new material. How might the period of star formation be prolonged?

3.17 **(a)** From the data in Table 25.4, estimate the escape speed from a dwarf elliptical galaxy.

(b) Compare your answer in part (a) with the speed of the ejecta from a typical Type II supernova.

(c) Compare your answer in part (a) with the thermal velocities of hydrogen ions in a gas having a temperature of 10^6 K.

(d) How might you explain the evolution of ancient, gas-poor systems such as dE's and dSph's?

3.18 Figure 25.17 shows the Whirlpool galaxy, M51, and its companion, NGC 5195. Use the program `Galaxy`, described in Appendix M, to reproduce the appearance of this system. Use 10 rings of 50 stars each, and let the intruder galaxy have one-fourth the mass of the target galaxy. Use $(x, y, z) = (30, -30, 0)$ for the initial position of the intruder galaxy, and use $(v_x, v_y, v_z) = (0, 0.34, 0.34)$ for its velocity (in the units used by the program). Follow the motion for 648 million years (540 time steps).

(a) When does the calculated appearance of the target and host galaxies resemble Fig. 25.17? Indicate the simulation times.

(b) What happens to the system near the end of this time period?

(c) Rerun the program, changing the initial x coordinate from 30 to -30 (and leaving everything else the same). Describe the difference in the outcomes.

3.19 `Galaxy` was used in Problem 26.18 to reproduce some the features of the Whirlpool galaxy, shown in Fig. 25.17. Run the program again, using the same values of the mass, initial position, and initial velocity of the intruder galaxy, but use only *two* rings with 24 stars each.

(a) Compare the initial speed of the intruder galaxy with the orbital speeds of the nearby stars. Describe (in words) how the spiral pattern forms. Follow the motion for 360 million years (300 time steps).

(b) Rerun the program, changing the initial x coordinate from 30 to -30 (and leaving everything else the same). Describe and physically explain the differences between this and the behavior of the stars in part (a).

3.20 Figure 26.6 shows the Cartwheel galaxy, the result of a high-speed, head-on collision. Use the program `Galaxy`, described in Appendix M, to investigate how a nearly head-on collision may have produced this ring galaxy. Use 10 rings of 24 stars each, and assume that the galaxies involved have equal masses.

(a) Try an exact head-on collision first. Let $(x, y, z) = (0, 0, 35)$ for the initial position of the intruder galaxy, and let $(v_x, v_y, v_z) = (0, 0, -1)$ for its velocity (in the units used by the program). Follow the motion for 78 million years (65 time steps), and describe what happens. Could such a process be responsible for Fig. 26.6?

(b) Explain how the force of gravity, always acting inward, could have caused the rings of stars to *expand*.

(c) Investigate what happens if the initial value of the x coordinate varies between 0 and 10 (with everything else unchanged). Which values (roughly) do the best job of reproducing the appearance of a ring galaxy with the least disruption of the target galaxy?

4장

우주의 구조

4.1 은하계 밖의 거리척도

하늘의 드라마는 2차원 무대에서 펼쳐진다. 관측들은 적경과 적위라는 2차원 좌표계는 쉽게 제공하는데, 이 좌표계는 천구 상에서 천체의 위치를 결정해 준다. 그러나, 천체의 거리는 그렇게 쉽게 얻어지지 않는다. 천문학자들은 오늘날 멀리 떨어진 은하들까지의 거리를 추정하기 위해 여러 가지 방법을 사용한다. 이 절에서 우리는 여러 가지 방법들을 소개할 것이다; 어떤 것들은 개별 항성의 물리량을 사용하고, 어떤 것들은 다른 천체들(구상성단, 행성상 성운, 초신성, H II 영역 등)을 이용하고, 또 어떤 것들은 전체 은하들과 은하단의 통계적 성질에 의존하기도 한다. 거리라는 3번째 차원은 두 가지 의미로 중요한데, 왜냐면, 3.2절에서 우리가 보았듯이, 천문학자들이 우주를 더욱 깊숙이 바라볼 때, 그들은 더욱 더 오래된 빛이 나오는 시간을 뒤로 바라보기 때문이다. 우주 공간에서 은하의 위치를 이해하는 것 뿐만 아니라 시간의 깊이를 이해하는 것도 아주 중요하다.

3번째 차원의 정체 밝히기

태양 주변에서 거리를 측정하는 방법은 1권에서 공부하였다. 1761년 삼각시차

방법이 금성까지 거리를 추정하는데 사용되었는데, 그것으로 인해 케플러 태양계의 크기가 재조정되었다. 베셀(Friedrich Wilhelm Bessel)이 1862년 61 Cygni에서 1년 동안 약간의 위치 변화를 측정했을 때, 그는 지구궤도의 실제 크기를 삼각시차 방법과 조합하여서, 61 Cygni가 태양보다 650,000배 더 멀리 떨어져 있음을 발견하였다. 오늘날, 측량사들의 삼각시차 방법으로 kpc 정도의 거리까지 측정할 수 있다.[1] 우리는 또한 움직이는 성단 방법(1.3절)을 써서 Hyades 성단의 거리를 결정할 수 있었다. 거기에, H-R도 상에서 산개성단의 주계열을 Hyades 성단의 주계열과 비교하는 주계열 맞추기(7.3절(2권)과 1.3절)를 써서 7kpc 정도까지의 이 성단의 거리를 알아내는데 사용될 수 있다. 이런 형태의 다양한 측정과 눈금 조정 방법을 반복적으로 이용하는 것이 은하계 밖 거리척도의 단계를 구성하며, **우주론적 거리 사다리**라고 부른다.

윌슨-밥푸(Wilson-Bappu) 효과

분광시차(2.2절(2권)에 논의됨)는 원리상 7 Mpc 떨어진 항성까지 신뢰한 만한 거리를 얻을 수 있지만 수백 kpc 정도(마젤란 성운까지 도달하는 데는 충분하다)까지 사용된다. 몇몇 항성들은 그들의 스펙트럼에서 특별한 특징을 지니고 있어서, 그들의 절대등급과 거리까지도 계산이 가능하다. 예를 들어, Ca의 K 흡수선은 아주 넓어질 수 있는데, K0형 분광형에서 최고 세기 도달한다(2.1절(2권)). 채층을 지닌 만기형 항성들에서(G, K와 M형), 좁은 방출선이 관측되는데, 이 방출선은 K 흡수선에 중심을 두고 있다. 이 방출선의 너비는 항성의 안시절대등급과 밀접한 상관관계를 보인다. 이것이 1956년 윌슨(Olin C. Wilson, Jr., 1909-1994)과 밥푸(M. K. Vainu Bappu, 1927-1982)가 발견한 윌슨-밥푸 효과로 15등급을 넘는 범위의 항성까지 사용할 수 있다.

세페이드 거리척도

더 멀리 떨어진 천체들에 대해, 천문학자들은 리빗(Henrietta Leavitt)에 의해 발견된 세페이드의 주기-광도관계를 사용한다(8.1절(2권)). 이 관계를 사용하려면, 먼저 고전 세페이드까지의 거리를 알아내서 눈금조정을 해야 한다. 불행하게도,

1) 가까운 행성까지의 거리는 지구에서 보낸 레이더 파가 행성의 표면에 반사해서 되돌아오는데 걸리는 시간을 측정해서 수 km 정확도로 결정될 수 있다. 그러나, 반사된 파의 세기가 급격하게 감소하기 때문에 $(1/r^4)$, 이 방법은 1 광시(light-hour) 또는 10^9 km 정도 이내에서만 사용 가능하다.

가장 가까운 세퍼이드 변광성인 북극성조차도 너무 멀리 떨어져 있어(≈ 200 pc) 삼각시차를 사용할 수 없다. 그러나 1913년 헤르츠스프룽(Ejnar Hertzsprung)은 국부정지좌표에 대해 $16.5\ \mathrm{km\,s^{-1}}$인 태양 운동을(1.3절) 시차 측정을 위한 긴 기선으로 사용하였다. 이 **영년(secular) 시차** 방법으로 그는 6.6일의 주기를 지닌 고전 세페이드까지의 평균 거리를 추정해냈다. 헤르츠스프룽은 이 정보를 주기-광도 관계의 눈금 조정을 하는 데 사용하였다; 세플리(Harlow Shapley)는 곧바로 비슷한 과정을 수행하였다. 그 때부터, 많은 세페이드까지의 거리를 시차를 포함한 여러 가지 방법으로 측정하였으며, 주기-광도 관계가 잘 설정되기 시작하였다. 8.1절(2권)에서 다룬 바와 같이, 천문학자들은 오늘날, V 필터에서 H-R도의 불안정 띠의 유한 너비를 생각하여

$$\boxed{M_{\langle V\rangle} = -3.53\log_{10} P_d - 2.13 + 2.13(B-V)} \tag{4.1}$$

와 같은 주기-광도관계를 사용한다(V 필터에서 주기-광도관계인 식 (8.1)(2권)과 비교해보라). 여기서 P_d는 일단위의 맥동 주기이고, $B-V$는 색지수이다; 고전 세페이드에 대해 $B-V\approx 0.4$에서 1.1이다. 항성의 절대 등급을 계산한 후에 겉보기 등급과 차를 구하여 거리 지수를 얻을 수 있다; 식 (1.1)은 이제 소광(등급단위로)을 알기만 하면 항성까지 거리를 구할 수 있다.

세페이드 변광성이 거리 척도로서 매우 중요한 가치를 갖는 항성이라는 사실이 곧 알려졌다. 1917년에 세플리는 구상성단에서 종족 II 세페이드의 거리를 측정하고, 그 값으로 우리은하의 직경이 100 kpc 라고 추정하였고 그 중심에서 태양까지 거리가 15 kpc 라고 추정하였다.[2] 그리고 1923년, 허블(Edwin Hubble)은 안드로메다 은하에서 여러 개의 세페이드를 발견하여서, 그 세페이드가 285 kpc 떨어져 있다고 발표하였다(현재 사용되는 수치는 770 kpc, 2.1절을 보라). 허블의 연이은 관측을 통해 M31이 우리은하의 가장자리에 놓여있는 작은 성운이 아니라 외부은하라는 것이 밝혀졌다.

세페이드의 맥동주기와 그 절대 등급사이에 상관관계가 존재한다는 것은 이들 항성들이 맥동을 야기하는 물리적 과정들이 규명되기 여러 해전에 이미 거리를 결정하는 표준 촉광으로 사용될 수 있었음을 의미한다. 세페이드를 거리 척도로

2) 우리은하의 크기에 대한 세플리의 값은 그 후 상당히 개선되었다는 것에 주목해보자. 현재 진행되고 있는 개선과정은 1.2절에 기술되었다.

사용할 때에 무척 조심해야 하며, 이에 관련된 역사를 돌이켜 볼 만하다. 당시에는, 3가지 종류의 맥동 항성이 우리은하의 크기를 결정하고 M31까지의 거리를 결정하는데 사용되고 있다는 것을 알지 못했다. 더군다나, 성간 티끌 성운의 존재가 20세기 초에 바나드(Edward Barnard, 1857–1923)에 의해 알려졌지만, 별빛을 소광하는 희미한 성간 가스와 티끌의 존재는 아직 드러나지 않았었다. 마젤란 성운의 리비트(Leavitt) 변광성은 고전적 세페이드였던 반면(종족 I 항성), 세플리에 의해 구상성단에서 관측된 세페이드는 W Virginis 와 RR Lyrae 항성들이다(이 둘 모두가 종족 II 항성이다).[3] W Virginis 항성들은 같은 주기의 고전 세페이드보다 1.5등급정도 어둡고, 이는 4배정도 낮은 광도를 갖는다. 헤르츠스프룽과 후에 세플리가 주기–광도관계의 눈금 조정을 하였을 때, 그들은 가까이 있는 세페이드를 사용하였지만, 소광효과는 무시하였다. 어느 누구도 우리은하의 원반내에 있는 티끌이 이들 항성들을 (하필이면 같은 값인)1.5등급 어둡게 한다는 것을 알아차리지 못했다.

그래서 W Virginis 항성들을 사용하였을 때 얻는 주기–광도 관계가 딱 맞아떨어졌다는 것은 우연이라 할 수 있다. 그러나, 이 주기–광도 관계를 고전 세페이드에 적용하면 실제보다 더 어두운 절대 광도를 얻을 것이다. 허블이 이 눈금 조정을 M31과 다른 은하들의 거리를 알아내기 위해 사용하였을 때(우리 은하면에서 멀어 소광이 적은 방향으로 관측하였을 때), 그의 세페이드의 겉보기 등급은 옳았지만, 그러나 절대등급 추정값이 너무 컸다. 결과적으로, 그들의 거리지수($m-M$)와 추정된 거리 자체가 과소평가되었다. 항성들은 실제보다 더 어둡고 더 가깝게 추정되었으며, 그들이 속해있는 은하는 실제 거리의 절반과 실제 크기의 절반 정도로 추정하였다.

세플리는 구상성단에 있는 W Virginis 항성(당시의 그는 이 형태의 변광성 존재를 인지하지 못했다)을 사용한 관측에서 비슷한 오류를 범했다. 그가 택한 변광성들은 그가 사용한 주기–광도 관계를 잘 만족하는 부류의 변광성이지만, 세플리가 관측한 W Virginis 별들은 우리은하 평면에 놓여 있었다. 원반 안에 있는 티끌에 의한 소광 효과로 인하여 별은 더 어둡게 보이고 겉보기 등급이 올라간다. 소광의 중요성이 당시에 알려져 있지 않았으므로, 세플리는 이 항성들이 멀리 있기 때문

3) 세플리는 W Virginis와 RR Lyrae 항성들을 포함한 성단들을 RR Lyrae의 주기–광도관계의 눈금조정을 하기 위해 사용하였다. 그는 RR Lyrae항성의 관측들을 더 밝은 W Virginis가 결핍된 성단에 적용하였고, 그렇게 오차는 계속 전파되었다.

에 어둡다고 오해하였다. 그 결과 구상성단까지 거리를 과대평가하였으며, 이에 따라 그가 계산한 우리은하의 크기도 실제보다 매우 컸다.

무언가 분명히 잘못되었었다. 우리은하는 당시 조사된 다른 어떤 은하들보다 아주 큰 것처럼 보였다. 우리 인간이 거주하는 곳이 특별하다는 점은 천문학자에게는 불편한 사실이다. 트륨플러(Robert Trumpler, 1886-1956)가 1930년 성간감광을 증명해 냈을 때 이 문제의 일부가 해결되었다. 이 어려운 문제의 나머지는 1952년 바데(Walter Baade)가 고전적 세페이드와 원래 어두운 W Virginis 항성들 두 종류의 세페이드가 존재한다는 것을 알아내면서 해결되었다.[4] 이런 보정을 거쳐, 다른 은하들에 대해 측정된 거리와 크기가 두 배가 되었으며, 우리은하는 M31보다 약간 작은 것으로 축소되었다.

1990년대 초에, 주기-광도 관계에 대한 눈금조정은 1권에 기술된 히파르쿠스 위성 자료를 이용하여 수행되었다. 히파르쿠스 천문학자들은 273개 세페이드들의 시차를 측정하였고, 결과로 얻어진 거리들을 사용하여 식 (8.1)(2권)에 인용된 주기-광도관계를 유도하였다. 이는 아마추어 천문학자들의 협조가 필수적이었으며, 그들은 세심한 광도곡선을 얻어 적당한 위상에서 이들 변광성들의 밝기를 측정하였다. 이것이 직접적인 측정으로 얻어낸 첫 번째 주기-광도관계였고, 그 결과는 미국 천문학자 샌디지(Allan Sandage)와 그의 스위스 동료 탐만(Gustav Tammann)이 1968년 구한 식과 거의 똑같다는 것은 흥미로운 일이다. 추가적 세부 조정이 분명 뒤따라야 하겠지만, 세페이드는 분명 다른 은하들까지의 거리를 측정하는데 확고한 기초를 제공한다.

세페이드가 표준촉광으로 사용될 때, 성간소광은 아직도 가장 큰 오차의 원인이며, 중원소 함량도 추가적으로 문제를 일으킨다. 소광문제는 이들 항성들이 적외선 파장에서 관측될 때 덜 심각하며, 그 이유는 적외선은 티끌영역을 더 쉽게 통과하기 때문이다(그림 8.6(2권)). 그러나, 세페이드가 적외선 파장에서 3등급 더 어둡기 때문에, 천문학자들은 여전히 가시광 영역에서 세페이드를 탐색한다.

Virgo 은하단의 은하들까지 세페이드를 이용해서 얻는 거리는 15 Mpc에서 25 Mpc에 이른다. 이들 값들의 변화는 주로 시선을 따라 Virgo 은하단이 공간적으로 크게 퍼져있기 때문이며, 세페이드가 관측되는 나선은하들은 주로 성단의 바깥쪽

4) 바데는 1944년 종족 I항성과 종족 II 항성을 서술하였고, 그때는 거기에 상응하는 두 종류의 세페이드가 존재하지 않을까 생각했었다.

에서 관측되고 핵에서는 관측되지 않는다는 사실에 근거하게 된다. 현재, 가장 멀리 떨어진 것으로 알려진 고전 세페이드는 29 Mpc 떨어져 있고, 사자자리 방향에 있는 나선은하 NGC 3370에 속해있다.[5)] 전체적으로 볼때, 고전 세페이드를 표준촉광으로 사용했을 때 불확실도는 LMC에대해 7%정도에서 더 먼 은하들에 대해 약 15%정도까지 변화한다.

거리가늠자로서 초신성

초신성은 은하계밖 거리를 측정하는데 여러 가지 방법으로 사용될 수 있다. 초신성의 광구 각크기가 $\theta(t)$로 관측되었다 가정해보자. 팽창하는 가스들의 각속도는 $\omega = \Delta\theta/\Delta t$는 시간 간격 Δt를 두고 두 번 관측하고 이를 비교하여 얻을 수 있다. 만일 d가 초신성까지 거리라면, 팽창하는 광구의 횡단속도는 $v_\theta = \omega d$가 된다. 팽창이 구형대칭으로 일어난다고 가정하면, 이 횡단속도는 초신성의 도플러 편이된 스펙트럼선으로부터 얻어진 시선방향 방출속도 v_{ej}와 같아야 한다. 이제, 초신성까지의 거리가 얻어진다:

$$d = \frac{v_{\mathrm{ej}}}{\omega}$$

대부분의 초신성은 이 방법을 적용하기에는 너무 멀리 떨어져 있어서, 다른 방법을 선택한다. 뜨거운 가스들의 팽창하는 껍질이 흑체복사한다고 가정한다(1차 어림으로). 그러면, 초신성의 광도는 식 (3.17)(1권)의 스테판–볼츠만법칙에 의해

$$L = 4\pi R^2(t)\sigma T_e^4$$

로 주어지는데, $R(t)$는 팽창하는 광구의 반경이고, t는 초신성의 나이이다. 만일 우리가 방출되는 물질의 시선속도가 거의 상수로 유지된다고 가정한다면, $R(t) = v_{\mathrm{ej}} t$가 된다. 광구의 유효온도는 흑체복사 스펙트럼의 성질로부터 얻어진다. 광도를 얻기만 하면, 이를 절대등급으로 변환할 수 있고(식 3.8), 관측된 겉보기 등급과 비교를 통해 초신성까지 거리를 구할 수 있다. 물론, 초신성의 팽창하는 껍질 광구는 완전히 구형대칭도 아닐 뿐만 아니라 완전 흑체도 아니다. 두 방법 모두 성간 소광의 정확한 값을 알기 어렵다는 문제점을 갖고 있다. 그러나, 최근 항

5) 이들 먼 세페이드들의 관측에 대한 자세한 사항들은 Riess et al.(2005)를 보라.

성 형성 지역에서 발견되는 핵심부 붕괴 초신성(Ib, Ic, II형 초신성)의 경우 이 문제는 더 심각하다. 이렇게 얻어지는 거리의 불확실도는 15%(M101의 경우)에서 25%(Virgo 은하단의 경우)의 영역에 놓여있다.

예제 4.1.1

최고밝기에 도달한 후 25일에, Ia형 초신성의 평균스펙트럼은 6000±1000 K의 유효온도를 지닌 흑체스펙트럼이다. 도플러 편이된 흡수선으로부터 얻은 껍질의 광구속도는 9500±500 km s^{-1}이다. 만일 최고 밝기까지 상승시간이 17±3 days라면, 평균적으로 볼 때 Ia형 초신성이 $t=42$days일 때, 광도는

$$L \approx 4\pi\left(v_{\mathrm{ej}}t\right)^2\sigma T_e^4 = 1.10\times10^{36}\ \mathrm{W} \tag{4.2}$$

이 된다. 1권으로부터, 이 시간에서 절대복사등급은 다음과 같다:

$$M_{\mathrm{bol}} = M_{\mathrm{Sun}} - 2.5\log_{10}(L/L_\odot) \approx -18.9$$

Ia형 초신성의 광도곡선

초신성을 거리 측정에 이용하는 가장 중요한 방법은 Ia형 광도 곡선이 서로 닮았다는 것을 이용하는 것이다. 12.5(2권)에 논의된 바와 같이, 이들 초신성들은 청색이고 최고밝기에서의 안시절대등급이 $\langle M_B\rangle\simeq\langle M_V\rangle\simeq-19.3\pm0.03$이다. 만일 Ia형 초신성의 최대 밝기 등급을 구할 수 있다면, 거리를 결정할 수 있다.

실제로는, 초신성이 여러 파장에서 시계열로 관측된다. 다색광도곡선법(multi-color light curve shapes method, MCLS 방법)은 광도 곡선의 모양을 매개변수화된 표준광도곡선들과 비교하여 초신성의 최대 광도를 결정하는 방법이며, 초신성을 최대 밝기인 시점을 지나서 발견했을 경우에도 이 방법을 적용할 수 있다. MCLS 방법을 사용하면 성간소광량을 구하여 이 효과를 제거할 수 있다.

다른 접근으로는 확장방법으로, 시간에 따라 확장된(또는 압축된) 하나의 표준광도곡선에 B와 V 광도곡선을 짜맞추는 것이다(그림 4.1). 피이크 등급은 이제 확장인수에 의해 결정된다. 이 방법들을 써서 Ia형 초신성을 5%에 육박하는 불확실도내에서 거리를 결정할 수 있으며, 이는 거리지수 $m-M$에서 0.1등급의 불확실도에 해당한다.

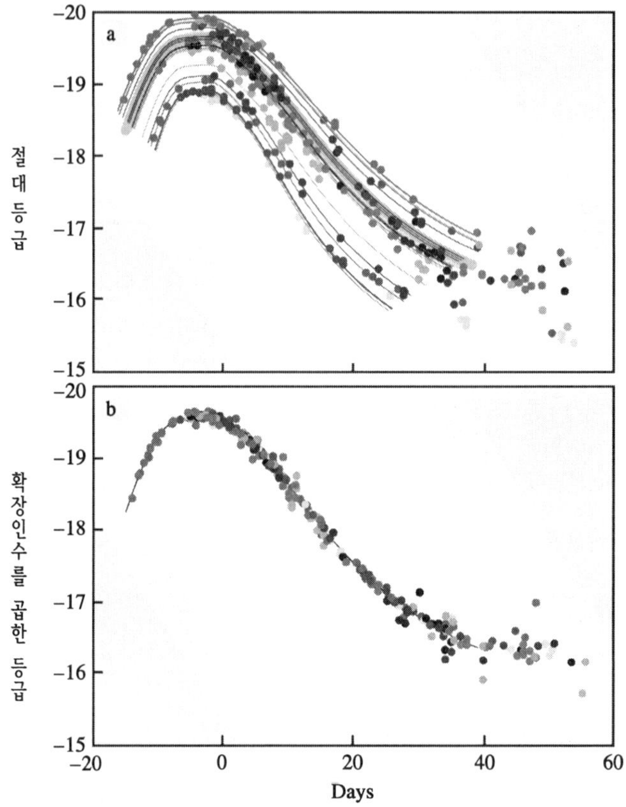

▌그림 4.1 낮은 적색편이를 보이는 Type Ia초신성의 표준 광도곡선들 (a) 관측된 Ia 형 초신성의 광도곡선들 (b) 시간척도 확장인수를 적용한 후의 광도곡선들. 청색 절대등급이 y 축에 제시되었다.(출처 : Perlmutter, Physics Today, 56,No.4,53, 2003).

예제 4.1.2

NGC 1084에 있는 Ia형 SN 1963p는 가장 밝았을 때에 B=14.0의 겉보기 등급을 지닌다. 그러면 그 은하에 대한 소광이 0.49등급일 때, 초신성까지 거리는

$$d = 10^{(m-M-A+5)/5} = 41.9\ \text{Mpc}$$

이 된다.

Ia형 초신성이 가장 밝은 세페이드 변광성보다 13.3등급정도 더 밝기 때문에(-6등급에 비해 -19.3등급), 이 방법이 세페이드를 이용한 방법보다 500배 정도 더 멀리 도달할 수 있고, 진정한 의미의 우주론적 거리인 1000 Mpc을 초과하는 거리 추정이 가능하다.[6] 특정한 은하에서 초신성 폭발을 관측할 확률은 대단히 낮지만, 넓은 시야에 걸쳐 매우 많은 은하들에 대한 정교한 초신성 탐사 관측 프로그램을 수행하면 이러한 낮은 확률을 충분히 보상하고 남을 수 있다. 20세기 말엽에는, 두 개의 천문학자 팀들이 Ia형 초신성의 큰 적색편이 관측을 주의깊게 수행한 결과 우주에서의 팽창이 가속되고 있다는 것을 발견하였는데, 이는 6.4절에서 더 자세히 공부한다. 초신성/가속 탐사(SNAP Supernova/Acceleration Probe)위성이 현재 설계 중에 있고 2010년에 발사될 예정이다. 이 위성의 임무는 수천 개의 멀리 있는 Ia형 초신성을 관측하고 중력렌즈연구를 위해 전체 하늘의 수 %의 지도를 작성하는 것이다.

신성을 이용한 거리 결정

팽창하는 광구의 크기로부터, 신성은 초신성과 같은 방법으로 거리결정에 이용할 수 있다. 또한, 최대 밝기에서 신성의 절대등급 변화가 다양할지라도, 신성의 최고 안시등급, $M_V^{\max}$과 안시등급이 2등급 떨어지는데 걸리는 시간 사이에는 상관관계가 존재한다.[7] 결과적으로 신성 또한 표준촉광으로 사용할 수 있다.

신성에 대해 이런 관계가 성립하는 이유는 질량이 더 크고, 더 작은 백색왜성이 더 심하게 압축이 되고 그 표면에 모이는 가스들을 가열하여 runaway열핵반응이 아주 작게 축적된 질량에서 점화될 수 있기 때문이다; 12.5절(2권)을 보라. 질량이 작은 표면층은 더 쉽게 방출이 되고, 신성은 더 빨리 어두워진다. 처음 2등급까지 어두어지는 평균 비율을 $\dot{m}$(단위는 mag/day)로 써보면, 이 관계는 우리은하내 신성에 대해

$$M_V^{\max} = -9.96 - 2.31 \log_{10} \dot{m} \tag{4.3}$$

6) II형 초신성은 Ia형 초신성보다 2등급정도 어두워서, Ia형으로 알아낼 수 있는 거리의 40%정도밖에 도달하지 못한다.

7) 이 상관관계에 대해 신성이 2등급, 3등급 등으로 떨어질 때 걸리는 시간을 이용한 여러 가지 다양한 관계들이 있다.

로 쓸 수 있는데, 정확도는 ±0.4등급이다. 2등급이 어두워진 후에, 가장 밝은 신성은 가장 밝은 세페이드와 비슷한 밝기이며 이들 두 가지 방법들이 우주공간의 같은 영역(약 20 Mpc, 처녀자리 은하단을 막 지나서)을 보게 해 준다.

간접적인 거리가늠자

더욱 더 먼 은하까지 거리를 구하기 위해서, 폭발 시점을 예측할 수 없는 초신성과 연관된 기법들을 제외하고는, 거리결정을 하는데 간접적인 방법들을 사용해야 한다. 이미 기술된 직접 방법과는 달리, 이들 간접적인 거리 가늠자들은 보정을 위해 거리가 알려진 은하들을 필요로 한다. 더 먼 거리를 구하는 한 가지 방법은 한 은하에서 가장 밝은 천체들을 이용한다. 예를 들어, 한 은하에서 3개의 가장 밝은 거대 H II영역들을 표준촉광으로 사용할 수 있다. 이온화 수소를 $10^9 M_\odot$ 정도 지니고 있는 이 영역은 아주 먼거리에서도 보인다. H II 영역의 각크기와 은하의 겉보기 등급의 측정값들을 거리가 알려진 다른 은하들에 대한 비슷한 측정값들과 비교할 수 있다. 이로부터 은하의 절대등급과 함께 H II 영역의 선형크기(pc 단위로)를 계산할 수 있다. 그러나, H II 영역의 직경을 명백하게 정의하기 어렵기 때문에, 이 과정은 상대적으로 거리에는 민감하지 않게 되므로 조심하여 사용해야 한다.

가장 밝은 적색 초거성들은 험프리스(Roberta Humphreys)가 수행한 밝은 항성들의 사려깊은 연구에서 보인 바와 같이, 모든 은하들에서 같은 절대안시등급을 지니고 있는 것 같다. 겉보기에, 질량손실에 의하여 밝은 적색초거성들은 똑같은 최대질량으로 감소되어 이들은 같은 광도를 지니게 된다. 다양한 은하들을 조사해보면 3개의 밝은 적색항성들의 평균 안시등급이 $M_V = -8.0$인 것으로 나타난다. 이 방법은 사용하려면, 개별 항성들이 분해가 되어야 하기 때문에, 그 사용 범위는 분광시차를 이용한 방법의 범위인 7 Mpc정도가 된다.

구상성단 광도함수

이 방법들에서 어쩔 수 없는 문제인 표본이 작다는 점("가장 밝은 3개의 ...")때문에 오차가 생길 수 있다. 한 은하와 관련이 있는 한 부류의 천체들을 가능한 완전하게 목록화하고, 이들 천체들의 등급에 대한 분포를 조사하는 것이 통계적으로 더 안전하다. 예를 들어, 그림 4.2는 처녀자리 은하단에 있는 4개의 거대 타원은하 주변에 있는 구상성단에 대한 구상성단 광도함수를 보여주고 있다.[8)]

8) 광도함수는 2.4절에 소개되었다.

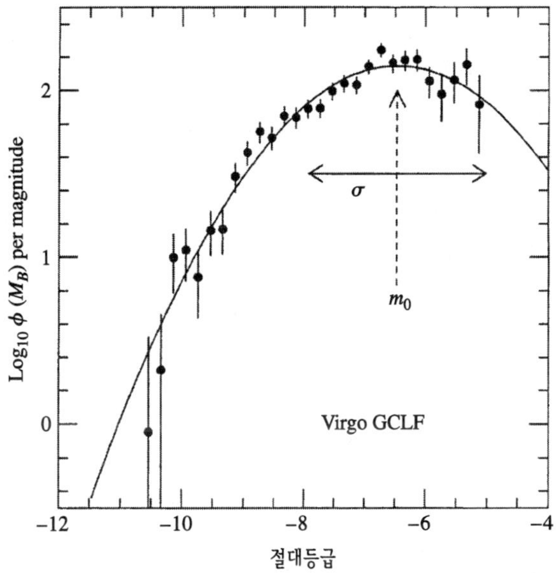

▌그림 4.2 처녀자리 은하단이 있는 4개의 거대 타원은하들 주변의 구상성단들의 광도함수. B=26.2보다 밝은 약 2000개의 성단들이 사용되었다. 처녀자리 은하단까지의 거리는 17 Mpc의 값이 택해졌다.(출처 : Jacoby(KPNO/NOAO), Harris(Mc-Master Univ)에 의해 Publ. Astron. Soc. Pac., 104, 599, 1992의 논문을 위해 만들어짐)

이 그림에서, $\phi(M_B)dM_B$는 M_B와 M_B+dM_B 사이의 청색 절대등급을 지닌 구상성단의 개수이다. 이 분포는 가우스 함수로 잘 근사되고(그림에서 실선), 반전등급 $M_0 \simeq -6.5$에서 확실한 최대값을 지니고 있다(M_0의 값은 절대등급 계산에 사용된 처녀자리 은하단까지의 거리에 종속된다는 것에 유념하자). 반전등급의 값은 다른 은하에 있는 구상성단까지의 거리를 찾아내는데 사용될 수 있는 표준촉광을 제공해준다.

거리를 구하는 과정은 조사하려하는 은하에서 광도함수를 먼저 측정하고, 그 겉보기 반전등급 m_0를 처녀자리 은하단의 M_0와 비교하는 것이다. 최상의 결과는 거대 타원은하 같이 구상성단을 많이 지니고 있는 은하들에서 얻어진다; 그림 2.16을 떠올려보라. 물론 광도함수의 밝은 끝점에서 짜맞추기를 하는(덜 바람직한)방법이 있기는 하지만, 계산된 $\phi(m_B)$값이 반전점을 지나는 곳까지 잘 퍼져있으면 더 바람직하다. 전체적으로, 이 방법에서 은하의 거리 지수 오차는 약 0.4등급이며, 이는 약 20%정도의 거리 불확실도에 해당한다. 구상성단들은 아주 먼 곳에서부터 관측이 되는데, 앞으로는 이 기법이 처녀자리 은하단 너머 50 Mpc까지 도달할 수 있을 것이다.

불행하게도, 물론(M31과 우리은하를 포함한) 9개의 은하들에 대해 $M_0 = -6.6 \pm 0.26$의 평균값이 나타나지만, 모든 형태의 은하들에게 적용되는 일반적인 구상성단 광도함수가 존재하는지에 대해서는 아직 확실하지 않다. 이런 겉보기에 일치하는 것에 대한 물리적 근거가 확실하지 않다. 그러나, 구상성단들은 오래된 항성들을 지니고 있고, 그래서 은하들에서 일어나는 계속되는 진화가 개별 성단들에게 심각한 영향을 주지는 않는다고 가정하는 것이 합리적이다.

행성상성운 광도함수

비슷한 통계적인 분석을 은하의 행성상성운에 적용할 수 있다. 그림 4.3은 500.7 nm의 파장에서 관측한 Leo I 은하군에 있는 행성상 성운에 대한 광도함수(PNLF, planetary nebular luminosity function)를 절대등급의 함수로 나타낸 결과이다.[9] 이런 방식으로 외부은하의 행성상 성운을 이용하는 것은 약 20 Mpc 정도 내의 타원은하까지의 거리를 추정하는데 신뢰할 수 있는 방법이다. 많은 개수의

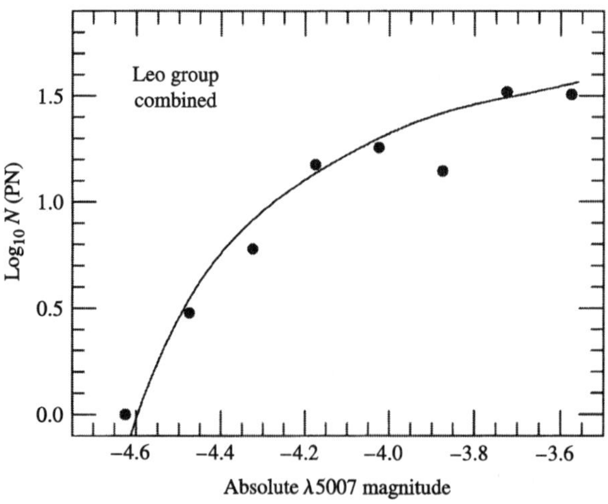

▮ 그림 4.3 Leo I은하군에 대한 행성상성운 광도함수(출처 : Ciardullo, Jacoby and Ford, Ap.J., 344, 715, 1989)

9) 이는 산소의 금지선이다 [OIII]. 관측은 3nm 정도의 너비를 지닌 필터를 사용해 이루어진다; 3.6절을 보라.

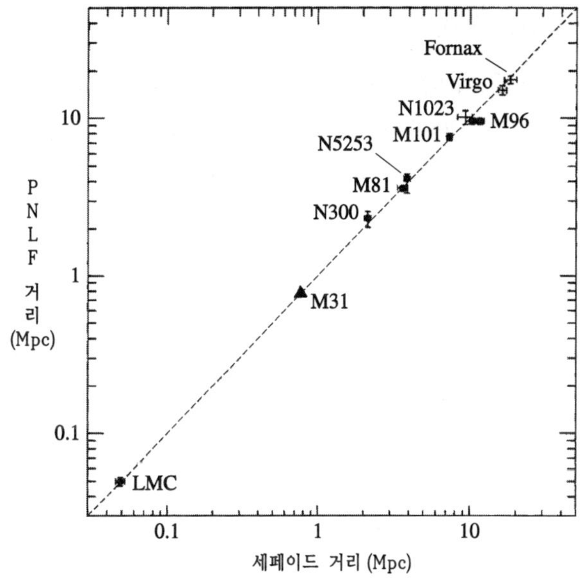

▌그림 4.4 행성상성운 광도함수를 이용해서 얻은 거리와 세페이드를 이용해서 얻은 거리의 비교(출처 : Jacoby, in Harmonizing Cosmic Distance Scales in a Post-Hipparcos Era, ASP Conf. Ser. 167,175,1999)

은하들이 연구되면서, x-축 절편에 대한 값은 그림 4.3에 표시된 그림으로부터 M_{5007}=-4.53까지 감소한다. 이 값을 가장 밝은 행성상성운에 대해 표준촉광으로 채택할 수 있다. 만일 이 방법이 잘 적용될 수만 있다면, 50 Mpc 넘는 거리까지도 도달할 수 있다. 그림 4.4는 행성상성운 광도함수로부터 얻은 거리와 세페이드 변광성으로 얻은 거리들이 잘 일치한다는 것을 보여준다.

표면밝기 변동방법

천문학자들은 100 Mpc 보다 더 먼 곳을 탐사하기 위해 은하들의 전체적 성질을 조사한다. 한가지 믿음직한 방법은 CCD 카메라 같은 검출기가 어떻게 은하의 겉보기 모습을 기록하는지를 이용하는 것이다. 은하의 표면 밝기가 공간적으로 고르지 않으므로, 일부 픽셀에는 다른 픽셀보다 더 많은 별빛을 담을 것이다. 그러나, 전체적인 겉보기 모습은 거리가 증가하면서 더 매끄럽게 되어야 한다. 픽셀마다 밝기 변화의 폭을 통계적으로 분석하면, 이 변동 폭은 이 은하까지 거리와 밀접하게 관련을 맺는다. HST을 이용하여, 표면밝기 변동방법은 125 Mpc 정도까지 도달할 수도 있지만, 보통은 더 가까운 곳에 적용한다.

툴리-피셔 관계

나선 은하들에 대한 툴리-피셔 관계(2.2절)는 또한 외부은하의 거리를 결정하는데 값진 도구를 제공해준다. 2.2절에 논의된 바와 같이, 이는 나선은하의 광도와 최고 회전속도사이의 관계이다. 완전함을 위해, 이 중요한 기법의 예를 보여준다.

예제 4.1.3

M81은하에 대해, $W_R^i = 484\,\mathrm{km\,s^{-1}}$이다. 식 (2.8)로부터, 적외선 절대등급은

$$M_H = -9.50(\log_{10} W_R^i - 2.50) - 21.67 = -23.43$$

이 된다. M81의 H 겉보기 등급은 H=4.29이고(이미 소광 보정이 됨), 툴리-피셔 관계에 의한 M81까지의 거리는 다음과 같다:

$$d = 10^{(H-M_H+5)/5} = 3.50\ \mathrm{Mpc}$$

거리 결정에 대한 툴리-피셔방법의 매력은 정확도에 있는데(주의깊게 선택된 천체들에 대해 불확실도가 ±0.1등급까지 내려가기는 하지만, 적외선영역에서 정확도가 ±0.4등급), 그 도달거리도 크다(100 Mpc 까지). 더욱이, 거리가 세페이드에 의해 정확하게 측정된 가까운 나선은하들은 눈금조정을 위해 사용될 수 있다. 툴리-피셔방법이 처녀자리 은하단에 있는 161개 나선은하들에 적용되었다. 그 결과는 성단의 3차원지도를 제공해주었고, 그래서 처녀자리 은하단이 시선방향을 따라 하늘에서 그 직경보다 4배정도 더 퍼져있다는 것을 보여준다. 툴리-피셔방법은 또한 약 90 Mpc 떨어진 코마 은하단을 연구하는데 사용되어지고 있고, 또 그 보다 더 멀리 떨어진 천체의 거리에도 적용되었다. 이 방법은 외부은하까지의 거리를 측정하는데 가장 널리 사용되는 방법 중의 하나이다.

$D-\sigma$ 관계

타원은하들에 대해 비슷한 관계인, 페이버-잭슨 관계($L \propto \sigma_r^4$)는 상당한 산란을 보인다; 그림 2.33을 생각해 보라. 아주 최근에, $D-\sigma$ 관계라는 개선책이 나왔는데, 이는 속도분산과 타원은하의 직경 D의 관계를 고려한다. 더 정확하게 말하면,

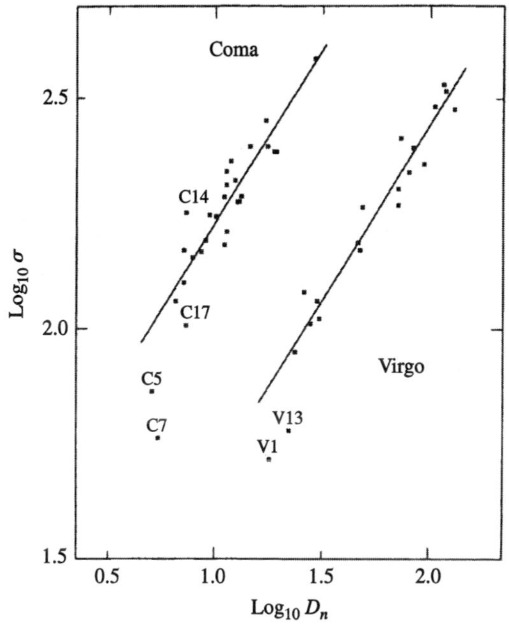

▮ **그림 4.5** 처녀자리 은하단과 코마 은하단에 있는 은하들의 직경 D(arcsecond)와 속도분산 σ(km s^{-1} 관계)(출처 : Dressler et al., Ap. J., 313, 42, 1987)

D는 20.75 B-mag arcsec^{-2}의 표면 밝기를 보이는 곳까지 은하의 각직경이다.[10] 표면밝기가 은하의 거리에 무관하기 때문에[11](6.1절(1권)과 3.1절(2권)을 상기해보라), D는 은하의 거리 d에 역비례한다. 만일 은하가 두 배 정도 더 멀리 떨어져 있다면, 그 각직경은 절반 정도 될 것이다. σ와 L사이보다 σ와 D사이에 더 밀접한 관계가 존재한다; 그림 4.5를 보라. 은하단에서 은하들에 대해 $\log_{10}D$과 $\log_{10}\sigma$ 사이의 경험관계식은(모든 은하들이 같은 거리에 놓여있다),

$$\log_{10} D = 1.333 \log \sigma + C \tag{4.4}$$

이 되는데, 여기서 상수값 C는 은하단의 거리에 의존한다. 불행히도, 세페이드와 같은 직접적인 거리가늠자로 $D-\sigma$ 방법을 정확하게 눈금조정을 할 수 있는 밝은

10) 실제로는, 이는 반경, 표면밝기 그리고 속도분산을 관계하기 때문에, 2.4절에 논의된 기본 평면의 또 다른 표현이다.

11) 엄밀히 말하면, 이 주장은 시공간 곡률이 중요해지는 우주론적 거리인 500 Mpc 이내에서만 옳다(6장을 보라).

타원은하가 없다. 그러나, 그림에서 직선의 기울기가 아주 똑같기 때문에, 두 개 서로 다른 은하단의 선들의 수직거리는

$$\log_{10} D_1 - \log_{10} D_2 = C_1 - C_2$$

이 된다. 이제, D가 은하의 거리 d에 역비례하기 때문에, 두 개 은하단의 상대거리는

$$\frac{d_2}{d_1} = \frac{D_1}{D_2} = 10^{C_1 - C_2} \tag{4.5}$$

이용하여 얻어질 수 있다.

예제 4.1.4

식 (4.4)에서, 처녀자리 은하단의 C값은 −1.237이고, 코마 은하단에 대해선 −1.967이다. 그래서, 코마은하단의 거리와 처녀자리 은하단의 거리비는

$$\frac{d_{\text{Coma}}}{d_{\text{Virgo}}} = 10^{C_{\text{Virgo}} - C_{\text{Coma}}} = 5.37$$

이 된다. 코마 은하단이 처녀자리 은하단보다 5배 더 멀리 떨어져 있다.

$D-\sigma$관계는 우주에서 은하군의 분포를 연구하는데 강력한 도구이다. 거대 타원은하들의 고유 광도가 더 크기 때문에 이 기법은 툴리-피셔관계의 영역을 넘어서서 활용될 수 있다.

은하단에서 가장 밝은 은하

가장 밝은 거대 H II 영역들이나 가장 밝은 적색 초거성들이 개별 은하들의 거리를 결정하는데 사용될 수 있는 것처럼, 은하단에서 가장 밝은 은하는 은하단까지의 거리를 얻는데 쓰일 수 있다. 그림 4.6은 그림 2.36에 주어진 것과 같은 합성 은하광도함수이다. 밝은쪽 끝(작은 M)에서 함수가 갑자기 예리하게 꺾이므로, 가장 밝은 은하의 절대등급을 상당히 정확하게 결정할 수 있음을 알 수 있다. 10

개의 가까이 놓인 은하단에서 가장 밝은 은하에 대한 절대 안시등급의 평균값은 $M_V = -22.83 \pm 0.61$ 이다. 이 값은 최대 밝기에서 Ia형 초신성보다 3.2등급이나 밝은 값이어서, 기본적으로 이 방법이 초신성보다 4배 정도 더 멀리 도달할 수 있어, 4000 Mpc 너머까지 도달할 수 있다. 그런 거리에서 도달한 빛은 실제 아주 오래되어서, 우주 공간을 130억년동안 여행해왔다.

그렇게 먼 거리 밖을 바라보는데 이 방법을 사용하는 것의 위험은 3.2절에서 논의된 바와 같이, 은하들과 은하단들이 같이 진화한다는 것이다. 예를 들어, 최근에 형성된 은하단에서 가장 밝은 은하는 10억 년 전에는 현재 형태로 존재하지 않았다는 것이다. 3.1절에서 언급했던바와 같이, 큰 은하단의 중심에서 자주 발견되는 거대 cD은하들은 아마 은하 합병의 결과일 것이다. 그래서, 가까이 있는 은하단을 사용하여 눈금조정한 일반적인 광도함수는 아주 멀리 있어서, 결과적으로 더 젊게 보이는 은하단에 대해서는 적당하지 않다.

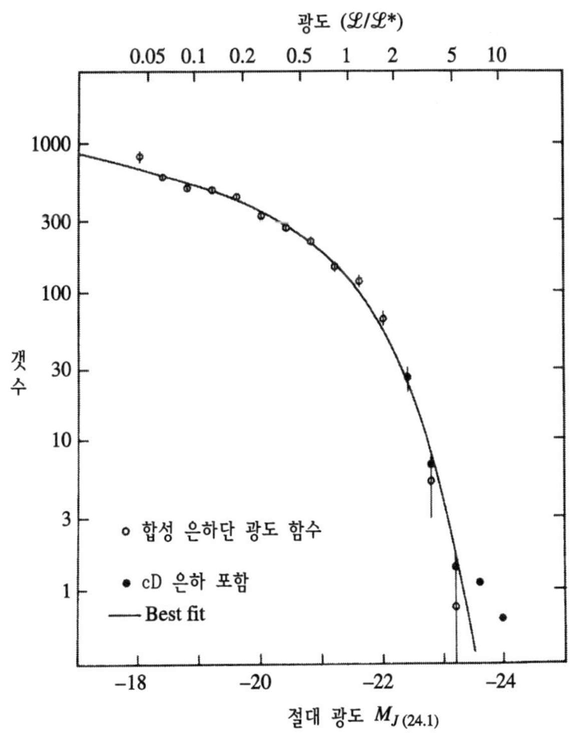

▮ 그림 4.6 여러 은하단들에 있는 은하들에 대한 합성광도함수(출처 : Schechter, Ap. J., 203, 297, 1976).

거리가늠자에 대한 요약

이제 외부은하까지의 거리척도는 짧은 거리에서 가장 먼 거리까지 한 단계씩 차근차근 올라가는 단순한 사다리가 아니다는 것은 확실하다. 천문학자들은 저마다 다른 기법들을 사용하고 서로 다른 눈금조정을 한다. 각 방법들마다 차이가 있고, 위에 언급한 관계들도 견본으로서 보이는 것 뿐이다. 요약해서, 표 4.1은 처녀자리 은하단까지의 거리를 이들 많은 방법들에 결정된 것들의 목록이다. 전체적으로 볼 때, 목록된 거리들은 잘 일치하고 있고, 그래서 우리는 처녀자리 은하단까지의 거리를 약 16Mpc라고 본다(문제 4.19). 이들 방법들은 상당히 정확해서, 수백 Mpc 너머까지 펼쳐지는 우주의 우리쪽 동네의 특징들을 이해할 수 있다.

표 4.1 거리 가늠자(출처 : Jacoby et al., Publ. Astron. Soc. Pac., 104, 599,1992)

Method	Uncertainty for Single Galaxy (mag)	Distance to Virgo Cluster (Mpc)	Range (Mpc)
Cepheids	0.16	15 – 25	29
Novae	0.4	21.1 ± 3.9	20
Planctary nebula luminosity function	0.3	15.4 ± 1.1	50
Globular cluster luminosity function	0.4	18.8 ± 3.8	50
Surface brightness fluctuations	0.3	15.9 ± 0.9	50
Tully–Fisher relation	0.4	15.8 ± 1.5	> 100
D–σ relation	0.5	16.8 ± 2.4	> 100
Type Ia supernovae	0.10	19.4 ± 5.0	> 1000

4.2 우주의 팽창

20세기의 처음 10년동안은, 나선 성운이 우리 은하 밖에 있는 천체라는 사실을 이해하기 전이었지만, 천문학자들이 도플러 편이된 스펙트런 선을 측정하고 은하들의 시선속도에 대한 체계적인 관측을 시작하였다. 만일 이들 천체들의 운동들이 무작위적이라면, 우리은하 내에서 태양의 운동은 성운들의 시선속도들의 벡터 합에 관계될 것이라고 기대하였다.[12] 이런 계획이 실패하리라는 것을 처음으로 발견한 사람은 로웰천문대의 슬리퍼(V.M. Slipher)였다. 성운들의 속도는 무작위적이 아니었다. 대신, 대부분의 스펙트럼은 적색편이된 스펙트럼선이었다. 슬리퍼는 1914년에 안드로메다의 청색편이된 스펙트럼이 지구쪽으로 약 300 km s^{-1} 접근하고 있지만, 그가 조사한 12개 은하들 대부분이 지구로부터 빠르게 멀어져가고 있음을 보고하였다. 이들 은하들은 지구로부터 멀리 떨어져가고 있을 뿐만 아니라 서로에게서 멀어지고 있다는 것을 금방 깨닫게 되었다. 천문학자들은 이들 은하 운동들을 팽창의 개념으로 이야기하기 시작하였다. 그러는 동안에, 슬리퍼는 시선속도에 대한 측정을 계속하였다. 1925년까지 그는 40개의 은하들을 검토하여서, 스펙트럼이 청색편이를 보이는 것들보다 적색편이를 보이는 경우가 더 일반적임을 확인하였다. 슬리퍼는 그가 검토한 은하들 중 거의 모두가 지구로부터 빠르게 후퇴하고 있다고 결론지었다.

우주팽창에 대한 허블법칙

허블이 M31에서 세페이드 변광성을 발견하고, 그것으로 안드로메다 "성운"이 사실은 외부은하라고 하는 사실을 확인한 것은 1925년의 일이다. 허블은 세페이드 탐사를 계속하여서, 18개 은하들까지의 거리를 결정하였다. 그는 자신의 결과를 슬리퍼의 속도들과 결합하여서 은하의 후퇴 속도 v가 은하까지 거리 d에 비례한다는 것을 발견하였다. 1929년에 허블은 이 결과를 국립학술원의 회의에서 "은하계밖에 있는 성운들의 거리와 시선속도와의 관계"라는 제목의 논문으로 발표하였다. 이 관계는

$$\boxed{v = H_0 d} \tag{4.6}$$

12) 이는 근본적으로 국부정지계에 대한 태양의 특이운동을 발견하기 위해 가까이 있는 항성들에 대해 1.3 절에서 공부한 바와 똑같은 과정이다; 식 (1.30-1.32)를 보라.

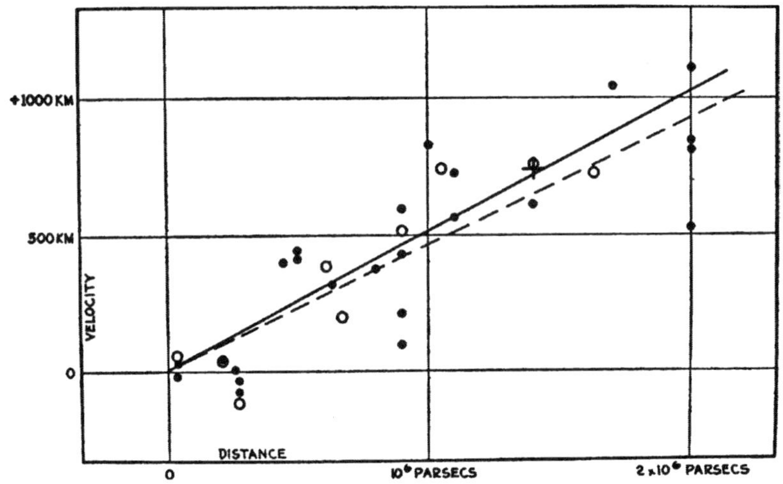

▌그림 4.7 허블의 1936년 속도-거리관계. 두 개 선들은 태양운동에 대한 서로 다른 보정을 사용한다(세로의 단위는 km s^{-1}이다).(출처 : Hubble, Realm of the Nebulae, yale University Press, New Haven, CT, 1936)

로 표시되는데, 오늘날 **허블법칙**이라 부르며, H_0는 **허블상수**이다. 일반적으로 v는 km s^{-1}로 주어지고, d는 Mpc로 표시되어서, H_0는 km s^{-1} Mpc^{-1}의 단위를 지닌다.

허블은 멀리 있는 은하의 적색편이를 측정함으로써 이 천체의 거리를 구하는 매우 뛰어난 방법을 발견했다는 것을 깨달았다. 그의 초기 결과들은 속도와 거리의 그래프에서 퍼져있는 점들을 가장 잘 근사하는 직선을 보여준다; 그림 4.7을 보라.

허블은 이 관계를 더 확실하게 하기 위해 거리와 적색편이를 계속 수집하였는데, 많은 일들이 그의 조교인 휴메이슨(Milton Humason, 1891-1972)에 의해 이루어졌다. 휴메이슨은 윌슨산 천문대에서 최고가 될 때까지 아주 빈틈없이 일했다. 그는 천문대가 건설될 때 마부로 시작해서, 식당 웨이터의 조수로, 청소부로 그리고 윌슨산의 야간조수로 일했다. 휴메이슨이 작은 망원경의 관측을 약간 할 수 있는 허가를 얻은 후에는, 허블이 그 결과에 큰 감명을 받은 나머지 휴메이슨이 그의 조교로 끝까지 일하게 하였다. 휴메이슨은 대부분의 사진건판 관측을 직접 수행하여, 1934년까지 32개 은하들에 대한 거리와 속도들이 얻어냈다. 우주의 팽창은 관측적으로 확고한 사실이 되었다. 그림 4.8은 5개 은하들에 대한 Ca II의 H와 K선들의 적색편이를 보여준다.

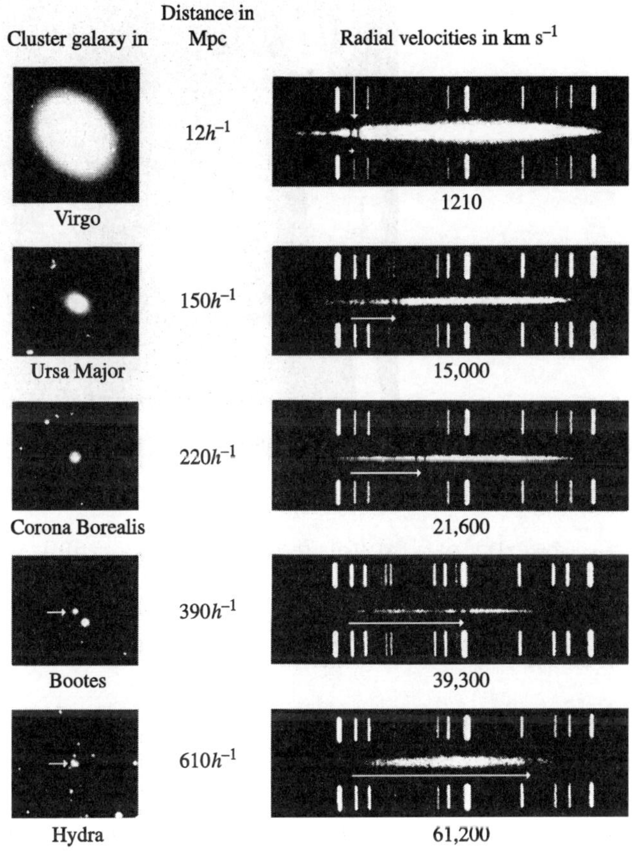

▌그림 4.8 5개 은하들의 Ca H와 K 선의 적색편이 현상들(출처 : Palomar/Caltech)

흥미롭게도, 우주 팽창의 아이디어는 이론천문학자에 의해 동시에 등장하였다. 1917년 네덜란드의 천문학자 드 시터(Willem de Sitter, 1872-1935)는 아인슈타인의 일반상대성이론을 이용하여 팽창하는 우주를 기술하였다.[13] 드 시터의 아인슈타인 방정식의 해가 물질이 없는 텅빈 우주를 기술하지만, 빛이 출발점으로부터 떨어진 거리에 따라 적색편이가 증가할 것을 예측하였다. 허블은 드 시터의 연구를 인식하였고, 그의 1929년 논문에서 그 "눈에 띄는 특징은 ... 속도-거리관계가 드 시터 효과를 표현해 줄 수 있다"는 것이라고 언급하였다. 다른 이론가들도 그 후에 우주 팽창을 나타내주는 추가적인 해를 발견하였지만, 천문학자들은 1930년까지 그들의 결과들을 인식하지 못했었다. 아인슈타인 스스로는 원래 팽창하지도

13) 우주에 대한 이런 모델과 다른 모델은 6장에 더 자세히 기술될 것이다.

▌그림 4.9 윌슨산 천문대에서 아인슈타인과 허블(출처 : Huntington Library, San Marino, CA)

않고 수축하지도 않는 정적인 우주를 선호했다. 그러나, 허블과 휴메이슨의 관측을 접한 후에 아인슈타인은 1930년 이런 정적인 우주관점을 포기하였다. 그림 4.9는 윌슨산천문대에서 아인슈타인과 허블을 보여준다.[14)]

우주팽창과 허블흐름

"우주의 팽창"이 무엇을 실제로 의미하는지 이해하기위해서, 지구의 크기가 한시간에 두 배가 된다고 상상해보자. 그림 4.10은 미국의 솔트 레이크 시(Salt Lake City)에 있는 사람의 관점에서 미국 지도를 두 배로 늘렸을 때의 효과를 보여준다. 원래 옐로스톤 국립공원은 솔트 레이크 시에서 500 km 떨어져 있고, Albuquerque는 1000 km 떨어져 있으며, 미네아폴리스는 2000 km 떨어져 있다. 1시간 후에 옐로스톤은 1000 km 떨어지게 되고, Albuquerque는 2000 km, 그리고 미네아폴리스는 4000 km 거리에 있게 되어, Salk Lake 시 주민들은 옐로스톤은 시속 500 km로 도망가고 있고, Albuquerque는 시속 1000 km, 그리고 미네아폴리스는 2000 km로 멀어지고 있다고 느끼게 될 것이다. 그래서 거리에 비례하는 후퇴속도는 등방균질(모든 지역에서 모든 방향으로 같은 등급) 팽창의 자연스런 결과가 된다. 물론, 옐로스톤, Albuquerque와 미네아폴리스도 똑같은 혼란에 빠지게 될 것이다. 팽창하는 과정에 있는 모든 사람들은 움직이는 사람들 모두가 허블법칙을 따르는 속도를 가지고 후퇴하고 있다는 것을 느낀다.

---

14) 천문대를 둘러 보면서 엘사 아인슈타인은 망원경이 우주 구조 연구에 어떻게 활용되는가에 대하여 안내받았다. 엘사 아인슈타인은 "제 남편은 낡은 편지 봉투 위에다가 비슷한 일을 합니다"라고 언급하였다.

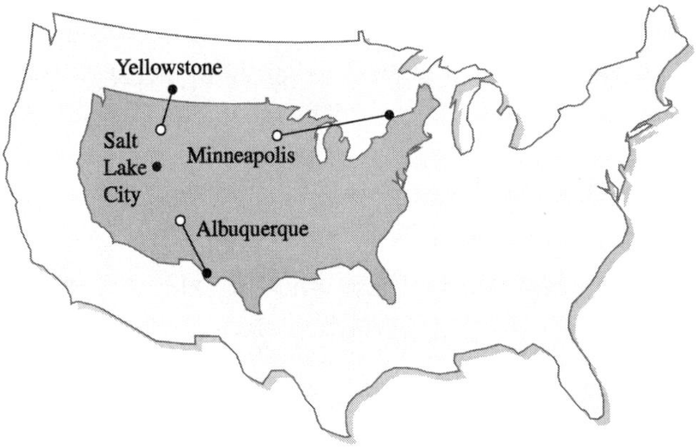

그림 4.10 Salt lake 시에 사는 천문학자의 관점에서 볼 때 지구의 크기가 두 배가 되었을 때의 효과

우주공간에서 움직이는 은하의 속도(**특이속도**)와 우주팽창에 기인한 **후퇴속도**사이에는 분명한 차이가 있다. 6.1절에서 자세히 다루게 되겠지만, 한 은하의 후퇴속도는 공간상의 운동에 기인하지 않고, 대신 은하는 우주가 팽창하면서 주변 공간에 묻어 함께 움직이고 있다. 우주의 팽창에 관여하는 은하의 운동을 **허블흐름**이라 부른다. 같은 방법으로, 한 은하의 **우주론적 적색편이**는 은하가 방출한 빛의 파장이 자신이 움직이는 공간의 팽창과 함께 펼쳐지면서 생겨난다.[15] 이런 이유 때문에, 우주론적 적색편이는 1권에 유도된 도플러 편이 방정식에 의한 은하의 후퇴속도와 관련이 없다. 그 방정식들은 정적인 유크리드 시공간에 대해 유도되었지, 우리 우주가 팽창하면서 휘어진 시공간 효과를 포함하지 않고 있다. 그럼에도 불구하고 천문학자들은 자주 1권을 측정된 적색편이 z를 은하의 시선속도를 구하는 데 사용하고 있는데, 이는 마치 그 은하가 실제 후퇴속도(팽창하는 공간과 함께 움직이는)대신 특이운동(공간을 움직이는)을 갖고 있는 것과 같다. 예를 들어, 1권에서 "퀘이사 SDSS 1030+0524가 우리로부터 빛의 속도의 96% 정도로 멀어지고 있는 것처럼 보인다"라고 하는 주장은 이러한 맥락으로 해석해야 한다. 더욱이, $z \le 2$인 경우, 거리 측정은 1권을 허블법칙과 같이 사용하여

$$d \simeq \frac{c}{H_0}\frac{(z+1)^2-1}{(z+1)^2+1} \tag{4.7}$$

15) 우주론적 적색편이는 6.4절에서 유도될 것이다.

와 같이 나타나는데, 이는 실제 거리와 5%정도 이하로 차이가 난다.[16] $z \ll 1$인 경우에는 거리에 대한 표현은 식 (4.39)와 허블법칙을 사용하고

$$d = \frac{cz}{H_0} \tag{4.8}$$

와 같은 비상대론적 형태를 띠게 된다. [6.4절에서 보게 되겠지만, 식 (4.8)은 거리가 거의 $z > 0.13$인 은하들에서 상당한 오차를 야기할 수 있다]. 6장에서 우리는 팽창하는 우주에서 거리가 어떻게 측정되는가? 하는 문제를 다시 다루게 될 것이다.

우주가 팽창하고 있지만, 이것이 예를 들어, 태양을 돌고 있는 행성 궤도가 팽창하고 있다는 것을 뜻하지 않는다는 것을 인지하는 것은 중요하다. 중력적으로 속박된 시스템들은 우주팽창에 가담하지 않는다. (뉴턴의 중력상수같은) 기본적인 물리법칙을 지배하는 상수들이 현재 값들과 한때 달랐다는 증거는 현재 없다. 그래서, 원자의 크기, 행성계 그리고 은하들은 공간의 팽창 때문에 변하지 않았다(물론 행성계와 은하들은 진화론적 변화를 분명거쳤음에 분명하지만).

허블상수 값

원칙적으로는, 어떤 은하의 적색편이가 관측되기만 하면 그 은하의 거리를 구하는데 허블법칙을 사용할 수 있다. 이 과정의 수행을 망설이게 하는 방해꾼은 허블상수의 불확실도였었다. 20세기말을 거치면서 H_0는 50 km s^{-1}과 100 km s^{-1} 사이의 두 배 정도 범위 내로 알려졌다.

역사적으로, H_0을 결정하기 어려웠던 이유는 거리 척도의 눈금 조정에 쓰이는 은하들이 지나치게 멀리 있기 때문이었다. 서로 다른 여러 연구자들에 의해 얻어진 다양한 값의 H_0값들의 주된 원인은 그들이 멀리 떨어진 은하들을 측정할 때 다른 표본을 취했으며 또 다른 간접 거리가늠자를 사용했다는데 있다. 또한 허블 흐름에 대하여 벗어나는 은하들의 거대 규모 운동들도 규명되지 않았으며, 이는 4.3절에서 다루게 될 것이다.

덧붙여, 반드시 보정해야 하는 말퀴스트(Malmquist) 바이어스라 불리는 선택효과가 있다. 이는 한 천문학자가 천체들의 등급에 제한된 표본을 사용하여 어떤 걸

16) 이런 진술은 우주가 "편평"하다는 것을 가정한다; 6.1절과 문제 6.57을 보라. Boomerang과 WMAP같은 위성관측들은 우주공간이 거의 편평함에 가깝다는 것을 보여준다.

보기 등급보다 밝은 천체들만 관측할 때 일어날 수 있다. 멀리 떨어진 거리에서는, 원래 가장 밝은 천체들만 이 표본에 포함되게 되는데, 이는(정확하게 보정되지 않으면) 그릇된 통계 분석의 중요한 원인이 된다.

H_0에서 불확실도를 같이 고려하기 위해 전통적으로 해왔던 것처럼, 여기서도 우리는 단위 없는 상수 h를 써서

$$\boxed{H_0 = 100h \text{ km s}^{-1} \text{ Mpc}^{-1}} \tag{4.9}$$

와 같은 표현으로 정의한다. H_0의 초기 불확실성에 기인하여, h의 값은 0.5와 1 사이의 값이라고 생각했다. 그러나, 20세기 말에 이르러서는, 천문학자들이 H_0 값들의 중간 기준 값으로 의견이 모아지고 있다.

빅뱅

우주가 팽창하기 때문에, 과거에는 현재보다 크기가 작았음이 분명하다. 은하들이 더 멀리 흩어져 가고 있는 것을 보여 주는 우주의 역사 영화를 보고 있다고 상상해보자. 이제 영화 필름을 거꾸로 돌리면, 시간의 방향이 거꾸로 되는 효과가 나온다. 역으로 보면, 모든 은하들이 서로 접근한다. 허블법칙에 의하면, 두 배 멀리 떨어신 은하는 두 배 빨리 접근한다. 결국 모든 은하들(그리고 모든 공간이 !) 동시에 한 점으로 수렴하게 될 것이다. 우주에서 모든 것들이 급속도로 수렴하면서(아직도 영화필름은 거꾸로 돌아가고 있다), 극도로 높은 온도로 가열되게 된다. 어느 한 점으로 부터의 우주 팽창은 **빅뱅**이라 알려졌다.

뜨거운 초기우주는 흑체복사로 채워져 있으며, 우주가 팽창하면서 그 복사는 우주 배경복사(CMB, cosmic microwave background)로 냉각되는데, 이는 현재 하늘의 모든 방향으로부터 우리가 관측하고 있는 전파이다. CMB의 관측들은 뜨거운 빅뱅의 확실한 증거를 제공해준다. 2001년 발사된 WMAP(Wilkinson Microwave Anisotropy Probe)[17] 위성은 CMB의 미세한 요동(비등방)을 연구하였다. 2003년에, WMAP의 최초 결과가 보고 되었는데, 그 자세한 것은 6장과 7장에서 공부할 것이다. 이 결과는 정밀한 우주론의 새로운 시대를 열어주었고, 허블상수(그리고 h)의 불확실도가 두 배 정도 작아져 10% 정도로 떨어졌다. WMAP자료로 결정된 h값

17) David Wilkinson(1935 2002)는 COBE와 WMAP를 포함한 많은 CMB 실험에 선구자적인 기여를 하였다. MAP위성도 2001년에 발사된 후 “WMAP”로 개명되었다.

은,[18] 그래서 본 교과서에 표준값으로 채택한 값은

$$\boxed{[h]_{\mathrm{WMAP}} = 0.71\,^{+0.04}_{-0.03}} \tag{4.10}$$

이다. 이 장의 나머지 부분에서는, h가 포함된 양이 계산될 때는, $[h]_{WMAP}$를 쓸 것이다. 편리한 단위로 허블상수는

$$H_0 = 3.24 \times 10^{-18} h\ \mathrm{s}^{-1} \tag{4.11}$$

또는

$$[H_0]_{\mathrm{WMAP}} = 2.30 \times 10^{-18}\ \mathrm{s}^{-1} \tag{4.12}$$

로 주어진다. 따라서, 후퇴속도가 $1000\,\mathrm{km\,s^{-1}}$의 후퇴속도가 측정된 은하는 $d = v/H_0 = 10h^{-1}\mathrm{Mpc}$ 또는 $d = 14.1\,\mathrm{Mpc}$의 거리에 있다.

빅뱅이 얼마나 오래전에 발생했는지를 추정하기 위해, t_H를 빅뱅 이후 현재까지의 시간이라 놓자. 이는 은하가 허블법칙에 의해 주어지는 바와 같이, 후퇴속도 v로 움직이면서 현재의 거리 d까지 이동하는데 걸리는 시간이다. v가 상수라고(옳지 않은) 가정을 하면, 거리는

$$d = v\,t_H = H_0 d\, t_H \tag{4.13}$$

이 되고, 그래서 허블시간은

$$t_H \equiv \frac{1}{H_0} = 3.09 \times 10^{17} h^{-1}\ \mathrm{s} = 9.78 \times 10^{9} h^{-1}\ \mathrm{yr} \tag{4.14}$$

이 된다. WMAP값을 이용하면

---

18) Bennett et al.(2003)의 표 3("최적의" 우주상수)에 보고된(H_0같은) 상수들은 "WMAP"라는 첨자의 대괄호 안에 표시된 반면, 이들 상수를 사용해서 계산된 양들은 첨자표시가 되지 않았다. 이들 상수들의 목록은 부록 N에 제시하였다. 본문에는 "WMAP" 상수라고 표시되어있지만, 그들은 WMAP 결과들과 COBE, CBI(Cosmic Background Imager), ACBAR(Arcminute Cosmology Array Receiver)와 2dFGRS (2dF Galaxy Redshift Survey)같은 프로젝트로부터의 측정을 조합한 것들이다.

$$t_H = 4.35 \times 10^{17}\ \mathrm{s} = 1.38 \times 10^{10}\ \mathrm{yr} \tag{4.15}$$

이 된다. 대충 어림하여, 우주의 나이가 약 13.8Gyr 이다.

4.3 은하단

천문학자들은 우주가 거대규모에서 균일할 뿐만 아니라 등방이라고 굳게 믿고 있다. 이에 따르면 우주는 모든 방향에서 모든 위치에서 똑같이 보인다. 이 가정을 **우주론적 원리**라고 부른다. 그러나, 이는 작은 규모에서는 성립하지 않는다.

은하단의 분류

본 교과서에 이미 여러 번 언급한 바와 같이, 은하들은 우주에서 무작위로 분포되어 있지 않다; 대신, 거의 모든 은하들은 은하군이나 또는 은하단 형태로 모여서 존재한다.[19] 두 가지 형태 모두에서, 은하들은 중력적으로 서로에게 속박되어 있으며, 시스템의 무게중심을 궤도 운동한다.

은하군은 일반적으로 구성원이 50개 이하이며, 직경이 1.4 h^{-1}Mpc 정도된다. 보통 은하군의 속도분산은 150 km s^{-1} 정도이고, 은하군의 평균 질량은 2×10^{13} $h^{-1}\mathrm{M}_\odot$ 정도되는데, 이 값은 비리얼 정리 (식 2.13)를 사용하여 얻는다. 더욱이, 전형적인 은하군의 질량-광도비는 $260h\ \mathrm{M}_\odot/\mathrm{L}_\odot$ 인데, 이는 많은 양의 암흑물질이 존재한다는 점을 암시한다.

반면, 은하단들은 50개의 은하들(작은 은하단)부터 수천개의 은하(큰 은하단)을 지니고 있는데, 공간에서 직경이 $6h^{-1}$ Mpc정도 영역을 차지하고 있다. 은하단에서 개별 은하들은 은하군에 있는 은하들보다 다른 구성원들에 대해 아주 빨리 움직인다. 은하단의 특성속도분산은 800 km s^{-1}인데, 아주 큰 은하단에 대해서는 1000 km s^{-1}를 능가할 수도 있다. 전형적인 은하단의 비리얼 질량은 약 $1\times10^{15}h^{-1}\mathrm{M}_\odot$ 정도되고, 질량-광도비는 약 $400\,h\ \mathrm{M}_\odot/\mathrm{L}_\odot$ 정도 되는데, 이는 다시 많은 양의 암흑물질의 존재를 나타내주고 있다. 은하단은 더 나아가 규칙은하단(구형이고 중심으로 몰려있다)과 불규칙은하단으로 분류된다.

19) 어떤 은하들은 알려진 은하군이나 은하단에 관계되지 않는 상태로 드문 예외들을 보이는 경우도 있다.

이 절에서 우리는 은하군과 은하단 그리고 초은하단들이 우주의 기본구조를 어떻게 형성하는지를 서술하게 될 것이다.

국부 은하군

그림 4.11에서 보는대로, 약 35개의 은하들이 우리은하의 약 1 Mpc내에 놓여있다. 이런 은하들 집단을 국부은하군이라 부른다. 이들의 영점속도표면(은하들의 운동이 갑자기 바깥쪽을 향한다면, 은하들이 다시 방향을 바꾸게 되는 곳)이 무게중심에서 약 1.2 Mpc 정도된다. 가장 두드러진 구성원들은 3개의 나선은하들이다; 우리은하, M31(안드로메다 은하), 그리고 M33(삼각형자리에 있는 은하). 큰 마젤란성운과 작은 마젤란성운은 그 다음 밝은 구성원이다. 그들은 국부은하군의 13개 불규칙은하 중의 두 개다(LMC와 SMC는 1권의 우리은하 적도 밑에서 뚜렷하게 보이는 대표적인 천체이다). 나머지 은하들은 타원 왜은하들 또는 타원체 왜은하들로서, 이들은 아주 작고 아주 어둡다. 그림 4.11로부터, 이들 중 많은 은하들이 우리은하와 안드로메다은하 주변에 모여있는 것이 분명한데, 이들은 국부은하군의

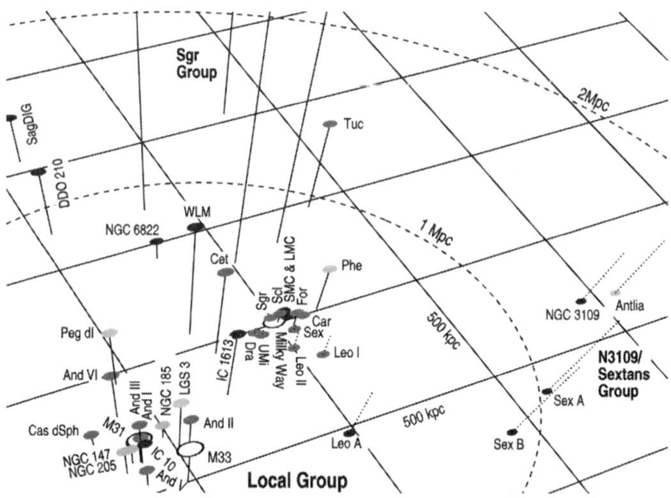

▌그림 4.11 국부은하군. 점선원은 국부은하군의 질량중심에 중심을 둔 원이고 1Mpc와 2Mpc의 반경을 지니고 있다(무게중심은 우리로부터 $l=121.7^\circ$, $b=-23.1^\circ$의 방향으로 462kpc 정도 떨어져있다). 실선은(임의로 선택된) 평면위의 거리를 나타내고, 점선은 평면아래의 거리를 보여준다.(출처 : Grebel, "The Local Group,", in Microlensing 2000; A New Era of Microlensing Astrophysics, ASP Conf. Ser. 239, 280, 2001).

반대쪽에 놓여서 약 r=770 kpc 떨어져 있다.[20] (이 거리에서도, M31은 하늘에서 2.5도 넓게 퍼져있는데, 이는 달직경의 5배정도 된다). 마젤란 성운에 덧붙여서, 9개의 타원왜은하와 타원체왜은하가 우리은하 근처에 존재한다. 흥미롭게도, 그들 중 여러 개가 마젤란 흐름에서 발견되었는데, 마젤란 흐름은 마젤란 성운으로부터 약 2억년 전에 조석적 영향으로 빠져나온 중성수소가스의 긴 리본형태 흐름이다. 3개 나선은하 모두, 옆에서 보면 적분기호($\oint$)처럼 보이는 휘어진 원반을 지니고 있다(그림 1.10에 보여진 우리은하의 H I 휘어짐을 생각해보라). 사실, 지구로부터의 시선방향은 M33의 원반의 일부를 두 번 통과한다.

안드로메다 은하와 우리은하는 $v = 119\,\mathrm{km\,s^{-1}}$의 상대속도를 지니고 접근하고 있다.[21] 겉보기에, 이들 간의 중력때문에 허블흐름을 따라 팽창하는 경향에서 벗어나 서로 가까워진다. 그 결과, 그들은 아마 $t_e = r/v = $63억년 내에 충돌하게 될 것이다.[22] 실제, 천문학자들은 전체 국부은하군이 아직도 폭축상태인 것을 발견하였다.

우리은하와 안드로메다은하가 국부은하군을 압도하기 때문에(광도의 90%정도를 기여), 이들의 상대운동을 분석하면 이들 두 은하의 질량의 합을 어림할 수 있다. 우리는 빅뱅에 따라, 새로 형성된 두 은하들이 원래 서로로 부터 멀어지고 있다고 가정할 수 있다.[23] 과거의 어느 시점에, 그들의 중력적 인력이 그것을 정지시키고 그들의 원래 후퇴운동을 반전하였다. 우리은하와 M31은 그래서 서로 $e \simeq 1$(즉, 충돌코스에서)의 이심률을 지니고 서로에 대해 궤도 운동을 하고 있다. 에너지보존 법칙으로부터, 궤도속도와 분리거리는

$$v^2 = GM\left(\frac{2}{r} - \frac{1}{a}\right)$$

의 관계가 성립하는데(식 2.36), 여기서 M은 두 은하들의 질량이다. 궤도의 장반경 a는 주기와 관계되어 1권의 케플러 제 3법칙에 의해 다음과 같이 얻어진다:

---

20) 이런 모여짐 현상은 허블자신의 속도-거리 그림에서도 보여질 수 있다 (그림 4.7); 국부은하군은 중심의 8개 자료점들에 의해 나타내진다.

21) M31은 태양으로 297 $\mathrm{km\,s^{-1}}$속도로 접근하고 있지만, 이 접근 속도 성분의 대부분은 태양이 우리은하 주변을 궤도운동하기 때문에 나타난다.

22) 이는 이들 은하들이 서로 합병하여 거대타원은하를 형성할 가능성을 암시해준다.

23) 특이운동 속도가 없을 때, 팽창은 구의 모든 점이 다른 모든 점에 대해 직접적으로 멀어져 간다는 것을 의미함을 상기하자.

$$P^2 = \frac{4\pi^2}{GM}a^3$$

이 식을 써서 a를 없애면

$$v^2 - \frac{2GM}{r} + \left(\frac{2\pi GM}{P}\right)^{2/3} = 0 \tag{4.16}$$

을 얻는다. 이 방정식에서,24) r=770 kpc 그리고 v=119 km s^{-1}을 얻는다. 전체 질량 M을 얻기 위해, 우리는 궤도 주기 P를 추정해야 한다. 은하들이 나중에 만날 때, 그들은 그들의 원래의 배치상태로 되돌아가면 빅뱅 이후 하나의 주기가 지나가게 된다. 그래서

$$P = t_H + t_c$$

를 사용하는데, 여기서 $t_c = r/v$는 그들이 충돌할 때까지 걸린 시간이다. 이는 우리은하와 M31이 서로 가까워지면서 가속하게 될 것이기 때문에 과대평가된 주기이다. WMAP의 $h = 0.71\,(H_0 = 71\ \text{km s}^{-1}\text{Mpc}^{-1})$에 대해, 전체 질량은 $M = 7.9 \times 10^{42}\text{kg} = 4.0 \times 10^{12}\text{M}_\odot$이 발견되었다.

국부은하군에 대하여 어림된 질량 측정 값은 이들 은하들에서 관측된 밝은 천체들의 전체질량보다 훨씬 크다. 우리은하의 B영역 광도는 $2.3 \times 10^{10} L_\odot$ (표 1.1)이고, M31은 그보다 2배밝다. 그러므로, 질량–광도비는 $M/L = 57\text{M}_\odot/\text{L}_\odot$로 추정된다. 더 작은 주기에 대해 더 작은 질량이 산출된다는 것을 주목하자. 이는 P의 값이 과대평가되었기 때문에, M/L이 과소평가됨을 의미한다. 이들 수치는 우리은하의 얇은 원반과 중앙팽대부(1.2절)에 있는 빛을 내는 물질에 대한 $M/L \simeq 3\text{M}_\odot/\text{L}_\odot$ 값보다 아주 크다. WMAP의 결과인 $M/L \simeq 57\text{M}_\odot/\text{L}_\odot$은 우리은하의 암흑 헤일로가 포함된다면 1.2절에 인용된 추정과 일치한다. 겉보기에는, 천문학자들이 우리은하와 안드로메다 은하를 구성하고 있는 물질의 약 10% 정도 안되는 양을 관측하였던 것으로 보인다.

---

24) 식 (4.16)은 $M^{1/3}$에 대한 3차방정식으로, 하나의 실수해와 두 개의 복소수해를 지닌다. 실수해가 물리적으로 의미있는 해이다.

마젤란 흐름에 대한 주의깊은 연구는 이런 결론을 지지한다. 중성수소가스 흐름의 앞쪽이 우리은하쪽을 향하여 220 km s^{-1}의 속도로 뛰어들고 있다. 이 흐름의 동력학을 재생하려는 시도를 하는 연구자들은 우리은하에서 적어도 100 kpc 정도까지 퍼져진 암흑물질의 헤일로를 지닌 모델을 최적의 모델이라 주장한다. 이들 모델에 대한 질량-광도비는 80 $M_{\odot}/L_{\odot}$ 이다.

국부 은하군에서 10 Mpc 내에 있는 다른 은하군

국부은하군은 실제 은하들의 공간적인 농축체이다. Mpc의 직경을 지닌 체적내에서 국부은하군에 35개의 은하들이 있기는 하지만, 가장 가까운 은하들은 조각실자리 은하군(6개구성원, 1.8 Mpc 떨어짐)과 M81 은하군에서 발견된다(8개 구성원, 3.1 Mpc). 조각실자리 은하군의 6개 나선은하들은 밤하늘에서 20° 정도 퍼져있다. 팔을 펼쳐서 손을 펴면 그들을 덮을 수 있다.[25] 10 Mpc 이내에 있는 다른 은하군집들은 Centaurus 은하군(17개 구성원, 3.5 Mpc떨어짐)과 M101 은하군(5개 구성원, 7.7 Mpc 떨어짐)을 포함한다. M66과 M96 은하군들은 하늘에서 약 7° 정도밖에 떨어져 있지 않다. 이들은 함께 약 10개의 은하들을 소유하고 있고, 이들 모두 지구로부터 9.4 Mpc 떨어져 있다. 그리고, 마지막으로 지구에서 10 Mpc 내에 있는 은하군은 NGC 1023 은하군이다(6개구성원, 9.5 Mpc 떨어짐). 이들은 모두 처녀자리 은하딘보다 우리와 가까이 있는 20개의 작은 은하군을 형성하고 있다. 대부분 은하들은 그런 작은 은하군과 작은 은하단에서 발견된다. 모든 은하들의 20% 정도가 처녀자리 은하단같은 큰 은하단에 거주하고 있는 것으로 추정된다.

그림 4.12는 가까이 있는 은하들의 위치를 보여주고 있다. 우리은하를 중심으로 하여, 그림은 M101 은하군을 지난 곳까지 도달한다. 거대 은하들보다는 왜은하들이 더 많이 존재하고, 이 두 가지 형태은하들이 일반적으로 같은 영역에서 발견된다. 또한 은하들이 겉보기에 존재하지 않는 상당히 퍼진 공간이 존재한다(void라 부른다). 또 다른 특징 중 하나는 은하들이 2차원 평면(SGZ-0)을 따라 존재한다는 것인데, 이 평면은 처녀자리 은하단에 중심을 둔 국부초은하단을 형성하고 있다.[26]

25) 많은 천체들이 하늘에서 상당한 영역을 차지하고 있음을 깨닫는 것은 매력적인 일이다. 우리 눈이 이러한 천체들을 감지할 수 있을 정도로 민감하다면 얼마나 황홀할까!

26) "SG"는 드 보쿨러스가 사용한 초은하좌표계를 나타낸다.

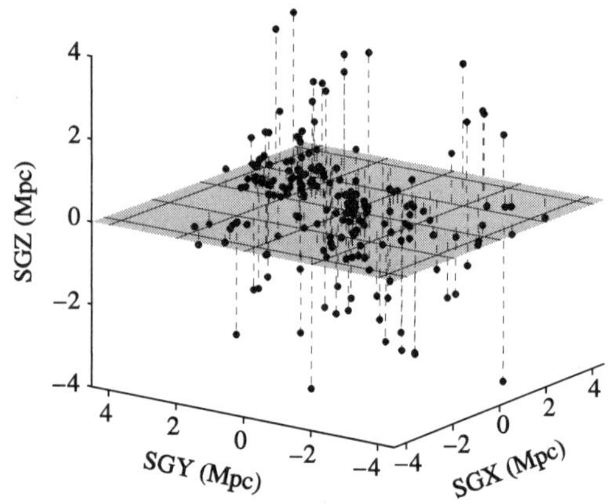

▌그림 4.12 우리은하 근처의 은하들. 대부분의 위치가(M31과 그 하위그룹의 은하들을 제외하곤) 적색편이와 허블법칙을 이용하여 발견되었다. SGY–축은 처녀자리 은하단을 향하고 있다.

처녀자리 은하단 : 불규칙 거대은하

처녀자리 은하단은 18세기에 허셸(William Herschel)이 처음 발견하였다. 처녀자리와 Coma Berenices(베레니체의 머리)가 만나는 곳에 위치한 처녀자리 은하단이 하늘에서 차지하는 영역은 10°×10° 이다.[27] 은하던의 중심은 지구에서 16 Mpc 떨어진 곳에 위치하고 있다.[28] 이 거대한 불규칙 은하단은 거의 250개의 거대 은하들과 2000개가 넘는 작은 은하들이 3 Mpc 정도의 직경을 지닌 영역에 불규칙적으로 퍼져있는 집합체이다. 흥미로운 것은, 이들 은하들 중 적어도 7개는 청색편이를 보이는 스펙트럼선을 지니고 있다는 것인데, 이는 특이 접근속도가 후퇴하는 허블흐름을 능가하기 때문이다.

대부분의 불규칙 은하단처럼, 처녀자리 은하단도 모든 형태의 은하들로 구성되어 있다. 4개의 거대 타원은하들이 있지만, 은하단의 205개 가장 밝은 은하들 중 19% 정도만이 타원은하들이다. 나선은하가 전체적으로 지배적인데, 밝은 205개 중 68% 정도이다. 그러나, 은하의 중심 영역 6°내에서는 나선은하와 타원 왜은하의 수가 똑같은데, 타원은하들이 은하단의 중심으로 오면서 더 증가한다. 사실,

27) 베레니체는 이집트왕 프톨레미 3세의 아내로서 그 남편의 앗시리아 전쟁의 승리에 대한 보답으로 사랑과 미의 여신인 아프로디테에게 그의 금가대를 바쳤다.

28) 처녀자리 은하단까지의 거리에 대한 이 수치는 표 4.1의 값과 가장 잘 일치하는 값이다; 문제 4.19를 보라.

▌그림 4.13 거대 타원은하 M84(오른쪽)과 M86(중심)을 보여주는 처녀자리 은하단의 중심 (출처 : National Optical Astronomy Observations)

처녀자리 은하단의 중심은 은하단의 4개 거대 타원은하들 중 3개(M84, M86, 그리고 M87; 그림 4.13과 5.10을 보라)가 지배한다. 이들 은하들의 직경은 우리은하와 안드로메다은하 사이의 거리와 비슷하여서, 이들 각각 거대 타원은하들은 국부은하군의 전체 크기 정도가 된다.

E1형인 거대 타원은하 M87은 처녀자리 은하단에서 가장 크고 가장 밝은 은하이다. 다른 밝은 타원은하와 같이, 보통의 항성 질량 손실 작동 기제를 통하여 축적된 약 10^{10} $M_\odot$ 정도의 뜨거운($\sim 10^7$K) 가스를 지니고 있다. 가스는 X-선 광자의 자유-자유 방출에 의해 에너지를 손실한다. 이 열적 제동복사과정은 3.2절(2권)에서 공부하였으며, 그 특성스펙트럼은 쉽게 동정할 수 있으며 은하의 질량을 추정하는 데에 쓸 수 있다(식 (4.18)과 그림 4.17을 보라). 분석이 복잡하지만, 가스의 스펙트럼 관측들은 그 온도, $T(r)$과 질량밀도, $\rho(r)$이 은하중심으로 부터의 거리 r에 따라 어떻게 변화하는지에 대한 아이디어를 제공해준다. 다행스럽게도, M87의 거의 구형의 형태를 띠므로 논의가 단순해 진다. 가스는 유체정역학적 평형상태에 놓여있어서(좋은 어림으로), 식 (4.6)(2권)으로부터

$$\frac{dP}{dr} = -G\frac{M_r \rho}{r^2}$$

을 얻는다. 압력 P에 대한 이상기체 방정식, 식 (4.11)(2권)을 치환하고, 상수의 μ를 가정한다음, 내부질량 M_r에 대해 풀면

$$M_r = -\frac{kTr}{\mu m_H G}\left(\frac{\partial \ln \rho}{\partial \ln r} + \frac{\partial \ln T}{\partial \ln r}\right) \tag{4.17}$$

을 얻는다. 오른쪽 항의 모든 양들은 뜨거운 가스에 의해 방출되는 X-선 관측으로부터 구할 수 있어서, 왼쪽 항의 내부질량을 계산하는데 사용할 수 있다. M_r은 빛을 내는 물질과 암흑물질을 모두 포함한 전체 내부 질량임을 주목하자(미분은 음수가 되어, M_r은 양수가 된다).

M87에 대한 우리의 결과는 M_r이 반경이 300 kpc까지 증가하면서 선형으로 증가한다는 것이다. 이는 나선은하의 암흑물질 분포에서 보이는 것과 똑같은 특징이다. r=300 kpc 내에 포함된 전체 질량은 $M_r \simeq 3 \times 10^{13}\ \mathrm{M_\odot}$이고, 중심 밀도는 $1.5 \times 10^{-2}\ \mathrm{M_\odot\ pc^{-3}}$이다. 여기에 해당하는 질량-광도비는 $M/L \simeq 750 M_\odot/L_\odot$이다. 이는 우리은하의 팽대부와 얇은 원반에 있는 항성들의 질량-광도비(1.2절)보다 250배 정도 크고, 또 M87의 질량 99% 이상이 암흑물질이라는 것을 나타내준다. 5.1절에서 보게 되겠지만, M87은 표준 타원은하는 아니다. 그러나, 다른 타원은하들의 연구들에 따르면 그들 중 많은 수가 상당량의(90% 이상)의 암흑물질을 보유하고 있다.

코마 은하단 : 규칙 거대은하단

가장 가까이 있는 규칙적인 거대은하단은 코마은하단이다. 이 은하단은 Coma Berenices 자리에서 처녀자리 은하단 북쪽으로(아래로) 15° 정도에 있다. 예제 4.1.4로부터 코마은하단이 처녀자리은하단보다 5.4배 더 멀리 떨어져 있거나 또는 지구에서 90 Mpc정도 떨어져 있다는 것을 상기해보자. 은하단의 각직경은 약 4°인데, 이는 6 Mpc정도의 직경에 해당한다. 코마은하단은 약 10,000개의 은하들을 지니고 있는데, 그 중 대부분은 타원 왜은하들로서 너무 어두워서 관측이 몹시 어렵다. 일반적으로, 규칙적인 거대은하단을 구성하고 있는 대부분의 은하들은 타원은하들과 S0은하들이다. 코마은하단도 그러하다. 이 은하단은 100개의 밝은 은하들을 지니고 있지만, 그중 15% 정도만이 나선은하와 불규칙은하들이다. 은하단의 중심에는, 두 개의 크고 밝은 cD 타원은하들이 있다; 그림 3.1을 보라.

은하 진화의 증거

한 은하단에서 조기형 은하들이 많이 존재하는 것은 상호작용의 가능성이 커지기 때문이라는 점을 상기하자(형태학-밀도관계). 아마 과거에는, 코마은하단과 다른 규칙 거대은하단에 더 많은 나선은하들이 존재하였지만, 조석 상호작용과 합병들이 나선 구조를 파괴하고 타원은하나 S0은하들만 남겨놓았다.[29] 다른 이론에 따르면, 암흑물질이 밀집된 곳, 즉 은하단 중력 퍼텐셜 우물의 바닥 근처에서 원시은하들이 합병을 일으켜 조기형 은하들이 생성되었을 뿐이라고 제안한다.

상호작용 이론을 지지하는 관측적 증거로서, 그림 4.14는 $z=0.41$의 적색편이를 보이는, 아주 큰 은하단 CL 0939+4713의 중심을 보여주는데, 이 적색편이는 1230 h^{-1}=1730 Mpc의 거리에 해당한다. 우리에게 보이는 이 은하단의 모습은 4.0 h^{-1} = 56억년 전의 모습이고, 이 당시에는 중심부 지역에도 만기형 나선 은하가 많이 있음을 알 수 있다. 이는 나이가 많고 밀도가 높은 오늘날의 은하단의 중심과는 사뭇 다르다. 그림 4.14에서 나선은하의 대부분은 적어도 상호작용의 어떤 증거를 보여준다. 과거시대의 상호작용과 합병의 빈도는 오늘날보다 적어도 10배 이상 컸다.

우주를 더 깊이 살펴보면서, 천문학자들은 뱀자리에 있는 아주 먼 은하단을 발견했는데, $z\approx 1.2$ 또는 1970 h^{-1}=2270 Mpc이 된다. 그림 4.15에 보여진 이 은하단은 6.4 h^{-1}=90억년 전의 모습이다. 겉보기에는 아주 오래된 타원은하를 지니고 있지만, 예외적으로 아주 작은 수의 표준나선은하도 지니고 있다. 대신에, 푸른색을 띤 특이한 은하파편들도 상당히 존재한다(활발한 항성형성의 표시; 붓쳐-외믈러 효과를 상기해보라). 이 파편들이 이전 나선 은하에서 떨어져 나온 부스러기이거나 혹은 여전히 합병하는 과정에 있는 나선 은하인지 불분명하다. 이처럼 조밀하고 젊은 은하단이라는 박진감 넘치는 환경에서 일어나는 나선 은하의 형성과 파괴를 더 자세히 이해하기 위해서 많은 관측들이 이어져야 하겠다.

은하들 사이의 물질우세

1933년 쯔비키(Fritz Zwicky)는 코마은하단에 있는 은하들의 시선속도를 도플러 편이된 스펙트럼으로부터 측정하였다. 그런 관측들로부터, 그는 시선속도를 계산하였는데, 요즘에는 $\sigma_r = 977\ \mathrm{km\ s^{-1}}$로 알려져 있다. 쯔비키는 그 후 비리얼 정리를 사용하여 코마은하단의 질량을 추정하였다. 전체적으로, 코마은하단의 세기

29) 젊은 은하단에서 나선은하가 더 많이 존재하는 것은 3.2절의 마지막에서 다루어졌다.

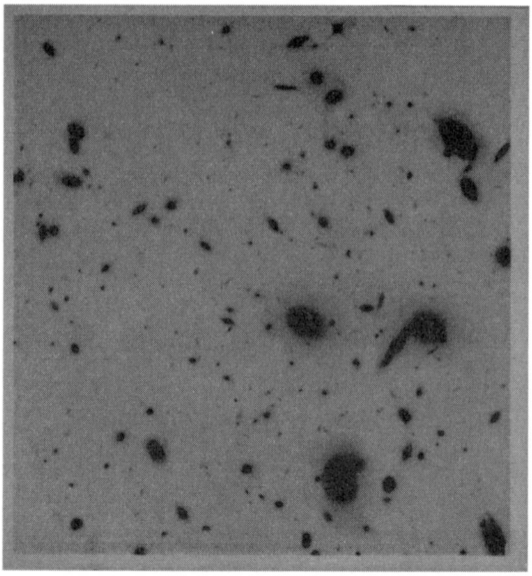

▌그림 4.14 큰 은하단 CL 0939+4713 중심의 HST 영상(출처 : Dresler et al., Ap. J. Lett., 435, L23, 1994)

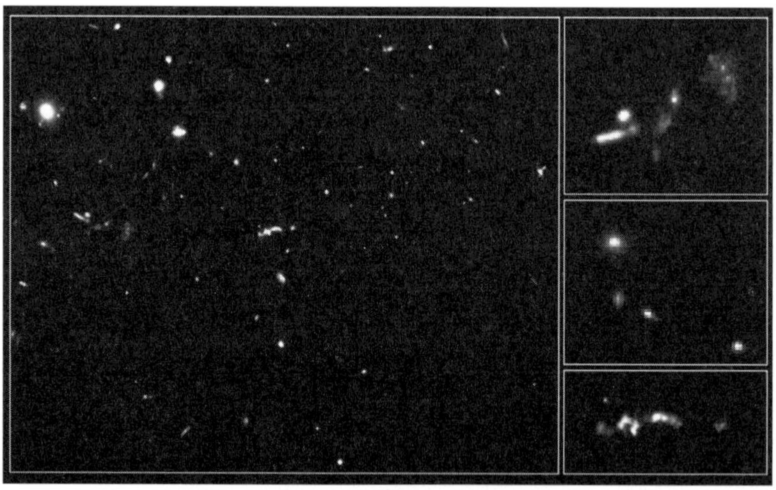

▌그림 4.15 전파 특이은하 3C 324(아래 오른쪽에 보여짐)에 중심이 잡혀진 z=1.2를 보이는 젊은 은하단의 HST 영상. 중심 오른쪽에 정상적으로 보이는 타원은하들이 몇 개의 어두운 동반은하들과 쌍을 이루고 있는 반면, 위의 오른쪽에는 나선은하가 이거나 한때 나선은하였던 몇 개의 은하 파편이 보인다.(출처 : mark Dickinson(STScI) and NASA

윤곽, $I(r)$는 우리은하의 팽대부와 헤일로, 그리고 타원은하들의 세기윤곽을 나타내주는 것과 같이 $r^{1/4}$법칙을 따른다(식 1.13). 아마, 코마은하단에 있는 은하들은 동력학적으로 이완되어졌고, 평형구조에 있는 것 같다. 그러므로, 비리얼 정리를 어림방법으로써도 좋을 것이다.

예제 4.3.1

코마 은하단의 경우, 시선속도의 분산은 977 km s^{-1}이다. 은하단 반경 R=3 Mpc와 함께, 식 (2.13)은 코마은하단에 대해

$$M \approx \frac{5\sigma_r^2 R}{G} = 3.3 \times 10^{15}\ \mathrm{M}_\odot$$

의 질량을 제공한다. 코마은하단의 안시광도가 $5 \times 10^{12}\ \mathrm{L}_\odot$이기 때문에, 은하단의 질량-광도비는 $M/L \approx 660 M_\odot/L_\odot$이 된다.[30]

쯔비키는 이 결과의 중요성을 이해했고, 코마은하단에서 “전체 질량은 ... 개별 은하들의 질량합보다 상당히 크다”라고 진술하였다. 그는 은하단을 함께 묶어놓기에는 보이는 질량이 충분하지 않다는 것을 인정했다. 다량의 보이지 않는 물질이 존재하지 않는다면, 코마은하단의 은하들은 이미 오래 전에 흩어져버렸을 것이다. 40년이 지난 후, 안드로메다 은하의 편평한 회전곡선이 측정되었을 때, 천문학자들은 또한 쯔비키의 결과의 중요성을 인정하게 되었다.

뜨거운 은하단간 가스

쯔비키의 “숨어있는 질량”의 일부는 1977년 처음으로 발사된 일련의 HEAO(High Energy Astronomical Observatory) 위성들과 함께 발견되었다. 많은 은하단들이 은하단의 상당히 넓은 부분에서 X-선을 방출한다. 이들 위성들은, 광학관측과 함께, 은하단들이 **은하단간 물질**을 지니고 있음을 보여주었다. 은하단간 매질은 2개 성분을 가지고 있다. 하나는 희미하게 퍼져있는 항성들의 불규칙분포이다. 다른 성분은 뜨거운 **은하단간 가스**로, 다소 균일하게 분포되어 있으며, 은하

30) 더 자세히 계산하면 우리 추정치의 절반 정도의 질량-광도비의 결과를 얻는다.

들 사이의 공간을 차지하고 있으며 은하단의 중력위치에너지 우물을 채워주고 있다. X–선 광도는 $10^{36}-10^{38}$W 정도 되는데, 더 큰 은하단일수록 X–선에서 더 밝게 빛난다. 처녀자리 은하단의 핵은 $5\times10^{13}\,M_{\odot}$의 X–선 방출가스를 지니고 있고, 코마은하단의 핵은 $3\times10^{13}M_{\odot}$의 질량을 지니고 있다. 그림 4.16은 코마은하단을 채우고 있는 뜨거운 가스로부터 나오는 X–선 방출을 보여준다. 전형적으로, 가스의 질량은 은하단의 항성의 질량합보다 몇 배나 크다.

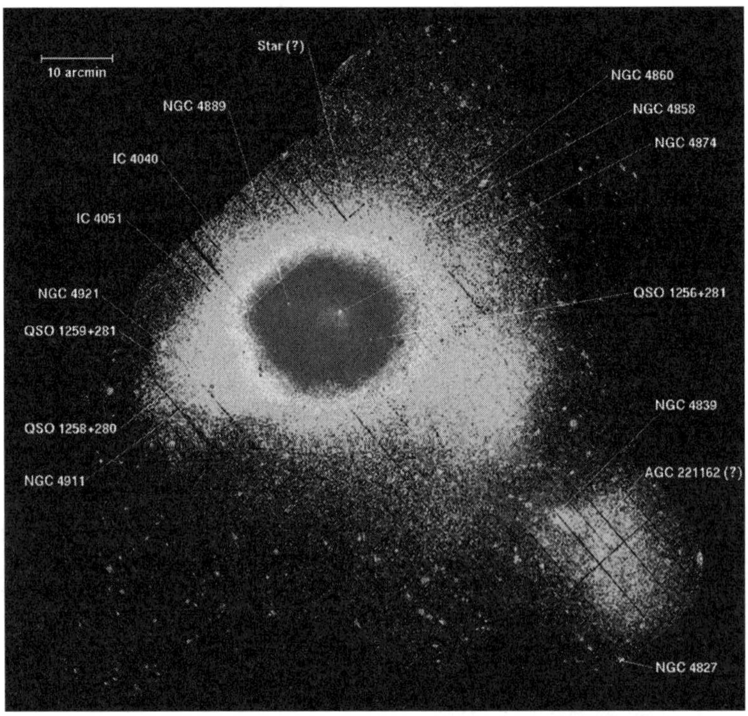

그림 4.16 ESA의 XMM–Newton 위성으로 찍은 코마은하단의 XMM(X–ray Multi–Mirror)망원경 영상. 모자이크 영상은 코마은하단의 은하단간 가스에서 나오는 0.3–2.0 keV 영역의 X–선을 보여주고, 또 1.5°×1.33°의 영역을 차지하고 있다. X–선 세기는 은하단 중심으로 가면서 꾸준히 증가한다. 그림 3.1에 보여진 코마은하단의 일부는 이 영상에서 가장 강한 중심영역을 차지하고 있다. 불규칙적인 방출형태는 코마은하단이 아마 여러 개의 작은 은하단의 합병으로 형성되었을 것을 나타내준다.(출처 : U. Briel, Max Planck Institut fuer extraterrestirsche Physik, Garching, Germany and European Space Agency).

개별은하들 내의 뜨거운 가스로부터 나오는 X-선을 발생시키는 것과 똑같은 작동기제(처녀자리은하단내 M87에 대해 이전에 서술된)인 열적 제동복사는 여기서도 잘 적용될 수 있다. 완전히 이온화된 수소가스에 대해, ν와 $\nu + d\nu$ 사이의 주파수에서 단위시간당 단위체적당 방출되는 에너지는

$$\ell_\nu \, d\nu = 5.44 \times 10^{-40} \left(4\pi n_e^2\right) T^{-1/2} e^{-h\nu/kT} \, d\nu \ \mathrm{W\,m^{-3}} \tag{4.18}$$

이 되는데, 여기서 T는 가스온도이고, n_e는 자유전자의 개수밀도 이다. 코마은하단의 이런 스펙트럼 중 하나가 그림 4.17에 보여졌다. 모든 주파수에서 단위체적당 단위 시간당 방출되는 전체에너지 양은(광도밀도, $\mathcal{L}_{\mathrm{vol}}$)은 주파수에 대해 ℓ_ν을 적분하면 얻어진다. 그 결과는

$$\mathcal{L}_{\mathrm{vol}} = 1.42 \times 10^{-28} n_e^2 T^{1/2} \ \mathrm{W\,m^{-3}} \tag{4.19}$$

이 된다.

예제 4.3.2

식 (4.19)을 써서 코마은하단의 은하난간 가스의 질량을 추정할 수 있다. 간단하게 하기 위해, 우리는 은하단이 뜨겁고 이온화된 수소가스의 등온 구형체로 모델될 수 있다고 가정한다. 그림 4.16은 중심 핵이 아주 강하게 빛을 내어서, R=1.5 Mpc의 반경(은하단 실제 반경의 절반)정도를 취할 수 있다. 가스는 광학적으로 얇은데, 이는 시선을 따라 방출되는 어떤 광자도 관측될 수 있다는 것을 의미한다. 가스온도는 그림 4.17에 보인바와 같이, 가스의 X-선 스펙트럼에서 나온다. 식 (4.18)을 이용하여, 자료에 잘 짜맞추기(그림의 점들)를 하면 8.8×10^7 K의 온도를 얻는다.

식 (4.19)를 이용하면, L_X는

$$L_x = \frac{4}{3}\pi R^3 \mathcal{L}_{\mathrm{vol}} \tag{4.20}$$

이 된다. 가스의 X-선광도가 $L_X = 5\times10^{37}$W이기 때문에, m^{-3}당 자유전자의 수인 n_e의 값은

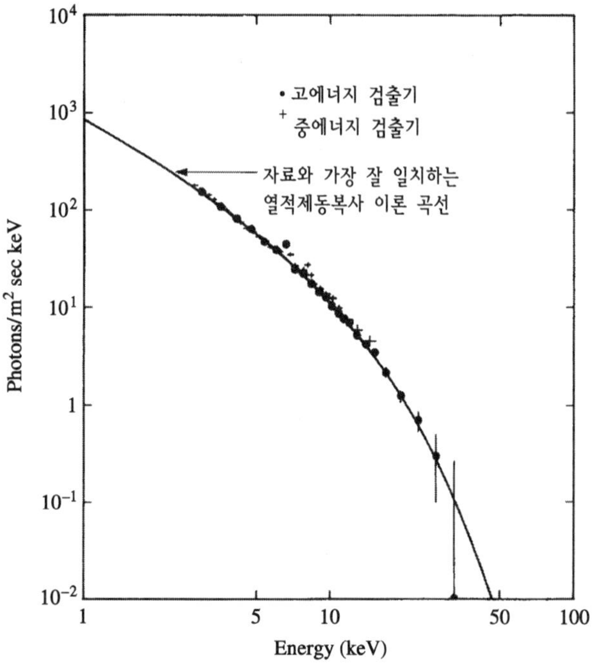

▌그림 4.17 8800백만 K에 대한 열적제동복사 스펙트럼(선). 점들은 코마은하단의 은하단간 가스로부터 나오는 X–선관측들이다. 광자에너지는 X–축에 그려졌다. (출처 : Henriksen and Mushotzky, Ap.J., 302, 287, 1986)

$$n_e = \left[\frac{3L_x}{4\pi R^3 T^{1/2}(1.42 \times 10^{-28}\ \mathrm{W\ m^{-3}})}\right]^{1/2} = 300\ \mathrm{m^{-3}}$$

이 된다. 은하단 간 가스는 6.1절(2권)에서 다루어진 거대 분자성운보다 밀도가 수백만 배 작아지는데, 즉, 거대분자성운에 대해 $n_{H_2} \sim 10^8 - 10^9\ \mathrm{m^{-3}}$이다.

이온화된 수소에 대해, 매 전자에 대해 하나의 양성자가 있기 때문에,

$$M_{\mathrm{gas}} = \frac{4}{3}\pi R^3 n_e m_H = 1.05 \times 10^{14}\ \mathrm{M_\odot}$$

의 전체질량을 얻게 되는데, 이는 이전에 인용된 $3 \times 10^{13}\mathrm{M_\odot}$의 값보다 약간 더 크다.

은하단간 가스의 이전 질량을 코마은하단의 빛을 내는 질량과 비교해보자. 우리은하의 은하팽대부와 얇은 원반에 있는 항성들의 질량–광도비는 $M/L \simeq 3\ \mathrm{M_\odot/L_\odot}$이고, 코마은하단의 안시광도가 $L_V = 5 \times 10^{12}\ \mathrm{L_\odot}$임을 이용하면, 코마은하단의 보이는 질량은 $1.5 \times 10^{13}\ \mathrm{M_\odot}$ 정도가 된다. 이 추정에 의하면, 코마은하단에는 은하내 항성에 있는 가스

보다 약 7배가 많은 은하단간 가스가 존재한다. 그러나, 10^{14} $M_\odot$의 은하단간 가스는 아직 코마은하단 전체질량의 수 %밖에 되지 않는다.

은하단 가스의 X-선스펙트럼 또한 심하게 이온화된 철(즉, Fe XXV와 Fe XXVI), 규소와 네온의 방출선을 보여준다. 이는 가스가 은하단의 항성들을 통해 변화되었고, 항성 핵합성을 통해 무거운 원소들이 풍부해졌음을 나타내준다. 그러면, 그렇게 많은 질량이 은하단 은하들로부터 어떻게 빠져나올 수 있을까?

합병들이 은하단의 초기과정에서 더 자주 일어난 것처럼 보인다. 은하단이 여전히 형성 과정 중에 있었던 수 십억년 동안 상당히 흩어져 있었다. 식 (2.13)의 형태로 표현된, 비리얼 정리에 의하면, 은하단의 은하들은 아주 천천히 운동하고, 그래서 동력학적 마찰과 합병될 기회가 증가하게 된다. 많은 큰 은하단에서 발견된 많은 양의 은하단간 가스는 이들 초기 은하들이 서로 상호작용하는 동안 또는 격렬한 항성형성 과정에서 방출된다. 이 과정이 일어나기만 하면, ram 압력 빼앗음으로 인해 이 과정이 더 강화된다. 한 은하가 초당 수천 km/s의 속도로 은하단간 가스를 통과하여 움직일 때, 격렬한 은하풍을 만나 기체를 빼앗긴다.

초은하단의 존재

은하집단화 체계의 다음은 초은하단이다. 그 이름이 암시하듯이, 초은하단은 은하단들이 초대형 크기로(약 100 Mpc) 뭉쳐지는 것이다. 실제 모든 은하들은 초은하단에 속해있는 것같다; 분명 알려진 큰 은하단 모두가 초은하단에서 발견된다.

처녀자리 은하단은 국부 초은하단의 중심 근처에 놓여있다. 이 은하단의 원반은 편평한 타원면 형태를 보이는데, 처녀자리 은하단의 20 Mpc 정도 내에 놓여진 대부분의 은하들을 포함하고 있는 빈대떡 모양이다(초은하단의 가장자리 근처에 있는 국부은하군을 포함한다). 그림 4.18은 이 그림의 중심으로부터 퍼져있는 은하들의 선형 그룹화로서 국부 초은하단을 보여준다. 시선 방향은 초은하단의 평면과 평행이어서, 여러분들은 빈대떡을 옆에서 보고 있는 것이다. 이 관점을 그림 4.12와 비교해보고 또 그림 4.18에서 평면을 따라 은하들의 집중현상이 일어나는 것을 주목해보자. 알려진 다른 초은하단들 중에서 유명한 2개는 Perseus-Pisces초은하단(발견된 북쪽지역의 별자리이름을 따서 명명됨)과 남쪽하늘의 Hydra-Centaurus

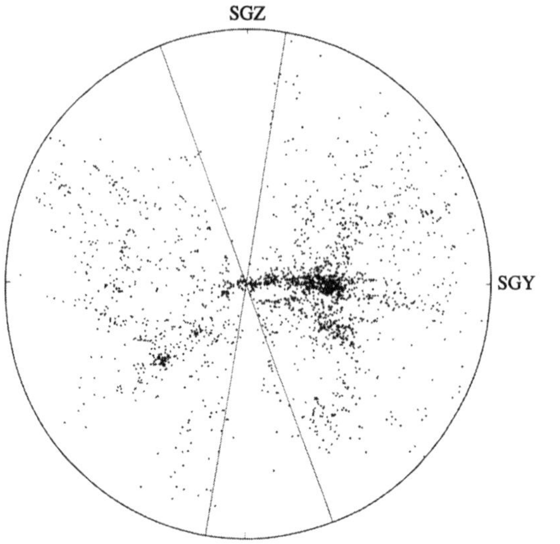

그림 4.18 거의 50Mpc까지에서 2175개 밝은 은하들의 분포. 국부초은하단은 오른쪽으로 퍼져지는데, (중심에 있는) 우리은하는 초은하단의 가장자리 근처에 놓여있다. 우리은하의 평면은 "텅빈"조각을 이등분한다; 이 조각내에 있는 은하들은 우리은하의 티끌과 가스들에 의해 보여지지 않는다(avoidance 영역). (출처 : Tully, Ap.J., 257, 389,1982)

초은하단이다. Perseus–Pisces초은하단은 약 50 h^{-1}Mpc 떨어져있으며, 실같이 보이며, 40 h^{-1}Mpc 길이의 평면 필라멘트구조를 지니고 있다; 그림 4.25를 보라. Hydra–Centaurus초은하단은 반대 방향으로 약 30 h^{-1}Mpc 떨어진 곳에 놓여있다.

국부초은하단의 가장자리 근처에 국부은하군이 놓여있기 때문에, 초은하단의 중력인력이 감지될 수 있을 것이라고 기대될 수 있다. 1958년에 드 보쿨러스는 국부은하군이 처녀자리 은하단으로부터 우주가 팽창하는 것만 감안해서 기대되는 속도보다 약간 빨리 멀어지고 있는 것을 발견했다. 16 Mpc에서, 순수한 허블흐름은 $v = H_0 d = 1600h$ km s^{-1}의 후퇴속도를 만들어낼 것이다. 실제 국부은하군의 처녀자리 은하단에 대한 상대속도와 허블흐름과의 차이를 샌디지와 탐만(Sandage and Tammann, 1990)이 168±50 km s^{-1}로 측정하였는데, 이를 국부은하군의 처녀자리중심 특이속도라 부른다. 우리은하와 M31이 접근과정에 대해 사용하였던 것과 같은 논증을 써서 이제 국부초은하단의 질량과 질량–광도비를 추정할 수 있다. 결과는 초은하단의 질량이 $8\times10^{14}h^{-1}\mathrm{M}_\odot$ 임을 보여준다. 여기에 해당하는 질량–광도비는 $M/L \simeq 400h\,\mathrm{M}_\odot/\mathrm{L}_\odot$ 인데, 암흑물질이 우세하다는 증거를 제공해준다.

허블흐름에 대한 대규모 운동

처녀자리중심 특이운동은 허블흐름에서 더 큰 규모의 불균일성에 나타나는 작은 섭동이다. 6.2절에서 보게 되겠지만, (허블흐름에 상대적으로 나타나는) 대규모 흐름운동이 존재하는데, 이 운동이 우리은하, 국부은하군, 처녀자리 은하단 및 수천개의 다른 은하들을 우주공간에서 센타우루스 자리방향으로 이끌고 가고 있다. 허블흐름에 상대적인 국부은하군의 특이속도는 627 $\mathrm{km\,s^{-1}}$이다. 이런 수 천개 은하들의 강물같은 운동은 적어도 위아래로 40 h^{-1} Mpc정도 퍼지고 있다. 천문학자들은 이런 흐름을 이용하여 거대한 중력이끌림같은 것을 행사할 수 있는 질량(보이는 질량이나 보이지 않는 질량모두)의 위치를 알아보고 싶어한다. 흐름의 방향에 놓여있는 Hydra-Centaurus초은하단이 그 위치가 되지는 않는데, 왜냐면 그 초은하단 역시 다른 은하들의 흐름과 함께 같이 움직이고 있기 때문이다. 이는 운동의 근원이 그 초은하단을 넘어선 어디엔가 있음을 암시해준다.

1980년대에, 미국 천문학자 드레슬러(Alan Dressler)와 페이버(Sandra Faber)는 GA(Great Attractor)의 존재를 계산해냈는데, GA는 하늘에서 아주 넓은 영역(60°)에 퍼져있는 은하단들의 집합이다. 그들의 계산에 의하면, GA는 국부초은하단과 같은 평면에 놓여있고, 센타우루스 자리에서 $l = 309°$, $b = 18°$(은하좌표계) 방향으로 $42h^{-1}$Mpc 떨어진 곳에 위치한다. GA의 질량은 약 $2 \times 10^{16} h^{-1} M_{\odot}$ 정도로 추정되지만, 이 영역에서 알려진 은하들은 약 7500개 정도밖에 되지 않는다 - 이는 그렇게 큰 질량을 설명하기는 너무 작은 숫자이다. 이는 GA 질량의 거의 90% 정도가 암흑물질의 형태이라는 것을 제안해준다. 대안으로는, GA가 우리은하면 뒤에 있고 또 티끌에 의해 가리워져 있기 때문에, 그 방향으로 아주 큰 초은하단이 감추어져 있을지도 모른다. 만일 그렇다면, Abell 3627이라 불리는 은하단에 중심이 잡혀있을 것이다.

그림 4.19는 GA영역에 있는 E은하와 S0은하들의 속도를 보여준다; 그림의 점선은 GA의 특별한 모델에 대해 계산된 은하속도장이다. GA 옆쪽 근처에서, 속도는 분명 섭동되지 않은 허블흐름의 속도보다 크다(그림에서 대각선으로 긴 점선으로 표시된 선). GA의 먼 곳에서는 "역유입" 현상에 대한 낌새(허블흐름보다 작은 속도)가 있기는 하지만, 이는 다른 연구들에서 반론이 제기된 바 있다.[31] 이들 천문학자들은 속도 초과가 실제 GA의 예상된 지역을 넘어선다고 믿으면서 다른(또는 추가의) 물질의 존재를 제안한다. 서술된 것과 같은 GA가 존재하든 존재하지 않든간

31) 예를 들어, Mathewson, Ford, and Buchhorn(1992)의 비슷한 그림을 보라.

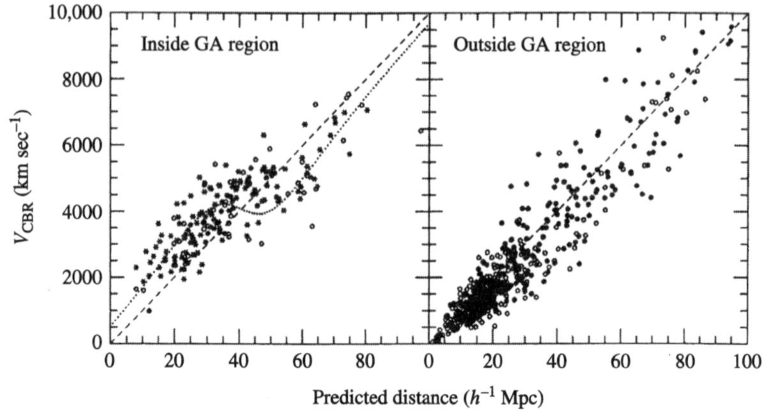

그림 4.19 왼쪽 : 허블흐름(긴 점선)과 비교하여본 Centaurus영역의 은하속도들. 점선은 GA모델에 의해 만들어진 이론적인 속도변화를 보여주고 있다. Hydra-Centaurus 초은하다는 $30h^{-1}$Mpc에 중심을 잡고 있다.
오른쪽 : 다른 방향에서 관측된 은하들의 비교그림
(출처 : Dressler and Faber, Ap.J. Lett., 354, L45, 1990)

에, 허블흐름에 상대적인 대규모 흐름 운동의 존재는 부정할 수 없는 것 같다.

또 다른 가능성은 GA가 단순히 대규모 흐름운동에만 관여하지 않는다는 것이다. 은하의 **세플리 집중**은 아마 우주내 우리주변에서 가장 질량이 큰 은하모임일 것이다; 그림 4.20을 보라. 중력적으로 속박되어 모여있는 20개 남짓되는 은하단으로 구성되는 핵을 보유하고 있는 세플리 집중은 수 $10^{16}\ h^{-1}\ M_{\odot}$의 질량을 지니고 있고, 국부은하군 운동의 방향으로 10° 내에 놓여있으며 GA 방향에 아주 가까이 놓여있다. 그러나, 그 140 h^{-1}Mpc의 거리는 GA에 대해 계산된 거리의 3배정도나 되어서, GA로 동정될 수는 없다. 하지만 이는 국부은하군 전체 가속도의 10-15%정도는 기여하는 것 같다.

천문학자들은 대규모 덩어리 운동들은 우주가 등방이라는 우주론적 원리를 위배할 것이기 때문에, 점차적으로 큰 규모까지는 계속될 수 없다고 믿는다. 그런 대규모 덩어리 운동방향은 우주에서 우선되는 방향이 있을 것이다. Ia형 초신성의 거리에 근거한 최근의 관측들은(이들 연구에서 자주 사용되는 툴리-피셔거리보다는 덜 정확하다) 이런 거대한 덩어리 흐름이 결국은 50-60 h^{-1}Mpc의 거리에서 허블흐름에 수렴될 것임을 보여준다(특이속도없이). 사실 Ia 형 초신성을 이용한 어떤 관측들은 대규모로 일어나는 일관적인 운동 모두에 대한 증거를 주지 않는다! 이 논쟁이 해결되려면 더 복잡하고 자세한 관측이 지속적으로 이루어져야 할 것이다.

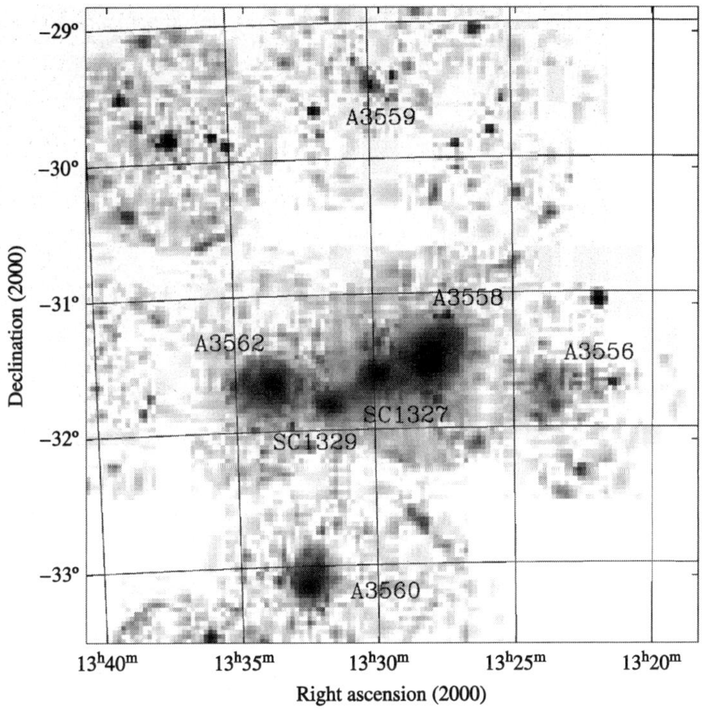

▌그림 4.20 중심에 은하 A3558과 그 동반은하들을 지닌 Shapley 집중의 대규모 영상. 은하의 전체 모임은 하늘에서 직경 10° 정도된다.(출처 : Bardelli et al., Astron. Astrophys., 396, 2002)

거품과 빈공간 들 : 거대 구조

우주가 아주 멀리서 검토될 때 어떻게 보이는가를 알아내기 위해서, 집중적인 전천탐사들이 진행되었다. 1950년대 동안, POSS(Palomar Observatory Sky Survey)는 각각 6° × 6° 영역을 찍을 수 있는 유리사진건판에 북쪽하늘을 기록하였다. 이 연구에서, 두 개의 건판이 하늘의 각 영역에 대해 얻어졌고, 적색 또는 청색에 더 민감한 감광유제에 기록을 했기 때문에 그들의 상대적인 밝기 외에 천체들의 온도에 대한 정보도 얻어낼 수 있게 되었다. 그림 4.21은 영국 쉬미트 망원경으로 수행된 남쪽하늘의 최근 전천탐사의 결과를 보여주고 있다. 이 지도는 겉보기 등급 17등급에서 20.5등급사이에 있는 약 2백만개의 은하들을 보여주는데, 이들은 우리은하 남극을 중심으로 4300 *degree*^{2}내에서 발견되었다. 이 그림은 그냥 사진이 아니다; 오히려 각 점들은 세기를 지니고 있는데(검정에서 하얀색으로),

▌그림 4.21 우리은하의 남극을 중심으로 4300 square degree의 영역을 전천탐사한 영국의 Schmidt 망원경으로 수집된 2백만 개의 은하들(출처 : Maddox et al., MNRAS, 242, 43p, 1990)

세기가 0인 은하는 검정으로, 세기가 20인 은하는 하얀색으로 표현한다. 은하들은 하늘에서 무작위로 분포되어있지 않다는 것은 분명하다. 작고 밝은 영역들은 은하단들이고, 길고 필라멘트처럼 생긴 실모양은 초은하단들이다.

인간의 눈과 뇌는 어떤 구조가 존재하지 않는다 하더라도, 패턴을 발견하는 능력을 가지고 있다. 그림 4.21의 경우에서, 하늘의 2차원 묘사이기 때문에 어려움이 더 커진다. 모든 은하들은 천구에 투영되어 있어서, 실제 연관성과 시선방향에 우연히 일치하는 것을 구별할 수 없다. 3차원 구조들은 2차원으로 펴질때 가리워지거나 또는 찌그러지게 된다. 1980년대에, 많은 천문학자그룹들이 은하들까지의 거리를 측정하기 위해 은하의 적색편이와 허블법칙을 이용하여 우주의 3차원 지도를 만들기 시작하였다. 적색편이 탐사같은 작업들은 그림 4.12에 보여진, 거대한 빈공간의 존재를 알려주었다. 이런 빈공간들은 직경이 100 Mpc 정도까지 측정되며, 초은하단에 의해 채워진 얇은 판같이 편평하다기 보다는, 희미한 구형형태를 보인다. 빈공간내의 우주는 아주 희미한 타원왜은하들이 존재하기는 하겠지만, 밝은 나선은하와 타원은하들이 없는 공간이다.

대부분의 초기 전천탐사는 하늘의 한 영역만을 표본을 택하였기 때문에, 은하들 분포에 대한 전반적 그림을 얻기가 불가능하다. 이를 개선하기위해, 하버드 스미스소니언의 천체물리센터 겔러와 후크라(Margaret Geller and John Huchra)와 그 동료들은 하늘의 쐐기모양의 조각에 대한 전천탐사를 수행하였다(그림 4.22).

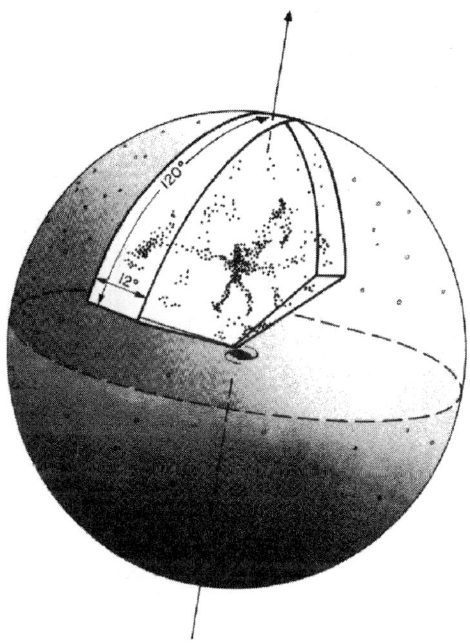

▮ **그림 4.22** CfA 적색편이 탐사에서 사용된 적당히 나눠진 6° 크기의 쐐기들(출처 : Geller, Mercury, May/Jun 1990)

스위스치이즈 덩어리를 평행으로 자른 것과 같은 이 기법은 텅빈 영역이 어디 있으며, 그들이 서로 어떻게 관계되는지를 보여준다. 야간관측이 진행되는 동안, 지구의 자전은 망원경을 적경에서 9시간 정도 움직이고, 적색편이는 망원경의 시야에 들어오는 은하들에 대해 측정이 된다. 이 과정은 6° 아래의 조각내 모든 은하들이 다 측정이 될 때까지 반복이 되는데, 시선속도가 15,000 $km\,s^{-1}$까지 측정이 된다(허블법칙에 따라 150 h^{-1}Mpc의 거리까지).[32]

그림 4.23(a)와 (b)는 1985년 수집된 첫 번째 조각들의 두 개를 보여준다. 당시 H_0의 값에 대한 불확실도 때문에, 거리는 시선속도 cz의 항으로 표현되었는데, 여기서 z는 측정된 적색편이이다(식 4.8과 비교). 그림의 각 점은 은하이다. 그림들을 연구해보고 이 단면적을 지닌 은하들의 3차원 분포를 상상해보자. 조각은 또한 은하들이 공간을 굽이굽이 지나다니는 실같은 필라멘트의 네트워크를 형성하지 않는다는 것을 보여준다. 만일 실같은 필라멘트가 형성되었다면, 조각은 길게

32) 100 h^{-1}Mpc가 넘는 기리에 대해서는, 밝은 은하들만이 관측이 되어질 수 있어서, 휘어진 가장자리 근처는 관측된 은하들의 수가 작아진다.

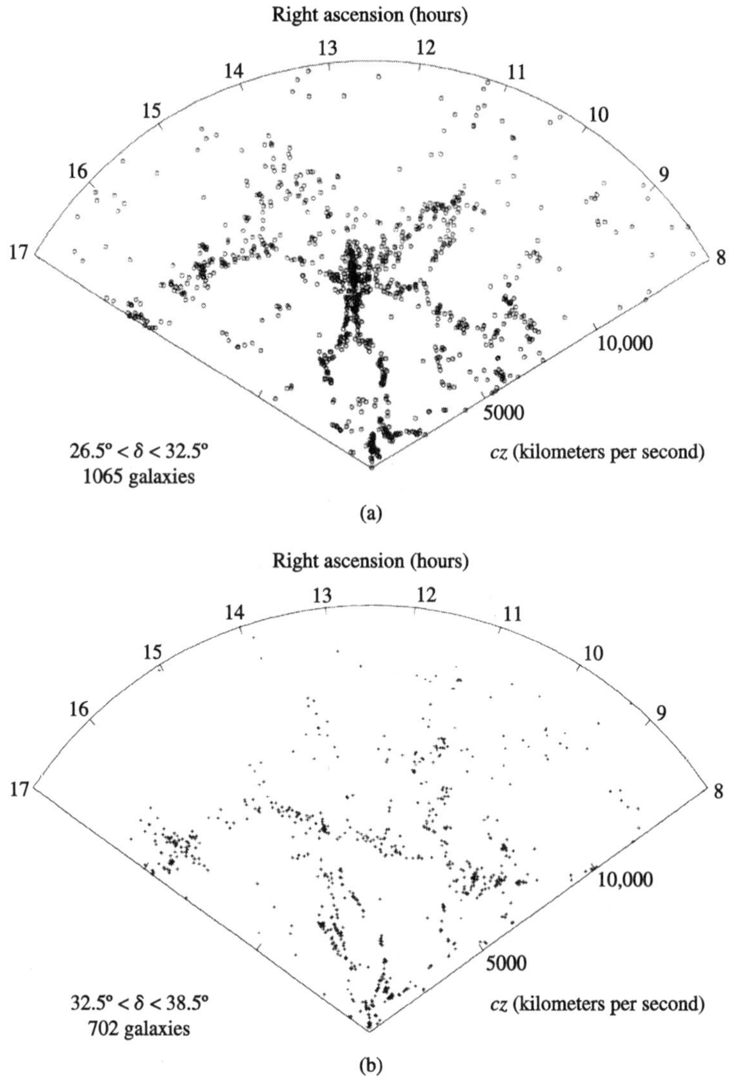

그림 4.23 CfA 적색편이 탐사에서 사용된 두 개 조각들. 적경은 각그림의 꼭대기를 따라서 표시되었다. (a) $26.5° < \delta < 32.5°$, (b) $32.5° < \delta < 38.5°$ (출처 : Geller, Mercury, May/Jun 1990)

드리워지기 보다는 필라멘트들을 가로질러 다니게 되었을 것이다(삶은 국수를 담은 냄비를 잘랐다고 생각해보라). 이것이 사실이 아니라는 점은 너무 많이 연결된 특징들이 있고 고립된 덩어리가 거의 존재하지 않는다는 점으로부터 알 수 있다.

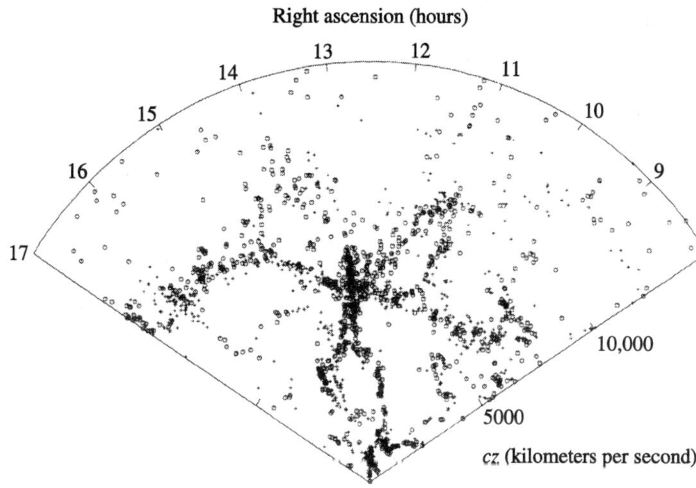

▌**그림 4.24** $26.5° < \delta < 32.5°$ 영역에 대한 CfA 적색편이 탐사의 처음 두 개 조각들의 조합(출처 : Geller, Mercury, May/Jun 1990)

이 관측과 비슷한 상황을 일상 생활의 경험에서도 확인할 수 있다.

비누기포들로 구성된 거품을 잘라보면 여기서 보이는 것과 아주 비슷하게 보일 것이다. 그림 4.23(a)와 (b)는 은하들이 우주공간의 거품형태 영역의 벽을 형성하고 거품 안에 거대한 빈공간이 있는 2차원 얇은 판에 놓여있음을 보여준다.[33] 그런 큰 빈공간 하나가 $\alpha = 15^h$, $v = 7500$ km s^{-1}(75 h^{-1} Mpc떨어짐)에 놓여있는데, 그 직경은 5000 km s^{-1}(50 h^{-1} Mpc)이다. 그림 4.23(a)에서, 코마은하단이 조각의 중심에서 인간처럼 생긴 형태의 몸통이다.[34] 겉보기에는, 큰 은하단들과 초은하단들이 거품의 교차점에서 발견되고 있고, 그래서 Perseus-Pisces초은하단 같은 긴 구조가 인접한 거품들 표면을 따라 놓일 수 있다. 필라멘트 형태는 탐사가 빈공간 장벽을 형성하는 은하들의 얇은 평면을 통과하여 얇게 잘라지는 영역을 보여준다. 이 해석은 그림 4.24에 의해 더 강화되는데, 이 그림은 같은 그림에 대해 처음 두 개 조각들을 합성한 것이다. 이 특징들이 일반적으로 일치된다는 것을 보여줄 뿐만 아니라, 그들이 약간 엇갈려 존재한다는 것도 보여준다; 합성된 조각은 어떤 형태들은 개별조각의 형태보다 약간 두꺼워졌다. 이는 조각들이 빈공간의 벽

33) 또 다른 가능성은 빈공간들이 스펀지의 내부처럼 연결되었다는 것인데, 은하들의 얇은 평면은 통로를 구별해준다.

34) 은하단들의 큰 특이속도들은 그들이 시선속도방향에서 흩어지게 만든다. 이는 코마은하단의 형태를 약간 길쭉하게 늘어놓는다.

에 대해 수직이 아니기 때문에 일어난다. 대신, 벽의 곡률은 인접한 조각들을 약간 다른 위치에서 벽과 교차하게 만든다.

그림 4.25는 북반구 하늘의 CfA 적색편이 탐사와 드코스타(L.Nicolaci da Costa)와 동료들에 의해 수행된 남반구 탐사의 결과들을 조합한 것을 보여준다. 꼭대기에 있는 긴 호는 대 장벽(Great Wall)인데, 남반구에는 이것의 상대로 남쪽 장벽이 있어, 대각선으로 바닥을 가로지르게 된다. 본 교과서를 집필할 당시까지, 이들은 우주에서 가장 크다고 알려진 구조이고, 그래서 여러 개의 인접한 거품들의 벽들로 구성되어 있을 것이다. 대 장벽은 그림 4.23의 인간형태의 팔을 통과해서 지나간다. 이는 적경쪽으로 적어도 150 h^{-1} Mpc 정도, 그리고 적위쪽으로 적어도 60 h^{-1} Mpc(이 그림에 수직으로) 펼쳐지지만, 두께는 5 h^{-1} Mpc보다 작다. 대 장벽은 티끌에 의해 가리워지거나(한쪽에서) 또는 아직 지도가 완성되지 않은 영역(다른쪽 끝)에서는 사라진다. 이는 실제 Perseus-Pisces 초은하단을 포함한 남쪽장벽과 합쳐질 때까지 계속된다.

현재 가장 깊숙한 탐사는 Anglo-Austrailian 천문대에 의해 수행된 2 dFGRS (2dF Galaxy Redshift Survey)이다. 이 탐사는 m=–19.5등급보다 밝은 은하들들 220,929개의 3차원 지도를 만들었고 하늘의 5%를 탐사하였다. 이 탐사는 약 1 Gpc 정도까지 깊숙이 들어갔고, $z \approx 0.3$까지의 적색편이를 측정하였다. 그림 4.26은 은하의 북극(왼쪽)과 남극(오른쪽) 을 자른 3° 조각을 보여준다. 이는 63,000개 은하를 포함하고 있고, 거대한 빈공간의 벽들에 모여진 은하들을 보여주고 있다. 우주의 스폰지같은 구조가 그림 4.27에 보이는데, 이는 은하단들과 초은하단들이 어떻게 함께 뭉쳐지는지를 나타내주고 있다.

현재 진행되고 있는 SDSS(Sloan Digital Sky Survey)는 우주를 깊이 탐사하는 가장 최근의 관측 사업이다. 2005년 6월에 완성된 이 프로젝트의 1단계는 5개 파장 영역에서 하늘의 20%를 영상화하였고 약 2억개의 천체들을 기록하였다. SDSS는 675,000개 은하들, 90,000개 퀘이사들, 그리고 185,000개 항성들의 스펙트럼을 얻어냈다. SDSS는 New Mexico의 Apache Point에 있는 2.5m 망원경을 활용하였다. 망원경에 부착된 120 megapixel 카메라가 한순간에 하늘의 1.5 degree^2 영역(보름달보다 8배 큰 영역)의 사진을 찍을 수 있다. 전천탐사가 완성되면, SDSS는 하늘의 25%보다 큰 영역의 3차원 지도를 만들어내게 된다. 그런 방대한 지도는 우주의 대규모구조에 대해 더 일관성있고 자세한 관점들을 제공해줄 것이고, 그들의 근원과

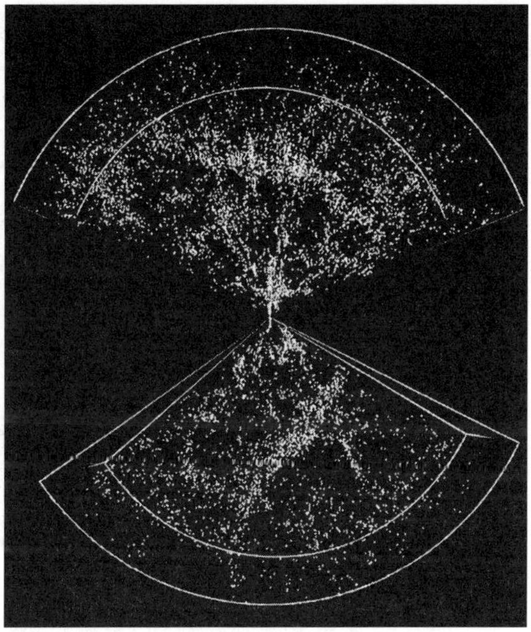

▌그림 4.25 9325개의 은하들을 보여주는 $cz \le 12{,}000\ \mathrm{km\,s^{-1}}$을 지닌 우주의 한 단면(지구에서 $120h^{-1}$Mpc 내에 있는). 위 조각의 좌표는 $8^h < \alpha < 17^h$와 $8.5^\circ < \delta < 44.56^\circ$이고, 아래 조각의 좌표는 $20.8^h < \alpha < 4^h$와 $-40^\circ < \delta < 2.5^\circ$ (출처 : Costa et al., Ap.J.Lett., 424, L2, 1994)

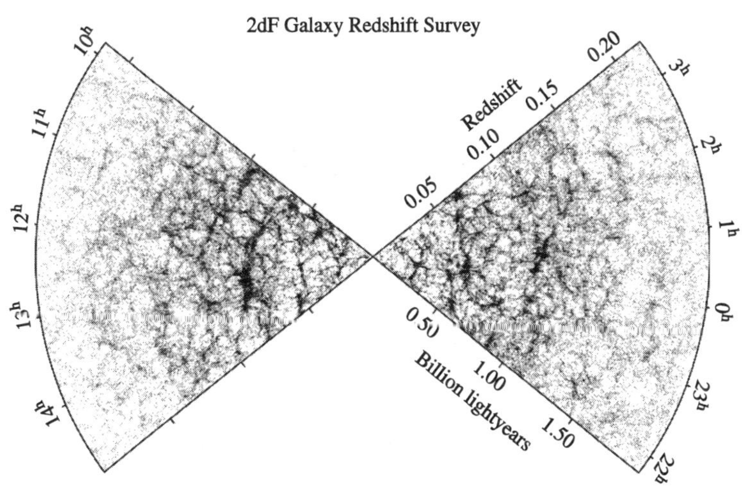

▌그림 4.26 2dFGRS를 통한 3° 조각. 62,559개 은하들을 보여주고 있다. 은하의 북극은 왼쪽에, 남극은 오른쪽에 있다.(출처 : Costa et al., arXiv:astro-ph/0306581, 2003)

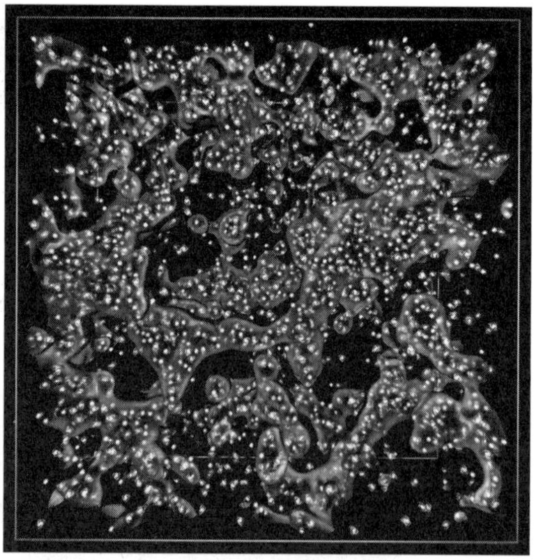

▌그림 4.27 100Mpc 길이의 조각들을 지닌 우주공간의 3차원공간. 은하단들과 초은하단들은 서로 연결되었는데, 마치 우주공간이 스펀지구조를 나타내고 있다. (출처 : 2dF Galaxy Redshift Survey Team)

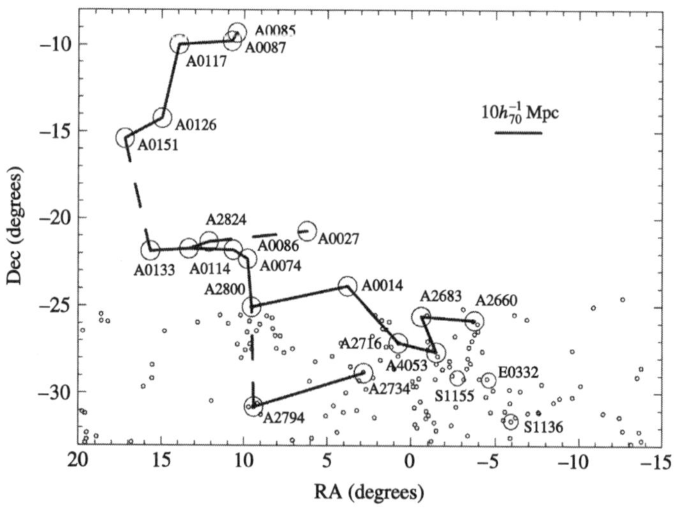

▌그림 4.28 Pisces–Cetus 초은하단에 속한 은하단들. 은하단들을 연결해주는 선들은 20 h^{-1}Mpc와 25 h^{-1}Mpc사이의 길이에 놓여있다.(출처 : Porter and Raychaudhury, Mon. Not.R.Astron.Soc., 364, 1387, 2005)

관계된 실마리들을 제공해줄 것이다. 2dFGRS와 SDSS에 근거한 그림 4.28은 Pisces-Cetus 초은하단에 속한 은하단들을 보여준다. 19개 은하단을 연결하고 있는 선들은(평균 적색편이는 $z=0.0591$) 초은하단을 구성하는 서로 연결된 필라멘트로 구성된 거미집과도 같은 우주의 윤곽을 보여준다.

거대 구조의 정량화

거대구조의 존재를 나타내주는 또 다른 방법은 은하들이 밀집하여 분포하는 정도를 수학적으로 묘사하는 것이다. 만일 은하들이 n의 개수밀도로 우주공간에 균일하게 분포되어있다면, dV의 체적 내에서 그 은하를 발견할 확률 $dP=ndV$로 어디서나 같을 것이다.[35] 그러나 은하들은 무작위로 흩어져있지 않다. 어떤 특정한 은하로부터 거리 r 떨어진 곳에서 체적 dV 내에 한 은하를 발견할 확률은 그래서

$$dP = n[1+\xi(r)]\,dV \tag{4.21}$$

이 되고, 여기서 n은 은하의 개수밀도이고, $\xi(r)$은 은하들이 평균보다 더 집중되어있는가($\xi > 0$) 또는 더 분산되어있는가($\xi < 0$)를 서술해주는 두지점 상관관계함수이다. SDSS로부터 118,149은하들과 $0.1h^{-1}$Mpc $< r <$ $16h^{-1}$Mpc에 대해, 상관관계 함수는

$$\xi(r) = \left(\frac{r}{r_0}\right)^{-\gamma} \tag{4.22}$$

의 형태를 지닌다고 관측되었는데, 여기서 상관관계 길이 $r_0 = 5.77h^{-1}$Mpc이고, $\gamma=1.8$이다. 상관관계 길이는 은하의 광도에 따라 변화하는데, $4.7\,h^{-1}$Mpc에서 $7.4\,h^{-1}$Mpc까지 변하는데, 밝은 은하일수록 너 긴 상관관계 길이를 지닌다.

SDSS같은 탐사들은 우주공간에서 아주 멀리있는 영역을 표본으로 삼기 때문에(반경 R_s의 구안에서), r_0가 표본의 깊이 R_s에 따라 어떻게 변화하는 가하는 것이 흥미롭다. 몇몇 학자들이 제안한 바와 같이, 만일 우주가 차원분열도형(fractal) 구조를 지니고 또 scale-free 상태라면, r_0는 R_s에 따라 증가해야 할 것이다(만일 우

35) dV가 충분히 작아서 $dP \leq 1$이라고 가정한다.

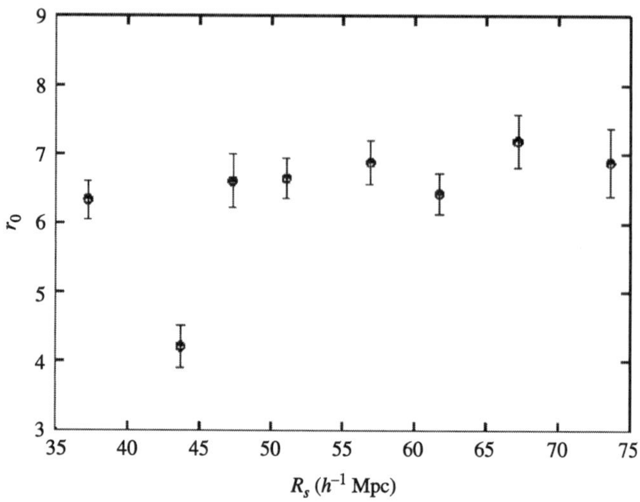

▌그림 4.29 CfA 목록(harvard Center for Astrophysics에 의해 수집된 은하적색편이 목록)에 대한 표본깊이 R_s의 함수로 표시된 상관관계 길이 r_0. 오른쪽으로 안정되어지는 것이 이 연구에 대한 $R_s \approx 60-70h^{-1}\text{Mpc}$에서 균일성으로 전이됨을 보여준다.(출처 : Marinez et al., Ap.J., 554, L5, 2001)

주가 원래 모든 크기에서 똑같다면, 더 깊숙이 관측하면 더 작은 구조들의 많은 형태들을 보여주게 될 것이다). 그러나, 균일성의 우주론 원리에 따르면 r_0가 상당히 깊은 표본에서 상수가 되어야한다. 그 이유는 R_s를 넘어서면 어떤 거대규조가 발견되지 않아야 하기 때문이다. 우주가 균일하게 보이는 거리 척도 R_s값을 찾는 작업이 현재 진행되고 있다. 그림 4.29에 보인 것과 같은 몇몇 연구들이 겉보기에 균일로 가는 과도기를 발견하였다할지라도, 다른 연구들은 발견하지 못했다. 우주가 $\approx 30\,h^{-1}$ Mpc까지의 규모에서 차원분열도형구조를 지니고 있다는 것은 일반적으로 동의하고 있다(이는 우주가 차원분열도형구조를 지녔다는 것을 의미하지는 않는데, 왜냐면 자체유사성은 아주 작은 크기에만 성립하지 큰 규모에서는 성립하지 않기 때문이다.) $R_s \approx 30\,h^{-1}$ Mpc 주변 또는 이 값을 지난 어떤 곳에서(아마 $R_s \approx 200\,h^{-1}$ Mpc가 성립하기만 하면) 균일성으로의 과도기가 생겨난다고 하는 것이 일반적으로 받아들여지고 있다. 이 규모는 우주에서 가장 큰 일관된 구조의 크기와 일치하는데, 이는 우주를 채우고 있는 은하들의 서로 연결된 필라멘트들의 우주 네트워크이다(그림 4.28).

거대 구조의 씨앗은 무엇인가?

적색편이 탐사에 의해 밝혀진 은하의 구조가 은하들의 초기 무작위 분포에서 어떻게 생겨날 수 있었는지를 상상해보는 것은 쉽지 않다. 물론, 우연히, 어떤 영역들이 다른 영역들보다 더 많은 은하들을 소유했을 수도 있다. 밀도가 더 높은 영역들은 아직도 더 많은 은하들을 중력적으로 끌어당겼을 것이고, 그래서 밀도가 낮은 체적들을 텅비게 만들었을 것이다. 중력이 높은 밀도영역과 낮은 밀도영역의 차이를 증가시키는 작용을 한다할지라도, 텅빈 공간을 설명하기에는 충분하지 않다. 큰 텅빈 공간은 직경이 100 Mpc에 달하기도 하지만, 은하들의 특이속도들은 100 km s^{-1} 정도밖에 안된다. 전형적인 특이속도인 ~600 km s^{-1}를 이용하면, 한 은하가 하나의 텅빈 공간을 지나가는데 걸리는 시간은 적어도 160 Gyr이다. 이는 우주의 나이 t_H보다 훨씬 크다. 그러므로 은하들이 텅 빈 공간에서 형성된 후 외곽으로 이동한 것은 아니라는 점을 알 수 있다. 대신, 은하들은 주로 현재의 형태에서 형성된 것 같다. 겉보기에는, 오늘날 우리가 보고 있는 거대구조의 씨앗은 우주의 가장 초기 순간부터 존재하고 있다. 이렇게 은하들이 놀랄 정도로 배열된 것의 근원에 대한 질문은 7장에서 다시 다루게 될 것이다.

제 4 장 참고 문헌

일반 도서

Berendzen, Richard, Hart, Richard, and Seeley, Daniel, *Man Discovers the Galaxies*, Science History Publications, New York, 1976.

Ferris, Timothy, *The Red Limit*, Second Edition, Quill, New York, 1983.

Lake, George, "Cosmology of the Local Group," *Sky and Telescope*, December 1992.

Landy, Stephen D., "Mapping the Universe," *Scientific American*, June 1999.

Osterbrock, Donald E., Gwinn, Joel A., and Brashear, Ronald S., "Edwin Hubble and the Expanding Universe," *Scientific American*, July 1993.

Silk, Joseph, *The Big Bang*, Third Edition, W. H. Freeman and Company, New York, 2001.

Waller, William H., and Hodge, Paul W., *Galaxies and the Cosmic Frontier*, Harvard University Press, Cambridge, 2003.

고급 도서

Binney, James, and Tremaine, Scott, *Galactic Dynamics*, Princeton University Press, Princeton, NJ, 1987.

Courteau, S., and Dekel, A., "Cosmic Flows: A Status Report," *Astrophysical Ages and Time Scales*, ASP Conference Series, von Hippel, T., Simpson, C., and Manset, N. (eds.), *245*, 584, 2001.

Dressler, Alan, et al., "Spectroscopy and Photometry of Elliptical Galaxies. I. A New Distance Estimator," *The Astrophysical Journal*, *313*, 42, 1987.

Dressler, Alan, and Faber, S. M., "New Measurements of Distances to Spirals in the Great Attractor: Further Confirmation of the Large-Scale Flow," *The Astrophysical Journal Letters*, *354*, L45, 1990.

Heck, A., and Caputo, F. (eds.), *Post-Hipparcos Cosmic Candles*, Kluwer Academic Publishers, Dordrecht, 1999.

Hubble, Edwin, "A Relation between Distance and Radial Velocity among Extra-Galactic Nebulae," *The Proceedings of the National Academy of Sciences*, *15*, 168, 1929.

Jacoby, George H., et al., "A Critical Review of Selected Techniques for Measuring Extragalactic Distances," *Publications of the Astronomical Society of the Pacific*, *104*, 599, 1992.

Jones, Bernard J. T., et al., "Scaling Laws in the Distribution of Galaxies," *Reviews of Modern Physics*, *76*, 1211, 2005.

Leibundgut, B., and Tammann, G. A., "Supernova Studies III. The Calibration of the Absolute Magnitude of Supernovae of Type Ia," *Astronomy and Astrophysics*, *230*, 81, 1990.

Mathewson, D. S., Ford, V. L., and Buchhorn, M., "No Back-Side Infall into the Great Attractor," *The Astrophysical Journal Letters*, *389*, L5, 1992.

Peebles, P. J. E., *Principles of Physical Cosmology*, Princeton University Press, Princeton, NJ, 1993.

Riess, Adam G., et al., "Cepheid Calibrations from the Hubble Space Telescope of the Luminosity of Two Recent Type Ia Supernovae and a Redetermination of the Hubble Constant," *The Astrophysical Journal*, *627*, 579, 2005.

Rowan-Robinson, Michael, *The Cosmological Distance Ladder*, W. H. Freeman, New York, 1985.

Solanes, José M., et al., "The Three Dimensional Structure of the Virgo Cluster from Tully–Fisher and HI Data," *The Astronomical Journal*, *124*, 2440, 2002.

Sparke, Linda S., and Gallagher, John S., *Galaxies in the Universe: An Introduction*, Cambridge University Press, Cambridge, 2000.

Tremaine, Scott, "The Dynamical Evidence for Dark Matter," *Physics Today*, February 1992.

Willick, J. A., "Cosmic Velocities 2000: A Review," arXiv:astro-ph/0003232 v1, 2000.

Zehavi, Idit, et al., "On Departures from a Power Law in the Galaxy Correlation Function," *The Astrophysical Journal*, *608*, 16, 2004.

제 4 장 연습 문제

4.1 By equating the period–luminosity relation, Eq. (14.1), and the period–luminosity–color relation, Eq. (27.1), estimate the range of the $B - V$ color index for Cepheid variable stars.

4.2 The central light ring produced by SN 1987A, shown in Fig. 15.14, gave astronomers a unique chance to determine its distance (and therefore the distance to the Large Magellanic Cloud). The supernova heated the ring of gas, causing it to glow. The ring, which has an angular diameter of $1.66''$ (long axis), is presumed to be circular but tilted from the perspective of Earth. Light was received from the near side of the ring 340 days before light arrived from its far side.

(a) Carefully measure the photograph, and determine the angle between the plane of the ring and the plane of the sky.

(b) Use the time delay to determine the diameter of the ring in parsecs, and compare your result with the caption to Fig. 15.14.

(c) Use trigonometry to find the distance to SN 1987A.

4.3 The three brightest red stars in the galaxy M101 (the "Pinwheel" galaxy; see Fig. 25.5) have visual magnitudes of $V = 20.9$. Assuming that there is 0.3 mag of extinction, what is the distance to M101? How does this compare to the distance of 7.5 Mpc found using classical Cepheids?

4.4 Show that an uncertainty in the distance modulus $m - M$ of 0.4 mag corresponds to an uncertainty in the distance of about 20%. What uncertainty in the distance modulus would produce a 5% uncertainty in the distance? What uncertainty in the distance modulus would produce a 50% uncertainty in the distance?

4.5 In Eq. (27.4), the value of C for the Fornax cluster of galaxies is $C = -1.264$. What is the ratio of the distances to the Virgo and Fornax clusters? to the Coma and Fornax clusters?

4.6 Use the solid line in Hubble's velocity–distance diagram, Fig. 27.7, to determine his value of H_0. Why was his result so different from today's value?

4.7 Use the relative motion of the Andromeda and Milky Way galaxies to estimate their total mass for the case $h = 0.5$. What is the corresponding mass-to-light ratio of these galaxies?

4.8 The Magellanic Stream orbits the Milky Way and extends from 50 kpc to 100 kpc from the Galactic center.

(a) Consider a clump of gas in the stream in a circular orbit about the Galactic center. Take the radius of the orbit to be 75 kpc and the orbital speed to be 244 km s^{-1}. Treating the Galaxy and the mass clump as point masses, estimate the mass of the Milky Way. What is the corresponding mass-to-light ratio?

(b) Suppose a clump of gas at the tip of the stream starts with zero radial velocity at a distance of 100 kpc and reaches a radial velocity of -220 km s^{-1} after falling down to 50 kpc from the Galactic center. Assuming that the transverse (orbital) velocity of the clump of gas has not changed, use conservation of energy to estimate the mass of the Milky Way. Find the corresponding mass-to-light ratio. As before, treat the Galaxy and the clump of gas as point masses.

4.9 Assuming that the Sculptor group of galaxies occupies a spherical volume of space, find the difference in magnitude between two identical objects located at the very front and back of the group.

4.10 Derive Eq. (27.17).

4.11 *Suppose* that the densities of the dark matter and interstellar gas in M87 have the same r-dependence (i.e., they are proportional). Use Eq. (27.17) to show that the gas is isothermal. *Hint:* Assume $T \propto r^{\alpha}$ and show $\alpha = 0$. Use flat rotation curves and make use of Eqs. (24.49) and (24.50). [The controversial assumption that $T(r) =$ constant has been used in some studies of dark matter in elliptical galaxies.]

4.12 Like the Coma cluster, the Virgo cluster contains a large amount of hot (70 million K) intracluster gas that emits X-rays.

(a) If the X-ray luminosity of the Virgo cluster's intracluster gas is about 1.5×10^{36} W, use Eq. (27.20) to find the electron number density and the mass of the gas. Assume that the Virgo cluster is a sphere of radius 1.5 Mpc that is filled with completely ionized hydrogen.

(b) Use $L_V = 1.2 \times 10^{12}$ $L_\odot$ for the visual luminosity of the Virgo cluster to estimate the cluster's luminous mass. How does this compare with your answer to part (a) for the mass of the intracluster gas?

(c) Assuming that the gas has no energy source and that it is simply losing energy via thermal bremsstrahlung, use Eq. (10.17) for the average kinetic energy per gas particle (protons and electrons) to estimate how long it will take for the gas to lose all of its energy. (Assume that the X-ray luminosity remains constant throughout your calculation.) How does your answer compare with the Hubble time, t_H?

4.13 Estimate how long a galaxy in the Coma cluster would take to travel from one side of the cluster to the other. Assume that the galaxy moves with a constant speed equal to the cluster's radial velocity dispersion. How does this compare with the Hubble time, t_H? What can you conclude about whether the galaxies in the Coma cluster are gravitationally bound?

4.14 For the galaxies in the Virgo cluster, the dispersion in the radial velocity is $\sigma_r = 666 \text{ km s}^{-1}$. Use the virial theorem to estimate the mass of the Virgo cluster.

4.15 Suppose that the galaxies in the Coma cluster are all moving *away* from the cluster's center but that the measured value of the radial velocity dispersion is unchanged. (For example, directing each galaxy's present velocity radially outward would accomplish this.) In this case, the cluster would not be in equilibrium. What is the sign of the term $\langle d^2I/dt^2 \rangle$ in the virial theorem, Eq. (2.44)? Explain how neglecting this term would affect your estimate of the mass of the Coma cluster. How would your answer be different if all of the galaxies were moving *toward* the cluster's center?

4.16 For the galaxy NGC 5585, the quantity $2v_r/\sin i = 218 \text{ km s}^{-1}$, and its apparent H magnitude is $H = 9.55$ (already corrected for extinction). Use the Tully–Fisher method to determine the distance to this galaxy.

4.17 The brightest galaxy in the cluster A1060 has an apparent visual magnitude of $V = 10.99$. Estimate the distance to the cluster. Use the uncertainty in the average absolute magnitude of the brightest galaxy to determine how far off your answer could be.

4.18 The Galactic coordinates of the direction of the large-scale streaming motion of galaxies in the direction of the Great Attractor are $\ell = 309°$, $b = 18°$. Convert these to equatorial coordinates, and use a star chart to confirm that your answer is in the constellation of Centaurus.

COMPUTER PROBLEMS

4.19 Given the results in Table 27.1 for the distance to the Virgo cluster of galaxies, the problem arises of how d_{ave}, the average distance, should be chosen.

(a) d_{ave} might be chosen to minimize

$$\Delta \equiv \sum_i \left(\frac{d_i - d_{ave}}{\delta_i} \right)^2,$$

where δ_i is the uncertainty in the distance d_i determined by the ith method in the table (e.g., for the estimate using novae, $d = 21.1$ Mpc and $\delta = 3.9$ Mpc). (There are echoes of the least-squares fit to a straight line in this approach.) Make a graph of Δ vs. d_{ave} for values of d_{ave} between 15 and 22 Mpc, and determine (to the nearest 0.1 Mpc) the value of d_{ave} that minimizes Δ.

(b) The *weighted mean* value is

$$d_w = \frac{\sum_i (d_i/\delta_i^2)}{\sum_i (1/\delta_i^2)}.$$

Calculate the weighted mean for the values in Table 27.1, and compare your answer with what you found in part (a).

(c) Prove that your answers to parts (a) and (b) will always agree.

5장

활동하는 은하

5.1 활동하는 은하들의 관측적 사실들

현대천체물리의 이야기는 동력적으로 진화하는 우주의 한부분이다. 행성들에서 항성을 거쳐 은하들까지의 모든 척도에 대해, 이 시대에 존재하는 천체들이 그들이 이전 시대에 취했던 형태들과 다르다. 우리가 우주의 아주 먼 구석에서 도달하는 고대 빛을 연구하면서, 우리는 어떻게 은하들이 보였으며 또 젊었을 때 어떻게 행동했는지 점검해볼 수 있게 되었다. 이들 관측들로 부터 더 가까운 은하핵에서 잘 발견되지 않는 젊고 아주 먼 은하들의 중심에서 일어나는 굉장한 활동성이 있음을 알 수 있다.

시퍼트(Seyfert) 은하

현재 은하들이 남겨주는 격렬한 유산들에 대한 첫 번째 힌트는 "나선성운"의 스펙트럼을 1908년 관측하고 있었던 파드(Edward A. Fath, 1880-1959)에 의해 발견되었다. 대부분이 은하의 항성들과 합해진 빛에 의해 만들어진 흡수선 스펙트럼을 보여주는 데에 비하여, NGC 1068은 6개의 밝은 방출선들을 나타내고 있었다. 1926년에 허블은 이들과 다른 두 개의 은하들에서 나오는 방출선들을 관측하였다.

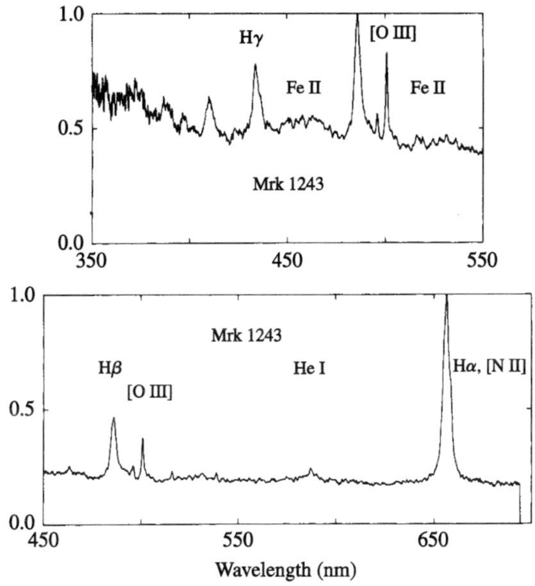

그림 5.1 Seyfert 1은하인 Mrk 1243의 가시광영역 스펙트럼(출처 : Osterbrock, QJRAS, 25, 1, 1984)

17년 후에 시퍼트(Carl K. Seyfert, 1911-1960)은 은하들 중 몇 %만이 아주 밝은 핵을 지니고 있는데, 그들은 넓은 영역의 이온화 단계에 있는 원자들에 의해 생성된 밝은 방출선원들이라고 보고하였다. 이들 핵들은 겉보기에는 거의 항성처럼 보인다.

요즘 이들 천체들은 시퍼트 은하로 알려졌는데, 이들은 두 개 부류로 나누어지는 스펙트럼을 지니고 있다. Seyfert 1은하들은 아주 넓은 방출선들을 지니고 있는데, 이 방출선들은 허용된 방출선들(H I, He I, He II)들과 더 좁은 금지된 방출선들([O III]같은)을 포함하고 있다.[1] Seyfert 1은하들은 또한 일반적으로 "좁은" 허용된 방출선을 지니는데, 물론 이 좁은선들은 보통 은하들에서 보여지는 방출선들에 비해서는 넓게 보인다. 선너비는 도플러 넓어짐에 기인되는데, 이는 허용된 선들은 1000-5000 km s^{-1}의 속도에 해당하는 방출원들에서 나오는 허용된 선들을 나타내주는 반면, 금지된 선들은 500 km s^{-1} 정도의 속도에 해당한다. Seyfert 2은하들은 좁은 방출선들(허용된 선들과 금지된 선들이 다 보인다)만 지니고 있는데,

1) 5.2절(2권)에서 금지된 방출선들은 원자들의 낮은 천이 확률을 보이고 있어 낮은 가스밀도에서 나오는 것을 보여준다는 것을 상기해보자.

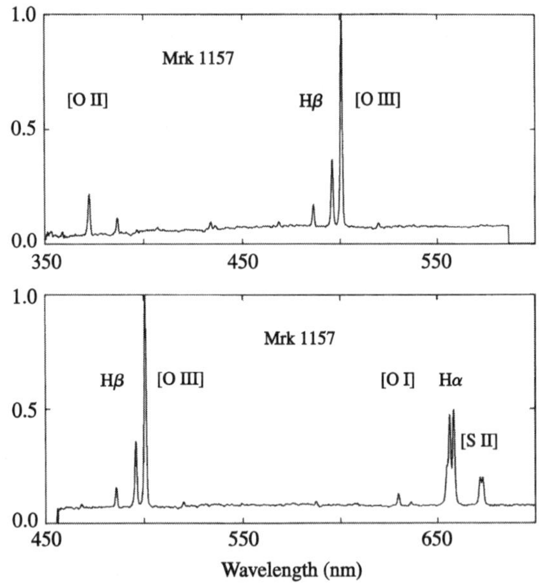

▌그림 5.2 Seyfert 2은하인 Mrk 1157의 가시광선 스펙트럼(출처 : Osterbrock, QJRAS, 25, 1, 1984)

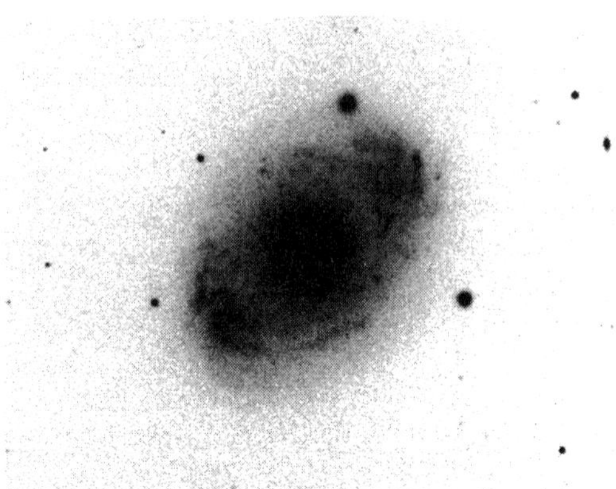

▌그림 5.3 Seyfert 1(또는 1.5)은하인 NGC 4151의 장시간 노출영상으로 밝은 핵주변에 은하원반을 보여주고 있다.(출처 : Sandage and Bedke , The Carnegie Atlas of Galaxies, Carnegie Institution of Washington, Washington, D.C., 1994)

전형적 속도는 500 km s^{-1} 정도이다. 많은 스펙트럼들이 또한 방출선을 지니지 않고 특별한 특징이 없는 연속선을 보여주기도 하는데, 이는 작은 중심영역에서 일어나는 현상이다. Seyfert 1은하의 큰 광도는 연속선으로부터 나오는데, 이는 어떤 때는 은하들 항성들의 합쳐진 모든 빛을 능가하기도 한다. Seyfert 2에 관측된 연속 스펙트럼은 훨씬 광도가 낮다.

대부분 X-선 에너지를 방출하는 것으로 알려진 은하들은 Seyfert 1은하와 Seyfert 1.5은하이다. X-선 방출은 심하게 변광하고, 그래서 며칠에서 몇 시간의 시간 간격으로 분명하게 변화한다. 반면, Seyfert 2은하에서는 상당히 낮은 X-선이 관측된다. Seyfert 2은하들에서 관측된 고에너지 X-선들의 분석을 해보면, "행방불명된" X-선들은 $10^{26}-10^{28}$ m^{-2}의 큰 수소 기둥밀도를[2] 보이는 불투명한 물질에 의해 흡수된 것을 알 수 있다.

시퍼트 은하들은 보통은하들의 0.1%정도를 차지하고 있다. 망원경으로 분해된 충분히 가까이 놓인 시퍼트 은하들의 적어도 90%가 Sb 또는 SBb형을 보이는 나선은하들이다. 이들은 때때로 중력적으로 상호작용을 하는 것 같은 다른 은하들과 함께 관측이 된다. 그림 5.3은 시퍼트 은하 NGC 4151(Sab형)의 장시간 노출된 영상으로, 밝은 핵 주변에 은하원반을 보여주고 있다.

활동하는 은하핵의 스펙트럼

시퍼트 은하들은 활동하는 은하 핵 또는 간단히 AGN인 은하들의 일반부류에 속한다. 전파은하, 퀘이사, 블래저같은 이들 부류의 다른 구성원들은 다음에 계속되는 논의에서 소개될 것이다.

그림 5.4는 여러 형태의 AGN들에 대해 관측된 대략적인 연속스펙트럼 형태이다 (νF_ν의 로그값들이 그림의 y-축에 보여졌음을 주목해보자). 이 스펙트럼 에너지 분포(SED, spectral energy distribution)에서 가장 두드러지는 특징은 에너지 방출이 주파수 로그값의 10이상의 넓은 영역에서 나타난다는 것이다. 이런 넓은 스펙트럼은 항성의 열적(흑체) 스펙트럼이나 은하 내 항성들의 합성된 스펙트럼과는 아주 다르다.

AGN이 처음 연구되었을 때는, 그들 스펙트럼이 아주 편평하다고 생각되었다. 따라서,

$$F_\nu \propto \nu^{-\alpha} \tag{5.1}$$

2) 선윤곽들은 흡수하는 물질의 기둥밀도를 계산하는데 사용되어질 수 있음을 3.5절(2권)을 상기해보자.

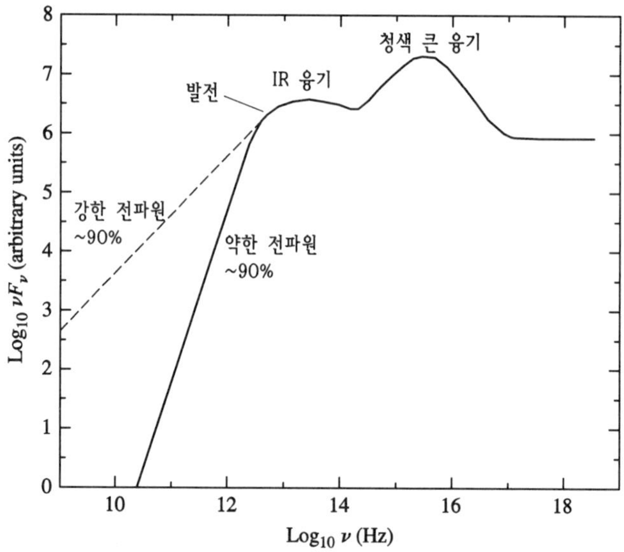

▌그림 5.4 다양한 형태의 AGN들에서 관측된 연속선들의 모습

형태를 지닌 멱급수가 단색 에너지 흐름량, F_ν를 기술하는데 사용되었다.[3] 분광지수[4], α는 $\alpha \simeq 1$정도의 값을 지닌다고 믿어졌었다.

ν_1과 ν_2의 주파수간격에서 관측된 일률은

$$L_{\text{interval}} \propto \int_{\nu_1}^{\nu_2} F_\nu \, d\nu = \int_{\nu_1}^{\nu_2} \nu F_\nu \frac{d\nu}{\nu} = \ln 10 \int_{\nu_1}^{\nu_2} \nu F_\nu \, d\log_{10}\nu \tag{5.2}$$

이 되어서 $\nu F_\nu - \log_{10}\nu$그래프에서 같은 면적은 같은 에너지양에 해당하게 된다; 그래서 그림 5.4의 x–축에 $\log_{10}\nu$을 그린 이유가 된다. $\alpha \simeq 1$정도의 값은 그림 5.4의 반전(turnover)오른쪽에서 보여지는 수평적인 경향을 보여준다.

요즘에는, AGN들의 연속선 스펙트럼이 더 복잡한 것으로 알려졌는데, 이들에는 열적방출선과 비열적 방출선의 혼합을 보여주고 있다. 그러나 식 (5.1)은 아직도 연속스펙트럼을 매개변수화 하는데 사용되고 있다. 분광지수는 대체로 0.5에서 2 사이의 값을 지니는데, 이는 보통 주파수가 증가하면서 증가하여서, 그림 5.4의

3) 3.5절(1권)에서 $F_\nu d\nu$가 광원에 조준된 검출기에 단위시간당 단위면적당 ν와 $\nu + d\nu$사이의 주파수에 도달하는 에너지 양이라고 정의한 것을 상기해본다.

4) 주의 : 어떤 연구자들은 분광지수를 음의 부호를 첨가하여 정의하기도 한다.

$\nu F_\nu - \log_{10}\nu$ 곡선이 일반적으로 아래쪽으로 오목하게 된다. 사실, α값은 스펙트럼의 적외선과 가시광선 영역에서와 같은 주파수의 제한된 영역에서만 상수가 된다. 가시광선-UV 스펙트럼의 형태와 편광은 때때로 열적광원(흑체스펙트럼, 낮은 편광)성분과 비열적 광원(멱급수 스펙트럼, 상당히 큰 편광)성분으로 분해되어 질 수 있다. 열적 성분은 그림 5.4의 청색의 큰 융기(big blue bump)현상처럼 보이는데, 이는 상당한 양의 절대광도를 지니고 있을 수 있다. 일반적으로 청색의 큰 융기현상으로 부터의 방출은 광학으로 두꺼운 유입원반에 기인하는 것으로 믿어지는데, 물론 어떤 연구자들은 f-f 방출에 기인된다고 제안하기도 한다. 또한 청색 융기 왼쪽에 열적 적외선 융기현상이 뚜렷하게 보이는데, 이는 따뜻한($T \leq 2000$K) 티끌 덩어리로부터 나오는 방출에 기인하는 것 같다.

순수한 멱급수 스펙트럼은(상수의 α)는 싱크로트론 복사의 특징인데, 이는 상대론적인 전자들과 자기장을 지닌 천문학적 상황에서 나타난다(예제 4.3.3(1권)과 예제 10.7.1(2권)을 비교해보라). 그림 5.5에 나타난 바와 같이, 싱크로트론 스펙트럼

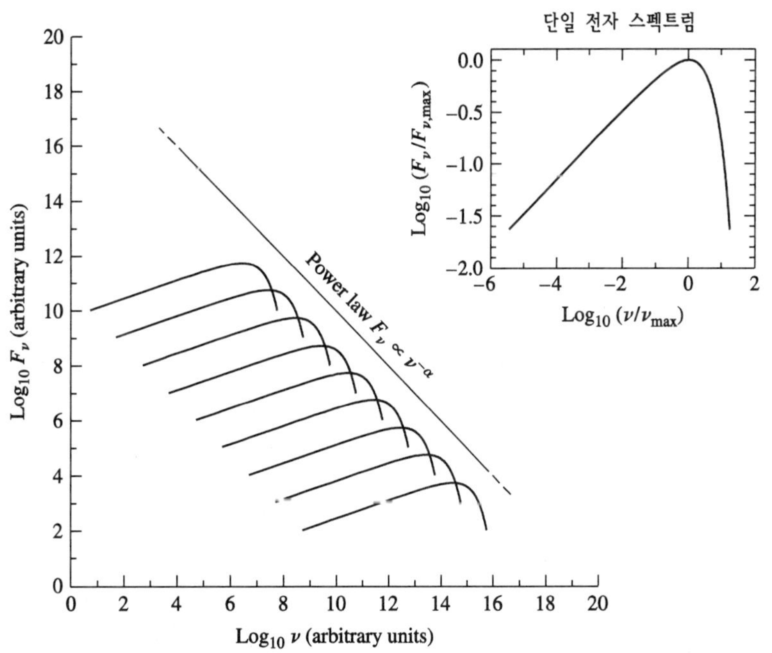

그림 5.5 전자들이 자기력선주위를 나선운동하면서 개별 전자들에 의해 생성된 복사의 합으로 보여진 싱크로트론 복사의 멱급수 스펙트럼. 전자 하나의 스펙트럼은 오른쪽 위에 있다. 낮은 주파수에서의 반전은 보여지지 않았다.

은 각각의 전자들이 자기력선을 따라 나선운동을 하면서 방출되는 복사들이 합하여져 만들어진다. 만일 개별 전자에너지의 분포가 멱급수를 따른다면, 결과적인 싱크로트론 스펙트럼은 식 (5.1)에 의해 서술된다. 그러나, 싱크로트론 스펙트럼은 주파수가 감소하면서 제한없이 증가하지는 않는다. 어떤 전이 주파수에서, 스펙트럼은 반전을 하고, $\nu^{5/2}$(분광지수 −2.5)로 변화한다. 이는 나선운동을 하는 전자플라즈마가 자신의 싱크로트론복사에 대해 불투명해지기 때문에 일어나는데, 이를 싱크로트론 자체흡수라 부른다.

어떤 SED들에서는, 그림 5.4의 개략적 연속스펙트럼에 나타난 반전 특징이 싱크로트론 자체흡수에 기인되는 것 같다. 그러나, 적외선 융기에서 연속스펙트럼에 대한 열적 기여는 다른 경우에서, 반전이 따뜻한 티끌 입자들에 의해 생성된 흑체복사 스펙트럼의 긴 파장의 레일리–진스 영역에 기인하는 것 같다는 것을 제안해준다. 전파 정지기에 있는 AGN의 기울기가 심한 낮은 주파수 스펙트럼은 티끌입자의 열적스펙트럼에 기인하는 반면, 전파–활동기의 AGN의 더 좁은 낮은 주파수 스펙트럼은 열적방출과 비열적방출의 조합에 기인하는 것 같다.

전파은하들

2차 세계대전이 끝난 후, 쟌스키(Karl Jansky)에 의해 시작된 전파천문학은 호주와 영국의 천문학자들에 의해 주도되면서 급속한 발전을 이룩하였다. 강한 전파원에 대한 첫 번째 분리된 광원(전체로는 태양에 이어 최초로)이 Cygnus자리에서 발견되었고, Cygnus A라 명명되었다(Cyg A에 대한 최근의 VLA 전파영상이 그림 5.6에 보여졌다). 영국의 전파천문학자 스미츠(F. Graham Smith)에 의해 제공된 정확한 위치를 이용하여, 바데와 민코브스키(Walter Baade and Rudolph Minkowski, 1895- 1976) 연구팀은 Cyg A의 광학영상을 얻을 수 있었다. 이는 중심이 티끌고리에 의해 둘러싸여있는 특이 cD은하이다(그림 5.7은 허블우주망원경을 이용하여 얻어낸 Cyg A의 광학적 영상을 보여주고 있다). Cyg A의 스펙트럼은 $z = \Delta\lambda/\lambda_{rest}$ =0.057의 적색편이를 보여주는데, 이는 16,600 km s^{-1}의 후퇴속도에 해당한다. 식 (4.7)로 표현된 허블법칙으로부터, Cyg A까지의 거리는 약 170 h^{-1} Mpc 정도된다(이는 $h = [h]_{WMAP}$라면, 240 Mpc의 거리를 의미한다). Cyg A가 우리은하 밖에서 가장 밝은 전파원이라는 것을 고려해보면, 이 거리는 놀랄만큼 큰 것이다. 사실, Cyg A보다 더 밝은 분리 전파원은 태양과 Cassiopeia A 밖에 없는데, Cassiopeia A는 가까운 곳에 있는(3 kpc) 초신성 잔해이다. 그렇게 먼 곳에서 관측되기 위해서는, Cyg

A가 엄청난 양의 전파에너지를 내뿜고 있어야 한다.

Cyg A는 전파은하라 불리는 은하부류 중 한 예로서, 이들은 전파영역에서 극도로 밝은 것이 특징이다.

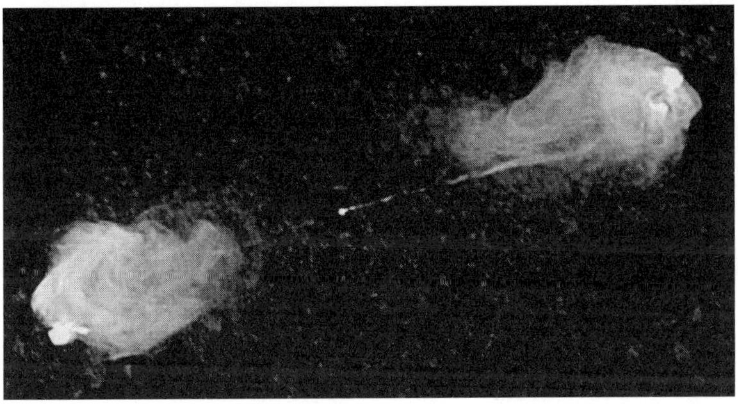

▮ **그림 5.6** Cygnus A의 VLA 전파영상으로 약 100 h^{-1}kpc 떨어져 있는 두 개의 전파돌출부와 은하에서 오른쪽 돌출부 쪽으로 퍼져있는 제트를 보여주고 있다. Cyg A는 좁은 방출선을 보이는 전파은하이다. 중심의 cD은하는 이 전파그림에서는 보여지지 않았다(그림 5.7을 보라). 영상의 너비는 약 2 arcmin.이다.(출처 : R. A. Perley, J.W. Dreher, and J.J. Cowan(NRAO/AUD).)

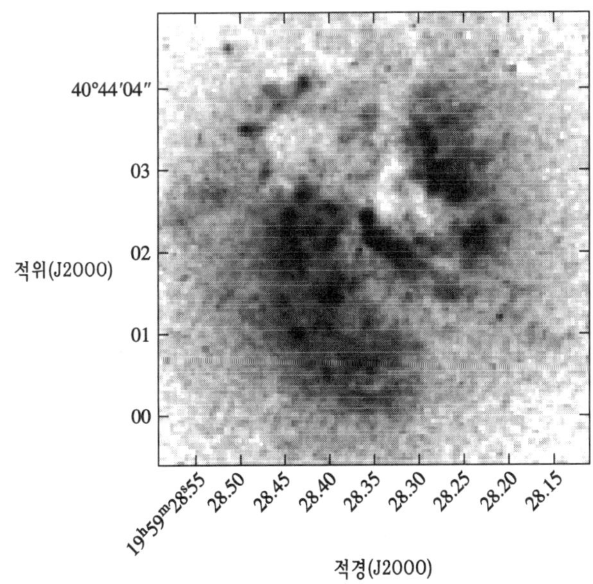

▮ **그림 5.7** 622nm의 파장에서 관측된 Cygnus A(3C 405)의 HST 연속선 영상 (출처 : Jackson et al., MNRAS, 301, 131, 1998)

예제 5.1.1

Cygnus A가 방출하는 전파에너지는 $d=170\ h^{-1}$Mpc의 거리와 1400 MHz 주파수에서 관측된 단색 플럭스

$$F_{1400} = 1.255 \times 10^{-23}\ \mathrm{W\ m^{-2}\ Hz^{-1}} = 1255\ \mathrm{Jy}$$

을 이용하여 추정할 수 있다. 전파스펙트럼은 $\alpha \simeq 0.8$을 지닌 멱급수 법칙(식 5.1)을 따르기 때문에 $F_\nu \propto \nu^{-0.8}$이 된다. 즉, 우리는

$$F_\nu = F_{1400}\left(\frac{\nu}{1400\ \mathrm{MHz}}\right)^{-0.8}$$

로 다시 쓸 수 있다. 전파광도는 표 3.1에 주어진 전파 주파수영역에 대해 식 (3.29)(1권)에 의해 주어진 단색 플럭스를 적분해서 얻어질 수 있다. 주파수의 상한값은 $\nu_2 = 3\times10^9$ Hz으로 택하였는데, 이는 0.1 m 전파에 해당한다. 문제 5.20에서 보는 바와 같이, 전파스펙트럼의 멱급수 형태는 $\nu=0$까지 연속적으로 이어지지 않는다. 대신, Cygnus A로부터 관측되는 플럭스는 주파수가 $\nu_1 = 10^7$ Hz 아래가 될 때 하강하게 된다. 이 한계주파수를 지니는 전파광도는 어림으로 다음과 같이 얻어진다:

$$L_{\mathrm{radio}} = 4\pi d^2 \int_{\nu_1}^{\nu_2} F_\nu\, d\nu = 4\pi d^2 F_{1400} \int_{\nu_1}^{\nu_2} \left(\frac{\nu}{1400\ \mathrm{MHz}}\right)^{-0.8} d\nu = 2.4 \times 10^{37} h^{-2}\ \mathrm{W}$$

$[h]_{WMAP}$=0.7의 WMAP값을 이용하면, Cygnus A의 전파광도는 $L_{\mathrm{radio}}= 4.8\times10^{37}$ W로 추정된다. 이는 M31과 같은 보통은하에서 생성되는 전파에너지의 수백만 배의 전파에너지가 되고, 우리은하의 모든 파장에서 생성되는 에너지의 3배정도가 된다.

시퍼트 은하들과 같이, 전파은하들도 두 개 부류로 나누어진다; 넓은 방출선 전파은하(BLRG, broad-line radio galaxies)와 좁은 방출선 전파은하(NLRG, narrow line radio galaxies, Seyfert 2에 해당한다). BLRG들은 아주 어둡고 안개 낀 것 같은 껍질로 둘러싸여 있는 항성 같은 밝은 핵을 지니고 있다. 반면 NLRG는 거대 또는 초거대 타원은하(cD, D와 E)들이다; Cyg A는 NLRG이다.

시퍼트 은하와 전파 은하는 비슷한 점도 많이 있지만 또한 분명한 차이점이 있다. 시퍼트은하의 핵은 약간의 전파에너지를 방출하기는 하지만, 전파은하들에 비

해 전파 파장에서 거의 조용한 상태이다. 더욱이, 모든 시퍼트 은하들이 나선은하인 반면, 강한 전파은하중에는 나선은하가 하나도 없다.

전파돌출부와 제트들

전파은하는 그림 5.6에서와 같이 퍼진 전파돌출부를 보이거나, 또는 핵에 있는 밀집된 중심핵으로부터 뿐만아니라 가시광선으로 보이는 은하 크기 또는 그보다 큰 크기의 헤일로부터도 자신의 에너지를 방출하고 있는 것같다. 그림 5.7에 있는 가시광선으로 보이는 cD은하는 그림 5.6에 보여진 Cyg A 전파영상에서 가운데에 있는 점이다. 광학 은하는 양쪽에 거대 전파돌출부를 지니고 있는데, 이들은 예제 5.1.1에서 추정된 엄청난 전파광도를 내는 광원들이다. 각 돌출부는 약 17 h^{-1}kpc의 직경을 지니고 있다.

돌출부들의 하나가 Cyg A의 중심은하를 좁은 제트가 연결하고 있음을 관측자료에서 알 수 있으며, 이 제트는 50 h^{-1}kpc에 이르는 공간까지 뻗어 있으며 은하와 돌출부를 가르고 있다(제트와 전파돌출부의 방향이 잘 결정되지 않기 때문에, 여기에 인용된 크기에 대한 수치들은 천구면에 투영된 거리들이다). 강한 전파은하의 적어도 절반 정도에서 제트가 발견 되는데, 약한 전파원의 3/4 정도 이상에서 제트가 발견된다. 강한 전파원과 연관이 된 제트가 한쪽면에만 형성되는 반면(Cyg A와 같이), 광도가 약한 전파은하들에서 발견된 제트들은 전형적으로 양쪽에 형성된다. 이런 현상이 일어나는 한 가지 이유는 강한 전파은하는 아주 큰 거리에서 보이는 경우에, 희미한 반대쪽 제트는 관측되지 않기 때문이다는 것이다(반대쪽 제트가 관측자에게 밝게 관측되지 않는 이유는 5.3절에서 논의될 것이다).

그림 5.8은 타원은하 NGC 6251의 강한 제트와 약한 반대쪽 제트를 여러 전파주파수에서 관측한 결과를 보여준다. 달의 각직경은 그림 위쪽의 두 개의 정사각형 상자중 하나에 딱 맞는 크기인 반면, 아래 상자의 크기는 직경이 수 milliarcsecond 정도밖에 되지 않는다. 제트가 근본적으로 은하 중심핵 전체에 걸쳐서 연구되어질 수 있다는 것은 주목할 만한 일이다.

다른 전파제트는 Cyg A나 NGC 6251의 경우에서처럼 분명하지는 않다. 그림 5.9는 NGC 1265로부터 생긴 제트가 바람에 흘려나간 모습을 하고 있는데, 이는 Perseus 은하단의 은하간 가스를 통과하는 은하의 운동에 의해 생겨났다.

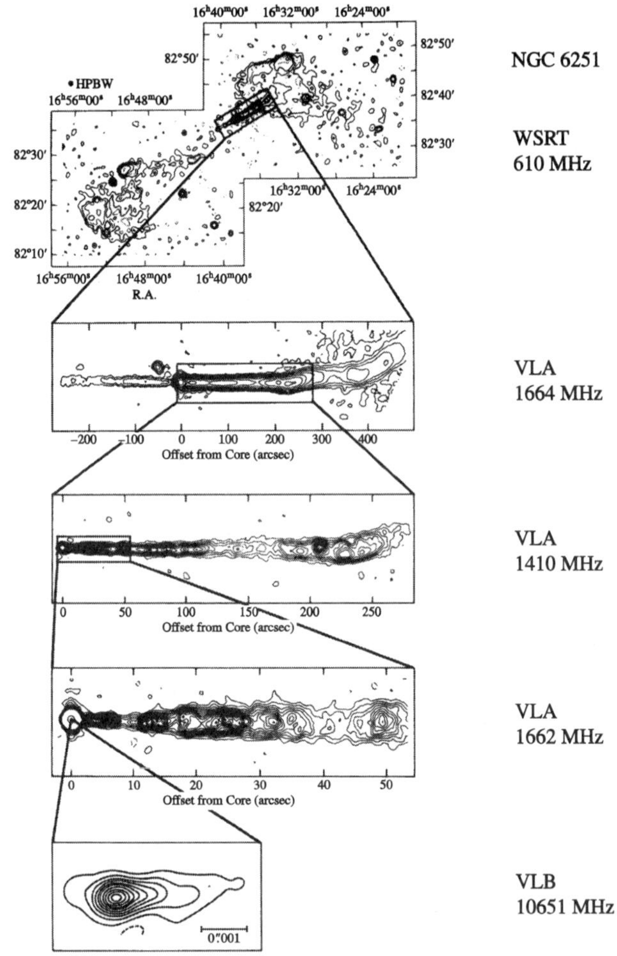

그림 5.8 전파은하 NGC 6251의 제트와 반대쪽 제트(두번째 창)
(출처 : Bridle and Perley, Annu. Rev. Astron. Astrophys., 22, 319, 1984)

Cyg A의 관측 후 더 많은 전파은하들이 발견되었다. 그 중 하나가 M87인데, 이 은하는 처녀자리 은하단의 중심에 놓인 거대 타원은하(E1)으로 4.3절에서 공부한 바 있다. 겉보기 안시등급 $V=8.7$인 M87은 하늘에서 밝게 보이는 은하들 중의 하나이다. 그림 5.10은 M87의 HST영상 2개를 보여주는데, 전파천문학자들에게는 Virgo A로 알려져 있다. 이 은하에서 뚜렷하게 보이는(오른쪽에 보여진) 제트는 1917년에 광학적으로 발견되었다. 이 제트는 은하로부터 전파돌출부의 한쪽으로 약 1.5 kpc 정도 퍼져있다. 제트는 또한 일정한 간격을 두고 떨어져 있는 마디를 보이는데, 이 마디는 전파, 광학 그리고 X-선 파장에서 밝게 관측이 된다. M87의

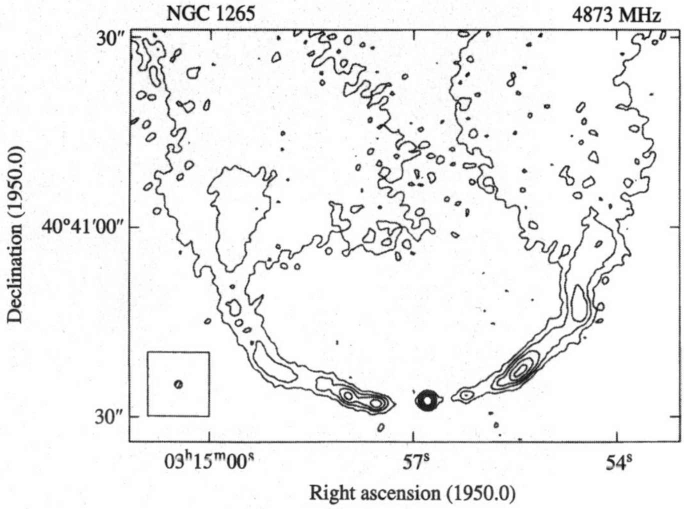

그림 5.9 NGC 1265의 전파 영역의 모습으로, 주변 은하간 가스를 통과하는 은하의 운동에 의해 뒤로 휩쓸려진 제트가 보인다.(출처 : O'Dea and Owen, Ap.J., 301, 841, 1986)

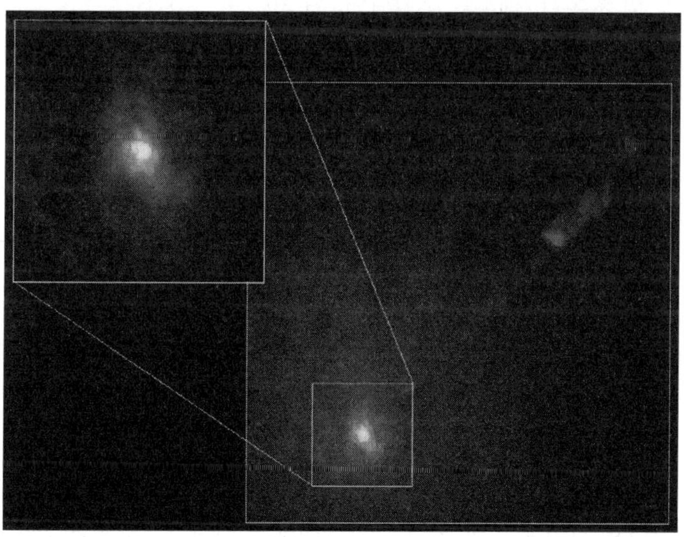

그림 5.10 M87과 제트의 HST 영상 2개. 삽입그림은 M87중심에서 뜨거운 가스의 나선형태 원반을 보여주고 있다.(출처 : H. Ford, R. Harms, Z. Tsvetanov, Davidsen , G. Kriss, R. Bohlin and G. Hartig, L. Dressel and A.K. Kochhar, and Bruce Magon)

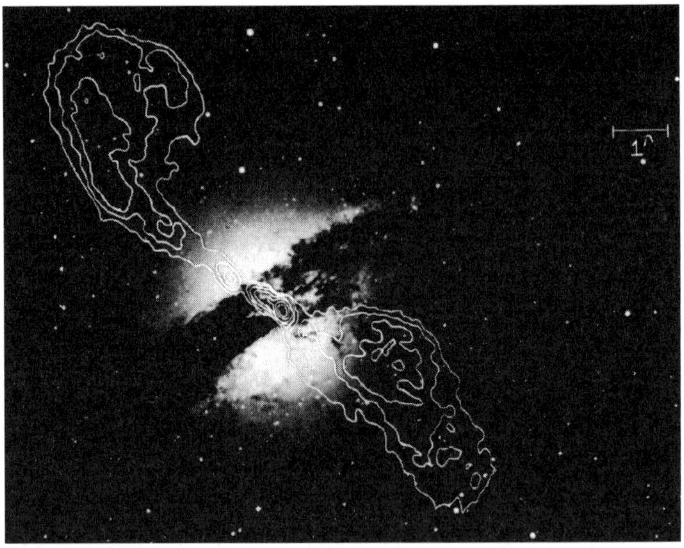

▌그림 5.11 전파은하 Centaurus A의 광학영상과 전파영상(등고선형태로 중첩시킴) (출처 : NRAO)

X–선 광도는, 제트를 포함하여, 약 10^{36} W 정도된다. 이는 M87의 전파광도보다 50배 정도 크다. 삽입 그림은 M87의 중심핵에 있는 뜨거운 가스의 나선형태 원반을 보여주고 있나. 또한 뚜렷하게 보이는 제트의 반대 방향에서 M87로부터 바깥쪽으로 펼쳐있는 어두운 반대쪽 제트에 대한 증거가 있다. 알려진 가장 큰 전파은하 중의 하나는 3C 236이다("3C"는 전파원에 대한 Third Cambridge Catalog의 성표를 나타내주고 있다). $z=0.0988$을 지닌 이 은하의 거리는 허블법칙에 따르면 $280h^{-1}$Mpc 정도된다. 3C236의 전파돌출부는 천구에 투영하여서 볼 때 1.5 h^{-1}Mpc보다 크게 떨어져 있는 반면, 그 전파제트의 길이는 단지 $400h^{-1}$pc 정도 밖에 되지 않는다.

가장 가까운 AGN의 예는 Centaurus A(NGC 5128)로서 $4.7h^{-1}$Mpc정도 떨어져 있다. 그림 5.11은 두꺼운 티끌길을 허리에 매고 있는 E2은하인 Cen A의 광학영상을 보여주고 있다. 이 사진에 전파돌출부를 보여주는 전파지도가 덧붙여졌다(이 그림은 그림 6.19의 거의 중심영역에 해당한다). M87과 같이, Cen A는 그 핵으로부터 퍼져나가는 제트를 지니고 있는데, 이 제트는 전파와 X–선 방출을 하는 여러 개의 마디를 지니고 있다. Cen A가 천문학적 개념에서 볼 때에 우리 인근에 있지만, 우주론적 관점에서 볼 때에 이웃 동네에 많이 있는 시퍼트 은하에 비하여 전파은하는 평균적으로 100배 이상 드물게 존재한다.

퀘이사의 발견

전파망원경들이 관측한 전파원들의 수가 1950년대 말에 증가하면서, 이들 전파원을 알려진 천체와 동정하는 작업이 더 중요해졌다. 1960년에 마테우스와 샌디지(Thomas Matthews and Allan Sandage)는 다른 전파원 3C 48에 대한 광학영상을 찾고 있었다. 그들은 16등급의 항성과 같은 천체를 찾았는데, 이 천체의 스펙트럼은 알려진 어떤 원소나 분자들로도 동정할 수 없는 넓은 방출선들을 보여주었다. 샌디지의 말로는 "아주 불가사의한 일"이었다. 1963년에, 비슷하게 불가사의한 스펙트럼이 항성과 같이 보이는 다른 전파원, 3C 273에서 발견되었다. 그림 5.12는 3C 273과 그 제트를 보여주는데, 제트는 핵으로부터 $39h^{-1}$kpc의 투영된 거리까지 퍼져있다.

3C 48, 3C 273 그리고 다른 비슷한 전파원들은 준성체 전파원(QSR, quasi-stellar radio sources)이라 분류되었는데, 이것이 퀘이사로 알려지게 되었다. 그러나 명명되었다고 다 이해되었다는 것은 아니고, 결국 퀘이사의 정체를 파악하기 어렵다는 것이 판명되었다. 그리고 나서, 네덜란드 천문학자 쉬미트(Maarten Schmidt)가 3C 273의 넓은 방출선들의 모양이 수소의 발머선 모양과 비슷하다는 것을 발견한 후에 수수께끼의 실마리가 보이기 시작했다. 이들 익숙한 방출선들이 익숙하지 않은 파장으로 심하게 적색편되어서($z=0.158$), 동정하기가 매우 어려웠던 것이다; 그림 5.13을 보라. 도플러 편이는 3C 273이 지구로부터 빛의 속도의 14.6% 정도의 속도로 멀어지고 있다는 것을 뜻한다. 허블법칙에 의하면, 3C 273을 약 440 h^{-1}Mpc의

▌그림 5.12 퀘이사 3C 273과 그 제트(출처 : NASA and J. Bahcall)

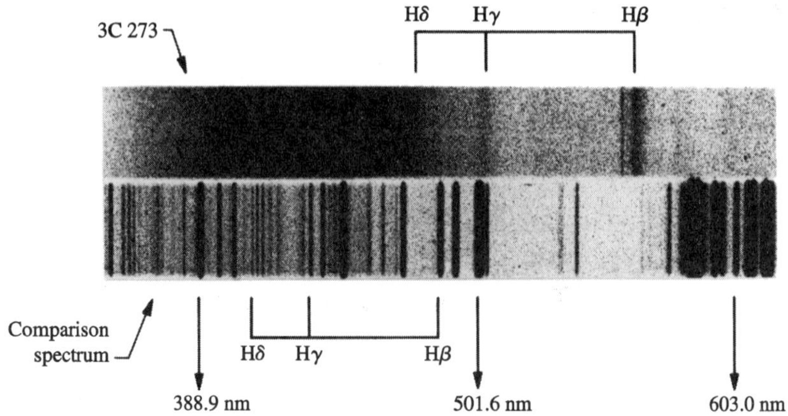

그림 5.13 퀘이사 3C 273의 z=0.158을 지닌 적색편이(출처 : Palomer/Caltech)

거리에 위치한다. 미국의 Caltech에서, 쉬미트의 조수인 그린쉬타인(Jesse Greenstein 1909–2002)과 마테우스(Thomas Matthews)는 3C 48이 오히려 더 큰 적색편이($z=0.367$)을 지니고 있는데, 여기에 해당하는 시선속도는 0.303c이고, 허블거리는 $900h^{-1}$Mpc보다 크다는 것을 계산해냈다. 천문학자들은 3C 48이 우주에서 당시까지 관측된 가장 멀리 있는 천체 중의 하나라고 깨닫게 되었다.

퀘이사의 광도

퀘이사의 전파방출은 전파돌출부에서 발생되거나 또는 그 중심핵에서 나온다. 퀘이사는 너무 멀리 떨어져 있어서 광학적 영상에서는 대부분이 압도적으로 밝은 항성과 같은 핵으로 보이고, 이 핵을 희미한 헤일로가 둘러싸고 있다. 어떤 경우에는, 희미한 헤일로는 어두운 모 은하로 분해되기도 한다. 그런 먼거리에서도 보이므로, 퀘이사는 예외적으로 밝은 천제임이 분명하다.

예제 5.1.2

식 (3.6)(1권)은 $V=12.8$의 안시등급을 지니고 있는 3C 273의 안시절대등급을 얻는데 사용되어질 수 있다. $[h]_{WMAP}=0.71$을 택하면 $d\simeq 620$ Mpc를 얻게 되는데, 이는

$$M_V = V - 5\log_{10}\left(\frac{d}{10\ \text{pc}}\right) = -26.2$$

을 의미한다. 이 값은 광학파장에서 퀘이사의 광도를 추정하는데 사용할 수 있다. 태양의 안시절대등급 $M_{Sun} = 4.82$을 이용하면, 식 (3.7)은 퀘이사의 안시광도의 추정을 제공해준다:

$$L_V \approx 100^{(M_{Sun}-M_V)/5} L_\odot = 2.6 \times 10^{12} L_\odot = 1 \times 10^{39}\ \mathrm{W}$$

3C 273에 의해 방출되는 전파에너지는 1400 MHz의 전파주파수에서 단색 플럭스의 값 $F_{1400} = 4.64 \times 10^{-25}\,\mathrm{W\,m^{-2}\,Hz^{-1}} = 46.4\,\mathrm{Jy}$으로부터 추정할 수 있다. 전파스펙트럼은 식 (5.1)의 $\alpha \simeq 0.24$을 지닌 멱급수 법칙을 따른다. $\nu_1 \simeq 0$에서 $\nu_2 = 3\,\mathrm{GHz}$까지의 단색플럭스를 적분하면 다음과 같은 결과를 얻는다:

$$L_{radio} = 4\pi d^2 \int_{\nu_1}^{\nu_2} F_\nu\, d\nu = 7 \times 10^{36}\ \mathrm{W}$$

퀘이사에 대해 얻은 절대 복사광도는 10^{38} W에서 10^{41} W의 영역에 놓이는데, 전형적으로 5×10^{39} W의 값이 사용된다; 그림 5.16을 보라. 이는 가장 밝은 퀘이사들은 우리은하같은 보통은하보다 10^5배정도 더 밝다는 것을 의미한다.

퀘이사 스펙트럼

3C 273의 단색플럭스를 그림 5.14에 나타났다. 연속스펙트럼은 주파수에서 거의 10^{15}의 범위에 걸쳐 펼쳐져 있는데, 이는 항성의 흑체복사스펙트럼에서 예리하게 피이크가 일어나는 것에 비해 아주 넓게 퍼져있다. 스펙트럼의 낮은 주파수 끝에서 완만하게 감소하는 것은 이 영역에서 3C 273에 대한 분광지수가 평균보다 크다는 것을 반영해준다($\alpha = 0.24$).(낮은 주파수에서, 3C 273의 스펙트럼은 중심핵보다는 제트로부터의 복사에 지배된다). 대부분의 퀘이사에 대해, 낮은 주파수에서 스펙트럼은 더 급격하게 떨어진다(작은 α). 전형적인 스펙트럼은 원적외선 영역인 5×10^{12} Hz에서 반전이 되는데, 이는 아마 티끌 그리고/또는 싱크로트론 자체흡수에 기인하는 것 같다. 또한, 어떤 퀘이사들은 적외선 파장에서 가장 밝고, 어떤 퀘이사들은 X-선 영역에서 최대를 보인다 할지라도, 3C 273의 최대 일률 방출은 저에너지 감마선형태로 나타난다.

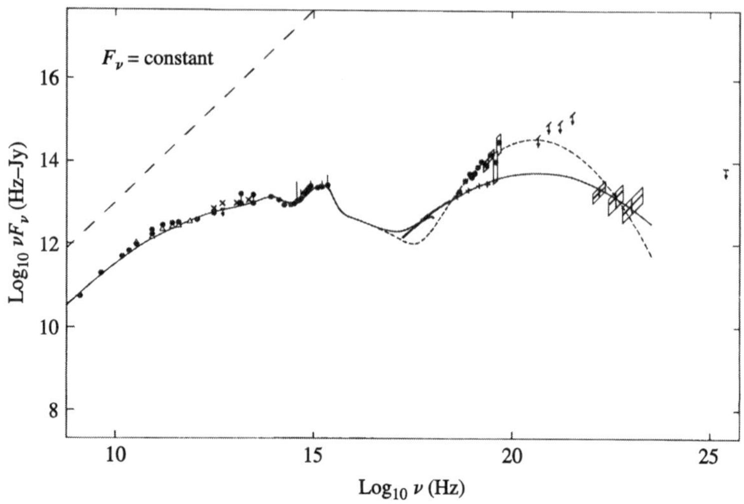

그림 5.14 허블흐름에 기인한 주파수의 도플러편이가 제거된 후의 3C 273 스펙트럼. 수평선은 $\alpha = 1$의 분광지수에 해당할 것이다; 예를 들어, 대각선으로 표시된 긴 점선은 F_ν =constant의 기울기를 보여준다. 오른쪽의 두 선들은 정기기와 분출기동안의 3C 273에 해당한다.(출처 : Perry, Ward and Jones, MNRAS, 228, 623, 1987)

퀘이사들은 항성에 비해 자외선 초과방출을 하여서, 겉보기에는 아주 청색으로 보인다. 예를 들어, 3C 48 의 색지수는 $U-B$=−0.61이고 $B-V$=0.38이다(이는 그림 3.11의 색-색도에서 주계열 항성위치의 위에 놓여 있다). 그림 5.14에서, 이 자외선초과는 실제 $10^{14}-10^{16}$Hz 사이에서 나타나는 청색 큰 융기에 기인하며, 대부분 퀘이사 스펙트럼에서 나타나는 특징이다.

흡수선 또한 몇몇 퀘이사 스펙트럼에서 나타난다. 특히, 퀘이사 스펙트럼의 10% 이상에서 발견되는 도플러 넓어짐 흡수선들은 10^4 km s^{-1}을 능가하는 속도를 지닌 알려 준다. 이런 흡수선들은 퀘이사 자체와 연관되어진 것으로 믿어진다. 이와는 다르게, 많이 관측되는 좁은 흡수선들이 전형적으로 높은 적색편이(z>2.2)를 지닌 퀘이사의 스펙트럼에서 보이는데, 이는 수소의 라이먼 계열과 C IV와 Mg II 같은 금속에 기인한다(5.3절). 이들 방출선들은 보통 자외선 파장에서 관측이 되지만, 흡수하는 물질의 후퇴속도에 의해 가시광 스펙트럼 영역까지 적색편이된다. 주어진 퀘이사의 흡수선들은 보통의 적색편이와 함께 다른 그룹으로 판정되어 질 수 도 있다. 더욱이, 이들 좁은 흡수선들의 적색편이는 항상 퀘이사의 방출선의 적색편이보다는 작다. 흡수선들의 다양하게 무리지어지는 현상은 그림 5.4절에 논의되겠지만, 퀘이사와 지구 사이에 놓여 있으며 빛을 산란하는 물질구름에서 생겨난다고 추정된다.

준성체(QSO, quasi-stellar objects)

자외선 초과를 지닌 별과 같은 퀘이사의 특징적인 겉모습을 파악한 천문학자들은 이런 특징을 지닌 더 많은 천체들을 찾아나섰다. 사실, $U-B<-0.4$인 이런 천체들을 선택하면 가능한 퀘이사들의 거의 완전한 목록을 만들 수 있는데(아주 큰 z를 지닌 퀘이사들은 적색화된다), 이는 분광학적 분석에 의해 검증되어져야 한다. 검증된 퀘이사 후보들과, 일반적으로 AGN들에서는 약한 전파가 관측된다. 이런 이유로, 이들 천체들의 대부분은 퀘이사(QSR)보다는 준성체(QSO)라 불린다.

퀘이사에 관한 전문용어

오늘날, 퀘이사란 개념은 전파가 강한 QSR과 전파가 약한 QSO모두에게 일반적으로 사용되게 되었다. 결과적으로, 전파가 강한 퀘이사와 전파가 약한 퀘이사란 용어가 사용되는 것이 일반적이다. 그러나, 때때로, QSO가 퀘이사를 대신해서 사용되기도 한다. 참고 문헌에서 사용되는 전문 용어가 혼돈이 일어날 수 있어서, 어떤 개념이 사용되고 있는지에 대한 관점에서 이해하는 것이 중요하다. 이 교과서에서는, 일반적으로 퀘이사란 용어를 이들 두부류의 천체들에 다 사용하면서, 필요할 경우에만 전파가 강한 경우와 전파가 약한경우를 구분할 것이다.[5)]

초강력 적외선 퀘이사

거의 모든 퀘이사들은 넓은 방출선 전파은하와 Seyfert 1은하와 비슷한 스펙트럼을 지니고 있는데, 이들은 밝은 멱급수 연속스펙트럼과 넓은 방출선들(허용된 선들과 좁은 금지된 선 모두)를 지니고 있다. 좁은 방출선들(허용된 선과 금지된 선 모두)을 지닌 Seyfert 2 스펙트럼은 퀘이사 중에서 찾을 수 없는 것 같다. 그러나, 몇몇 천문학자들은 IRAS위성에 의해 초강력 적외선 퀘이사(ULIRG, ultraluminous infrared galaxies)로 목록화된 은하들의 부류가 항성분출은하라기 보다는 type 2 퀘이사일 것이라고 주장한다; 3.1절을 참조하라. 적외선은 퀘이사로부터 빛을 흡수하고 재방출하는 티끌들로부터 나온다는 것이 제안되었다.

5) 이런 혼동을 야기하는 전문용어가 또한 약간 모순이 된다는 것이 많은 천문학자들이 지적하였다. 어떤 퀘이사가 전파가 약한 퀘이사라고 부르는 것은 우리가 전파가 약한 준성 전파원을 이야기하고 있는 것이다(퀘이사의 원래 정의에 근거한다면).

퀘이사의 높은 우주론적 적색편이

SDSS(Sloan Digital Sky Survey)는 46,420개의 퀘이사를 목록화했다. i영역(748.1 nm에 중심을 둔)에서 목록화된 가장 밝은 천체는 z=2.7356의 적색편이를 지닌 SDSS 17100.62+641209.0 인데, M_i=−30.242이다. 목록에서 가장 먼 퀘이사는 z=5.41135를 지닌 SDSS 023137.65−072854.4인데, 이 적색편이는 0.95c의 후퇴속도를 의미한다. 사실, SDSS목록에서 z=4보다 큰 적색편이는 520개 퀘이사에서 관측된다.

그렇게 큰 우주론적 적색편이에 대해, 우리는 거리를 결정하는데 식 (4.7)과 식 (4.8) 형태인 허블법칙을 사용하는 것을 단념해야 한다. 우주론적 적색편이는 빛이 운동하는 공간의 팽창에 의해 야기되었고, 그래서 극도로 큰 거리에 대해, 파장의 전체적인 늘어짐은 우주의 팽창이 시간에 따라 어떻게 변하는가에 따라 달라진다. 팽창률은 우주에서의 모든 물질과 에너지에 반응하여 변화하고 있다. 이런 이유 때문에, 실제 거리 결정보다는 적색편이 z를 인용하는 것이 습관화되었다. 그러나, 빛이 방출되었던 시간 이후로는 우주론적 적색편이에 대해 파장에서 상대적인 변화는 우주의 크기, R의 변화와 같다는 것을 명심해야 한다.[6] 즉,

$$z = \frac{\lambda_{\text{obs}} - \lambda_{\text{emitted}}}{\lambda_{\text{emitted}}} = \frac{R_{\text{obs}} - R_{\text{emitted}}}{R_{\text{emitted}}}$$

이 되고, 이는

$$\boxed{\frac{R_{\text{obs}}}{R_{\text{emitted}}} = 1 + z} \tag{5.3}$$

을 제공한다. 그래서 $z = 3$의 적색편이는 우주가 현재 빛이 방출되었을 때보다 4배정도 커졌다는 것을 의미한다.

6) 상대적 변화는 예를 들어 구성성분들의 평균 편이에 의해 측정될 수 있다. "우주의 크기"라는 의미는 6.1절에서 더 자세하게 다루어질 것이다.

퀘이사 진화에 대한 증거

3.2절에서 지적한 바와 같이, 우주론적으로 우리에게 가까운 영역들은 "오늘날"의 우주를 구성한다. 이들 영역들을 관측하면서, 천문학자들은 그들이 현재의 기산점에서 지금 그리고 여기에서 보이는 은하들을 연구할 수 있다. 그러나, 우주를 더욱 깊숙이 바라볼 때는, 고대의 광자를 우리가 관측하게 되는데, 그 빛은 광원으로부터 아주 오랜 시간 동안 여행을 하였기 때문에, 빛이 여정을 시작한 이후로 상당히 변화를 받았을 것이다. 근본적으로 우주 공간을 더 멀리 바라보는 것은 과거를 더 깊숙이 탐구하는 것이라는 것을 의미한다. 그래서, 망원경들은 타임머신 역할을 하여서 초기 우주를 보는 창을 제공해준다.

밝은 퀘이사들은 분명 현재보다 과거에 더 많이 있었을 것이다. 이는 큰 값의 z와 작은 값의 z를 각각 관측함을 통해 확증된다. 퀘이사의 전체 개수와 그들의 광도 모두 그 때는 지금과 달랐을 것이어서, 이런 영향을 구분해내는 것은 분명 아주 어려운 일이다. 우주는 적색편이가 z이었을 때보다 오늘날 $1+z$배 더 커졌고, 그래서 퀘이사의 과거의 공간밀도는 그들의 수와 광도가 상수로 일정하다 할지라도, 지금보다 더 컸을 것이다. 우주 팽창에 의해 야기되는 불필요한 혼동을 피하기 위해, 천문학자들은 우주론적 공간밀도를 정의해서, 수학적으로 팽창하는 우주효과를 제거한다. Mpc^3당 적색편이가 z인 천체의 수를 $(1+z)^3$로 나누어주고, 공간밀도를 현재($z=0$)의 공간밀도 값으로 하향 눈금조정을 한다. 진화하지 않는 일정한 수의 천체들에 대한 같이 운동하는 공간밀도는 우주가 팽창하면서 변하지 않아서, 이 밀도의 변화는 천체의 개수가 변화하거나 또는 천체들이 진화하고 있다는(또는 두 경우 모두가 일어난다는)것을 의미한다.

통계적인 연구에 의하면, Mpc^3당 퀘이사의 개수(같이 움직이는 공간밀도)는 오늘날($z=0$)보다 $z=2$에서 M_B=-25.9보다 밝은 퀘이사의 경우에 1000배 더 많다. 그러나, 퀘이사의 전체개수는 $z=2$인 과거에도 현재($z=0$)과 크게 변하지 않았다는 강한 증거가 있다. 그림 5.15는 서로 다른 적색편이 간격에 대해 표현된 여러 개의 광도함수 Φ를 보여주는데, 여기서 $\Phi(M_g)$는 M_g와 M_g+dM_g사이의 절대등급을 지니며(같이 움직이는) Mpc^3당 퀘이사의 개수이다. $z<2$에 대해, 곡선들은 M_g축으로 수평으로 이동시킬 때 겹쳐지게 된다. 이는 $z<2$일 때, 서로 다른 적색편이를 지닌 퀘이사 집단들이 그들의 광도에서만 다르지, 그들의 같이 움직이는 공간밀도에서는 다르지 않다는 것을 의미한다. 이것이 사실이라면, 오늘날 밝은

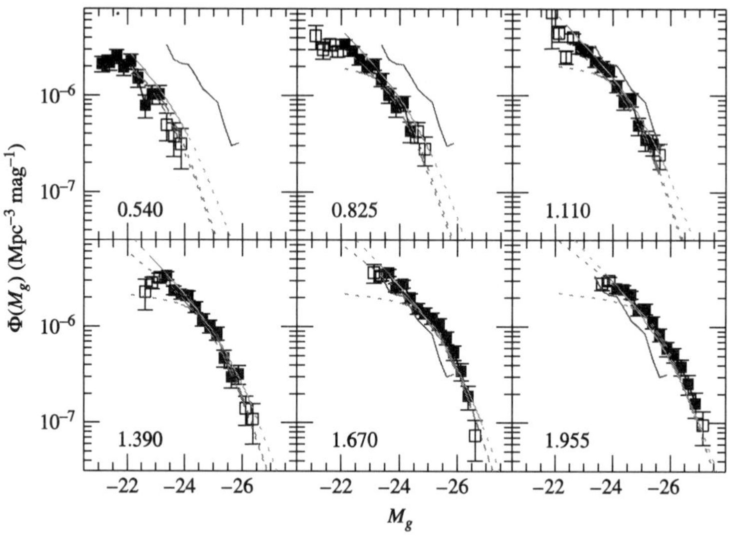

▮ 그림 5.15 서로 다른 적색편이에 대한 광도함수들. 적색편이는 각각의 그림에 표시되었다; 예를 들어, 위의 왼쪽그림에서 z=0.540이다. 각 그림에 보여진 들쑥날쑥한 선은 z=1.390에 대한 자료를 나타내준다. 집단은 큰 적색편이에서 더 밝아진다는 것에 주목해보자. 자료들은 SDSS와 2dF로부터 5645개 퀘이사에 대해 얻어졌다. g영역의 중심은 480nm이다.(출처 : Richards et al., MNRAS, 360, 839, 2005)

퀘이사들이 많지 않은 것은 진화론적 효과로서, 시간에 따라 그들의 광도가 감소되는 것에 기인된다는 것을 나타내준다. 이런 퀘이사의 광도 진화가 그림 5.16에 나타나 있다.[7] 겉보기에는, 우주가 팽창하면서 일정한 수의 퀘이사가 어두워지는 그림은 $z<2$에 대한 관측과 일치하고 있다.

상황은 $z=2$와 $z=3$ 사이에서 더 복잡해진다. 천문학자들은 $z\sim6$까지 퀘이사의 탄생과 진화를 연구할 수 있다. 광학 및 X-선 파장에서 통계적 관측탐사들은 AGN의 같이 운동하는 공간밀도가 $z\approx2.5$의 적색편이에서 피이크를 이루고, $z>3$에 대해서는 감소한다는 것을 보여주었다; 그림 5.17을 보라. 이런 연구들은 같이 운동하는 공간밀도가 그 최대 값에서 $z\approx4$에서 10배 정도 감소한다는 것을 보여준다.

z가 큰 퀘이사 적다는 사실은 탄생하고 있는 AGN에 에너지를 공급하는 거대 질량 블랙홀의 성장단계를 반영하는 듯하다. 대질량블랙홀의 질량과 타원체 은하의

7) 그림 5.16은 초기 WMAP값이 h=0.5이고 "편평우주"에 해단하는 우주의 팽장에 대한 특별한 모델(감속상수가 $q_0=0.5$이다; 식 6.56을 보라)을 가정해준다는 것에 주목해 보라.

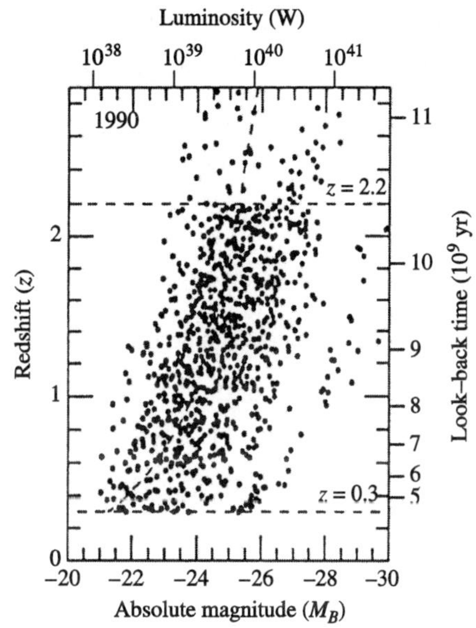

▌그림 5.16 퀘이사가 시간에 따라 어두워지는 현상. z<0.3에 대해서는 가까이 있는 천체들의 수가 너무 작아서 이 그림에 대한 적당한 표본을 제공하지 못한다. 왼쪽 위의 빈 영역은 이 연구의 관측으로 표본되어지지 못했다.(출처 : Boyle, The Environment and Evolution of Galaxies, Shull and Thronson(eds.), Kluwer Academic Publishers, Dordrecht, 1993).

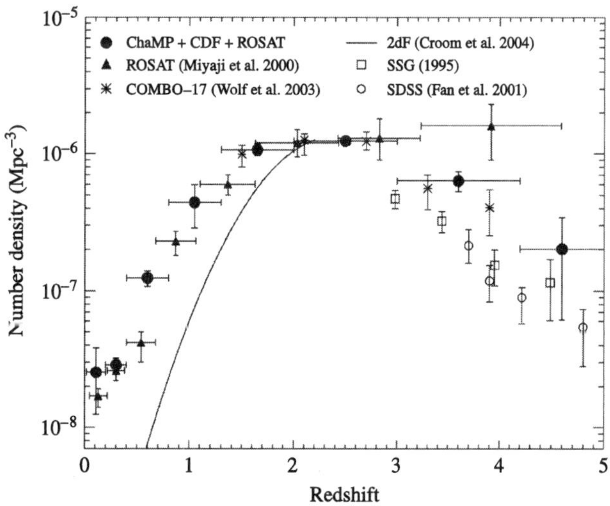

▌그림 5.17 적색편이의 함수로 나타낸 활동하는 은하핵의 같이 움직이는 공간밀도(Mpc^3당 개수)(출처 : Silverman et al., Ap. J., 624, 630, 2005)

속도분산 사이에 잘 형성된 관계가 존재하여서, 은하의 질량이 커지고 또 타원체 은하의 속도분산이 커지면서 중심에 있는 거대질량 블랙홀의 질량도 커진다는 것을 알 수 있다. 이런 진화론적 관계에 대한 증거가 그림 3.17에서도 보이는데, 이 그림은 NGC 6240에서 2개의 거대질량 블핵홀들이 합병되는 것을 보여주는 찬드라 X-선영상이다.

관측된 퀘이사들 내에서의 상호작용들을 포함하여, 개별 퀘이사 "사건"이 단지 은하의 역학적 시간규모(역학적 시간규모는 3.2에 소개되었는데, 근본적으로 자유낙하시간이나 궤도시간이다)동안만 지속된다는 것을 증거가 있다. 그림 5.18은 퀘이사 PKS 2349-014와 LMC 크기의 동반은하(퀘이사 바로 위의 작은 반점)을 보여준다. 퀘이사 주변을 거의 둘러싸고 있는 휘어진 얇은 다발들은 아마 퀘이사와 동반퀘이사 사이의 조석 상호작용의 결과로 생겨났을 것이다. 동반은하는 너무 가까워서, 아마 가까운 미래에 PKS 2349-014와 합병될 것이다. 퀘이사에 중심을 두고 퍼져 있는 성운의 일부는 이 퀘이사를 지니고 있는 모은하를 나타낸다(또는 그렇지 않을 수도 있다).

2003년에, 던롭(James S. Dunlop), 멕루드(Ross J. McLure)와 동료들은 33개의 전파가 강한 퀘이사, 전파가 약한 퀘이사 그리고 $0.1<z<0.25$의 적색편이를 보이는 전파은하들 모은하들의 형태학에 대한 집중연구를 보고하였다. 이 연구는 허블우주망원경과 VLA 전파영상관측을 조합하여 이루어졌다. 연구팀들은 전파가 강한 퀘이사 또는 전파은하들과 연관된 표본에 있는 모든 은하들이 질량이 큰 타원은하라고 결론지을 수 있었다. 표본 중 13개의 전파가 약한 퀘이사중에 9개는 질량이 큰 타원은하에 의해 유지되고 있지만, 나머지 4개는 원반/팽대부 시스템이다. 더군다나, 4개의 원반/팽대부 시스템 중에서 2개의 광도는 팽대부 성분에 의해 주로 기여되는데, 이는 13개의 전파가 약한 퀘이사중 11개가(또는 ~85%) 주로 타원체인 은하들과 연관이 있다. 또한, 2개의 원반 지배은하들은 표본에서 아직까지 가장 낮은 광도를 지닌 AGN영역에 놓여있고, 그들은 Seyfert 2은하로 간주되는 것이 더 적합할지도 모른다. 이 연구에서 조사된 시스템들로부터 보면, 표본에서 실제 퀘이사들과 전파은하들은 큰 은하단의 중심근처에서 발견되는 전형적으로 더 낮은 z를 지닌 조용한 은하들과 거의 구분할 수 없는, 질량이 큰 타원은하들에 의해 유지되고 있는 것처럼 보인다.

▌그림 5.18 동반은하와 중력 상호작용을 하고 있는 퀘이사 PKS 2349-014(출처 : Bahcall, Kirhakos, and Schneider, Ap. J.Lett., 447, L1, 1995)

이 연구는 또한 전파가 강한 모든 퀘이사들은 중심에 적어도 $10^9\ M_\odot$의 거대질량 블랙홀을 소유하고 있고, 전파가 약한 퀘이사들은 $5\times10^8\ M_\odot$가 넘는 블랙홀을 지니고 있다는 것을 보여주었다. 이 연구로부터, 전파가 강한 시스템들은 전파가 약한 시스템들보다 더 적은(10% vs. 90%)것처럼 보이는데, 이는 단순히 전파가 강한 시스템들은 강한 전파에너지 방출에 에너시를 공급하기 위해 더 질량이 큰 중심 블랙홀이 필요하기 때문이다. 그러나, 증가하는 블랙홀 질량과 증가하는 전파광도사이에 폭넓은 관계가 있다 할지라도, 가장 밝은 전파원은 블랙홀 질량 혼자에 의해 기여될 수는 없다. 오히려, 블랙홀 자전 또한 아주 강한 전파원에 에너지를 제공해줄 수도 있을 것이다.

SDSS에서 발견된 $0.1<z<2.1$영역의 적색편이를 지닌 12,698개 퀘이사의 두 번째 통계학적 연구에서, 멕루르와 던롭(McLure and Dunlop)는 적색편이가 증가하면서 블랙홀 질량의 진화를 고려했다. 그들은 퀘이사에게 힘을 공급하기에 충분한 블랙홀 질량이 $z\sim2$에 놓여있다는 것을 발견하였다. 그들은 나아가 모든 중심 블랙홀이 $10^7\ M_\odot < M_{bh} < 3\times10^9\ M_\odot$ 영역의 질량을 지니고 있다고 결정했는데, 여기서 상한값은 국부우주에서 지금까지 발견된 가장 질량이 큰 블랙홀에 해당한다(특히, M87과 Cygnus A에서).

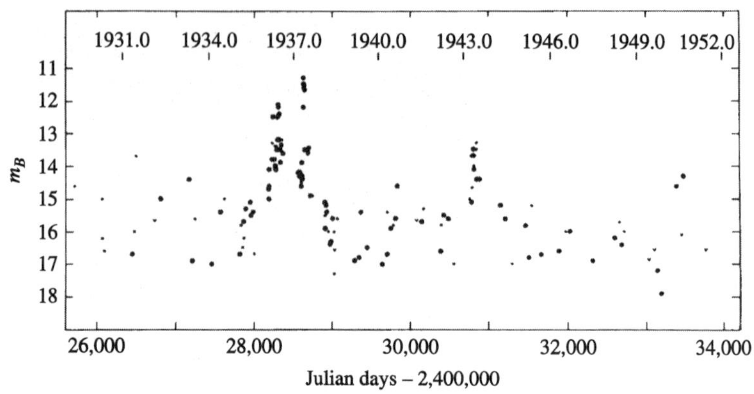

▮ 그림 5.19 보관된 천체사진들의 점검에 근거한, 퀘이사 3C 279의 겉보기 등급의 변화 (출처 : Eachus and Liller, Ap. J. Lett., 200, L61, 1975)

SDSS 퀘이사 연구는 또한 퀘이사의 복사 절대광도가 적색편이에 따라 $z\sim0.2$일 때 0.15 L_{Ed}에서 $z\sim2.0$일 때 0.5 L_{Ed}로 변한다는 것을 나타낼 수 있었는데, 여기서 L_{Ed}는 에딩턴 광도이다(식 4.114(2권)). 관측 자료로부터 또한 퀘이사 광도의 상한이 에딩컨 광도라는 점은 z가 가장 큰 퀘이사에도 성립한다는 것을 분명히 알 수 있다.

AGN 변광의 시간 규모

위에 논의된 많은 AGN들(NLRG 와 Seyfert 2를 제외)에 의해 생성되는 에너지는 짧은 시간 규모로 변할 수 있다. 물론 좁은 선들에 해당하는 변화는 없거나 아주 작을지라도, 넓은 방출 선과 몇몇 Seyfert 1과 퀘이사의 연속선 광도는 몇 달, 몇 주, 그리고 며칠 내에 2배 정도 변할 수 있다. 넓은 방출선들의 변화는 전형적으로 비슷한 시간 규모에 걸쳐 연속선 변화의 뒤에 따라온다. 또한 Seyfert 1은하와 퀘이사의 광학 및 X-선 방출에서 몇 분 정도보다 작은 시간규모로 수%의 변화가 존재하는데, X-선 요동은 더 급속하게 변화한다. 예를 들어, 그림 5.19는 1937년경에, 퀘이사 3C 279가 수년동안 시속되는 분출이 진행되는 동안 가시광선 파장에서 250배나 밝아졌다.

방출의 편광

퀘이사는 낮은 편광을 보인다. 광학 파장에서, 선형 편광도는 보통 전파가 약한 퀘이사와 전파가 강한 퀘이사에 대해 3% 이하가 되는데, 물론 몇몇 천체들에 대해서는 35%의 편광도에 도달하기도 한다. 편광도가 심한 퀘이사로부터의 전파방출은

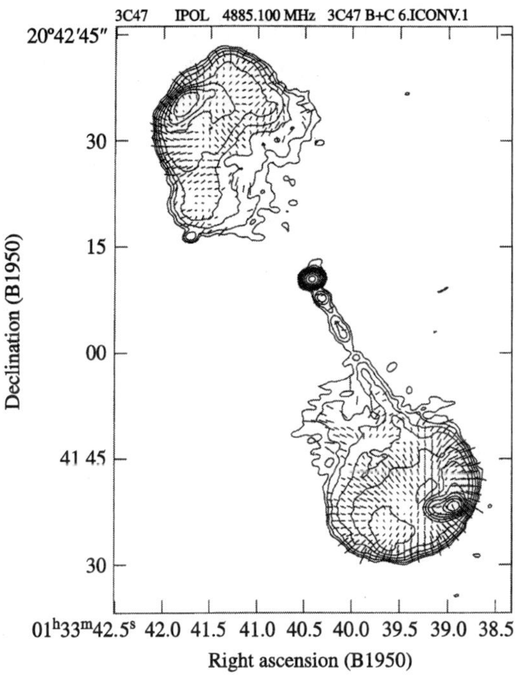

▌그림 5.20 퀘이사 3C 47의 자기장 편광지도. 두 개 돌출부 모두 심하게 편광되었다. (출처 : Fernini et al., Ap. J., 381, 63, 1991)

주로 밀집된 중심핵에서 나온다; 그런 퀘이사들은 중심핵이 지배적인 전파원(그리고 또한 밀집원)이라 불린다. 이런 퀘이사들은 전파 파장에서는 돌출부지배 전파원보다는 덜 편광되는데, 돌출부지배 전파원은 60%의 선형편광까지 이른다. AGN 전파 제트의 선형 편광도는 전형적으로 40%이지만, 작은 영역 내에서는 50%를 능가하기도 한다(10.7절(2권)에 논의된 바와 같이, 싱크로트론 복사는 심하게 선형편광되었다. 중심핵 지배 전파원의 낮은 편광은 아마 싱크로트론 자체 흡수에 기인하는 것 같다). 그림 5.20은 퀘이사 3C 47의 편광 측정으로부터 얻어진 자기장의 방향을 보여주고 있다.

파나로프-라일리(Fanaroff-Riley) 광도분류

1974년에, B.L. 파나로프(Fanaroff)와 라일리(J. M. Riley)는 3C 목록에서 전파가 강한 AGN들은 두 개의 일반적인 광도등급으로 분류될 수 있다고 제안하였다. 파나로프와 라일리는 I형 천체로 중심의 양쪽면에서 전파방출의 가장 밝은 반점들 사이의 거리와 (중심 광원을 제외) 그 전파원의 전체 크기와의 비가 0.5이하인

AGN으로 정의하였다. II형 천체들은 그 비율이 0.5보다 크다. FR I형 은하의 한 예는 NGC 1265로서 그림 5.9에 보여졌고, Cyg A는 FR II형은하의 고전적인 예이다(그림 5.6). 퀘이사는 또한 FR II형 천체이다.

이 분류에 의하면, FR I형 천체는 제트의 중심으로부터 거리가 증가하면서 전파광도가 낮아지고 있는 반면, FR II형 천체는 돌출부의 끝에서 전파 세기가 가장 밝은 경향이 있는 것처럼 보인다. FR I형 은하들은 2개의 뚜렷한 전파제트를 지니고 있는 반면, FR II형 은하들은 가끔 하나의 가시적 제트만을 보인다(반대쪽 제트는 너무 약하거나 또는 관측될 수 없다). 더군다나, FR I형 은하들은 휘어진 제트를 지니는 반면, FR II 제트는 직선이 되는 경향이 있다.

또한 단위주파수당 광도의 개념으로 볼 때 FR I형과 FR II형 사이에 분명한 경계가 존재한다는 것은 흥미로운 사실인데, 이것이 왜 이런 형태학적 분류표가 광도분류로 간주되는 지의 이유가 된다. 1.4 GHz에서 10^{25}W Hz^{-1}의 단위주파수당 광도를 지닌 광원들은 FR I형으로 동정되었고, 더 큰 단위주파수당 광도를 지닌 광원들은 확실히 FR II형으로 분류된다.

블래저(Blazer)

광학 파장에서 급속한 변광 성질과 높은 선형 편광도를 띤 AGN들을 블래저로 정의한다. 이 부류의 가장 잘 알려진 천체는 BL Lacertae로 북쪽 도마뱀자리에서 발견되었다. BL Lac은 밝기가 불규칙적으로 변하기 때문에 원래는 변광성으로 분류되었었다; 그래서 변광성 형태의 이름을 지니고 있다. 1주일내에, BL Lac은 광도가 두 배가 되며, 그래서 몇 달이 지나면 15배정도 변하게 된다. 그러나, BL Lac은 항성처럼 보인다고 하지만, 그 스펙트럼은 아주 약한 방출과 흡수선을 지닌 형태없는 연속 스펙트럼만 보인다. 주의 깊게 관측해보면, BL Lac의 밝고 항성과 같은 핵은 타원은하의 스펙트럼과 비슷한 스펙트럼을 지니는 안개같은 헤일로에 둘러 쌓여있다.

BL Lac 천체들은 급격한 시간 변광이 특징인 블래저의 하위체계이다. 그들의 광도들은 24시간 내에 30% 넘는 변화를 하며, 더 긴 시간 주기에 걸쳐 100배 이상 변화하는 것은 놀랄만하다. BL Lac들은 그들의 방출선이 거의 없는, 심하게 편광된 멱급수 연속스펙트럼(30-40% 선형편광)에 의해 구분된다. 그러나, 몇몇 희미한 스펙트럼 선의 관측들은 너무 큰 적색편이를 보여서, 퀘이사와 같이, BL Lac들이 우주론적 거리에 있다는 것을 보여주었다. 분해된 BL Lac중 90%정도는 타원은하들 내에 놓여있는 것 같다. 블래저 분류에 BL Lac들을 합쳐서 OVV (optically violently variable quasars)라 부른다. 이들은 너무 밝은 광도를 보여서, 그들의 스펙트럼이 넓은 방출선을 보이는 것을 제외하고는 BL Lac에 비슷하다.

LINER

언급할 만한 가치가 있는 천체의 마지막 부류는 소위 LINER(Low Ionization Nuclear Emission-line Regions)라 부른다. 이들 은하들은 그 핵에서 아주 낮은

▌표 5.1 AGN 부류의 요약

Class	Sub-class	Description
Seyferts	Type 1	broad and narrow emission lines, weak radio emission, X-ray emission, spiral galaxies, variable
	Type 2	narrow emission lines only, weak radio emission, weak X-ray emission, spiral galaxies, not variable
Quasars	Radio-loud (QSR)	broad and narrow emission lines, strong radio emission, some polarization, FR II, variable
	Radio-quiet (QSO)	broad and narrow emission lines, weak radio emission, weak polarization, variable
Radio Galaxies	BLRG	broad and narrow emission lines, strong radio emission, FR II, weak polarization, elliptical galaxies, variable
	NLRG	narrow emission lines only, strong radio emission, FR I and FR II, no polarization, elliptical galaxies, not variable
Blazars	BL Lacs	almost devoid of emission lines, strong radio emission, strong polarization, rapid variability, 90% in ellipticals
	OVV quasars	broad and narrow emission lines, strong radio emission, strong polarization, rapid variability, much more luminous than BL Lacs
ULIRGs		possibly dust-enshrouded quasars, alternatively may be starburst phenomena
LINERs		similar to low-luminosity Seyfert 2, low-ionization emission lines, in many (perhaps majority of) spiral galaxies, alternatively may be starburst phenomena or H II region emission

광도를 지니고 있지만, [O I]과 [N II]의 금지선 같은 낮은-이온화된 물질들의 아주 강한 방출선을 지니고 있다. LINER스펙트럼들은 가장 어두운 Seyfert 2의 스펙트럼과 비슷하게 보이고, LINER특징은 고감도 연구에서 많은(아마 대부분의) 나선은하들에서 또한 발견된다. 이들 낮은-이온화 선들은 또한 항성분출 은하와 HII 영역에서도 관측되고, 그래서 LINER들이 실제 AGN 현상의 낮은 광도 한계인지 아닌지는 분명하지 않다.

AGN 분류의 요약

이 절은 일반적인 공통점을 지니고 또 약간의 겉보기 차이를 지니고 있는 많은 천체들을 소개하였다. 우리가 어떻게 AGN 현상들의 서술을 통일시킬 것인가 하는 논의를 계속하기 전에, 간단하게 이들 천체들의 특징을 표 5.1에 요약하였다.

5.2 활동하는 은하핵의 통합모델

5.1절은 AGN 관측들의 다양한 예들을 보여주었다. 밝은 밀집 핵, 넓은 연속선 그리고 시간에 따른 변광같은 여러 가지 유사성이 존재하지만, 넓은 방출선이 존재 또는 부재, 전파방출과 X-선방출의 세기를 포함한 여러 가지 차이점들도 존재한다. AGN의 형태가 근본적으로 다른 것인가? 또는 근본적으로 같은 것인가? 하는 질문을 던져본다.

이제 활동하는 은하 핵은 모두 비슷한 일반적인 엔진, 즉 중심에 초거대 질량을 지닌 블랙홀로 물질이 유입되면서 에너지가 공급되는 것 같다(2.2절 마지막 부분을 보라). 따라서 관측적 차이들은 지구에서 관측할 때 천체들의 서로 다른 방향에 기인하고, 또 중심 블랙홀의 질량과 서로 다른 물질유입율에 기인한다. 전파돌출부의 존재는 기본 모델에 추가적인 정보이며 모델과 일치한다.

아직 AGN의 자세한 사항들에 모든 천문학자들이 동의하는 통일 모형은 존재하지 않는다 하더라도, 모델은 AGN의 관측과 그들의 해석을 조직화하는 기본뼈대를 제공하는 역할을 한다. 어느 모델이든 모순이 없어야 하는데, 이는 모델을 구성하는 요소들이 모두 조화를 이룬다는 것을 의미한다. 또한, 과학에서 생명력있는 이론들과 모델에서처럼, 성공적인 AGN 모델은 이전에 관측된 모든 사실들을 설명해 줄 뿐만 아니라, 새로운 관측적 시험의 결과들을 예견할 수 있는 힘이 있어야 한다. 성공적인 예측들이 통합적인 아이디어를 근간으로 만들어졌는데, 그래서 AGN의 통합모델에 대한 기본 틀이 만들어진 것처럼 보인다. 이 절의 목적은 그런 모델의 특징들이 어떻게 연역되어질 수 있고 또 AGN이 아마 보여주는 최상의 아이디어를 서술해주는지를 설명해보는 것이다.

AGN 통합모델을 향하여

첫 번째로, 우리는 통합모델의 연구가 실제 정당화되었다는 것을 암시해주는 두 개의 증거들을 검토하게 될 것이다. 그림 5.21은 Hα 방출선의 광도 $L_{H\alpha}$와 480nm 근처의 파장에서 형태없는 연속선의 광도 L_{FC}를 다양한 AGN(blazar를 제외)에 대해 그런 결과를 보여준다. 만일 수소 방출선이 연속복사에 의해 수소원자의 광이온화와 원자들에서 후속으로 일어나는 재결합에 의해서 생성된다면, 두 개 광도는 비례하게 되고, 기울기 1을 지닌 직선이 log-log 그래프에 나타나야 한다. 긴 점선의 기울기는 1.05로서, $L_{H\alpha} \propto L_{FC}$임을 확인해준다. 이 결과는 넓은 수소방출

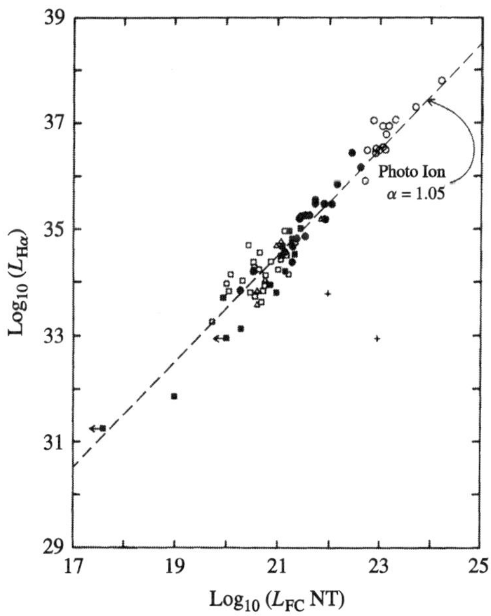

▮ **그림 5.21** 480nm 근처 파장에서 형태없는 연속선의 광도와 $H\alpha$ 방출선의 광도(NT는 비열적(nonthermal)을 나타낸다). 퀘이사는 열린원으로, Seyert I은하는 채워진 원으로, Seyfert 2 은하는 열린 사각형, NLRG는 삼각형, 그리고 여분의 Seyfert 2은하와 NLRG는 닫힌 사각형으로 표시되었다.(출처 : Shuder, Ap.J., 244, 12, 1981)

선과 좁은 수소방출선에 대해 공통적인 근원을 의미하는데, 이들 방출선은 Seyfert 1과 Seyert 2은하, 넓은 방출선 전파은화와 좁은 방출선 전파은하, 그리고 전파가 강한 퀘이사와 전파가 약한 퀘이사에 대한 AGN에서 관측되었다.

통합모델에 대한 또 하나의 증거는 1985년 안토누치(Robert Antonucci)와 밀러(Joseph Miller)가 보고한 관측으로부터 나온다. 그들이 NGC 1068(Seyfert 2)를 편광관측하였을 때, 넓은 방출선을 지닌 Seyfert 1스펙트럼을 발견하였다. 이 연구와 후속 연구에서 밝혀진 사실은 시퍼트2은하에도 넓은 방출선을 갖는 시퍼트1은하핵이 있으나, 시퍼트1은하핵은 광학적으로 두꺼운 (불투명한) 물질에 가려져 직접 관측되지 않을 뿐이라는 점이다. 미약한 시퍼트1은하 스펙트럼은 (주로 시퍼트2은하 스펙트럼이 압도하기 때문에 미약하다) 은하핵 외곽에 있는 성간 물질에 반사되어 간접적으로 지구에 있는 관측자 시선에 들어 온다. 이러한 반사는 선형 편광을 띠며, 이 때에 전기장 벡터는 전파 축에 수직 방향으로 나타난다. 관측자 시선에 대한 AGN의 방향이 통합 모형에서 매우 중요한 요소임을 알 수 있다.

중심에 있는 엔진의 성질

AGN 중심엔진의 성질에 대해 가장 중요한 실마리는 시간에 따른 급속한 변광이다. 자신의 정지좌표계에서 동시에 어디서나 갑자기 밝아지고 있는 반경 R의 광학적으로 두꺼운 구형천체를 생각해보자(그림 5.22). 변화의 소식은 구형 천체에서 가장 가까운 곳으로 부터는 관측자에게 거리 l_1을 여행한 후 도착하게 되고, 가장 자리로 부터는 l_2를 여행한 후에 관측자에게 도착하게 된다(천체의 뒷부분은 보이지 않는다). $R \ll l_1$과 $\cos\theta \simeq 1$에 대해

$$\ell_2 = \frac{\ell_1 + R}{\cos\theta} \simeq \ell_1 + R$$

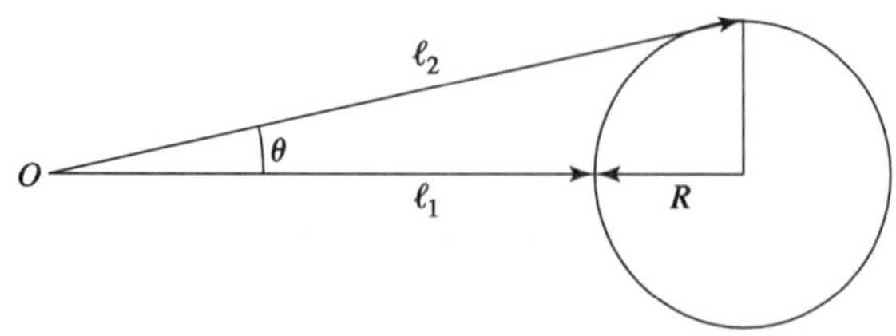

▌그림 5.22 멀리있는 점 O에 있는 관측자가 관측하는 구형천체의 밝기 변화

를 이용하면, 구형 천체의 가장자리로부터 나온 빛은 $l_2 - l_1 \simeq R$정도의 추가거리를 여행한 것이 된다. 밝아짐은 순간적으로 일어나지 않고 $\Delta t = R/c$의 시간에 걸쳐 일어난다. 이런 방법으로, 광도변화의 급격함은 거기에 가담한 천체의 크기에 대한 상한값을 결정하는데 쓰일 수 있다. 퀘이사의 후퇴 속도가 매우 크기 때문에 상대성 이론이 적용되어야 한다. 만일 위에 기술된 구형천체가 지구로부터 v의 속력으로 멀어지고 있다면, 그 반경은 가 된다는 것을 보이는 것은 연습문제로 남게

$$R = c\Delta t\sqrt{1 - \frac{v^2}{c^2}} = \frac{c\Delta t}{\gamma} \tag{5.4}$$

되는네, 어기서 γ는 1권에 의해 정의되는 로렌츠 인수이다. $\Delta t = 1$ hr라는 전형적인 값을 이용하고, 편리하게 $\gamma = 1$을 취해보면, 방출하는 영역의 반경은

$$R \simeq \frac{c\Delta t}{\gamma} = 1.1 \times 10^{12}\ \mathrm{m} = 7.2\ \mathrm{AU}$$

에 지나지 않게 된다. AGN들이 알려진 가장 밝은 천체라는 것을 고려해보면, 이는 매우 작은 크기이다. 활동하는 은하핵에 동력을 제공하는 실체가 무엇이든 우리 태양계 내에 충분히 들어가게 할 수 있다!

전형적인 퀘이사 광도 5×10^{39} W는 360개의 우리은하를 합한 것과 견줄 수 있다. 그러나, 평형에 있는 구형 대칭인 천체에 대해 광도 L의 상한 값이 존재한다. 이 광도는 에딩턴 한계보다 작을텐데, $L < L_{Ed}$, 에딩턴 광도는 2권 식(4.6)으로부터

$$L_{\mathrm{Ed}} \simeq 1.5 \times 10^{31}\ \mathrm{W}\left(\frac{M}{M_\odot}\right)$$

이 된다. $L = 5 \times 10^{39}$ W의 광도에 대해, 이는 질량의 하한값을 제공해준다:

$$M > \frac{L}{1.5 \times 10^{31}\ \mathrm{W}}\ \mathrm{M}_\odot = 3.3 \times 10^{8}\ \mathrm{M}_\odot \tag{5.5}$$

그렇게 작은 공간에 그렇게 엄청난 질량이 있다는 것은 초거대질량 블랙홀에 대한 확실한 증거이다. 슈바르츠실트 반경에 대한 식 (11.27)(2권)을 이용하면, 식 (5.4)에서 발견된 반경 R의 블랙홀 질량은

$$M = \frac{Rc^2}{2G} = 3.7 \times 10^8 \text{ M}_\odot$$

이 된다. 이런 두 가지의 질량추정이 거의 같은 크기라는 사실은 초거대질량 블랙홀이 AGN에 동력을 제공한다는 아이디어를 지지해준다. 이 절의 마지막까지, 우리는 전형적인 질량으로 $10^8 \text{ M}_\odot$를 가정하게 될텐데, 이는 $R_s \simeq 3 \times 10^{11}\ m \simeq 2\ \text{AU} \simeq 10^{-5}\ \text{pc}$에 해당한다.

물질유입을 통한 광도생성

에너지를 생성하는 가장 효과적인 방법은 물질유입을 통한 중력위치에너지의 방출이다. 1.4 $\text{M}_\odot$의 중성자별 표면에 떨어지는 물질에 대한 예제 12.12(2권)에서 본바와 같이, 정지에너지의 21%정도가 방출이 된다. 그러나, 블랙홀로 직접 떨어지는 물질은 아주 비효율적인데, 왜냐면, 부딪힐 질량에 대한 표면이 없기 때문이다. 대신, 아주 멀리에 있는 관측자에게는, 자유낙하하는 물질들은 정지될 정도로 느려지면서, 슈바르츠실트 반경 R_s에 도달하면서 사라지게 된다. 반면, 물질이 블랙홀 쪽으로 물질유입 원반을 통해 나선운동을 하면서, 점성이 운동에너지를 열과 복사로 전환할 수 있으므로 정지에너지의 상당 부분이 방출될 수 있다.

자전하지 않는 블랙홀에 대해서, 질량이 큰 입자에 대해 가장 작은 안정 원궤도는(즉, 유입원반의 가장 안쪽 가장자리) $r = 3R_s$가 된다. 이 위치에서, 이론적 계산을 해보면, 중력 결합에너지는 입자 정지에너지의 5.72%가 되어서, 유입원반을 통해 아래로 나선운동을 하는 질량은 그렇게 많은 에너지를 방출할 수 있음을 보여준다. 회전하는 블랙홀의 경우, 사건의 지평선이 더 작기 때문에 에너지 생성 효율이 더 크다. 아주 급속하게 자전하는 블랙홀이 생길 수 있는데, 이 경우 사건 지평선뿐만 아니라 회전궤도와 동일방향으로 움직이는 더 작은 안정된 궤도가 $r = 0.5R_S$에 놓인다(회전궤도와 반대방향으로 움직이는 가장 작은 안정궤도는 $4.5R_S$이다). 최고 자전을 하는 경우 중력 결합에너지는 입자의 정지질량의 42.3%까지 갈 수 있다.

원반을 통해서 일어나는 질량유입율 $\dot{M}$에 의해 생성되는 물질유입 광도는

$$L_{\text{disk}} = \eta \dot{M} c^2 \tag{5.6}$$

이 되는데, 여기서 η는 효율로서, $0.0572 \le \eta \le 0.423$이다(예제 12.1.2(2권)에서

$0.85M_\odot$ 인 백색왜성과 $1.4M_\odot$ 인 중성자별에 물질모임의 효율은 각각 $\eta = 1.9 \times 10^{-4}$과 0.21임을 발견하였음을 비교해 보자).

빠르게 자전하는 블랙홀 주변의 원반을 통해 일어나는 물질유입은 대량의 에너지를 생성하는데 아주 효과적인 방법이다. 더욱이, 회전궤도와 같은 방향으로 움직이는 가장 작은 안정궤도는 급속하게 자전하는 블랙홀의 에르고구(ergosphere)내에 놓여있고, 그래서 틀이 끌리면서 유입되는 물질이 블랙홀과 함께 회전하게 될 것이다(11.3(2권)을 상기해보라). 이런 이유 때문에, 대부분 천문학자들은 초거대질량 블랙홀주변의 유입원반이 AGN의 통합모델의 기본적인 구성요소라고 믿고 있다. 그림 5.10은 M87의 중심에 놓여있는 나선모양의 가스원반을 보여주고 있다. 원반의 안쪽 가장자리는 550 km s^{-1}의 속도로 회전하고 있어서, 원반의 오른쪽 아래의 가장자리로부터 나오는 빛이 청색편이를 일으키게 하는 반면(접근), 오른쪽 위에 있는 가장자리로부터 나오는 빛은 적색편이(후퇴)를 일으키게 한다. 중심에 있는 초거대질량 블랙홀은 3×10^9 $M_\odot$ 의 질량을 지닌 것으로 계산된다.

예제 12.2.1(2권)로부터, 백색왜성과 중성자별 주변의 유입원반 안쪽 영역은 각각 자외선과 X-선영역에서 밝다는 것을 알았다. 초거대질량 블랙홀 주변의 유입원반은 더 큰 에너지를 지닌 광자를 방출하는 광원일거라고 기대되지만, 사실은 그렇지 않다. 축퇴압력에 의해 지탱되는 백색왜성과 중성자별은 식 (10.14)(2권)의 질량-체적관계를 따르기 때문에 이들 항성들의 질량이 커지면 크기는 더 작아진다. 그래서, 더 질량이 큰 백색왜성과 중성자별 주변의 유입원반은 중력위치에너지 우물의 더 깊숙한 곳까지 파고 들어간다. 그러나, 슈바르츠실드 반경은 질량이 커지면서 증가하게 되어서, 원반 특성온도 T_{disk} (식 12.20)(2권)은 블랙홀의 질량이 증가하면서 감소한다(T_{disk}에 대한 방정식은 고전물리를 이용하여 유도되었지만, 상대론을 써도 같은 결과를 얻는다.

이를 보기위해, 우리는 급속하게 자전하는 블랙홀을 가정하고, 유입원반의 안쪽 가장자리 위치에 대해 $R = 0.5R_S = GM/c^2$을 취한다. R을 식 (12.20)(2권)에 대입하면,

$$T_{\rm disk} = \left(\frac{3c^6\dot{M}}{8\pi\sigma G^2 M^2}\right)^{1/4} \tag{5.7}$$

의 원반특성온도를 얻게 된다. 에딩턴한계의 일부분인 f_{Ed}로 복사하는 원반에 대해,

$$f_{\rm Ed} \equiv L_{\rm disk}/L_{\rm Ed} \tag{5.8}$$

이 성립한다. 식 (4.114)(2권)와 식 (5.6)으로부터

$$\eta \dot{M} c^2 = f_{\rm Ed} \frac{4\pi G c}{\overline{\kappa}} M$$

또는

$$\dot{M} = \frac{f_{\rm Ed}}{\eta} \frac{4\pi G}{\overline{\kappa} c} M \tag{5.9}$$

을 얻는다. 이 표현을 식 (5.7)에 대입해보면

$$T_{\rm disk} = \left(\frac{3c^5 f_{\rm Ed}}{2\overline{\kappa}\sigma G M \eta} \right)^{1/4} \tag{5.10}$$

이 됨을 알 수 있고, 원반온도에 대해 $T_{disk} \propto M^{-1/4}$를 얻는다.

예제 5.2.1

빠르게 자전하는 질량 10^8 $M_\odot$의 초거대질량 블랙홀유입원반에 있는 주변을 고려해보자. f_{ED}값은 아마 밝은 퀘이사에 대해 1에 가까울 것이고, Seyfert 은하들에 대해서는 0.01과 0.1사이에 놓이게 된다. 이 예에서, 원반 광도를 에딩턴한계와 같다고 놓으면 ($f_{Ed}=1$), 식 (4.114)(2권)로부터, $L=1.5\times10^{39}$ W를 얻는다. 또한, 우리는 대표적인 물질유입 효율로서 η=0.1을 채택한다. 원반광도를 유지하기 위해 필요한 물질유입률은

$$\dot{M} = \frac{f_{\rm Ed}}{\eta} \frac{4\pi G}{\overline{\kappa} c} M = 1.64 \times 10^{23}\ {\rm kg\ s^{-1}} = 2.60\ {\rm M_\odot\ yr^{-1}}$$

이 된다. 광도가 큰 퀘이사들은 1–10 $M_\odot\ {\rm yr}^{-1}$의 비율로 물질이 유입되어야 한다. 광도가 더 작은 AGN들은 더 작은 식욕을 지니고 있을 것이다. 원반특성온도는

$$T_{\rm disk} = \left(\frac{3c^5 f_{\rm Ed}}{2\overline{\kappa}\sigma G M \eta} \right)^{1/4} = 7.30 \times 10^5\ {\rm K}$$

이 되는데, 여기서 X=0.7인 식 (3.27)(2권)이 전자산란에 기인한 불투명도를 얻기위해 사용되었다. 빈의 변위법칙(식 3.19)(1권)에 의하면, 이 온도를 지닌 흑체스펙트럼은 39.7nm의 파장에서 최대를 보이는데, 이는 전자기파의 극자외선영역에 놓여있다. T_{disk}에 대한 이 식은 굉장히 엉성하게 추정한 원반특성 온도의 근사값이지만, 수십만 K의 온도는 더 복잡하고 실제적인 원반계산의 결과와 일치한다.

퀘이사 스펙트럼에서 관측된 큰 청색융기는 여기에 놓인 유입원반의 열적 특징이라고 추정된다. 그러나, 물질유입이 AGN에 동력을 제공하는 것으로 추정되지만, 유입원반의 이론 스펙트럼은(그림 12.14(2권)에 보여진바와 같이) 실제 관측된 넓은 연속선 스펙트럼을 설명해 줄 수 없다.

유입원반의 구조

초거대질량 블랙홀 주변 유입원반의 자세한 모델은 유도하기 어려운데, 왜냐면 거기에 포함된 높은 광도가 원반구조에 분명한 영향을 미치기 때문이다. 이론 계산은 유입원반 구조가 f_{Ed}(식 5.8)에 의존한다는 것을 보여준다. 여러 가지 가능한 구조들이 확인되었다. 만일 $E_{Ed} < 0.01$이면, 원반의 밀도는 효율적으로 냉각하기엔 너무 작게 된다. 원반 점성(내부마찰)에 의해 생성된 에너지는 밖으로 효율적으로 복사되어질 수 없고, 그래서 원반은 뜨거운 이온의 압력으로 지탱되는 이온 원환체(torus)로 부풀어 오른다. 원반의 일부 또는 전체가 이제 중심블랙홀을 주위로 도넛처럼 보이게 될 것이다. $0.01<f_{Ed}<0.1$정도의 값은 근접쌍성계에 대해 12.2절(2권)에서 서술된 바와 같이, 기하학적으로 얇은 원반을 형성할 것이다(정의에 의해, 얇은 원반내 어느 곳에서도 수직높이는 $h \ll r$이 된다.). L_{disk}의 값이 초에딩턴 값($f_{Ed} > 1$)이 되면서, 생성되는 복사압은 중력과 균형을 이루고, 또 광자는 팽창된 복사 원환체 내에서 물질을 지탱할 수 있게 된다.

그림 5.23에 보여진 바와 같이, 3개의 영역들을 지닌 합성원반을 보여주는 시나리오가 있다. 중심에서 약 $1000R_S$내에서, 복사압은 가스압을 능가하여, 두껍고 뜨거운 원반을 형성한다. 이것이 연속스펙트럼에서 큰 청색융기의 가능한 원인이다. 이 반경 밖으로 약 $10^5 R_S(M=10^8 M_\odot$에 대해 $\simeq$ 1pc정도)까지는 가스압으로 지탱되는 얇은 원반이다. 원반의 이 부분은 바깥쪽으로 나팔꽃모양으로 넓어지는데, 반경이 증가되면서 두꺼워진다. 바깥 원반은 표면이 오복하기 때문에 안쪽원반의

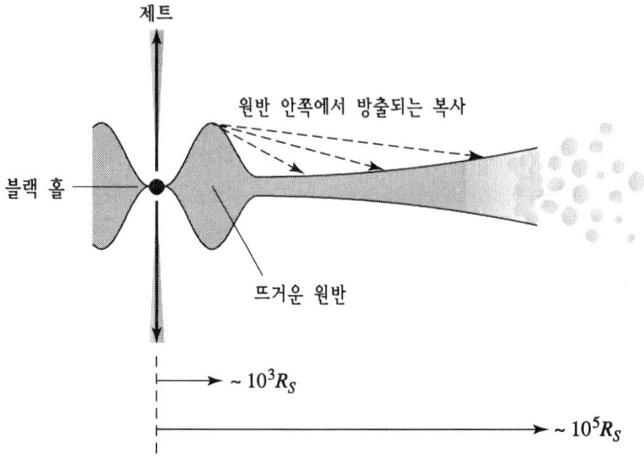

그림 5.23 AGN내 유입원반의 개략적 구조. 방사방향은 크기 축척에는 맞지 않게 표시되었다.

뜨겁고 두꺼운 지역에서 나오는 복사로 재조명되고 결과적으로 원반으로부터 바깥쪽으로 흐르는 항성풍을 야기한다. 마지막으로, $10^5 R_S$밖에서는, 두꺼운 원반이 여러 개의 작은 구름들로 쪼개어진다.

불행하게도, 이런 구상에는 몇 가지 문제점이 남아있다. 예를 들어, Seyfert 은하에 대해 위에 언급된 f_{Ed}값은 두꺼운 원반 모델과는 맞지 않는 것 같다.

AGN 스펙트럼에서 얻어진 결과들

적어도, 블래저들에 대해서는, 멱급수형태를 보이며 상당한 편광을 보이는 연속스펙트럼이 싱크로트론복사에 의해 생성된다는 것이 널리 받아들여지고 있다. 펄서에 대해 우리가 10.7절(2권)에서 본바와 같이, 싱크로트론 복사는 전자같은 하전된 입자들이 자기력선을 따라 나선운동을 할 때 생성된다(블래저가 아닌 다른 천체들에 대해서 상황은 더 복잡하다. AGN의 다른 형태의 연속스펙트럼에서 관측되는 큰 청색융기는 열적복사인 것으로 여겨진다. 또한, 티끌 방출도 적외선에서 중요한 역할을 한다).

원자의 이온화 에너지의 범위가 매우 넓으며, 싱크로트론 복사는 AGN의 방출선 스펙트럼에서 관측된 다양한 이온화 상태를 설명해줄 수 있다. 예를 들어, 넓은 범위의 이온화 상태들이 금지선들에서 관측이 되는데, 여기에는 [O I]과 [Fe X]가 포함된다. 더욱이, 싱크로트론 복사는 약 70%정도까지 편광되는데, 이는 몇몇 AGN에서 관측된 심한 편광과 일치한다.

하전된 입자들의 상대론적 방출

이런 환경에서 자기장을 발견하는 것은 무척 놀라운 일이다. 이론적으로는 고립된 블랙홀이 자기장을 지닌다는 것이 가능하지만, 그런 일이 자연스럽게 일어나는 것 같지는 않다. 이는 블랙홀의 속성인 3개의 물리량(질량, 각운동량, 그리고 전하량)이 조합되어 자기장을 생성한다 할지라도, 블랙홀은 근본적으로 전기적으로 중성이어야 하기 때문이다. 블랙홀이 전기적으로 중성인 이유는, 블랙홀이 순수하게 어떤 전하량을 가진 물질을 끌어들였다면, 곧바로 같은 양의 반대 전하량을 가진 물질들을 끌어들여 재빨리 상태할 것이기 때문이다. 그러나, 이온화된 원반물질은 전도성이 아주 강해서, 유입원반이 블랙홀주위를 돌면서 유입원반이 형성하는 자기장이 존재할 수 있다. 자기력선은 전도성 원반에 묶여있기 때문에, 입자에너지는 결국 물질유입 에너지로부터 생겨나게 된다.

블랙홀의 자전에너지 자체를 뽑아내는 다른 에너지원이 있는데, 이는 블랜포드와 즈나엑(Roger Blanford and Roman Znajek)이 처음 기술하였다. 자세한 계산을 해보면, 자전하는 블랙홀은 자기장 내에서 빙빙도는 전도체라고 생각할 수 있다(그림 5.24). 자기장을 통과하는 전선의 운동은 양끝사이에 기전력(emf, electomotive force)를 생성해내고, 자기장내 블랙홀 자전에 의하여 극과 적도사이에 전위치가 생긴다. 양극과 적도사이에 생성된 블랙홀의 유효저항은 30 Ω정도된다. 이런 그림에서, 블랙홀은 30 Ω짜리 저항체에 연결된 엄청난 건전지처럼 행동한다. 전력이 블랙홀의 자전에너지로부터 추출되는데, 이는 마치 전위하에 의하여 하전된 입자가 저항을 통해 흘러가는 것 같다. 결과적으로 블랙홀의 자전율은 감소된다. 블랜포드와 즈나엑 메카니즘에 의해 생성되는 일률은 $R_S = 3\times10^{11}$ m 이고, 1 T의 자기장을 지닌 $10^8\ M_\odot$ 의 블랙홀에 대해,

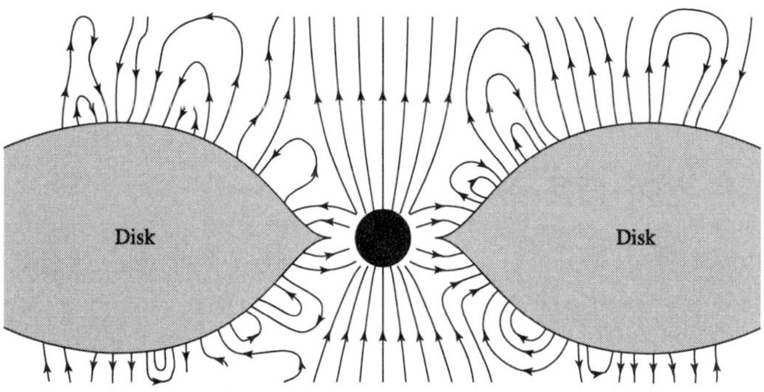

▌그림 5.24 자전하는 블랙홀을 궤도운동하고 있는 유입원반과 그 자기장

$$\begin{aligned} P &\simeq \frac{4\pi}{\mu_0} B^2 R_S^2 c \\ &= 2.7 \times 10^{38}\ \mathrm{W} = 7.1 \times 10^{11}\ \mathrm{L}_\odot \end{aligned} \tag{5.11}$$

정도가 된다. 방출되는 에너지의 형태는 전자기파 복사 혹은 전자–양전자의 흐름이다. 최대 회전 블랙홀의 정지 에너지의 9.2%까지 이런 방법으로 추출할 수 있다. 이는 원반을 통해 얻을 수 있는 에너지와 견줄만한 또 다른 중요한 에너지원 중의 하나이다.

막 서술한 두가지 물리 과정은, 아직 분명하지는 않지만, 하전된 입자들의 상대론적 분출을 생성할 수 있는 것 같다. 전자들이 자기력선을 따라 나선운동을 하면서, 전자들은 싱크로트론 복사를 방출하는데, 이는 AGN의 연속스펙트럼에 기여를 한다(5.1절에서 관측된 AGN의 멱급수 싱크로트론 스펙트럼은 전자에너지의 분포가 멱급수에 의해 기술된다는 것을 의미한다고 하는 것을 기억할 수 있을 것이다. 이 분포가 어떻게 나왔는지는 아직 알 수 없지만, 멱급수 싱크로트론 스펙트럼은 또한 게성운같은 초신성 잔해에서 관측되었다).

X–선 생성

AGN들은 X–선 영역에서 아주 밝아질 수 있고,[8] 싱크로트론 복사에 의해 직접적으로 생성된 X–선 초과를 설명하기 위해 여러 가지 작동기제들이 제안되었다. 유입원반 스펙트럼의 주파수가 큰 끝부분은 낮은 에너지 X–선을 설명하기에 충분할 수 있다. 다른 광원에서 나오는 더 낮은 에너지의 광자는 상대론적으로 운동하는 전자들과 충돌하여 더 높은 에너지쪽으로 산란될 수 있다. 그 이름이 암시해주듯이, 이런 역컴프턴 산란은 5.2절에 서술된 컴프턴 산란 과정의 역과정이다. 또한, 역컴프턴 산란은 퀘이사 3C 273에서 나오는 감마선들을 생성할 수 있다. 은하단에서 관측되는 X–선방출을 생성하는 작동기제인 열적제동복사는 AGN들에서 나오는 X–선관측과 또한 일치되는 특성스펙트럼을 지닌다(그림 4.17).

넓은 선과 좁은 선 방출

AGN에서 특징적인 넓은 방출선(존재할 때)과 좁은 방출선들은 연속복사에 의한 광이온화의 결과로 생성된다. 이들 방출선들을 주의깊게 검토해보면, 이들이 어떤

8) AGN에서 나오는 X–선은 아마 하늘에 균일하게 퍼져있는 X–선인 X–선 배경복사를 일으키는 것 같다. 1962년에 발견된 X–선 배경복사는 전자기 스펙트럼의 감마선 영역까지 퍼져있다.

조건에서 형성되었는지에 대한 많은 정보를 알아낼 수 있다. 모든 넓은 방출선들은 허용된 원자 천이에서 생성되는데, 몇몇의 좁은 방출선에서 나타나는 금지된 천이를 포함하는 경우는 하나도 없다. 넓은 $H\alpha$와 $H\beta$선들은 한 달 정도의 시간 규모로 변광하는 반면, 좁은 방출선들은 거의 변광하지 않는다. 이런 증거는, 시퍼트 2은하도 시퍼트 1은하핵을 갖고는 있지만 관측자의 시선에 가려져 있다는 점과 함께 AGN 스펙트럼에서 넓은 선과 좁은선들이 서로 다른 조건을 지닌 다른 영역에서 형성된다는 것을 나타내 주고 있다.

넓은 선방출 영역

많은 AGN들의 스펙트럼에 나타나는 넓은 방출선들은 은하핵 중심에 매우 가까운 형성된다. 시퍼트 은하 NGC 4151의 연구에 따르면, 연속선 복사 세기가 바뀔 때 대부분의 넓은 방출선들의 세기도 따라서 신속하게 달라지며, 보통 한 달 이내 또는 1주일 안에 반응하기도 한다. 빛은 30일 내에 약 10^{15}m 정도의 거리를 여행할 수 있어서, 시퍼트 은하와 BLRG들의 넓은 선 방출영역의 반경을 대충 어림해볼 수 있다. 넓은 FeII 방출선 연구에 따르면 넓은 방출선 영역의 온도가 $\sim 10^4$K이다. 다른 방출선들 연구에 따르면 전자의 개수밀도가 약 $10^{15}-10^{16}\ \mathrm{m}^{-3}$ 사이에 놓인다. 금지된 방출선들은 이와 같이 큰 개수밀도에서는 나타나지 않으며, 그 이유는 원자들 사이에 충돌이 자주 일어나기 때문이다. 결과적으로, 금지된 선들은 허용된 선들보다 상당히 약하다.

넓은 방출선 영역은 균일한 영역이라기보다는 덩어리 형태를 띠고 부분이온화된 가스구름으로 이루어졌다고 추정된다. 실제 방출선들을 생성하는 광학적으로 두꺼운 구름들은 이 지역 체적의 1% 정도밖에 차지하고 있지 않으며, 또 편평한 분포를 이루는 것 같다. 이들 높은 밀도 영역들은 구름들이 흩어지는 것을 방지하는 밀도가 낮은 높은 온도의 물질들에 둘러쌓여있는 것 같다.

통합모델에 의하면, 관측된 다양한 형태의 AGN 현상들(표 5.1)은 중심 엔진과 주변 환경들이 서로 다른 시선에서 관측할 때에 나타난다. 통합모델에서는 광학적으로 두꺼운 가스와 티끌의 원환체가 넓은방출영역의 구름을 둘러싸고 있다고 가정한다. 시퍼트 2은하를 관측할 때, 이 원환체는 넓은 방출선 영역과 넓은 중심 광원을 가린다(그림 5.25). 이 경우, 연속선과 방출선들은 반사된 빛으로만 간접적으로 관측자에 도달하게 되는데, 이는 시퍼트 2은하들의 연속스펙트럼이 시퍼트 1은하들의 연속스펙트럼보다 어두워 이유를 설명해준다. 전체적으로 볼때, 중심핵으로부터

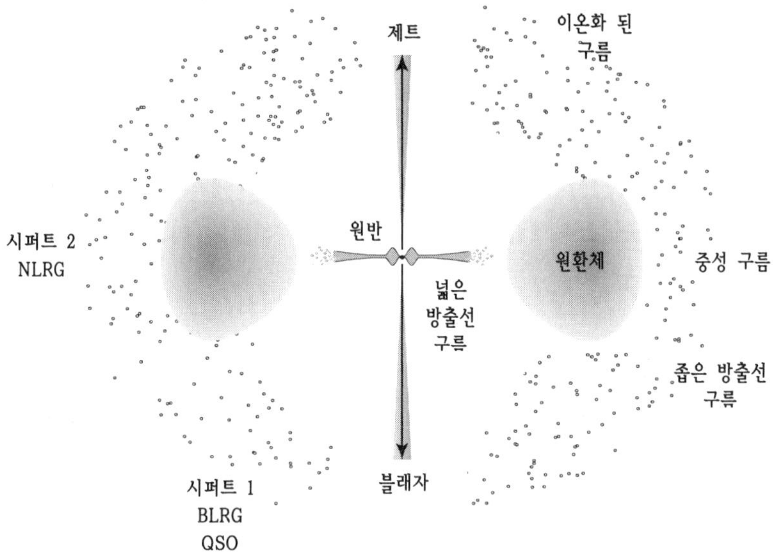

▌그림 5.25 활동하는 은하 핵들의 통합모델의 개요. 제트는 전파가 강한 AGN에 존재하게 된다. 전형적인 관측자의 관점이 여러 형태의 AGN에 대해 표시되었다.

직접 받은 빛에 의하여 시퍼트 1은하가 시퍼트 2은하보다 일반적으로 밝다. 원환체 또한 낮은 X-선에 대해 불투명할 것이다. 그 이유는 시퍼트 2은하에서 관측된 X-선들은 높은 에너지 영역에 있기 때문이다(거의 5 keV보다 큰 에너지).

넓은 방출선 영역에 있는 블랙홀의 질량추정

넓은 방출선들은 또한 구름들이 중샘핵에 있는 초거대질량 블랙홀 주위를 돌고 있는 것을 보여준다. 사실, 5000 km s^{-1}의 방출선 너비가 궤도 속도라 생각하고, $r = 10^{15}$ m를 궤도 반경으로 사용하면, 중심핵 질량을 추정할 수 있다. 식 (1.49)로부터,

$$M_{\mathrm{bh}} = \frac{rv^2}{G} = 1.9 \times 10^8\ \mathrm{M}_\odot$$

을 얻는데, 이는 이전의 질량 추정들과 일치한다.

넓은 방출선 영역에 있는 AGN의 중심핵 블랙홀 질량을 결정하는 두 번째 방법은 연속선과 방출선 밝기 변화 사이에 보이는 지연시간을 측정하는 것이다. 반향지도(reverberation mapping) 기법은 측정된 시간 지연, τ를 방출선의 제곱근 너비, σ_{line}과 조합하여,

$$M_{\rm bh} = \frac{f c \tau \sigma_{\rm line}^2}{G} \tag{5.12}$$

의 질량어림값을 얻는데, 여기서 c는 빛의 속도이고, f는 구조, 운동학 그리고 넓은 방출선의 방향에 따라 결정되는 인자이다. 분명 $c\tau$는 넓은 방출선 영역의 크기를 나타내준다. 물론, 어떤 종류의 이온화 물질이 측정하는데 사용되었는지 통일하는 것이(다시말해, 어떤 방출선이 연구에 사용되었는지)중요하다. 그 이유는 심하게 이온화된 물질은 가장 짧은 지연시간을 갖는 경향이 있어서, 넓은 방출선 영역의 이온화 단계가 중심핵 광원으로부터의 거리에 따라 달라지기 때문이다.

블랙홀과 스페로이드 사이에 성립하는 관측적인 관계식, 예틀들넌 그림 2.15에 보인 분해된 은하핵에 대한 질량-속도 분산 사이의 관계식을 써서, 식 (5.12)의 크기조정인자가 $f \approx 5.5$정도 되는 것으로 발견되었다. 반향지도기법은 지연시간을 측정하기 위해 장시간 관측과 높은 분해능의 스펙트럼을 필요로 하지만, 모 은하의 중심핵 영역을 공간적으로 분해할 필요는 없다. 그래서, 반향기법은 큰 z값을

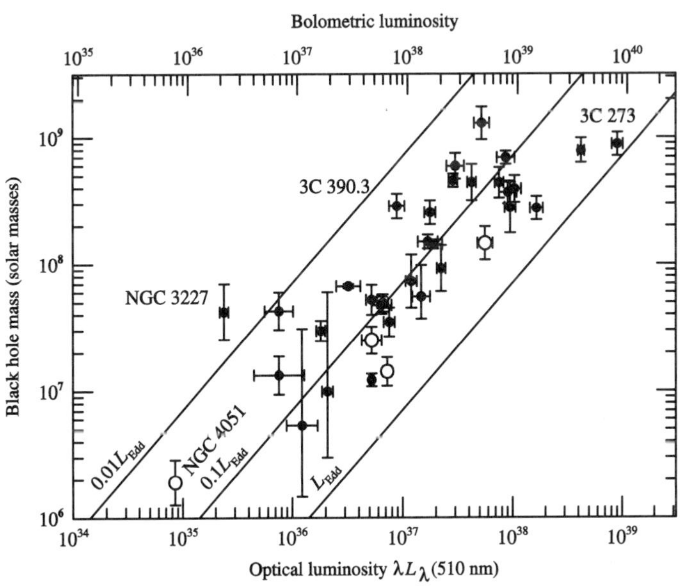

▌그림 5.26 AGN에 있는 초거대 질량 블랙홀 질량을 그들의 광도의 함수로 나타낸 결과. 대각선들은 에딩턴광도의 일정한 부분을 나타내주는 선들이다. 질량은 반향지도기법으로 결정되었다. 총복사광도가 위쪽 축에 기입되었고, 다른 광학광도(510 nm에 중심을 둔)은 아래 축에 기입되었다.(출처 : Bradley Peterson)

지닌 AGN의 블랙홀 질량을 측정하는데 큰 가능성을 지니고 있다. 그림 5.26은 AGN 넓은 방출선 영역의 연구결과를 보여준다.

좁은 방출선 영역

불투명한 원환체 밖은 좁은 방출선들이 형성되는 좁은 방출선 영역이다. 좁은 방출선 영역에서 전자 개수밀도는 약 $10^{10}\ \mathrm{m}^{-3}$밖에 되지 않는데, 이는 행성상성운과 고밀도 H II 영역에서 발견된 값들과 비슷하다. 좁은 방출선 영역은 넓은 방출선 영역보다 더 큰 질량을 지니고 있으며, 금지된 방출선과 허용된 방출선들이 이러한 환경에서 형성될 수 있다. 이 지역의 온도는 약 10^4 K이다. 넓은 방출선 영역과 같이, 좁은 선스펙트럼을 생성하는 영역은 덩어리져있다. 이 지역은 거의 구형분포를 보이는 구름으로 구성된 것 같다. 불투명한 원환체의 위 또는 아래로 충분히 멀리 떨어져 있는 구름들은 중심핵에서 나오는 연속복사에 의해 조명 받고 또 광이온화될 수 있다. 일부 구름은 불투명한 원환체가 중심핵을 가리기 때문에 이온화되지 않고 중성 원자 상태를 유지한다.

사실, 좁은 방출선 영역을 덩어리진 H II 영역이라고 간주할 수 있다면, 스트룀그렌 반경에 대한 식 (6.32)(2권)은 구름에 의해 채워진 좁은 방출선 영역의 채움정도를 추정하는데 사용될 수 있나. 반일 구름이 좁은 방출선 영역 체적의 ϵ정도를 채우고 있다면(채움인자, filling factor라 부른다), 식 (6.32)(2권)을 수정하여 이 영역의 반지름을 다음과 같이 쓸 수 있다.

$$r_{\mathrm{NLR}} \approx \left(\frac{3N}{4\pi\alpha_{\mathrm{qm}}\epsilon}\right)^{1/3} \frac{1}{n_e^{2/3}} \tag{5.13}$$

이 경우, N은 기저상태에 있는 수소를 이온화할 수 있는 에너지를 지닌 AGN의 중심핵 광원에서 생성된 단위시간당 광자수이고, α_{qm}은 양자역학적 재결합 계수(분광지수가 아니다)인데, 6.3절(2권)에 주어진바 있다.

예제 5.2.2

좁은 방출선 영역의 채움인자를 계산하기 위해, 우리는 AGN의 광도를 $L=5\times10^{39}\ W$라 가정한다. 연속스펙트럼은 넓은 영역의 에너지를 지닌 광자를 지니고 있다. 우리는 단색 에너지플럭스 식 (5.1)이 $\alpha=1$의 분광지수를 지닌 멱급수를 따른다고 가정한다. 예

제 5.1.1을 기억하면, 플럭스는 광도에 대해

$$L = 4\pi d^2 \int_{\nu_1}^{\nu_2} F_\nu \, d\nu = \int_{\nu_1}^{\nu_2} C\nu^{-1} \, d\nu$$

로 관계되는데, 연속스펙트럼의 주파수영역은 $\nu_1 = 10^{10}$ Hz와 $\nu_2 = 10^{25}$ Hz이 되고(그림 5.14와 비교해보라), C는 미정 계수이다.[9] 적분을 계산하고, C에 대해 풀어보면 다음과 같은 결과를 얻는다:

$$C = \frac{L}{\ln(\nu_2/\nu_1)} = \frac{L}{\ln 10^{15}} = 0.029L$$

우리는 이제 기저상태에서 수소를 이온화하는데 필요한, 단위시간당 방출되는 $E_H >$ 13.6 eV의 에너지, 또는 $\nu_H > 3.29 \times 10^{15}$ Hz의 주파수를 지닌 광자의 개수밀도를 계산할 준비가 되었다. 단색 에너지 플럭스를 단위 광자당 에너지, $E_{photon} = h\nu$로 나누면, $\nu_2 \gg \nu_H$에 대해 다음과 같은 결과를 얻는다:

$$N = \int_{\nu_H}^{\nu_2} \frac{C\nu^{-1}}{h\nu} \, d\nu = \int_{\nu_H}^{\nu_2} \frac{0.029L}{h\nu^2} \, d\nu \simeq \frac{0.029L}{h\nu_H} = 6.64 \times 10^{55} \text{ s}^{-1}$$

가장 가까운 시퍼트 2은하의 관측에 따르면, 좁은 방출선 영역의 크기는 약 100 pc에서 1000 pc 사이에 놓인다. 만일 우리가 $r_{NLR} = 200$ pc, $n_e = 10^{10}$ m^{-3} 그리고 $\alpha_{qm} = 3.1 \times 10^{-19}$ m^{3}s^{-1}을 잡으면(6.3절(2권)에서와 같이), 좁은 방출선 영역의 채움 인자는 약

$$\epsilon \approx \frac{3N}{4\pi\alpha_{\rm qm}} \frac{1}{n_e^2 r_{\rm NLR}^3} = 2.2 \times 10^{-2}$$

이 된다. 구름은 좁은 방출선 영역 체적의 약 2%를 차지하고 있다.

시퍼트 2은하들에서 보이는 좁은 방출선들의 선윤곽은 때로 청색 쪽으로 날개처럼 퍼져있는데, 이는 구름들이 은하핵과 상대적으로 볼 때, 우리 쪽으로 움직이고 있다는 것을 나타내주고 있다. 이는 일반적으로 중심으로부터 멀어져가는 구름의 방사적 흐름이라고 해석된다. AGN의 먼쪽에서 우리로부터 멀어져가는 구름들로부터 나오는 빛은 아마 소광에 의해 희미해졌을 것이다.

9) 상수 C는 $4\pi d^2$의 주요 인자를 포함한다.

좁은 방출선을 생성하는 영역에 있는 구름들의 바깥방향 흐름은, 이전에 언급한 바와 같이, 복사압과 유입원반에서 나오는 항성풍의 조합으로 생성될 수 있거나, 바깥쪽 흐름이 전파 제트에 있는 물질과 연관될 수도 있다. 그림 5.27은 시퍼트 1 은하인 NGC 4151의 좁은선 방출영역에 대해 허블우주망원경으로 찍은 영상을 보여주고 있다. 뚜렷한 방출 구름들이 고분해능 영상에서 분명히 보인다. 또한, 광학적 방출은 2개의 은하 중심의 북동쪽과 남서쪽으로 퍼져있는 원추형 분포를 나타내고 있다. 전파지도를 이 영상 위에 펼쳐보면, 전파 방출 또한 원추형 광학 방출과 같은 축으로 퍼져있는 것을 볼 수 있다.

비슷한 관측들이 시퍼트 2은하인 Mrk 3에 대해 수행되었다. 이 경우에, 좁은 방출선 영역이 전파 제트 주변에 팽창하는 껍질로 구성되었다는 추가 증거가 있다.

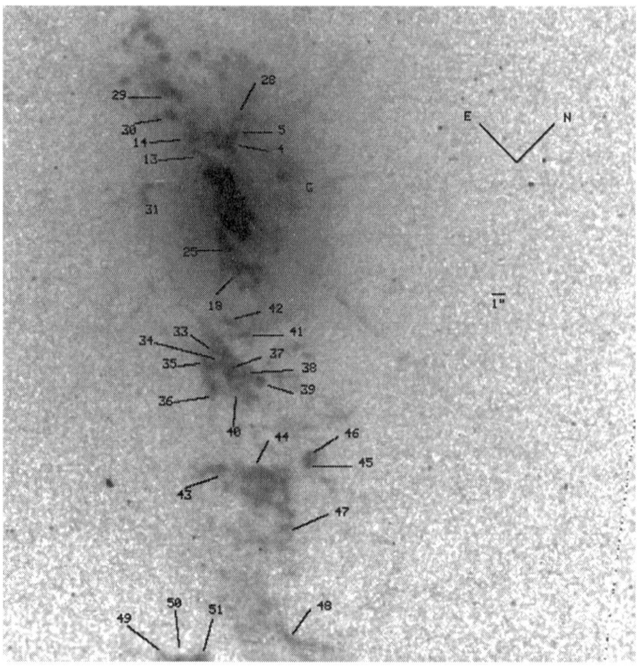

▮ **그림 5.27** 시퍼트 1은하 NGC 4151의 좁은 방출선 영역의 HST 영상. 수많은 구름들이 원추형 분포를 보이고 있는 것이 분명하다. 남서쪽의 구름들은 중심핵에 대해 관측자 쪽으로 접근하고 있으며, 북동쪽 구름들은 후퇴속도를 지니고 있다. 구름들이 은하의 전파제트와 연관되었을 것이라는 어떤 증거가 있다. 1″의 각크기를 영상에 표시하였다; NGC 4151의 위치에서, 1″는 63pc의 투영된 선형거리에 해당한다. 표식들은 논문에서 동정된 구름들에 해당한다.
(출처 : Kaiser et al., Ap. J., 528, 260, 2000)

전파 제트를 형성하는 물질은 은하 중심으로부터 $0.1\,c$에 가까운 속도로 팽창한다고 제안된다. 제트가 성간물질을 통해 운동하면서, 가스는 약 $\sim 10^7$K 정도의 온도로 이온화된다. 과열된 가스는 제트에서 바깥쪽으로 팽창하면서, 팽창하는 껍질 표면 근처에 있는 가스에 에너지를 공급하게 되고, 그래서 좁은 선방출 영역을 형성한다.

좁은 방출선 영역을 생성하는 팽창하는 제트모델이 제공해주는 다른 결론하나는 이 영역이 상당히 짧은 수명을 지니며, 적어도 아주 약한 시퍼트 은하들의 좁은선 방출 영역의 수명은 아주 짧다. 시퍼트 은하들의 전파제트들 길이가 전형적으로 약 kpc 정도밖에 되지 않기 때문에, 제트의 팽창속도에 기인하여 추론될 수 있는 나이는 약 $10^4 - 10^5$년 정도 된다. 이것이 사실이라면, 시퍼트 현상은 상당히 일시적인 사건들이 될 것이고, 아마 은하의 초거대질량 블랙홀이 일시적으로 에너지가 공급하여 나타나는 현상일 것이다.

AGN의 통합모델에 대한 요약

앞에서 AGN의 통합 모형에서 고려해야할 바에 대하여 기술하였다. 그 중심엔진은 자전하는 초거대질량 블랙홀 주위를 돌고 있는 유입원반이다. AGN은 중력위치에너지가 싱크로트론복사로 변환되는 과정에서 에너지를 생성하며, 블랙홀의 회전운동에너지 또한 중요한 에너지원으로 작용하기도 한다. 유입원반의 구조는 물질유입 광도와 에딩턴한계의 비율에 따라 달라진다. 관측된 광도가 나타나려면, 대부분 광도가 큰 AGN들은 1-10 $M_\odot\ yr^{-1}$사이의 물질유입이 있어야 한다. 물질유입률과 블랙홀의 질량뿐만 아니라, 관측자의 시선 방향에 따라 AGN이 시퍼트 1은하, 시퍼트 2은하, BLRG, NLRG, 전파가 강한 퀘이사 또는 전파가 약한 퀘이사 가운데 그 형태가 결정된다.

통합모델의 세부적인 많은 사항들이 아직 완전히 확인되지는 않았지만, 통합모델은 활동하는 은하핵의 많은 일반적 성질을 서술하는데 중요한 초석을 제공하는 것처럼 보인다. 예를 들어, 그림 5.8은 광학적으로 LINER로 분류되는 처녀자리 은하단에 있는 타원 전파은하인 NGC 4261을 HST로 찍은 놀랄만한 영상이다. 이 영상에서는 전파제트에 수직으로 놓인 크고, 희미한 원환체에 의해 둘러쌓여 있는 밝은 중심핵이 보인다. 중심핵 전체는 $10^7\ M_\odot$ 질량의 블랙홀로 추정되지만, HST 영상은 이를 검증할 수 있는 수준의 분해능에 미치지 못한다. 원환체의 반지름은 약 70 pc (2×10^{18} m)이고, 제트는 중심핵으로부터 약 15 kpc 정도까지 뻗어있다.[10)]

10) $10^7\ M_\odot$인 블랙홀의 슈바르츠쉴트 반경은 2.95×10^{10} m 정도인데, 이는 원환체보다 10의 8제곱 정도 작은 수치이다. 블랙홀은 그림 5.28의 크기에서는 1 nm 보다 더 작을 것이다.

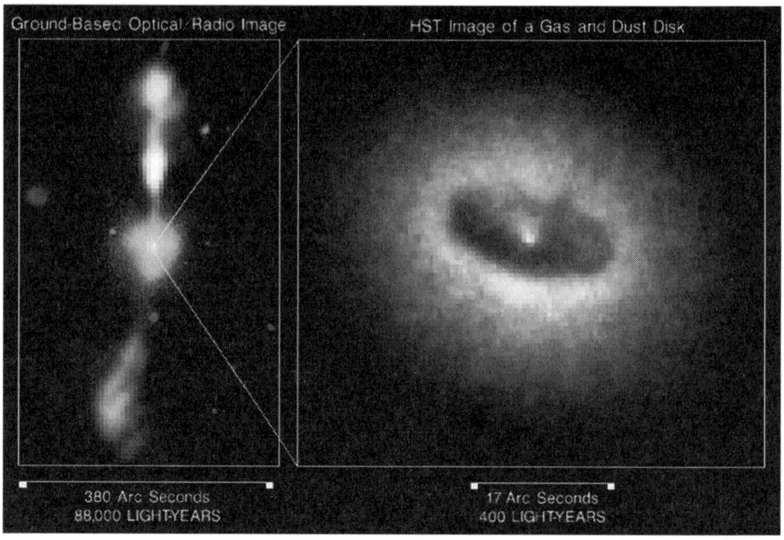

▌그림 5.28 NGC 4261의 두 영상. 왼쪽 : 지상에서 관측한 광학영상과 전파영상의 합성사진으로, 전파제트를 보여준다. 오른쪽 : HST의 광학영상으로 핵주변의 티끌 원환체를 보여주고 있다.(출처 : NASA)

5.3 전파돌출부와 제트들

기본적으로 활동하는 은하들을 전파가 강한 은하와 전파가 약한 은하로 분류하기도 한다. 전파가 강한 은하는 보통 하나의 전파중심핵, 한 개 또는 두 개의 뚜렷하게 보이는 전파제트, 그리고 두 개의 분명한 전파돌출부들로 구성된다. 전파가 약한 은하들은 전파영역에서 $10^3 - 10^4$배 정도로 세기가 약하고, 약한 전파중심핵과 아마 희미한 제트로 구성되어 있는 듯하다. 전파가 강한 AGN들에서 활동성의 증가는 전파영역에만 국한되지 않고 전파가 약한 은하들보다 X-선 영역에서도 3배정도 밝은 경향이 있다.

제트의 형성

전파돌출부들은 AGN의 중심핵으로부터 상대론적 속도로 방출되는 하전된 입자들의 제트에 의해 생성된다; 그림 5.8을 기억하자. 이들 입자들은 중심핵으로부터 양쪽 반대방향으로 가속되며 멀어지는데, 유입에너지 또는/그리고 블랙홀로부터 블랜포드-즈나엑 메카니즘을 통해 추출되는 자전운동에너지에 의해 에너지가 공급된다. 제트는 전체적으로 전기적 중성이지만, 방출되는 물질은 전자와 이온으로 구성되어 있는지 또는 전자–양전자 플라즈마로 구성되어 있는지는 확실치 않다. 후자는, 질량이 더 작아서, 아마 더 쉽게 가속될 것이다. 원반의 자기장이 이런 하전된 입자들의 흐름과 결합한다("얼어붙는다"는 표현을 사용함). 그 결과 생기는 자기비틀림힘은 원반으로부터 각운동량을 빼앗을 수 있고, 이는 유입되는 물질을 원반 안쪽으로 모을 것이다.

어떤 제트들이 보여주는 첨예하게 좁고 직선 형태의 모습으로부터 제트에 에너지를 공급하는 중심엔진의 근처에서 조준이 일어남을 알 수 있다. 블랙홀 주변의 뜨겁고 두꺼운 유입원반은 그림 5.29에서 보여주는 것처럼, 바깥쪽으로 흘러가는 입자들을 깔대기 모양으로 모아 한 방향으로 자연스럽게 조준한다. 유입되는 물질이 안쪽으로 원반을 따라 나선운동을 하면서 약간의 각운동량을 보유할 수 있기 때문에, 그 각운동량에 준하는 가장 작은 궤도에서 모이려고 한다. 이 "원심 장벽" 내부에서는, 노즐처럼 작용하는 상당히 속이 텅빈 구멍이 존재하여서, 모여지는 가스들을 구멍의 벽을 따라 바깥쪽으로 향하게 한다. 그러나, 자주 관측되는 것처럼, 심하게 상대론적인 제트는 노즐 작동기제로 달성되기가 어려운 것처럼 보인다.

대안으로, 자기유체역학(MHD) 효과가 상대론적 흐름을 가속하고 집중하는 데 중요한 역할을 할 수 있다. 불행하게도, MHD 작동기제에 대한 자세한 것은 아직

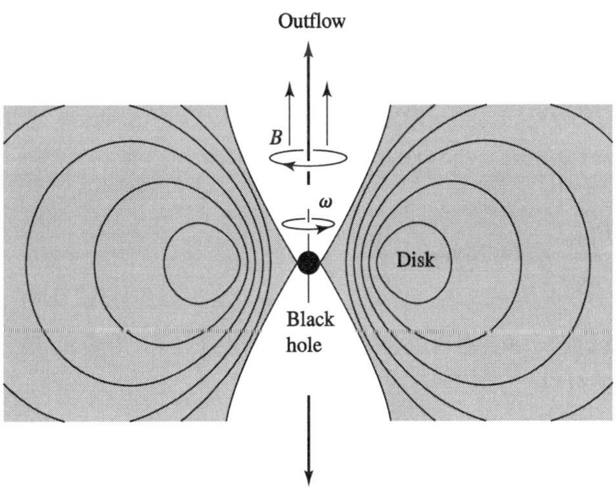

그림 5.29 두껍고 뜨거운 유입원반에 의해 바깥으로 흘러가는 물질의 초점맞춤현상을 보여주는 개요도. 고리는 원반밀도가 일정한 등고선이다.

완전히 파악되지 못했다. 제트의 조준현상에 대한 세부사항이 어떤 것이든간에, 그들의 직선 형태는 아마 AGN의 심장에 있는 초거대질량 블랙홀의 자전과 연관이 있는 것 같다.

전파돌출부의 형성

물질 제트가 바깥쪽으로 이동하면서, 그 에너지가 처음에는 입자들의 운동에너지에 놓여있다. 그러나, 제트는 모은하내의 성간물질과 그 밖에 있는 은하간 물질을 침투하면서 저항을 받게 된다. 결과적으로, 제트의 앞부분 물질 속도는 느려지며 그 곳에 충격파가 형성된다. 은하간 매질을 통과하는 제트의 운동을 계산하는 문제는 아주 복잡고, 모형 계산에는 방대한 수치 계산이 필요하다. 그림 5.30은 은하간 매질을 통과하는 과정에 작용하는 다양한 초기 에너지를 지닌 제트에 대한 컴퓨터 모사의 결과들을 보여준다.

전파가 강한 천체 내에서 하전된 입자들과 자기장의 운동은 엄청난 양의 에너지를 소유하고 있다. Cygnus A 에 대해, 각 돌출부의 에너지는 약 $10^{53}-10^{54}$J 정도로 추정되는데, 이는 10^7개의 초신성이 방출하는 에너지에 해당한다.

예제 5.3.1

Cyg A의 각 전파돌출부가 $E_{lobe}=10^{53}$ J 의 에너지를 보유하고 있다고 가정하고, Cyg A에 대한 예제 5.1.1에서 주어진 값에 대해 $h=[h]_{WMAP}=0.71$를 취하면, 전파돌출부의 수명을 추정할 수 있다. Cyg A 전파 광도가 $L_{radio}=4.8\times10^{37}$ W라 할 때, 전파돌출부에 저장된 에너지를 복사하는데 걸리는 시간은

$$t_{\rm lobe}=\frac{E_{\rm lobe}}{L_{\rm radio}}=66\ {\rm Myr}$$

이 된다. 일반적으로, 전파돌출부로부터 추정된 전파 방출의 수명은 10^7에서 10^8년 넘어까지 분포한다.

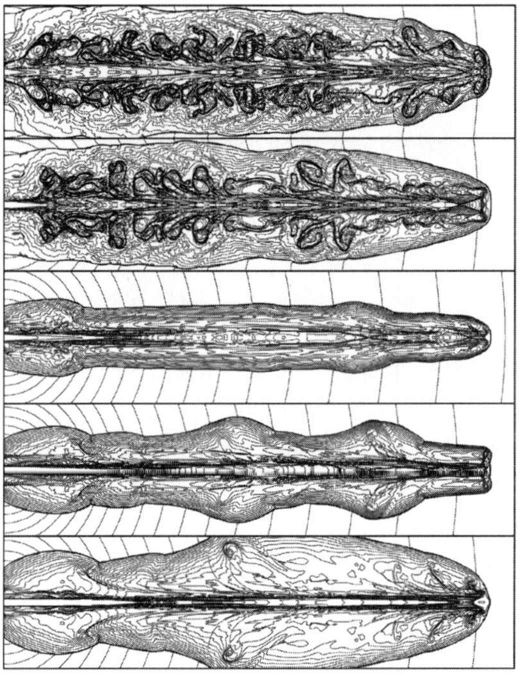

▌그림 5.30 은하간 매질을 통과하여 움직이는 전자-양전자 플라즈마의 수리적 모사로서, 여기서는 제트의 광원으로부터 거리가 증가하면서 밀도가 감소된다고 가정되었다(각 그림의 왼쪽). 그림은 광원에서의 초기 로렌츠 인자(γ)가 (a) 2.0, (b) 2.5, (c) 5.0, (d) 7.0 그리고 (e) 10.0에 해당한다. 제트물질이 전자와 양전자로 구성되었다고 가정하면, 모사에서 약간 다른 형태가 나타난다.
(출처 : Carvalho and O'Dea, Ap. J. Suppl., 141, 371, 2002)

돌출부에서 자기장의 평균세기는 에너지가 운동에너지와 자기에너지사이에 균등 분할된다고 간단하게 가정하여 계산할 수 있다. 식 (5.9)(2권)로부터, 단위체적당 저장된 자기에너지는 $u_m = B^2/2\mu_0$ 이다. 만일 돌출부의 체적이 V_{lobe}라면,

$$\frac{1}{2}E_{\rm lobe} = u_m V_{\rm lobe} = \frac{B^2 V_{\rm lobe}}{2\mu_0}$$

또는

$$B = \sqrt{\frac{\mu_0 E_{\rm lobe}}{V_{\rm lobe}}} \tag{5.14}$$

이 성립한다.

예제 5.3.2

Cyg A의 전파돌출부를 $R = 8.5\ \mathrm{kpc} = 2.6 \times 10^{20}\ \mathrm{m}$의 반경을 지닌 구로 모형화할 수 있다고 가정하자. $E_{lobe} = 10^{53}\ \mathrm{J}$일 때, 돌출부내 자기장의 평균값은

$$B = \sqrt{\frac{\mu_0 E_{\text{lobe}}}{\frac{4}{3}\pi R_{\text{lobe}}^3}} \approx 41\ \mathrm{nT}$$

로 추정된다. 10 nT정도의 값은 전파돌출부에서 발견된 밝은 방출영역에서 전형적인 값이다(수 kpc를 가로지르는 "뜨거운 반점"). 희미한 전파돌출부에서의 값은 10배정도 작아지는 반면, 전파가 강한 중심핵에서 자기장세기는 약 100 nT 정도된다.

제트 내에서 하전된 입자들의 가속

제트의 관측들은 입자와 에너지가 전파돌출부 바깥쪽으로 운반되는 것이 비효율적이기 때문에 가능해졌다. 전파돌출부와 제트들의 스펙트럼은 $\alpha \simeq 0.65$의 분광지수를 지닌 멱급수 법칙을 따른다. 멱급수 스펙트럼과 심한 선형편광이 일어나는 것은 전파와 제트에서 방출된 에너지가 싱크로트론 복사에서 유래되었다는 것을 강력히 시사해주고 있다.

싱크로트론 복사에 의한 에너지손실은 피할 수 없는 상황이므로 제트내에 있는 상대론적 전자들은 그들의 에너지를 10,000년 정도 후에 다 복사로 소비할 것이다. 이는 입자들이 큰 전파돌출부 외곽까지 여행할 수 있는 시간이 충분하지 않다는 것을 의미한다; 예를 들어, 큰 전파은하 3C 236에 대해, 빛의 속도로 간다 해도 전파돌출부 끝까지 가는데 수 백만 년 걸릴 것이다. 이렇게 긴 여행시간과 전파돌출부의 긴 수명은 제트와 전파돌출부내 입자들을 가속하는 어떤 작동기제가 있음을 암시해준다. 복사압 또한 역할을 하겠지만, 복사압 단독으로는 필요한 가속을 생성시키기에 충분하지 않다.

초광속도(superluminal velocities)

제트와 전파돌출부에 대한 표준 모델에 따르면 상대론적 속도로 움직이는 하전된 입자가 끊임없이 공급되어야 한다. 그러나, 이처럼 빠르게 운동하는 입자들의 관측적 증거를 확보하기가 어렵다. 멱급수 스펙트럼에서 분광선이 존재하지

않으므로, 제트물질의 상대론적 속도가 직접적으로 측정될 수 없고, 단지 간접적인 증거로부터 유추해야 한다. 상대론적 속도에 대해 가장 강력한 논증은 소위 초광속도를 지닌 여러 AGN의 중심핵으로부터 방출되는 물질들의 전파관측이다. 이 효과는 AGN 중심핵의 100 pc 내에서 관측되며, 아마 더 멀리까지지도 계속되는 것 같다.

예제 5.3.3

그림 5.31은 퀘이사 3C 273의 중심핵의 전파영상인데, 전파를 방출하는 덩어리가 $\mu = 0.0008'' \text{ yr}^{-1}$의 각속도로 핵으로부터 멀어져가고 있음을 보여주고 있다. 전파마디가 시선방향에 수직인 천구면에서 운동한다고 가정하고, 3C 273까지의 거리를 $d = 440h^{-1}$ Mpc로 잡으면, 핵으로부터 멀어지는 덩어리의 겉보기 횡단속도는

$$v_{\text{app}} = d\mu = 1.67 \times 10^9 h^{-1} \text{ m s}^{-1} = 5.57 h^{-1} c$$

이 된다. 만일 $h = [h]_{WMAP}$라면, $v_{app} = 7.85c$임을 알 수 있다. 이는 분명 물리적으로 불가능하며, 시선방향에 수직인 운동이 일어난다는 가정이 틀렸음이 분명하다.

그림 5.32는 관측자쪽으로 향하는 마디의 운동이 이 모순에 대한 해답을 보여준다. 광원이 시선방향에 대하여 측정된 각도 ϕ, 속도 v(겉보기 속도가 아니라 실제 광원의 속도)로 운동한다고 광자는 지구에서 d만큼 떨어져 있을 때, $t = 0$에서 시선을 따라 방출된다. 시간이 흐르고 나면(t_e), 다른 광자가 지구까지의 거리가 $d - vt_e \cos\phi$일 때 방출된다. 첫 번째 광자는 t_1일 때 지구에 도달하는데, 여기서

$$t_1 = \frac{d}{c}$$

이 성립한다. 두 번째 광자는 지구에

$$t_2 = t_e + \frac{d - vt_e \cos\phi}{c}$$

의 시각에 도착한다. 지구에서 두 개 광자들의 도착 시각 차이는

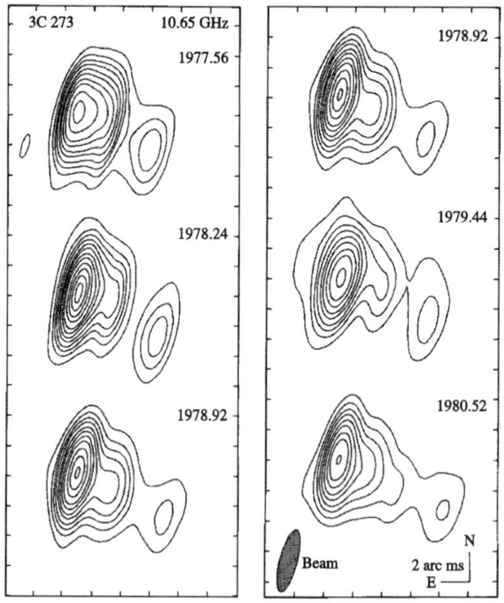

▌**그림 5.31** 퀘이사 3C 273의 중심핵으로부터 방출되는 전파방출마디들의 운동. 관측일들이 1년의 소수점으로 표시되었고, 세 번째 영상이 확실하게 하기 위해 반복으로 제시되었다.(출처 : Pearson et al., Nature, 290, 365, 1981)

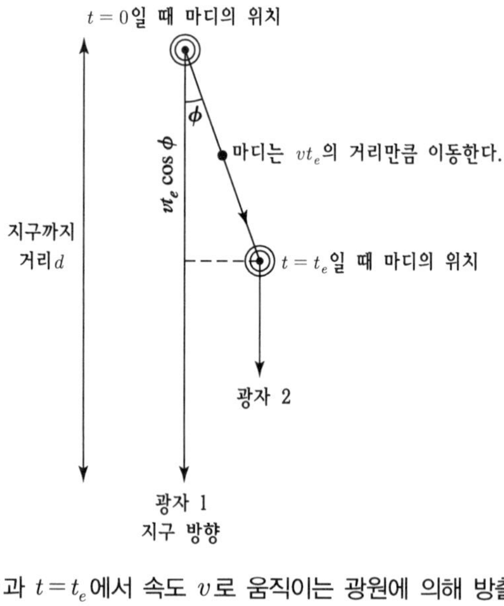

▌**그림 5.32** $t=0$과 $t=t_e$에서 속도 v로 움직이는 광원에 의해 방출된 두 개의 광자들

$$\Delta t = t_2 - t_1 = t_e\left(1 - \frac{v}{c}\cos\phi\right)$$

이 되는데, 이는 t_e보다 짧다. 지구에서 측정된 겉보기 횡단속도는 이제

$$v_{\text{app}} = \frac{vt_e \sin\phi}{\Delta t} = \frac{v\sin\phi}{1 - (v/c)\cos\phi}$$

이 된다. v/c에 대해 이 식을 풀어보면,

$$\boxed{\frac{v}{c} = \frac{v_{\text{app}}/c}{\sin\phi + (v_{\text{app}}/c)\cos\phi}} \tag{5.15}$$

을 얻는다.

$$\frac{v_{\text{app}}^2/c^2 - 1}{v_{\text{app}}^2/c^2 + 1} < \cos\phi < 1 \tag{5.16}$$

을 만족하는 각도에 대해, $v/c < 1$이 성립하고, 또 광원에 대해 가장 작은 v/c값은

$$\frac{v_{\text{min}}}{c} = \sqrt{\frac{v_{\text{app}}^2/c^2}{1 + v_{\text{app}}^2/c^2}} \tag{5.17}$$

임을 보여주는 것은 연습문제로 남겨두는데, 후자의 경우는

$$\cot\phi_{\text{min}} = \frac{v_{\text{app}}}{c} \tag{5.18}$$

인 어떤 각 ϕ_{min}에서 일어난다. 이런 v/c의 최소값은

$$\gamma_{\text{min}} = \frac{1}{\sqrt{1 - v_{\text{min}}^2/c^2}} \simeq \sqrt{1 + v_{\text{app}}^2/c^2} = \frac{1}{\sin\phi_{\text{min}}} \tag{5.19}$$

인 광원의 로렌츠 인자1권에 해당한다.

예제 5.3.4

예제 5.3.3을 주목해보면, 3C 273에 의해 방출된 전파 마디의 실제 속도가 특수상대성 이론이 요구하는 것처럼, c보다 작다는 것이 분명하기 때문에, ϕ는

$$\phi_{\min} = \cot^{-1}\left(\frac{v_{\text{app}}}{c}\right) = 7.26°$$

보다 분명히 작다. 즉, 마디는 시선방향의 7.26°내에서 지구로 접근하는 것같다. 식 (5.7)로부터, 마디속도의 하한값은 $v_{\min}$=0.992c가 된다. 그래서, 식 (5.19)로부터 $\gamma_{\min}$=7.92가 된다.

다른 초광속 운동 천체에 대해 알려진 로렌츠 인자의 최소값은 $h = [h]_{WMAP}$에 대해 $\gamma_{\min}$=4와 12사이에 놓인다. 3C 273 뿐만아니라 이와 비슷한 천체들은 AGN의 중심핵이 물질들을 상대론적 속도로 가속할 수 있다는 강력한 증거이다.

상대론적 전조등 효과와 한쪽 방향 제트

1권에서 서술한 전조등효과는 광원이 상대론적인 속도($\gamma \gg 1$)로 움직일 때에 일어난다. 광원의 정지 기준계에서 앞쪽 반구로 방출되는 모든 빛은 관측자의 기준계에서 보면 좁은 원뿔 내에 집중된다. 주어진 원뿔의 반각, θ는 식 (4.43)에 의해 $\sin\theta = 1/\gamma$로 주어진다. 이 값을 위의 식 (5.19)와 비교하면, 광원이 시선속도의 각 $\phi_{\min}$ 내에서 상대론적 속도로 지구 쪽으로 다가온다면, 이 상대론적 전조등 효과에 의하여 이 천체는 기대되는 것보다 더 밝게 보일 것이고 천구면을 가로지르는 초광속도 운동하는 것처럼 보일 것이다. 흥미롭게도, 초광속 운동하는 거의 모든 AGN들은 크고 어두운 헤일로에 의해 둘러쌓여 있는데, 이는 정면에서 보는 전파돌출부에 해당할 것이다. 블래저들은 관측자쪽을 향하여 직접(또는 거의 그렇게) 오는 제트와 함께 보이는 퀘이사이거나 전파은하일 것이다. 이들의 매우 빠른 시간 변광은 이제 상대론적 도플러효과에 의해 과장되어 나타날 것이다. 1권을 보라. 상대론적 제트내에 있는 광원에 나타나는 광도 변화는 지구의 천문학자들에게 2γ배 더 빨리 일어나는 것으로 관측될 것이다(문제 5.12).

반대로, 우리로부터 멀어져가는 상대론적 광원은 이상할 정도로 어둡게 보일 것이다(그림 5.6을 회상해보라). 초광속 운동하는 모든 제트들은, AGN들이 두 개의 전파

돌출부를 보인다할지라도, 한쪽 방향으로만 향해있다. AGN의 중심핵 엔진들은 반대 방향으로 향한 두 개의 제트들을 만들 것이다. 그러나, 상대론적인 전조등 효과 때문에 제트들이 한쪽 방향으로만 퍼져있다고 생각할 수 있다.

동반은하의 역할

AGN의 동반은하는 AGN에 연료를 제공하는 중요한 역할을 하는것 같다. 대부분의 시퍼트은하들은(적어도 90%) 나선은하들이고, 이들 가운데 많은 은하들이 상호작용하는 것 같은 근접한 이웃을 지니고 있다. 중력섭동은 연구되기에 충분히 근접해 있는 이들 시퍼트은하들에서 보여지는 찌그러진 모습을 생성하는데, 이 증거들은 막대 그리고/또는 바깥 고리의 겉보기 모습으로 보여진다. 3.1절에서 기술한 바와 같이, 이런 상호작용들은 시퍼트 은하에 있는 가스에 중력적 비틀림힘을 작용하여 가스의 각운동량이 급격히 줄어들고, 가스가 은하 중심핵으로 빨려든다. 결과는 블랙홀에 의해 물질모임이 시퍼트 중심핵에 새로운 연료공급을 해주는 매체가 되는 것이다. 가스의 집중은 또한 핵주변에서 항성형성의 분출을 야기시킬 수 있다. 더욱이, 동반은하를 지닌 합병이 일어난다면, 후속적으로 일어나는 와해는 활동하는 핵을 지닌 타원은하를 생성하게 되고, 결과적으로 젊은 전파은하가 태어나게 된다.

합병은 분명 퀘이사에게도 중요하다. 낮은 적색편이를 보이는 몇 개의 퀘이사들은 예전에 상호작용을 했던 흔저을 보여주며(그림 5.18), 그래서 합병은 오늘날보다는 초기우주에서 의심할 여지없이 일반적인 현상이었다. 은하들이 그들이 젊었을 때 더 많은 양의 가스를 지녔을 것으로 믿어지기 때문에, 합병은 엄청난 양의 가스의 유입을 야기시키고, 이는 가스가 동시에 그 활동성에 활기를 넣어주면서 중심에 초거대질량 블랙홀을 형성하는데 기여할 수 있다. 또한, 합병은 아마 초거대질량 블핵홀의 연합을 야기하여 오히려 더 큰 중심엔진을 만들어낸다. 블랙홀의 질량이 증가하면서, 엔진에 동력을 제공하는 연료가 대부분 소진될 때까지는, 퀘이사의 개수와 그들의 에너지 방출양도 증가하게 된다.

AGN 진화

퀘이사가 연료를 다 소진하고 나면 어떤 일이 일어날까? 크게 보면, 에너지가 풍부한 천체의 연료공급이 감소되는 현상은 광도가 약한 형태로의 변환을 야기할 수도 있다. 예를 들어, Cen A가 거대한 전파돌출부를 지니고 있지만(그림 5.11), 그러나 약한 전파원이다. 이 천체는 과거에 이보다 더 밝은 천체였지만 지금은 서서히 어두워지고 있는 것 같다. 반면, 광도가 더 낮은 것은 더 작은 물질모임율이라기 보다는 질량이 더 작은 블랙홀에 의해 설명되어질 수 있다. 우리은하는 그 중심에 $10^8 M_\odot$의 블랙홀을 지니고 있지 않고, 오히려 $3.7 \times 10^6 M_\odot$ 정도의 작은 블랙홀을 지니고 있다(1.4절). 추측되어지는 바와 같이, 만일 우리은하와 비슷한 모든 거대은하들이 적어도 $10^6 M_\odot$의 초거대질량 블랙홀을 지니고 있다면, 낮은 수준의 활동성이 일반적으로 나타날 것이다.

활동하는 은하진화를 이해하는데 큰 방해요소 중 하나는 현재 우리가 그들의 수명에 대해 잘 모르고 있다는 점이다.

5.4 퀘이사를 이용한 우주탐사

퀘이사들은 우주에서 보이는 천체 중 가장 멀리 있는 천체들에 속하고, 이들 사이의 넓은 공간을 연구하는 데 유일한 기회를 제공한다. 가스구름들, 은하들, 그리고 암흑물질들은 모두 퀘이사를 출발하여 지구까지 오는 여정에 있는 빛에 영향을 미칠 수 있다. 퀘이사의 관측에 의해 제공되는 단서들을 해석해보면서, 천문학자들은 시선방향에 놓어있는 물질들에 대해 많은 것을 배울 수 있다.

중력렌즈와 퀘이사의 다중영상

1919년, 에딩턴이 태양근처를 지나가는 별빛의 휘어짐을 측정하여 아인슈타인의 일반상대성이론을 증명했던 똑같은 해에(11장(2권)), 영국의 물리학자 로즈경(Oliver Lodge, 1851–1940)은 중력렌즈를 이용하여 별빛을 모을 수 있는 가능성을 제안하였다(중력렌즈 논의를 회상해보자; 그림 1.14를 보라). 1920년대에 천문학자들은 어떻게 질량이 큰 물체 주변의 휘어진 시공간을 통과하는 빛이 광원의 다중상을 만들어낼 수 있는지에 대해 고려하기 시작했다. 그리고, 1937년, 쯔비키(Fritz Zwicky, 1898–1974)는 은하에 의한 중력렌즈는 개별 항성들에 의한 중력렌즈보다 더 쉽게 일어날 것이라고 제안하였다. 1970년대에, 다중상을 갖는 퀘이사 탐사가 수행되었고, 1979년에는 퀘이사 Q0957+561이 두 개 상으로 나타난다는 사실이 발견되었다. 그림 5.33에 보여진 바와 같이, 두 개 영상이 6.15″ 떨어져 있고, 각 영상은 $z=1.41$의 적색편이를 갖는 퀘이사를 보여주고 있다. 중력렌즈는 $z=0.36$을 지닌 사이에 낀 cD 거대은하의 중력에 기인하는데, 이는 두 영상들과 그들 중 하나로

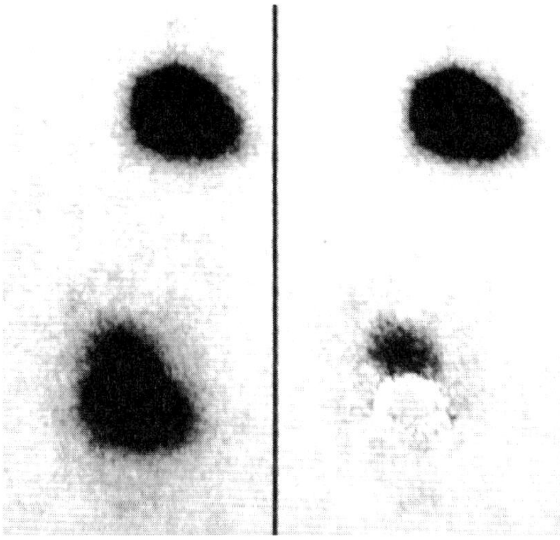

▌**그림 5.33** 이중 퀘이사 Z0957+561의 광학적 모습. 왼쪽 사진은 이둘이 중력렌즈된 영상임을 보여준다. 아래 영상으로부터 위쪽으로 보프라기 처럼 퍼져지는 것이 렌즈은하이다. 오른쪽에서, 위의 영상은 렌트은하를 더 현명하게 보기위해 아래 영상에서 추출되었다.(출처 : Stockton,Ap. J.Lett., 242, L141, 1980)

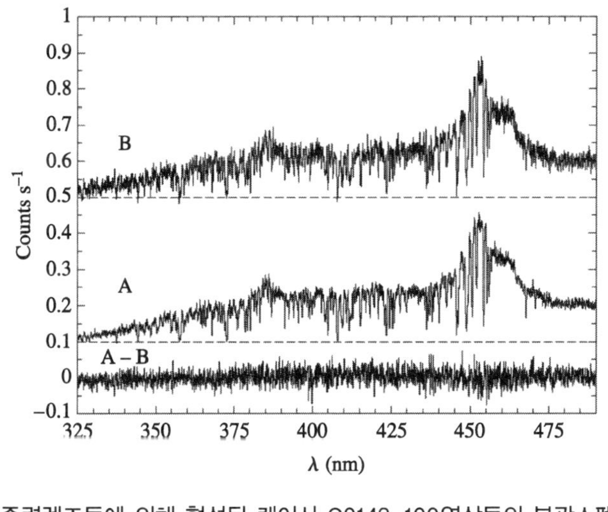

▌**그림 5.34** 중력렌즈들에 의해 형성된 퀘이사 Q0142–100영상들의 분광스펙트럼. 아래그림은 두 개 분광스펙트럼사이의 차이를 보여준다.(출처 : Smette et al., Ap. J., 389, 39, 1992)

부터 0.8″떨어져 있다. 같은 적색편이를 지니고 있을 뿐만 아니라, 두 영상들은 두 개의 밝기가 같은 방출선들과 많은 흡수선 특징들을 공통적으로 지니고 있다.

두 영상들은 또한 같은 전파중심핵과 제트구조를 지니고 있다.

그림 5.34는 또 다른 퀘이사 Q0142-100의 두영상의 스펙트럼을 보여주는데, 이는 또한 중력렌즈에 의해 생성되었다. 광학적인 렌즈와 같이, 중력렌즈는 천체의 밝기를 확대할 수 있다(그림 1.15를 회상해보자). Q0142-100의 두 영상 중의 더 밝은 천체는 영상의 중력렌즈 증폭 때문에 알려진 가장 밝은 퀘이사들중의 하나로 보인다(Q0142-100 영상의 겉보기 등급차이는 Δm_V=2.12이다).

중력렌즈 기하

중력렌즈는 빛이 질량이 큰 천체 주위의 휘어진 시공간에서 가능한 가장 반듯한 선(측지선, 11.2절(2권)을 보라)을 따라 움직일 때 일어난다. 이는 유리 렌즈에 의한 빛의 굴절과 비슷한데, 이런 빛의 굴절은 빛이 렌즈표면을 지나, 굴절률 n인 곳에서 굴절률이 다른 쪽을 지나갈 때 일어난다. 여기서 $n \equiv c/v$는 진공에서의 빛의 속도와 매질에서의 속도비이다. 질량 M인 구형 천체의 바깥쪽에서(점질량과 같이), 지름 방향(r 방향)으로 진행하는 광자의 좌표 속도는 식 (11.28)(2권)에 의해

$$\frac{dr}{dt} = c\left(1 - \frac{2GM}{rc^2}\right)$$

로 주어져서, 유효 "굴절률"은 r 방향으로 퍼져나가는 빛에 대해

$$n = \frac{c}{dr/dt} = \left(1 - \frac{2GM}{rc^2}\right)^{-1} \simeq 1 + \frac{2GM}{rc^2}$$

이 되며, 여기서 $2GM/rc^2 \ll 1$을 가정한다. 질량이 $10^{11}\ \mathrm{M}_\odot$인 질량을 지닌 은하로부터 10^4pc 거리에서, 유효굴절률은 $n = 1 + 9.6 \times 10^{-7}$이 된다(물론, 점질량을 통과되는 빛은 완전히 방사적으로 퍼져나가지 않는다. 이는 단지 중력렌즈에서 중력효과의 크기를 추정하는데 사용되었다). 분명, 빛이 곧은 선으로부터 벗어나는 정도는 극도로 미미하다.

그림 5.35는 점 S에 있는 광원으로부터 나온 빛의 경로를 나타내주는데, 빛은 점 L에서 점질량 M인 중력렌즈에 의해 각 ϕ만큼 휘어진다. 빛은 점 O에 있는 관측자의 위치에 도달한다.

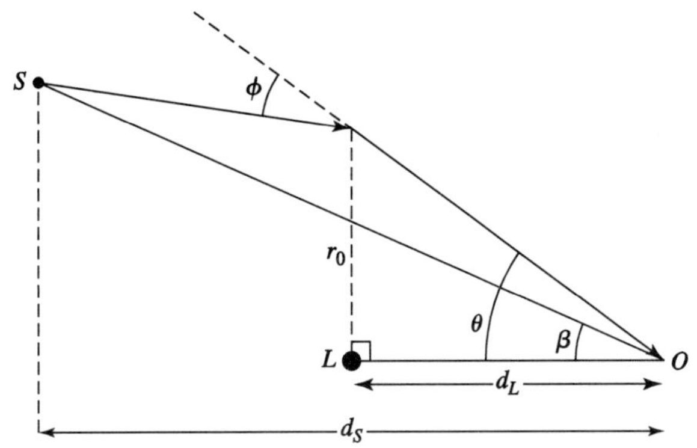

▌그림 5.35 중력렌즈 기하. 광원 S로부터 나온 빛은 O에 있는 관측자쪽으로 향하면서 L에 있는 렌즈점질량에 약 r_0의 거리내로 지나간다. 이때 각도는 실제 1도보다 작은 양이고, 그래서 r_0는 가상 근섭거리에 가깝다.

문제 11.6(2권)에서, 질량 M으로부터 거리 r_0(가장 가까운 접근 거리)떨어진 곳을 지나가는 광자의 편차각은

$$\phi = \frac{4GM}{r_0 c^2} \text{ rad} \tag{5.20}$$

이 된다(이는 문제의 (c)에서 언급한 인자 2를 포함한다). 광원의 거리는 $d_S/\cos\beta \simeq d_S$인데, 여기서 $\beta \ll 1$이고, d_L은 렌즈를 일으키는 질량까지 거리이다. 이제 간단한 삼각함수 관계를 이용하여 렌즈를 일으키는 질량과 광원의 영상 사이의 각도 θ가

$$\theta^2 - \beta\theta - \frac{4GM}{c^2}\left(\frac{d_S - d_L}{d_S d_L}\right) = 0 \tag{5.21}$$

를 만족한다는 것을 보일 수 있는데(연습문제로 남겨둔다), 여기서 θ와 β는 라디안으로 측정된다.

이차방정식, 식 (5.21)은 그림에서 보여준 기하학적 배치에 대해, θ에 대하여 두 개의 해를 갖기 때문에 두 개의 영상이 중력렌즈에 의해 형성될 수 있음을 알 수 있다. 이런 해들을 θ_1과 θ_2로 표시하면, 이런 각들은 관측적으로 측정할 수 있고, β와 M의 값을 구할 수 있다. 이 결과들은

$$\beta = \theta_1 + \theta_2 \tag{5.22}$$

이 되고, 또

$$M = -\frac{\theta_1\theta_2 c^2}{4G}\left(\frac{d_S d_L}{d_S - d_L}\right) \tag{5.23}$$

이 된다. 그림 5.35를 다시 회상해보면, 식 (5.22)에서 θ_1과 θ_2는 서로 다른 부호임을 알 수 있다. 결과적으로, 두 개의 영상들은 중력렌즈에 대하여 서로 반대 편에 형성되고, M은 양수가 된다.

예제 5.4.1

그림 5.33에 보인 Q0957+561에 대해, $\theta_1 = 5.35'' = 2.59 \times 10^{-5}$ rad이고, $\theta_2 = -0.8'' = -3.88 \times 10^{-6}$ rad이다(어떤 각에 음의 부호를 할당하는 가는 임의이다). $z_S = 1.41$라는 적색편이와, $z_L = 0.36$의 중력렌즈 적색편이로부터, 허블법칙에 따라 거리가 $d_S = 2120h^{-1}$ Mpc와 $d_L = 890h^{-1}$ Mpc이다. 그러면, 식 (5.23)은

$$M = -\frac{\theta_1\theta_2 c^2}{4G}\left(\frac{d_S d_L}{d_S - d_L}\right) = 8.1 \times 10^{11} h^{-1}\,\mathrm{M}_\odot$$

이 된다. 이는 렌즈를 일으키는 은하의 질량분포를 자세히 검토해서 얻은 M=8.7 $\times 10^{11} h^{-1}\,\mathrm{M}_\odot$값과 잘 일치한다.

아인슈타인 고리와 십자

만일 퀘이사 또는 밝은 광원이 렌즈를 일으키는 질량의 시선방향에 정확하게 놓여있다면, 렌즈를 둘러싸고 있는 아인슈타인 고리형태가 될 것이다(이 현상은 1936년 아인슈타인이 기술하였다). 이 경우, 그림 5.35에서 β=0이 되고, 식 (5.21)을 풀어 아인슈타인 고리의 각거리를 구할 수 있다:

$$\theta_E = \sqrt{\frac{4GM}{c^2}\left(\frac{d_S - d_L}{d_S d_L}\right)}\ \mathrm{rad} \tag{5.24}$$

물론, 점광원에 대해, 렌즈를 일으키는 질량과 정확하게 정열될 가능성은 거의 없다. 크기가 있는 퍼진 광원에 대해, 아인슈타인 고리의 조건으로부터는 $\beta < \theta_E$이고, 렌즈를 일으키는 질량을 통과하는 시선은 퍼진 광원을 관통해야 한다. 그림 5.36은 부분고리(중심에서 약간 벗어난 광원의 영상)의 계산결과를 보여준다. 처음으로 발견된 아인슈타인 고리인, MG1131+0456은 VLA에 의해 전파영역에서 발견되었다. 그림 5.37은 고리의 전파 모습인데, 이는 타원은하에 의해 중력렌즈 된 전파은하의 영상으로 추정되어 진다.

θ_E의 값은 렌즈와 광원의 정열과 상관없이 어떤 중력렌즈에 대해서든 계산될 수 있다. 고리 모습으로 보이지 않을지라도, θ_E는 어떤 중력렌즈의 성질을 기술하는 유용한 매개상수이다. 그림 5.35에 주어진바와 같이, $\beta < \theta_E$라면, 점광원에 의해 두 개의 영상이 생긴다. 만일 $\beta \gg \theta_E$라면, 광원의 위치와 밝기는 단지 약간 달라지겠지만, 그러나 2차 영상은 렌즈를 일으키는 질량에 더 가까운 곳에서 형성되며 $(\theta_E/\beta)^4$ 배만큼 각크기가 줄어든다.

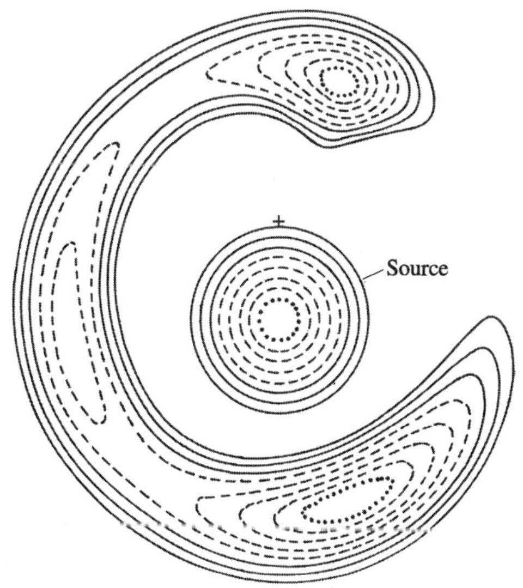

그림 5.36 십자(+)로 표시된 곳에 있는 렌즈를 일으키는 질량에 의해 형성되는 약간 중심에서 벗어난 타원체 은하의 영상의 계산결과(출처 : Chitre and Narasimha, Gravitational Lenses, Springer-Verlag, Berlin, 1989)

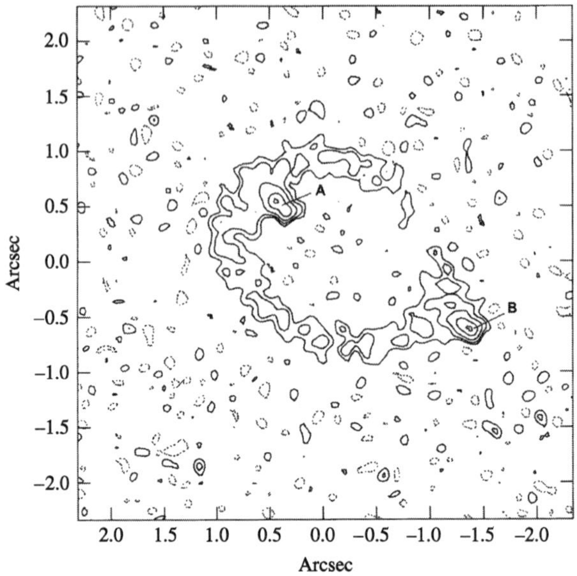

▌그림 5.37 아인슈타인 고리 MG1131+0456. A로 표시된 마디는 전파은하의 중심핵에 의해 생겨났고, B로 표시된 마디는 돌출부 중의 하나를 나타낸다.(출처 : Hewitt et al., Nature, 333, 537, 1988).

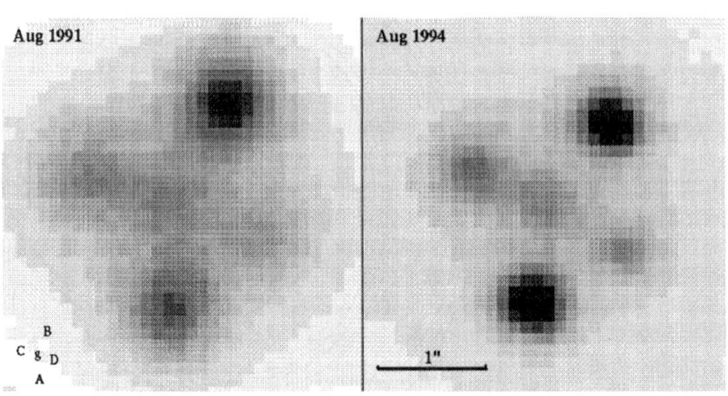

▌그림 5.38 아인슈타인 십자 Q2237+031로서, 왼쪽은 1991년 8월에 관측되었고, 오른쪽은 1994년 8월에 관측되었다. 십자는 4개의 퀘이사 영상으로 구성되었는데(A–D로 표기), 이들의 중심에 렌즈를 일으키는 은하(g로 표기)가 있다.
(출처 : Geraint Lewis and Mike Irwin)

점질량은 분명 실제 은하에 대한 대충어림에 불과하다. 렌즈를 일으키는 은하에 대한 더 나은 모델은 중심핵 주변에 등온 구형체이며 이 모형은 우리은하의 중심 팽대부에 대해 사용된 모델과 비슷하다; 1.4절을 보라. 다른 방법으로 개량한 근사법에는 구형 대칭에서 벗어난 등온 타원체를 사용하는데, 이 모형에서는 3개 또는 5개의 영상이 생성된다(퍼진 질량분포는 홀수개의 영상을 만들어낸다). 그림 5.38에 보여진 아인슈타인 십자는 아주 멀리있는 퀘이사(Q2237+031, $z=1.69$)의 영상 4개를 포함하고 있는데, 이들은 가까이 있는($z=0.04$인) 나선은하에 의해 렌즈현상이 일어난다. 다섯 번째 영상이 중심 부분에 희미하게 있을 것이지만 렌즈 은하가 압도적으로 밝다. 영상 A가 3년 후에 0.5 mag 정도 밝아졌음에 유의한다.

은하단의 발광 아크(luminous arc)

중력렌즈가 보여주는 또 하나의 특징은 은하단을 통과하는 빛에 의해 생기는 밝은 아크 형성이다. Abell 370은하단에 있는 그런 밝은아크가 그림 5.39에 나타나 있다. 60개가 넘는 작은 밝은아크와 찌그러져 보이는 아주 먼거리의 배경 은하들 여러 개가 그 은하단에서 관측되었다. 크고 밝은아크는 퀘이사 은하핵이 아니고 은하일 것이다. Abell 370에 대한 한 모델에 의하면, Abell 370의 영상을 만들어 내는데 필요한 렌즈천체의 질량은(보이는 은하들과 암흑물질) 약 $5\times10^{14}\ M_{\odot}$ 정도 된다. 렌즈 은하의 광도 수 $\times10^{11}\ L_{\odot}$를 고려하면, 적어도 1000 $M_{\odot}/L_{\odot}$의 질량-광도비를 보이는데, 이는 엄청난 양의 암흑물질이 존재함을 암시한다.

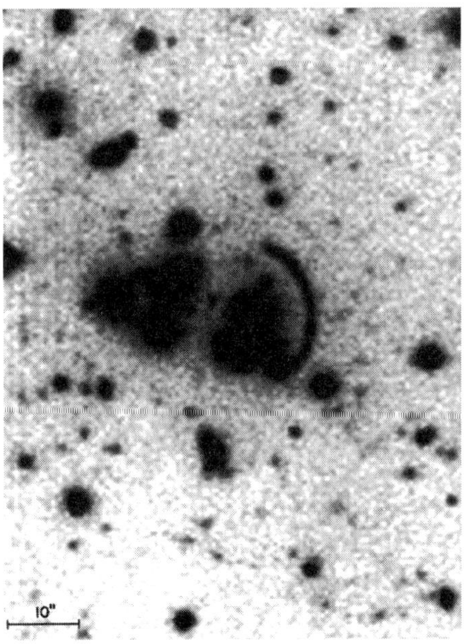

▌그림 5.39 중력렌즈된 발광아크로 20"정도 길게 퍼져있고, Abell 370 은하단에 의해 생성되었다.(출처 : Lynds and Petrosian, Ap.J., 336, 1, 1989)

▌그림 5.40 Abell 2218 은하단에 의해 생성된 배경은하의 중력렌즈된 HST 영상
(출처 : Couch(U. of South Wales), R. Ellis(Cambridge U.), and NASA)

다중 영상들의 변광

한 쌍의 영상을 보이는 광원이 광도가 증가할 때 흥미로운 현상이 일어난다. 광원으로부터의 빛은 관측자 쪽으로 향하면서 다른 경로를 취하기 때문에, 렌즈현상이 일어난 영상의 밝아진 영역사이에 시간지연이 생길 것이다. 1.4–1.5 yr의 시간지연이 이중 퀘이사 Q0957+561에 대해 측정되었다. 비주기적 천체 현상이 일어나면 천문학자들은 흔히 놀라 당황하지만, 이러한 시간 지연은 렌즈된 퀘이사에서 앞으로 어떤 밝기 변화가 나타날지 미리 예측할 수 있는 독특한 상황이 된다.

시간지연은 또한 허블상수에 역비례한다는 것이 밝혀졌다. 이는 어떤 다른 거리측정과 독립된 H_0의 값을 결정하는 길을 제공해준다. 퀘이사는 매우 멀리 우주론적 거리에 있기 때문에, 그들의 후퇴속도는 특이속도를 완전히 능가한다. Q0957+561에 대한 연구에서는 렌즈 은하가 상당히 많은 암흑 물질을 지녔다고 가정할 때에 $H_0 = 69 \pm 21\,\mathrm{km\ s^{-1}\,Mpc^{-1}}$라고 결론내렸다. 이 결과는 WMAP의 값인 $H_0 = 71^{+4}_{-3}\,\mathrm{km\ s^{-1}\,Mpc^{-1}}$와 잘 일치하는 값이다.

라이만 알파 무리(Lyman–Alpha forest)

큰 적색편이를 보이는 퀘이사들의 스펙트럼은 항상 퀘이사의 연속스펙트럼에 다량의 좁은 흡수선들을 보인다(이들 선들은 퀘이사 자신과 관련된 넓은 흡수선에 추가로 보여진다). 이런 좁은 선들은 퀘이사로부터 나온 빛이 시선방향에 놓인 물질(은하간 구름, 은하 헤일로)을 통과할 때 형성된다. 만일 흡수물질이 지구에서 멀리 떨어져 있다면, 후퇴운동에 의하여 이들 흡수선들이 심하게 적색편이될 것이다. 더욱이, 이 빛이 지구로 오는 동안 여러 개의 구름 또는 은하헤일로를 통과하게 된다면, 흡수선들의 여러 무리들이 보이게 될 것이다. 각 흡수선 무리들은 구름 또는 헤일로의 적색편이에 해당한다.

퀘이사 스펙트럼에 나타나는 좁은 흡수선들에는 두 가지 부류가 있다:

- Lyman α 무리는 수소흡수선들이 조밀하게 뭉쳐있는 곳이다. 이들 선들은 은하간 구름에서 형성된 것이며 다양한 적색편이를 보인다. 원시우주의 이온화 헬륨(He Ⅱ)에 의한 흡수도 관측이 되었다.
- 흡수선들은 또한 이온화된 금속에 의해서도 형성되는데, 주로 탄소(C Ⅳ)와 마그네슘(Mg Ⅱ)뿐 만 아니라, 실리콘, 철, 알루미늄, 질소와 산소들이 작용한다. 원소들의 혼합은 마치 우리은하의 성간물질에서 발견되는 혼합과 비슷한데, 이런 곳에서는 물질들이 항성들을 통해 물리적인 과정을 거쳐 중원소들이 풍부해짐을 보여준다. 이들 흡수선들은 퀘이사를 향한 시선 방향에 놓인 은하들의 퍼진 헤일로나 원반에서 형성되는 것으로 믿어진다.

이들 흡수선들의 대부분은, 흡수물질이 지구와의 상대속도가 빛의 속도보다 아주 작을 때(즉 작은 적색편이) 자외선영역에서 일반적으로 관측이 된다. 지구 대기가 대부분의 자외선들을 흡수하기 때문에 지상관측에서는 거의 보이지 않는다. 그러나, 흡수물질이 충분히 멀리 떨어져서 후퇴하고 있다면, 도플러 효과에 의하여 자외선들이 가시광 영역으로 편이될 수 있는데, 이 영역은 대기가 투명하다. 이런 이유로, 흡수선들은 지상에서는 적색편이가 큰 퀘이사의 스펙트럼에서만 관측되어진다.

예제 5.4.2

수소의 라이만 알파 자외선의 정지파장이 $\lambda_{Ly\alpha} = 121.6\,\mathrm{nm}$ (5.3절)이다. 이 흡수선을 전자기파의 가시광 영역으로 편이시키기에 필요한 적색편이를 결정하기 위해, 우리는 다음과 같은 적색편이를 정의할 수 있다:

$$z = \frac{\lambda_{\mathrm{obs}} - \lambda_{\mathrm{rest}}}{\lambda_{\mathrm{rest}}}$$

$\lambda_{rest} = \lambda_{Ly\alpha}$과 가시광 스펙트럼의 파랑색쪽 끝에 대해 $\lambda_{obs} = 400$ nm을 이용하면, Lyα선을 가시광 스펙트럼의 청색 가장자리에 보내는데 필요한

$$z > \frac{400\ \text{nm} - 121.6\ \text{nm}}{121.6\ \text{nm}} \simeq 2.3$$

의 적색편이를 얻는다. 실제, 근자외선의 일부는 지구 대기를 통과할 수 있어서, Lyα선은 흡수물질의 적색편이가 $z > 1.7$일 때 관측될 수 있다.

큰 적색편이를 보이는 퀘이사들의 스펙트럼에는 전형적으로 퀘이사 자신이 방출하는 강한 라이만 알파 방출선이 있고, 또 더 짧은 파장에(작은 적색편이) 약 50개 가량의 Lyα 흡수선들이 나타난다(그림 5.41). 이들 흡수선들 각각은 퀘이사의 연속 스펙트럼이 지구쪽으로 오면서 만난 서로 다른 은하간 수소(그리고 아마 헬륨)구름에서 생겨났다. 9.5절에 설명된바와 같이, Lyα선 윤곽을 분석하여 각 흡수선을 만들어내는 구름 속에 있는 중성수소원자의 기둥밀도를 계산할 수 있다.

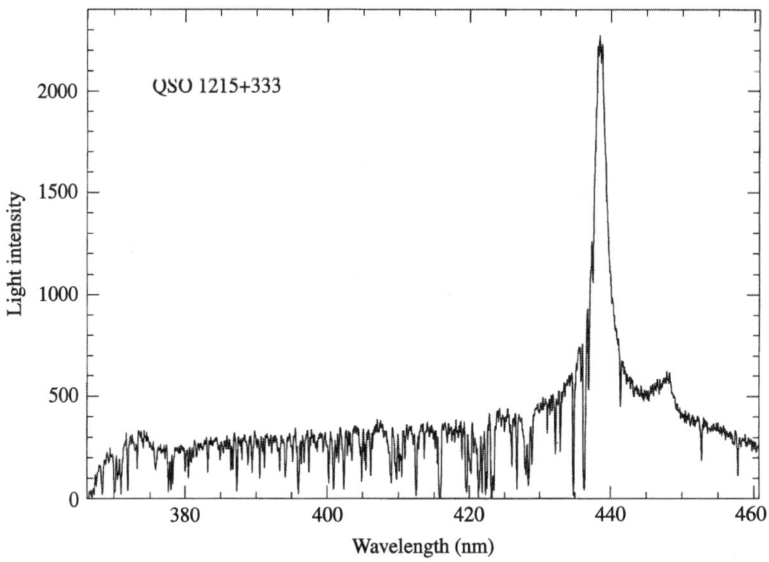

▌그림 5.41 QSO 1215+333의 스펙트럼에서 보이는 강한 Lyα방출선과 더 짧은 파장영역에 있는 흡수선들의 Lyα무리(출처 : J. Bechtold, Steward Observatory, University of Arisona)

대표적인 결과값은 $10^{18}m^{-2}$이다. 다시 말해, 구름들을 완전히 관통하는 면적 1 m^2의 속이 빈 튜브는 10^{18}개의 중성수소원자를 지니고 있을 것이다. 그런 구름들은 우주공간 전체에 일반적으로 존재하고 있는 자외선복사에 대해서는 아주 투명하다. 결과적으로, 이 자외선 배경복사는 구름을 통과하면서 거의 완전이온화상태를 유지할 수 있다. 계산에 의하면, 10^5개의 수소 중 하나만이 구름에서 중성으로 유지하여 자외선 광자를 흡수할 수 있다.

우리는 렌즈된 퀘이사 쌍들의 스펙트럼에 있는 Lyα 무리들을 비교함으로서 은하간 구름의 크기를 추정해낸다. 많은 흡수선들이 두 퀘이사 스펙트럼에서 동시에 관측되지만, 어떤 것들은 그렇지 않다. 이로부터 평균적으로 렌즈를 일으키는 구름이 은하 크기 정도임을 알 수 있다. 계산된 수소의 총 기둥밀도(중성일 뿐만 아니라 이온화된 수소 포함)로부터, 전형적인 구름의 질량은 아마 $10^7-10^8\,M_\odot$ 사이에 놓임을 알 수 있다. 이들 구름의 온도 (약 3×10^4 K)가 높아서 이들의 자체 중력은 이들을 묶어 두기에는 매우 약하다. 밀도가 더 낮은(그러나 더 뜨거운) 외부 은하간 물질의 압력 또는 구름 내에 있는 암흑물질의 존재에 의해 이들이 묶여있을 수 있을 것이다.

퀘이사의 이온화된 금속 흡수선들

퀘이사 스펙트럼에 나타난 이온화된 금속들의 좁은 흡수선들은 서로 다른 근원을 지니고 있다. 지상관측 자료에서 이들은 두 개의 부류로 나눌 수 있으며, 이는 두 개의 서로 다른 적색편이 영역에 해당한다. $z=1.5$ 정도 이하에서는, Mg II선이 지배적이고, 여기에 Si II, CII, Fe II와 Al II도 보이며, 이는 이들이 지상에서 관측될 수 있는 파장 영역 안으로 들어오기 때문이다(Mg II 선은 아마 보통 은하들의 헤일로 또는 항성탄생영역에서 생성된 것 같다). 그렇지만 Si IV, NV, O IV, C IV는 $z=1.2$와 $z=3.5$ 사이에 일반적으로 나타난다.

이들 선들의 적색편이 분포는, 우주가 $1+z$ 배 더 작았을 때의 초기시대에 기대되는 은하 분포와 일반적으로 잘 일치하는데, 은하헤일로는 약 30–50 kpc 정도 크기였음을 가정하였다. 실제, $z<1$인 몇몇 Mg II 시스템들의 영상을 직접 얻었으며 퀘이사 앞에 놓인 은하임이 밝혀 졌다. C IV선은 아마 젊고 뜨거운 OB형 항성들에 의해 심하게 이온화된 젊은 은하들에 있는 구름들에서 나오는 것 같다. 이들 좁은 금속선들은 중성원소의 태양 함유량보다는 낮게 보이는데, 이는 아직 형성과정중에 있는 젊은 은하들에서 나온다는 근원과 일치한다.

은하간 구름의 밀도분포

은하간 구름들의 같이 움직이는 공간밀도는 오늘날보다 과거에 더 컸고, 구름의 수는 우주가 나이들면서 감소해왔다. 구름들의 적색편이를 통계적으로 분석하면 구름들이 은하단에 모여지는 경향이 있다는 증거가 거의 없다. 대신, 그들은 공간에 임의로 분포되어 있다. 특히, 은하들에 대해 4.3절에 서술된 것과 비슷한 텅 빈 공간은 은하간 구름들의 분포내에서는 나타나지 않는 것 같다(이들의 중요성은 아직 확실하지 않다). He II의 분포 역시 아직 불확실하다.

제 5 장 참고 문헌

일반 도서

Courvoisier, Thierry J.-L., and Robson, E. Ian, "The Quasar 3C 273," *Scientific American*, June 1991.

Finkbeiner, Ann, "Active Galactic Nuclei: Sorting Out the Mess," *Sky and Telescope*, August 1992.

Levi, Barbara Goss, "Space-based Telescopes See Primordial Helium in Spectra of Distant Quasars," *Physics Today*, October 1995.

Miley, George K., and Chambers, Kenneth C., "The Most Distant Radio Galaxies," *Scientific American*, June 1993.

Preston, Richard, *First Light*, New American Library, New York, 1988.

Schild, Rudolph, E., "Gravity Is My Telescope," *Sky and Telescope*, April 1991.

Voit, G. Mark, "The Rise and Fall of Quasars," *Sky and Telescope*, May 1999.

고급 도서

Antonucci, Robert, "Unified Models for Active Galactic Nuclei and Quasars," in *Annual Review of Astronomy and Astrophysics*, *31*, 473, 1993.

Balsara, Dinshaw S., and Norman, Michael L., "Three-Dimensional Hydrodynamic Simulations of Narrow-Angle-Tail Radio Sources. I. The Begelman, Rees, and Blandford Model," *The Astrophysical Journal*, *393*, 631, 1992.

Binney James, and Merrifield, Michael, *Galactic Astronomy*, Princeton University Press, Princeton, 1998.

Blandford, R. D., and Narayan, R., "Cosmological Applications of Gravitational Lensing," *Annual Review of Astronomy and Astrophysics*, *30*, 311, 1992.

Carvalho, Joel C., and O'Dea, Christopher P., "Evolution of Global Properties of Powerful Radio Sources. II. Hydrodynamical Simulations in a Declining Density Atmosphere and Source Energetics," *The Astrophysical Journal Supplement Series*, *141*, 371, 2002.

Collin-Souffrin, Suzy, "Observations and Their Implications for the Inner Parsec of AGN," *Central Activity in Galaxies*, Aa. Sandqvist and T. P. Ray (eds.), Springer-Verlag, Berlin, 1993.

Dunlop, J. S., et al., "Quasars, Their Host Galaxies, and Their Central Black Holes," *Monthly Notices of the Royal Astronomical Society*, *340*, 1095, 2003.

Hartwick. F. D. A., and Schade, David, "The Space Distribution of Quasars," *Annual Review of Astronomy and Astrophysics*, *28*, 437, 1990.

Kembhavi, Ajit K., and Narlikar, Jayant V., *Quasars and Active Galactic Nuclei: An Introduction*, Cambridge University Press, Cambridge, 1999.

King, Andrew R., Frank, Juhan, and Raine, Derek Jeffery, *Accretion Power in Astrophysics*, Third Edition, Cambridge University Press, Cambridge, 2002.

Krolik, Julian H., *Active Galactic Nuclei: From the Central Black Hole to the Galactic Environment*, Princeton University Press, Princeton, NJ, 1999.

Osterbrock, Donald E., and Ferland, Gary J., *Astrophysics of Gaseous Nebulae and Active Galactic Nuclei*, Second Edition, University Science Books, Sausalito, CA, 2005.

Perry, Judith J., "Activity in Galactic Nuclei," *Central Activity in Galaxies*, Aa. Sandqvist and T. P. Ray (eds.), Springer-Verlag, Berlin, 1993.

Peterson, Bradley M., *An Introduction to Active Galactic Nuclei*, Cambridge University Press, Cambridge, 1997.

Silverman, J. D., et al., "Comoving Space Density of X-Ray-Selected Active Galactic Nuclei," *The Astrophysical Journal*, *624*, 630, 2005.

제 5 장 연습 문제

5.1 The radio galaxy Centaurus A has a redshift of $z = 0.00157$. The monochromatic flux of Cen A is $F_\nu = 912$ Jy at a frequency of 1400 MHz. Using $\alpha = 0.6$ for its spectral index, estimate the radio luminosity of Cen A.

5.2 Use Fig. 28.14 to calculate the spectral index, α, of the quasar 3C 273 at a radio frequency of 1400 MHz. Compare your answer with the value given in Example 28.1.2.

5.3 For a temperature of 7.3×10^5 K, make a graph of the Planck function (Eq. 3.24), plotting $\log_{10} \nu B_\nu(T)$ vs. $\log_{10} \nu$ for $\log_{10} \nu$ between 15.5 and 17.5. How does the behavior of your graph of a blackbody compare with that of Fig. 28.14 for the continuous spectrum of the quasar 3C 273?

5.4 A rough idea of how the population of quasars may have been different in the past can be gained by mathematically modeling the dimming of quasars as they age.

(a) Consider the case where the total number of quasars has remained constant back to $z = 2.2$, and suppose that the average luminosity, L, of a quasar with a redshift z has the form

$$L = L_0(1 + z)^a,$$

where L_0 is the luminosity at $z = 0$ (today). Use Fig. 28.16 to estimate the value of the constant a.

(b) From your answer to part (a), how much more luminous is an average quasar at $z = 2$ than at $z = 0$?

5.5 Use Newtonian physics to calculate the values of the average density and "surface gravity" for a 10^8 $M_\odot$ black hole. Compare these values with those for the Sun.

5.6 Use the Newtonian expression for the disk luminosity, Eq. (18.23), to estimate the efficiency of the accretion luminosity of a disk around a nonrotating black hole ($R = 3R_S$). Repeat this for a maximally rotating black hole ($R = 0.5R_S$).

5.7 The maximum possible angular momentum for an electrically neutral rotating black hole is

$$L_{\max} = \frac{GM^2}{c}$$

(see Problem 17.19). Use Newtonian physics to make estimates for this problem.

(a) What is the maximum angular velocity, $\omega_{\max}$, for a $M = 10^8\ \mathrm{M}_\odot$ black hole? Use MR_S^2 as an estimate of the black hole's moment of inertia, where R_S is the Schwarzschild radius.

(b) Consider a straight wire with a length $\ell = R_S$ that rotates about one end with angular velocity $\omega_{\max}$ perpendicular to a uniform magnetic field of $B = 1$ T. What is the induced voltage between the ends of the wire?

(c) If a battery with the voltage found in part (b) were connected to a wire with a resistance of 30 Ω, how much power would be dissipated by the wire?

5.8 Repeat the derivation of Eq. (12.32) for the Strömgren radius, including the effect of the ionized gas filling only a fraction, ϵ, of the total volume, and so arrive at Eq. (28.13) for the radius of the narrow-line region.

5.9 Use the values in Example 28.2.2 to find the fraction of all photons in the continuum (frequencies between 10^{10} Hz and 10^{25} Hz) that are capable of ionizing hydrogen in the ground state.

5.10 Starting with Eq. (28.15) for superluminal motion, derive Eqs. (28.16), (28.17), (28.18), and (28.19).

5.11 Consider material that is ejected from a quasar directly toward Earth.

(a) If the redshift of the quasar is z_Q and the redshift of the ejecta is z_{ej}, show that the speed of the ejecta relative to the quasar is given by

$$\frac{v}{c} = \frac{(1+z_Q)^2 - (1+z_{\mathrm{ej}})^2}{(1+z_Q)^2 + (1+z_{\mathrm{ej}})^2}.$$

(b) Consider a radio-emitting knot ejected from the quasar 3C 273 directly toward Earth. If astronomers measure the speed of the approaching knot at $v = 0.9842c$, what is the speed of the knot relative to the quasar? From the frame of reference of the quasar, what is the value of the knot's Lorentz factor?

5.12 Consider a relativistic ($\gamma \gg 1$) blazar jet that is coming directly toward the observer. If there is a time variation Δt_{rest} in the rest frame of the jet, use Eq. (4.31) to show that the variation observed at Earth is approximately

$$\Delta t_{\text{obs}} \simeq \frac{\Delta t_{\text{rest}}}{2\gamma}$$

5.13 Estimate the effective index of refraction for light passing within 10^4 pc of a spherical cluster of galaxies of a total mass of 10^{14} $M_\odot$.

5.14 Verify that Eq. (28.20) gives the correct numerical value for the angular deflection of a light ray that grazes the Sun's surface.

5.15 Use the geometry of the gravitational lens shown in Fig. 28.35 and the value of ϕ given by Eq. (28.20) to derive Eqs. (28.21), (28.22), and (28.23). *Hint:* Start by showing that

$$\frac{\sin(\theta - \beta)}{d_S - d_L} = \frac{\sin\phi}{d_S}$$

for the small angles involved in this problem.

5.16 Two images of the quasar Q0142−100 (also known as UM 673) are formed by a gravitational lens. The redshift of the quasar is $z = 2.727$, and the redshift of the imaging galaxy is $z = 0.493$. The images are separated by 2.22″, and the lensing galaxy is along the line between the two images, 0.8″ from one of them. Estimate the mass of the lensing galaxy.

5.17 The Einstein ring MG1654+1346 has a diameter of 2.1″. The redshift of the source is $z = 1.74$, and the redshift of the lensing galaxy is $z = 0.25$. Estimate the mass of the lensing galaxy.

5.18 In Section 24.2, the detection of a MACHO by its gravitational microlensing of a star in the Large Magellanic Cloud was described. Assume that a MACHO with a mass ten times that of Jupiter orbits halfway between Earth and the LMC and that it moves perpendicular to our line of sight to the LMC. How much time will it take for the MACHO to move through an angle of $2\theta_E$ across a lensed star in the LMC? Take the distance to the LMC to be 52 kpc and the orbital velocity of the MACHO to be 220 km s^{-1}. Neglect the motion of Earth and the LMC in this problem. Comment on a comparison of your answer with the time shown in Fig. 24.15.

5.19 When a small object approaches a much more massive object, the smaller object can be tidally disrupted. The distance of closest approach before being tidally disrupted is the Roche limit (see Eq. 19.4). If the small object is a star and the large object is a supermassive black hole, the Roche limit is given by

$$r_R = 2.4\left(\frac{\overline{\rho}_{\rm BH}}{\overline{\rho}_\star}\right)^{1/3} R_S,$$

where R_S is the Schwarzschild radius, $\overline{\rho}_{\rm BH}$ is the density of the black hole, and $\overline{\rho}_\star$ is the average density of the star.

(a) Setting the average density of the supermassive black hole equal to its mass divided by the volume contained within the Schwarzschild radius, derive an expression for the mass of a black hole that would have $r_R = R_S$.

(b) If the Sun were to fall into a supermassive black hole, what maximum mass could the black hole have if the Sun would be tidally disrupted before crossing the event horizon? Compare your answer to the mass estimates of typical supermassive black holes in galactic nuclei.

(c) If the supermassive black hole exceeded the mass found in part (b), what would be the implications in terms of liberating the gravitational potential energy of the infalling star? Could infalling stars effectively power AGNs in this case?

5.20 Table 28.2 gives values of the monochromatic flux for Cygnus A at several radio wavelengths.

(a) Make a graph of $\log_{10} F_\nu$ vs. $\log_{10}\nu$, and determine the value of the spectral index at $\log_{10}\nu = 8$ for the power law given by Eq. (28.1).

(b) Use a simple trapezoid rule to integrate the area under the curve of F_ν vs. ν (*not* $\log_{10} F_\nu$ vs. $\log_{10}\nu$!) for the data given, and use your answer to estimate the radio luminosity of Cygnus A.

TABLE 28.2 Cygnus A Data for Problem 28.20.

$\log_{10}\nu$ (Hz)	$\log_{10} F_\nu$ (W m^{-2} Hz^{-1})
7.0	−21.88
7.3	−21.55
7.7	−21.67
8.0	−21.86
8.3	−22.09
8.7	−22.38
9.0	−22.63
9.3	−22.96
9.7	−23.43
10.0	−23.79

6장 우주론

6.1 뉴턴 우주론

1831년 12월 27일, 영국의 플리머스항을 출항한 배는 거의 5년 동안 여행을 계속하였다. 단지 2.7 m 정도의 길이 밖에 되지 않은 비글호는 74명의 사람들로 분주하였는데, 그 중 한사람이 찰스 다윈이었다. 남아메리카, 갈라파고스 제도, 타이히, 뉴질랜드와 호주에 잠깐 정박하는 동안, 그는 엄청난 관측적 능력을 발휘하였다. 1859년, 20년정도의 심사숙고 후에, 다윈은 "자연선택에 의한 종의 기원에 대하여" 란 책을 출간하였다. 처음으로 인간은 자신의 기원에 대해 파악하기 시작하였다.

그 다음 1세기 동안 여러 발견들이 이어지고 주의 깊은 관측과 재치있는 추론이 곁들어져 인간의 기원을 너욱 사세히 알게 되었다. DNA와 판구조론을 통하여 인간과 지구가 진화되고 있는 작동기제를 알게되었다. 항성 핵합성을 규명하여 항성에 의해 화학원소들이 생성되는 과정을 이해하게 되고, 인간 육신의 근원과 우리가 디디고 있는 지표의 근원을 알게 되었다. 우주자체도 팽창하고 있음이 발견되었다. 그런데, 1964년, 벨(Bell) 연구소의 두 연구원이 빅뱅 후의 잔광을 측정하여서, 빅뱅으로부터 존재하는 모든 것이 탄생하였음을 알게 되었다. 무지로부터 현재 지식의 체계로 비약적인 도약을 일으킨 20세기의 학문적 진보는 유례를 찾아보기 어렵다.

우주론은, 전체적으로 보면, 우주의 근원과 진화에 대한 연구이다. 이 장에서, 우주론은 여러 가지 다른 관점에서 다루어진다. 우주론을 직관적으로 이해하기 위하여, 이 절에서는 일반상대성이론이나 입자물리에 대한 현대적 고찰과 같은 복잡한 논의 대신, 뉴턴역학의 관점에서 우주의 팽창을 논의하려 한다. 우주배경복사의 발견과 의미는 6.2절에서 다루고, 계속해서 6.3절에서는, 일반상대성이론을 써서 우주의 기하학을 소개한다. 6.4절에서 우주론의 주요상수들의 관측을 서술한다. 입자물리가 제공하는 흥미로운 이론들과 결과들은 7장에서 다루기로 한다.

올버스 파라독스(Olbers's Paradox)

뉴턴은 균일하게 산란하는 항성들로 꽉 채워진 무한하고 정적인 우주를 믿고 있었다. 물질의 분포가 영원히 퍼져있지 않다면, 아마 물질들이 자체중력으로 폭축하게 될 것이라는 것을 인정하였다. 그러나, 뉴턴과 동시대를 살았던 헬리(Edmund Halley)는 항성들로 꽉 채워진 하늘에 대해 고민하였다. 그가 가진 의문은 밤하늘이 어두운 이유였다.

이 질문은 독일 물리학자 올버스(Heinrich Olbers)에 의해 더 강력한 형태로 제시되었다. 올버스는 1823년, 만일 인간이 항성들로 가득 차 있고 무한히 투명한 우주에 살고 있다면, 밤하늘에 인간이 바라보는 모든 방향으로 시선방향이 별 표면에 다다른다고 주장하였다(만일 무한히 큰 수풀내에 서있다면, 모는 방향에서 적어도 하나의 나무는 보게 되는 것과 유사하다). 이 결론은 항성들이 뉴턴이 믿고 있던 바와 같이 균일하게 분포되었거나 또는 은하에서 무리지어 있는지의 여부와 관계없이 성립한다. 올버스의 논증은 매우 논리적이므로, 밤하늘이 실제 어둡다고 하는 분명한 사실과 모순이므로, 올버스 파라독스라고 알려지게 되었다.[1)]

올버스는 이 파라독스에 대한 해답은 우주공간이 투명하지 않다는 데에 있다고 믿었다. 열역학은 그 당시에 아직 초기 단계에 있었고, 그래서 올버스는 그의 설명이 틀리다는 것을 깨달을 수 없었다. 항성 빛을 가로막는 물질은 항성과 같은 온도에 도달할 때까지 계속 가열되어 마침내 항성 표면과 같은 밝기를 갖기 때문에 올버스의 주장은 옳지 않았다. 놀랍게도, 최초의 올바른 해답은 미국의 시인이자 작가인 포우(Edgar Allan Poe, 1809–1849)가 언급하였다. 포우는 빛은 유한한 속도를 지니고 있고, 우주의 나이도 무한히 크지 않으므로, 가장 먼 광원에서 오는 빛은 아직 도착하지 않았다고 제안하였다. 이 제안은 톰슨(William Thomson, 켈빈경,

1) 여러분들은 1.1절의 올버스파라독스에 관한 논의를 떠올려 볼 수 있다.

1824-1907)도 독립적으로 같은 제안을 하였으며, 견고하며 확실한 과학적 기초위에 자리잡았다. 더 현대적인 용어로 표현하면, 올버스의 파라독스의 해답은 우리 우주가 빛으로 가득채워 지기에는 아직 너무 젊다는 것이다.[2)]

직관적 접근 : 뉴턴식 접근

이 장은 이전의 내용보다 더 많은 수식이 있다.[3)] 여기에 필요한 노력의 보답으로, 우주가 어떻게 펼쳐져 있는가에 대해 정성적인 이야기를 하는 것보다 더 만족스러운 정량적인 서술이 가능하게 될 것이다. 일반 상대성이론이 우주의 구조와 진화를 완전히 이해하는데 필수적이지만, 뉴턴관점으로부터 일단 우주팽창에 대해 고려해 보는 것은 간단하고 직관적으로 우주를 조망하는 데에 유용하다.

우주론적 원리

4.2절에서, 허블 법칙, 식 (4.6)이 등방 균질이어서 모든 방향과 모든 지역에서 똑같이 보이는 팽창우주의 자연스런 결과라고 논증했었다. 이런 등방 균질우주에 대한 결정적인 가정을 우주론적 원리라고 부른다. 우주팽창이 모든 위치에 있는 모든 관측자들에게 똑같이 보인다는 것을 보여주기 위해, 지구가 그림 6.1에 보여진

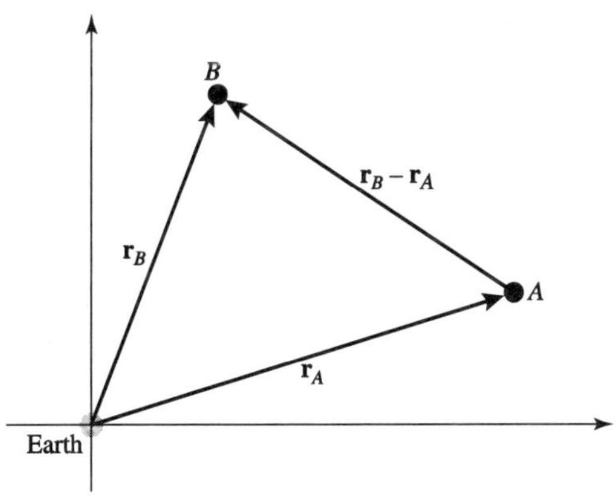

▮ 그림 6.1 지구가 중심에 있는 우주의 팽창

---

2) 때로는 우주 팽창에 의해 야기된 우주론적 적색편이가 밤하늘의 어두움에 책임이 있다고 주장되는데, 왜냐면 우주팽창은 별빛은 가시광선 바깥으로 편이시키기 때문이다. 사실, 이 효과는 너무 작아서 어두운 밤하늘에 기여하지 못한다.

3) 어떤 유도에서는, 많은 중간단계들이 생략되었다. 이런 수학적인 틈새를 채우는 것은 이장 마지막에 있는 여러 문제들의 몫으로 남겨둔다.

좌표계의 중심에 있다고 놓고, 또 각각 r_A와 r_B 떨어진 위치에 있는 두 은하 A와 B를 고려해보자. 허블법칙에 의해, 두 은하의 후퇴속도는 속도벡터

$$\mathbf{v}_A = H_0\mathbf{r}_A$$

와

$$\mathbf{v}_B = H_0\mathbf{r}_B$$

가 된다. 은하 A에 있는 관측자에게 보이는 은하 B의 후퇴속도는

$$\mathbf{v}_B - \mathbf{v}_A = H_0\mathbf{r}_B - H_0\mathbf{r}_A = H_0(\mathbf{r}_B - \mathbf{r}_A)$$

이 되어서, 은하 A에 있는 관측자는 지구에서 같은 허블법칙에 의해 서술되는 후퇴속도로 멀러지고 있는 우주내의 다른 모든 은하들을 보는 것이다.

허블상수, H_0의 값이 모든 관측자들에게 똑같다고 가정된다할지라도, 실제로는 시간에 대한 함수, $H(t)$로 주어진다. 현재시간이 t_0라면, $H_0 \equiv H(t_0)$이다.

압력이 없는 간단한 티끌우주모델

우주팽창이 시간에 따라 어떻게 변화하는가를 더 자세히 알기 위하여, 균일 밀도 $\rho(t)$이고 압력이 없는 티끌로 꽉 채워진 우주를 상정하고, 원점에서 임의의 한 점을 택하여 보자. 실제 우주와는 달리, 이 모델 우주는 시간과 공간 모두에서 등방이며 균일하다. 압력이 없는 티끌은 균일화와 등방화가가 이루어진 후의 우주에 있는 물질을 나타내준다. 성간물질 전체에서 발견되는 실제 티끌입자와 혼동해서는 안된다. 이와 같은 단일성분 모형 우주에는 광자도 없고 중성미자도 없다.

우주가 팽창하면서, 티끌은 원점으로부터 바깥쪽으로 우주 팽창과 같이 묻어 간다. $r(t)$를 시간 t에서 질량 m을 지닌 얇은 껍질의 반경이라 하자(그림 6.2). 이 질량 껍질은 우주와 함께 $v(t) = dr(t)/dt$의 후퇴속도로 팽창하여서, 항상 같은 양의 티끌 입자들을 포함하게 된다. 이제 껍질의 역학적 에너지 E는

$$K(t) + U(t) = E$$

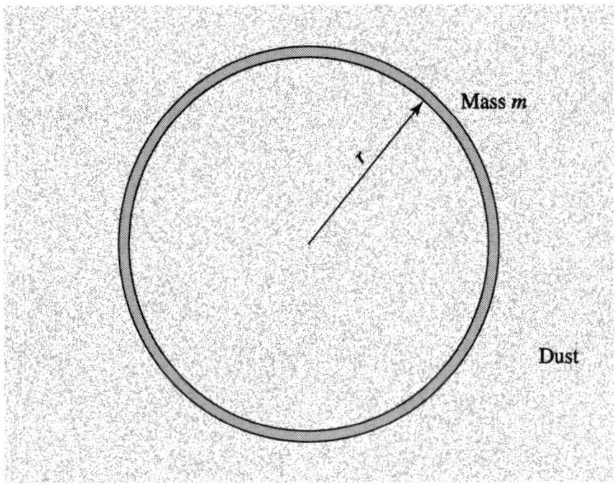

▌그림 6.2 티끌로 채워진 우주에서 구형질량 껍질

이 된다. 껍질이 팽창하면서, 내부 질량에 의한 중력적 인력때문에 운동에너지 K가 감소하는 반면, 중력위치에너지 U는 감소한다.[4] 그러나, 에너지 보존에 의해, 껍질의 전체에너지, E는 껍질이 바깥으로 움직이는 동안 변하지 않는다. 나중에 편리하게 하기 위해, 껍질의 전체에너지는 $E=-\frac{1}{2}mkc^2\varpi^2$을 만족하는 두 개의 상수 k와 ϖ의 항으로 나타낸다. 상수 k의 단위는 (길이)$^{-2}$이다; 이의 의미는 6.3절에서 공부한다. 다른 상수, ϖ(varpi)는 이 특별한 질량껍질의 표식이고, 껍질의 현재 반경으로 간주하여, $r(t_0)=\varpi$로 생각한다. 질량껍질 에너지의 보존에 의해 다음식이 성립한다:

$$\frac{1}{2}mv^2(t) - G\frac{M_r m}{r(t)} = -\frac{1}{2}mkc^2\varpi^2 \tag{6.1}$$

식 (6.1)의 왼쪽 항에서, M_r은 껍질내부의 질량으로,

$$M_r = \frac{4}{3}\pi r^3(t)\rho(t)$$

이 된다. 껍질의 반경과 티끌의 밀도가 연속적으로 변화한다 할지라도, 조합 $r^3(t)\rho(t)$는 변하지 않는다. 특정한 껍질 내부의 질량은 우주가 팽창하면서 일정하게 유지되기 때문이다. m을 소거하고 식 (6.1)에서 M_r에 대해 풀어보면 다음 식을 얻게 된다:

4) 4.1절(2권)에서 껍질 바깥에 있는 질량은 껍질에 중력을 미치지 못한다고 한 것을 기억하자.

$$v^2 - \frac{8}{3}\pi G\rho r^2 = -kc^2\varpi^2 \tag{6.2}$$

상수 k는 우주의 궁극적 운명을 결정해준다:

- 만일 $k>0$이면, 껍질의 전체에너지는 음수가 되고, 우주는 속박되어있거나 또는 닫혀있다. 이 경우, 팽창은 언젠가 멈추고 스스로 수축하게 된다.
- 만일 $k<0$이면, 껍질의 전체에너지는 양수가 되고, 우주는 속박되지 않거나, 또는 열려있다. 이 경우, 팽창은 영원히 지속된다.
- 만일 $k=0$이면, 껍질의 전체 에너지는 0이 되고, 우주는 열려져 있지도 않고 닫혀져 있지도 않은 편평한 상태가 된다. 이 경우 팽창은 서서히 느려지게 되고 $t\to\infty$일 때 멈추게 되며, 우주는 무한대로 퍼지게 된다.

이 절에서의 뉴턴 우주론은 항상 편평한 시공간에서 일어나는데, 식 (11.19)(2권)에 의해 주어지는 계량이 적용된다. 위에 언급한 닫힌, 열린 그리고 편평이란 용어는 우주 팽창 역학을 기술하는 용어로 간주하여야 한다. 6.3절에서, 이들 용어는 시공의 기하학적 구조를 기술하는 용어로 사용될 것이다.

우주론적 원리에 따르면 팽창이 모든 껍질에서 같은 양상으로 나타나야 한다; 예를 들어, 모든 껍질이 원점으로부터 거리가 두 배가 되는데 걸리는 시간은 같다고 가정되었다. 이는(ϖ으로 구별하는) 특정한 껍질의 임의의 시각 t에서

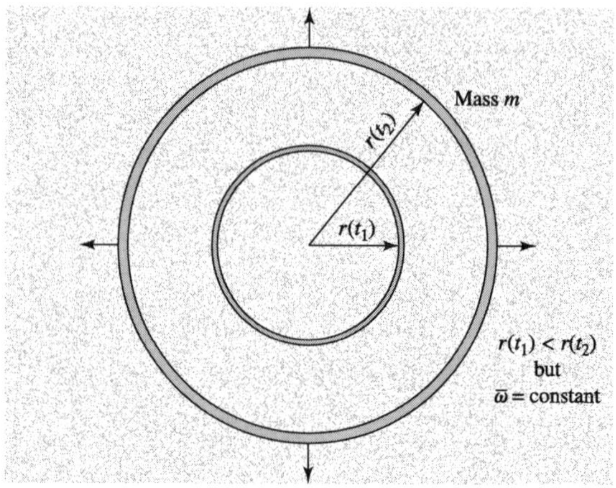

그림 6.3 두 개의 서로 다른 시간들, $t_1<t_2$에서 보여진 팽창하는 질량 껍질. 질량 껍질이 팽창하면서, 같이 움직이는 좌표 ϖ는 시간 t_1과 t_2에서 똑같은 반면, $r(t_1)<r(t_2)$이다.

$$r(t) = R(t)\varpi \tag{6.3}$$

로 나타낼 수 있다. 이 표현에서, $r(t)$는 **좌표거리**라 불린다. ϖ가 껍질에 꼬리표를 달아주어, 팽창하면서 껍질을 따라가기 때문에, ϖ를 **같이 움직이는 좌표**라 부른다(그림 6.3). $R(t)$는 팽창을 서술해주는 단위가 없는 **크기인자**(모든 껍질에 대해 똑같다)이다; $R(t_0)=1$은 $r(t_0)=\varpi$에 해당한다. 크기인자 R은 식 (5.3)에서 $R_{\text{emitted}}/R_{\text{obs}}$와 같다. 그래서, R과 적색편이 z는

$$R = \frac{1}{1+z} \tag{6.4}$$

와 같이 관계된다. 예를 들어, 적색편이가 $z=3$인 우주를 거슬러 관측하면, 크기인자가 $r=1/4$인 우주를 보게 된다.

$r^3\rho$가 어떤 특정 껍질에서 변하지 않는다는 이전의 주장은 $R^3\rho$가 모든 껍질에서 일정하다는 것을 의미한다. 즉, $R(t_0)=1$이기 때문에,

$$R^3(t)\rho(t) = R^3(t_0)\rho(t_0) = \rho_0 \tag{6.5}$$

이 성립하고, 여기서 ρ_0는 현재 시각에서 티끌로 가득 찬 우주의 밀도이다. 식 (6.4)를 이용하면, 이는 또한

$$\boxed{\rho(z) = \rho_0(1+z)^3} \tag{6.6}$$

로 표현될 수 있는데, 이는 적색편이 z에서 관측되는 우주의 평균밀도를 제공해준다. 식 (6.5)와 식 (6.6)은 압력없는 티끌로 구성된 우주에서만 성립한다는 것에 주이해야 한다. 식 (6.5)을 일반화한 식을 이 절의 마지막에서 유도할 것이다.

압력이 없는 티끌우주의 진화

뉴턴 우주의 진화, 즉 시간에 따른 거리 인자 $R(t)$의 변화를 이어지는 몇 쪽에서 공부하고자 한다. 필요한 도구를 얻으려면 약간의 수학이 필요하겠다. 첫 번째 단계는 허블상수, $H(t)$를 크기인자를 써서 나타내는 것이다. 허블법칙은

$$v(t) = H(t)r(t) = H(t)R(t)\varpi \tag{6.7}$$

이다. $v(t)$는 $r(t)$의 시간미분이므로, 식 (6.3)으로부터

$$v(t) = \frac{dR(t)}{dt}\varpi$$

이다. 이것을 식 (6.7)과 비교하면 다음과 같은 식을 얻을 수 있다:

$$H(t) = \frac{1}{R(t)}\frac{dR(t)}{dt} \tag{6.8}$$

식 (6.3)과 식 (6.7)을 식 (6.2)에 대입하고, ϖ^2을 소거하면

$$\left(H^2 - \frac{8}{3}\pi G\rho\right)R^2 = -kc^2 \tag{6.9}$$

의 결과를 얻거나, 또는 식 (6.8)을 이용하여

$$\left[\left(\frac{1}{R}\frac{dR}{dt}\right)^2 - \frac{8}{3}\pi G\rho\right]R^2 = -kc^2 \tag{6.10}$$

을 얻게 된다. 식 (6.9)와 (6.10)의 왼쪽 항은 모든 껍질에 대하여 적용되고 또 H (t), $\rho(t)$와 $R(t)$의 시간의 함수들을 포함하지만, 반면 오른쪽 항들은 상수이다(모든 위치와 시간에 대하여 상수이다). 식 (6.5)을 이용하면, 식 (6.10)은 R과 t만을 써서 표현할 수 있다:

$$\left(\frac{dR}{dt}\right)^2 - \frac{8\pi G\rho_0}{3R} = -kc^2 \tag{6.11}$$

이 결과는, 식 (6.9)와 식 (6.10)과 함께 우주 팽창을 서술하는데 쓰일 것이다.

이제 우리는 편평한, 닫힌 그리고 열린 우주의 3경우에서 질량껍질의 운동을 점검해 볼 수 있는 준비가 되었다. 우선, 편평우주($k=0$)의 경우를 고려하자. 이는 각각의 껍질이 정확하게 탈출속도로 팽창하는 경우에 해당한다. $k=0$의 값을 주는 밀도값은 임계밀도, $\rho_c(t)$로 알려졌다. 식 (6.9)로부터,

$$\boxed{\rho_c(t) = \frac{3H^2(t)}{8\pi G}} \tag{6.12}$$

를 얻는다. 현재 시간에서 임계밀도를 계산하기위해, 식 (4.11)을 회상해보는 것이 유용한데, 흔히 관습적으로 사용하는 단위로 나타내면 허블상수는

$$H_0 = 100h\ \mathrm{km\ s^{-1}\ Mpc^{-1}} = 3.24 \times 10^{-18} h\ \mathrm{s^{-1}} \tag{6.13}$$

이다. WMAP[5])값

$$[h]_{\mathrm{WMAP}} = 0.71$$

을 이용하면 다음의 식을 얻는다:

$$[H_0]_{\mathrm{WMAP}} = 71\ \mathrm{km\ s^{-1}\ Mpc^{-1}} = 2.30 \times 10^{-18}\ \mathrm{s^{-1}} \tag{6.14}$$

임계밀도의 현재값, $\rho_{c,0}$은

$$\boxed{\rho_{c,0} = \frac{3H_0^2}{8\pi G}} \tag{6.15}$$
$$= 1.88 \times 10^{-26} h^2\ \mathrm{kg\ m^{-3}}$$

이 되고, WMAP값을 이용하면

$$\rho_{c,0} = 9.47 \times 10^{-27}\ \mathrm{kg\ m^{-3}} \tag{6.16}$$

이 된다. 이는 입방미터당 수소원자 6개에 해당한다. 그러나, 우주에서 바리온물질의 평균밀도의 WMAP값은 임계밀도의 약 4% 정도밖에 되지 않고,

$$\rho_{b,0} = 4.17 \times 10^{-28}\ \mathrm{kg\ m^{-3}} \qquad (\mathrm{for}\ h = 0.71) \tag{6.17}$$

5) 우주론적 상수의 WMAP(Wilkinson Microwave Anisotropy Probe) 측정은 4.2절에 도입되었고 또 7.1절에 더 완전하게 서술될 것이다.

이 값은 공간의 4 m^3당 한 개의 수소원자에 해당한다. 바리온 물질은 바리온들(즉 광량자들과 중성자들)로 구성된 물질을 의미한다; 그래서 첨자 “b”는 식 (6.17)에서 바리온물질을 나타내준다.[6] 6.2절에 설명되는 것과 같이, 이 값은 초기우주에 형성되었을 He^3와 Li^7과 같은 가벼운 원소들의 이론적 함량비와 관측된 함량비의 비교를 통해서 얻는 양과 일치한다. 바리온물질이 아닌 암흑물질의 밀도는 $\rho_{b,0}$값에 포함되지 않았는데, 암흑물질의 성분은 아직 알려지지 않았다. 바리온이 아닌 암흑물질은 단지 바리온물질에 중력적인 영향을 주는 것으로만 실체를 드러낸다. 아마, 암흑물질은 광자와 하전된 입자들과 전자기력에 의해(만일 조금이라도 상호작용한다고 해도) 대단히 약하게 상호작용하기 때문에 빛을 흡수하지도, 방출하지도 또는 산란시키지도 않는다. 우리의 압력없는 모델우주는 이런 바리온물질과 비바리온물질, 그리고 빛을 내는 물질과 암흑물질의 두가지 형태를 다 포함하고 있다.

관측된 밀도와 임계밀도의 비는 우주론에서 중요한 상수이다. 따라서, **밀도변수**를

$$\Omega(t) \equiv \frac{\rho(t)}{\rho_c(t)} = \frac{8\pi G\rho(t)}{3H^2(t)} \tag{6.18}$$

로 정의하는 것이 편리한데, 이 변수의 현재값은 다음과 같다:

$$\boxed{\Omega_0 = \frac{\rho_0}{\rho_{c,0}} = \frac{8\pi G\rho_0}{3H_0^2}} \tag{6.19}$$

표 6.1은 다양한 천체시스템들의 질량–광도비와 그들에 대해 유도된 밀도변수를 보여주고 있다. 빅뱅 핵합성을 제외하고는, 이들 값들은 중력효과를 연구함으로 얻어졌고, 바리온물질과 암흑물질을 다 포함하고 있다. 더 큰 시스템들은 더 큰 질량–광도비와 더 큰 밀도변수를 지니는 경향이 있지만, 그림 6.4에서 보는 바와 같이, 더 큰 시스템에 대해서는, 밀도상수가 $\Omega_0 \simeq 0.3$의 최대값에서 극대에 도달하는 것 같다. 이는 바리온물질과 암흑물질의 모든 형태의 물질에 대한 WMAP의 평균밀도값과 일치한다:

$$[\Omega_{m,0}]_{\text{WMAP}} = (0.135\,^{+0.008}_{-0.009})h^{-2} = 0.27 \pm 0.04 \qquad (\text{for } h = 0.71) \tag{6.20}$$

---

6) 실제, 밀도가 식 (6.5)를 따르는 것으로 알려진 입자들로 구성된 어떤 물질도 바리온물질로 간주된다. 이는 광자와 중성미자는 제외하는데, 왜냐면, 6.2절에서 보게 되는 것처럼, 이런 입자들로 구성된 가스는 식 (6.5)를 따르지 않는다. 그런 가스는 압력을 행사하고, 그래서 압력없는 티끌의 모델우주와는 일치하지 않는다.

이 값은

$$\rho_{m,0} = 2.56 \times 10^{-27} \text{ kg m}^{-3} \qquad (\text{for } h = 0.71) \tag{6.21}$$

의 질량밀도에 해당한다. 아래첨자 "m"은, 질량을 뜻하는데, 두 개 이상의 성분을 지닌 우주모델을 암시해준다. 지금 고려하고 있는 단일 성분 모형 우주에서는 이 첨자를 사용하지 않을 것이다.

▌표 6.1 다양한 시스템들에 대해 측정된 질량-광도비와 밀도상수. M87의 X-선 헤일로와 Local Group timing으로 부터의 값들에 대한 복잡한 h종속성은 나타내지 않았다. (출처 : Binney and Tremaine, Galactic Dynamics, Princeton University Press, Princeton, NJ, 1987, and Schramm, Physica Scripta, T36, 22, 1991)

Method	M/L ($M_\odot/L_\odot$)	Ω_0
Solar neighborhood	3	$0.002h^{-1}$
Elliptical galaxy cores	$12h$	0.007
Local escape speed	30	$0.018h^{-1}$
Satellite galaxies	30	$0.018h^{-1}$
Magellanic Stream	> 80	$> 0.05h^{-1}$
X-ray halo of M87	> 750	$> 0.46h^{-1}$
Local Group timing	100	$0.06h^{-1}$
Groups of galaxies	$260h$	0.16
Clusters of galaxies	$400h$	0.25
Gravitational lenses	—	0.1 – 0.3
Big Bang nucleosynthesis	—	0.065 ± 0.045

바리온물질에 대한 WMAP 밀도변수 값은

$$[\Omega_{b,0}]_{\text{WMAP}} = (0.0224 \pm 0.0009)h^{-2} = 0.044 \pm 0.004 \quad (\text{for } h = 0.71) \tag{6.22}$$

이다. 그러므로, WMAP 결과에 의하면, 바리온물질은 우주물질의 고작 16%를 차지하고 있다; 나머지 84%는 바리온이 아닌 암흑물질의 형태를 존재한다.

압력없는 티끌로 구성된 모델우주의 팽창이 보이는 일반적 특징을 이제 결정할 수 있다. 우선, 식 (6.6)과 식 (6.19)로부터

$$\frac{\Omega}{\Omega_0} = \frac{\rho}{\rho_0}\frac{H_0^2}{H^2} = (1+z)^3\frac{H_0^2}{H^2}$$

이 성립하여

$$\Omega H^2 = (1+z)^3 \Omega_0 H_0^2 \tag{6.23}$$

이 됨을 주목해보자. Ω와 H 사이의 또 다른 관계는 밀도변수, 식 (6.18)을 식 (6.9)와 조합해서 얻는다:

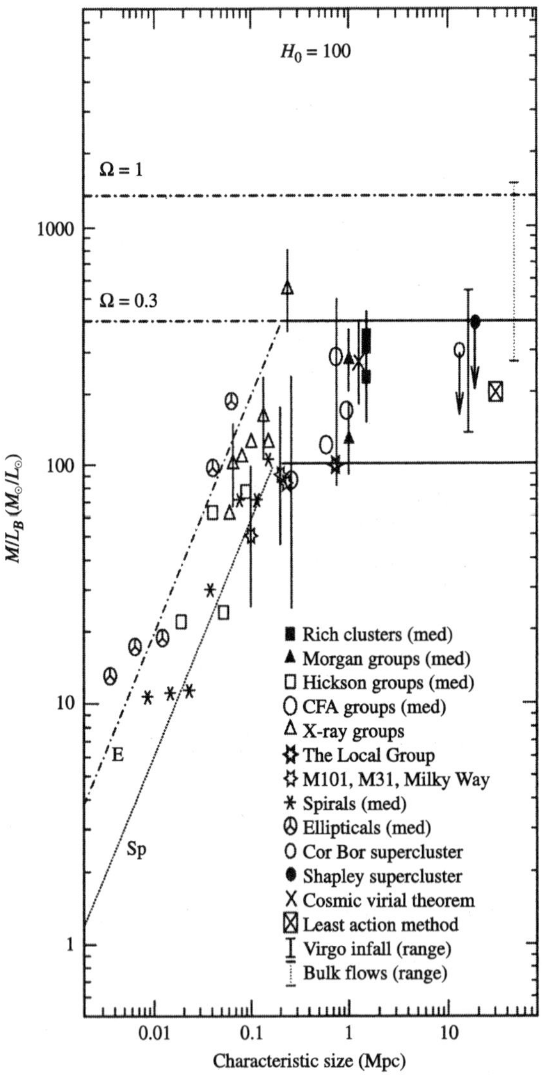

그림 6.4 다양한 시스템들의 특성크기의 함수로서 질량-광도비. H_0는 WMAP 결과가 발표하기 이전인 이 그림에 대해 100 $\mathrm{km\ s^{-1}Mpc^{-1}}$이 사용되었다.(출처 : Dodelson, Modern Cosmology, Academic Press, New York, 2003).

$$H^2(1-\Omega)R^2 = -kc^2 \tag{6.24}$$

$t = t_0$인 특별한 경우에 대하여

$$H_0^2(1-\Omega_0) = -kc^2 \tag{6.25}$$

이 된다. 여기에서 다음 사항들을 확인할 수 있다.

- 만일 $\Omega_0 > 1$이면, $k > 0$이 되고 우주는 닫혀있다.
- 만일 $\Omega_0 < 1$이면, $k < 0$이 되고 우주는 열려있다.
- 만일 $\Omega_0 = 1$이면, $k = 0$이 되고 우주는 편평하다.

우리는 압력이 없는 티끌로 구성된 단일 성분 우주에 대한 간단한 모델을 다루고 있다는 것을 기억하자. 후에, 우리는 더 실제적인 여러 성분 모델을 연구하게 될텐데, 이 모델들은 질량밀도 변수의 측정값 하나만으로는 물리적인 우주의 궁극적인 운명에 대한 어떤 추론을 하기에 충분하지 않다는 것을 보일 것이다.

식 (6.24)와 식 (6.25)를 계산하고, 식 (6.4)를 이용하면,

$$H^2(1-\Omega) = H_0^2(1-\Omega_0)(1+z)^2 \tag{6.26}$$

을 얻는다. 이제 두 개의 미지수 Ω와 H에 대해 두 개의 방정식 식 (6.23)과 식 (6.26)을 얻었다. 이들의 해는 쉽게 구할 수 있다:

$$H = H_0(1+z)\,(1+\Omega_0 z)^{1/2} \tag{6.27}$$

$$\Omega = \left(\frac{1+z}{1+\Omega_0 z}\right)\Omega_0 = 1 + \frac{\Omega_0 - 1}{1+\Omega_0 z} \tag{6.28}$$

식 (6.27)은 $R\to 0$과 $z\to\infty$가 되는 아주 초기에, 허블상수가 $H\to\infty$가 됨을 의미한다. 식 (6.28)은 $\Omega-1$의 부호는 변하지 않고, 특히 어느 때 $\Omega = 1$이 되면 모든 시간에서 $\Omega = 1$이 됨을 보여준다. 우주의 성질은 우주가 진화하면서 변하지 않는다; 우주는 항상 닫혀있거나, 항상 열려있거나 또는 항상 편평하다. 식 (6.28)은 또한 $z\to\infty$가 되는 아주 초기에, 밀도상수가 오늘날의 Ω_0값에 관계없이 $\Omega\to 1$이 됨을 보여준다. 그래서, 초기우주는 본질적으로 편평하였다(그림 6.5). 처음 몇 분간 우주를 간단하게 논의하고자 할 때에 편평 우주의 가정은 편리하게 쓰인다.

예제 6.1.1

후에 우리는 우주가 3분이 지났을 때 양성자와 중성자가 헬륨핵을 형성한다는 것을 공부하게 될 것이다. 이는 $z = 3.68 \times 10^8$일 때 일어난다. Ω_0에 대한 WMAP값 $[\Omega_{m,0}]_{WMAP} = 0.27$을 이용하면, 헬륨형성시기에 Ω값은

$$\Omega = 1 + \frac{\Omega_0 - 1}{1 + \Omega_0 z} = 1 + \frac{0.27 - 1}{1 + (0.27)(3.68 \times 10^8)} = 0.99999999265 \qquad (6.29)$$

이 됨을 알 수 있다. 더 초기시기에는, Ω값이 소숫점아래 9의 숫자들이 더 많아지게 된다. 20세기 후반동안에는, $\Omega = 1$인 정확히 편평우주가 아닌 우주에 대해 1에 아주 가까운 값에 Ω값을 미세조정하는 것은 이론학자들에게는 터무니없는 것처럼 보였다. 그리고 아직도, 밀도상수에 대한 관측적 값은 계속 $\Omega_0 \simeq 0.3$주위에 맴돌고 있다. 이런 수수께끼에 대한 해답은 6.3절에서 공부할 것이며, 거기에서 우리는 이론학자들과 관측학자들 모두 옳았다는 것을 알 수 있다.

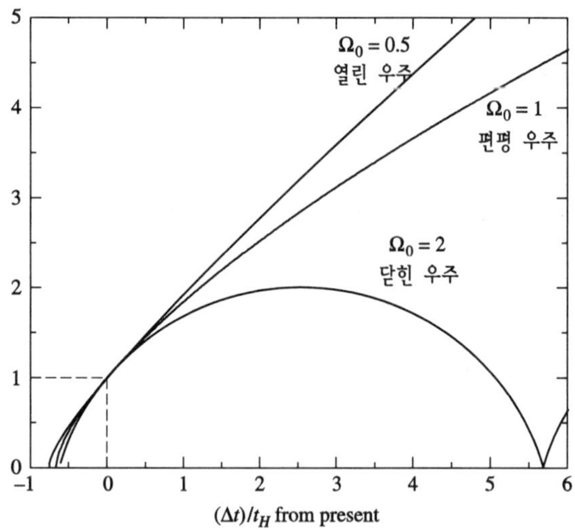

그림 6.5 현재시간으로부터 측정된, 3가지 우주모델(열린, 편평 그리고 닫힌 우주에 대해 각각 $\Omega_0 = 0.5,\ 1,\ 2$)에 대해 시간의 함수로서 크기인수 R의 변화. 점선은 3개 곡선의 오늘날 우주의 위치에 놓여있다. 현재 시간에서($R = 1$), 3개의 곡선은 똑같은 H_0값을 지니고 있는데, 똑같은 기울기를 지닌 곡선으로 표시되었다. 초기우주에 대해($R < 1$) 편평, 닫힌 그리고 열린 우주의 운동학적인 행동에 약간 차이가 있는데, 왜냐면 초기우주는 본래 편평하기 때문이다. 경과된 시간 Δt는 허블시간, t_H의 단위로 주어졌다.

시간의 함수로서 편평한, 압력이 없는 티끌의 한 가지 성분우주의 팽창은 식 (6.11)에 $k=0$(그래서 $\rho_0=\rho_{c,0}$, $\Omega_0=1$)을 취해 풀어서 얻어진다:

$$\left(\frac{dR}{dt}\right)^2=\frac{8\pi G\rho_{c,0}}{3R}$$

양변에 제곱근을 취하고 적분하면($t=0$일 때 $R=0$)

$$\int_0^R \sqrt{R'}\,dR'=\sqrt{\frac{8\pi G\rho_{c,0}}{3}}\int_0^t dt'$$

또는

$$R_{\text{flat}}=(6\pi G\rho_{c,0})^{1/3}t^{2/3} \tag{6.30}$$

$$=\left(\frac{3}{2}\right)^{2/3}\left(\frac{t}{t_H}\right)^{2/3} \quad (\Omega_0=1\text{에 대해}) \tag{6.31}$$

을 얻는다. 여기서 마지막 표현은 식 (6.15)를 이용해 얻어졌고, 또 식 (4.14)에서 정의한 허블 시간은 $t_H\equiv 1/H_0$이 된다. $\Omega_0=1$에 대해 R의 시간에 따른 증가 양상을 그림 6.5에 나타냈고, 시간은 허블시간의 단위로 사용되었다.

만일 $\Omega_0\neq 1$이라면, 밀도는 임계밀도와 같지 않고, 식 (6.11)은 조금 더 복잡하다. 만일 $\Omega_0>1$이라면, 우주는 닫혀있고 또 해는 매개변수형태로 표현할 수 있다:

$$R_{\text{closed}}=\frac{4\pi G\rho_0}{3kc^2}\,[1-\cos(x)] \tag{6.32}$$

$$=\frac{1}{2}\,\frac{\Omega_0}{\Omega_0-1}\,[1-\cos(x)] \tag{6.33}$$

와

$$t_{\text{closed}}=\frac{4\pi G\rho_0}{3k^{3/2}c^3}\,[x-\sin(x)] \tag{6.34}$$

$$=\frac{1}{2H_0}\,\frac{\Omega_0}{(\Omega_0-1)^{3/2}}\,[x-\sin(x)] \tag{6.35}$$

여기서 변수 $x \ge 0$은 단순히 해를 표현하는 매개변수이다. [이는 식 (6.11)에 직접 대입해보면 쉽게 증명될 수 있다; 문제 6.3을 보라]. 이 해가 $\Omega_0 = 2$일 때에 어떻게 행동하는지가 그림 6.5에 제시되었다. 우주가 수축된 후 일어나는 "되튀김"은 수학적으로 무연근에 해당하며, 끊임없이 진동하는 우주가 실제로 나타나는 것을 아니다.

반면, 만일 $\Omega_0 < 1$이면, 우주는 열려있고, 식 (6.11)의 매개변수형태는

$$R_{\text{open}} = \frac{4\pi G\rho_0}{3|k|c^2}\,[\cosh(x) - 1] \tag{6.36}$$

$$= \frac{1}{2}\,\frac{\Omega_0}{1-\Omega_0}\,[\cosh(x) - 1] \tag{6.37}$$

과

$$t_{\text{open}} = \frac{4\pi G\rho_0}{3|k|^{3/2}c^3}\,[\sinh(x) - x] \tag{6.38}$$

$$= \frac{1}{2H_0}\,\frac{\Omega_0}{(1-\Omega_0)^{3/2}}\,[\sinh(x) - x] \tag{6.39}$$

이 된다. 쌍곡 코사인 $\cosh(x) \equiv (e^x + e^{-x})/2 \ge 1$로 정의된다. 비슷하게 쌍곡사인은 $\sinh(x) \equiv (e^x - e^{-x})/2 \ge x$이어서, R_{open}은 t에 따라 단순증가한다. $\Omega_0 = 0.5$에 대한 풀이의 모습에 대해서는 그림 6.5를 보라. 만일 $\Omega_0 \le 1$이면, 우주는 영원히 팽창을 계속할 것이다.

압력이 없는 티끌우주의 나이

우리는 이제 우주의 나이를 적색편이 z의 함수로 계산할 준비가 되었다. 그 작업을 계속하기 전에, "우주의 나이"가 어떤 시간 t를 말하는지 주의를 기울여야 한다. 현재 우리가 이해하는 수준의 물리 법칙은 $t \to 0$인 우주에서 나타나는 극단적인 상황에 대해서는 성립하지 않는다. 빅뱅이후의 시간 척도로서 t를 사용할 경우에, 또 가장 초기의 순간들($t < 10^{-43}s$; 7.1절)은 외삽하여 어림한 값들이고 실제 사용할 수 없다는 것을 항상 염두에 두어야 한다.

이런 경고를 염두에 두고, 우리는 이제 식 (6.4)를 이용, 편평우주에 대해 R을 식 (6.31)에서 $1/(1+z)$로 치환하는 작업을 계속한다. 적색편이 z에서 관측되는

편평우주의 나이(허블시간의 단위로)는 이제

$$\frac{t_{\text{flat}}(z)}{t_H} = \frac{2}{3}\frac{1}{(1+z)^{3/2}} \quad (\Omega_0 = 1\text{에 대해}) \tag{6.40}$$

로 얻어진다. 닫힌 우주에 대해, R을 식 (6.33)에서 $1/(1+z)$로 치환하고, 식 (6.35)를 써서 x를 소거하면,

$$\frac{t_{\text{closed}}(z)}{t_H} = \frac{\Omega_0}{2(\Omega_0-1)^{3/2}}\left[\cos^{-1}\left(\frac{\Omega_0 z - \Omega_0 + 2}{\Omega_0 z + \Omega_0}\right) - \frac{2\sqrt{(\Omega_0-1)(\Omega_0 z+1)}}{\Omega_0(1+z)}\right]$$
$$(\Omega_0 > 1\text{에 대해}) \tag{6.41}$$

을 얻는다. 열린 우주에 대해 식 (6.37)을 이용하여 비슷한 과정을 취하고, 식 (6.39)를 써서 x를 소거하면 다음과 같은 결과를 얻는다:

$$\frac{t_{\text{open}}(z)}{t_H} = \frac{\Omega_0}{2(1-\Omega_0)^{3/2}}\left[-\cosh^{-1}\left(\frac{\Omega_0 z - \Omega_0 + 2}{\Omega_0 z + \Omega_0}\right) + \frac{2\sqrt{(1-\Omega_0)(\Omega_0 z+1)}}{\Omega_0(1+z)}\right]$$
$$(\Omega_0 < 1\text{에 대해}) \tag{6.42}$$

적색 편이가 매우 클 때에, 식 (6.40)에서 식 (6.42)는 모두

$$\frac{t(z)}{t_H} = \frac{2}{3}\frac{1}{(1+z)^{3/2}\Omega_0^{1/2}} \tag{6.43}$$

로 수렴하는데, 여기서 고차항은 $\Omega_0 \neq 1$에 대해서는 무시될 수 있다(문제 6.11을 보라). 초기우주는 매우 근사적으로 편평하였기 때문에, 우주가 현재 편평한지, 닫혀있는지 또는 열려있는지의 여부를 결정하려면 정밀한 관측 자료가 필요하다. 6.4절에서, 우주론의 관측적 관점들이 좀더 자세히 공부할 것이다.

현재의 우주의 나이, t_0는 식 (6.40-6.42)에서, $z = 0$을 취하면, 편평우주에 대해

$$\frac{t_{\text{flat},0}}{t_H} = \frac{2}{3} \quad (\Omega_0 = 1\text{에 대해}) \tag{6.44}$$

가 되고, 닫힌 우주에 대해,

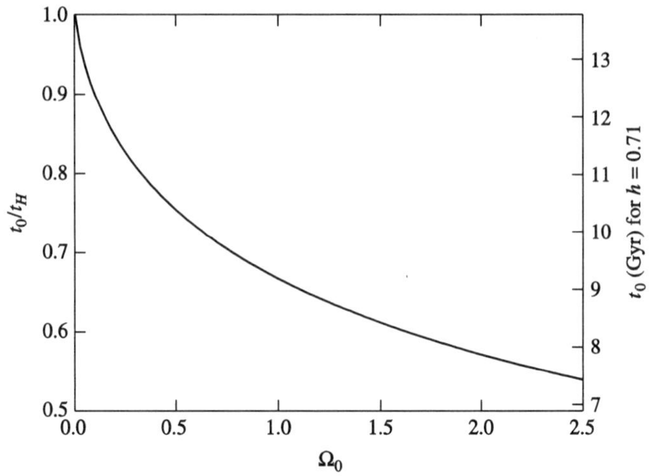

그림 6.6 밀도상수 Ω_0의 함수로 표현된 우주의 나이. 나이는 허블시간, $t_H \simeq 10^{10} h^{-1} yr$의 소수로 표현되었다. 오른쪽 축은 $h = 0.71$에 대한 10억년의 단위로 표시된 나이이다.

$$\frac{t_{\text{closed},0}}{t_H} = \frac{\Omega_0}{2(\Omega_0 - 1)^{3/2}} \left[\cos^{-1}\left(\frac{2}{\Omega_0} - 1\right) - \frac{2\sqrt{\Omega_0 - 1}}{\Omega_0} \right] \quad (\Omega_0 > 1\text{에 대해}) \tag{6.45}$$

가 되며, 열린 우주에 대해,

$$\frac{t_{\text{open},0}}{t_H} = \frac{\Omega_0}{2(1 - \Omega_0)^{3/2}} \left[-\cosh^{-1}\left(\frac{2}{\Omega_0} - 1\right) + \frac{2\sqrt{1 - \Omega_0}}{\Omega_0} \right] \quad (\Omega_0 < 1\text{에 대해}) \tag{6.46}$$

가 됨을 쉽게 보일 수 있다.

이들 모델에 대한 우주의 나이를 허블시간을 단위로 표현해본 결과를 그림 6.6에 보였다. 7.1절에서 보게 되겠지만, 급팽창(inflation) 시나리오에 의하면, 우주는 원래 편평하였던 것이 당연한데, 이 시나리오는 최근의 관측들에 의해 지지되고 있다. 만일 우주의 평균밀도가 임계밀도와 같다면, 우주의 나이는 허블시간의 2/3가 된다. $[h]_{WMAP}$=0.71의 WMAP값을 이용하면, 우주의 나이는 9.2 Gyr가 된다. 이 결과는 현제 받아들이고 있는 13.7 Gyr의 값보다 작지만, 압력이 없는 티끌 우주의 간단한 팽창모델이 가장 오래된 구상성단의 평균나이인 11.5 Gyr와 거의 비슷한 결과를 제공한다는 것은 놀랄만한 일이다.[7)]

---

7) 우주의 나이와 구상성단의 나이사이의 더 정확한 비교는 6.3절에서 다루어진다.

우주의 역사를 종합하는 일은 조각맞추기 퍼즐과 비슷한 작업이다. 작업이 진행되면서 구조가 나타나기 시작하고, 있어야 할 곳에 없는 조각들의 모습들이 이미 맞춰진 조각들에 의해 윤곽을 드러낸다. 압력이 없는 티끌우주의 간단한 모델에 대해, 조각들은 약간 중첩되어 잘 들어맞지 않는다; 늙은 항성들의 나이가 우주의 나이보다 더 크다. 그러나, 우주는 압력이 없는 티끌말고도 다른 더 많은 성분들이 존재한다. 예를 들어, 우주는 광자들로 꽉채워져 있다 – 각 바리온에 대해 20억 개의 광자들이 존재한다. 광자들, 바리온들, 그리고 다른 구성원들이 늙은 구상성단들과 우주의 나이사이의 불일치를 해결하는데 역할을 할 것이다.

과거추적시간(lookback time)

우리가 z의 적색편이를 지닌 천체를 관측할 때 얼마만큼 멀리 있는 과거까지 추적할 수 있는가를 과거추적시간, t_L로 정의한다. 이는 우주의 현재나이와 $t(z)$의 시간에서의 나이와의 차이이다:

$$t_L = t_0 - t(z) \tag{6.47}$$

예를 들어, 편평우주에 대해, 식 (6.40)과 식 (6.44)는 과거추적시간을 허블상수의 단위로,

$$\frac{t_L}{t_H} = \frac{2}{3}\left[1 - \frac{1}{(1+z)^{3/2}}\right] \quad (\Omega_0 = 1\text{에 대해}) \tag{6.48}$$

가 됨을 알 수 있다. 그림 6.7은 편평한, 닫힌 그리고 열린 우주모델에 대한 과거추적시간을 보여준다.

예제 6.1.2

예제 4.3.2에서, 퀘이사 SDSS 1030+0524의 적색편이는 z=6.28로 발견되었다. 압력이 없는 티끌로 구성된 편평우주를 가정해보면, 식 (6.48)은 이 퀘이사에 대해

$$\frac{t_L}{t_H} = \frac{2}{3}(1 - 0.0509) = 0.633$$

의 과거추적시간을 제공한다. 편평우주의 나이가 $t_0 = 2t_H/3$이기 때문에,

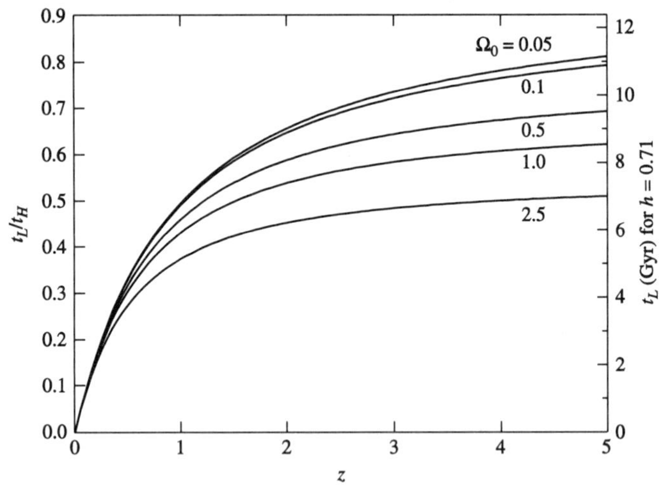

그림 6.7 밀도상수, Ω_0의 값들 범위에 대해, 적색편이 z의 함수로서 과거추적시간. 과거추적시간은 허블시간 $t_H \simeq 10^{10}\,\mathrm{h}^{-1}\mathrm{yr}$의 소수로 표현되었다. 오른쪽 축은 $h = 0.71$에 대한 10억년의 단위로 표시된 나이이다.

$$\frac{t_L}{t_0} = 0.949$$

이 된다. 이는 빛이 퀘이사를 떠날 때는 우주역사의 약 5%정도밖에 진행되지 않았었음을 의미한다. 그 때에는, 우주가, 식 (6.4)에 의해 크기인자

$$R = \frac{1}{1+z} = 0.137$$

이므로 크기인자였을 때 7배정도 더 작았었다.

입력 항이 추가된 우주론 모형

지금까지 우리가 유도했던 기본 방정식들을 자세히 살펴보면서 이들을 약간 일반화시켜 보자. 우리는 6.3절에 다루게 될 일반상대성 방정식들의 몇 가지 특징들을 미리 살펴보게 될 것이다. 먼저 식 (6.10)으로 시작해본다:

$$\left[\left(\frac{1}{R}\frac{dR}{dt}\right)^2 - \frac{8}{3}\pi G\rho\right]R^2 = -kc^2$$

아인슈타인의 $E_{rest} = mc^2$ 공식을 생각하여, 우리는 밀도, ρ의 의미를 모든 형태의 물질을 포함하는 것으로 넓혀본다. 비상대론적인 입자들에 대해서는, ρ가 일반적인 질량밀도이다. 광자와 중성미자같은 상대론적 입자들에 대해서는, ρ가 등가질량밀도인데, 즉 에너지밀도를 c^2으로 나눈 양이다.

식 (6.5), $R^3\rho = \rho_0$는 팽창하는 껍질 내의 질량보존을 나타내준다. 질량과 에너지의 등가성을 다시 인정해보면, 이 방정식은 또한 압력이 없는 티끌우주의 에너지보존을 나타낸다.

열역학적 논증을 통해 압력을 생성하는 성분을 포함하는 우주모델로 식 (6.5)를 일반화할 수 있다. 균일한 밀도 ρ와 압력 P 그리고 온도 T의 유체(티끌, 광자 등)로 채워진 우주를 상정하고, 원점으로 임의의 한 점을 택해본다. r을 원점에 중심을 두고 같이 움직이는 구형체의 표면반경이라 하자.[8] 팽창하는 구내부의 유체에 내부에너지 U의 보존법칙을 적용하는 열역학 제1법칙을 적용하자.

$$dU = \text{đ}Q - \text{đ}W \tag{6.49}$$

우선, 전체우주는 온도가 같아서, 열흐름이 있을 수 없다는 점을 유의하면 $dQ=0$. 임을 알 수 있다. 즉, 우주의 팽창은 단열이다. 내부에너지의 어떤 변화는 유체가 한 일에 의해 생성된다. 결과를 시간에 대한 미분으로 표현해보면 다음과 같다:

$$\frac{dU}{dt} = -\frac{dW}{dt} = -P\frac{dV}{dt}$$

또 $V = \frac{4}{3}\pi r^3$을 대입해보면,

$$\frac{dU}{dt} = -\frac{4}{3}\pi P\frac{d(r^3)}{dt}$$

을 얻는다. 만일 우리가 단위체적당 내부에너지 u를

$$u = \frac{U}{\frac{4}{3}\pi r^3}$$

8) 구를 띠니는 광자들에 대해서는 걱정할 필요가 없는데, 왜냐면 우주론적 원리가 우리에게 같은 수의 등가광자가 구에 들어올 것이라는 것을 보장해주기 때문이다.

로 정의하면,

$$\frac{d(r^3u)}{dt} = -P\frac{d(r^3)}{dt}$$

을 얻는다. u를 등가질량밀도 ρ

$$\rho = \frac{u}{c^2}$$

의 항으로 적어보면

$$\frac{d(r^3\rho)}{dt} = -\frac{P}{c^2}\frac{d(r^3)}{dt}$$

이 된다. 마지막으로, $r = R\varpi$ 식 (6.3)을 이용하면, 유체방정식

$$\frac{d(R^3\rho)}{dt} = -\frac{P}{c^2}\frac{d(R^3)}{dt} \tag{6.50}$$

을 얻게 된다. 압력이 없는 티끌우주에 대해, P=0이어서 $R^3\rho$=상수가 되는데, 이는 식 (6.5)과 일치한다.

우주 팽창의 가속을 기술해주는 방정식은 식 (6.10)에 R을 곱하고 난 후 시간미분을 취하면 얻어진다. 식 (6.50)을 써서 $d(\rho R^3)/dt$를 대체하고 식 (6.10)을 써서 $-kc^2$을 없애면, **가속방정식**으로

$$\frac{d^2R}{dt^2} = -\frac{4}{3}\pi G\left(\rho + \frac{3P}{c^2}\right)R \tag{6.51}$$

을 얻는다. 압력 P의 효과는 팽창을 억제한다는 것을 주목하자(P>0임을 가정할 때). 압력이 팽창을 빠르게 하지 않고 오히려 저지한다는 점이 압력의 역할에 대한 직관적인 개념과 어긋난다고 여겨지면, 우주 공간에서는 어디에서나 압력이 같고, 즉 질량 껍질 내부와 외부를 막론하고 압력이 같다는 점을 생각해 보아야 하겠다. 따라서, 모든 곳에서 압력이 같으므로, 압력 기울기가 없어서 팽창하는 공에 작용하는 모든 압력은 상쇄하여 공에 작용하는 순수한 힘의 크기는 0이다. 답은 유체의

압력을 일으키는 물질 입자의 무작위 운동에 있다. 입자의 무작위 운동에 할당된 운동에너지의 등가 질량도 만유 인력의 원천이므로, 물질 입자 자체에서 생기는 인력과 마찬가지로 우주의 팽창을 저지한다. $P=0$인 가정은 대부분의 우주 역사에서 만족된다. 예를 들면, 문제 6.14에서 보겠듯이, 오늘날 우주에서는 $\rho \gg P/c^2$이 잘 성립한다.

식 (6.51)은 버코프 정리의 한 예이다. 1923년, 미국의 수학자 버코프(G. D. Birkhoff, 1844-1944)는 물질의 구형대칭분포에 대해, 아인슈타인의 장방정식은 유일한 해를 지닌다는 것이 아주 일반적임을 증명했다. 그 결과, 유체형태의 우리 우주 내에서 팽창하는 껍질의 가속은 단지 껍질내부에 놓여있는 유체에 의해서만 결정된다.[9] 식 (6.51)은 가속은 ρ, P, R 외에 어떤 인자에도 종속되지 않음을 보여준다. 버코프 정리는 일반상대성이론이 포함될 때도 성립하기 때문에, 우주론을 연구하는데 아주 중요하다.

식 (6.10), 식 (6.50)과 식 (6.51)에 3개의 미지수 R, ρ, P가 있다: 그러나, 방정식들은 서로 독립적이지 않다; 이 식 가운데 R, ρ 그리고 P에 대한 이들 두 개 방정식을 풀기 위해서 이 변수들 사이에 성립하는 3번째 식인 상태방정식이 필요하다. 그런 상태방정식은 일반적으로

$$P = wu = w\rho c^2 \tag{6.52}$$

로 표시되는데, 여기서 w는 상수이다. 간단히 말하면, 압력은 유체의 에너지밀도에 비례한다. 예를 들어, 압력이 없는 티끌형태의 질량에 대해서는 $w_m = 0$이고, $P_{\mathrm{rad}} = u_{\mathrm{rad}}/3$(식 3.11)(2권)의 상태방정식을 지닌 흑체복사에 대해서 우리는 $w_{\mathrm{rad}} = 1/3$을 얻는다. 일반적인 상태방정식, 식 (6.52)를 유체방정식, 식 (6.50)에 대입해보면,

$$R^{3(1+w)}\rho = \text{constant} = \rho_0 \tag{6.53}$$

이 됨을 쉽게 보일 수 있는데 (문제 6.15), 여기서 ρ_0는 질량밀도의 현재값이다(또는 등가 질량밀도). 압력이 없는 티끌($\omega_m = 0$)에 대해, 식 (6.5)이 성립하고, $R^3\rho_m = \rho_{m,0}$임을 다시 확인할 수 있다.

---

9) 비슷한 결과를 문제 4.2(2권)에서도 얻었음을 떠올려 보라.

감속상수

마지막으로, 우리는 우주팽창의 가속을 기술하는데에 유용한 단위 없는 물리량 하나를 소개한다: 감속상수, $q(t)$로서,

$$q(t) \equiv -\frac{R(t)\,[d^2R(t)/dt^2]}{[dR(t)/dt]^2} \tag{6.54}$$

로 정의된다. $q(t)$의 정의에 음의 부호를 덧붙인 이유는 감속 팽창하는 우주에 대하여 이 값인 언제나 양수 값을 갖도록 하기 위함이었으며, 이 사실과 $q(t)$의 명칭으로부터 20세기의 천문학자들이 우주 팽창이 더디어질 것임에 대한 확신에 추호의 여지도 없음을 알 수 있다.[10] 압력이 없는 티끌우주에 대해

$$q(t) = \frac{1}{2}\Omega(t) \tag{6.55}$$

이 성립하고, 또한 현재 우주에 대하여

$$q_0 = \frac{1}{2}\Omega_0 \tag{6.56}$$

임을 보이는 것은 문제 6.16의 과제로 남겨둔다. 따라서, 압력이 없는 티끌 우주가 편평 우주일 때는 $q_0=0.5$이고, 닫힌 우주와 열린 우주에 대해서는 각각 $q_0>0.5$, $q_0<0.5$이 성립한다.

6.2 우주배경복사

1946년 가모브(George Gamov)는 원소들의 우주함량비를 깊이 생각하고 있었다. 갓 태어난 고밀도의 우주는 매우 뜨거워야 하므로, 이 당시에 핵융합 반응이 격렬하게 일어났을 것임을 깨닫고, 가모브는 우주 초기에 일어난 일련의 핵융합 반응으로부터 여러 원소들의 전 우주적인 함량비 곡선을(그림 9.16, 2권에 제시되어 있다) 설명할 수 있다고 제안하였다.[11] 그러나, 나중에 알퍼(Alpher)와 허민(Robert

10) 6.3절에서 이와 같은 확신은 깨지고 만다.

Hermman, 1914- 1997)의 자세한 계산 결과에 따르면, 가모브의 제안에는 오류가 있음이 밝혀졌다. 그들은 기존의 원자핵에 양성자나 중성자를 그저 하나씩 추가해서 더 무거운 원자핵을 합성하는 데에는 심각한 걸림돌이 있다는 사실을 깨달았다. 핵자가 다섯 개 혹은 여덟 개로 이루어진 원자핵은 안정하지 않기 때문에, 가모브의 제안을 따른다면 ${}^{4}_{2}\mathrm{He}$이 형성될 수 있는 가장 무거운 원자핵이어야한다. (미량 리튬 동위원소 ${}^{7}_{3}\mathrm{Li}$도 초기 우주에서 형성될 수 있다. 이 원자핵은 ${}^{4}_{2}\mathrm{He}$와 ${}^{3}_{1}\mathrm{H}$의 행융합 반응이나 또는 ${}^{4}_{2}\mathrm{He}$와 ${}^{3}_{2}\mathrm{He}$의 융합 반응을 통하여 형성된다. 다만, 후자의 경우 ${}^{7}_{4}\mathrm{Be}$가 먼저 형성되고, 이 핵종이 곧 이어 방사성 붕괴를 일으켜 ${}^{7}_{3}\mathrm{Li}$이 된다.)

당시에는 현재로부터 대략 허블 시간 이전에 존재했던 고온 고밀도의 우주라는 개념 자체에 커다란 문제가 있었다. 허블이 원래 제안했던 허블 상수 $H_0 = 500\ \mathrm{km\ s^{-1}Mpc^{-1}}$의 역수인 허블 시간 $t_H = 1/H_0 = 10^9\ \mathrm{yr}$가 대체적인 우주의 나이가 된다. 그러나, 이 값은 방사성 연대 측정에 의하여 1928년에 이미 지구의 나이가 수십억 년이라고 밝혀졌기 때문에, 우주의 나이가 지구 나이의 고작 수분의 일에 불과하다. 1940년대 후반까지도 추가적인 관측에서도 허블 시간은 $1/H_0 = 1.8\times10^9\ \mathrm{yr}$이어서, 여전히 우주는 곤혹스러울 정도로 젊었다. 지구가 우주보다 더 나이가 많다는 사실은 심각한 모순이었다.

정상 우주모델

1946년 캠프리지 대학에서, 본디(Hermann Bondi, 1919-2005), 골드(Thoma Gold, 1920-2004) 그리고 호일(Fred Hoyle, 1925-2001)은 구미에 맞지 않는 가모브의 빅뱅우주에 대한 대안을 찾으려 시도하였다.[12] 1948년과 1949년에 발표한 논문들에서, 그들은 **정상우주모델**을 제안하였다. 이 모델은 우주론적 원리를 시간으로도 확장하여, 우주가 등방이고 균일하다는 것 외에, 모든 시간에서 똑같게 보인다는 주장을 담고 있다. 정상우주는 시작도 없고 끝도 없다. 이 우주는 무한히로 늙

11) 망명 러시아인인 가모브는 익살맞은 유머를 잘하기로 유명하다. 그의 논문이 처음 발표되었을 때, 가모브는 Hans Bethe를 공동저자로 추가하였다(Bethe에게 알리지 않고). 가모브는 이것이 Alpher(α), Bethe(β) 그리고 Gammov(γ)가 저자인 우주의 시작에 대한 논문이 그리스 알파벳의 첫 세 글자를 이용한 것으로 적절할것이라고 생각했다.

12) 얄궂게도, 빅뱅이란 용어를 만든 사람은 Fred Hoyle이었다. 그는 1950년 BBC 라디오방송에서 "빅뱅아이디어는 검토해보면 심각한 어려움이 생겨난다는 것을 알기 이전부터 나에겐 불만족스럽게 보였다. 왜냐면, 우리가 우리은하를 바라볼 때 그런 폭발이 일어났었다는 조그마한 증거도 보이지 않기 때문이다"고 말하면서, 비웃으면서 이 용어를 사용하였다.

었고, 또 정상우주가 팽창하면서, 물질들이 끊임없이 생성되어 현재 수준의 우주평균밀도가 유지된다. 이 모델에서는 허블시간을 다르게 해석한다; 우주의 특성 나이라기 보다는, t_H는 물질 생성의 특성 시간이 된다. 우주가 시간 t_H에서 크기가 거의 두 배가 된다면, 그 체적은 8배가 커지게 되므로 오늘날의 우주를 유지하기에 필요한 물질생성율은 약 $8\rho_0/t_H = 8H_0\rho_0$가 된다. 공간에서 m^3당 몇 개의 수소 원자 정도가 매 100억년마다 생성되는 것이 필요하며, 이는 관측적으로 측정되기에는 너무 작은 생성율이다. 본래의 정상우주모델에서는, 새로운 물질의 갑작스런 출현에 대해(질량–에너지보존 법칙에 위배되어) "언제", "어디서" 그리고 "어떻게" 출현하는지가 답변되지 않았다. 정상 우주의 매력은 시간 문제의 해결이었다.[13)]

가모브와 그 동료들이 빅뱅 이후 일어나는 핵반응들을 이용하여 우주 함량비 곡선(그림 9.16(2권))을 설명하려 했을 때, 호일(Hoyle)은 항성 내부에서 일어나는 핵반응에 대한 설명을 찾고 있었다. 그는 영국의 두 동료들인 쵸프리 버비지와 마가렛 버비지(Geoffrey & Margaret Burbidge, 각각 이론 물리학자와 천문학자)와 미국 물리학자 파울러(William Fowler, 1911–1995)와 힘을 모았다. 1957년 그들은 오늘날 B^2FH라고 부르는 매우 중요한 논문을 출간하였는데, 이 논문은 4장(2권)과 7장(2권)에 기술한 바와 같이 항성 핵합성이론의 기본 골격을 만들었다.

B^2FH분석은 성공적이었고, 그 결과들은 빅뱅우주론과 정상우주론 모두와 모순이 없었다. 1950년대에 이 두 이론은 지지자도 만났지만 반대자도 만났다. 그러나, 물질의 끊임없는 생성에 대해 미해결된 의문에 덧붙여, 정상이론은 우주에서 관측된 많은 양의 헬륨을 설명하는데 심각한 문제가 있었다. 천문학자들은 우주 바리온물질의 1/4정도(0.274±0.016)가 헬륨 형태로 존재한다는 것을 알아냈다. 더 무거운 원소들의 우주 함량비와 비교해 볼 때, 항성핵합성은 관측된 헬륨의 양을 설명해줄 수 없으며, 특히 탄소, 질소와 산소가 항성의 헬륨핵이 거의 고갈된 결과로 나타난다는 것을 고려해 볼 때 그렇다(2권 7.2절을 떠올려보라). 가모브, 알퍼 그리고 헤르만은 빅뱅이 적어도 헬륨의 함량비를 설명할 수 있음을 보였다. 그러나 그런 격렬한 사건이 일어났다는 증명은 어디에서 찾을 수 있을까? 연구의 영역을 벗어나 있는 사건을 도입한 빅뱅모형을 당시 많은 천문학자들은 비과학적이라고 생각하였다.

---

13) 1952년, Walter Baade 가 두 종류의 세페이드 변광성이 존재한다는 것을 발견했을 때 짧은 허블시간의 문제가 해결되었다. 이 발견에 따라 우주 거리규모의 기본인 주기–광도 관계가 수정되었다.; 4.1절을 보라.

빅뱅 이후 우주의 냉각

$\alpha-\beta-\gamma$ 논문의 주된 아이디어는 초기에 밀도가 높은 우주가 아주 뜨거웠다는 것이다. 이런 뜨겁고 밀도가 높은 우주에서는 광자의 평균자유거리가 아주 짧아서 열역학적 평형을 유지하기 충분하다. 팽창하는 우주가 정확하게 평형이 될 수 없다할지라도, 열역학적 평형가정은 아주 좋은 어림이다. 3.2절(2권)에 기술된 바와 같이, 이런 조건에서 복사장은 흑체복사 스펙트럼을 보인다. 1948년, 알퍼와 헤르만(Alpher & Hermann)은 이들 흑체복사가 우주가 팽창하면서 어떻게 냉각되는 가를 기술한 논문을 발표하였고, 그들은 우주가 현재 5 K의 흑체복사로 꽉 채워져 있다고 예견하였다.

흑체복사의 냉각은 $u=aT^4$의 에너지밀도 식 (3.7)(2권)을 고려하여 유도할 수 있다. 흑체복사에 대해 $\omega_{\rm rad}=1/3$과 $R(t_0)=1$을 지닌 유체방정식 식 (6.53)에 의하면,

$$R^{3(1+w_{\rm rad})}u_{\rm rad}=R^4u_{\rm rad}=u_{\rm rad,0} \tag{6.57}$$

이 된다. 오늘날의 에너지밀도, $u_{\rm rad,0}$은 초기의 값 $u_{\rm rad}$보다 R^4배 작다; R^4 인수에서 R^3은 우주의 체적이 증가했기 때문이고 나머지 R은 광자의 우주론적 적색편이($E_{photon}=hc/\lambda$) 때문에 생긴다. 그래서,

$$R^4aT^4=aT_0^4$$

가 되고, 우리는 현재의 흑체복사 온도가 초기시대의 온도와 사이에

$$RT=T_0 \tag{6.58}$$

의 관계가 있음을 발견한다. 즉, 크기인자와 흑체복사온도의 곱은 우주가 팽창하면서 상수로 유지된다. 우주가 지금 크기의 절반 정도 되었을 때, 우주는 지금보다 두 배 뜨거웠었다.

헬륨이 형성되고 있을 때 초기우주를 지배하고 있었던 바리온 질량밀도와 온도를 고려하여 우주의 현재 흑체 복사 온도를 어림할 수 있다. 수소핵의 융합이 일어나려면 약 $T\simeq10^9$ K과 $\rho_b\simeq10^{-2}{\rm kg\ m^{-3}}$이어야 한다. 만일 온도가 더 뜨거웠다면,

핵융합 반응 사슬에 참여하는 중수소핵이 에너지가 큰 흑체복사에 의하여 광분해를 겪게 되는 반면, 온도가 낮으면 핵사이의 쿨롱장벽을 극복하기 어렵게 한다. 위에 제시한 밀도값은 $^3_2\mathrm{He}$과 이 밖의 다른 원자핵의 관측된 함량을 생성하는 데에 필요한 값이다. 식 (6.5)와 식 (6.17)로부터, 헬륨 형성 시간의 크기인자값이

$$R \simeq \left(\frac{\rho_{b,0}}{\rho_b}\right)^{1/3} = 3.47 \times 10^{-9}$$

정도임을 알 수 있다. 이때, 우주는 현재 크기의 수십억 분의 1밖에 되지 않았다. 크기인자를 $T(R) = 10^9$ K과 조합하면, 흑체복사의 현재온도는 식 (6.58)로부터

$$T_0 = RT(R) \simeq 3.47\ \mathrm{K}$$

로 추정될 수 있는데, 이 값은 1948년 알퍼와 헤르만(Alpher & Hermann)의 최초 논문에서 추정된 5 K 값과 비슷하다. 비인 법칙에 의하여 이제 흑체복사의 최대 에너지 파장이

$$\lambda_{\max} = \frac{0.00290\ \mathrm{m\ K}}{T_0} \simeq 8.36 \times 10^{-4}\ \mathrm{m}$$

임을 알 수 있다.

우주배경복사의 발견

알퍼와 헤르만이 우주가 5 K으로 냉각되었고 현재 흑체복사로 가득차있다고 예견하고 16년이 지난 후, 프린스턴 대학의 디케(Robert Dicke, 1916–1997)와 그의 박사후 연구원인 피블스(P. J. E. Peebles)는 무의식적으로 그들의 작업을 뒤이었다. 1964년, 피블스는 빅뱅으로부터 남겨진 흑체복사는 약 10 K 정도의 온도를 지닐 것이라고 계산하였다. 그러나, 알퍼와 헤르만과는 달리 디케는 잔여복사를 찾는데 관심이 있었다. 그는 이 우주배경복사가 가까이 있는 뉴저지주의 홀름델(Holmdel)의 벨(Bell) 연구소에서 일하고 있던 두 명의 전파천문학자들이 발견하였다는 사실을 알지 못했었다.[14] 펜지아스와 윌슨(Arno Penzias & Robert Wilson)은

14) 흥미롭게도, 쟌스키가 그의 최초 전파망원경을 제작한 곳도 홀름델이다.

▌그림 6.8 최초로 우주배경복사를 동정하는데 사용된 안테나 앞에 선 윌슨(Robert Wilson)과 펜지아스(Arno Penzias)(출처 : AT&T Archives)

새로운 Telstar 위성과 교신하는데 사용되었던 거대한 혼안테나(그림 6.8)로 작업을 하고 있었다. 1년간의 노력에도 불구하고, 이 두 명의 연구자는 신호에 끊임없이 나타나는 잡음을 제거할 수 없었다. 잡음은 하늘의 전방향에서 끊임없이 들어왔고, 펜지아스와 윌슨이 안테나를 깨끗이 청소하고, 틈새와 못자국들에 테이프를 붙이고 또 혼 내부에 둥우리를 친 두 마리의 비둘기들을 제거한 후에도 그 잡음은 계속되었다.[15] 그들은 3 K 흑체복사가 이런 혼신을 야기할 것이란 것을 알았지만, 펜지아스가 피블스의 10 K 배경복사 계산소식을 알기까지는, 어떤 가능한 원인에 대해서도 알아차리지 못했었다.

펜지아스는 디케에게 전화를 걸어, 그를 홀름델에 초청하였고, 1965년에 퍼즐조각들이 최종적으로 다 맞추어지게 되었다. 펜지아스와 윌슨은 우주에 가득차있는 흑체복사를 발견하였는데, 그 복사는 전자기파의 마이크로파 영역에서 $\lambda_{\max} = 1.06$ mm의 피이크 파장을 지니고 있다. 빅뱅의 잔광인 이 복사는 이제 우주의 마이크로파 배경복사(Cosmic microwave background)로 알려져 있는데, 자주 CMB로 줄여서 쓰기도 한다. 디케, 피블스와 프린스톤 대학교의 동료들은 즉시 빅뱅을 강하게 지지하는 우주마이크로파배경복사 이론을 다룬 논문을 Astrophysical Journal Letters에 게재하였고, 펜지아스와 윌슨은 그 동반논문으로 자신들의 발견을 서술한

15) 비둘기들은 약 100 km 떨어진 곳에 풀어주었다. 불행하게도, 그들은 귀소본능이 있는 비둘기여서 나중에 다시 제거해내야 했다.

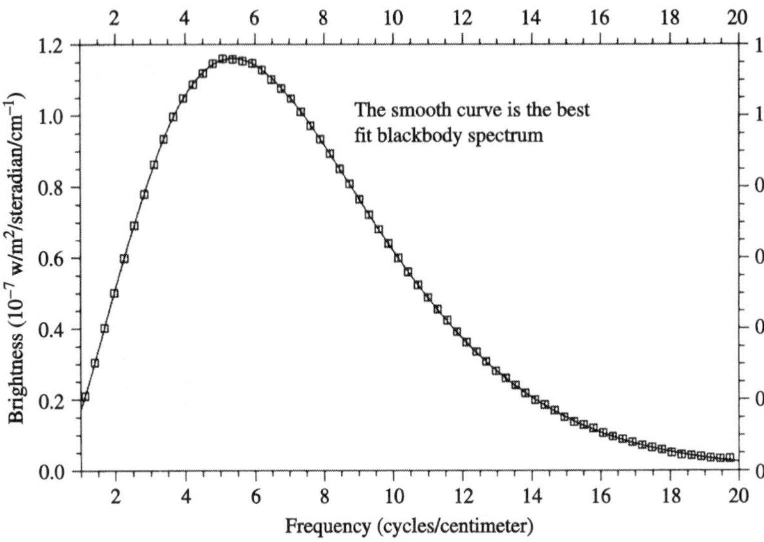

▌그림 6.9 온도가 2.725K인 흑체복사 스펙트럼인 CMB의 COBE 관측. 주파수를 나타내는 x–축은 실제 $1/\lambda(\mathrm{cm}^{-1})$이다; 스펙트럼은 160 GHz에서 피이크를 이룬다(5.35 cycles/cm).(출처 : Mather et al., Ap. J. Lett., 354, L37, 1990)

"4080 MHz에서 안테나 온도초과현상의 측정"이라고 신중하게 제목을 붙인 논문을 발표하였다.

CMB의 발견은 정상우주론의 사망을 알리는 종소리가 되었다. 다른 파장에서 계속된 관측들에 의하여 CMB 스펙트럼의 형태가 흑체복사 스펙트럼이라는 것을 확인하면서, 빅뱅이론을 지지하는 천문학자들의 수가 증가한 반면, 정상우주를 지지하는 천문학자들의 수는 작아지게 되었다. 1991년에, CMB에 대한 놀랄만한 관측이 COBE 위성에 의해 이루어졌다(6.4절). CMB 스펙트럼의 COBE 관측결과가 그림 6.9에 제시되었다. 자료점들은(그 오차가 관측점들 자체보다 작다) 2.725K의 이론적인 흑체복사 스펙트럼과 거의 완벽하게 일치한다. 그림 6.9에서 플랑크 함수, $B_\nu(T)$는 160 GHz에서 최대를 이루는데, 이는 빈의 법칙의 주파수 형태표현인[16],

$$\frac{\nu_{\max}}{T} = 5.88 \times 10^{10}\ \mathrm{Hz\ K^{-1}} \tag{6.59}$$

16) 빈법칙의 이런 표현은 식 (3.24)(1권)에 $dB_\nu(T)/d\nu = 0$ 을 취해서 얻어진다.

에 해당한다. CMB의 WMAP값은

$$[T_0]_{\rm WMAP} = 2.725 \pm 0.002 \text{ K} \tag{6.60}$$

이 되는데 이는 376쪽에 제시한 간단한 추정으로부터 얻은 3.47 K과 아주 근접해 있다.

CMB의 쌍극 비등방성

CMB는 전체우주를 뒤덮고 있다. 이 현상은 어떤 천체로부터 나오는 것이라기보다는 오히려 전체우주가 시공간의 한 점(또는 사건)에 위치해 있을 때 빅뱅(대폭발)에서 생겨난 것이다. 이런 이유 때문에, 허블흐름에 대해 상내적으로 징지해 있는 모든 관측자들은(특이 속도가 없다) 똑같은 CMB 스펙트럼을 관측하게 되는데, 모든 방향에서 똑같은 강도를 지닌다(CMB는 등방성이다). 특히, 허블흐름에 의해 멀리 떨어져가고 있는 서로 다른 은하들에 있는 두 관측자들도 똑같은 흑체복사 스펙트럼을 관측하게 된다.[17]

그러나, 허블흐름에 상대적으로 나타나는, 관측자의 공간 특이운동에 의해 야기된 CMB 도플러편이가 존재한다. 비인 법칙을 이용하면, 파장의 편이는 흑체복사의 온도의 변화로 표현되어질 수 있다. 예를 들어, 작은 청색편이(작은 $\lambda_{\rm max}$)는 약간 높은 온도에 해당한다. 허블흐름에 상대적으로 정지해 있는 관측자가 온도, $T_{\rm rest}$를 지닌 CMB를 관측했다고 상상해보자. 그러면, 문제 6.21에 보여진대로, 허블흐름에 상대적인 특이속도, v를 지닌 관측자에 의해 측정된 온도는,

$$T_{\rm moving} = \frac{T_{\rm rest}\sqrt{1 - v^2/c^2}}{1 - (v/c)\cos\theta} \tag{6.61}$$

이 되는데, 여기서 θ는 관측사의 방향과 운동방향사이의 각도이다. 관측자들 모두 흑체스펙트럼을 보지만, 움직이는 관측자는 앞선 방향($\theta = 0$)에서 약간 뜨거운 온도를 측정하고, 또 반대방향에서는 약간 차가운 온도를 측정하게 된다. 만일 특이속도가 $v \ll c$이면,

17) 두 관측사들이 동일한 우주 나이 일 때 관측하고 있다고 가정한다. 물론 각 은하는 다른 은하들의 옛 모습을 보게 된다.

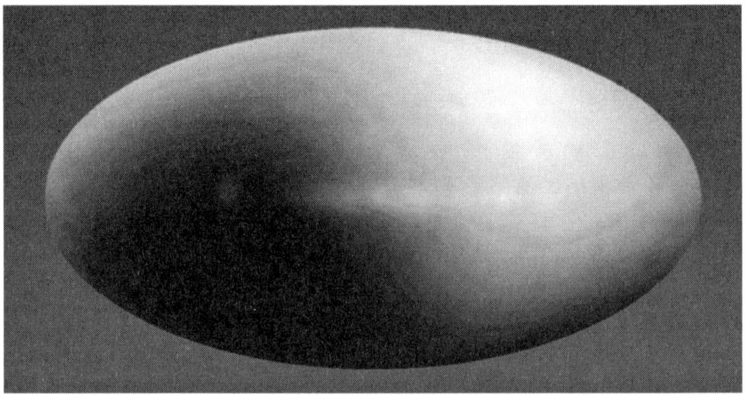

■ **그림 6.10** 은하좌표계로 제시된, 태양의 특이속도에 의해 야기된 CMB의 쌍극자 비등방성. 그림은 53GHz와 90GHz에서 관측된 결과를 합성한 것이다. 밝은 부분이 2.725 K CMB보다 약간 더 뜨겁고, 어두운 부분이 그보다 약간 더 차갑다. 수평의 밝은 현상은 우리은하의 광원에 기인한 것이다.(출처 : Smoot et al., Ap. J. Lett., 371, L1, 1991)

$$T_{\text{moving}} \simeq T_{\text{rest}}\left(1+\frac{v}{c}\cos\theta\right) \tag{6.62}$$

이 된다(증명은 연습문제로 남겨둔다). 오른쪽의 두 번째 항이 발견되어 관측된 바 있는데, CMB의 쌍극자 비등방성이라 부른다(그림 6.10). 온도변화는 허블흐름에 대해 태양이 사자자리와 컵자리 사이의 $(\alpha, \delta)=(11.2^h, -7°)$ 방향으로 370.6 ± 0.4 km s^{-1}의 특이속도를 지니고 움직이는 것을 보여준다. 물론, 태양은 우리 은하를 궤도 운동하고 있고, 우리은하는 국부은하군 내에서 움직이고 있다. 이들 운동들이 다 고려되면, 국부은하군의 허블흐름에 대한 특이운동은 바다뱀자리 중심의 $(\alpha,\delta)=(11.1^h, -27°)$ 쪽으로 627 km s^{-1}이 된다. 이런 관측과 다른 은하들과 은하단들의 속도측정으로부터, 천문학자들은 센타우루스 자리의 $(\alpha,\delta)=(13.3^h, -44°)$ 방향으로 ~ 600 km s^{-1}의 거대규모 흐름운동을 발견하였다. Hydra-Centaurus 초은하단은 또한 허블흐름에 대하여 강물 흐름과 같이 나타나는 섭동을 따라 이끌린다; 4.3절을 보라.

쌍극자 비등방성을 CMB에서 제거하면 잔여복사는 믿을 수 없을만하게 등방이 되어, 모든 방향에서 거의 똑같은 강도를 지니게 된다. 그러나, 민감한 관측기기는 CMB가 더 뜨거운 영역과 더 차가운 영역을 지니고 있음을 보여주었다. CMB는 직경이 1°이거나 이보다 작은 영역들의 쪽모시 세공처럼 보이는데, 이 영역들에서 온도는 평균값(T_0)와 10^5의 일정도 차이가 난다. WMAP와 다양한 지상망원경 그리고 기구실험을 통해 이 영역들을 주의깊게 관측 분석해서 최초의 우주론 모형 변수에 대한 정밀측정이 완성되었는데, 7.1절에서 다루게 된다. 우리는 이번 장과 다음 장에서 이들 변수의 WMAP값을 계속 사용할 것이다.

순야예프-첼도비치(Sunyaev-Zel'dovich) 효과

허블흐름과 같이 움직이는 은하에 있는 관측자는(특이속도가 없어서) CMB의 도플러편이를 관측할 수 없다는 것이 강조되어야 한다. 빛의 속도에 상당치 버금가는 속도로 우리와 멀어져 가고 있는 먼 은하에 있는 관측자는 우리와 똑같은 CMB를 보게 된다. 그 증거는 CMB의 낮은 에너지 광자가 거대 은하단의 뜨겁고($\simeq 10^8$K) 이온화된 은하간 가스를 통과할 때 얻어진다. 극히 일부분의 광자들($10^{-3}-10^{-2}$)이 가스 내의 고에너지 전자들에 의해 더 높은 에너지로 산란이 된다. 이런 역 컴프턴 산란에 의하여 산란된 광자의 주파수는, 평균

$$\frac{\overline{\Delta\nu}}{\nu} = 4\frac{kT_e}{m_ec^2} \tag{6.63}$$

만큼 증가하는데, 여기서 T_e는 전자가스의 온도이다(문제 6.23을 보라). 이 결과 CMB 스펙트럼은 일그러지며, 그림 6.11에 보여졌는데, 이 현상을 열적 순야예프-첼도비치(Sunyaev-Zel'dovich) 효과라 부른다(두 명의 러시아 사람, 천체물리학자 순야예프(Rashid Sunyaev)와 물리학자 첼도비치(Yakov Zel'dovich, 1914-1987)의 이름을 따라 명명됨).[18] 스펙트럼이 더 이상 흑체복사의 정확한 형태는 아니라 하더라도, 높은 주파수로 옮겨간 정도를 측정하여, CMB의 온도 T_0에서 유효온도 감소 ΔT를 정의할 수 있다[19]:

$$\frac{\Delta T}{T_0} \simeq -2\frac{kT_e}{m_ec^2}\,\tau \tag{6.64}$$

---

18) 은하단이 특이속도를 지닌다면, 은하간 가스의 덩어리운동은 산란된 광자의 추가적인 도플러 편이를 생성한다. 이런 CMB스펙트럼의 작은 섭동은 운동학적 순야예프-첼도비치 효과라 부른다.

19) 식 (6.64)의 주된 계수는 스펙트럼의 레일리-진스 영역(장파장영역)에서 단지 -2정도밖에 되지 않는다; 식 (3.20)(1권)과 비교해보라.

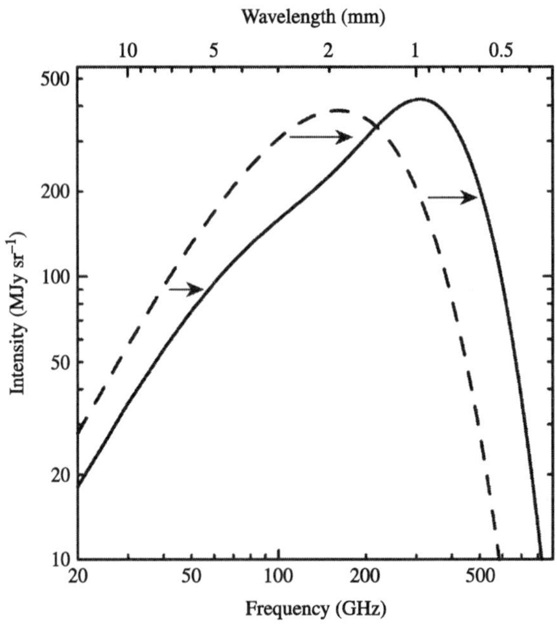

그림 6.11 왜곡되지 않은 CMB 스펙트럼(점선)과 순야예프-첼도비치 효과에 의해 왜곡된 스펙트럼(실선). 거대 은하단에서, CMB 광자는 뜨거운 은하단간 가스에 있는 전자들과 충돌에 의해 높은 주파수로 산란이 된다. 피이크 주파수보다 작은 주파수에 대해서는, 주파수 간격의 안쪽보다는 바깥에서 더 작은 광자들이 산란되어서, 그 주파수에서의 강도가 감소한다. 이와 비슷하게, 피이크 주파수보다 큰 주파수에서는, 주파수 간격의 안쪽보다는 바깥에서 더 작은 양의 광자들이 산란이 되어서, 그 주파수에서의 강도가 증가한다. 전체적인 결과는 CMB 스펙트럼이 높은 주파수 쪽으로 편이되는 것이다. 계산된 왜곡은 전형적인 거대은하단보다 1000배정도 더 무거운 가상의 은하단을 사용하였기 때문에 다소과장되었다. (출처 : Carlstrom, Holder and Reese, Annu. Rev. Astron. Astrophys., 40, 646, 2002)

여기서, τ는 시선방향에서 은하단간 가스의 광학적 깊이이다. $\Delta T/T_0$의 전형적 값은 10^{-4}의 몇 배 정도이다. 많은 은하단들에 대하여 순야예프-첼도비치 효과를 관측하면 이 효과가 은하단의 적색편이와 관계없다는 것을 알 수 있다. 이는 만일 은하단에서 관측된 CMB 스펙트럼이 은하단의 후퇴속도에 의해 영향받지 않는다고 할 때 기대되는 것이다. 그림 6.12는 두 개의 은하단 주변에서의 순야예프-첼도비치 효과를 보여준다. CMB의 우주론적 성질을 확증하는 것에 덧붙여, 순야예프-첼도비치 효과는 초기우주에서 거대은하단의 성질과 진화를 연구하는 좋은 도구가 된다.

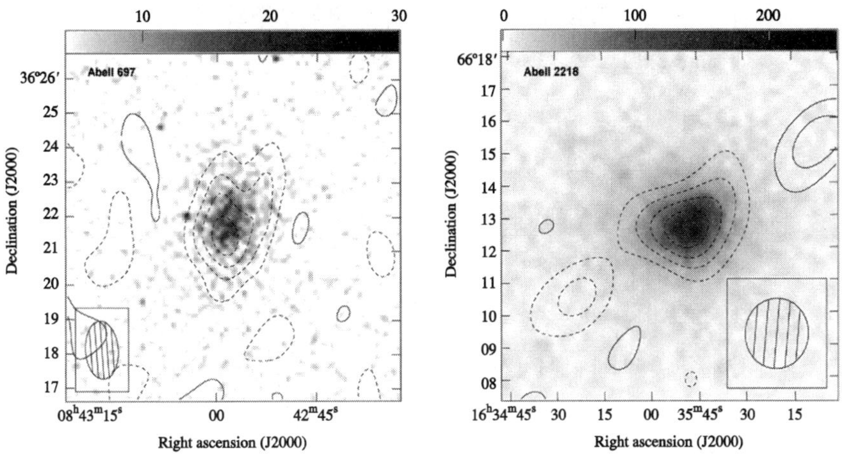

▌그림 6.12 Abell 697 은하단(ΔT=1047 μK, z=0.282)와 Abell 2218 은하단(ΔT=797 μK, z=0.171)의 ROSAT 영상에 중첩된, Sunyaev–Zel'dovich 효과를 보여주는 전파지도. 등고선 간격은 60 μJy(왼쪽)과 80 μJy(오른쪽)이다. 점선의 등고선은 수신된 전파흐름밀도에서의 감소를 나타내준다.(출처 : Jones et al., MNRAS, 357, 518, 2005).

CMB가 특별한 기준계인가?

여러분들에게는 CMB가 등방으로 보이는 기준계가, 4.2절에 서술된 특수상대성이론의 가정에 위배되어, 실제 움직이지 않는 특별한 기준계로 보일 수 있다. 그러나, 우리는 일반상대성이론이 국부적인 관성기준계와 관계된다는 것을 상기해 볼 필요가 있다(11.1절(2권)과 비교해보라). 전체우주를 다 포함할 수 있는 단일 기준계는 존재하지 않는다. 우리는 CMB에 대해 정지한 국부적인 기준계를 정의할 수 있다할지라도, 우리는 또한 가까운 항성들의 운동과 관계되는 국부적인 정지기준계를 정의할 수도 있다(1.2절에 서술된 국부적인 정지기준계). 이들 국부적인 관성기준계들 모두는 임의의 표준 정지계에 관계된 속도를 측정하며, 상대성 원리를 위배하지 않는다.

우주의 두 가지 성분 모델

6.1절에서 우리는 압력이 없는 티끌로만 구성된 단일 성분 우주의 팽창을 공부하였고, 이 우주는 자체 중력 때문에 팽창이 느려진다. 그러나, 질량과 에너지의 상대론적 등가에 의하면, CMB 광자들이 우주 팽창에 주는 효과를 또한 포함해야

한다. 사실, CMB 광자의 중력효과는 초기우주의 역학을 지배하지만, 이 효과는 현재 우주에서는 완전히 무시될 만하다.

이런 새로운 특징을 반영하기 위해, 우리는 두 가지 성분 우주모델을 도입한다. 이 모델은 물질의 전체밀도(바리온물질과 암흑물질을 다 합친), ρ_m와 상대론적 입자의 등가 질량밀도(중성미자와 CMB 광자와 같은), $\rho_{\rm rel}$을 다 포함한다. 우리가 입자를 물질로 간주하거나($\omega_m = 0$), 상대론적 물질로 취급하던($\omega_{\rm rel} = 1/3$인 광자나 중성미자) 또는 (6.3절에서) 암흑에너지로 간주하던지($\omega_\Lambda = -1$)의 여부를 결정해주는 것은 상태방정식, $P = \omega u$(식 6.52)이다. (중성미자 질량효과는 분명 존재하지만, 우리는 0.003정도 되는 $\Omega_{m,0}$값에 대한 중성미자의 기여를 무시하게 될 것이다).

식 (6.53)은 서로 다른 부류에 속한 입자들이 우주의 팽창에 의해 서로 다르게 희석되는 것을 보여준다. 물론, 우주가 더 뜨거웠을 때의 초기기간에는, 더 무거운 입자들이라도 상대론적이었다. 예를 들어, $T > 6 \times 10^9$ K에서 전자가스는 $kT > m_e c^2$가 되어서, 이는 전자가스가 상대론적이며 그 상태방정식은 $w_{\rm rel}$=1/3에 의해 기술됨을 의미한다(문제 6.24를 보라). 그러나, 우리는 이 장의 나머지 부분에서 그런 복잡성을 무시하고 광자와 중성미자를 우리의 유일한 상대론적 입자들로 간주하게 될 것이다.

포함된 물질과 상대론적 입자들을 지닌 식 (6.10)은

$$\left[\left(\frac{1}{R}\frac{dR}{dt}\right)^2 - \frac{8}{3}\pi G\left(\rho_m + \rho_{\rm rel}\right)\right]R^2 = -kc^2 \tag{6.65}$$

이 된다. CMB 광자의 등가질량밀도는 흑체복사의 에너지밀도 식 (3.7)(2권)로부터,

$$u_{\rm rad} = aT^4 \tag{6.66}$$

와 같이 얻어지는데, a는 복사상수이다. 우리는 이를

$$u_{\rm rad} = \frac{1}{2} g_{\rm rad} T^4 \tag{6.67}$$

의 형태로 다시 써 볼 수 있는데, $g_{\rm rad}$는 광자의 자유도이다. g의 값은 스핀상태의 수, $n_{\rm spin}$과 반입자의 존재($n_{\rm anti}$=1 또는 2)를 반영해준다. 광자 하나는 자신의 반입자이고 ($n_{\rm anti}$=1) 이는 또한 $n_{\rm spin}$=2인 상태에서도 존재할 수 있어서, 이는 스핀이 운동에 평행이거나 또는 역평행이거나 하는 두 가지 가능한 편광에 해당한다. 그래서 광자에 대해 기대되는 바와 같이 다음과 같이 된다:

$$g_{\rm rad} = 2 \tag{6.68}$$

중성미자 분리

우리는 우리가 고려하고 있는 다른 상대론적 입자인 중성미자의 작은 질량을 무시하고, 이를 질량없는 입자로 간주하게 될 것이다. 아주 초기 우주는 충분히 밀도가 높아서 중성미자는 열적평형에 도달해 있다. 이 때의 스펙트럼은 흑체복사스펙트럼, 식 (3.22)(1권)와 아주 유사한데, 단지 다른 점은 방정식의 분모에서 "−1"은 중성미자에 대해 "+1"이 된다. 이는 광자가 보제-아인슈타인 통계에 의해 기술되는 보제입자(보존)인 반면, 중성미자는 페르미-디락통계에 의해 기술되는 페르미입자(페르미온)이기 때문에 일어난다; 4.2절(2권)을 떠올려 보라. 우주의 중성미자 배경복사는 아직 관측되지 않았음에도 불구하고(태양 중성미자의 관측조차 쉽지 않다는 점을 생각하면 놀랄만한 일은 아니다), 우리는 중성미자 배경 복사가 존재한다고 확실하고 있다.

중성미자에는 3가지 종류(또는 플레이버, flavor) – 전자중성미자, 뮤온 중성미자 그리고 타우 중성미자 – 가 있으며, 각 중성미자에는 상응하는 반중성미자가 있음을 떠올려 보자. 이 3가지 모든 플레이버들의 전체 에너지밀도는

$$u_\nu = 3 \times \frac{7}{8} \times aT_\nu^4 = 2.625\, aT_\nu^4 \tag{6.69}$$

로 주어지는데, 여기서 7/8은 페르미-디락 통계표현에서 "+1"로부터 유도되며, T_ν는 중성미자의 온도이다. 이전과 같이, 우리는 이 표현을

$$u_\nu = \frac{1}{2}\left(\frac{7}{8}\right) g_\nu T_\nu^4 \tag{6.70}$$

로 바꾸는데, 중성미자에 대해

$$g_\nu = 6 \tag{6.71}$$

이 성립한다.

일반적으로

$$g = (\#\,\text{types})n_{\text{anti}}n_{\text{spin}} \tag{6.72}$$

이 된다. 중성미자의 3가지 형태 각자에 대해 반중성미자가 존재하여 $n_{\text{anti}} = 2$가 되며, 또 중성미자는 하나의 스핀상태(엄밀하게 helicity state이며 중성미자는 모두 left-handed이다.)를 지니고 있어 $n_{\text{spin}} = 1$이 된다. 그래서 우리는 $g_\nu = 3\times2\times1=6$임을 알 수 있다.

우주론에서 T는 보통 흑체 광자들의 온도이다. 그러나, 식 (6.70)의 T_ν는 중성미자의 온도이다. $T > 3.5\times10^{10}$ K에 대해, 이 온도는 거의 같아서 $T=T_\nu$가 된다. 그러나, 온도가 3.5×10^{10} K 아래로 떨어지면서, 우주팽창에 의하여 중성미자의 개수밀도가 희석되어서, 중성미자는 다른 입자들과 상호작용하는 것을 멈춘다. 원래는, 우주가 중성미자 상호작용율보다 더 빨리 팽창하여서, 중성미자는 우주의 다른 구성원들로부터 분리되게 되었다. 중성미자 분리시간 이후로, 중성미자는 CMB와 독립적으로 팽창하였고, 그들 자신의 냉각율에 따라 냉각되었다.

상대론적 입자들의 에너지 밀도

전자와 반전자는 쌍소멸하여 광자에게 꾸준히 에너지를 공급하지만($e^- + e^+ \to \gamma+\gamma$의 과정을 통해) 중성미자에게는 에너지를 공급하지 않기 때문에, 중성미자 온도는 CMB 광자 온도보다는 약간 낮다. 우리 교과서의 수준은 넘어서지만, T_ν가 CMB 광자의 온도 T와

$$T_\nu = \left(\frac{4}{11}\right)^{1/3} T \tag{6.73}$$

의 관계가 있음을 보일 수 있다. 그래서 전체 중성미자 에너지 밀도는,[20)]

20) 인수들 7/8와 $(4/11)^{4/3}$은 자유도를 말해주지 않기 때문에, 그래서 우리는 그들을 g_ν로부터 분리한다.

$$u_\nu = \frac{1}{2}\left(\frac{7}{8}\right) g_\nu \left(\frac{4}{11}\right)^{4/3} aT^4 = 0.681aT^4 \tag{6.74}$$

이 된다. 그래서, 광자와 중성미자 모두의 상대론적 입자들에 대한 에너지 밀도는,

$$u_{\rm rel} = \frac{1}{2} g_* T^4 \tag{6.75}$$

이 되는데, 여기서

$$g_* = g_{\rm rad} + \left(\frac{7}{8}\right) g_\nu \left(\frac{4}{11}\right)^{4/3} = 3.363 \tag{6.76}$$

는 상대론적 입자들의 유효자유도이다. 우리는 또한 상대론적 입자들의 등가질량 밀도를

$$\rho_{\rm rel} = \frac{u_{\rm rel}}{c^2} = \frac{g_* T^4}{2c^2} \tag{6.77}$$

로 정의한다. g_*의 값은 전자–반전자 쌍소멸의 끝 부분 시각인 $t=1.3$초 까지 거슬러서 성립한다. 7장에 기술된, 아주 초기우주의 더 높은 우주에 대해($t < 1\ s$)서는 그러나, 많은 수의 상대론적 입자들이 북적이며 g_*의 값이 그에 따라 점점 증가한다.

식 (6.8)을 이용하면, 식 (6.65)은

$$H^2 [1 - (\Omega_m + \Omega_{\rm rel})] R^2 = -kc^2 \tag{6.78}$$

이 되고, 여기서

$$\Omega_m = \frac{\rho_m}{\rho_c} = \frac{8\pi G \rho_m}{3H^2} \tag{6.79}$$

은 물질(바리온과 암흑물질)의 밀도상수이고, 또

$$\Omega_{\rm rel} = \frac{\rho_{\rm rel}}{\rho_c} = \frac{8\pi G\rho_{\rm rel}}{3H^2} = \frac{4\pi G g_* a T^4}{3H^2c^2} \tag{6.80}$$

은 상대론적 입자들(광자와 중성미자)의 밀도상수이다. 식 (6.78)은 편평한($k=0$) 두 가지 성분우주에 대해, $\Omega_m + \Omega_{\rm rel} = 1$이 됨을 의미한다. $T_0 = 2.725\,\rm K$을 대입하면, 우리는

$$\Omega_{\rm rel.0} = 8.24 \times 10^{-5}$$

임을 알 수 있고, 이는 $[\Omega_{m,0}]_{WMAP} = 0.27$에 비해 아주 작다.

복사시기에서 물질시기로 전이

상대론적 입자들에 대해 $\omega_{\rm rel} = 1/3$임을 생각해보면, 식 (6.53)은

$$R^4\rho_{\rm rel} = \rho_{\rm rel,0} \tag{6.81}$$

임을 알 수 있고, 이는 상대론적 입자들의 등가 질량밀도가 어떻게 크기인자 R에 따라 변화하는지를 보여준다. 이 결과를 무거운 입자들에 대한 식 (6.5),

$$R^3\rho_m = \rho_{m.0} \tag{6.82}$$

와 비교해보면, 우리는 크기인자가 작아지면서 $\rho_{\rm rel}$이 질량밀도 ρ_m보다는 더 급속하게 증가한다는 것을 알 수 있다. 그래서 $R \to 0$이 되면서, 복사(즉 광자들과 중성미자들뿐만 아니라, 모든 상대론적 입자들)가 우세하고 또 우주의 팽창을 지배하는 초기 시대가 있었음이 틀림없다. 이런 복사시대에서 현재의 물질시기로 전이는 크기인자가 $\rho_{\rm rel} = \rho_m$ 또는 $\Omega_{\rm rel} = \Omega_m$을 만족할 때 일어난다. 식 (6.79-6.82)로부터, $\Omega_{\rm rel}$과 Ω_m의 같아짐은 크기인자가

$$R_{r,m} = \frac{\Omega_{\rm rel}}{\Omega_{m,0}} = 4.16 \times 10^{-5}\Omega_{m,0}^{-1}h^{-2}$$

일 때 일어나는데, WMAP의 측정값은

$$R_{r,m} = 3.05 \times 10^{-4}$$

이 된다. 이는

$$z_{r,m} = \frac{1}{R_{r,m}} - 1 = 2.41 \times 10^4 \Omega_{m,0} h^2$$

의 적색편이(식 6.4)에 해당하는데, WMAP값은

$$z_{r,m} = 3270$$

이 된다. 이는 우주가 복사지배기에서 물질지배기로 바뀔 때 적색편이에 대한 WMAP결과인

$$[z_{r,m}]_{\mathrm{WMAP}} = 3233\,^{+194}_{-210}$$

와 아주 좋은 일치를 보인다.

$RT = T_0$(식 6.58)을 이용하면, 이런 전이가 일어날 때의 온도는

$$T_{r,m} = \frac{T_0}{R_{r,m}} = 6.56 \times 10^4 \Omega_{m,0} h^2 \text{ K}$$

이었거나 또는 WMAP값들을 이용하면

$$T_{r,m} = 8920 \text{ K}$$

이 된다. 그래서, 우주가 8920 K으로 냉각되고 또 전형적인 분리 거리가 현재의 4×10^{-4}정도 되었을 때, 상대론적 입자들은 우주팽창을 더 이상 지배하지 못하고, 물질이 지배적인 역할을 떠맡게 되었다.

두 가지 성분 모형 우주의 팽창

이제 우리는 초기우주가 시간에 따라 팽창한 과정을 기술할 준비가 되었다. 크기인자 R이 복사시기동안 어떻게 행동하는지를 알기위해, 우리는 식 (6.81)과 식 (6.82)를 식 (6.65)에 대입하여

$$\left[\left(\frac{dR}{dt}\right)^2 - \frac{8}{3}\pi G\left(\frac{\rho_{m,0}}{R} + \frac{\rho_{\rm rel,0}}{R^2}\right)\right] = -kc^2 \tag{6.83}$$

을 얻는 작업을 시작한다. 초기우주는 원래 편평하기 때문에, $k=0$이라고 놓고 약간의 계산을 하면

$$\int_0^R \frac{R'\,dR'}{\sqrt{\rho_{m,0}R' + \rho_{\rm rel,0}}} = \sqrt{\frac{8\pi G}{3}}\int_0^t dt'$$

을 얻는다. 마지막으로 이를 적분하면, 크기인수 R의 함수로서 우주의 나이에 대한 표현인

$$t(R) = \frac{2}{3}\frac{R_{r,m}^{3/2}}{H_0\sqrt{\Omega_{m,0}}}\left[2 + \left(\frac{R}{R_{r,m}} - 2\right)\sqrt{\frac{R}{R_{r,m}} + 1}\right] \tag{6.84}$$

을 얻게 되는데, 여기서

$$\frac{2}{3}\frac{R_{r,m}^{3/2}}{H_0\sqrt{\Omega_{m,0}}} = 5.51 \times 10^{10} h^{-4}\Omega_{m,0}^{-2}\ {\rm s} = 1.75 \times 10^3 h^{-4}\Omega_{m,0}^{-2}\ {\rm yr}$$

이 된다. 복사우세 우주에서 물질우세 우주로 전이하는 시간 $t_{r,m}$은 $R/R_{r,m}=1$ 놓아 얻을 수 있고, 또 h=0.71과 $\Omega_{m,0}=0.27$의 WMAP값을 이용하면 다음의 결과를 얻는다:

$$t_{r,m} = 1.74 \times 10^{12}\ {\rm s} = 5.52 \times 10^4\ {\rm yr} \tag{6.85}$$

식 (6.84)의 형태는 $R \ll R_{r,m}$가 성립하는 먼 복사시대에서는 단순하게 나타난다. 이런 극한에서는 $\Omega_{m,0}$이 0에 가까우므로,

$$R(t) = \left(\frac{16\pi G g_* a}{3c^2}\right)^{1/4} T_0\, t^{1/2} \tag{6.86}$$

$$= (1.51 \times 10^{-10}\ {\rm s}^{-1/2}) g_*^{1/4} t^{1/2} \tag{6.87}$$

이 된다는 것을 보이는 것은 여러분의 과제로 남겨놓는다(문제 6.27). 이는 복사시기동안 $R \propto t^{1/2}$ 임을 보여준다. $T = T_0/R$을 이용하면, 곧바로 먼 복사 시기의 온도를 구할 수 있다.

$$T(t) = \left(\frac{3c^2}{16\pi G g_* a}\right)^{1/4} t^{-1/2} \tag{6.88}$$

$$= (1.81 \times 10^{10}\ \mathrm{K\ s}^{1/2}) g_*^{-1/4} t^{-1/2} \tag{6.89}$$

다른 극한인 $R \gg R_{r,m}$ 에 대해서, 식 (6.84)는

$$t(R) = \frac{2}{3} \frac{R^{3/2}}{H_0 \sqrt{\Omega_{m,0}}} \tag{6.90}$$

이 되어서, 허블시간에 대해 $t_H = 1/H_0$를 이용하면

$$R(t) = \left(\frac{3}{2} H_0 t \sqrt{\Omega_{m,0}}\right)^{2/3} = \left(\frac{3\sqrt{\Omega_{m,0}}}{2}\right)^{2/3} \left(\frac{t}{t_H}\right)^{2/3} \tag{6.91}$$

이 된다. 기대된 바와 같이, 이는 압력이 없는 티끌로 구성 된 단일성분 편평우주에 대해 식 (6.30)에서 이미 발견한 $R \propto t^{2/3}$의 관계를 보여준다. 식 (6.90)은 $R = 1/(1+z)$를 이용하여 z의 항으로 표현되어

$$\frac{t(z)}{t_H} = \frac{2}{3} \frac{1}{(1+z)^{3/2} \sqrt{\Omega_{m,0}}} \tag{6.92}$$

과 같이 나타나며, 이는 압력이 없는 티끌로 구성된 단일 성분 편평우주에 대한 식 (6.40)과 비교할 수 있다. $R = 1\,(z = 0)$에 대해 이 값을 계산하고 WMAP 값들을 이용하면 우주의 나이가 125억년이 나오는데, 이는 가장 늙은 구상성단의 평균나이보다 10억년이 더 길다(367쪽을 보라). 그러나, 우리가 나중에 보게 되겠지만, 이러한 우주의 나이어림값은, WMAP 결과들을 완전히 분석해보면 알 수 있듯이, 아직 10억년정도 더 짧다.

빅뱅 핵 합성

초기우주에서 가벼운 원소들이 생성되는 과정은 빅뱅 핵합성으로 알려져있다. 우리는 이제, 왜 우주질량의 거의 1/4정도가 헬륨의 형태로 되어있는지 알아볼 준비가 되어있다. 복사시대 동안 시간 t 일 때에 온도는 식 (6.89)에 의해 주어진다. 10^{12} K $(t \sim 10^{-4} s)$보다 작은 온도에서는, 우주가 광자들(γ), 전자–반전자쌍들, 전자 중성미자와 뮤온 중성미자 그리고 그들의 반입자들(ν_e, ν_μ, $\overline{\nu_e}$, $\overline{\nu_\mu}$)로 구성되었다. 또한 더 작은 수 즉, 10^{10}광자 당 5개 정도의 양성자와 중성자가 존재하여서, 다음과 같은 반응을 통해 양성자는 중성자로, 중성자는 양성자로 변환이 꾸준히 일어난다:

$$n \rightleftharpoons p^+ + e^- + \overline{\nu}_e \tag{6.93}$$

$$n + e^+ \rightleftharpoons p^+ + \overline{\nu}_e \tag{6.94}$$

$$n + \nu_e \rightleftharpoons p^+ + e^- \tag{6.95}$$

양성자와 중성자 사이의 질량차이가

$$(m_n - m_p)c^2 = 1.293 \text{ MeV}$$

인 반면, 10^{12} K 에서 입자들의 전형적 열에너지는 $kT \simeq 86$ MeV이기 때문에 이러한 꾸준한 변환은 쉽게 달성되었다. 볼츠만 방정식 식 (2.6)(2권)은 중성자의 개수밀도, n_n과 양성자의 개수밀도, n_p의 평형비가[21)]

$$\frac{n_n}{n_p} = e^{-(m_n - m_p)c^2/kT} \tag{6.96}$$

이 됨을 보여준다. 10^{12} K 에서, 이 비는 0.985이다. 이처럼 높은 온도에서 양성자와 중성자의 질량 차이가 무시될 만하기 때문에, 중성자와 양성자의 개수는 같다.

우주가 팽창하고 온도가 떨어지면서, 반응식(6.93–6.95)가 평형에 도달할 만큼 충분히 빨리 진행되기만 하면, 개수밀도비는 식 (6.96)에 의해 계속 주어진다. 그러나, 자세한 계산을 해보면, 온도가 약 10^{10} K 으로 떨어지면, 이들 반응들에 대한

21) 중성자와 양성자의 똑같은 통계가중치가 식 (8.6)에서는 사라진다.

시간규모는 $1/H(t)$에 의해 주어지는 전형적인 팽창시간규모를 능가하게 된다; 문제 6.26을 보라.

10^{10} K보다 약간 큰 온도에서, 반응률은 두가지 이유 때문에 상당히 감소한다. 첫째, 팽창에 의하여 중성미자의 에너지가 감소되어 그들이 식 (6.92-6.95)의 반응들에 참여할 수 없게 된다. 또한, 바로 그 직후에, 광자의 전형적 열에너지, kT는 쌍생성 과정을 통한 전자-반전자 쌍의 생성($\gamma \rightarrow e^- + e^+$)의 1.022 MeV 문턱에너지 아래로 떨어진다(문제 6.30). 결과적으로, 전자와 반전자는 서로 소멸하고 다시 생성되지 않으므로, 단지 작은 양의 초과 전자들만 남게 된다. 이런 이유로, 중성자들은 그들이 소멸된 만큼 빨리 재공급 되지 않아 이들 반응들이 평형에 도달할 수 있는 여유를 갖지 못한다. 어떤 점에서는, 우주가 신속하게 팽창하는 반면 중성자 생성은 매우 더디다고 말할 수 있겠다. 개수 밀도비는 이제 $T \simeq 10^{10}$ K일 때 $n_n/n_p = 0.223$의 값에서 "고정되게" 된다.

이 시점에서는, 매 1000개 양성자당 223개의 중성자가 존재하고(또는 2000개 양성자당 446개 중성자가 존재하여서 다음 과정에서 사용될 것이다), 또 더 이상의 중성자들이 생성되지 않게 된다. β붕괴 반응(식 (6.93)에서 앞부분 반응)은 그러나 계속되어서, 중성자들을 반감기가 $\tau_{1/2}$=614 s =10.2 min인 β 반응을 통하여 양성자로 변환한다. 아직은 양성자와 중성자들이 결합하여,

$$p^+ + n \rightleftharpoons {}^2_1\mathrm{H} + \gamma$$

반응을 통해 중수소 핵(${}^2_1$H)을 형성할 수는 없는데, 왜냐면 10^9 K보다 큰 온도에서는, 에너지가 큰 복사가 급속하게 핵을 분리해 버리기 때문이다(376쪽을 떠오려보라). 결과적으로, 중성자와 양성자는 온도가 10^{10} K에서 10^9 K으로 떨어질 때까지는 분리되어 존재한다. g_*=3.363인 식 (6.89)에 의하면, 이는 거의

$$t(10^9\ \mathrm{K}) - t(10^{10}\ \mathrm{K}) = 178\ \mathrm{s} - 1.78\ \mathrm{s} \approx 176\ \mathrm{s}$$

이 된다. 방사성 붕괴법칙, [식 (9.10)(2권)]으로부터, 이 정도 시간에서, 이전에 언급한 446개 중성자들은 366개로 감소되고, 양성자수는 2080개로 증가하게 된다.

10^9 K 이하에서는, 중성자와 양성자가 쉽게 결합하여 가능한 많은 중수소핵을 형성한다. 여러 반응들을 거쳐 이제 ${}^4_2$He 형성이 이루어지며, 이는 빅뱅 핵합성에

생성되는 핵들중 가장 단단하게 결합된 핵이다. $^4_2$He 형성을 야기하는 가장 효과적인 반응은

$$^2_1\mathrm{H} + {}^2_1\mathrm{H} \rightleftharpoons {}^3_1\mathrm{H} + {}^1_1\mathrm{H}$$
$$^3_1\mathrm{H} + {}^2_1\mathrm{H} \rightleftharpoons {}^4_2\mathrm{He} + n$$

과

$$^2_1\mathrm{H} + {}^2_1\mathrm{H} \rightleftharpoons {}^3_2\mathrm{He} + n$$
$$^3_2\mathrm{He} + {}^2_1\mathrm{H} \rightleftharpoons {}^4_2\mathrm{He} + {}^1_1\mathrm{H}$$

이다[이런 반응들은 항성의 핵에서 헬륨을 생성하는 pp 고리(식 10.37– 10.45)의 반응들과 다르다.[22]] 미량의 $^2_1$H, $^3_2$He,과 $^7_3$Li 이 나타나지만($^4_2\mathrm{He} + {}^3_1\mathrm{H} \rightarrow {}^7_3\mathrm{Li} + \gamma$ 의 반응으로부터), $^4_2$He 의 함량에 접근하는 함량을 보이는 어떤 다른 핵들이 형성되지 않는다. 그림 6.13은 빅뱅 핵합성에 포함된 반응들의 네트워크를 보여준다. 366개의 중성자와 2080개의 양성자를 지닌 우리의 표본은 183개의 $^4_2$He 를 생성할 수 있는데, 이 과정을 통해 1714개의 양성자($^1_1$H)가 남게 된다. $^4_2$He 핵이 $^1_1$H 핵보다 4배 이상 더 무겁기 때문에, 앞선 분석에 따르면, 우주에서 $^4_2$He 의 질량비가

$$\frac{4(183)}{1714 + 4(183)} = 0.299$$

되어야 한다. 이런 대충의 어림은 관측으로부터 추정된 헬륨의 원시함량비인 23%에서 24% 범위와 일치한다.

원래 사용가능한 모든 중성자들이 $^4_2$He 핵에 합성되었기 때문에, $^4_2$He 함량비는 그 당시의 우주 밀도에 민감하지 않다. 그러나, 이런 방법으로 생성된 중성수소, 헬륨–3과 리튬–7등은 반응이 일어나는 시기의 보통물질밀도에 민감하다. 그림 6.14는 이들 핵들의 함량비를 바리온 물질의 일반적 현재밀도의 함수로 나타내주고 있다. 이론곡선과 관측과의 비교를 해보면, 바리온 물질의 현재 밀도는 아마 2–5$\times 10^{-28}$ kg m^{-3}

22) 헬륨–4가 되는 가장 분명한 반응은 $^2_1\mathrm{H} + {}^2_1\mathrm{H} \leftrightarrow {}^4_2\mathrm{He} + \gamma$이다. 그러나, 이 반응는 "금지된" 반응이고 그래서 아주 무시될 정도로 작은 단면적을 지니고 있다.

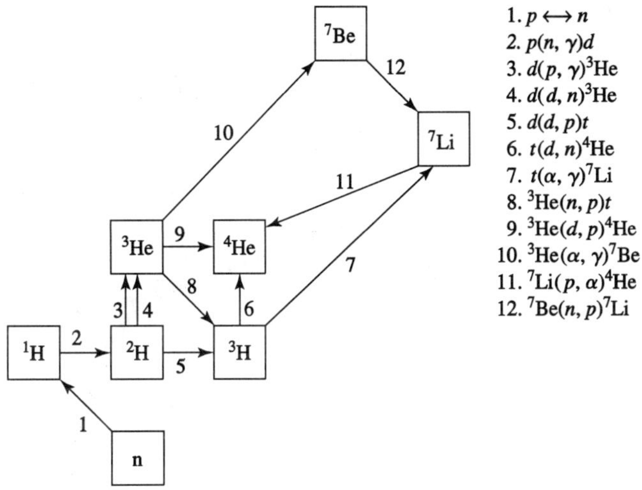

그림 6.13 빅뱅 핵합성을 일으키는 핵반응 네트워크. "d"는 중수소를 뜻하고, "t"는 삼중수소를 의미한다.(출처 : Nollett and Burles, Phys. Rev. D, 61, 123505, 2000)

사이에 놓여 있는 것처럼 보이는데, 이는 임계밀도인 $1.88\times10^{-26}h^2$ kg m^{-3}의 수 %정도밖에 되지 않는다. 항성에 의해 생성되지 않는 가벼운 원소들의 함량비에 대한 이런 설명은 빅뱅이론의 위대한 업적중의 하나이다.

CMB의 기원

우리가 우주팽창의 성질에 대해 설명하였으니, 이제 CMB의 기원에 대한 문제로 되돌아가 보자. 우리가 CMB를 관측할 때 우리는 실제 무엇을 보고 있는가? 아주 초기 우주의 뜨거운 환경속에 있는 많은 전자들은 CMB 광자들을 차단하며, 짧은 거리를 여행해도 곧바로 산란시킨다. 자유전자들에 의한 광자의 산란에 의하여 전자들과 광자들은 열적평형을 유지하는데, 그 결과 이들은 같은 온도를 지닌다.[23] 그러나, 우주팽창 때문에 자유전자들의 개수밀도가 감소하면, 전자에 의한 광자의 산란들 사이의 평균 시간은 점차적으로 우주팽창의 특성시간에 접근하게 된다:

23) CMB 광자는 자유 양성자에 의해서 또한 산란되지만, 광자-양성자 산란에 대한 단면적은 전자들에 대한 톰슨 단면적, 식 (3.20)(2권)보다 m_e^2/m_p^2배만큼 작기 때문에 무시될 수 있다. 전자들과 양성자들 사이의 쿨롱 상호작용은 양성자들을 전자들과 광자들과 열적평형을 유지하도록 해준다.

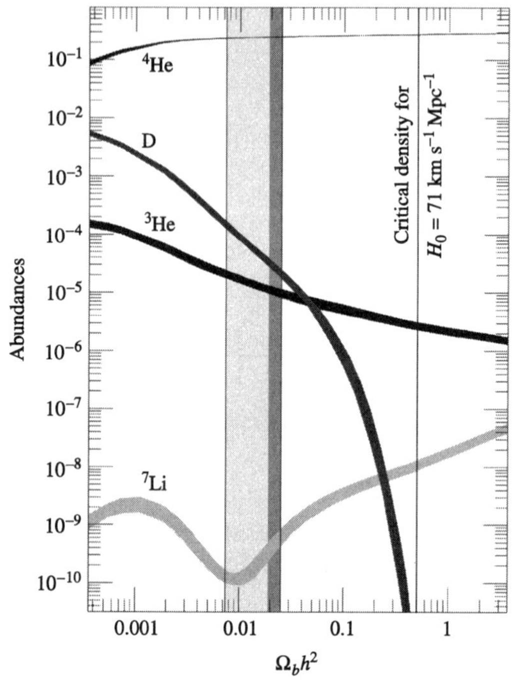

▌그림 6.14 헬륨-4, 중수소, 헬륨-3과 리튬-7의 질량함유량을 우주에서 바리온물질의 현재 밀도의 함수로 계산한 결과. 넓은 띠는 관측된 함유량과 일치하는 영역의 $\Omega_{b,0}h^2$의 영역인 일관성있는 간격을 나타내주고 있다. 일관성있는 간격의 오른쪽 끝부분에 있는 좁고 어두운 띠는 퀘이사의 전면에서 관측되는 높은 z를 지닌 분자성운에서 흡수선들의 라이먼 알파 군을 이용해서 축정한 원시 중수소의 함량비이다. $\Omega_{b,0}h^2$=0.0224인 WMAP 값은 어두운 띠의 중심으로 떨어지며, 임계밀도의 WMAP 값($\Omega_{b,0}h^2 = 1\mathrm{H}^2$=0.504)는 오른쪽에 보여졌다. 이론적인 함량비와 관측된 함량비의 일치가 되는 영역은 10의 9승 크기에 퍼져있음에 주목해 보자.(출처 : Schramm and Turner, Rev. Mod. Phys., 70,303,1998)

$$\tau_{\exp}(t) \equiv \left(\frac{1}{R(t)}\frac{dR(t)}{dt}\right)^{-1} = \frac{1}{H(t)}$$

이 표현은 압력 단위높이의 표현, 식 (4.69)(2권)와 비슷하다. 분리시간이 도달되면서, 광자는 점차적으로 전자들로부터 자유롭게 되어진다.[24)]

만일 전자가 자유전자상태로 계속 존재한다면, 분리는 우주의 나이가 약 2천만 년정도 되었을 때 일어난다(문제 6.32를 보라). 그러나, 우주의 나이가 단지 백 만

24) 386쪽에 있는 중성미자 분리에 대한 논의를 떠올려 볼 수 있다.

년 정도밖에 되지 않았을 때($10^{13}s$), 다른 중요한 사건이 발생하여 우주의 불투명도가 크게 바뀌고 우주는 투명해졌다. 온도가 충분히 냉각되어서 자유전자들이 수소핵과 헬륨핵과 결합하면, 복사와 물질은 따로따로 독립적으로 진화한다. 이런 중성원자의 형성은 때로 재결합이라 부르지만, 전자들과 핵이 이전에 원자로 결합된 적이 없기 때문에 어색한 용어이다. 자유전자들이 사라진 결과 불투명도가 낮아져서 복사와 물질은 분리되고, 광자들이 새롭게 투명해진 우주전체를 방해받지 않고 자유롭게 배회한다. 우리가 오늘날 관측하는 CMB 광자들은 재결합 시기 동안 마지막으로 산란된 것이다.

최근 산란 표면

우리는 지구에 중심을 둔 구형 표면으로 최후 산란표면을 정의하는데, 우리가 관측하는 광자는 이 표면에서 마지막 산란을 일으킨 후 방해 받지 않고 지구까지 도달한 것이다(물론, 우주내 다른 관측자들도 자신들이 최후 산란포면의 중심에 놓여있다). 최후산란표면은 우리가 현재에 관측할 수 있는 가장 큰 적색편이이다. 재결합은 동시에 한꺼번에 일어나지 않기 때문에, 최후 산란표면은 Δz의 두께를 지니고 있다. 태양으로부터의 빛이 그의 광구내 어디에서 마지막으로 산란되듯이, CMB 광자들도 최후 산란 표면의 층내부에서 방출된다.[25] 최근 산란 표면은 분리 시기 이전의 우주를 완벽하게 기리는 키텐이라고 생각할 수 있다. 우주의 가장 초기순간들은 이런 베일 뒤에 숨어 있으므로 간접적으로 연구할 수 밖에 없다.

재결합 조건

재결합 온도는 사하방정식(식 2.8)(2권)을 이용하여서 추정할 수 있다:

$$\frac{N_{\rm II}}{N_{\rm I}} = \frac{2Z_{\rm II}}{n_e Z_{\rm I}} \left(\frac{2\pi m_e kT}{h^2}\right)^{3/2} e^{-\chi_{\rm I}/kT}$$

수소로만 구성되었다고 안순히 가정해보면(이 가정은 옳지 않다), 우리는 예제 2.1.4(2권)와 같이 $Z_I = 2$와 $Z_H = 1$을 사용할 수 있다. 이온화된 수소원자비를 f로 정의하면

25) 태양의 광구와 최후산란표면 사이의 차이는 광구는 공간 두께를 지니는 반면, 최후 산란표면은 적색편이 또는 등가적으로 시간의 항으로 표현되는 두께를 지니고 있다는 것이다.

$$f = \frac{N_{\mathrm{II}}}{N_{\mathrm{I}} + N_{\mathrm{II}}} = \frac{N_{\mathrm{II}}/N_{\mathrm{I}}}{1 + N_{\mathrm{II}}/N_{\mathrm{I}}} \tag{6.97}$$

또는

$$\frac{N_{\mathrm{II}}}{N_{\mathrm{I}}} = \frac{f}{1-f} \tag{6.98}$$

을 얻는다. 이온화된 수소에 대해, 각 양성자당 하나의 자유전자가 존재하여서, $n_e = n_p$, 자유전자의 개수밀도는

$$n_e = n_p = f(n_p + n_H) = \frac{f\rho_b}{m_H} \tag{6.99}$$

처럼 f 에 종속되는데, 여기서 ρ_b는 바리온물질 밀도이다. 식 (6.97)로부터 식 (6.99)를 얻는 과정에서, N_I는 중성수소원자의 개수밀도인 n_H에 해당하고, N_{II}는 양성자의 개수밀도(이온화된 수소원자) n_p에 해당한다는 것을 주목한다. 식 (6.82)를 이용하면, 이는

$$n_e(R) = \frac{f\rho_{b,0}}{m_H R^3} \tag{6.100}$$

로 쓰여질 수 있다. 식 (6.98)과 (6.100)을 사하방정식에 대입하고, 흑체온도에 대해 식 (6.58)을 사용하면,

$$\frac{f}{1-f} = \frac{m_H R^3}{f\rho_{b,0}} \left(\frac{2\pi m_e k T_0}{h^2 R}\right)^{3/2} e^{-\chi_I R/kT_0} \tag{6.101}$$

이 얻어지는데, 여기서 $T_0 = 2.725$ K이고 $\chi_I = 13.6$ eV이다. 이 식을 수치적으로 풀어 해를 구하면, 우주가 충분히 냉각되어 전자와 양성자들의 절반정도가 수소원자로 결합되었음을($f = 0.5$) 알수 있다. 이 때 크기인자 값은 약 $R \approx 7.25 \times 10^{-4}$ ($z \approx 1380$)이 되는데, 이는 약 2760K의 온도에 해당한다(또 다시 식 (6.58)로부터).

더 자세하게는, 분리 시기의 적색편이에 대한 WMAP값은(즉, 최후 산란표면)은

$$[z_{\rm dec}]_{\rm WMAP} = 1089 \pm 1$$

이 된다. 우리는 이를 재결합과 분리 모두에 대한 적색편이값으로 택한다. 식 (6.4)와 식 (6.58)을 이용하면,

$$T_{\rm dec} = T_0(1 + z_{\rm dec}) = 2970\ \rm K$$

의 재결합온도를 얻게 된다. 이는 몇몇 원자들의 형성에 의해 생성된 광자들이 다른 원자들에 의해 흡수되고, 이들 원자들을 여기상태로 만들어서 이들이 더 쉽게 이온화될 수 있기 때문에 3760 K이란 우리의 추정보다 작은 값이 된다. 그래서, 약간 더 낮은 온도에서 재결합이 일어난다. 재결합보다 더 이른 때에는, 복사온도와 물질온도가 같은 반면, 재결합 후에는, 복사온도와 물질온도가 서로 다르다는 사실은 중요하다. 본 교과서의 나머지 부분에서는, 재결합 이후에 언급되는 온도는 복사온도(CMB의 온도)이다.

재결합과 분리가 일어나는 시간에 대한 WMAP값은 다음과 같다:

$$[t_{\rm dec}]_{\rm WMAP} = 379^{+8}_{-7}\ \rm kyr \tag{6.102}$$

물론, 이런 사건들은 단숨에 일어나지는 않는다; 분리시간간격의 WMAP값은

$$[\Delta t_{\rm dec}]_{\rm WMAP} = 118^{+3}_{-2}\ \rm kyr$$

이다. 이는

$$[\Delta z_{\rm dec}]_{\rm WMAP} = 195 \pm 2$$

의 두께(적색편이에서)를 지닌 최후 산란 표면에 해당한다.

정밀한 우주론의 시작

이 절을 마무리하기 전에, 우주의 초기상태를 설명하기 위해, 잠시 간단한 수학의 힘을 이용해 볼 가치가 있다. CMB가 발견되기 이전에, 초기우주에 대한 이론을 세우는 일을 많은 물리학자들은 진정한 과학이라고 여기지 않았다. 이 관점은 와인버그(Steven Weinberg)가 그의 책 "최초의 3분간"이란 책에서 잘 기술되었다:

> 이러한 일은 물리학에서는 다반사로 일어난다. 우리 이론을 그저 그러려니 한 수준에서 받아들였다는 점에서 우리는 실수를 저질렀으며, 실제로 우리는 이론들을 몹시 심각하게 받아 들였어야만 했다. 우리가 책상 머리에 앉아 끄적거리는 숫자들이나 방정식이 실제 세계를 제대로 기술하고 있다는 점을 깨닫기란 참으로 어려운 일이다. 1965년에 3° 배경 복사를 발견하면서 이룩한 최대 업적은 초기 우주가 정말로 존재했었다는 이론을 이제는 몹시 심각하게 받아 들여야만 한다는 점일 것이다.

1996년에 본 교과서의 초판이 출판되었을 때, WMAP(Wilkonson Microwave Anisotropy Probe)의 결과는 우주론을 거의 상상하지 못할 수준으로 끌어올렸다. 2003년 2월 11일, WMAP 기자회견에서 소견을 피력한 천체물리학자 바콜(John Bahcall)은 다음과 같이 말했다:

> 모든 천문학자는 WMAP의 결과들을 처음 들었을 때 자신들이 어디 있었는지 잊지 못할 것이다. 나는 분명히 잊지 못할 것이다. 우주론에 대해서는 오늘의 공식적인 발표는 추측으로서의 과학에서 정밀한 과학으로 가는 "통과의례"가 될 것이다.

6.3 상대론적 우주론

실제 우주론적 거리에 있는 천체들의 외관은 지구로 향하는 빛이 통과하는 시공의 곡률에 의해 영향을 받는다. 먼저 단순한 비유를 설정하여 공부한 후에 아인슈타인의 일반 상대성 이론만이 줄 수 있는 더욱 포괄적인 묘사를 하여, 우주의 전체적인 기하학적 성질을 가장 잘 이해할 수 있을 것 같다.

유클리드기하, 타원기하 그리고 쌍곡선기하

평면기하의 기초는(편평우주에 적합한) 기원전 300년경 유클리드가 제시하였다. 13장으로 구성된 유클리드의 '기하학 원론'이란 책에는 465개의 정리들이 있다. 이들 정리들은, 차례차례, 자명한 사실들을 포함하여서 증명없이 제시되는 5개의 공리들로부터 유도된다. 유클리드의 표현으로는,

1. 어느 점에서 다른 점까지 직선을 긋는 것이 가능하다.
2. 하나의 직선에서 연속되는 유한의 직선을 만들 수 있다.
3. 어떤 중심과 거리(반경)를 지닌 원을 그릴 수 있다.
4. 모든 직각은 동일하다.

유클리드의 5번째 공리에 대한 진술은 어색하며 분명치 않다.

5. 두 개 직선을 지나는 직선이 두 개의 직각보다 작은 면에서 내부각을 이룬다면, 두 개 직선은 두 개의 직각보다 작은 각을 이룬 쪽에서 만난다.

잠깐 생각해보면, 유클리드의 다섯 번째 공리는 평행선의 성질과 관련된다는 것을 알 수 있다.[26] 영국의 수학자, 플레이페어(John Playfair, 1748-1819)가 제시한 다음의 명제와 동일하다:

5a. 평면에서 선 L과 L에 놓여있지 않은 한 점 P가 주어진다면, P를 통과하며 L에 평행한 선이 오직 하나만 존재한다.

그림 6.15(a)는 유클리드 기하에서 평행선 가정에 대한 플레이페어의 명제를 설명해주고 있다.

유클리드의 5번째 공리가 어색해 보였으므로, 많은 수학자들은 이 명제가 앞의 나머지 4개의 공리로부터 유도될 수 있을 지도 모른다고 생각하였다. 19세기에 수학자들은 평행선 공리를 부정하면 모순이 일어남을 증명할 수 있을 것이라고 생각하여 여러 가지 시도를 하였다. 모순을 찾는 증명법 즉, 귀류법에 의하여 평행선 공리를 증명할 수 있다면, 평행선 공리는 더 이상 공리로서 자격을 유지하지 못하고, 나머지 공리들로부터 유도되는 하나의 정리가 될 것이다. 모순을 찾을 것이라는 기대는 무너지고, 놀랍게도 몇몇 유명한 수학자들은 유클리드 기하학과 마찬가지로 모순 없이 일관된 새로운 기하학 체계를 얻었다.

26) 유클리드는 평행선을 같은 평면에 있고 양방향에서 무기한으로 만들어져서, 어느 방향에서도 만나지 않는 직선들로 정의한다.

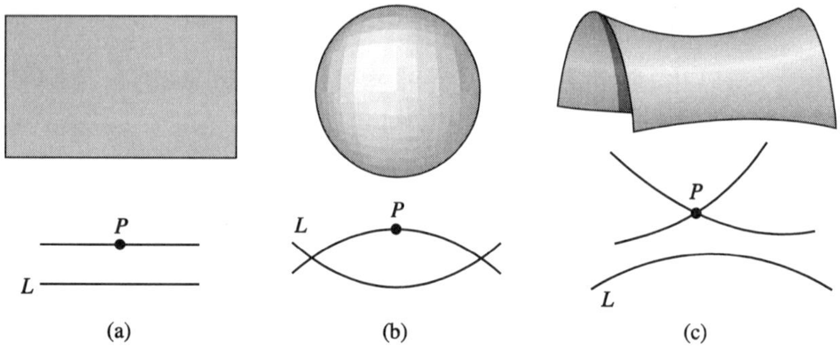

그림 6.15 3개의 선택적인 기아에 대해 설명된 평행가정 : (a) 유클리드 기하, (b) 타원 기하, (c) 쌍곡선기하

이들 수학자들 중 주요학자들은 가우스(Carl Frederich Gauss, 1777–1855), 로바케프스키(Nikolai Lobachevski, 1793–1856), 볼예이(Janos Bolyai, 1802–1860) 그리고 리만(Bernhard Riemann, 1826–1866)이다. 3가지 서로 다른 다섯 번째 고리들이 존재하는데, 이들 각각의 공리들로부터 완전히 잘 기술된 기하학 체계를 얻을 수 있다. 1868년에, 두 개의 추가적인 비유클리드 기하들이 유클리드의 원래 버전과 논리적으로 일치한다는 것이 증명되었다. 유클리드 기하에 대해 위에 기술된 플레이페어의 평행선 공리에 덧붙여, 리만에 의해 개발된 타원기하의 평행선 공리가 존재한다:

5b. 평면에서 선 L과 L에 놓여있지 않은 한 점 P가 주어진다면, P를 통과하며 L에 평행한 선은 존재하지 않는다.

그림 6.15(b)가 보여주는 바와 같이, 이는 공 표면의 기하를 서술해주고 있는데, 여기서 구의 적도에 수직인 곳에서 출발한 두 선은 극에서 만난다. 타원기하에서, 삼각형의 내각을 합하면 180° 보다 크고, 원주길이는 $2\pi r$보다 작다.

반면에, 쌍곡선기하의 5번째 공리는, 가우스, 볼예이와 로바케프스키에 의해 독립적으로 개발되었는데, 유클리드 기하보다 더 일반적이다:

5c. 평면에서 선 L과 L에 놓여있지 않은 한 점 P가 주어진다면, P를 통과하며 L에 평행한 선은 적어도 2개 존재한다.

그림 6.15(c)는 말안장 형태의 쌍곡면에 적용되는 기하를 보여주고 있다. 점 P를 지나는 것으로 보이는 두 선들 중 어느 선도 L과 만나지 않고, 그래서(이 예에서) 무한대로 많은 직선을 그을 수 있다. 쌍곡선 기하에서는, 삼각형의 내각의 합은 180° 보다 작고, $2\pi r$보다 크다.

평행선공리의 논리적 독립성은 이 가정이 유크리드의 이전 가정들로부터 유도될 수 없음을 의미한다. 임의적으로 어떤 기하학 체계를 선택해도 좋으며, 3가지 모두 수학적 관점에서는 동등하게 타당하다. 이들 3개 기하들 중 어느 것이 물리적 우주의 공간구조를 서술해주는가 하는 것이 관측에 의해 경험적으로 대답해야 할 문제이다. 가우스 자신은 그가 독일 하노바의 영토 측량을 관리하던 1820년 초에 그런 실험을 수행하였다. 큰 삼각형을 이루고 있는 3개의 산꼭대기(가장 긴 쪽의 길이가 107 km)사이의 거리를 주의 깊게 측정한 후에, 그는 – 관측 오차범위 내에서 – 삼각형의 각도의 합이 180도라고 단정지었다. 가우스 실험의 정확도는 지구 표면 근처의 공간 휘어짐을 측정하기에 충분하지 않았다.

휘어진 시공에 대한 로버트슨–워커 계량

어떤 질량이 큰 천체를 둘러싸고 있는 시공은 실제 휘어져있다. 11.2절(2권)에 서술된 바와 같이, 곡률은 쉬바르츠실트 계량, 식 (11.22)(2권)의 방사방향 항으로 나타난다. 그러나, 쉬바르츠실트 계량은 물체의 피부 공간에서만 성립한다. 우리는 6.1절의 티끌로 채워진 우주의 시공을 서술하려면 다른 계량을 찾아내야 한다. 이런 계량의 유도가 본 교과서의 수준을 넘어서기는 하지만, 다음의 논증은 그 성질들의 일부를 명확하게 하는데 도움을 줄 것이다. 계량을 찾는 작업은 우주론적 원리에 의해 약간 쉽게 얻어진다. 균질하고 등방우주에서는, 공간의 곡률이 시간에 따라 변한다 할지라도, 곡률은 빅뱅이후 주어진 시간에서는 어느 곳에서나 같은 값을 지님이 분명하다.

2차원 표면의 곡률을 고려하는 것부터 시작해보자. 곡률은 아주 정확한 수학적 의미를 지니고 있다; 예를 들어, 반경 R인 구는 일정한 곡률 K를 지니고 있는데, $K \equiv 1/R^2$로 정의된다. 가우스는 어떤 표면의 곡률이, 그 표면의 임의 거리에서, 국부적으로 결정되어질 수 있음을 알아차렸다. 반경 R인 구의 곡률이 구의 표면에 있는 아주 작은(그렇지만 재간이 있는) 개미가 어떻게 측정할 수 있는지를 상상해보자. 구의 표면에서 자유롭게 움직일 수는 있지만, 바깥을 바라보거나 또는 구를 전체로 관망하는 것은 불가능하다. 어떻게 탐구심 깊은 개미가 구의 곡률을 결정할 수 있을까?

구의 북극에서 시작해서 (이 점을 P라 하자; 그림 6.16), 개미는 P로부터 거리가 D인 모든 점들을 표시해 볼 수 있다. 이 점들을 다 이어보면, P가 중심에 놓인 원이 된다. 이 개미는 이제 원주, $C_{\rm meas}$를 측정하고, 이를 기대되는 값, $C_{\rm exp}=2\pi D$와 비교한다. 그러나, 이 두 값은 같지 않다; $D=R\theta$이기 때문에,

$$C_{\rm exp}=2\pi R\theta$$

이 되는 반면,

$$C_{\rm meas}=2\pi R\sin\theta=2\pi R\sin(D/R)$$

이 된다. 개미가 이 두 원주값들의 상대적 차이를 기대되는 원의 면적, $A_{\rm exp}=\pi D^2$으로 나누고, 6π를 곱하면, 결과는 ($D\to 0$의 극한에서) 구의 곡률이 된다. 즉, 개미는

$$6\pi\cdot\frac{C_{\rm exp}-C_{\rm meas}}{C_{\rm exp}A_{\rm exp}}=6\pi\cdot\frac{2\pi D-C_{\rm meas}}{(2\pi D)(\pi D^2)}=\frac{3}{\pi}\frac{2\pi D-C_{\rm meas}}{D^3}$$

의 값으로 시작한다. C_{meas}를 치환하고, 영리한 개미는 이제 $\sin(D/R)$에 대한 테일러 급수를 취해,

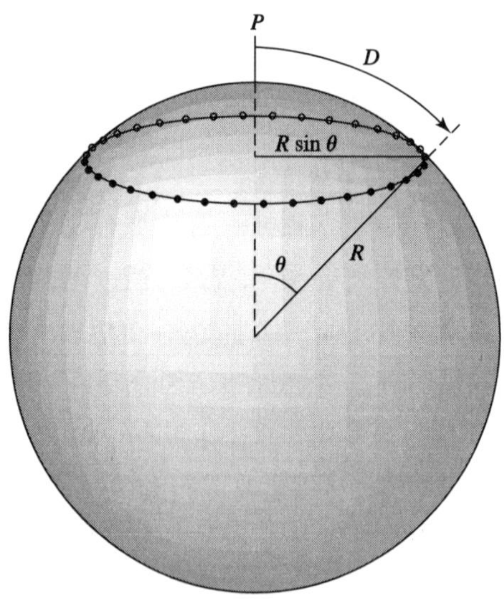

▮ 그림 6.16 구의 곡률을 국부적으로 측정하기

$$\frac{3}{\pi}\frac{2\pi D - 2\pi R\sin(D/R)}{D^3} = \frac{6}{D^3}\left\{D - R\left[\frac{D}{R} - \frac{1}{3!}\left(\frac{D}{R}\right)^3 + \frac{1}{5!}\left(\frac{D}{R}\right)^5 + \cdots\right]\right\}$$
$$= \frac{1}{R^2} - \frac{1}{20}\frac{D^2}{R^4} + \cdots$$

을 얻는다. $D\to 0$의 극한에서, 이는 구의 곡률은 $1/R^2$이 된다. 사실, 규칙

$$K = \frac{3}{\pi}\lim_{D\to 0}\frac{2\pi D - C_{\text{meas}}}{D^3} \tag{6.103}$$

은 2차원 표면의 임의의 점에서 곡률을 계산하는데 사용할 수 있다(그림 6.17). 편평면에 대해 $K=0$인 반면, 말안장 같은 쌍곡면에 대해서는 측정된 원주가 $2\pi D$보다 크기 때문에 K는 음수가 된다.[27]

균일하게 티끌로 채워진 우주의 시공 계량을 구하는 다음 단계는 어떻게 작은 거리를 2차원에서 측정할 수 있는가를 고려해 보는 것이다. 평면에 대해, 극좌표계는 변수들에 대해 적당한 선택이고, 평면에서 근접한 점들, P_1과 P_2사이의 거리소 dl은(그림 6.18(a))

$$(d\ell)^2 = (dr)^2 + (r\,d\phi)^2$$

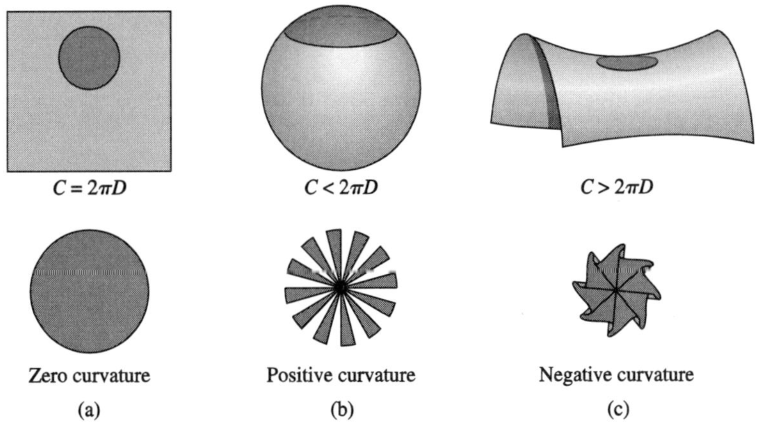

그림 6.17 3개의 기하에 대한 곡률계산하기 : (a) 평면, (b) 구의 표면, (c) 쌍곡면의 표면

27) 불행하게도, 쌍곡면의 표면이(구와 같지 않게) 무한의 면적을 지니고 있기 때문에, 음의 곡률을 가시화하는 것은 불가능하다. 우리는 쌍곡면 표면을 전체적으로 보기위해 "뒤로 물러설 수"없다.

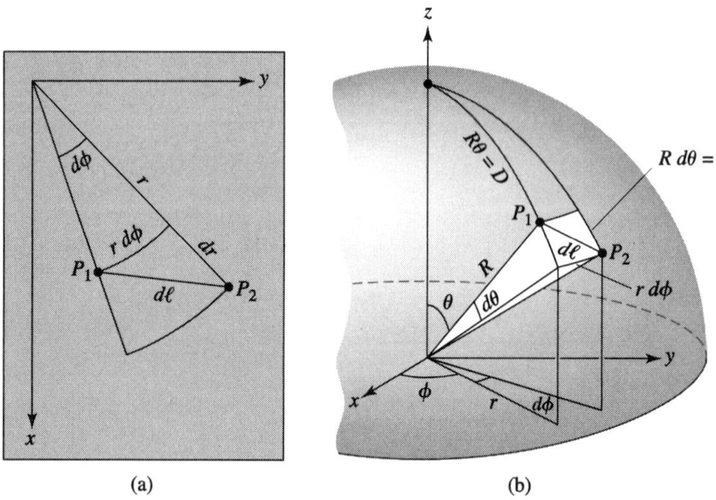

▌**그림 6.18** (a) 평면과 (b) 구표면에 대해 측정된 거리소 dl

로 주어진다.

극좌표계는 또한 구 표면에 근접한 2개의 점들 사이의 미소거리를 측정하는 데도 사용할 수 있다. 예를 들어, 우리는 이전에 살펴본 반경 R과 곡률 $K=1/R^2$을 지닌 구표면을 다시 살펴보려 한다. 그림 6.18(b)에서 보는 바와 같이, P_1과 P_2 사이의 미분거리 $d\ell$은 이제

$$(d\ell)^2 = (dD)^2 + (r\,d\phi)^2 = (R\,d\theta)^2 + (r\,d\phi)^2$$

로 주어진다. 그러나, $r = R\sin\theta$이기 때문에, $dr = R\cos\theta d\theta$가 되고, 또

$$R\,d\theta = \frac{dr}{\cos\theta} = \frac{R\,dr}{\sqrt{R^2 - r^2}} = \frac{dr}{\sqrt{1 - r^2/R^2}}$$

이 된다. 구표면에서 미분거리는

$$(d\ell)^2 = \left(\frac{dr}{\sqrt{1 - r^2/R^2}}\right)^2 + (r\,d\phi)^2$$

로 평면 극좌표계 r과 ϕ의 항으로 표시된다. 더 일반적으로, 2차원 표면의 곡률,

K의 항으로

$$(d\ell)^2 = \left(\frac{dr}{\sqrt{1-Kr^2}}\right)^2 + (r\,d\phi)^2$$

와 같이 표현된다.

극좌표계를 구면좌표계로 변환하면 3차원으로 쉽게 확장할 수 있으며,

$$(d\ell)^2 = \left(\frac{dr}{\sqrt{1-Kr^2}}\right)^2 + (r\,d\theta)^2 + (r\sin\theta\,d\phi)^2 \tag{6.104}$$

여기서 r은 이제 원점에서부터 방사거리를 나타내준다.

식 (6.104)는 우리의 3차원 우주의 곡률이 공간 거리에 주는 효과를 보여 준다. 2차원 구표면으로부터 한 걸음 물러서서 3차원 공간에 묻힌 구 표면을 보면 2차원 구 표면의 곡률을 볼 수 있지만, 우리 우주의 곡률을 그와 같은 방법으로 보여 주는 네 번째 공간 차원은 존재하지 않는다.

4차원 시공간의 거리 함수 (계량)를 구하는 마지막 단계에서는 '거리'가 관측자에게 동시에 일어나는 두 개 시공간 사건 사이의 '고유 거리'를 의미한다는 점을 명심해야 한다. 팽창하는 우주에서 공간적 거리가 의미를 가지려면, 두 위치는 같은 시각에 존재해야 한다. 균일 하고 등방한 우주에서는 시간이 장소에 따라 다른 빠르기로 흘러가야 할 이유가 없다. 그렇기 때문에, 시간 항은 단순히 $c\,dt$[28]로 주어질 것이다. 우리가 만일 등방의

$$(ds)^2 = (c\,dt)^2 - \left(\frac{dr}{\sqrt{1-Kr^2}}\right)^2 - (r\,d\theta)^2 - (r\sin\theta\,d\phi)^2$$

을 취한다면, 고유거리에 대해 식 (11.18)(2권)은 식 (6.104)와 일치한다. 즉, 미분 고유거리는 이제 $dt=0$일 때 $dL=\sqrt{-(ds)^2}$가 된다.

28) 여러분들은 이를 쉬바르츠실트 계량, 식 (11.22)(2권)와 비교해야 하는데, 여기서 중심질량의 존재는 더 복잡한 시간종속성을 만들어 낸다.

남아있는 것은 이제 이 계량을 단위없는 크기인자 $R(t)$의 항으로 표현하는 것인데, 이는 식 (6.3)의 $r(t) = R(t)\varpi$로 정의된다. 우주의 팽창이 곡률을 포함한 모든 기하학적 성질에 영향을 미치기 때문에, 시간에 따라 달라지는 곡률을 시간에 무관한 상수 k의 항을 써서 정의하는 것이 유용하다:

$$K(t) \equiv \frac{k}{R^2(t)} \tag{6.105}$$

r과 K를 치환해보면

$$(ds)^2 = (c\,dt)^2 - R^2(t)\left[\left(\frac{d\varpi}{\sqrt{1-k\varpi^2}}\right)^2 + (\varpi\, d\theta)^2 + (\varpi \sin\theta\, d\phi)^2\right] \tag{6.106}$$

이 얻는데, 이것이 로버츤–월커 계량으로 알려졌다. 로버츤–월커 계량은 등방의 균일 우주에서 두 개의 사건들 사이의 시공간격을 결정해주는데, 이는 마치 쉬바르츠실트 계량인 식 (11.22)(2권)가 질량이 큰 천체 주변에서 휘어진 시공에서 두 개의 사건들 사이의 간격을 결정해주는 것과 같다. 이런 명칭은 로버츤(Percy Robertson, 1903–1961)과 워커(Arthur Geoffrey Walker, 1909–2001)의 이름을 따서 명명되었는데, 이들은 1930년대 중반에, 위와 같은 식이 서로 독립적으로 등방과 균일우주를 서술하는데 가능한 가장 일반적인 계량이라는 것을 보여주었다.

사실, 우리는 11.2절 (2권)에서 좌표 r을 기술할 때 사용하였던 같은 기법을 써서 휘어진 시공간에서 좌표 ϖ를 정의하고자 한다. 로버츤–워커 계량으로부터, ϖ =0인 점에 중심이 있는 구형 표면의 오늘날($t = t_0$이어서 $R(t_0) = 1$) 면적은 $4\pi\varpi^2$이 된다. 정의에 의하면, 이 표면은 ϖ 좌표계에 놓여있다. 식 (6.106)에서 ϖ는 우주가 팽창하면서 주어진 천체를 같이 동시에 움직이는 좌표임을 기억하는 것이 중요하다. 더욱이, 시간 t는 원래 빅뱅이후 지나간 시간을 측정해주는 우주시간이다. 이는 절대 시간이 아니고, 단지 멀리 있는 관측자의 시계가 어떻게 동기화되어야 하는지에 대한 선택을 반영해준다. 예를 들어, 우주의 다양한 위치에 있는 관측자들은, 이론적으로, 우주배경복사의 정확한 온도나 허블상수의 정확한 값을 이용한 우주론적 원리를 이용하여 그들의 시계를 동기화시킬 수 있다.

프리드만 공식

등방, 균일우주에 대한 아인슈타인의 장방정식 (식 11.15)(2권)을 풀어보면 우주의 동역학적 진화를 크기인자 $R(t)$에 대한 미분방정식의 형태로 기술할 수 있다. 이것이 프리드만 방정식으로,

$$\left[\left(\frac{1}{R}\frac{dR}{dt}\right)^2 - \frac{8}{3}\pi G\rho\right]R^2 = -kc^2 \tag{6.107}$$

러시아의 기상학자이자 수학자인 프리드만(Aleksandr Friedmann, 1888–1925)의 이름을 따서 명명되었다.[29] 1922년, 프리드만은 정지상태가 아닌 우주에 대한 방정식을 얻기 위해 등방의 균일우주에 대한 아인슈타인의 장방정식들을 풀어냈다. 같은 방정식이 독립적으로 1927년 벨기에 목사 르메트르(Abbe Georges Lemaitre, 1894–1966)에 의해 유도되었다.[30]

우주상수

아인슈타인은, 원래 예상했던바와 같이, 장방정식들이 정지된 우주를 만들어 낼 수 없다는 것을 알고 있었다. 허블의 팽창우주 발견은 그 때 당시 아직 이루어지지 않았기 때문에, 1917년에 아인슈타인은 그의 방정식들을 우주론 상수 Λ를 포함한 임시항을 넣어 수정하였다.[31] 이 경우, 아인슈타인이 장방정식들의 일반적인 해는

$$\left[\left(\frac{1}{R}\frac{dR}{dt}\right)^2 - \frac{8}{3}\pi G\rho - \frac{1}{3}\Lambda c^2\right]R^2 = -kc^2 \tag{6.108}$$

이 된다. 우주론 상수만 제외하고는, 이 방정식은 프리드만 방정식과 같다. Λ를 포함한 추가항은 6.1절의 뉴턴 우주론으로부터 나올 수 있는데, 즉 위치에너지 항인

29) 일반 상대성이론에 의하면, 밀도 ρ는 식 (6.77)에서처럼 광자와 중성미자의 등가 질량밀도를 포함하고 있다.

30) 르메트르는 현재 우주가 매우 높은 밀도에서 시작되어 진화한 것이라고 주장한 최초의 과학자이며, 종종 그를 '빅뱅의 아버지' 라고 일컫기도 한다.

31) 어떤 연구자들은 Λ에 c^2를 곱하기도 한다; 본 교과서에서, Λ의 단위는 (길이)$^{-2}$이다.

$$U_\Lambda \equiv -\frac{1}{6}\Lambda mc^2r^2$$

을 식 (6.1)의 왼쪽 항에 추가하면 얻을 수 있다. 질량 m 을 지닌 팽창하는 껍질에 적용된 역학적 에너지의 보존은(6.2절에 기술된) 이제

$$\frac{1}{2}mv^2 - G\frac{M_r m}{r} - \frac{1}{6}\Lambda mc^2r^2 = -\frac{1}{2}mkc^2\varpi^2 \tag{6.108}$$

이 되고, 이 새로운 위치에너지에 기인된 힘은

$$\mathbf{F}_\Lambda = -\frac{\partial U_\Lambda}{\partial r}\hat{\mathbf{r}} = \frac{1}{3}\Lambda mc^2r\,\hat{\mathbf{r}} \tag{6.109}$$

이 되는데(식 2.15를 보라), 이는 $\Lambda > 0$일 때 방사적으로 바깥으로 향한다. 사실상, 양수의 우주론 상수는 질량껍질에 반발력을 생성한다. 이는 아인슈타인이 그의 정적이고 닫혀진 우주가 (불안정한)평형상태에서 중력 폭축과 균형을 이루게 하는 목적을 달성하게 해주었다. 후에, 우주의 팽창이 발견되고 난후에, 아인슈타인은 그의 장방정식에 Λ항을 포함한 것을 후회한다는 표현을 하였고, "내 생애의 가장 큰 실수"라고 회고하였다.

우주론 상수가 0이 아니면, 물질이 전혀 없는 텅 빈 우주조차 휘어질 수 있다. 그러나, 이러한 생각은 시공간의 곡률이 물질에 의하여 나타날 것이라는 자신의 생각과 어긋나기 때문에 아인슈타인은 0이 아닌 우주론 상수라는 개념을 싫어하였다. 4.2절에 언급한 바와 같이, 드 시터(Willem de Sitter)는 Λ항을 들어간 아인슈타인의 방정식을 써서 팽창하는 우주를 기술하였으며, 이 우주는 우주론 상수가 밀어내기 때문에 팽창하는 우주이다. 얄궂게도 허블은 팽창하는 우주에 대하여 1929년에 발표한 자신의 논문에서 드 시터 우주에 등장하는 거리에 따라 달라지는 적편 편이가 자신의 관측을 이론적으로 뒷받침한다고 생각했다.

암흑 에너지의 효과들

자연이 최종권한을 가지고 있다. 그리고, 1990년 후반에, 관측들은 천문학자들이 0이 아닌 우주상수를 인정할 수밖에 없게 했다. 우리는 우주상수의 물리적 근원에 대한 논의를 다음 장으로 미루고, 논의를 하기위해 우주상수의 물리적 근원에게 암흑 에너지란 이름을 부여한다:[32]

32) 암흑 에너지란 개념은 우주론학자 터너(Michael Turner)에서 비롯되었다.

프리드만 방정식을(Λ항을 포함하여) 물질(바리온물질과 암흑물질), 상대론적 입자들(광자와 중성미자)그리고 암흑에너지의 3가지 성분의 우주를 명백하게 다룰 수 있게 해주는 형태로 다시 써보자

$$\left[\left(\frac{1}{R}\frac{dR}{dt}\right)^2 - \frac{8}{3}\pi G(\rho_m + \rho_{\text{rel}}) - \frac{1}{3}\Lambda c^2\right] R^2 = -kc^2 \tag{6.110}$$

유체방정식(식 6.50)은 우주론 상수가 포함된 아인슈타인의 장방정식을 풀면 얻을 수 있다.

$$\frac{d(R^3\rho)}{dt} = -\frac{P}{c^2}\frac{d(R^3)}{dt} \tag{6.111}$$

여기서 ρ와 P는 우주의 모든 성분(우리가 보게 되겠지만 암흑에너지까지도 포함)에 기인한 밀도와 압력이다. Λ가 장방정식들에 포함되었다할지라도, 장 방정식에는 나타나지 않고 있음에 주목해보자. 6.1절에서 했던 것처럼, 프리드만 방정식과 유체방정식을 결합하면

$$\frac{d^2R}{dt^2} = \left\{-\frac{4}{3}\pi G\left[\rho_m + \rho_{\text{rel}} + \frac{3(P_m + P_{\text{rel}})}{c^2}\right] + \frac{1}{3}\Lambda c^2\right\} R \tag{6.112}$$

가속 방정식을 얻을 수 있다(압력이 없는 티끌 우주에 대해 $P_m = 0$일지라도, 완전성을 위해 가속방정식에 포함시켰다).

우리가 암흑에너지의 등가 질량밀도를

$$\rho_\Lambda \equiv \frac{\Lambda c^2}{8\pi G} = \text{constant} = \rho_{\Lambda,0} \tag{6.113}$$

라고 정의한다면, 프리드만 방정식은, 식 (6.65)와 함께,

$$\left[\left(\frac{1}{R}\frac{dR}{dt}\right)^2 - \frac{8}{3}\pi G(\rho_m + \rho_{\text{rel}} + \rho_\Lambda)\right] R^2 = -kc^2 \tag{6.114}$$

이 된다. ρ_Λ는 우주가 팽창하더라도 계속 상수이기 때문에, 계속적으로 더 많은 암흑에너지가 증가하는 체적에 꾸준히 채워진다.[33)]

암흑에너지에 기인한 압력은, 식 (6.111)에서 계산한 바와 같이,

$$P_\Lambda = -\rho_\Lambda c^2 \tag{6.115}$$

이 된다. 그래서 일반적인 상태방정식, $P = \omega \rho c^2$에서 $\omega_\Lambda = -1$이 된다. 이 상태방정식은 지금까지 우리가 만난 다른 어떤 상태방정식과 같지 않다. 양의 부호를 지닌 우주론 상수는 양의 질량밀도와 음의 압력에 해당한다! ρ_Λ와 P_Λ에 대한 표현을 식 (6.112)에 대입해보면, 가속방정식은 다음과 같이 된다:

$$\frac{d^2R}{dt^2} = \left\{-\frac{4}{3}\pi G\left[\rho_m + \rho_{\rm rel} + \rho_\Lambda + \frac{3(P_m + P_{\rm rel} + P_\Lambda)}{c^2}\right]\right\} R \tag{6.116}$$

ρ_Λ와 P_Λ을 포함해보면, 이 방정식은 뉴턴 방정식, 식 (6.10), (6.50)과 (6.51)과 같은 형태를 지닌다. 그러나, 상수 k의 해석이 달라졌다. 6.1절에서, k는 식 (6.1)에 의해서 팽창하는 질량껍질의 역학적 에너지와 관계되었다. 여기에서는, 우주곡률의 현재 값으로 나타났다(식 (6.105)에서 $R = 1$).[34)]

식 (6.8)을 이용하고, 식 (6.12)로부터 $3H^3/8\pi G = \rho_c$임을 회상해보면, 프리드만 방정식은

$$H^2[1 - (\Omega_m + \Omega_{\rm rel} + \Omega_\Lambda)]R^2 = -kc^2 \tag{6.117}$$

로 표시될 수 있는데, 여기서

$$\Omega_\Lambda = \frac{\rho_\Lambda}{\rho_c} = \frac{\Lambda c^2}{3H^2} \tag{6.118}$$

33) 우주상수 Λ가 실제 상수가 아니라는 더 일반적인 모델이 있다. 이들 모델에서는, 암흑에너지가 제5의 원소로 대체되는데, 이는 시간에 종속되는 에너지밀도이다. 우리는 이런 모델을 따르지 않을 것이다.

34) 어떤 교과서에는, 같이 움직이는 좌표계 ϖ의 크기를 조절하여, 편평우주, 닫힌우주 그리고 열린우주에 대해 k값이 0, +1, 그리고 −1이 되도록 한다.

이다. 전체 밀도변수를[35]

$$\Omega \equiv \Omega_m + \Omega_{\text{rel}} + \Omega_\Lambda \tag{6.119}$$

로 정의한다. 이제 프리드만 방정식은

$$H^2(1-\Omega)R^2 = -kc^2 \tag{6.120}$$

이 되어, 편평우주($k=0$)에 대해, $\Omega(t)=1$이 되어야 한다. $t=t_0$인 특별한 경우에서처럼

$$H_0^2(1-\Omega_0) = -kc^2 \tag{6.121}$$

임에 주목하는 것이 유용하다. 식 (6.120)과 식 (6.121)을 식 (6.79), (6.80) 그리고 (6.118)과 같이 사용해보면, 적색편이 z의 함수로 표현된 허블상수는

$$H = H_0(1+z)\left[\Omega_{m,0}(1+z) + \Omega_{\text{rel},0}(1+z)^2 + \frac{\Omega_{\Lambda,0}}{(1+z)^2} + 1 - \Omega_0\right]^{1/2} \tag{6.122}$$

임을 알 수 있다(식 6.27과 비교해보라).

$\Omega_{m,0}$, $\Omega_{\text{rel},0}$ 그리고 $\Omega_{\Lambda,0}$에 대한 WMAP값들은

$$\boxed{\begin{aligned} [\Omega_{m,0}]_{\text{WMAP}} &= 0.27 \pm 0.04 \\ \Omega_{\text{rel},0} &= 8.24 \times 10^{-5} \\ [\Omega_{\Lambda,0}]_{\text{WMAP}} &= 0.73 \pm 0.04 \end{aligned}}$$

인데, 여기서 $\Omega_{\text{rel},0}$은 식 (6.80)에서 얻었다. WMAP(Wilkinson Microwave Anisotropy Probe)로부터 이 값들을 모두 더하면

$$\Omega_0 = \Omega_{m,0} + \Omega_{\text{rel},0} + \Omega_{\Lambda,0} = 1$$

35) 아래첨자 "m", "rel" 또는 "Λ"가 없는 부호 "Ω"는 항상 특별한 모델의 모든 성분에 대한 전체적인 밀도상수이다.

이 됨을 알 수 있는데, 이는 우주는 편평하고($k=0$), 암흑에너지가 이제 우주팽창을 지배하고 있음을 의미한다. 더 자세히 말하면, WMAP 결과는

$$[\Omega_0]_{\text{WMAP}} = 1.02 \pm 0.02$$

인데, 이는 $\Omega_0 = 1$와 일치한다. 오차가 없는 관측이 있을 수는 없으므로, 불확실성을 Ω_0가 정확히 1이 된다는 것을 관측적으로는 증명할 수 없다.

감속상수 (식 6.54)는

$$q(t) = \frac{1}{2}\sum_i (1+3w_i)\Omega_i(t) \tag{6.123}$$

로 다시 쓸 수 있는데(문제 6.42), 여기서 ω는 상태방정식 $P_i = \omega_i \rho_i c^2$으로 부터의 계수인데, 아래첨자 "i"는 우주 성분 중의 하나를 지칭해준다(즉, 압력없는 티끌, 상대론적 입자 또는 암흑에너지). $\omega_m = 0$, $\omega_{\text{rel}} = 1/3$, 그리고 $\omega_\Lambda = -1$ 을 이용하면,

$$q(t) = \frac{1}{2}\Omega_m(t) + \Omega_{\text{rel}}(t) - \Omega_\Lambda(t) \tag{6.124}$$

을 얻게 된다. WMAP 값들로 부터 우리는 감속상수의 현재값이

$$q_0 = -0.60$$

이 됨을 발견한다. 음의 부호는 우주의 팽창이 현대 가속되고 있음을 나타내준다.[36)]

$\Lambda > 0$을 가정하면, 암흑에너지 ρ_Λ의 등가 질량 밀도가 프리드만 방정식의 다른 밀도 항이 우주의 곡률 k에 주는 영향을 덧붙여 기여한다. 그러나, 가속 방정식에서는, 음의 압력 P_Λ는 양의 ρ_Λ이 주는 중력 효과와는 반대로 우주의 팽창을 더욱 빠르게 한다. 이 사실은 가속 방정식(6.112)에 추가적으로 들어간 양의 값을 갖는 항 $\Lambda c^2/3$에 알 수 있다. 그러므로, 우주론 상수가 존재하면, 우주의 기하학적 성질(즉, 열린 우주, 닫힌 우주, 편평 우주)이 ρ_m, ρ_{rel}, ρ_Λ에 의하여 결정되는 우주의 동력학적 성질로부터 분리된다. 뒤에서 공부하겠지만, 우리 우주는 편평하지만,

36) "가속"이라고 할 때, 우리는 $d^2R/dt^2 > 0$을 의미한다.

사고 팽창하고 있다. 이 두 사실은 압력 없는 티끌로 이루어진 단일 성분 우주에서는 나타날 수 없는 조합이다.

Λ 시기

식 (6.114)와 식 (6.116)에서 Λ항들은 크기인자 R이 증가하면서 우세해진다. ρ_Λ는 상수인 반면 질량밀도는 $\rho_m \propto R^{-3}$과 $\rho_{\rm rel} \propto \mathrm{R}^{-4}$로 변하기 때문이다. 우주가 55,000년 정도 되었을 때 복사시기는 질량시기로 변하는 것과 마찬가지로 (식 6.85), 질량시기는 Λ시기로 이어졌다. 암흑에너지는 이제 우주팽창을 지배하게 된다. 질량시기로부터 Λ시기까지 변환은 크기인자가 $\rho_m = \rho_\Lambda$를 만족할 때 일어난다. ρ_Λ이 상수이기 때문에, 식 (6.82)를 쓰면, 변환이 일어나는 시기의 R값은

$$R_{m,\Lambda} = \left(\frac{\Omega_{m,0}}{\Omega_{\Lambda,0}}\right)^{1/3} \tag{6.125}$$

임을 알 수 있다. WMAP값을 대입해보면

$$R_{m,\Lambda} = 0.72 \tag{6.126}$$

을 얻는데, 이는 아래와 같은 적색편이값이다.

$$z_{m,\Lambda} = \frac{1}{R_{m,\Lambda}} - 1 = 0.39 \tag{6.127}$$

WMAP값을 이용한 가속방정식(식 6.43)은 우주의 가속이 크기인자가

$$R_{\rm accel} = 2^{-1/3} R_{m,\Lambda} = 0.57$$

일 때 부호가 바뀌는데(음수에서 양수로), 이는

$$z_{\rm accel} = 0.76$$

의 적색편이에 해당하며, 이 값은 가속이 양이 된 후에 Λ-항이 프리드만 방정식을 지배함을 의미한다. $R \to 0$이 되어갈 때, 우리는 우주론 상수의 효과가 초기우주에서 무시될 수 있다고 추론할 수 있는데, 왜냐면 $\rho_m \propto R^{-3}$이고 $\rho_{\rm rel} \propto R^{-4}$인 반면

(식 6.81과 식 6.82) ρ_Λ는 상수이기 때문이다. 6.1절과 6.2절에서 얻어진 초기우주에 대한 모든 결과들이 현재의 상대론적 우주론에서도 타당하다는 것은 아주 운좋은 결과이다; 문제 6.40을 보라.

편평우주에 대한 크기인자 R의 변화양상은 프리드만 방정식(식 6.114)에서 $k=0$으로 놓으면 얻을 수 있다. 식 (6.79)와 식 (6.118)을 정리하면,

$$t = \sqrt{\frac{3}{8\pi G}} \int_0^R \frac{R'\,dR'}{\sqrt{\rho_{m,0}R' + \rho_{\text{rel},0} + \rho_{\Lambda,0}R'^4}} \qquad (6.128)$$

을 얻는다. 이는 수치적으로 적분할 수 있지만, 간단한 해석적인 함수로 해를 표현할 수 없다. 그림 6.19는 식 (6.128)에 WMAP값을 이용하여 수치적으로 구한 해를 보여주는데, 여기서 복사시기, 물질시기 그리고 Λ시기에서의 크기인자가 서로 다른 양상을 보여주고 있다.

우주의 나이의 근사값을 구하기 위하여 상대론적인 성분이 지배하던 초기 우주의 시기였던 55,000년을 무시하고 $\rho_{\text{rel},0}=0$이라고 놓자. $k=0$에 대해 적분하면 아래와 같은 결과를 얻는다:

$$t(R) = \frac{2}{3}\frac{1}{H_0\sqrt{\Omega_{\Lambda,0}}} \ln\left[\sqrt{\left(\frac{\Omega_{\Lambda,0}}{\Omega_{m,0}}\right)R^3} + \sqrt{1+\left(\frac{\Omega_{\Lambda,0}}{\Omega_{m,0}}\right)R^3}\right] \qquad (6.129)$$

우주의 현재나이는 식 (6.129)에 R=1을 대입하면 얻을 수 있다. $\Omega_{m,0}$과 $\Omega_{\Lambda,0}$에 대한 WMAP값을 사용하면

$$t_0 = 4.32 \times 10^{17}\ \text{s} = 1.37 \times 10^{10}\ \text{yr}$$

을 얻는다. 이 값은 현재까지 획득한 자료로부터 얻은 최선의 우주의 나이값으로 보고된 WMAP값[37]

$$\boxed{[t_0]_{\text{WMAP}} = 13.7 \pm 0.2\ \text{Gyr}}$$

37) 이 교제의 초판본이 출판될 때 저자들은 이런 정확도의 우주의 나이가 2판에 포함될 수 있을지 예측할 수 없었다.

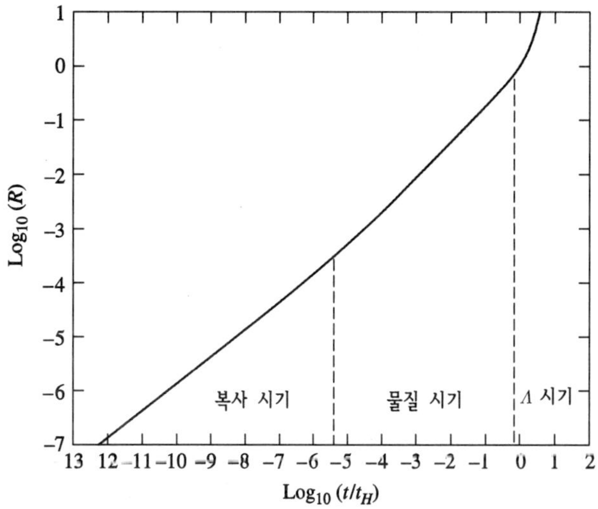

그림 6.19 시간의 함수로서 크기인자 R의 로그함수 그래프. 복사시기 동안에는 $R \propto t^{1/2}$이고, 물질시기 동안에는 $R \propto t^{2/3}$, 그리고 Λ시기 동안에는 R이 지수적으로 증가한다.

과 잘 일치하고 있다.

우주의 가속은 $R = R_{\rm accel} = 0.57$일 때(음의 부호에서 양의 부호로) 부호가 바뀌었다. 식 (6.129)에 의하면, 우주의 팽창은 우주의 나이가

$$t_{\rm accel} = 2.23 \times 10^{17}\ {\rm s} = 7.08\ {\rm Gyr}$$

가 될 때 가속되기 시작했다. 즉, 우주의 팽창은 그 존재의 거의 절반 정도 동안 가속되어 왔다. 이런 이유 때문에, t_0가 허블 시간에 아주 가깝다:

$$t_0 = 0.993\, t_H$$

현재 시기에, 복사시기와 물질시기 동안의 감속효과와 Λ시기의 가속효과가 거의 상쇄되어, 우주의 나이는 팽창률이 늘 일정하다고 가정하여 계산한 값과 거의 같다.

$k = 0$에 대하여 식 (129)에서 R을 t의 함수로 구하면,

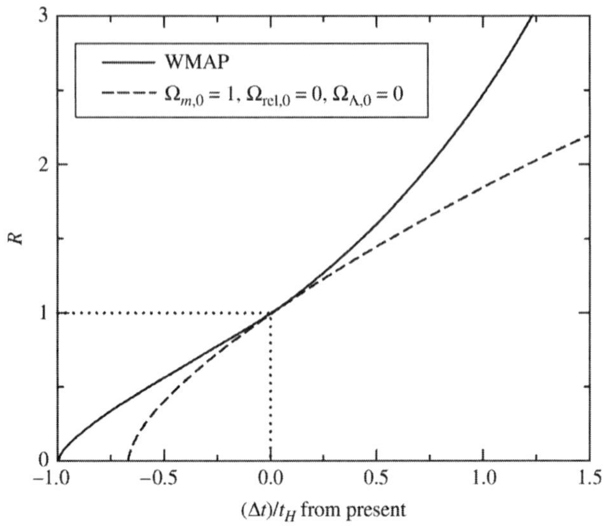

그림 6.20 시간의 함수로 나타낸 크기인자 R. 현재로부터 $t_0 \simeq t_H$인 WMAP우주와 $t_0 = 2t_H/3$인 편평하고 압력없는 티끌로 구성된 단일 성분 우주에 대해 측정된 결과이다. 점선은 두 개의 곡선에 대한 오늘날의 우주의 위치를 나타내준다.

$$R(t) = \left(\frac{\Omega_{m,0}}{4\,\Omega_{\Lambda,0}}\right)^{1/3} \left(e^{3H_0 t\sqrt{\Omega_{\Lambda,0}}/2} - e^{-3H_0 t\sqrt{\Omega_{\Lambda,0}}/2}\right)^{2/3} \tag{6.130}$$

$$= \left(\frac{\Omega_{m,0}}{\Omega_{\Lambda,0}}\right)^{1/3} \sinh^{2/3}\left(\frac{3}{2}H_0 t\sqrt{\Omega_{\Lambda,0}}\right) \tag{6.131}$$

을 얻어진다. 그림 6.20은 크기인자의 시간에 따른 변화를 보여준다. $3H_0 t\sqrt{\Omega_{\Lambda,0}}/2 \ll 1$의 한계에서(근본적으로 $t \ll t_H$일 때), 식 (6.131)은 식 (6.91)이 되어서,

$$R(t) \simeq \left(\frac{3}{2}H_0 t\sqrt{\Omega_{m,0}}\right)^{2/3} = \left(\frac{3\sqrt{\Omega_{m,0}}}{2}\right)^{2/3} \left(\frac{t}{t_H}\right)^{2/3} \tag{6.132}$$

물질이 우세한 우주의 경우로 접근한다. 그러나 $t \gg t_H$일 때, 식 (6.131)에서 두 번째 지수 함수 항이 매우 작아지므로,

$$R(t) \simeq \left(\frac{\Omega_{m,0}}{4\,\Omega_{\Lambda,0}}\right)^{1/3} e^{H_0 t\sqrt{\Omega_{\Lambda,0}}} \tag{6.133}$$

만 남게 된다. 우주론 상수가 프리드만 방정식을 지배하면, 크기인자 R은 $t_H/\sqrt{\Omega_{\Lambda,0}}$ 인 특성시간에 따라 지수적으로 증가한다. 다음 절에서 우리가 공부하게 되겠지만, 지수적으로 팽창하는 우주는 관측천문학의 장기간에 걸친 미래에 심오한 의미를 갖는다.

$\Omega_{m,0}-\Omega_{\Lambda,0}$ 평면에서의 모델 우주

3가지 성분(물질, 상대론적 입자, 그리고 암흑에너지) 우주의 모델을 결정하는 물리량은 3개의 밀도변수의 값들이다($\Omega_{m,0}$, $\Omega_{\mathrm{rel},0}$, 그리고 $\Omega_{\Lambda,0}$). 현재 시기에는 $\Omega_{\mathrm{rel},0}$을 무시할 수 있어서, 우리는 그림 6.21에서 보인 바와 같이 $\Omega_{m,0}-\Omega_{\Lambda,0}$의 이차원 그래프를 고려해볼 수 있다. $\Omega_{m,0}-\Omega_{\Lambda,0}$평면은 여러 개의 영역으로 나누어진다. 프리드만 방정식(식 6.117)에 따르면 $\Omega_{m,0}+\Omega_{\Lambda,0}=1$인 선이 k의 부호를 가르고, $\Omega_{m,0}-\Omega_{\Lambda,0}$평면을 열린우주와 닫힌우주로 나누어준다. 감속상수의 부호(식 6.123)는 $\Omega_{m,0}-2\Omega_{\Lambda,0}$의 부호에 따라 결정되므로, $\Omega_{m,0}-2\Omega_{\Lambda,0}=0$인 선에서 $\Omega_{m,0}-\Omega_{\Lambda,0}$평면을 가속팽창 우주와 감속팽창 우주가 나뉜다.

우리 우주는 암흑에너지가 밀어 부치기 때문에 영원히 팽창할 것이다. 그러나, 끝내 다시 수축하는 다른 우주 모형들도 쉽게 고안할 수 있다. $\Omega_{\Lambda,0}>0$인 우주는 모두 이와 같이 재수축할 것이다. 또한, $\Omega_{\Lambda,0}<0$인 우주일지라도 물질이 충분히 많이 있다면, 암흑에너지가 압도하기 전에 물질들에 의하여 이미 팽창이 멎게할 수 있다. 팽창이 멈추면 $dR/dt=0$이 된다. 식 (6.81), 식 (6.82), 식 (6.113)과 식 (6.15)와 함께 식 (6.114)를 써서 dR/dt를

$$\left(\frac{dR}{dt}\right)^2 = H_0^2\left(\frac{\Omega_{m,0}}{R}+\frac{\Omega_{\mathrm{rel},0}}{R^2}+\Omega_{\Lambda,0}R^2+1-\Omega_{m,0}-\Omega_{\mathrm{rel},0}-\Omega_{\Lambda,0}\right) \tag{6.134}$$

와 같이 표현할 수 있다. 왼쪽 항을 0으로 잡고, H_0^2항을 나누고 또 복사시기를 무시하면, 크기인자 R에 대한 3차 방정식을 얻는다.

$$\frac{\Omega_{m,0}}{R}+\Omega_{\Lambda,0}R^2+1-\Omega_{m,0}-\Omega_{\Lambda,0}=0 \tag{6.135}$$

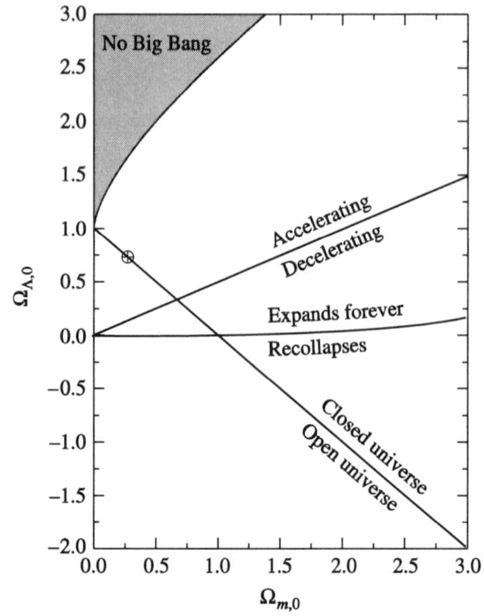

▮ 그림 6.21 $\Omega_{m,0} - \Omega_{\Lambda,0}$ 평면에서의 모델우주. 이 평면의 각 점은 가능한 우주를 나타내준다. ($\Omega_{m,0}$=0.27, $\Omega_{\Lambda,0}$=0.73)인 점이 원으로 표시되었다.

R의 3차방정식이 양의 실근을 갖는 조건을 알아 보자. $\Omega_{m,0} < 1$이고 $\Omega_{\Lambda,0} > 0$일 때 식 (6.135)는 양수의 실근을 갖지 않으며, 이런 우주는 영원히 팽창하게 될 것이다.[38] 그러나 $\Omega_{m,0} > 1$인 우주는 단지

$$\Omega_{\Lambda,0} > 4\Omega_{m,0}\left\{\cos\left[\frac{1}{3}\cos^{-1}\left(\frac{1}{\Omega_{m,0}} - 1\right) + \frac{4\pi}{3}\right]\right\}^3$$

일 때만 영원히 팽창을 한다. 이 다이어그램에서 우주 나이 t_0가 일정한 우주 모형을 나타내는 선은 아래 왼쪽에서 위 오른쪽으로 거의 대각선에 가깝게 나타나며, 우주 나이 t_0는 아래 오른쪽에서 위 왼쪽으로 갈수록 커진다. 실제로 다이어그램의 위 왼쪽 구석에 있는 영역을 지나는 우주의 경우 나이 t_0가 무한히 크다. 이 영역은 안으로 잡아 당기는 중력과 암흑에너지가 밖으로 밀어내는 두 경향이 맞먹어 (불안정한) 평형을 이루는 경우에 해당한다. 이 영역에 해당하는 모형 우주의 나이가 무한대라는 사실은 이 모형 우주들이 고온 고밀도의 빅뱅으로부터 시작되지 않았음을 의미한다. 이 영역의 경계를 이루는 선이 만족하는 식은 $\Omega_{m,0} > 0.5$인 경우

38) 이런 다이어그램의 자세한 분석은 Felten and Isaacman(1986)을 참고하라.

$$\Omega_{\Lambda,0} = 4\Omega_{m,0}\left\{\cos\left[\frac{1}{3}\cos^{-1}\left(\frac{1}{\Omega_{m,0}} - 1\right)\right]\right\}^3$$

이며, $\Omega_{m,0} < 0.5$인 경우 cos를 cosh로 바꾸면 된다. 이 선을 넘어선 경우의 모델은 "되튀김" 우주이며, 현재 우주는 이전의 폭축으로부터 되튀겨진 상태이다. 증명하지는 않겠지만, $\Omega_{m,0} > 0.5$일 때 되튀김 모형 우주에서는

$$z_{\text{bounce}} \le 2\cos\left[\frac{1}{3}\cos^{-1}\left(\frac{1-\Omega_{m,0}}{\Omega_{m,0}}\right)\right] - 1 \tag{6.136}$$

로 주어진 최대 적색편이(되튀김이 일어날 때)가 나타난다.; $\Omega_{m,0} < 0.5$일 때에는 "cos"는 "cosh"으로 바꾸어야 한다. 이런 최대 적색편이보다 더 큰 적색편이를 갖는 천체들이 관측되기 때문에 이런 "되튀김" 모델은 맞지 않는 것으로 기각할 수 있다.

천문학자들은 그림 6.21에서 어느 점이 현재우주를 나타내고 있는 가를 결정해야한다. 우주의 팽창역학이 $q_0 = \Omega_{m,0}/2 - \Omega_{\Lambda,0}$를 결정해주고, 우주의 기하가 $\Omega_0 = \Omega_{m,0} + \Omega_{\Lambda,0}$를 결정해주기 때문에 이러한 작업이 가능하다. 다음 절에서 우리는 q_0가 측정하는 방법을 공부하고, Ω_0의 측정은 7장에서 다룬다.

6.4 관측적 우주론

앞 절에서 대두된 우주론모형의 주요 상수들인 H_0, q_0 그리고 다양한 Ω_0 같은 상수들 대부분은 천문학자들이 직접 측정할 수 있는 물리량들이 아니다. 관측자들은 멀리 있는 천체로부터 오는 빛의 스펙트럼, 적색편이, 복사흐름량 그리고 편광 등을 주로 측성하는 작업만을 할 수 있을 뿐이다. 이제 우리는 이들 관측되는 양들을 우리가 만들어낸 이론적인 체계와 연결하는 작업을 계속할 것이다.

우주론적 적색편이의 근원

우주론적 적색편이의 근원을 밝히는 것으로 시작해보자. 우리는 식 (6.106)의 로버츤-워커(Robertson-Walker) 계량으로 출발하는데, 여기서 빛의 광선에 대해

$ds=0$(11.2절(2권)을 참고하라)이 성립하고, 같이 움직이는 좌표 ϖ_e로 주어진 빛의 방출지점에서 $\varpi=0$인 지구의 도착까지 움직인 방사거리에 대해 $d\theta=d\phi=0$이 성립한다. 음수의 제곱근을 잡으면(ϖ는 시간이 지나면서 감소하기 때문이다.)

$$\frac{-c\,dt}{R(t)}=\frac{d\varpi}{\sqrt{1-k\varpi^2}}$$

을 얻는다. 시작시간 t_i에서 큰 값의 $\varpi_{\rm far}$로부터 시간 t_f에서 작은 값의 $\varpi_{\rm near}$까지 적분하면,

$$\int_{t_i}^{t_f}\frac{c\,dt}{R(t)}=-\int_{\varpi_{\rm far}}^{\varpi_{\rm near}}\frac{d\varpi}{\sqrt{1-k\varpi^2}}=\int_{\varpi_{\rm near}}^{\varpi_{\rm far}}\frac{d\varpi}{\sqrt{1-k\varpi^2}} \tag{6.137}$$

을 얻는다. 같은 결과가 밖으로 움직이는 광선을 기술한다는 것을 금방 알아차릴 수 있다. 빛 파동의 한 정점이 t_e의 시간에서 방출되어서 t_0에서 관측되고, 또 다음 파동의 정점이 $t_e+\Delta t_e$에서 방출되어 $t_0+\Delta t_0$에서 관측되었다고 가정하자. 빛 파동의 연속적인 정점들이 지구까지 얼마나 멀리 여행하는 가를 기술해주는 이들 시간들은 처음 정전에 대해

$$\int_{t_e}^{t_0}\frac{c\,dt}{R(t)}=\int_0^{\varpi_e}\frac{d\varpi}{\sqrt{1-k\varpi^2}} \tag{6.138}$$

의 관계를 보이고, 또 다음 정점에 대해

$$\int_{t_e+\Delta t_e}^{t_0+\Delta t_0}\frac{c\,dt}{R(t)}=\int_0^{\varpi_e}\frac{d\varpi}{\sqrt{1-k\varpi^2}} \tag{6.139}$$

의 관계를 보인다. 오른쪽 항들은 같고, 그 이유는 한 천체의 같이 움직이는 (comoving) 좌표는 우주가 팽창하면서 변하지 않기 때문이다(그 천체의 특이속도가 무시된다고 가정했을 때). 식 (6.139)에서 식 (6.138)을 빼면

$$\int_{t_e+\Delta t_e}^{t_0+\Delta t_0}\frac{dt}{R(t)}-\int_{t_e}^{t_0}\frac{dt}{R(t)}=0 \tag{6.140}$$

을 얻는다. 하지만

$$\int_{t_e+\Delta t_e}^{t_0+\Delta t_0} \frac{dt}{R(t)} = \int_{t_e+\Delta t_e}^{t_e} \frac{dt}{R(t)} + \int_{t_e}^{t_0} \frac{dt}{R(t)} + \int_{t_0}^{t_0+\Delta t_0} \frac{dt}{R(t)}$$

이 되어 다음과 같은 관계가 성립한다:

$$\int_{t_0}^{t_0+\Delta t_0} \frac{dt}{R(t)} - \int_{t_e}^{t_e+\Delta t_e} \frac{dt}{R(t)} = 0$$

두 개의 계속되는 파동 정점들의 방출 사이의 시간 간격들 동안(Δt_e와 Δt_0) 일어나는 $R(t)$의 매우 사소한 변화는 전적으로 무시해도 좋다. 따라서, R(t)를 시간 적분에 대해 상수라고 간주하고, $R(t_0) = 1$이므로

$$\Delta t_0 = \frac{\Delta t_e}{R(t_e)} \tag{6.141}$$

가 성립한다. Δt_e와 Δt_0의 시간들은 바로 방출된 빛파동과 관측된 빛파동들의 주기가 되며, 파장과 $\lambda = c\Delta t$의 관계를 지닌다. 식 (6.141)에 대입하고 또 적색편이 z의 정의(식 4.34)를 사용하면, 우주론적 적색편이에 대한 식을 얻는다:

$$\frac{1}{R(t_e)} = \frac{\lambda_0}{\lambda_e} = 1 + z \tag{6.142}$$

이 식은 우주론적 적색 편이가 일어나는 이유를 알려 준다. 즉, 우주론적 적색 편이는 지구까지 우주 공간을 광자가 가로질러 여행하면서, 우주 공간의 팽창에 따라 자신의 파장도 같은 비율로 늘리기 때문이다. 식 (6.142)는 바로 이전에 논의하였던 식 (6.4)이다(이 결과는 또한 5.1절에서 QSO의 거리와 관계하여 논의되었다). 식 (6.141)과 식 (6.142)를 조합하면 우주론적 시간팽창에 대한 공식을 얻는다:

$$\boxed{\frac{\Delta t_0}{\Delta t_e} = 1 + z} \tag{6.143}$$

우주론적 적색편이와 시간팽창에 대한 이들 관계는 크기인자 $R(t)$의 함수적 형태와 상관없이 성립한다는 것에 주목하자. 우주론적 시간팽창에 대한 실험적 확증은 우주론적 거리에 놓여있는 신뢰할 만한 자연적인 시계가 존재하지 않기 때문에 아직 확실하게 제시되지 못하고 있다. 그러나, 우주론적 시간팽창의 측정은 중간정도의 적색편이($z = 0.361$)를 지닌 Type I 초신성의 스펙트럼에서 보이는 시간에 따른 변화를 이용하여 시도되었다. 결과들은 식 (6.143)과 일치하였다 [이런 우주론적 시간팽창의 측정에 대해서는 Foley et al. (2005)를 참고하라].

우주에서 아주 멀리 떨어진 천체까지의 거리

우주를 측량하여 우주의 기하와 동력학을 탐구하는데 더 나은 진전을 이루어내기 위해서 우리는 우주에서 아주 멀리 떨어진 곳에 있는 천체들의 거리측정 방법을 배워야 한다. 지구로부터 한 천체의 고유거리는 로버츤–워커 계량으로부터 얻어질 수 있다. 고유 미분거리 (식 11.18)(2권)은 $dt = 0$일 때 바로 $\sqrt{-(ds)^2}$이 됨을 떠올려보자. 더 나아가, 천체의 같이 움직이는 좌표가 ϖ라면(지구에서 $\varpi = 0$), 지구로부터 천체까지의 시선을 따라 $d\theta = d\phi = 0$이 성립한다. 이 값을 식 (6.106)의 로버츤–워커 계량에 대입하면, 우리는 시간 t에서 그 천체까지의 고유거리 $d_p(t)$를 아래의 적분으로 얻을 수 있다:

$$d_p(t) = R(t)\int_0^{\varpi} \frac{d\varpi'}{\sqrt{1 - k\varpi'^2}} \tag{6.144}$$

식 (6.138)을 이용하면,

$$d_p(t) = R(t)\int_{t_e}^{t_0} \frac{c\,dt'}{R(t')} \tag{6.145}$$

을 얻는다. 이 식의 물리적 의미는 쉽게 파악된다. 광자가 ϖ_e로부터 움직이면서, 각 시간 간격 dt에서, 광자는 아주 작은 거리 cdt를 움직인다. 이들 간격들은 단순하게 더해줄 수 없는데, 왜냐면 우주는 광자가 운동하면서 팽창하기 때문이다. cdt를 그 시간에서의 크기인자 $R(t)$로 나누어주면, 이 작은 거리가 현재 시간 t_0에서의 거리로 변환이 된다. 적분하면 ϖ_e로부터 t_0인 현재의 $\varpi = 0$인 때까지의 고유거리를 얻는다. 크기인자 $R(t)$를 곱하면 어떤 임의의 시간 t에서의 거리를 얻는다. 한 천체까지 고유거리의 현재값 $d_{p,0} \equiv d_p(t_0)$은 그 천체의 현재 거리를 나타내면, 그 빛이 방출되었을 때의 천체까지 거리가 아니다는 것을 강조할 필요가 있다. 천체의 특이속도가 0이기만 하면(같이 움직이는 좌표 ϖ가 상수), $d_{p,0}$를 충분히 찾아낼 수가 있는데, 왜냐면 임의의 시각에서 고유거리는

$$d_p(t) = R(t) d_{p,0} \tag{6.146}$$

로부터 주어지기 때문이다. 특히, 천체의 적색편이가 z라면, 그 빛이 방출되었을 때인 t_e에서의 거리는 다음과 같다:

$$d_p(t_e) = d_{p,0} R(t_e) = \frac{d_{p,0}}{1+z} \tag{6.147}$$

식 (6.144)를 적분하고, $R(t_0) = 1$을 이용하면, 편평우주에서 현재 고유거리에 대한 표현이

$$d_{p,0} = \varpi \qquad (\text{for } k = 0) \tag{6.148}$$

이 되고, 닫힌 우주에 대한 표현은

$$d_{p,0} = \frac{1}{\sqrt{k}} \sin^{-1}(\varpi\sqrt{k}) \qquad (\text{for } k > 0) \tag{6.149}$$

이 되며, 열린우주에 대한 표현은

$$d_{p,0} = \frac{1}{\sqrt{|k|}} \sinh^{-1}(\varpi\sqrt{|k|}) \qquad (\text{for } k < 0) \tag{6.150}$$

이 됨을 알 수 있다.

편평우주에서, 한 천체까지의 현재 고유거리는 바로 그 천체의 좌표계거리 $d_{c,0} = \varpi$가 된다. 그러나, 좌표 거리는 $k \neq 0$일 때 고유거리와 일치하지 않을 것이다. 닫힌우주($k > 0$)에서 $\sin^{-1}(x) \geq x$이기 때문에, 한 천체까지의 고유거리는 그 좌표거리보다 크다. 이와 비슷하게 $\sinh^{-1}(x) \leq x$여서, 열린우주($k < 0$)에서 한 천체까지이 고유거리는 좌표거리보다 작다. 후에 우리는 고유거리 $d_{p,0}$와 같이

움직이는 좌표계 ϖ에 대한 표현이 적색편이 z의 함수가 됨을 보게 될 것이다. 그러나, 팽창하는 우주에서 거리를 측정하는 것은 약간 흥미로운 관점을 가지고 있기 때문에 우리는 우선 $d_{p,0}$에 대한 위의 방정식들의 옳고 그름을 판단하는 것을 잠시 중지하려한다.

닫힌 우주($k>0$)에서의 거리가 특히 흥미롭다. 식 (6.149)를 ϖ에 대해 풀어보면

$$\varpi = \frac{1}{\sqrt{k}}\sin(d_{p,0}\sqrt{k}) \tag{6.151}$$

을 얻는다. 닫힌우주에서 같이 움직이는 좌표의 최대값이 $\varpi_{\max} = 1/\sqrt{k}$이 됨을 주목하자. 또한, 같이 움직이는 좌표가 ϖ_X로 주어진 임의의 한 점 X에 대하여, 이 점에 이르는 방사상 경로의 거리는 무한히 많은 값을 갖는다. 예를 들어, $d_{p,0}$가 주어진 시각 t에서 현재 고유 거리의 한 값이라고 하면, 임의의 정수 n에 대하여 $d_{p,0}+2\pi n/\sqrt{k}$의 고유 거리에 있는 지점도 같이 움직이는 좌표가 ϖ로 주어진 동일한 점 X에 해당한다. 덧붙은 $2\pi/\sqrt{k}$의 정수 배수로 주어진 항은 우주 둘레를 n바퀴 돌로 난 후 X에 도착하였음을 알려 준다. 그러나, 우주를 여러 번 도는 이와 같은 여정은 물리학적으로 가능하지 않다. 예를 들어, $\Lambda=0$이고, 물질이 지배하는 닫힌 우주의 경우 시각 $t=0$에서 출발한 광자가 출발 지점으로 되돌아오는 시각에 정확이 우주의 대파국(Big Crunch)이 일어난다. 문제 6.47을 보라.

이와 비슷하게, 공 표면에 사는 우리의 작은 개미는 극에서 극으로 공 표면을 n바퀴 돈 후에 마지막 목표 지점에 도달할 수 있다. 이 비유로부터 우리는 닫힌 우주에 경계가 없더라도, 경계 없는 공 표면과 마찬가지로 이러한 우주의 부피도 유한하다는 사실을 알 수 있다. 또한, 닫힌 우주는 스스로 휘어져 있다. 즉, 지구로부터(혹은 다른 임의의 지점으로부터) 외곽 방향으로 운동하면, 출발점으로부터 가장 멀리 갈 수 있는 지점은 같이 움직이는 좌표가 $\varpi=1/\sqrt{k}$로 주어진다. 이 곳으로부터 그 어느 방향으로라도 한 걸음만 내디디면, 출발점에 오히려 더 가까워진다.

"우주의 원주"와 "스스로 휘어진다"와 같은 암시적 표현이 3차원공간에서 휘어진 경로를 의미하는 것이 아니다는 것에 주의해야 하는데, 왜냐면 ϖ가 증가하면서 방사방향 선들로부터의 경로변경이 일어나지 않기 때문이다. 이런 단서에도 불구하고, 우리는 닫힌우주의 원주를(시간종속성을 포함하여)

$$C_{\text{univ}}(t) = \frac{2\pi R(t)}{\sqrt{k}} \tag{6.152}$$

로 정의할 수 있는데, 이는 여러분을 시작점으로 되돌려주는 지점까지 고유거리이다. 원주에 대한 이런 표현은 곡률에 대한 우리의 정의와 일치하는데, 왜냐면, 식 (6.105)로부터, t에서 닫힌 우주의 곡률반경은 $1/\sqrt{K(t)} = R(t)/\sqrt{k}$이기 때문이다. 그럼에도 불구하고, 곡률반경은 실제 원형경로의 반경으로 생각해서는 안된다.

입자 지평선과 지평선 거리

우주가 팽창하고 나이가 들어가면서, 더 멀어지는 천체로부터의 빛들은 지구까지 도달하는데 더 많은 시간이 필요하다. 그러므로 시간이 증가하면서 우리는 우주의 더 많은 부분이 관측자와 인과율적 접촉(causal contact)을 하게 될 것이라고 기대할 수 있다. 시각 t에서 가장 멀리 관측가능한 점(입자 지평선)까지의 고유거리를 지평선거리, $d_h(t)$라 한다. d_h보다 더 멀리 떨어져 있는 두 점들은 인과율적 접촉이 일어나지 않음에 주목하자. 그래서 d_h는 인과율적으로 연결된 가장 큰 영역의 직경이라고 생각할 수 있다.

이제 관측가능한 우주의 크기를 시간의 함수로 나타내는 $d_h(t)$를 유도하자(관측가능한 가장 먼 점은 같이 움직이는 좌표 ϖ가 커지면서 외곽으로 옮이가기 때문에, $d_h(t)$가 $R(t)$에 비례하지는 않는 다는 것에 주목하는 것은 중요하다). 관측자가 원점($\varpi = 0$)에 있다고 하고, 이 관측자에 대한 입자지평선이 t에서 ϖ_e에 위치하고 있다고 해보자. 이는 $t = 0$에서 ϖ_e에서 방출된 빛이 시간 t 후에 원점에 도착할 것을 의미한다. 식 (6.145)에 주어진 적분의 아래끝과 위끝을 적절히 바꾸면, t에서 지평선 거리는 아래와 같음을 알 수 있다.

$$d_h(t) - R(t)\int_0^t \frac{c\,dt'}{R(t')} \tag{6.153}$$

우선 우리는 암흑에너지 효과가 무시할 수 있는(Λ가 0으로 잡을 수 있다) 초기 우주의 지평선 거리를 고려한다. 복사시기 동안에, 우주는 원래 편평했었고 크기 인자는 $R(t) = Ct^{1/2}$의 형태였는데, 여기서 C는 상수이다(식 6.87을 보라). 이를 식 (6.153)에 대입하면

$$d_h(t) = 2ct \quad (\text{복사시기}) \tag{6.154}$$

을 얻는다. 복사시기 후에, 우주의 팽창은 물질의 중력효과에 지배되고, 나중에는 암흑에너지에 의해 지배된다.

물질시기에 대해, 편평우주를 가정하면 크기인자는 식 (6.91)에 의해 주어지고 $R(t) = Ct^{2/3}$의 형태를 띠며, 여기서 C는 또다시 상수이다(복사시기는 빅뱅이 시작된 후 고작 55,000년 정도 밖에 지속되지 않았기 때문에, 다음 계산에서 우리는 복사를 무시하고 적분의 아래끝값으로 $t = 0$으로 놓는다). 이것을 식 (6.153)에 대입해보면

$$d_h(t) = 3ct \quad (k = 0 \text{에 대해}) \tag{6.155}$$

을 얻는다. 식 (6.4)와 식 (6.90)을 이용하면, 이 식 아래와 같이 적색편이의 항으로 정리된다.

$$d_h(z) = \frac{2c}{H_0\sqrt{\Omega_{m,0}}}\frac{1}{(1+z)^{3/2}} \quad (k = 0 \text{에 대해}) \tag{6.156}$$

WMAP값들을 이용하고, $z = 0$이라고 놓으면 현재 우주의 지평선 거리의 근사값

$$d_{h,0} \approx \frac{2c}{H_0\sqrt{\Omega_{m,0}}} = 5.02 \times 10^{26}\ \text{m} = 16{,}300\ \text{Mpc} = 16.3\ \text{Gpc} \tag{6.157}$$

을 얻을 수 있다.

마지막으로, Λ시기에서, 크기인자에 대한 식 (6.131)을 지평선거리에 대한 식 (6.153)에 대입하면, $k = 0$에 대해

$$d_h(t) = \left(\frac{\Omega_{m,0}}{\Omega_{\Lambda,0}}\right)^{1/3} \sinh^{2/3}\left(\frac{3}{2}H_0 t\sqrt{\Omega_{\Lambda,0}}\right)\int_0^t \frac{c\,dt'}{\left(\frac{\Omega_{m,0}}{\Omega_{\Lambda,0}}\right)^{1/3}\sinh^{2/3}\left(\frac{3}{2}H_0 t'\sqrt{\Omega_{\Lambda,0}}\right)} \tag{6.158}$$

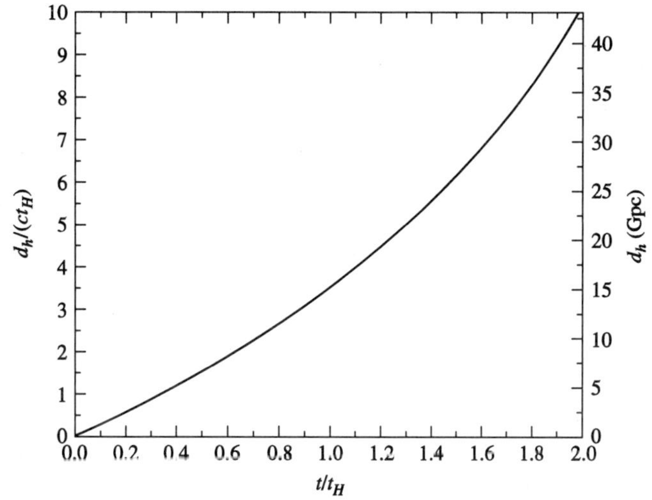

▌**그림 6.22** 지구로부터 입자지평선까지의 고유거리를 WMAP값들을 이용해 시간의 함수로 나타낸 결과. 지평선거리는 ct_H를 단위로 표시하였다. 오른쪽 축은 Gpc의 단위로 d_h를 표시하였다.

을 얻는다. 이는 간단한 해석적 해를 가지고 있지 않아서, 수치적으로 적분되어져야 한다. $t_0 = 137$억년이란 값을 이용하면, 현재 편평우주에서 입자지평선 거리로

$$d_{h,0} = 4.50 \times 10^{26}\ \text{m} = 14{,}600\ \text{Mpc} = 14.6\ \text{Gpc} \tag{6.159}$$

인 값을 얻는다. 그림 6.22는 WMAP값들을 이용하고 있고, 관측가능한 우주의 크기 d_h를 시간의 함수로 보여주고 있다. 물론, 입자 지평선 근처에 있는 천체를 보는 경우, 우리에게 보이는 이 천체의 모습은 이 천제가 광자를 방출했을 당시의 모습이며, (진화하여)지금 현재 우주에 존재하는 모습은 아니다.

식 (6.154)와 식 (6.155)에서 입자 지평선거리는 t에 비례하는 반면, 복사시기와 물질시기에서 크기인자는 각각 $t^{1/2}$과 $t^{2/3}$에 비례한다. 이는 이들 시기동안, 관측가능한 우주의 크기는 팽창된 우주보다 더 급격히 증가하여서, 우주가 나이가 들어가면서 점점 인과율적으로 연결되어가고 있다는 것을 의미한다. 그러나, 식 (6.158)에서(앞의 항을 뺀) 적분은 시각 t인 우주의 입자 지평선에 있는 지점까지의 현재 거리이다. 이 사실은 식 (6.153)을 $t_e = 0$으로 놓고 t_0에서 계산한 식 (6.145)와 비교하면 곧 알 수 있다. $t \to \infty$가 되면서, 이 적분은 19.3 Gpc에 수렴한다.

이는 미래에 관측가능하게 될 가장 먼 천체까지 현재 시각의 고유 거리가 19.3 Gpc임을 의미한다. 지구를 중심으로 19.3 Gpc 반경의 구안쪽에 있는 모든 천체들이 보이게 되는 반면, 그 경계를 넘어선 모든 것들은 영원히 관측불가능할 것이다. 미래에, 입자지평선과 크기인자는 모두 $e^{H_0 t \sqrt{\Omega_{\Lambda,0}}}$ 와 같이 지수적으로 증가한다(식 6.13).

결국, 입자지평선에 놓인 천체는 우주가 팽창하면서 입자 지평선에 머물게 될 것이다. 입자지평선은 현재 19.3 Gpc보다 더 멀리 떨어져 있는 천체를 결코 따라잡을 수 없으며 그 빛은 결코 우리에게 도달하지 않게 된다. 이런 최종적인($t \to \infty$) 입자지평선에 있는 천체를 보게 될 때 우리는 무엇을 관측할 것인가? 그 천체로부터 나오는 빛은 우리에게 계속 도달하겠지만, 그 빛들은 심하게 적색편이되게 될 것이고, 우주론적 시간지연(식 6.143)에 기인하여 그들의 도달율은 거의 0에 가까운 값으로 감소할 것이다. 그래서 천체는 점점 시야에서 희미해지게 될 것이고, 겉보기 그 적색편이가 무한대로 발산되면서 시간에 얼어붙어버릴 것이다. 이는 블랙홀로 떨어지는 우주비행사가 어떻게 보이는가를 설명한 11.3절(2권)과 아주 비슷한데, 두 상황에서 적용되는 물리는 완전히 다르다.

예제 6.4.1

온도가 약 10^9 K이고 $t = 178$ s일 때 헬륨핵은 형성되기 시작하였다. 식 (6.58)로부터, 그때의 크기인자는 $R = 2.73 \times 10^{-9}$이었다. 식 (6.154)로부터, 지평선거리는 약

$$d_h(t) = 2ct = 1.07 \times 10^{11}\ \mathrm{m} = 0.7\ \mathrm{AU}$$

이다. 이는 인과율적으로 연결된 영역의 직경으로, 우주가 178 s의 나이가 되었을 때로 C영역이라 부른다.

C영역은(같이 움직이는 좌표계에서 고정된 경계를 지니고 있어서 항상 같은 질량을 지니고 있다) $t = 178$ s부터 우주의 나머지 부분과 함께 팽창하여 왔다. C영역이 오늘날은 얼마나 클까? 편평우주를 가정하면, 식 (6.146)은 C영역이 $1/R = 3.66 \times 10^8$만큼 팽창되었음을 보여주는데, 현재 직경은

$$\frac{d_h(t)}{R(t)} = 3.92 \times 10^{19}\ \mathrm{m}$$

로 1.3 kpc 정도 된다. 다시 말해, $t = 178$ s에서 인과율적으로 연결된 가장 큰 영역은 이제 막 kpc 정도 지났고, 현재 우주의 지평선 거리, d_h의 약 8.7×10^{-8}정도 된다. 이는

초기우주가 나이가 들면서, 인과율적으로 접촉된 물질의 양이 급격하게 증가한다는 것을 보여준다. 오늘날의 인과율적으로 연결된 우주는 C영역을 훨씬 크게 넘어 확장되었다. 그 이유는 우주의 나이 178초 이후 시간이 흘러가면서 더욱 먼 지역에서 출발한 광자도 C영역 지역까지 도달할 수 있게 되어 이 지역들도 C영역과 인과 관계를 갖기 때문이다. C영역 경계는 더욱 빠르게 후퇴하는 입자 지평선을 따라 잡을 수 없는 것이다.

빛들의 도달

빅뱅일 때 크기 인자 R이 0이었다면 이 당시에 모든 물질이 서로 바짝 붙어 있었을 텐데, 이처럼 서로 가까이 있었던 곳에서 출발한 광자가 지구에 도달하는 데에 우주의 나이라는 시간이 걸린 이유는 무엇일까? 광자가 여행한 경로는 무엇일까?

빅뱅은 실제로 매우 복잡한 상황이었지만, 여기에서는 이를 무시하고 단순한 우주를 가정한다. 즉, 우주는 팽창하고 있으며, 편평하고 완전히 투명하다. 이 우주에서 $t=0$일 때에 같이 움직이는 좌표 ϖ_e인 곳에서 출발한 광자의 경로를 생각하자. 이때에 임의의 나중 시각 t에서 이 광자가 위치한 곳과 우리가 위치한 곳($\varpi=0$) 사이의 고유 거리는 얼마일까? 시각 t에서 빛의 좌표 ϖ는 식 (6.137)에 $k=0$놓으면

$$\int_0^t \frac{c\,dt'}{R(t')} = \int_{\varpi}^{\varpi_e} d\varpi' \tag{6.160}$$

이 된다. 계산을 간단하게 하기위해, 우리는 Λ시기를 무시하고, 크기인자가(식 6.132)에 의해 주어지는 물질이 우세한 편평우주를 선택할 것이다:

$$R(t) = \left(\frac{3}{2} H_0 t \sqrt{\Omega_{m,0}}\right)^{2/3} \tag{6.161}$$

$R=1$을 취하면, 모델우주의 나이는

$$t_0 = \frac{2}{3H_0\sqrt{\Omega_{m,0}}} \tag{6.162}$$

이 되어서, 크기인자는 간단하게

$$R(t) = \left(\frac{t}{t_0}\right)^{2/3}$$

이 된다. 식 (6.160)을 적분하면

$$\varpi = \varpi_e - 3ct_0\left(\frac{t}{t_0}\right)^{1/3} \tag{6.163}$$

$t = t_0$에서 $\varpi = 0$을 써서 ϖ_e를 계산할 수 있으며,

$$\varpi_e = 3ct_0 \tag{6.164}$$

은 이 모형 우주(식 6.155)의 현재 지평선거리이다. 빛의 시작점으로서 이 값을 식 (6.163)에 대입하고 양변을 크기인자 $R(t)$로 곱해주면 지구와 빛이 있는 곳 사이의 고유거리는, 편평우주에 대해

$$d_p(t) = 3ct_0\left[\left(\frac{t}{t_0}\right)^{2/3} - \left(\frac{t}{t_0}\right)\right] \tag{6.165}$$

와 같이 시간의 함수로 나타난다.

빅뱅 이후부터, 같이 움직이는 좌표계 전체 시스템이 우주 시작 당시의 비좁은 곳으로부터 크게 확장되었다. 이러한 의미에서, 우주 창생을 일컫는 용어로서 'Big Bang'보다 'Big Strech'가 더 적당할 것 같다. 그림 6.23에 나타낸 바와 같이, 우주 초기에는 우주 팽창이 매우 급격하기 때문에, 지구와 빛 사이의 거리가 크게 늘어난다. 같이 움직이는 좌표계에서 광자의 좌표값은 ϖ_e로부터 지구의 좌표값 $\varpi = 0$을 향해 시간이 흘러감에 따라 계속 줄어들지만, 우주의 크기 인자 $R(t)$이 증가하므로, 광자와 지구 사이의 고유 거리가 처음에는 증가한다. 이는 $t = 0$일 때에 입자의 지평선에서 방출된 광자들이 현재 지구에 가까스로 도착하고 있음을 의미한다. 입자 지평선 너머, 같이 움직이는 좌표 ϖ가 더 큰 곳에서 출발한 광자들은 아직 도달하지 못하고 여정이 남아 있다. 암흑 에너지에 의하여 우주가 지수함수적으로 가속 팽창하면서 공간이 더욱 빠르게 확장되기 때문에 ϖ가 충분히 큰 경우에는 남은 여정이 더 증가할 수 있으며, 이 경우 광자가 결고 지구에 도달할 수 없다.

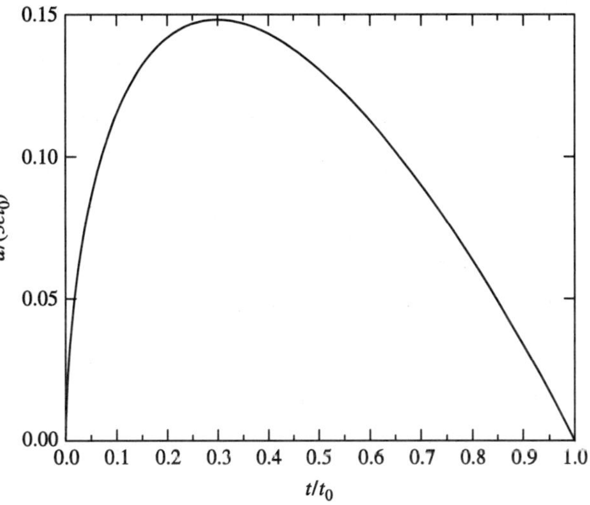

그림 6.23 빅뱅이 일어날 때 현재 입자지평선에서 방출된 광자와 지구 사이의 고유거리. 빛의 고유거리는 $3ct_0$를 단위로 표시하였다.

광원의 관측 가능한 최대 나이

앞에서 한 계산에서는 광자가 $t=0$일 때에 방출되었다고 가정하였다. 우주 공간이 지수함수적으로 가속 팽창하는 상황에서, 현재 지구에서 관측되는 천체가 너무 빠르게 후퇴하여 미래에는 결코 보이지 않게 되는 경우가 가능할까? 이 물음에 답하기 위하여, 한 천체 (말하자면 한 은하)가 현재 지구에서 보인다고 가정하자. 이것은 이 천체에서 t_e라는 시각에 출발한 광자가 현재 시각 t_0에 지구에 도착한다는 의미이다. 이 은하가 미래의 어떤 시각에서도 여전히 보인다면, 이 미래의 광자가 은하를 떠난 시각을 t_i, 이 광자가 미래의 지구에 도착한 시각을 t_f라고 할 때에, $t_e < t_i$이고 $t_0 < t_f$이다. 이 조건들을 식 (6.140)에 적용하면,

$$\int_{t_e}^{t_0} \frac{dt}{R(t)} = \int_{t_i}^{t_f} \frac{dt}{R(t)} \tag{6.166}$$

이다. 이 때에 크기 인자 R은 편평 우주($k=0$)에 대하여 식 (6.131)로 주어진다. 크기인자가 단순 증가하므로, 충분히 큰 t_i에 대하여 등식을 만족하는 t_f가 존재하지 않을 가능성이 있다. 이 경우에, t_i에 방출된 광자는 결코 지구에 도착하지 않는다. 지구에 도달하는 광자들 가운데 이 은하에 가장 나중에 출발한 광자가 방출

된 시각을 $t_{\rm mva}$(주어진 전체가 보여주는 최대 나이 maximum visible age of the source)이라고 하면, 이 시각은 $t_f = \infty$로 놓아 구할 수 있다.[39)]

마치 입자 지평선에 놓은 천체와 같이, 이 은하에서 출발한 광자들이 계속 도달함에 따라, 이 광자들의 적색 편이가 더욱 커지고, 플럭스는 0으로 줄어들 것이다. 적색 편이가 무한히 커지면서, 이 은하는 시간이 얼어 붙어 멈춘 듯하며, 결국 어두워 보이지 않게 된다. 광원이 더욱 멀리 있을수록, 더욱 빨리 사라질 것이다. 이러한 관점에서 외부 은하 천문학은 근본적으로 한계가 있다. 우리는 은하들이 계속 나이를 먹고 진화하는 것을 절대로 끝까지 지켜 볼 수 없다. 그림 6.24에서 보듯이, 전체의 적색 편이가 대략 1.8보다 크면 $t_{mva} < t_H$가 되기 때문에, 우리는 이 천체가 지금 *현재 모습*을 결코 볼 수 없을 것이다. (우리가 관측하는 이 천체의 모습은 지금 현재의 모습이 아니라 옛날 z=1.8인 당시 젊을 때의 모습이다) 다시 말하면, 지금 현재 이 천제가 방출한 빛은 가속 팽창하는 허블 흐름에 실려 지구로부터 멀리 떠내려 가기 때문에 결코 지구에 도달하지 않을 것이다. 적색 편이가 5-10의 범위에 놓인 천체들은 우주의 나이가 40억년에서 60억년 정도일 때의 모습까지 관측될 것이다. 우주의 팽창에 의하여 더 많은 빛들이 지구로부터 멀리 떠내려 가기 때문에 관측 가능한 하늘은 더욱 텅 빈 공간이 될 것이다. 마찬가지로, $z \approx 1.8$

혹은 이보다 더 큰 은하를 향해 우리가 보낸 신호는 결코 그 은하까지 도달하지 않을 것이다. 미래에 우리와 그 은하 사이에 연락할 수 없기 때문에, 이 은하와 인과

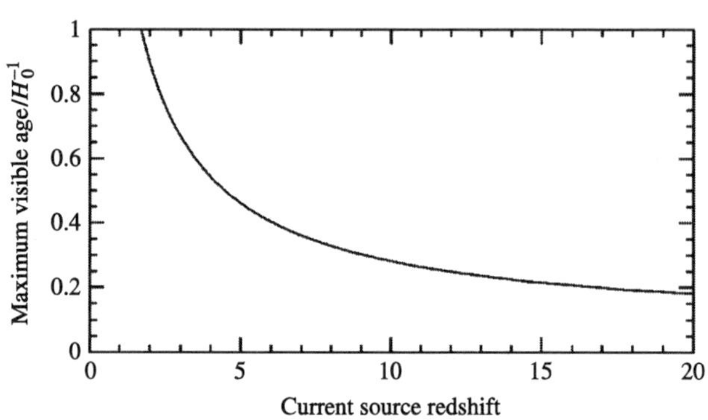

그림 6.24 광원의 관측가능한 최대나이, 단위는 $t_H = 1/H_0$이고, 현재의 적색편이의 함수로 표시되었다.(출처 : Loeb, Phys. Rev. D. 65, 047301,2002)

39) 실제, t_{mva}는 광원이 지구에 도달하는 최종 빛을 방출했을 때의 우주나이이다.

관계를 갖지 않는다. 우주의 나이가 늘어나면서, 인과관계가 있는 지역들은 점점 조각조각 쪼개지고, 한 지역이 다른 지역에 영향을 끼칠 수 없게 된다.[40]

같이 움직이는 좌표계 $\varpi(z)$

식 (6.148)–식 (6.150)으로 돌아가서, 우리는 같이 움직이는 좌표 ϖ를 적색편이 z의 함수로 표현해보려 한다. 식 (6.145)를 써서 현재 고유거리 $d_{p,0}$에 대한 다른 표현을 얻어 보자. $dt = dR/(dR/dt)$로 쓰면, 식 (6.145)는

$$d_{p,0} = \int_{R(t_e)}^{R(t_0)} \frac{c\,dR}{R(dR/dt)}$$

로 나타난다. $R(t_0)=1, R(t_e)=1/(1+z), dR=-R^2dz$ [식 (6.4) $R=1/(1+z)$]를 미분하여 얻는다.) 식 (6.8)을 써서 단위없는 적분

$$I(z) = H_0 \int_{\frac{1}{1+z}}^{1} \frac{dR}{R(dR/dt)} = H_0 \int_0^z \frac{dz'}{H(z')} \tag{6.167}$$

을 정의하자. 식 (6.122)를 이용하면 다음과 같이 된다:

$$I(z) \equiv \int_0^z \frac{dz'}{\sqrt{\Omega_{m,0}(1+z')^3 + \Omega_{\mathrm{rel},0}(1+z')^4 + \Omega_{\Lambda,0} + (1-\Omega_0)(1+z')^2}} \tag{6.168}$$

적분 $I(z)$의 정의로 부터, 아래와 같은 현재 고유거리를 얻는다:

$$d_{p,0}(z) = \frac{c}{H_0} I(z) \tag{6.169}$$

이를 식 (6.148–150)과 비교하고 또 k에 대해 식 (6.121)을 이용하면, 아래와 같은 같이 움직이는 좌표 $\varpi(z)$를 얻는다.:

40) 중력적으로 묶여 있는 천체들은 우주 팽창에 동참하지 않으므로 우리 태양계나 우리 은하가 인과 관계가 없는 여러 개의 지역으로 조각나지는 않는다.

$$\varpi(z) = \frac{c}{H_0} I(z) \qquad (\Omega_0 = 1) \tag{6.170}$$

$$= \frac{c}{H_0\sqrt{\Omega_0 - 1}} \sin\left[I(z)\sqrt{\Omega_0 - 1}\right] \qquad (\Omega_0 > 1) \tag{6.171}$$

$$= \frac{c}{H_0\sqrt{1 - \Omega_0}} \sinh\left[I(z)\sqrt{1 - \Omega_0}\right] \qquad (\Omega_0 < 1) \tag{6.172}$$

이 식들은 정확히 계산하려면 수치적 방법을 써야 한다. 나중을 위하여

$$S(z) \equiv I(z) \qquad (\Omega_0 = 1) \tag{6.173}$$

$$\equiv \frac{1}{\sqrt{\Omega_0 - 1}} \sin\left[I(z)\sqrt{\Omega_0 - 1}\right] \qquad (\Omega_0 > 1) \tag{6.174}$$

$$\equiv \frac{1}{\sqrt{1 - \Omega_0}} \sinh\left[I(z)\sqrt{1 - \Omega_0}\right] \qquad (\Omega_0 < 1) \tag{6.175}$$

로 정의하면, 우리는 다음과 같이 간단하게 써볼 수 있다:

$$\varpi(z) = \frac{c}{H_0} S(z) \tag{6.176}$$

$\sin(x) = x - x^3/3! + x^5/5! + \cdots$ 와 $\sinh(x) = x + x^3/3! + x^5/5! + \cdots$ 이므로, (z의 2차 근사로) $S(z) \simeq I(z)$가 성립한다. 따라서 아래와 같은 관계가 성립한다.

$$\varpi(z) \simeq \frac{c}{H_0} I(z) \qquad (z \ll 1) \tag{6.177}$$

같이 움직이는 좌표 ϖ가 관측우주론에서는 아주 중요하기 때문에, 적분 $I(z)$에 대한 어림의 표현을 찾아보는 것이 유용하다(또 다시 우리는 짧았던 복사기를 무시하여 $\Omega_{\mathrm{rel},0} = 0$과 $\Omega_0 = \Omega_{m,0} + \Omega_{\Lambda,0}$라고 놓는다). 적분은 $z = 0$ 근처에서

$$I(z) = \int_0^z \left\{1 - (1 + q_0)z' + \left[\frac{1}{2} + 2q_0 + \frac{3}{2}q_0^2 + \frac{1}{2}(1 - \Omega_0)\right] z'^2 + \cdots\right\} dz' \tag{6.178}$$

의 테일러급수로 표현되는데, 여기서 감속변수, $q_0 = \frac{1}{2}\Omega_{m,0} - \Omega_{\Lambda,0}$에 대해 식 (6.124)를 이용하였다. 적분하면

$$I(z) = z - \frac{1}{2}(1+q_0)z^2 + \left[\frac{1}{6} + \frac{2}{3}q_0 + \frac{1}{2}q_0^2 + \frac{1}{6}(1-\Omega_0)\right]z^3 + \cdots \qquad (6.179)$$

을 얻는다. 식 (6.170–172)는 적색편이가 z로 관측되는 한 천체의 같이 움직이는 좌표 ϖ에 대한 급수 표현이다.

식 (6.179)에서 제곱항은 단지 q_0만을 포함하고 있어서, 우주 팽창의 동력학에만 관계하지만, 3차항은 q_0와 k를 포함하고 있어서 (식 6.121을 통해) 우주 팽창의 동력학과 우주의 기하학 모두에 의존한다는 점을 주목하자. 식 (6.177)와 함께 $I(z)$에 대한 급수표현의 첫 두항만을 써서 z의 2차 근사로 다음과 같은 간단한 식을 얻는다.:

$$\varpi \simeq \frac{cz}{H_0}\left[1 - \frac{1}{2}(1+q_0)z\right] \qquad (z \ll 1) \qquad (6.180)$$

식 (6.180)은 우주가 편평한가 아닌가 그리고 우주론적 상수 Λ가 0인지의 여부와 관계없이 성립한다. 사실, 식 (6.180)은 프리드만 방정식이나 어떤 특별한 우주 모형을 쓰지 않더라도 일반적으로 유도할 수 있다. 문제 6.52에 요약된 과정은 감속상수가 크기인자의 시간에 대한 2계 미분으로 정의된다는 사실을 사용한다; 식 (6.54)를 회상해보라.

고유거리

우리는 현재 시각에서 천체까지 고유 거리의 어림식을 얻어 우리의 목표를 달성했다. 식 (6.169)에 의하면,

$$d_{p,0} \simeq \frac{cz}{H_0}\left[1 - \frac{1}{2}(1+q_0)z\right] \qquad (z \ll 1) \qquad (6.181)$$

이다. 첫 번째 항은 적색편이에 대해 식 (4.39)(1권)를 대입하여 얻은 허블법칙이다. $q_0 = \Omega_{m,0}/2 - \Omega_{\Lambda,0}$이기 때문에, 우리는 두 번째 항으로부터 $\Omega_{\Lambda,0}$의 값이 더

작아지면서(팽창을 가속시키는 암흑에너지 압이 더 작아지면서) 큰 값의 $\Omega_{m,0}$는 더 작은 거리(우주의 팽창을 감속시키는 질량이 더 커진다)를 의미한다는 것을 볼 수 있다. 우리가 보게 되겠지만, 두 번째 항은 감속상수 q_0를 결정하는데 사용할 수 있는 허블법칙의 선형성이 벗어남을 포함한다. $q_0 = -0.6$에 대해 두 번째 항은 $z=0.13$일 때 첫 번째항의 10%가 된다. 이는 4.2절에서 식 (4.8)이 0.13보다 큰 z 값에 대해 성립하지 않는다고 주장하는 이유이다.

광도거리

이제 우리는 광도거리(역제곱법칙으로 측정됨, 식 3.2(1권))에 대한 개념을 알아볼 준비가 되었다. 그러면 우주론 모형을 시험하는 고전적인 관측들을 살펴 볼 준비가 될 것이다. 먼저, 광자를 방출하는 광원과 단위 시간당 망원경 검출기에 도달하는 에너지 사이의 관계를 살펴 보자. 이 광원의 광도는 알려진 값 L이라고 하고, 이 광원을 관측할 때에 복사 플럭스가 F가 측정된다고 하자. (여기에서 F는 모든 파장에 대하여 측정한 전파장 복사플럭스라고 가정한다) 식 (3.2)(1권)으로 주어진 역제곱법칙을 써서 이 천체의 **광도 거리** d_L을 다음과 같이 정의한다.

$$\boxed{d_L^2 \equiv \frac{L}{4\pi F}} \tag{6.182}$$

광원이 같이 움직이는 좌표계의 원점($\varpi = 0$)에 놓여있다 하자. 광원이 빛을 방출하고, 그 빛은 $\varpi =$상수> 0인 원점주위의 구형표면에 도착한다. 로버츤-워커 기하로부터, 식 (6.106), 현재 시각($R=1$)의 구 표면적은 $4\pi\varpi^2$이다; 그림 6.25를 보라.[41] 광원으로부터 ϖ까지 여행을 한 후에, 빛은 구 표면에 퍼지므로, 복사플럭스는 $1/\varpi^2$만큼 희석될 것이다. 역제곱법칙 외에 두 가지 효과들에 의하여 구면에서 관측되는 복사플럭스는 감소한다. 식 (6.142)로 주어지는 우주론적 적색 편이 때문에 개별 광자들의 에너지 $E_{\text{photon}} = hc/\lambda$가 $(1+z)$배 만큼 줄어든다. 또한, 식 (6.143)으로 주어지는 우주론적 시간 팽창 때문에 광원에서 방출된 광자들 사이의 평균 시간 간격이 넓어진다. 따라서, 구 표면에 도착하는 광자들의 단위 시간당 개수가 광원에서 이들 광자들이 방출되는 단위 시간당 개수에 비하여 $(1+z)$배 만큼 작아진다.

41) 원점에 중심을 둔 구의 표면적이 $4\pi[R(t)\varpi]^2$일지라도, 원점으로부터의 표면의 고유거리는 $k \neq 0$일 때 $R(t)\varpi$가 아님을 강조한다. 식 (6.149)와 식 (6.150)을 보시오.

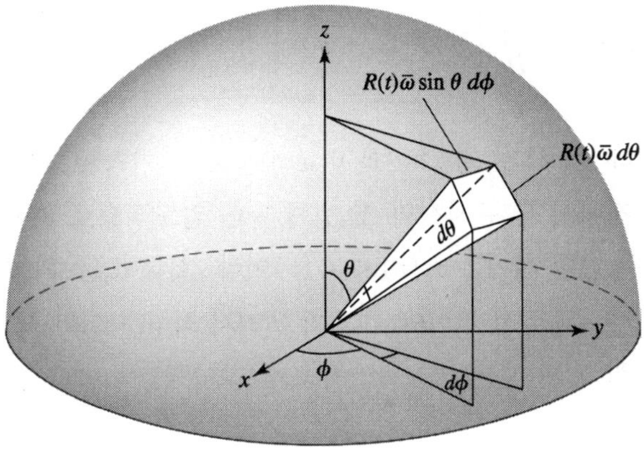

그림 6.25 $\varpi = 0$에 중심을 둔 구표면의 면적소. θ와 ϕ에 대해 적분하면 구의 표면적은 $4\pi[R(t)\varpi]^2$이 된다.

이들 효과들을 조합하면, 구표면에서 복사플럭스는

$$F = \frac{L}{4\pi\varpi^2(1+z)^2}$$

이 된다. 이를 식 (6.182)에 대입하면,

$$d_L = \varpi(1+z) \tag{6.183}$$

이 됨을 알 수 있는데, ϖ는 식 (6.168)과 식 (6.170-172)를 이용하여 수치적 방법으로 계산할 수 있다. 광도거리 d_L은 거리지수 $m-M$으로 실제 측정하는 거리이다. 광도거리가 현재 고유거리(식 6.148-150)와도 같지 않고, 또 좌표거리(식 6.3)와도 같지 않다 할지라도, 이 3개의 거리는 $z \ll 1$에 대해서는 같아진다.

식 (6.176)은 광도거리가 정확하게

$$d_L(z) = \frac{c}{H_0}(1+z)S(z) \tag{6.184}$$

이 됨을 보여준다. z에 대한 2차어림인 식 (6.180)을 이용하면

$$d_L(z) \simeq \frac{cz}{H_0}\left[1+\frac{1}{2}(1-q_0)z\right] \qquad (z \ll 1) \tag{6.185}$$

이 된다. 이 식을 식(6.181)과 비교하면, 광도 거리가 고유 거리가 거의 같으려면 z가 아주 작아서 두 근사식의 첫 번째 항이 압도적으로 커야 한다는 점을 알 수 있다. z가 큰 값일 때에는 $d_p(z) < d_L(z)$이다. 결국 $d_p(z)$와 $d_L(z)$ 모두에 다 정확한 표현을 사용해야 할 것이며, 그러기 위해서 식 (6.169)와 식 (6.184)를 수치적으로 적분해야 할 것이다.

적색편이–등급관계

드디어 우리는 아주 흥미로운 몇가지 우주론의 관측적 실험을 기술할 수 있게 되었다. **적색편이–등급관계**는 거리지수에 대해 광도거리를 식 (3.6)(1권)과 함께 써서 얻을 수 있다.:

$$m - M = 5\log_{10}(d_L/10\text{ pc}) \tag{6.186}$$

식 (6.184)과 $H_0 = 100h\,\text{km s}^{-1}\,\text{Mpc}^{-1}$(식 6.13)를 써서 간단히

$$\begin{aligned} m - M &= 5\log_{10}\left[\frac{c}{(100\text{ km s}^{-1}\text{ Mpc}^{-1})(10\text{ pc})}\right] - 5\log_{10}(h) \\ &\quad + 5\log_{10}(1+z) + 5\log_{10}[S(z)] \\ &= 42.38 - 5\log_{10}(h) + 5\log_{10}(1+z) + 5\log_{10}[S(z)] \end{aligned} \tag{6.187}$$

를 얻는다. 마찬가지 방법으로 광도거리에 대해 어림 식 (6.185)를 식 (6.186)과 함께 사용하면, $z \ll 1$에 대해

$$\begin{aligned} m - M &\simeq 5\log_{10}\left[\frac{c}{(100\text{ km s}^{-1}\text{ Mpc}^{-1})(10\text{ pc})}\right] - 5\log_{10}(h) \\ &\quad + 5\log_{10}(z) + 5\log_{10}\left[1+\frac{1}{2}(1-q_0)z\right] \qquad (z \ll 1) \end{aligned}$$

을 얻는다. 오른쪽 마지막 항을 $z=0$ 부근에서 테일러급수 전개를 하고, z의 1차 항까지 근사하면 다음과 같은 결과를 얻는다:

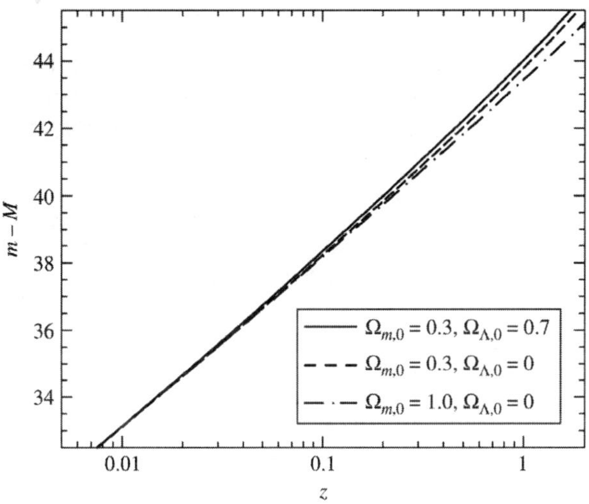

▮ 그림 6.26 $h=0.71$과 다양한 $\Omega_{m,0}$과 $\Omega_{\Lambda,0}$의 값에 대한 적색편이–등급관계

$$m - M \simeq 42.38 - 5\log_{10}(h) + 5\log_{10}(z) + 1.086(1 - q_0)z \quad (z \ll 1) \tag{6.188}$$

그림 6.26은 로그함수로 표시된 적색편이 z를 $m-M$의 함수로 그린 것이다. $z \ll 1$에 대해, 적색편이–등급관계는 선형이다. 작은 z 값에 대해 $\log_{10}(z)$항의 선형성(바로 허블법칙)이 성립함이 관측에서도 확인된다. 그리고, 큰값의 z에서는, 식 (6.188)의 오른쪽에서 4번째 항인, $1.086(1-q_0)z$항 때문에 선이 위쪽으로 향한다. 직선과 어긋나는 정도를 정확하게 측정하면 감속상수의 값을 결정할 수 있다. 훨씬 더 큰 값의 z에서, 곡선은 $\Omega_{m,0}$과 $\Omega_{\Lambda,0}$의 값들에 아주 민감하다.

천체의 스펙트럼 측정은 특정 파장 영역에서 이루어지기 때문에 우주론적 적색편이에 의하여 크게 영향을 받을 수 있다. 예를 들면, 550 nm의 중심 파장을 갖는 V 밴드에서 이루어 지는 측정을 생각하면, 우주론적 적색 편이에 의하여 천체의 정지 좌표계에서 더 짧은 파장 영역의 빛이 관측자의 V 밴드 필터레 들어오게 된다. 이 천체의 고유 스펙트럼 I_λ를 알고 있다면, 식 (6.188)에 K–보정이라고 부르는 항을 추가하여 이러한 현상을 보정할 수 있다.[42]

42) K–보정은 이미 2.2절에서 논의되었다.

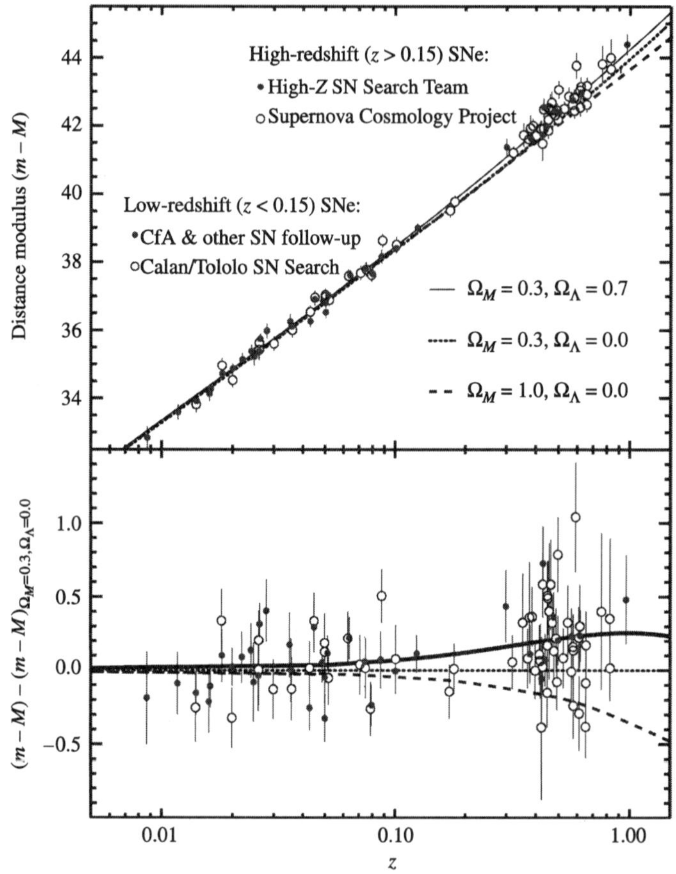

▌그림 6.27 적색편이 z가 큰 초신성들의 적색편이–등급관계. K–보정이 겉보기등급에 취해졌다. 아래 그래프는 $\Omega_{m,0}=0.3$, $\Omega_{\lambda,0}=0$에 대한 이론곡선을 추출해내고 난 후의 자료이다.[그림출처 : Perlmutter and Schmidt, Supernovae and Gamma Ray Bursters, K. Weiler(ed.), Lecture Notes in Physics, 598, 195, 2003. 자료출처 : Perlmutter et al., Ap.J., 517, 565,1999(SCP)와 Riess et al., A.J., 116, 1009, 1998(HZSNS)]

1990년 중반에, 라이벌관계인 두 팀의 천문학자들–SCP팀(Supernova Cosmology Project, Saul Perlmutter 주도)과 HZSNS팀(High–Z Supernova Search, Brian Schmidt 주도)이 우주론적 거리에 있는 Type I 초신성들의 관측을 하였다. 두 팀들은 $z \approx 0.5$를 보이는 것으로 관측된 초신성이 $\Omega_{m,0} \simeq 0.3$과 $\Lambda = 0$인 우주에 대해서 예상보다 0.25등급 더 희미한 것을 발견하고 깜짝 놀랐다. 초신성들은 모범적으로 감속팽창하는 우주에 있을 때보다 더 멀리 떨어져 있는 것이다. 곧바로 그들은 우주가 가속되고 있다는 가능성과 우주상수가 0이 아닐 것이라는 생각을 하게

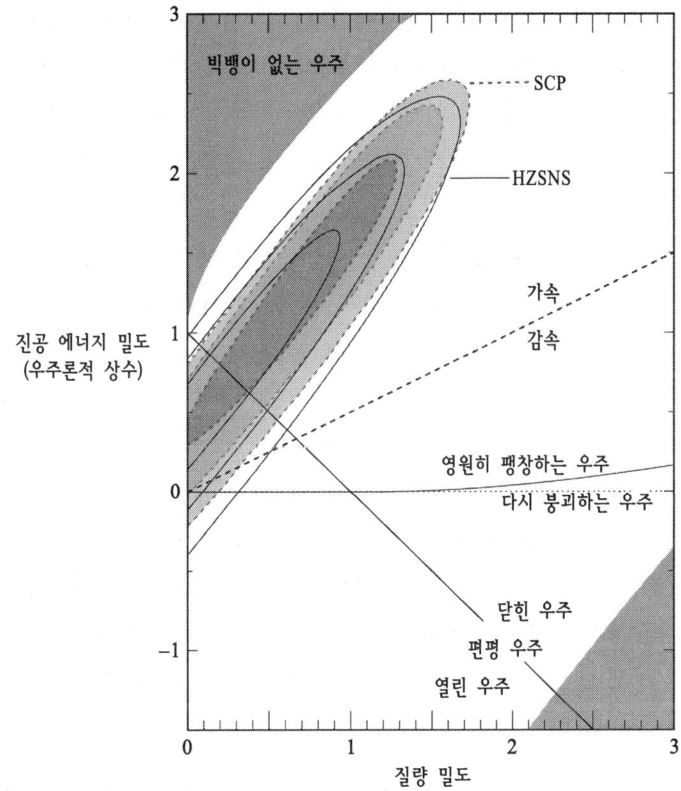

▮ **그림 6.28** 높은 z 을 지는 초신성들에 대한 $\Omega_{m,0}$와 $\Omega_{\Lambda,0}$의 가장 가능성이 높은 위치. SCP와 HZSNS팀들의 결과들이 중첩되었다.[그림출처 : Perlmutter and Schmidt, Supernovae and Gamma Ray Bursters, K. Weiler(ed.), Lecture Notes in Physics, 598, 195, 2003. 자료출처 : Perlmutter et al., Ap.J., 517, 565,1999(SCP) 와 Riess et al., A.J., 116, 1009, 1998(HZSNS)]

되었지만, 몇 가지 그럴듯한 대안의 설명을 제거하는데 까지 1년 동안의 집중적인 연구기간이 소요되었다. 예를 들어, 멀리있는 초신성으로부터 오는 빛의 20%정도는 가상적인 "회색티끌"에 의해 큰 z값에서 흡수될 가능성이 있다.[43] 또는, 아마 진화론적 효과가 천문학자들을 오해하게 할 수도 있는데, 왜냐면, 높은 z 값에서, 우리는 중원소들이 덜 풍부한 더 젊은 은하환경에서 형성된 젊은 초신성들을 관측하기 때문이다. 한가지 씩, 이 가능성들이 고려되어서 배제되었다. 그림 6.27의 적색편이-등급도는 이들 두 팀들의 결과들을 최근해 결합한 결과이다. 자신들의 분석 결과, 두 그룹들은 $\Omega_{m,0} = 1$과 $\Lambda = 0$인 편평우주(당시 가장 많은 이론학자들

43) 큰 덩어리로 된 "회색티끌"은 모든 파장에서 거의 똑같은 수준으로 흡수를 하게 될 것이며, 그래서 눈에 띌만한 초신성스펙트럼의 적색화를 만들어내지 못할 것이다.

이 주장하였던 시나리오)를 배제하였고 또 $\Omega_{m,0} \simeq 0.3$과 $\Lambda = 0$인 열린우주와는 맞지 않는다는 것을 발견하였다. 대신, 그들은 $\Omega_{m,0} \simeq 0.3$과 $\Omega_{\Lambda,0} = 0.7$인 우주가 적합할 것이라는 것을 알아냈다. 각 연구그룹들에 대해 그림 6.28은 높은 z을 지닌 초신성 결과들과 일치하는 가장 그럴듯한 값들을 지닌 $\Omega_{m,0}-\Omega_{\Lambda,0}$ 평면에서의 위치를 보여준다. 우주상수가 0이 아니라는 그들의 확증은 설득력을 갖추게 되었다.

우리가 만일 우주가 가속되기 시작하였을 때 $z_{accel} = 0.76$보다 큰 초신성을 바라본다면, 우리는 감속하는 우주의 증거들을 발견하게 될 것이다. 그림 6.29는 높은 z값을 지닌 초신성의 관측결과를 보여주고 있는데, 이중 $z > 1.25$인 천체가 6개이다. 이들 중에는 $z = 1.7$로 지금까지 관측된 것들 중 가장 멀리있는 초신성인 SN 1997ff도 포함된다. SN 1997ff와 이런 높은 z-표본에서 다른 초신성들은 만일 우주가 일정한 비율로(즉 $\Omega = 0$) 팽창하였을 때의 밝기보다 더 밝게 보이는데, 이는 초기우주의 감속단계에서 예상되는 바와 같다. 이러한 관측들에 의하여, 그림에서 보듯이, "회색 티끌"이나 진화론적 효과와 같은 가속팽창의 이론적 대안들은 모두 고려의 대상에서 제외되었다. 이제 천문학자들은 암흑 에너지가 밀어내기 때문에 더욱 빠르게 팽창하는 우주론을 받아들이고, 이와 같은 우주론 모형과 씨름해야 할 것이다.

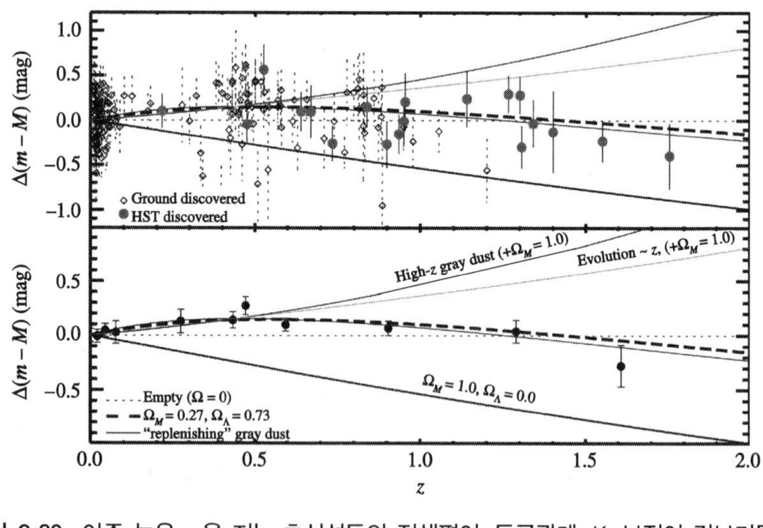

▮ **그림 6.29** 아주 높은 z을 지는 초신성들의 적색편이-등급관계. K-보정이 겉보기등급에 취해졌고, $\Omega = 0$(가장자리 우주)에 대한 이론곡선이 자료로부터 추출되었다. 아래 그래프는 모아진 자료(적색편이에 따라 분류되어)들의 평균을 보여주고 있고, 또 그들을 "회색티끌" 또는 초신성의 진화효과 등을 포함한 다른 모델들과 비교하고 있다.(그림출처 : Riess et al., Ap.J., 607,665, 2007).

적색편이-등급도로부터 얻어지는 허블상수의 값들($H_0 \sim 70 \pm 10\,\mathrm{km\,s^{-1}Mpc^{-1}}$)이 더 잘 결정되지 않았다고 하는 것은 아마 놀라운 일이다. 초신성을 이용하여 다양한 그룹들에 의해 얻어진 H_0값들이 퍼져서 존재하는 것은 세페이드 거리를 서로 다르게 보정되었기 때문일 수 있다. 이런 체계적인 불확실성은 $\Omega_{m,0}$와 $\Omega_{\Lambda,0}$값들에 영향을 주지 않는데, 왜냐면 이들이 적색편이-등급도에서 선형이 어긋남을 측정하여 결정되었기 때문이다.

각직경 거리

천체까지의 거리를 측정하는 또 다른 방법은 천체의 선형거리 D(알려졌다고 가정하고)를 관측된 각직경 θ(아주 작다고 여겨짐)과 비교하는 것이다. **각직경거리** d_A는 그래서

$$\boxed{d_A \equiv \frac{D}{\theta}} \tag{6.189}$$

로 정의된다. 이를 이전의 결과들과 연결짓기 위해, 같이 움직이는 좌표 ϖ에 위치한 z의 적색편이를 지닌 은하를 고려해본다. 우리는 은하의 한쪽 끝에서 다른 쪽끝까지의 고유거리 D에 대한 표현을 알아보기 위해 식 (11.18)(2권) $dL = \sqrt{-(ds)^2}$을 이용할 수 있다. 로버츤-워커 계량(식 6.106)을 $dt = d\varpi = d\phi = 0$인 하늘의 평편에서 은하를 가로질러 적분하면

$$D = R(t_e)\varpi\,\theta = \frac{\varpi\,\theta}{1+z}$$

을 얻는다. [식 (6.146)으로부터, 편평우주에 대해 이 식은 일반적인 유클리드기하 관계가 됨을 주목해본다]. 물론, D는 우리가 관측한 빛이 방출되었을 때인 t_e에서의 은하직경이다. 은하로부터의 빛이 지구까지 방사적 경로로 여행하기 때문에, θ는 천문학자들에 의해 측정된 은하의 각크기이다. 식 (6.176)을 써서 지름을

$$D = \frac{c}{H_0}\frac{S(z)\theta}{1+z} \tag{6.190}$$

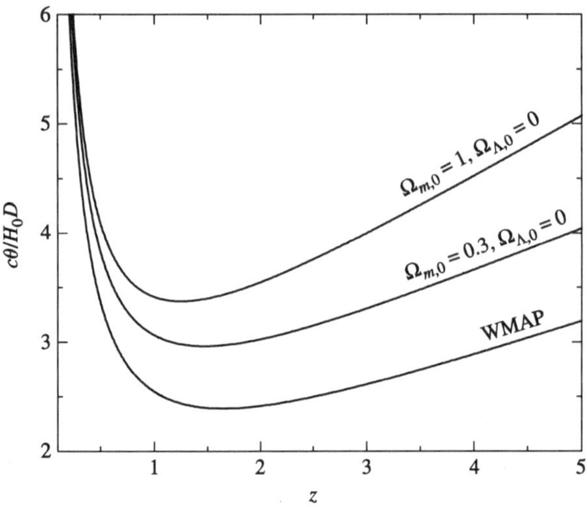

▌**그림 6.30** 다양한 $\Omega_{m,0}$과 $\Omega_{\Lambda,0}$에 대해 H_0D/c의 단위로 표현된 한 은하의 각직경 θ

로 표현할 수 있다. 그래서 각직경거리는

$$d_A = \frac{c}{H_0}\frac{S(z)}{1+z} \tag{6.191}$$

이 된다. 식 (6.183)을 보면, 각직경거리는 광도거리를 써서 아래와 같이 쓸 수 있다.

$$d_A = \frac{d_L}{(1+z)^2} \tag{6.192}$$

그림 6.30은 H_0D/c의 단위로 표현된 θ가 여러 모델우주에 대해

$$\frac{c\theta}{H_0D} = \frac{(1+z)}{S(z)} \tag{6.193}$$

로 적색편이 z의 함수로 표현됨을 보여준다. 한 은하의 각직경이 거리에 따라 계속 감소되지 않는다는 것은 놀라운 일이다. 실제, 어떤 적색편이를 넘어서면, 각크기는 실제 거리에 따라 증가한다. 이러한 현상은 팽창하는 우주가 마치 중력 렌즈처럼 작용하기 때문에 나타나는 현상으로서, 멀리 있는 은하는 정적인 유클리드 우주에서 예상한 크기보다 훨씬 더 큰 크기로 관측된다. 실제 크기 D를 미리 알고

있는 은하를 관측하여 겉보기 크기를 구하고, 우주론 모형에서 예측하는 값과 비교하면, 적어도 원리적으로 가장 잘 맞는 우주론 모형을 고를 수 있다. 그러나, 실제로 은하는 예리한 경계면을 갖고 있지도 않거니와 은하들은 시간이 갈수록 진화한다. 이 교과서를 쓰는 현재는 각직경거리의 가장 생산적인 사용는 순야예프-첼도비치 효과의 관측과 결합하는 것이었다.

순야예프-첼도비치 효과는 허블상수를 다른 것들과 무관하게 결정하게 해준다. 거대은하단에 있는 은하단간 가스의 X-선 흐름양 F_X와 온도 T_e와 함께 $\Delta T/T_0$ (식 6.64)를 측정하여 은하단의 물리적 성질에 대한 모델을 하는데 사용할 수 있다. 은하단의 계산된 직경 D를 측정된 각직경 θ와 비교하면 은하단의 각직경거리 d_A를 측정할 수 있다. 반면, 은하단으로부터 측정된 X-선흐름 양과 온히단간 가스의 X-선광도에 대한 식 (4.20)은 은하단의 광도거리를 결정해준다. 이들 두 거리사이의 연결인, 식 (6.192)는 이제 허블상수를 계산하는데 이용되어질 수 있다. 문제 6.55에서, 우리는

$$H_0 = Cf(z)\frac{F_X T_e^{3/2}}{\theta(\Delta T/T_0)^2}$$

를 유도하게 되는데, 여기서 $f(z)$는 은하단의 적색편의 z의 함수이고, C는 상수이다. 한 천문학자팀이 5개의 은하단에 대한 허블상수의 값을 측정하였고[44], $H_0 = 65\ \mathrm{km\,s^{-1}\,Mpc^{-1}}$이란 평균값을 얻어냈는데, 이는 다른 최근의 측정에서 얻은 값들과 일치한다.

44) 어떻게 H_0가 결정되었는지에 대한 자세한 사항은 Jones et al.(2005)를 보라.

제 6 장 참고 문헌

일반 도서

Alpher, R. A., and Herman, R. C., "Evolution of the Universe," *Nature*, *162*, 774, 1948.

Goldsmith, Donald, *The Runaway Universe*, Perseus Publishing, Cambridge, MA, 2000.

Harrison, Edward, *Cosmology*, Second Edition, Cambridge University Press, Cambridge, 2000.

Harrison, Edward, *Darkness at Night*, Harvard University Press, Cambridge, MA, 1987.

Kirshner, Robert, *The Extravagant Universe*, Princeton University Press, Princeton, NJ, 2002.

Krauss, Lawrence M., "Cosmological Antigravity," *Scientific American*, January 1999.

Lineweaver, Charles, and Davis, Tamara, "Misconceptions about the Big Bang," *Scientific American*, March 2005.

Silk, Joseph, *The Big Bang*, Third Edition, W. H. Freeman and Company, New York, 2001.

Silk, Joseph, *On the Shores of the Unknown*, Cambridge University Press, Cambridge, 2005.

Weinberg, Steven, *The First Three Minutes*, Second Edition, Basic Books, New York, 1988.

고급 도서

Bennett, C. L., "First-Year *Wilkinson Microwave Anisotropy Probe* (*WMAP*) Observations: Preliminary Maps and Basic Results," *The Astrophysical Journal Supplement*, *148*, 1, 2003.

Binney, James, and Tremaine, Scott, *Galactic Dynamics*, Princeton University Press, Princeton, NJ, 1987.

Carlstrom, John E., Holder, Gilbert P., and Reese, Erik D., "Cosmology with the Sunyaev–Zel'dovich Effect," *Annual Review of Astronomy and Astrophysics*, *40*, 643, 2002.

Davis, Tamara M., Lineweaver, Charles H., and Webb, John K., "Solutions to the Tethered Galaxy Problem in an Expanding Universe and the Observation of Receding Blueshifted Objects," *American Journal of Physics*, 71, 358, 2003.

Dicke, R. H., Peebles, P. J. E., Roll, P. G., and Wilkinson, D. T., "Cosmic Black-body Radiation," *The Astrophysical Journal*, *142*, 414, 1965.

Felten, James E., and Isaacman, Richard, "Scale factors $R(t)$ and Critical Values of the Cosmological Constant Lambda in Friedmann Universes," *Reviews of Modern Physics*, *58*, 689, 1986.

Foley, Ryan J., et al., "A Definitive Measurement of Time Dilation in the Spectral Evolution of the Moderate-Redshift Type Ia Supernova 1997ex," *The Astrophysical Journal Letters*, *626*, L11, 2005.

Garnavich, Peter M., et al., "Supernova Limits on the Cosmic Equation of State," *The Astrophysical Journal*, *509*, 74, 1998.

Gott, J. Richard III, et al., "A Map of the Universe," *The Astrophysical Journal*, *624*, 463, 2005.

Harrison, Edward R., "Why Is the Sky Dark at Night?" *Physics Today*, February 1974.

Jones, Michael E., et al., "H_0 from an Orientation-Unbiased Sample of SZ and X-ray Clusters," *Monthly Notices of the Royal Astronomical Society*, *357*, 518, 2005.

Kolb, Edward W., and Turner, Michael S., *The Early Universe*, Westview Press, 1994.

Loeb, Abraham, "Long-Term Future of Extragalactic Astronomy," *Physical Review D*, *65*, 047301, 2002.

Peacock, John A., *Cosmological Physics*, Cambridge University Press, Cambridge, 1999.

Peebles, P. J. E., *Principles of Physical Cosmology*, Princeton University Press, Princeton, NJ, 1993.

Penzias, A. A., and Wilson, R. W., "A Measurement of Excess Antenna Temperature at 4080 Mc/s," *The Astrophysical Journal*, *142*, 419, 1965.

Perlmutter, S., et al., "Measurements of Ω and Λ from 42 High-Redshift Supernovae," *The Astrophysical Journal*, *517*, 565, 1999.

Perlmutter, S., and Schmidt, B. P., "Measuring Cosmology with Supernovae," *Supernovae and Gamma-Ray Bursters*, K. Weiler (ed.), *Lecture Notes in Physics*, *598*, 195, 2003.

Raine, D. J., and Thomas, E. G., *An Introduction to the Science of Cosmology*, Institute of Physics Publishing, Philadelphia, 2001.

Riess, Adam G., et al., "Type Ia Supernova Discoveries at $z > 1$ from the *Hubble Space Telescope*: Evidence for Past Deceleration and Constraints on Dark Energy Evolution," *The Astrophysical Journal*, *607*, 665, 2004.

Riess, Adam G., et al., "Observational Evidence from Supernovae for an Accelerating Universe and a Cosmological Constant," *The Astronomical Journal*, *116*, 1009, 1998.

Ryden, Barbara, *Introduction to Cosmology*, Addison-Wesley, New York, 2003.

Spinrad, Hyron, Dey, Arjun, and Graham, James R., "Keck Observations of the Most Distant Galaxy: 8C 1435+63 at $z = 4.25$," *The Astrophysical Journal Letters*, *438*, L51, 1995.

제 6 장 연습 문제

6.1 It might be argued that the inverse square law for light, Eq. (3.2), would provide a solution to Olbers's paradox. To see that this is not so, consider a uniform distribution of stars with n stars per unit volume, each of luminosity L. Imagine that two thin, spherical shells of stars with radii r_1 and r_2 are centered on Earth; let the thickness of each shell be Δr. Show that the same energy flux reaches Earth from each shell.

6.2 Suppose that all of the matter in the universe were converted into energy in the form of blackbody radiation. Take the average density of matter to be the WMAP value for the density of baryonic matter, $\rho_{b,0}$. Use Eq. (9.7) for the energy density of blackbody radiation to find the temperature of the universe in this situation. At what wavelength would the blackbody spectrum peak? In what region of the electromagnetic spectrum is this wavelength found? Explain how your result may be applied to Olbers's paradox.

6.3 Show by substitution that Eqs. (29.32) and (29.34) are solutions to Eq. (29.11) for a closed universe ($k > 0$).

6.4 Show by substitution that Eqs. (29.36) and (29.38) are solutions to Eq. (29.11) for an open universe ($k < 0$).

6.5 Derive Eqs. (29.33) and (29.35) from Eqs. (29.32) and (29.34), respectively.

6.6 Derive Eqs. (29.37) and (29.39) from Eqs. (29.36) and (29.38), respectively.

6.7 **(a)** Use Eq. (29.11) to find an expression for the maximum scale factor R in a closed universe. Does your answer agree with Eq. (29.33)?

(b) Find the lifetime of a closed universe (expressed as a multiple of the Hubble time, t_H) as a function of the density parameter, Ω_0.

6.8 Derive Eqs. (29.40–29.42) for the age of the universe using Eqs. (29.31), (29.33), (29.35), (29.37), (29.39), and (29.4).

6.9 Consider a one-component universe of pressureless dust.

(a) Show that

$$\Omega(t) = \frac{\rho(t)}{\rho_c(t)} = 1 + \frac{kc^2}{(dR/dt)^2}, \tag{29.194}$$

which describes how Ω varies with time. What does this have to say about the nature of the early universe?

(b) Show that $dR/dt \to \infty$ as $t \to 0$. What does this say about the difference between a closed, a flat, and an open universe at very early times?

6.10 For a one-component universe of pressureless dust, show that

$$\frac{1}{\Omega} - 1 = \left(\frac{1}{\Omega_0} - 1\right)(1+z)^{-1}. \tag{29.195}$$

What happens as z increases?

6.11 Show that in the limit $(1+z) \gg 1/\Omega_0$, Eq. (29.41) reduces to Eq. (29.43). *Hint:* First write Eq. (29.41) in terms of a variable $u \equiv 1/[\Omega_0(1+z)]$, and then expand the equation in a Taylor series about $u = 0$. You may find

$$\cos^{-1}(1-x) - \sqrt{2}x^{1/2} + \frac{\sqrt{2}}{12}x^{3/2} + \cdots$$

for $x \ll 1$ to be useful.

6.12 Derive the acceleration equation, Eq. (29.51).

6.13 Assuming that $P = 0$, show that Eq. (29.51) for the acceleration of a mass shell can be found from Newton's second law by considering the gravitational force on an expanding shell.

6.14 Consider a model of the universe consisting of neutral hydrogen atoms for which the average (rms) speed of the atoms is 600 km s^{-1} (approximately the speed of the Local Group relative to the Hubble Flow). Show that $\rho \gg P/c^2$ for the gas. For an adiabatically expanding universe, for what value of R and z will $\rho = P/c^2$?

6.15 By inserting the equation of state $P = w\rho c^2$ into the fluid equation, Eq. (29.50), show that $R^{3(1+w)}\rho = \text{constant} = \rho_0$, where ρ_0 is the present value of ρ.

6.16 Show that for a pressureless dust universe, $q(t) = \frac{1}{2}\,\Omega(t)$, which is Eq. (29.55).

6.17 The deuterium ($^2_1$H) nucleus is not very tightly bound.

(a) Calculate the binding energy of the deuterium nucleus, using values of $m_H = 1.007825$ u, $m_n = 1.008665$ u, and $m_D = 2.014102$ u.

(b) What is the wavelength of a photon with this energy?

(c) From Wien's law, at what temperature is this the characteristic energy of a blackbody photon?

6.18 The carbon absorption lines that are formed when the light from a distant quasar, Q1331+70, passes through an intergalactic cloud have been measured by Antoinette Songaila and her colleagues. The relative strengths of the lines indicate that the temperature of the cloud is 7.4 ± 0.8 K, and the lines show a redshift of $z = 1.776$. How does the temperature of the cloud compare with the temperature of the CMB at that redshift? (If there are sources of heating for the cloud in addition to the CMB, then its temperature must be considered as an *upper limit* to the temperature of the CMB.)

6.19 In 1941, microwave observations detected absorption lines due to cyanogen molecules (CN) in molecular clouds. A cyanogen molecule has three first excited rotational states, each of which is degenerate and has an energy that is 4.8×10^{-4} eV above the ground state. An analysis of the absorption lines shows that for every 100 molecules in the ground state, there are 27 others that are in one of the three first excited states. Assuming that the molecular clouds are in thermal equilibrium with the CMB, use the Boltzmann equation (Eq. 8.6) to estimate the temperature of the CMB.

6.20 Channel 6 on your television consists of radio waves with wavelengths between 3.41 m and 3.66 m. Consider a 25,000-watt television station located 70 km from your home. Use Eq. (9.5) for the energy density of blackbody radiation to estimate the ratio of the number of channel 6 photons to the number of CMB photons that your television antenna picks up in this wavelength band. (*Hint:* For the television broadcast, recall that the energy density of an electromagnetic wave is related to the time-averaged Poynting vector by $u = \langle S \rangle / c$.)

6.21 Use Eq. (4.32) for the relativistic Doppler shift to derive Eq. (29.61). Show that Eq. (29.61) reduces to Eq. (29.62) when $v \ll c$.

6.22 Calculate the magnitude of the variation in the temperature of the CMB due to the Sun's peculiar velocity.

6.23 In this problem you will approximate the physics that produces the Sunyaev–Zel'dovich effect.

(a) First, estimate the shift in the frequency of a low-energy CMB photon as it is scattered by a high-energy electron (inverse Compton scattering) of speed v_e in the hot intracluster gas of a rich cluster of galaxies. Although photons can be scattered from any direction into any direction, we will consider the four equally likely situations shown in Fig. 29.31. Show that the *average* shift in the frequency of these four photons is

$$\frac{\Delta\nu}{\nu} = \frac{v_e^2}{c^2} = 3\frac{kT_e}{m_e c^2},$$

where T_e is the temperature of the electron gas. Evaluate this expression using $T_e = 10^8$ K, and explain why you could assume that in the rest frame of the electron, the change in the wavelength ($\sim \lambda_C$) of the photon could be neglected.

(b) About what fraction of the CMB photons will be scattered as they pass through the intracluster gas? Assume an electron number density of $n_e = 10^4\ \mathrm{m}^{-3}$ and a cluster radius of 3 Mpc.

(c) Use the increase $\Delta\nu$ of the peak frequency with Wien's law (Eq. 29.59) to obtain an approximate expression for the effective decrease in the temperature of the CMB, $\Delta T/T_0$ (the Sunyaev– Zel'dovich effect).

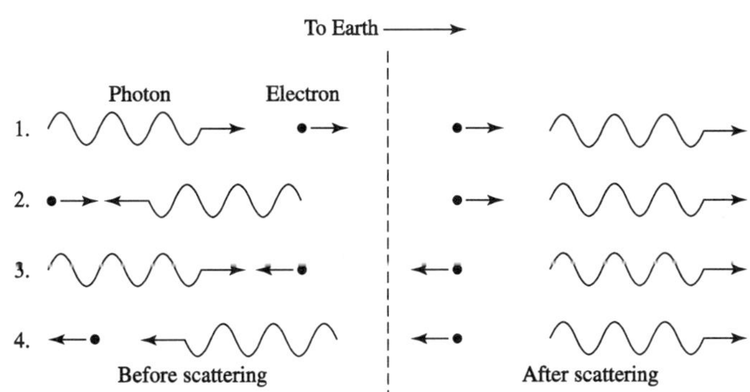

FIGURE 29.31 Inverse Compton scattering of a CMB photon by a high-energy electron.

6.24 Show that in the general equation of state $P = wu$ (Eq. 29.52), $w = 1/3$ for relativistic particles ($E \gg mc^2$). *Hint:* The pressure integral, Eq. (10.8), may prove useful.

6.25 Consider a comoving sphere whose surface expands with the universe. Let it be centered at the origin and filled with CMB photons. Show that Eq. (29.81), $R^4\rho_{\rm rel} = \rho_{\rm rel,0}$, is consistent with the conservation of energy within the sphere.

6.26 Some quantities obey an exponential time-behavior of the form $f(t) = f_0 e^{t/\tau}$, where τ is the *characteristic time* for the system under consideration.

(a) Show that

$$\tau = \left(\frac{1}{f}\frac{df}{dt}\right)^{-1}.$$

This expression can be used to define a characteristic time for any function, regardless of whether its behavior is exponential. (See the analogous discussion of the pressure scale height, H_P, in Section 10.4.)

(b) Use the scale factor, $R(t)$, to show that the characteristic time for the expansion of the universe is $\tau_{\rm exp}(t) = 1/H(t)$.

(c) Assuming a flat universe containing only matter and radiation, find an expression (valid in both the radiation era and the matter era) for the characteristic expansion time $\tau_{\rm exp}$ as a function of the scale factor R.

6.27 **(a)** Show that deep in the radiation era when $R \ll R_{r,m}$, Eq. (29.84) is well approximated by Eq. (29.86).

(b) Solve the Friedmann equation for a flat, one-component universe that contains only relativistic particles, and compare your result with Eq. (29.86).

6.28 Use a procedure similar to that used to obtain Eq. (29.28) to show that a one-component universe of relativistic particles is flat in the limit $z \to \infty$.

6.29 Assuming that the present density of baryonic matter is given by Eq. (29.17), what was the density of matter at the time of Big Bang nucleosynthesis, when $T \sim 10^{10}$ K?

6.30 One factor that contributed to the cessation of the reactions that formed neutrons at roughly 10^{10} K [Eqs. (29.93–29.95)] was the annihilation of electron–positron pairs that occurred at that time. When the temperature became too low, the electron–positron pairs could not be replaced by pair production. (This removed the supply of electrons that could combine with protons to form neutrons.) By setting the characteristic thermal energy of a photon, kT, equal to the rest energy of an electron–positron pair, estimate the temperature below which an annihilated pair will not readily be replaced.

6.31 In this problem, you will show that when the temperature of the universe was about 10^9 K, all of the neutrons would have combined with protons to form helium nuclei.

(a) Using arguments similar to those leading up to Eq. (9.12), show that the number of collisions between a neutron and a proton that occur within a time Δt is $n_p \sigma v \Delta t$, where n_p is the number density of protons, σ is the neutron's collision cross section, and v is the speed of the neutron.

(b) Evaluate $n_p \sigma v \Delta t$. If the result is $\gg 1$, then each neutron had ample opportunity to combine with a proton. Let Δt be the characteristic timescale of the universe at the time of helium formation, and use $\sigma = \pi(2r)^2$, where $r \simeq 10^{-15}$ m is the radius of a neutron. The number density of protons can be estimated from the baryonic mass density when $T = 10^9$ K.

6.32 **(a)** Use the cross section for electron scattering (Eq. 9.20) to find an expression for the average time between scatterings of a photon by free electrons.

(b) Assuming that the electrons remain free, at what value of R and z will the average time between scatterings equal the characteristic expansion time τ_{exp} of Problem 29.26? (Use WMAP values.) What is the age of the universe when this occurs? This is when a flat universe of matter and radiation would have become transparent due solely to its expansion (no recombination).

6.33 Solve Eq. (29.101) for a composition of pure hydrogen to find the temperature when half of the electrons and protons have combined to form neutral atoms.

6.34 Calculate the time of decoupling, t_{dec}, for a universe of matter and radiation using the WMAP values for $z_{\text{dec}} = 1089$ and other quantities. Compare your answer with the WMAP result of 379^{+8}_{-7} kyr.

6.35 Using WMAP values for a universe of matter and radiation, estimate the time interval Δt between when recombination began (say, when 99% of the hydrogen atoms were ionized) and when recombination ended (say, when 1% of the hydrogen atoms were ionized). What is the difference Δz between the values of the redshift z at these two times? This is the thickness (in terms of z) of the "surface" of last scattering. Compare your answers with the WMAP results of $\Delta t = 118^{+3}_{-2}$ kyr and $\Delta z = 195 \pm 2$. Assume a composition of pure hydrogen.

6.36 Suppose that Earth were a perfectly smooth sphere. If you drew a circle of radius $D = 100$ meters on Earth's surface, what discrepancy would you find between the expected and measured values of the circle's circumference?

6.37 Follow a procedure similar to that used to obtain Eq. (29.28) to derive an expression for the total density parameter, $\Omega(z)$, as a function of z. Verify that your expression reduces to Eq. (29.28) if $\Omega_{\rm rel,0} = \Omega_{\Lambda,0} = 0$. What does your expression say about the geometry of an early, three-component universe?

6.38 Use the Robertson–Walker metric, Eq. (29.106), to show that the proper area ($dt = 0$) of a spherical surface, centered at the origin and passing through comoving coordinate ϖ, is $4\pi[R(t)\varpi]^2$.

6.39 Einstein originally introduced the cosmological constant Λ to stabilize his model of a pressureless dust universe against expansion or contraction.

(a) Find an expression for Λ in terms of the density ρ_m of a static model of a pressureless dust universe with a cosmological constant.

(b) Find an expression for the curvature k for this static model. Is this model universe closed, open, or flat?

(c) Explain why Einstein's static model is in an unstable equilibrium, so any departure from equilibrium (expansion or contraction) will tend to increase.

6.40 Evaluate Ω_m, $\Omega_{\rm rel}$, and Ω_Λ at the time of decoupling ($z = 1089$) using WMAP values.

6.41 Show that Eq. (29.122) may be written as

$$H = H_0 \left[\sum_i \Omega_{i,0}(1+z)^{3(1+w_i)} + (1-\Omega_0)(1+z)^2 \right]^{1/2}, \qquad (29.196)$$

where w is the coefficient from the equation of state $P_i = w_i \rho_i c^2$ and the "i" subscripts identify one of the components of the universe (i.e., pressureless dust, relativistic particles, or dark energy).

6.42 Derive Eq. (29.123) for a general expression of the deceleration parameter,

$$q(t) = \frac{1}{2} \sum_i (1 + 3w_i)\Omega_i(t).$$

6.43 Use the acceleration equation to show that the acceleration of the universe changed sign (from negative to positive) when the scale factor was

$$R_{\text{accel}} = \left(\frac{\Omega_{m,0}}{2\Omega_{\Lambda,0}}\right)^{1/3}.$$

Evaluate the value of R_{accel} and z_{accel} at this time with WMAP values.

6.44 (a) Use Eq. (29.129) to find an expression for the lookback time, t_L, as a function of the redshift z.

(b) Figure 28.17 shows the comoving space density of active galactic nuclei (AGN) as a function of redshift. Using your expression for the lookback time with WMAP values, replot the "ChoMP + CDF + ROSAT" data (marked with filled circles) with t_L/t_H on the horizontal axis (the lookback time as a fraction of the Hubble time). How would you characterize the decline in the space density of AGN with increasing lookback time?

6.45 The cosmological constant becomes dominant as the scale factor R becomes increasingly larger in the Λ era.

(a) Show that the Hubble parameter is a constant in a flat universe deep in the Λ era.

(b) Suppose that, starting today ($t = t_0$, when $R = 1$), only the cosmological constant contributes to the Friedmann equation.[45] Solve the Friedmann equation and show that for $\Lambda > 0$, the scale factor will increase exponentially.

(c) Use WMAP values to evaluate the characteristic time for the exponential expansion (cf. Problem 29.26).

6.46 In the matter era, the distance to the particle horizon for a closed, one-component universe of pressureless dust is given by

$$d_h(z) = \frac{c}{H_0(1+z)\sqrt{\Omega_0 - 1}} \cos^{-1}\left[1 - \frac{2(\Omega_0 - 1)}{\Omega_0(1+z)}\right]. \tag{29.197}$$

In this problem, you will derive this expression for d_h. First change variables in Eq. (29.153) to obtain

$$d_h(t) = R(t) \int_0^{\frac{1}{1+z}} \frac{c\,dR}{R(dR/dt)},$$

where the limits of integration range from $R = 0$ (at $t = 0$) to $R = 1/(1+z)$ (at time t). Then show that

$$\left(\frac{dR}{dt}\right)^2 = H_0^2\left(\frac{\Omega_0}{R} - \Omega_0 + 1\right),$$

45) Such a universe is called a *de Sitter universe*, named for the Dutch mathematician Willem de Sitter (1872–1934).

and make this substitution into the denominator of the integral. You may find

$$\int \frac{dx}{\sqrt{bx - ax^2}} = \frac{1}{\sqrt{a}} \left[\cos^{-1} \left(1 - \frac{2ax}{b} \right) - \frac{\pi}{2} \right]$$

to be useful.

6.47 Use the results of Problem 29.46 to find the ratio of the distance to the particle horizon to the circumference of a closed, matter-dominated universe. What happens at very early times, as $z \to \infty$? Show that at the time of maximum expansion (just before the closed universe begins to collapse), this ratio is equal to one-half. This means that at the moment of the Big Crunch ending the collapse, the particle horizon encompasses the entire universe.

6.48 Using Eq. (29.163) for the comoving coordinate, ϖ, of a photon just now arriving from the present particle horizon in a flat universe, find the maximum proper distance of the photon during its journey. Express your answer as a fraction of the model's particle horizon, $d_{h,0} = 3ct_0$. At what time (t/t_0) is the photon at this distance? Carefully explain the meaning of the phrase "just now arriving from the present particle horizon."

6.49 Consider the (unrealistic) model of a flat, one-component universe of pressureless dust, as described in Section 29.1.

(a) Show that for this model,

$$\varpi = \frac{2c}{H_0} \left(1 - \frac{1}{\sqrt{1+z}} \right). \tag{29.198}$$

(b) Find an expression for the proper distance to an object with redshift z for this model.

(c) Find an expression for the horizon distance in this model. Evaluate this using WMAP values, and compare your result with the more accurate value of Eq. (29.159).

6.50 Derive Mattig's relation for a one-component universe of pressureless dust,

$$\varpi = \frac{2c}{H_0} \frac{1}{1+z} \frac{1}{\Omega_0^2} \left[\Omega_0 z - (2 - \Omega_0)(\sqrt{1 + \Omega_0 z} - 1) \right], \tag{29.199}$$

or in terms of the deceleration parameter $q_0 = \Omega_0/2$ (valid for this one-component model),

$$\varpi = \frac{c}{H_0} \frac{1}{1+z} \frac{1}{q_0^2} \left[q_0 z - (1 - q_0)(\sqrt{1 + 2q_0 z} - 1) \right]. \tag{29.200}$$

Show that this is valid for a flat, an open, and a closed one-component universe of pressureless dust. Note that Eq. (29.198) in the previous problem and Eq. (29.199) are in agreement when $\Omega_0 = 1$.

6.51 Show that Eq. (29.178) is the Taylor-series expansion of Eq. (29.168) about $z = 0$.

6.52 In this problem, you will carry out a general derivation of Eq. (29.180) without reference to any specific model of the universe.

(a) Expand the scale factor, $R(t)$, in a general Taylor series about the present time, t_0, and obtain

$$R(t) = R(t_0) + \left.\frac{dR}{dt}\right|_{t_0}(t - t_0) + \frac{1}{2}\left.\frac{d^2R}{dt^2}\right|_{t_0}(t - t_0)^2 + \cdots$$

$$= 1 - H_0(t_0 - t) - \frac{1}{2}H_0^2 q_0(t_0 - t)^2 + \cdots. \qquad (29.201)$$

(b) Show that $1/R(t)$ is then given by

$$\frac{1}{R(t)} = 1 + H_0(t_0 - t) + H_0^2\left(1 + \frac{1}{2}q_0\right)(t_0 - t)^2 + \cdots.$$

[*Hint:* Use long division to divide 1 by $R(t)$.]

(c) Use Eq. (29.142), $1/R(t) = 1 + z$, with the result of part (b) to write the expansion for z about the present time. Now solve for $t_0 - t$ and express the result as a series in z to get

$$t_0 - t = \frac{z}{H_0} - \left(1 + \frac{1}{2}q_0\right)\frac{z^2}{H_0} + \cdots.$$

(d) Consider a photon that is emitted at comoving coordinate ϖ at time t and received on Earth at the present time t_0. Use an equation similar to Eq. (29.138) to find an approximate expression for ϖ. You need only use the first two terms in the expansion in part (b) for $1/R(t)$ in the left-hand integral. For the right-hand integral, use a two-term Taylor series for $1/\sqrt{1 - k\varpi^2}$. You should find that

$$\varpi = c(t_0 - t)\left[1 + \frac{1}{2}H_0(t_0 - t)\right] + \cdots.$$

(e) By substituting the expression for $t_0 - t$ from part (c) into this equation for ϖ, show that, to second order in z,

$$\varpi = \frac{cz}{H_0}\left[1 - \frac{1}{2}(1 + q_0)z\right] + \cdots.$$

This result is very important because it does not rely on any particular model of the universe. It is valid even if the cosmological constant, Λ, is not equal to zero.

6.53 Use Eq. (29.196) from Problem 29.41 to show that the luminosity distance may be written as

$$d_L = \frac{c(1+z)}{H_0\sqrt{|1 - \Omega_0|}}\operatorname{sinn}\left\{\sqrt{|1 - \Omega_0|}\int_0^z \frac{dz'}{\left[\sum_i \Omega_{i,0}(1+z')^{3(1+w_i)} + (1 - \Omega_0)(1+z')^2\right]^{1/2}}\right\}, \qquad (29.202)$$

where

$$\begin{aligned}\operatorname{sinn}(x) &\equiv \sinh(x) &&\text{if } \Omega_0 < 1,\\ &\equiv x &&\text{if } \Omega_0 = 1,\\ &\equiv \sin(x) &&\text{if } \Omega_0 > 1.\end{aligned}$$

This is Eq. (1) of Garnavich et al. (1998), which explains how this equation may be used with the distance modulus, Eq. (29.186), to place limits on the value of w_Λ for the equation of state of dark energy. The WMAP result is that $w_\Lambda < -0.78$.

6.54 Assume a flat, one-component universe of pressureless dust for this problem.

(a) Show that the angular diameter observed for an extended object of linear diameter D at redshift z is

$$\theta = \frac{H_0 D}{2c} \frac{(1+z)^{3/2}}{\sqrt{1+z}-1}.$$

(b) Find the value of the redshift for which θ is a minimum. Compare your result with Fig. 29.30.

(c) What is the smallest value of θ when observing a cluster of galaxies with a diameter of 1 Mpc? Use $h = 0.71$.

6.55 Model the hot intragalactic gas in a rich cluster of galaxies as a homogeneous sphere of radius R and temperature T_e. Let F_X be the X-ray flux observed for the gas, and let θ be the angular diameter of the gas, as observed from Earth.

(a) Show that if the Sunyaev–Zel'dovich effect, $\Delta T/T_0$, is measured for the cluster, then the Hubble constant may be calculated as

$$H_0 = Cf(z)\frac{F_X T_e^{3/2}}{\theta(\Delta T/T_0)^2}.$$

where $f(z)$ is a function of the redshift z of the cluster and C is a constant factor you must determine.

(b) Use the data in Fig. 29.12 for the clusters, together with $\theta = 46''$ and $kT_e = 8.0$ keV for Abell 697, and $\theta = 69''$ and $kT_e = 7.2$ keV for Abell 2218 (from Jones et al., 2005) to evaluate h, the Hubble parameter. To crudely compensate for the gas not being isothermal, take T_e to be half the value obtained from the data. How do your answers compare with the WMAP value of $h = 0.71$?

COMPUTER PROBLEMS

6.56 In Eq. (29.166), the limits of integration on the left-hand side span a time interval that lies entirely in the past. Use Eq. (29.132) to approximate the scale factor on the left-hand side. On the right-hand side, consider the case of $t_{\text{mva}} > t_0$, so the limits of integration span a time interval that lies entirely in the future. Use Eq. (29.133) for the scale factor on the right-hand side. [Note that very distant objects have already emitted the last photon that will ever reach us ($t_{\text{mva}} < t_0$), so we must restrict our attention to nearer objects to ensure that $t_{\text{mva}} > t_0$.] Show that

$$t_{\text{mva}} \simeq \frac{t_H}{\sqrt{\Omega_{\Lambda,0}}} \ln\left[\left(\frac{\sqrt{\Omega_{m,0}}}{2\sqrt{\Omega_{\Lambda,0}}}\right)^{1/3}\left(\frac{\sqrt{1+z}}{\sqrt{1+z}-1}\right)\right].$$

Using WMAP values, what is the largest redshift for which $t_{\text{mva}} > t_H$? Find the maximum visible age, in units of t_H, for sources at values of z of 0.1, 0.5, 1, and 1.5.

6.57 Use WMAP values for this problem.

(a) On a single graph, plot the luminosity distance, the present proper distance, the angular diameter distance, the relativistic Hubble law distance estimate (Eq. 27.7), and the non-relativistic Hubble law distance (Eq. 27.8) for values of z between 0 and 4. Express these distances in units of c/H_0.

(b) From your results, determine the value of z when the relativistic Hubble law distance estimate differs from the proper distance by more than 10%.

6.58 A distant radio galaxy, 8C 1435+63, has a redshift of $z = 4.25$. Assume WMAP values for this problem.

(a) How old was the universe at this redshift? Express your answer both in terms of years and as a fraction of the present age of the universe.

(b) What is the present proper distance (in Mpc) to 8C 1435+63?

(c) What was the proper distance (in Mpc) to 8C 1435+63 when its light was emitted?

(d) What is the luminosity distance to 8C 1435+63?

(e) What is the angular diameter distance to 8C 1435+63?

(f) The angular diameter of the nucleus of 8C 1435+63 is about 5″. What is the linear diameter of the galaxy (in units of kpc)?

(g) Suppose the galaxy's redshift were $z = 1$. What would its linear diameter be [using the same angular diameter as in part (d)]?

Further information about 8C 1435+63, which may be the progenitor of a cD elliptical galaxy, can be found in Spinrad, Dey, and Graham (1995).

7장 초기 우주

7.1 아주 초기우주와 급팽창

6장에서 우리는 비상대론적 입자들(바이론물질과 암흑물질), 상대론적 입자들(광자와 중성미자) 그리고 암흑에너지로 구성된 균일하고 등방의 우주의 팽창을 서술해주는 수학적인 도구들을 개발하였다. 이번 장은 빅뱅이라는 형태없는 큰 가마솥으로부터 구조의 출현을 다루게 된다.

우주의 첫순간에 많은 일들이 일어났고, 또 그 초기 환경의 성질은 아직 부분적으로만 이해되고 있다. 이런 초기 기간 동안을 서술해주는 현대입자물리의 아이디어는 또한 오늘날 존재하고 있는 기본적인 입자들의 개수와 형태들에 대해 성공적인 예견을 하여 왔다. 이들 이론 덕택에 우리는 창조엔진들을 힐끗(어느 정도의 확신을 가지고) 살펴볼 수 있게 되었다.

기본적인 입자들

입자물리의 표준모델에 의하면, (합성되지 않은) 기본입자들에는 3종류가 있다.

- 렙톤(lepton)에는 하전된 렙톤($e^{\pm},\mu^{\pm},\tau^{\pm}$)과 중성미자($\nu_e,\nu_\mu,\nu_\tau$) 그리고 반중성미자($\overline{\nu_e},\overline{\nu_\mu},\overline{\nu_\tau}$)들이 있다. 렙톤은 페르미입자이다.

- 6개의 쿼크(quark)가 있다: up, down, strange, charm, bottom 그리고 top 쿼크가 있고, 여기에 각각에 해당하는 반쿼크가 있다. 각 쿼크는 3개의 색깔(내부자유도가 3가지가 있다)로 나타난다. 쿼크로 구성된 입자들을 하드론(hadron)이라 한다. 하드론에는 바리온물질(baryon, 3개의 쿼크로 구성됨)과 메존(meson, 쿼크-반쿼크 쌍으로 구성됨)의 두 가지 종류가 있다. 바리온은 페르미입자인 반면 메존은 보존입자이다.
- 힘을 전달하는 입자들은 광자, 8개의 서로 다른 그루온(gluon, 이들은 강한 상호작용을 중계하고 쿼크입자들을 서로 결합시켜준다), 약한 상호작용을 중계하는 3개의 벡터 게이지 보존($W^{\pm}$와 Z^0) 그리고 스칼라양인 힉스(Higgs)보존으로 구성된다. 이들 모든 입자들은 보존입자이다.

표 7.1에 이들 입자들의 몇 가지 성질을 요약하였다. 현재 기술은 자유 쿼크입자들과 글루온으로 구성된 플라즈마가 우리에게 잘 알려진 양성자와 중성자를 포함한 하드론을 형성할 때 $10^{-5}s$에서 일어나는 쿼크-하드론전이가 우세해지는 온도, 에너지, 그리고 밀도들을 재생해낼 수 있다.

표 7.2는 빅뱅 후 처음 1초 동안에 생기는 서로 다른 시기들의 전형적인 시간과 온도들(kT)을 보여주고 있다(우리는 어떤 "우주의 나이"를 인용할 때 이는 프리드만 우주모델을 사용하여 시간을 거꾸로 외삽해서 얻어낸 것임을 여러분들에게 상기시킨다). 시간의 함수로서 온도는 식 (6.89)에 주어졌는데, 이를 우리가 여기서 다음과 같이 재생시켜본다:

$$T(t) = (1.81 \times 10^{10}\ \mathrm{K\ s}^{1/2})g_*^{-1/4}t^{-1/2} \tag{7.1}$$

표 7.1 상대론적(고온) 한계에 표준모델의 입자들. 식 (6.72)와 n_{anti}와 n_{spin}에 대해 수반된 토론을 보라. f는 식 (7.2)의 페르미 입자 계수이다.

Particle	# Types	$n_{\rm anti}$	$n_{\rm spin}$	g	f	Contribution to g_*
Photon	1	1	2	2	1	2.00
Charged leptons	3	2	2	12	7/8	10.50
Neutrinos	3	2	1	6	7/8	5.25
Quarks	18	2	2	72	7/8	63.00
Gluons	8	1	2	16	1	16.00
Vector gauge bosons	3	1	3	9	1	9.00
Scalar Higgs boson	1	1	1	1	1	1.00

▌표 7.2 초기우주의 시기들과 사건들. 수치들은 어림된 것들이다.

Era or Event	Time	Temperature (kT)
Planck era	$< 5 \times 10^{-44}$ s	$> 10^{19}$ GeV
Planck transition	5×10^{-44} s	10^{19} GeV
Grand unification era	5×10^{-44} s to 10^{-36} s	10^{19} GeV to 10^{15} GeV
Inflation	10^{-36} s to 10^{-34} s	10^{15} GeV
Electroweak era	10^{-34} s to 10^{-11} s	10^{15} GeV to 100 GeV
Electroweak transition	10^{-11} s	100 GeV
Quark era	10^{-11} s to 10^{-5} s	100 GeV to 200 MeV
Quark–hadron transition	10^{-5} s	200 MeV
Neutrino decoupling	0.1 s	3 MeV
Electron–positron annihilation	1.3 s	1 MeV

온도 T에 존재하는 모든 상대론적 입자들의 유효자유도인 g_*의 값은 아래와 같이 주어진다.

$$g_* = \sum_{\text{bosons } i} g_i + \frac{7}{8} \sum_{\text{fermions } i} g_i \left(\frac{T_\nu}{T}\right)^4 \tag{7.2}$$

계수 $(T_\nu/T)^4 = (4/11)^{4/3}$(식 6.73)은 중성미사들에게만 적용되고 또 온도가 중성미자 분리온도($kT \approx 3\,\text{MeV}$) 이하일 때만 적용된다.

그림 7.1은 MeV의 단위인 kT의 함수로 나타낸 g_*의 변화를 보여준다. 그래프의 오른쪽에서 $g_* = 3.363$이란 현재 값은 광자와 3종류의 중성미자와 그들의 반중성미자들에 기인된다. 약 3 MeV에서 일어나는 중성미자 분리와 ~ 100 MeV 사이에서, 전자와 반전자들은 단지 추가적 상대론적 입자에 불과해서 $g_* = 10.75$가 된다. 200 MeV 이상에서, 하드론들은 그들을 구성하고 있는 쿼크들과 글루온들로 분리되는데, 이런 과정이 g_*값의 증가에 기여하게 된다. 마침내, $kT \sim 300\text{GeV}$(그래프의 왼쪽면을 너머서서)에서는, 표준모델의 모든 입자들이 상대론적이 되고, $g_* = 106.75$가 된다. 전기력이 약한 시기의 에너지영역에서는 새로운 입자들의 질량이 예견되지 않아서, 우리는 이 시간동안에는 $g_* \simeq 100$의 값을 이용한다(전기력이 약한 시기는 새로운 입자들이 결핍되었다는 이유로 어떤 때는 "대사막"이라 불리기도 한다). 이보다 더 이른 시간에는, $g_* \simeq 160$을 지닌 가장 단순한 모델이 적용된다. 다행이 T(t)는 g_*의 4제곱근에만 민감하여서, 자세한 g_*값이 추정하는 목적으로는 요구되지 않는다.

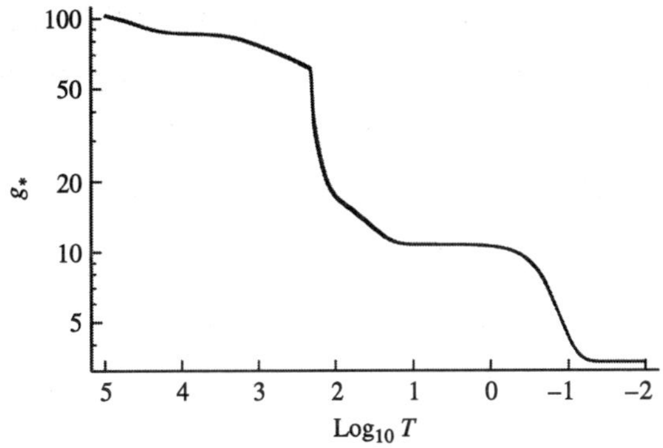

▌그림 7.1 온도의 함수로 나타낸 자유도의 유효갯수 g_*. 온도는 실제 MeV 단위의 kT이다. 쿼크-하드론전이가 200 MeV에서 일어나는 것으로 선택되었다.
(그림출처 : Coleman and Roos, Phys. Rev. D, 68, 027702, 2003)

뜨거운 암흑물질과 차가운 암흑물질

표 7.2에서 빠져있는 것은 물론 암흑물질을 구성하고 있는 입자들이다. 암흑물질의 구성을 결정하는 것은 오늘날 우주론 학자들이 당면하고 있는 최대 과제중의 하나이다. 어떤 암흑물질은, 바리온 물질(빛을 내는 물질과 보이지 않는 물질)의 전체양이 우주의 전체 질량의 4%이상이 될 수 없다할지라도, 보통 바리온물질로 구성될 수도 있다. WMAP 결과들과 가벼운 원소들의 빅뱅 핵합성에 의해 제기된 한계들은 바리온물질이 많다라는 것과 일치하지 않는다(그림 6.14). 1.2절에서 서술된 LMC에 있는 별들의 MACHO(massive compact halo objects)에 의한 미시중력렌즈 현상은 바리온 암흑물질의 일부가 은하헤일로를 가리우고 있음을 보여줄 수 있는데, 아마 이들은 갈색왜성 또는 항성질량정도의 블랙홀 등의 형태를 취하고 있을 것이다. 그러나, 미시렌즈사건의 통계적 분석은 우리은하의 암흑물질 헤일로질량의 약 19%정도만이 MACHO에 의해 설명될 수 있음을 보여주고 있다.

암흑물질은 일반적으로 두 부류로 구분되는데, 그 하나는 HDM(hot dark matter)이고 다른 하나는 CDM(cold dark matter)이다. HDM은 상대론적 속도로 움직이는 입자들로 구성된다.[1] 뜨거운 암흑물질의 좋은 후보는 질량이 큰 중성미자(렙톤)이다. 중성미자의 질량에 대한 상한값의 최상의 추정은 $2.2\,\text{eV}/c^2$이다. 차가운 암흑물질 후보는 천천히 운동하는 가상입자들인데, 예를 들면 중력인력을 통해서 상

1) 더 정확하게 말하자면, 상대론적인 입자들의 내부속도분산이다.

호작용하는 것을 제외하고는 거의 보통물질과 상호작용을 하지 않는 WIMP (weakly interacting massive particle)가 있다.[2] WIMP의 정지에너지는 10GeV(양성자보다 10배더 무겁고)에서 수 TeV(10^{12}eV)까지 영역에 놓여있다. 또 다른 가상적인 차가운 암흑물질 후보는 엑시온(axion)인데, 이는 극도로 무게가 가벼운 ($mc^2 \approx 10^{-5} eV$) 낮은 질량의 보존이다. 엑시온이 존재한다면 그리고 그들이 암흑물질의 대부분으로 구성되었다면, 그들은 지금까지 존재하는 가장 많이 존재하는 입자가 된다. 아직까지 WIMP 또는 엑시온의 존재가 확실하지 않을지라도, 그들을 찾는 연구는 계속되고 있다.

뜨거운 암흑물질과 차가운 암흑물질사이의 구분은 아주 중요한데, 왜냐면, 상대론적이며 뜨거운 암흑물질이 서로 중력적으로 덩어리지고 또 초기우주의 구조형성에 가담하는 것은 어렵기 때문이다. 이런 이유 때문에, 7.2절에 보게 되겠지만, 차가운 암흑물질을 포함하는 모델들이 현재 각광받고 있다. 사실, 우주론에서 표준모델은 ΛCDM 모델인데, 왜냐면 이 모델이 우주론적 상수와 차가운 암흑물질을 포함하고 있기 때문이다.

시간, 질량 그리고 길이에 대한 프랑크 한계

현재 물리이론에 의해 이해될 수 있는 가장 초기시간은 프랑크시간이다:

$$t_P \equiv \sqrt{\frac{\hbar G}{c^5}} = 5.39 \times 10^{-44}\ \mathrm{s} \tag{7.3}$$

프랑크시간은 시간의 단위를 가진 기본 상수들의 조합이고, 그래서 기본이론의 특징적 물리량중 하나이다. 이는 프랑크상수, 뉴턴의 중력상수 그리고 빛의 속도를 포함하고 있는데, 양자역학, 중력 그리고 통합이론에서 성취되어져야할 상대성이론의 혼합체이다.

물리학자들의 이론적 연장통은 때를 맞춰 이런 장벽을 통과할 수 없다. 프랑크시간에 의해 부여된 한계들에 대한 몇 가지 통찰들이 하이젠베르크의 불확실성원리, 식 (5.19)로부터 나왔다. 물질이 들어갈 수 있는 가장 밀집된 영역인, 질량 M의 블랙홀을 고려해보자. 중심의 특이점은 사건수평선에 제한되어 있어서, 이 위

2) WIMP입자는 1.2절에서 우리은하의 암흑물질 헤일로의 구성원에 대한 후보자로 이전에 논의되었다.

치에서의 불확실성은 바로 쉬바르츠실드 반경이 된다:

$$\Delta x \approx R_S$$

그래서, 운동량의 불확실성은

$$\Delta p \approx \frac{\hbar}{\Delta x} \approx \frac{\hbar}{R_S}$$

이 된다. 빅뱅이 일어난 직후에 형성된 아주 낮은 질량의 원시 블랙홀에 대해, R_S는 극단적으로 자고, 그래서 Δp는 아주 크게 될 것이다. 상대론적인 한계에서, 특이점의 에너지는 식 (4.48)(1권)로부터 $E = pc$가 되고, 그래서 에너지의 불확실성은

$$\Delta E = (\Delta p)c \approx \frac{\hbar c}{R_S}$$

이 된다. 예상되는 에너지 값은 적어도 ΔE 정도는 될 것이고, 그래서 특이점의 운동에너지는 거의 $K \approx \hbar c/R_s$가 된다. 이 에너지가 블랙홀의 (뉴턴)중력에너지의 크기와 비교될 때는 중력의 양자역학적 기술과 고전역학적 기술에 충돌이 일어나게 되는데, 블랙홀의 뉴턴중력에너지는 식 (4.22)(2권)에 의하여 약 $U \approx -GM^2/R_S$가 된다. 블랙홀이 속박되어있는가? 또는 특이점이 11.3절(2권)에서 논의된 "우주의 검열법칙(Law of Cosmic Censorship)"에 위배되어 사건지평선을 넘어서서 출현할 수 있는가?라는 의문점이 제기된다. 중력에 적용할 때 야기되는 이런 양자물리와 고전물리의 충돌은 운동에너지 K와 위치에너지 U의 합이 0이 될 때 야기된다고 추정되어진다:

$$\frac{\hbar c}{R_S} - \frac{GM^2}{R_S} = 0$$

결과적으로 얻어지는 질량을 프랑크질량이라 부른다:

$$\boxed{m_P = \sqrt{\frac{\hbar c}{G}} = 2.18 \times 10^{-8}\ \text{kg}} \qquad (7.4)$$

문제 11.21(2권)에서 언급한 바와 같이, 이는 가장 질량이 작은 초기블랙홀에 대한 추정값이다. 프랑크질량을 쉬바르츠쉴드 반경, $R_S = 2GM/c^2$에 대한 식 (11.27)(2권)에 대입하고, 크기추정을 할 때 2배정도는 무시하고 R_S에 대해 풀어보면 프랑크길이라고 불리는 특성길이를 얻는다:

$$\ell_P \equiv \sqrt{\frac{\hbar G}{c^3}} = 1.62 \times 10^{-35}\ \mathrm{m} \tag{7.5}$$

프랑크시간, $t_P = \ell_P/c$는 바로 빛이 프랑크거리를 여행하는데 걸리는 시간이다. 프랑크길이는 그래서 그 시간에 인과율적으로 연결된 영역(지평선거리)의 직경이다; 식 (6.154)를 보라. 이전의 논증이 단위분석보다 약간 더 나았다 할지라도, 이들 기본 상수들을 특성시간, 특성질량 그리고 특성길이를 얻어내기 위해 조합한 것이 중요하다는 것을 보여준다.

식 (7.1)은 프랑크시간에서 온도가 거의 10^{32} K 정도되어서, 한 입자의 특성 열에너지가 $kT \sim 10^{19}$ K이었다! 프랑크시간 이전의 우주의 기술은 가장 심한 상상조차도 엇갈리고 있다. 우주는 끊임없이 형성되었다가 증발하고 다시 재형성되는 원시블랙홀들의 집합체였을 것이다. 그러는 과정에서, 시공간의 서로 다른 영역들이 급속도로 빨리 연결되었다가 분리되면서, 거품형태의 구조를 형성한다. 우리의 현재 물리적 이론은 t_P보다 빠른 시간에서는 적용되지 않게 되어, 실제, 서로 다른 개념으로서 시간과 공간조차도 프랑크시간 이전에는 융합되어버린다. 시간과 공간이 자신의 고유 특성들을 잃어버리는 이런 혼합된 영역을 서술할 수있는 양자역학적 중력이론이 아직 고안되지 않았다. 프랑크시간 이후에는 시공간의 대부분이 인과율적으로 연결되면서 시공간은 더 일관성있는 구조를 취하기 시작하였다. 시간 자신이 빅뱅으로부터 정확하게 어떻게 출현하였는가하는 것은 물리학자들과 철학자들에 의해 음미되어져야할 의문점이다.[3)]

통합과 대칭성의 자발적 파괴

물리학자들은, 프랑크시간 이전에 자연에 존재하는 4개의 기본힘(중력, 전자기력,

3) 예를 들어, "시간이 빅뱅에 의해 창조되었다"라고 하는 문장이 의미가 있는가? 어떤 창조적인 활동도 연속적인 시간진행을 포함하기 때문에("처음에는 없었는데 이제는 존재한다"), 시간자신은 스스로 창조될 수 있는가?라는 의문점들이다.

강한 핵력과 약한 핵력)이 모든 것을 포함하는 하나의 TOE(theory of everything)로 통합되었었다고 확신하고 있다(그림 7.2). 그런 이론을 대충 요약해보면 아직도 추측의 단계이지만, 그 이론은 4개의 힘이 결합됨을 보장해주는 분명한 수학적 대칭성을 지니고 있음을 확실하다. 우주가 프랑크시간에 도달했을 때, 모든 것을 포함하는 하나의 TOE 힘이 갑작스럽게 중력(아인슈타인의 일반상대성이론에 의해 기술된)과 나머지 3힘의 합쳐진 형태로 분리되었다. 이런 과정을 대칭성의 자발적 파괴이라 부르는데, 이는 수학적인 대칭이론 방정식들의 변화를 나타내주는 항이다.[4)]

대칭성의 자발적 파괴에 포함된 수학들은 보통 물질들에서 일어나는 상전이를 기술하는 수하과 비슷하다. 예를 들어, 273 K 이상에서는, 물이 유체형태이다. 외부로부터 한방향으로 작용되는 힘이 없다고 가정할 때, 물분자는 모든 방향으로

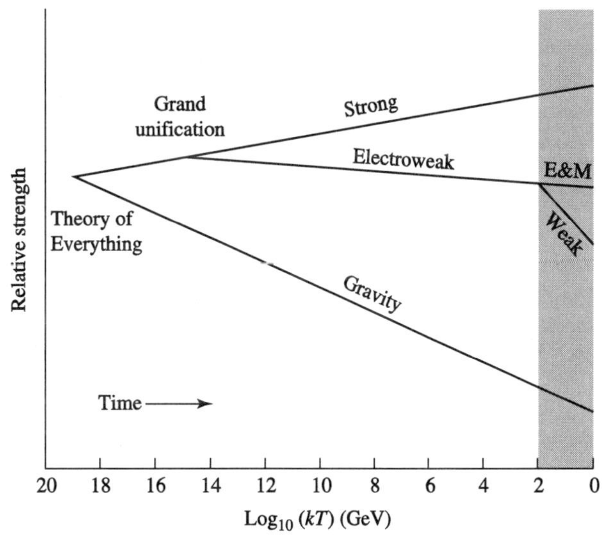

그림 7.2 TOE에 의거한 4개 기본힘의 통합. 전자기력과 약력은 $10^{-11}s$ 이전에는 하나였고, 약력과 강력은 $10^{-34}s$ 이전에 하나였다. 4개의 모든 힘들은 프랑크시간, $t_P = 5\times10^{-44}s$ 이전에는 하나였다. "E&M"은 전자기력을 나타낸다. 전기약력의 통합만 실험적으로 점검이 되었다(그늘진 영역).

4) 대칭성의 자발적 파괴의 물리적 예는 룰렛 회전수레바퀴(roulette wheel)의 가장자리에서 굴러다니는 공기돌이다. 초기에, 공기돌은 숫자로 표식이 된 이떤 저장소위에 발견되어진 것과 같지만, 공기돌이 에너지를 잃으면서, 다른 저장소로 떨어지고 그곳에 잡혀진다.

임의로 향하고 있다. 그러나, 온도가 273 K 이하로 떨어지면, 물은 상전이를 거치고 얼게 된다. 얼음결정의 격자에서 H_2O 분자의 배열은 격자의 축방향을 선호하기 때문에, 유체인 물의 대칭성이 깨지는 것이다. 물이 얼을 때 잠열이 방출되는 것처럼, 초기우주에서 대칭성의 자발파괴가 일어날 때도 에너지가 방출된다.

나머지 3힘의 결합을 서술하는 이론(여러 가지 다른 이론들이 있다)을 GUT (grand unified theories, 대통합이론)이라 부른다. 가장 간단한 GUT이론은, 1973년에 미국 하버드의 물리학자 글래쇼(Sheldon Glashow)와 죠지(Howard Georgi)에 의해 제안되었는데, SU(5)로 알려졌다. GUT들은 양성자와 전자의 전하량이 같다고 하는 근본적인 설명을 제공하는 등 몇 가지 점에서 성공적이었다. 그들은 또한 몇 가지에서 실패도 하였다; SU(5)가 예견한 양성자의 붕괴를 검출하지 못한 것은 아마 성공한 GUT에서 실격당할 만하다. 대통합이론에 근거한 특별한 예견들은 신중하게 관찰할 때 보여져야한다는 것이 기본적인 정서이다.

강력과 약력 그리고 전자기력의 통합은 우주의 온도가 10^{29} K 으로 떨어질 때까지는 계속되는데, 이때 입자의 열적 특성에너지(kT)는 약 10^{15}GeV 가 되고 우주의 나이는 약 $10^{-36}s$ 정도이다. 이점에서, 또 다른 대칭성의 자발파괴가 일어나면서, 강력은 전기약력(전자기력과 약력이 합쳐짐)과 분리된다.

전기약력의 통합이론은 1960년대에 3명의 물리학자들에 의해 연구되었다: 글래쇼(Sheldon Glashow)와 와인버그(Steven Weinberg, 미국) 그리고 살람(Abdus Salam, 파키스탄). 이들은 전자기력과 약력이 온도가 약 2×10^{15} K 이 초과될 때 (약 $10^{-11}s$)[5] 어떻게 통합되는가에 대해 연구하였다. 이 온도에서, 입자의 열적특성에너지는 약 150 GeV이다. 이들의 이론은 3개의 새로운 입자들(3개의 벡터 게이지 보존입자, $W^{\pm}$ 와 Z^{0})의 존재를 예견하였는데, 이들은 마치 광자가 전자기력을 운반하는 것과 같이 약력을 중계해준다. kT ~ 수백 GeV 이상에서, 벡터 게이지 보죤입자들은 질량이 없고, 그래서 광자와 구별이 되지 않게 된다. 전자기력과 약력은 그래서 통합이 된다. 온도가 2×10^{15} K 이하로 떨어지면, 대칭성의 자발파괴가 벡터 게이지 보존입자들에게 질량을 부여해준다. 이 3입자들이 1980년대에 발견되었을 때, 실험과 이론의 일치는 전기약력의 통합에 대한 강한 확증을 제공해주었다. 이런 성공은 GUT와 TOE이론에 종사하는 물리학자들에게 고무적인 일이 되었다.

5) 이는 실험적으로 연구될 수 있는 가장 빠른 시간이다.

빅백 표준이론의 문제

이제 대칭성의 자발파괴가, 거기에 수반되는 비열의 방출과 함께, 초기우주의 팽창에 어떤 영향을 미치는 가를 알아보기 위해 프랑크시간을 다시 살펴보자. 우리가 프랑크시간으로부터 멀리 떨어지면서, 우리는 우리가 지금까지 고려한 빅뱅에 대한 간단한 구상에서 3가지 문제점에 봉착하게 된다.

- 왜 우주배경복사가 그렇게 잘 섞여있는가? 하늘의 반대방향에 있는 관측자에게 도달하는 2개의 CMB광자를 고려해보자. 광자들은 이제 막 서로를 통과하였기 때문에, 광자들이 생성된 영역들은 서로 교통하지 않았던 것처럼 보일 것이다. 사실, 문제는 더 심각하다. 분리시간에, 현재 하늘에서 2° 이상 떨어진 CMB영역들은 인과율적 접촉을 결코 할 수 없었다(문제 7.11). 그림 7.3에 보여진 시공 다이어그램이 이 상황을 설명해준다. A 지점에서, 현재 지구에 도달한 광자는 B 지점과 C 지점으로부터 재결합시기에 방출되었는데, 이들은 A 지점의 과거 빛원추에 놓여있다. 그러나, 빅뱅까지 역으로 연장해보면, B 지점과 C 지점의 빛원추는 서로 교차하지 않는다. B 지점과 C 지점은 각자 서로의 입자 지평선 밖에 존재하기 때문에, 이들은 인과율적인 접촉이 없다. CMB의 잘 섞임은 그래서 설명하기 아주 어려운데, 특히 관측된 변화량이 아주 작기($\delta T/T \sim 10^{-5}$) 때문에 더 그렇다. 우주의 왼손이 하는 일을 오른손이 알게 하는 것을 허용하는 작동기제를 발견하는 문제는 지평선문제라 부른다.

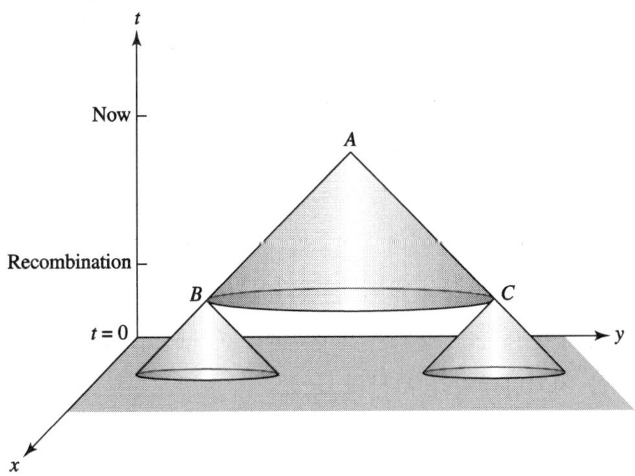

그림 7.3 지평선문제. B 지점과 C 지점이 인과율적인 접촉이 없었는데, 각 지점으로부터 똑같은 CMB 스펙트럼이 A 지점에서 관측이 된다.

• 우주가 왜 거의 편평한가($\Omega_0 \simeq 1$)? 예제 6.1.1에서, 만일 Ω_0이 거의 1에 가까우면, 아주 초기시간($z \gg 1$)에 밀도함수는 기본적으로 1이 된다는 것을 살펴보았다. 6.1절에 고려된 압력이 없는 티끌우주의 간단한 모델에 대해

$$\frac{1}{\Omega_0} - 1 = \left(\frac{1}{\Omega} - 1\right)(1+z) \tag{7.6}$$

이 성립한다(문제 6.10). 만일 Ω가 아주 초기 우주에서 1보다 약간 달라진다면, 현재 Ω_0값은 1보다 상당히 다르게 될 것이다. ($[z]_{WMAP} = 1089$에서 $[t_{dec}]_{WMAP} = 379\ \mathrm{kyr}$)인 분리시간에서 밀도상수가 1보다 약 0.0009차이가 났었다. 만일 $\Omega_{dec} = 0.9991$이라면, 식 (7.6)에 의해, 현재 밀도상수의 값은 $\Omega_0 \simeq 0.5$가 될 것이다; 그리고 만일 $\Omega_{dec} = 1.0009$라면, $\Omega_0 \simeq 50$이 될 것이다. 그런 밀도가 낮은 우주와 밀도가 높은 우주는 동역학적으로 뜻깊은 함축을 지니고 있다. 예를 들어, $\Omega_{dec} = 0.5$이면, 수 십만년 후에 우주와 우주의 구성물질들은 너무 넓게 퍼져버리고 너무 빨리 팽창해버려서 은하 또는 항성들을 형성하지 못하게 된다. 반면, $\Omega_{dec} = 2$라면, 수 십만년 후에, 팽창은 스스로 반전이 되어져, 우주는 Big Crunch로 종말을 맞게 된다. 지구에 우리가 존재하는 것은 초기우주에 $\Omega = 1$의 미세조정이 되었다는 것을 반영해주고 있다. 그렇지 않았다면, 우리는 오늘날 지구에서 Big Crunch를 두려워하고 있을 것이다! 우리의 편평우주의 근원이 무엇인가 하는 문제는 편평문제라 불린다.

• 왜 우리는 자기 단극을 발견하지 않았는가? 자기단극은 단일 자기전하인데, 고립된 자기극과 같다. 우주가 통합의 GUT 시기의 끝에서 대칭성의 자발파괴를 경험할 때, "방향성"의 선택이 공간의 각 지점에서 이루어지고, 이와 연관되어(Higgs 장이라 불리는) 양자장이 형성된다. 이 방향은 공간 방향성의 하나가 아니라, 오히려 그 장을 기술해주는 이론에 대해 확실히 다른 별개의 값(양자수와 비슷하게)이 선택되어진다. 그런 값들을 선택할 때 생기는 불연속성이 존재하는 곳에서 그런 값이 존재하지 않게 되는데, 이런 점같은 불연속을 자기단극이라 부른다.[6)]

자기단극이 양성자($mc^2 \sim 10^{16}\mathrm{GeV}$)보다 $\sim 10^{16}$배 더 무거울 수도 있지만,

6) 대칭성이 파괴될 때마다 방향성 결핍이 일어날 수 있지만, GUT 사건의 끝에서 일어나는 결핍이 가장 많은 관심을 받는다.

GUT 시기 끝에서는 다량의 자기단극을 생성할 수 있는 충분한 에너지가 존재한다. 자기 단극에 대한 탐사가 많이 이루어졌지만, 자기단극에 대한 어떤 확증을 발견한 실험은 하나밖에 없고, 그래서 단지 하나 자기단극 후보만이 검출되었다(1982년의 발렌타인데이에). 그 결과를 확증시켜줄만한 다른 검출이 아직은 보고되지 않았다. 만일 대통합에 대한 우리의 이해가 자기단극의 생성을 올바르게 예견하였다면, 도대체 자기단극은 어디에 있는가? 이것이 자기단극문제로 불리고 있다.

자동적으로, 우주의 시작에 대한 빅뱅설명은 이런 질문을 의미있게 대답할 수 없다. 물론, 한 가지 가능한 대답은 “그것이 바로 그 자체의 경로”($t = 0$에서 초기 조건들 때문에 우주가 잘 섞여지고 또 편평한 상태로 시작하였다)라고 하는 것이다. 우주론학자들은 모든 것이 올바르다고 드러나게 하는 우주 초기의 물리량들을, 임시적인 방법으로 특성화시키는 대신, 우주의 현재 보이는 상태로 이끌기에 필수불가결한 사건들로 이루어진 자연적인 결론을 찾는 것을 선호하고 있다.

급팽창(Inflation)

1980년에 미국 스텐포드 대학에서 일하고 있던 천문학자, 구스(Alan Guth)는 하나의 간단한 해를 제안하였다. 구스에 의하면, 빅뱅묘사는 근본적으로 옳지만, t가 0보다 가까스로 컸을 때인 처음 1조보다 짧은 시간동안, 전체우주가 표준빅뱅모델에 의해 서술된 것보다 더 밀집되어있다는 것이다. 그 당시에는, 모든 점들이 다른 점들과 인과율적 접촉이 이루어질 만큼 충분히 가까이 놓여 있어서, 전체 우주는 열역학적 평형에 도달해 있었다. 그리고 나서 우주를 잘 썩어놓은 지수함수적으로 팽창하는 엄청난 대 분출이 있었고, 그래서 우주는 $\Omega_0 = 1$(또는 거의 1에 가깝게)을 지닌 아주 편평하게 되어버렸다. 구스는 이런 지수함수적 팽창을 급팽창(inflation)이라 불렀다. 이런 급팽창사건은 우주의 일반적인 등방성을 설명해주고, 그리고 특별히 우주배경복사의 균일성을 설명해준다. 급팽창이후에, 우수의 팽창은 표준 빅뱅모델에서처럼 계속되었다.

구스의 급팽창 제안의 세부적인 사항은 입자물리의 미개척분야 아이디어들을 포함한다. 사실, 원래의 급팽창 시나리오에 변화를 준 다양한 모델들이 제안되었다. 관측들이 집적되면서, 한가지 모델이 선호되는 모델에서 탈락되고, 아마 나중에 더 많은 정보들이 모아졌을 때 소생되어질 수도 있을 것이다. 많은 연구가 현재 이 분야에서 수행되고 있고, 그래서 다음 논의에서 언급되는 급팽창이론은 어떤 면에서는 약간 틀릴 수도 있겠다. 그러나, 대부분의 우주론학자들은, 급팽창이론이 많은 질문들에 대한 만족스런 해답을 제공해주기 때문에, 급팽창이론의 어떤 형태들이 초기우주에서 일어났을 것이라고 믿고 있다.

가상입자와 진공에너지

프랑크시간에서 $\sim 10^{19}$GeV의 입자에너지는 너무 커서 아주 더 낮은 온도에서 존재했던 익숙한 바리온 물질(양성자, 중성자 그리고 그들의 반입자들)이 결핍되어 버린다. 우리는 그때 존재했던 높은 상대론적 입자들을 다룰 필요는 없다. 대신, 우리는 아주 초기우주의 중요한 구성성분 중의 하나인, 진공에너지에 집중해보려 한다. 진공이란 개념은 약간의 설명을 필요로 한다. 일상의 언어에서, 진공은 어떤 물질이나 에너지가 없는 완전히 텅빈 것을 의미한다. 그러나, 물리학자들은 시스템의 기저상태를 기술하는데 진공이란 개념을 사용한다. 즉, 예제 5.4.2(1권)에서, 작은 영역에 속박된 전자하나는 어떤 최소에너지인, 기저상태에너지를 갖고 있을 것으로 계산된다. 이 에너지는 전자로부터 손실되거나 추출되어질 수 없는데, 왜냐면 전자가 전이를 할 수 있는 더 낮은 양자상태가 존재하지 않기 때문이다. 진공의 존재는 카시미르 효과(네덜란드 물리학자 Hendrick Casimir, 1909-2000의 이름을 따서 명명됨)의 관측으로 증명되어졌다. 아주 작은 거리 떨어져 있는 두 개의 하전되지 않은 편평 전도 평행 판은 평행판 사이의 진공을 약간 변화시킬 수 있다. 진공에서의 이런 변화는 평행판들에 인력을 생성시키는데, 이 힘이 측정되었다. 불행하게도, 카시미르 효과는 진공의 에너지밀도 값을 계산하는데 사용되어질 수 없다.

우리는 불확정성 원리, $\Delta x \Delta p \approx \hbar$(식 5.19)와 $\Delta E \Delta t \approx \hbar$(식 5.20)을 이용하여 진공의 에너지밀도 값을 대충 추정해볼 수 있다. 진공은 입자의 물질-반물질 쌍이 일정하게 생성되었다가 소멸되는 곳으로 여겨질 수 있다. 이런 입자들은 직접 관측되어질 수 없고 그래서 그들의 에너지는 감지되어질 수 없다; 그들은 가상입자들로 알려졌다. 그들은 그들의 정지에너지 ΔE를 진공에서 얻고, 또 그들이 검출을 피할 수 있는 짧은 시간인 Δt내에서 소멸되어 버린다.

한 변이 $L \approx \Delta x$인 정육면체 상자에 가두어진 질량 $m \approx (\Delta E)/c^2$의 가상입자를 고려해보자. 그 입자의 수명은 다음과 같다:

$$\Delta t \approx \hbar/\Delta E \approx \hbar/mc^2$$

또한, 입자의 속력은 어림으로

$$v \approx \frac{\hbar}{m\Delta x} \approx \frac{\hbar}{mL}$$

이 된다(예제 5.4.2(1권)를 보라). 입자들이 Δt 시간에 움직일 수 있는 가장 최대거리는 $v\Delta t$이기 때문에, 우리는 $L = v\Delta t$로 설정하여, 입자의 어떤 운동도 상자밖에서는 영향을 미칠 수 없게 하였다. 그래서 아래와 같은 관계가 성립한다:

$$L = v\Delta t \approx \frac{\hbar}{mL}\frac{\hbar}{mc^2}$$

L에 대해서 풀면

$$L \approx \frac{\hbar}{mc}$$

을 얻는다. 진공 에너지밀도가 상자내에서 입자의 쌍을 생성할 능력이 분명있기 때문에(전하량 보존같은) 보존법칙이 유지될 수 있다. 즉, 진공의 에너지 밀도는 적어도

$$u_{\text{vac}} \approx \frac{2mc^2}{L^3} \approx \frac{2m^4c^5}{\hbar^3}$$

이 된다. 쌍에서 각 입자들이 지닐 수 있는 최대 질량은 프랑크질량, $m_P = \sqrt{\hbar c/G}$ (식 7.4)로 취해질 수 있다. 우리의 진공에 대한 에너지밀도 추정은 그래서

$$u_{\text{vac}} \approx \frac{2m_P^4c^5}{\hbar^3} \approx \frac{2c^7}{\hbar G^2}$$

이거나 또는 $u_{vac} \approx 10^{114}\,\mathrm{Jm^{-3}}$이다. 물론, 이는 대충의 추정에 불과하다. 더 복잡한 계산들(무한대의 해를 방지하기위해 임의의 제한값을 도입하였다)은 $u_{vac} \approx 10^{111}\,\mathrm{Jm^{-3}}$의 결과를 제공하였다.

아인슈타인의 일반상대성이론은 에너지가 다양한 형태를 갖게 하는데, 진공에너

지도 여기에 포함된다. 더욱이, 진공에너지밀도는 상수인데, 바로 암흑에너지에서와 똑같다. 유체방정식 (식 6.50)은 상수의 진공에너지 밀도가 음수의 압력,

$$P_{\text{vac}} = -\rho_{\text{vac}}c^2 = -u_{\text{vac}} \tag{7.7}$$

을 만들어 냄을 보여주는데, 이는 $\omega = -1$(식 6.52와 비교)을 지닌 상태방정식이다. 암흑에너지를 진공에너지밀도와 자연스럽게 동일하게 취급한다. 그러나, 진공에너지밀도 값은 암흑에너지의 에너지밀도에 비해 엄청나게 크다. 식 (6.113)으로부터 아래의 에너지밀도가 얻어진다:

$$u_{\text{dark}} \equiv \rho_\Lambda c^2 = \rho_{c,0}\Omega_{\Lambda,0}c^2 = 6.22 \times 10^{-10}\ \text{J m}^{-3} \tag{7.8}$$

만일 우리가 암흑에너지를 진공에너지밀도로 간주한다면, 우리는 이론적인 값과 관측값사이에 120승정도의 엄청난 크기 차이에 직면하게 된다. 진공에너지밀도에 대해 계산된 엄청난 값은 관측된 허블흐름율과 첨예한 충돌을 일으키고 있다. 우주가 팽창하면서 그 체적이 증가하면서, 만일 매 입방미터의 체적에 약 $10^{111}\,J$의 진공에너지가 채워진다면, 우주는 아주 급속하게 팽창하여서 은하들이나 항성들이 중력의 영향으로 뭉쳐질 수가 없었을 것이다.

현재의 진공에너지 밀도의 계산된 값을 관측된 u_{dark}으로 감소시키는 그럴듯한 물리적인 작동기제는 아직 발견되지 못했다. 고급 입자물리에 의하면, 보죤과 페르미온은 진공에너지에 반대방향으로 기여를 하여서 진공에너지가 0이 되게 하였다는 것이다. 만일 진공에너지의 소멸이 완전하지 않다면, 관측되는 작은 양의 잔여 진공에너지밀도가 남게 될 것이다. 왜 그런 소멸이 처음 10^{120}배 작은 공간에만 효과적이었고, 그 후 파괴되었는가? 지금까지 우주론학자들과 입자물리학자들의 공통된 노력들도 이런 불가사의에 조그마한 해결책도 내놓지 못했다. 그럼에도 불구하고, 우리는 암흑에너지를 진공 에너지 밀도로 계속 간주할 것이고, 그들의 현재 관측된 값이 거의 0에 가깝다고 하는 것을 받아들이려 한다.

거짓 진공

$t \sim 10^{-36}$s이고 온도가 $T \sim 10^{28}$ K인 GUT기간의 끝부분에서, 우주는 거짓 진공(false vacuum)이라 불리는 극도로 특이한 상태에 도달하게 된다. 우주의 나이

가 $10^{-36}s$ 일 때 존재하는 거짓진공은 실제 진공이 아니어서, 우주는 가능한 가장 낮은 에너지밀도를 지닌 상태에 놓여있지 않았다. 대신, 우주는 온도가 10^{28} K 보다 상당히 아래로 갑자기 내려가는 초냉각상태에 접어들었는데, 이 온도는 대칭성의 자발파괴가 일어나는 온도이다. 초냉각은 상전이가 냉각율보다 훨씬 천천히 진행될 때 일어난다. 예를 들어, 물은 상을 변화하지 않은 채 냉각점 아래 20 K 이하로 초냉각되어질 수 있다. 결빙은 물의 잠열을 방출하기 때문에, 물을 초냉각시키는데 필요한 가장 낮은 에너지 밀도(얼음)가 존재한다. 그러나, 초냉각된 물은 높은 에너지 밀도의 유체상태에서도 지속될 수 있다. 이와 비슷하게, 에너지밀도가 0인 실제 진공이 되는 대칭성의 자발파괴가 에너지면에서 볼 때 유리하다 할지라도, 우주가 높은 에너지밀도를 지닌 거짓진공상태에서 대칭성이 파괴되지 않은 채 지속될 수 있었던 것이다. 대통합이론에 의하면, 거짓진공은

$$u_{\text{fv}} \approx 10^{105}\ \text{TeV m}^{-3} = 1.6 \times 10^{98}\ \text{J m}^{-3} \tag{7.9}$$

크기의 상수인 에너지밀도를 지니고 있었다.[7)]

양자요동과 급팽창이론의 작동

$t < 10^{-36}s$ 일 때, 우주의 팽창은 상대론적 입자에 의해 지배되었다. 불확정성 원리, 식 (5.20)(1권)에 의해 지배되는 양자요동이 공간의 작은 영역을 우주에서 실제진공상태가 되도록 할 때 급팽창이 시작되는데, 우주는 그렇지 않은 경우에 거짓진공으로 꽉채워져 있었다. 실제 진공의 거품내의 압력이 원래는 0이었다 할지라도, 바깥은 거짓진공의 음수의 압력에 의해 둘러 쌓여있었다. 거품내의 엄청난 압력은 거품을 엄청난 비율로 커지게 만든다. 그래서, 약 $t_i = 10^{-36}s$ 에서, 상수인 거짓 진공의 에너지밀도는 가속방정식, 식 (6.116)에서 지배적이 되었다. 이 방정식은 이제

$$\frac{d^2R}{dt^2} = \left[-\frac{4}{3}\pi G\left(\frac{u_{\text{fv}}}{c^2} + \frac{3P_{\text{fv}}}{c^2}\right)\right] \tag{7.10}$$

7) 암흑에너지가 급팽창시기에 중요한 역할을 하지 않는다는 것을 회상해 보는 것은 중요하다. 만일 암흑에너지가 진공에너지 밀도로 동정되었나면, 급팽창 작동기제는 추가의 진공에너지원을 요구하게 되는데, 이는 급팽창이 끝날 때, 거의 소모된(또는 거의 그렇게 된) 급팽창 장이라 불린다.

의 형태가 된다. 식 (7.7)로부터 $P_{fv} = -u_{fv}$를 이용하면, 이 공식은

$$\frac{d^2R}{dt^2} = \frac{8\pi G u_{fv}}{3c^2}R \tag{7.11}$$

이 된다. 지수적으로 증가하는 해는

$$R(t) = R(t_i)e^{t/\tau_i} \tag{7.12}$$

이 되는데, 여기서 $R(t_i)$는 급팽창이 시작될 때 크기인자의 초기값이고, 또 τ_i는

$$\tau_i = \sqrt{\frac{3c^2}{8\pi G u_{fv}}} \approx 10^{-36}\ \mathrm{s} \tag{7.13}$$

로 주어지는 급팽창 특성시간이다.

어떤 시간 간격 Δt동안 급팽창이 일어나는가?에 대해 기본물리는 대답을 줄 수 없지만, 우리는 무엇이 급팽창을 멈추게 하는지를 검토해봄으로서 최소시간간격을 추정해볼 수 있다: 급팽창이 멈출 때 우리 현재우주가 균일한 우주배경복사와 인과율적으로 연결되게 된다. 초기시간, $t_i = 10^{-36}s$에서, 지평선거리는 식 (6.154)로부터 단지

$$d_i = 2ct_i = 6 \times 10^{-28}\ \mathrm{m} \tag{7.14}$$

이 됨을 알 수 있다. $t_f = t_i + \Delta t$에서 급팽창이 끝날 때, 지평선은 CMB의 균일성을 설명하기 위해서는 적어도 오늘날 관측되는 우주를 포함하기 충분히 크게 팽창했음에 틀림없다. 우리는 그래서 급팽창의 끝에서, 최종 지평선거리를 현재의 지평선 거리, $d_{h,0} = 14.6\mathrm{GeV}$(식 6.159)에 크기인자 $R(t_f)$를 곱한 것으로 표현할 수 있다. 식 (6.87)로부터

$$d_f = d_{h,0}R(t_f) = (4.5 \times 10^{26}\ \mathrm{m})(2.04 \times 10^{-10}\ \mathrm{s}^{-1/2})(t_i + \Delta t_{\min})^{1/2} \tag{7.15}$$

을 얻는다. 균일한 CMB와 일치하는 최소 시간간격은 이제

$$2ct_i\, e^{\Delta t_{\min}/\tau} = (4.5 \times 10^{26}\ \mathrm{m})(2.04 \times 10^{-10}\ \mathrm{s}^{-1/2})\sqrt{\tau}\left(\frac{t_i}{\tau} + \frac{\Delta t_{\min}}{\tau}\right)^{1/2} \tag{7.16}$$

을 풀면 얻어진다. 수리적으로 풀어보면

$$\frac{\Delta t_{\min}}{\tau} = 62.4 \tag{7.17}$$

이 성립하거나, 또는 아래의 결과를 얻는다:

$$\Delta t_{\min} = 6.25 \times 10^{-35}\ \mathrm{s} \tag{7.18}$$

이런 짧은 시간 간격동안에, 관측가능한우주의 크기는 6×10^{-28} m 에서 0.73 m 로 팽창하였다! 우주가 균일한 CMB를 지닌 현재 관측 가능한 우주를 만들어내기에 충분한 바로 그 시간동안 지속되는 급팽창을 하도록 되어 있다고 믿을만한 이유는 없다. 급팽창 기간은 $10^{-34}s$ 정도 지속된다고 통상적으로 가정되는데, 이 기간 동안 우주의 크기는 약 $e^{100} \simeq 3\times10^{43}$배 커진다. 이는 가장 대충의 추정이다; 실제 인자는 쉽게 10^{50}을 넘어설 수도 있는데, 이 값이 또한 인용되고 있다.

오늘날 관측 가능한 우주는 실제 진공인 작은 거품 내에서 시작되었다. 우리는 거품의 초기 직경을 $10^{-36}s$ 에서의 입자 지평선거리라고 간주하는데, 바로 $d_i = 6\times10^{-28}$ m 가 된다. 급팽창이 시작될 때, 거품내의 모든 점들은 모든 다른 지점들의 입자 지평선내에 놓여있으며, 또 그 내용물들은 열역학적 평형에 놓여있었다. 오늘날 우리 우주에서 확실히 보이는 등방성과 균일성이 초기의 그시점에서 형성되었다. 급팽창이 $10^{-34}s$ 에서 끝난다고 가정하면, 거품의 최종 직경은 아래와 같다:

$$d_f = e^{100} d_i = 1.6 \times 10^{16}\ \mathrm{m}$$

이렇게 급팽창한 거품의 얼만큼이 현재 관측가능한 우주를 구성하고 있는 물질들에 의해 점령될 것인가? 이 질문에 답을 하기 위해, 우리는 거꾸로 작업할 것이다. 편평우주라고 가정하면, 오늘날 관측될 수 있는 가장 먼거리까지의 지평선거리는 $d_{h,0} = 4.5\times10^{26}m$(식 6.159)이다. 식 (6.87)에 의하면, $10^{-34}s$ 일 때 크기인자는 $R = 4.9 \times 10^{-27}$이다. 이는 그 시간에 현재 관측가능한 우주의 직경이 식 (6.148)로부터

$$2Rd_{h,0} = 4.4\ \mathrm{m} = 2.8 \times 10^{-16} d_f$$

이 됨을 의미한다. 이는 실제 진공의 작은 거품이 팽창하여서, 급팽창이 $10^{-34}s$에서 끝났을 때, 오늘날 관측가능한 우주가 그 체적에서 10^{46}의 약 1/5을 차지하게 된다는 것을 의미한다. 만일 급팽창이 일어난 직후 현재 관측가능한 우주의 크기가 수소원자로 표현될 수 있다면, 생성되었던 실제 진공의 급팽창된 거품은 반경 200km인 구였을 것이다!

이런 급팽창적인 폭발사건은 대칭성 자발파괴가 최종적으로 GUT 시기를 끝나게 했을때 정지되고, 그래서 강한 핵력이 전기약력과 구분되기 시작하였다. 거짓진공의 높아진 에너지 밀도는 이제 방출되는데, 마치 결빙이 될 때 일어나는 잠열의 방출과 같다. 이 에너지는 우주를 초기 급팽창 값인 약 $10^{28}K$까지 가열시키고, 또 입자–반입자생성이 폭발적으로 일어나도록 하였다. 이 점에서 바깥쪽으로, 우주는 이전에 표준 빅뱅묘사에서 서술된 것과 같이 팽창한다. 그림 7.4에서 보였듯이, 차이는 단지 처음 $10^{-34}s$에서 일어난다. 그러나, 이렇게 간단한 급팽창의 순간이, 단번에 표준 빅뱅이 지녔던 문제들을 해결해준다.

표준빅뱅이론의 문제해결

실제진공인 작은 거품이 지수적으로 커짐은 그 체적의 대부분을 오늘날 우주 경계선 너머 아주 멀리까지 퍼지게 했다. 그럼에도 불구하고, 거품의 체적은 급팽창 이전에는 열역학적 평형상태에 있었기 때문에, CMB의 스펙트럼은 극도로 균일하고, 그것으로 지평선문제는 해결이 되었다.

급팽창은 또한 편평문제를 해결해준다. 실제 진공인 작은 거품이 급팽창하면서, 크기인자 R이 e^{100}배 이상으로 증가하였다. 식 (6.194)와 식 (7.12)는 급팽창사건이 일어나는 동안, 밀도상수는

$$\Omega(t) = 1 + \frac{kc^2}{(dR/dt)^2} = 1 + \frac{kc^2 \tau_i^2}{R^2(t)}$$

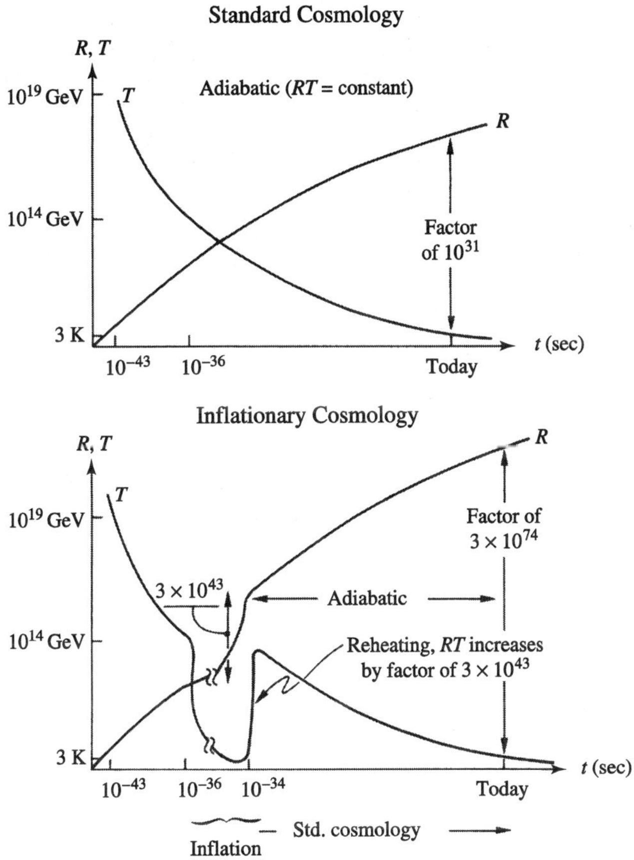

▌그림 7.4 급팽창을 고려했을 때와 고려하지 않았을 때의 우주의 온도와 크기인자의 진화. 다래의 값을 제외하고는, 온도는 kT의 항으로 주어졌다.(그림출처 : Edward W. Kolb and Michael S. Turner, The Early Universe(page 274), 1990, Addison–Welsey Publishing Company, Inc.)

와 같이 변하게 됨을 보여준다. 적어도 10의 43승정도 크기로 R이 급속도로 커지는 현상이 $\Omega \to 1$이 되게 하였다. 급팽창이론에서는, 밀도상수와 급팽창 후 곡률은 $\Omega = 1$과 $k = 0$이라고 해도 틀림이 없다; 급팽창 우주는 편평하다. 편평문제에 대한 이런 해결은 시작점에서 어떤 임시의 조건을 도입하지 않고, 물리로부터 자연적으로 나온다는 것에 주목해 본다.

자기단극문제 또한 해결되었다. GUT 시기의 마지막에, 내부 자유도의 선책에서 불연속성이 존재하는 곳에서 결핍이 일어난다고 기대되었음을 상기해보자. 이런 결핍은 거짓진공의 잔재로서, 식 (7.9)에 의해 주어진 에너지밀도를 지닌 대칭상태가

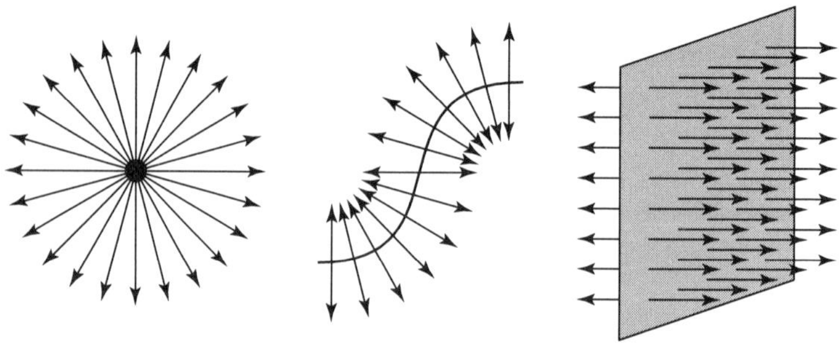

▌**그림 7.5** 결핍의 종류들 : (a) 자기단극, (b) 우주 끈, 그리고 (c) 영역장벽(domain wall). 화살표는 각각의 결핍에 포함된 불연속성의 기하를 나타내준다.

아직 파괴되지 않고 있는 것이다. 그래서, 그들이 극도로 질량이 크다고 여겨진다. 점같은 불연속성은 자기단극에 해당하고, 다른 불연속성이 추가적인 자기단극을 생성시킬것이라고 추측이 된다. 예를 들어, 선형의 불연속성은 우주끈(cosmic string)을 야기시키는 반면, 평면의 불연속성은 영역장벽(domain wall)이라 불린다. 그림 7.5는 이런 결핍들의 기하를 보여준다. 천조직(texture)이라 불리는 4번째의 결핍은 그림에 보여지지 않았는데, 왜냐면 그런 불연속성은 점, 선, 또는 평면에 국한되지 않기 때문이다; 이 결핍은 3차원으로 퍼진 덤불과 흡사하다.

자기단극과 영역장벽은 질량이 아주 커서 그들이 우주의 급팽창에 의해 무시될 정도로 퍼지지 않는다면 보통 물질들의 중력효과를 쉽게 지배하게 될 것이다. 이런 결핍들은 아마 균일 영역들간의 경계지역에서 일어났을 것이다(즉, 실제 진공 거품의 표면근처). 각 거품은 단지 몇 개의 자기단극이나 영역장벽들을 포함하였을거라고 믿어진다. 위에서 살펴본바와 같이, 급팽창사건이 끝났을 때, 현재 관측가능한 우주가 거품체적의 아주 무시할만한 부분을 점령하였고(10^{46}의 일부), 그래서 자기단극과 영역장벽들이 오늘날 우주에 극도로 드물게 되었을 것이다.

우주끈과 천조직은 그러나 현재우주에 더 일반적으로 나타날 수 있다. 전형적인 우주끈은, 거짓진공으로 꽉 채워진 공간에서 길게 갈라진 틈의 모양을 띠고 있는데, 선형질량밀도가 $\sim 10^{21}\,\mathrm{kg\,m^{-1}}$ 정도되는 것 같다. 가장 간단한 이론에서, 이들 거짓진공의 얇은 튜브들은 무한대로 길게 늘어져 있거나, 또는 수백 또는 수천 pc를 가로지르는 것으로 추측되는 닫혀진 고리를 형성하기도 한다. 우주끈은 중력렌즈의 영향을 통해 관측될 수 있는데, 중력렌즈는 다른 쪽을 통과하는 별빛을 휘게 하여 광원이 두 개처럼 보이게 한다. 엉켜진 끈들은 비틀어지고 엉키게 될 수 있어서, 때로는 끈들을 잘라서 작은 고리들을 만들기도 한다. 이런 작은 고리들은 결국 중력파를 방출하면서 붕괴된다고 여겨진다.

물질-반물질 비대칭성

우주론학자들이 직면하는 또 다른 도전은 왜 우주가 반물질보다 더 많은 물질로 구성되어있는가를 설명하는 것이다. 우리은하에서 나오는 우주선(cosmic ray)의 0.01%를 빼놓고는 전부가 반물질이라기 보다는 물질이다. 검출되는 몇 개의 반입자들은 에너지가 큰 두 개의 양성자가 충돌할 때 양성자-반양성자 쌍의 생성같은 고에너지 상호작용의 결과로 설명되어질 수 있다. 희박한 초고에너지 우주선(UHECR, ultra-high-energy cosmic rays)은, 10^{11}GeV를 넘는 에너지를 소유하고 있는데, 이들은 처녀자리은하단의 M87에서 생겨났을 수도(또는 그렇지 않을 수도)있다(광원만이 제안되었고, UHECR의 궤적은 우리은하의 자기장에 의해 더 복잡하게 혼합되었다). UHECR의 관측은 반물질의 존재를 보여주지 않고 있다. 게다가, 어떤 에너지의 감마선형태에서, 물질과 반물질이 상당량 집중되어 충돌이 일어날 때 일어나는 격렬한 쌍소멸반응에 대한 증거가 존재하지 않는다. 적어도 우리은하 헤일로까지 퍼져있는 공간 내에서, 그리고 16 Mpc 떨어진 처녀자리은하단까지는 우주가 주로 물질로 구성되어있다는 것을 나타내 준다.

물질-반물질 비대칭의 설명은 대통합이론의 세부사항들과 급팽창이후 팽창하는 우주의 냉각의 조합에서 나온다. 우리가 본바와 같이, 급팽창이전에 존재했던 어떤 입자들도 지수적 팽창에 의해 무시될 정도로 희석되어졌을 수 있다. 오늘날 우주에 있는 모든 입자들은 거짓진공에 의해 방출된 에너지(잠열)에 의해 공급된 입자-반입자 생성이 격렬하게 일어남으로부터 생겨났다.[8] 우주는 쿼크, 렙톤, 광자 그리고 아주 색다른 가상적인 입자들(간단하게 X 보존입자와 그들의 반입자 $\overline{\mathrm{X}}$)의 국물로 가득차 있다. GUT시기를 마무리하는 대칭성 자발파괴는 X입자들에게 질량을 제공해주는데, 마치 벡터 게이지 보존입자들이 전기약력 통합이 끝날 때 질량을 얻게 되는 것처럼 말이다. 이런 극도로 질량이 큰($m_{\mathrm{X}}c^2 \sim 10^{15}\mathrm{GeV}$) X입자들은 오늘날 우주를 특징지어주는 상당히 낮은 에너지에서는 존재하지 않는다.

대통합이론에 의하면, X와 $\overline{\mathrm{X}}$ 입자들은 같은 수가 존재했었고 각각 쿼크와 반쿼크로 변환되어질 수 있었다:

8) 구스는 이를 "최후의 꽁자 점심"이라 불렀다.

$$X \rightleftharpoons q + q \tag{7.19}$$

$$\overline{X} \rightleftharpoons \overline{q} + \overline{q} \tag{7.20}$$

이들 반응의 첫 번째 반응은 두 번째 반응보다 약간 더 빈번하게 일어났던 것으로 여겨진다.[9)]

반응율을 고려한 물질–반물질 비대칭성이 실험적으로 보여진바 있다. 입자의 한가지 형태는, 카온(kaon)이라 불리는데, $K \rightarrow \pi^- + e^+ + \nu_e$와 $K \rightarrow \pi^+ + e^- + \overline{\nu_e}$의 반응을 통해 피온(pion)이라 불리는 다른 입자로 붕괴할 수 있다. 처음 반응은 두 번째 반응보다 약간 자주(그러나 측정가능할 만큼) 일어난다.

원래 온도는 너무 높아서 식 (7.19)반응과 식 (7.20)반응들이 양방향으로 똑같이 일어날 수 있었다. 그러나, 우주가 냉각이 되고 또 입자의 특성에너지가 하강하면서, 그들이 붕괴되는 만큼 빨리 X와 $\overline{\mathrm{X}}$ 입자들을 보충해 줄 만큼 충분한 에너지가 존재하지 않게 되었다. 반쿼크에 비해 쿼크가 항상 우세한 현상이 일어나는데, 이 현상은 $t \sim 10^{-11} s$에서 전기약력 대칭파괴를 지탱해 주었고 또 우주의 나이가 수 ms될 때까지 지속되었다. 우주는 그리고 나서, 쿼크와 반쿼크가 합성되어 거대한 양의 바리온과 반바리온물질을 형성할 때, 쿼크–하드론 전이가 일어나기에 충분히 냉각되었다($T \sim 2 \times 10^{12}$ K). 이때 약간의 바리온 초과가 생겨난다. 이 과정뒤에는, 모든 반물질을 실제적으로 다 소거시킨 물질–반물질 쌍소멸의 대폭발이 있었고, 그래서 오늘날 우주에서 보이는 물질을 구성하는 바리온물질의 초과만을 남겨두게 되었다. 연속적으로 방출된 광자들은 그 이후 줄곧 우주의 팽창에 의해 냉각되어와서 우주배경복사가 되었다. 우주에 있는 거의 모든 광자들은 CMB로부터 나온다; 다른 광원(항성과 같은)에 의해 생성되는 광자수는 그들과 비교해 볼 때 보잘 것 없다. 우주에서 바리온수와 광자수의 비율은 약 5×10^{-10}이다(문제 7.1을 보라). 바리온과 반바리온의 쌍소멸이 두 개의 광자를 생성하기 때문에, 이 비율은 매 10억개의 바리온–반바리온 쌍당 하나의 쌍을 이루지 않은 바리온이 존재함을 의미한다. 이런 쌍을 이루지 않은 바리온은 약간의 나머지 물질로서, 쌍소멸에서 살아남아 물질세계를 구성하고 있다.

9) 현대물리에 약간 익숙한 사람이라면, 여기 언급된 바리온수와 CP(charge and parity) 대칭성의 위배에 대해 이해할 것이다. 두가지 위배는 대통합이론의 필수적인 특징이다.

CMB와 물질과 복사의 분리

헬륨핵이 형성되고 나서 수 천년 동안, 우주는 광자, 수소와 헬륨핵 그리고 전자들로 구성된 뜨거운 국물상태로 유지되었다. 복사는 팽창의 동역학을 지배하였고, $R \propto t^{1/2}$와 같이 우주의 크기인자가 증가하였다. 결국, $t \simeq 2 \times 10^{12} s$에, CMB는 충분히 희석되어서 질량이 큰 입자들이 팽창을 지배하게 되었다. 복사기는 끝이 났고 물질기가 약 9000K의 온도에서 시작되었다.

자유전자들의 우세는 온도가 전자들이 핵과 결합하여 중성원자를 형성하는 3000K로 떨어질 때까지는 CMB 광자들을 계속적으로 가로막았다. 결과적으로 불투명도가 하강하여 우주에서 물질로부터 복사를 분리하고, 광자들을 자유롭게 떠다니게 만들었다. 우리가 보게 되겠지만, 이런 분리는 고밀도 영역의 폭축과 거기에 따른 우주의 구조형성에 극적인 영향을 미쳤다.

7.2 구조의 기원

밤하늘을 잠깐 바라보아도 우주가 완전히 균일하지 않다는 납득할만한 확증을 얻어낼 수 있다. 구조는 행성에서 초은하단에 이르기까지 모든 규모에서 풍부하다. 전형적인 은하는 우주 전체를 보았을 때보다 약 10^5배 더 밀하여서, 작은 규모로 볼 때 현재우주는 오히려 덩어리져 있다. 본 교과서의 마지막 절은 빅뱅이란 특색없는 큰 솥에서부터의 구조 출현을 다루는데, 그 구조는 초기 은하요동을 보여주는 은하들과 은하단을 지니고 있다.

단열과 등온의 밀도요동

초기우주(재결합이전)는 광자와 입자들의 플라즈마로 꽉차있었다. 전자들과 광자들은 컴퓨턴 산란과 전자기 상호작용으로 꽉 묶여있었고, 그래서 전자들은 양성자를 광자와 결합시켰다. 결과적으로, 광자, 전자 그리고 양성자는 함께 움직여서 광자-바리온 유체를 형성한다. 하이젠베르크의 불확정성 원리는 입자의 위치들이 불확실하기 때문에, 초기우주에 밀도 불균질성이 존재했을 것이라는 것을 보장해준다. 이런 교란은 거의 같은 규모로 일어났는데, 이는 밀도요동이 거의 같은 크기의 중력위치에너지의 섭동을 야기시켰다는 것을 의미한다. 우리는 밀도요동이 거의 크기불변(scale-invariant)[10]이라고 말한다. 그들의 질량은 항성 질량으로부터 은하단의 질량에 이르기까지의 영역에 놓여있다고 여겨지는데, 질량이 작은 요동이 더 일반적이다.

두가지 형태의 밀도요동이 존재한다. 원칙적으로는, 초기우주의 4개 구성원소인 광자, 바리온, 중성미자 그리고 암흑물질들의 독립적인 요동이 가능하다. 요동들이 그들 사이에 아무런 에너지교환이 없는 형태로 다른 요동에 비례관계에 있다면 그들은 단열요동 또는 곡률요동(왜냐하면 0이 아닌 밀도요동은 국부적인 시공간의 곡률에 영향을 주기 때문이다)이라 불린다. 반면에, 단열요동 또는 단곡률 요동에 대해서는, 4개 밀도 요동의 합이 0이 된다. 그들은 억압되거나 "얼어붙은" 상태의 잠재적 에너지 증가를 포함한다. 예를 들어, 존재하는 한 입자의 공간변화는 잠재적으로 압력의 차이를 생성할 수 있지만, 그러나 이는 실제 밀도변화로 변환되어질 수 없는 반면, 입자의 운동은 물질의 균일한 복사장과의 밀접한 상호작용에 의해 억제될 수 있다. 어떤 밀도요동의 집합도 단열요동과 등온요동의 합으로 표현되어질 수 있다.

단열요동과 등온요동사이의 차이는 복사와 물질이 그들의 서로 다른 길을 갈 때, 분리될 때까지 계속된다. 주변복사의 끌려짐으로부터 해방되어, 등온요동에 있는 입자들은 압력의 변화에 반응할 수 있게 되어, 움직이고, 그래서 실제 밀도요동이 생성된다. 그때 단열요동과 등온요동의 차이는 사라진다. 등온 요동의 중요성은 등온요동이 심한 결빙처럼 행동할 수 있는 능력에 있어서, 잠재적인 밀도요동을 유지하고 또 그들을 단열요동에 의해 겪게 되는 분산과정(나중에 다루게 됨)으로부터 보호해주는 것이다. 분리가 일어날 때까지는 등온요동에 어떤 중요한 일들이 일어나지 않기 때문에, 우리는 그들의 단열요동에 대해 초점을 맞추려 한다.

단열 밀도요동의 발달

양자역학적 밀도요동들은, 처음 살펴본다하더라도, 빅뱅이 완전히 잘 섞여있지 않았다고 확실히 말해준다. 모든 곳에서 공간에 밀도가 있는 영역들이 밀도가 넘치는 부분과 부족한 부분사이를 무작위로 왔다갔다 한다. 그러나, 바리온 물질은, 광자와 결합하여, 플라즈마를 통해 편평하게 분포된체 유지되었다. $10^{-36}s$에서, 급팽창이 우주를 지수적으로 아주 급격하게 펼쳐버려서, 그때 밀도가 넘치는 부분

10) 급팽창은 요동들이 더 작은 질량크기에는 약간 더 약할 것이라는 것을 예견하기 때문에 거의 크기불변(scale-invariant)라고 말한다. 이런 예측을 확인시켜준 WMAP 관측은 2006년 3월에 보고되었고, 이는 급팽창이론을 지지해주었다.

과 밀도가 부족한 부분이 입자지평선을 크게 초과해버렸다. 이런 밀도 요동들은 인과율적으로 연결되어있지 않기 때문에, 본질적으로 얼어붙어버렸다. 그래서 이 영역은 수동적으로 우주의 팽창에 참여하였다.

밀도가 커진 초-지평선-크기의 영역들이 우주가 팽창하면서 어떻게 시간에 따라 진화하는지를 이해하기위해서, 우리는 아주 간단한 경우에 집중하며, 또 그렇지 않으면 $\rho(t)$인 편평우주 내에서, $\rho'(t) > \rho(t)$로 증가된 밀도를 지닌 구영역이 존재한다고 상상해보려 한다(그림 7.6). 구형 밀도요동의 동역학은 단지 그 안에 있는 질량에만 의존하기 때문에(6.1절의 버코프의 정리를 회상해보라), 이는 닫힌 우주의 축소판처럼, 분리된 것과 같이 진화하였다. 허블흐름이 항상 균일하다고 가정하면, 더 높은 밀도영역은 주변과 같은 비율로 팽창히여서, 두 영역은 같은 크기인자, $R(t)$와 같은 허블상수 $H(t)$로 기술될 수 있다.[11] 식 (6.9)는 고밀도 영역에 대해

$$H^2 R^2 - \frac{8}{3}\pi G\rho' R^2 = -kc^2$$

임을 보여주고, 바깥의 편평우주에 대해서는

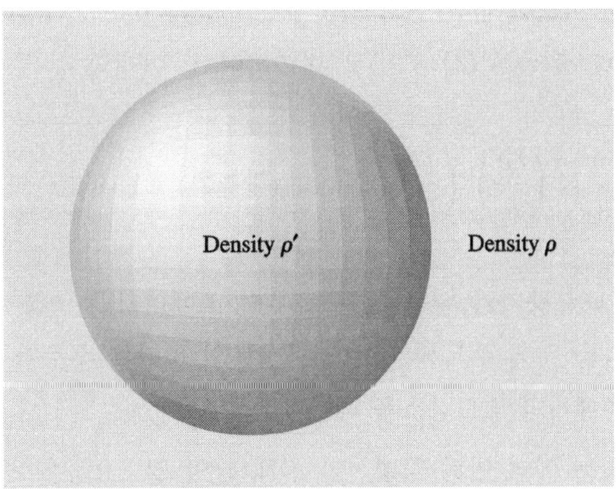

▌그림 7.6 밀도 ρ인 편평우주에서 증가된 밀도 ρ'를 지닌 구형영역

11) 실제는 크기인자에 약간의 차이가 존재하지만, 초기우주에서 이 차이는 무시될 수 있다.

$$H^2R^2 - \frac{8}{3}\pi G\rho R^2 = 0$$

임을 보여준다. 이런 결과들을 빼주고 $8\pi G\rho/3$을 나누어주면, 밀도요동 $\delta\rho/\rho$는

$$\frac{\delta\rho}{\rho} = \frac{\rho' - \rho}{\rho} = \frac{3kc^2}{8\pi G\rho R^2} \tag{7.21}$$

이 된다. 복사기 동안에는, $\rho = \rho_{rad} \propto R^{-4}$(식 6.57)이 성립하고, 또 크기인자는 $R \propto t^{1/2}$(식 6.86)으로 변화하였다. 이런 종속성을 식 (7.21)에 적용해보면, 우리는 밀도요동이

$$\frac{\delta\rho}{\rho} = \left(\frac{\delta\rho}{\rho}\right)_i \left(\frac{t}{t_i}\right) \qquad \text{(복사기)} \tag{7.22}$$

로 기술됨을 알 수 있는데, 여기서 $(\delta\rho/\rho)_i$는 어떤 초기시간에서의 $\delta\rho/\rho$이다. 우리의 초-지평선-크기의 단열요동의 진폭은 그래서 복사기에서는 시간에 따라 선형으로 증가한다(등온요동은 $\delta\rho/\rho = 0$으로 얼어붙은 채로 유지된다.)

이와 비슷하게, 물질기에는, $\rho \propto R^{-3}$(식 6.5)가 성립하고, 크기인자는 편평우주에 대해 $R \propto t^{2/3}$(식 6.31)로 변화하여서, 아래와 같은 밀도요동이 생긴다:

$$\frac{\delta\rho}{\rho} = \left(\frac{\delta\rho}{\rho}\right)_i \left(\frac{t}{t_i}\right)^{2/3} \qquad \text{(물질기)} \tag{7.23}$$

$\delta\rho/\rho$의 증가가 허블흐름으로부터 고에너지 영역을 분리시키는 것을 포함하지 않는다는 것에 주목해본다. 밀도섭동의 증가는 우주가 팽창하면서 요동의 안쪽과 바깥쪽에서의 밀도감소율 때문에 생겨났다.

우리는 이제 입자 지평선이 전체 단열 밀도요동을 포함할 만큼 팽창하였을 때, 복사기의 나중시간으로 앞서 나가보자. 증가된 밀도의 영역은 이제 인과율적으로 연결되었고 그리고 내부의 물리조건에 대해 전체적으로 반응할 수 있게 된다. 여기서 부터는, 요동의 운명이 그 질량과 진스질량의 상대적인 값에 의해 결정이 된다.

우주가 팽창하면서 변하는 진스질량의 진화는 우리 이야기에서 근본적으로 중요

하다. 정적인(팽창하지 않는) 매질에 대해 식 (6.14)(2권)로부터, $\delta\rho/\rho$가 시간에 따라 증가하는데 필요한 최소질량은[12)]

$$M_J \simeq \left(\frac{5kT}{G\mu m_H}\right)^{3/2}\left(\frac{3}{4\pi\rho}\right)^{1/2} \tag{7.24}$$

이 된다. 간단하게 설명되어지겠지만, 이 최소질량 아래로 떨어질때 생기는 결과들은 서로 다를지라도, 진스질량에 대해 이와 같은 표현이 팽창하는 우주에도 적용될 수 있다.

진스질량은 단열 음속의 항으로 표현되어질 수 있다. 일반적으로, 음속 v_S는

$$v_s = \sqrt{\frac{\partial P}{\partial \rho}} \tag{7.25}$$

로 주어진다. 공기에서 익숙한 단열음파에 대해, $P = C\rho^{\gamma}$가 성립하는데, C는 상수이며, 또 우리는 식 (4.84)(2권)를

$$v_s = \sqrt{\frac{\gamma P}{\rho}} = \sqrt{\frac{5kT}{3\mu m_H}} \tag{7.26}$$

로 재생해내는데, 여기서 마지막 표현은 이상기체법칙 식 (4.11)(2권)에서 나왔는데, 단원자 이상기체에 대해 γ=5/3을 사용하였다. 다시 정리하여 식 (7.24)에 대입해보면, 진스질량은

$$M_J = \frac{9\rho}{2\pi^{1/2}}\frac{v_s^3}{(G\rho)^{3/2}} \tag{7.27}$$

이 된다. 진스질량의 온도종속성은 재결합시에는 급격하게 변화한다. 식 (7.27)에서 볼 때 이런 현상이 아주 확실하지는 않다할지라도, 재결합 이전의 시기에 적용할 수 있는 진스질량을 아주 조심스럽게 유도해보면, 분자에 있는 ρ는 바리온 물

12) 6.2절(2권)에서 진스질량의 유도로부터, M_J가 바리온물질의 형태로 존재하는 것이 분명하다는 점이 지적되어져야 한다. 예를 들어, M_J의 유도에서 K=3/2 NkT의 사용은 바리온물질이 아니면 적용될 수 없다.

질밀도 ρ_b임을 알 수 있다. 복사온도와 물질온도가 이 시기에는 같기 때문에, 식 (6.5)와 식 (6.58)은 $\rho_b = \rho_{b,0}/R^3 = \rho_{b,0} T^3 / T_0^3$ 임을 보여준다. 그러나, 식 (7.27)의 분자에 있는 ρ는 광자에 우세한 영향을 미칠 수 있어서, 식 (6.77)의 분자에서 $\rho \propto T^4$이 된다. 더욱이, 재결합 이전에는, $P_{\rm rel} = {\rm u_{rel}}/3 = \rho_{\rm rel}{\rm c}^2/3$ (식 3.11)(2권)이 성립해서, 음속은

$$v_s = \sqrt{\frac{\partial P}{\partial \rho}} = \frac{c}{\sqrt{3}} \tag{7.28}$$

이 되는데, 이는 빛의 속도의 약 58%가 된다. 그림 7.7에 보여진바와 같이, 결과는 진스질량이 재결합시기에 접근할 때까지는 T^{-3}에 비례하였다는 것이다. 재결합 후에, 분모에서의 밀도는 질량밀도로 되돌아가고, 그래서 음속은 이상기체값으로 다시 가정된다. 복사와 물질이 재결합 이후에 분리되기 때문에, 질량밀도는 온도와 무관하다. 유일한 온도종속성은 음속의 종속성(식 7.26)이고, 그래서 재결합이후에는, 진스질량이 $T^{3/2}$에 비례한다. 그림 7.7은 진스질량의 온도종속성을 보여준다. 실제는, 암흑물질의 존재가 재결합시기 이전에 예리한 피이크를 편평하게 만들어 $M_J \simeq 10^{16} M_\odot$ 근방에서 그래프가 밋밋하게 된다.

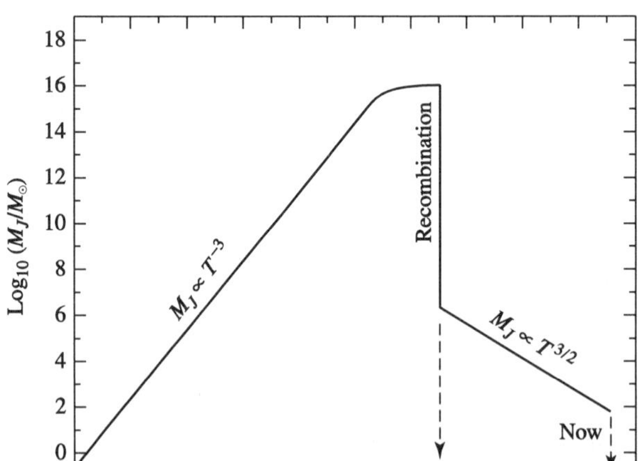

그림 7.7 우주가 팽창하면서 온도에 따른 진스질량 M_J의 변화. 재결합시기의 예리한 피이크가 실제로는 $M_J \simeq 10^{16} M_\odot$ 근방에서 암흑물질의 존재에 의해 편평해졌다.

재결합이 일어나기 전에, 진스질량은 인과율적으로 연결된 영역 내에 포함된 바리온 물질의 양보다 더 큰 크기가 되어서(문제 7.7을 보라), 지평선-크기 이전 밀도요동 질량은 항상 진스질량보다 작다. 결과적으로, 이 기간 동안, 단열 밀도요동의 증가는 억압되어졌다; 다른 말로 말하자면, $\delta\rho/\rho$는 물질기가 지나갈 때까지 상수를 유지한다.

음파진동과 진동흡수(damping)

단열요동이 지평선 크기 이전상태가 되었을 때부터 재결합이 일어날 때까지는 음파진동이 일어나는데, 이는 항성맥동과 비슷하다(8.2절(2권)을 보라). 음파는 재결합이 일어날 때까지 빛의 속도의 상당부분에 육박하면서 $(c/\sqrt{3})$그 체적을 퍼져나갔다. 이런 음파는 압축영역(약간 더 뜨거움)과 희미해지는 영역(약간 더 차가움)을 만들어내는데, 분리가 일어날 때 CMB에 그들의 흔적이 남게 된다. 우리는 밀도요동의 운명을 논의한 후에 아주 유용한 이들 음파진동을 다시 살펴보게 될 것이다.

더 작은 규모의 단열요동은 음파진동 기간에서 생존하지 못하였는데, 왜냐면 광자들의 확산이 일어나고 또 음파의 파장이 충분이 짧을 때는 압축된 영역으로부터 광자가 새어나올 수 있기 때문이다. 도망쳐 나오는 복사와 물질 사이의 강한 상호작용은 섞여짐 효과를 만들어내 짧은 파장의 압축을 약하게 만든다(진동흡수).

진동흡수를 견뎌내기 위한 최소질량

이런 진동흡수를 견뎌내기 위해 필요한 요동이 얼마나 커야하는지를 결정하기 위해, 분리가 시작되기 바로 전($t_{dec} = 3.79 \times 10^5$ yr, 식 6.102)에 증가된 밀도영역을 고려해보자. 대충의 어림으로, 그 영역의 크기가 무작위로 움직이며 확산되는 광자가 분리될 때까지 우주의 나이동안 움직인 거리보다 크다면 밀도요동이 견뎌낼 수 있을 것이다. 광자의 평균자유거리는 식 (3.12)(2권)에 의해 $\ell = 1/n\sigma$로 주어지는데, 여기서 $\sigma = 6.65 \times 10^{-29}\ \mathrm{m}^2$는 전자의 산란단면적 (식 3.20)(2권)이고, n은 전자의 개수밀도이다. 우주의 나이동안 광자에 의해 이루어진 산란갯수는 이제

$$N = \frac{t_{\text{dec}}}{\ell/c} = n\sigma c t_{\text{dec}}$$

로 주어진다. 광자의 시작점으로부터 평균변위는 식 (3.29)(2권)로부터 얻어진다:

$$d = \ell\sqrt{N} = \frac{\sqrt{n\sigma ct_{\rm dec}}}{n\sigma} = \sqrt{\frac{ct_{\rm dec}}{n\sigma}}$$

d 보다 큰 파장을 지닌 음파는 확산되는 광자의 진동흡수효과를 견뎌낼 수 있다. 더 짧은 파장 진동의 진동흡수를 미국 천문학자 실크(Joseph Silk)의 이름을 따서 실크 진동흡수라 부른다.

견뎌내는 밀도요동의 최소질량은 대략 반경 d의 구내부에 존재하는 질량이 된다. 식 (6.4)와 식 (6.5)는 분리 (z=1089)시간에 바리온질량밀도는

$$\rho_b = \frac{\rho_{b,0}}{R^3} = \rho_{b,0}(1+z)^3 \simeq 5.4 \times 10^{-19}\ {\rm kg\ m^{-3}} \tag{7.29}$$

이 됨을 보여주는데, 여기서 현재의 질량밀도 $\rho_{b,0}$은 식 (6.17)에 의해 주어진다. 전자의 개수밀도는 이제 $n \simeq \rho_b/m_H$로부터 얻어질 수 있는데, 편리성을 위해 순수 수소로(양성자 하나당 전자하나) 구성되었음을 가정하였다. $\rho=\rho_b$을 취하면, 이 구형체적에 포함된 질량은 아래와 같이 어림될 수 있다.

$$\frac{4}{3}\pi d^3\rho_b = \frac{4\pi}{3\rho_b^{1/2}}\left(\frac{m_H ct_{\rm dec}}{\sigma}\right)^{3/2} = 7.7 \times 10^{13}\ {\rm M_\odot}$$

이보다 작은 질량을 지닌 어떤 단열요동도 재결합을 거치며 생존할 수 없었다. 수 $\times 10^{13} M_\odot$ 의 값은 cD 타원은하나 작은 은하단의 질량을 연상시킨다는 것은 흥미로운 사실이다.

등온 밀도요동

이제 등온밀도요동에 주의를 기울여 보자. 수 $\times 10^{13} M_\odot$ 보다 질량이 작은 밀도섭동이 재결합 이후에도 존재하는데, 왜냐면 "얼어붙은" 등온요동이 음파진동과정의 확산효과로부터 보존되었기 때문이다. 재결합 후에, 이런 요동은 실제 밀도가 증가된 영역으로 변환된다. 이전에 복사장에 의해 제한되었던 압력섭동들은 입자들로 자유롭게 이동하여서 실제적인 밀도차이를 생성하게 되었다. 결과적으로, 단열밀도요동과 등온밀도요동사이를 구분할 필요가 더 이상 없게 되었다.

재결합 이후의 진스 질량

평균밀도에서 벗어나는 현상은 재결합시간에는 아주 작았지만($\delta\rho/\rho \sim 10^{-4}$, 나중에 다루게 된다), 그러나 요동은 다양한 양의 질량을 포함하였는데, 아마 항성질량에서 은하단 질량까지의 영역에 놓인다. $T \simeq 2970\,\mathrm{K}$ 이고 밀도가 식 (7.29)에 의해 주어질 때, 재결합 바로 직후의 진스질량을 계산해볼 수 있다. X=0.77과 Y=0.23이라 가정된 화학성분에 대해(식 4.16(2권)) 평균분자질량을 $\mu = 0.584$ 라 할 때, 진스질량의 값은

$$M_J \simeq \left(\frac{5kT}{G\mu m_H}\right)^{3/2}\left(\frac{3}{4\pi\rho}\right)^{1/2} \simeq 1.9 \times 10^6\ \mathrm{M}_\odot$$

이 되었는데, 이는 구상성단 질량과 견줄만 하다. 재결합 후에, $10^6 M_\odot$ 을 초과하는 요동들은 증폭이 되었다. 밀도섭동의 증가율은 $\delta\rho/\rho = (\delta\rho/\rho)_i (t/t_i)^{2/3}$ 이 되는데, 이는 식 (7.23)에 의해 계산되었다.

구조 형성 시기

밀도요동에 대한 우리의 분석으로부터 출현하는 2개의 특성질량 값($10^6 M_\odot$ 와 $10^{13} M_\odot$)은 성단에서 은하단에 이르는 우리가 관심있는 대부분의 천체들을 포함하는 질량영역에 잘 놓여있다. 이제 우리는 이들 고밀도 영역의 진화를 추적하여서 그들이 실제 우주에서 관측되는 천체들을 형성할 수 있을지의 여부를 점검해보려 한다.

예제 7.2.1

가장 큰 적색편이를 보이는 퀘이사는 J114816.64+525150.3이다(본 교과서가 집필될 때 수준으로). SDSS(Sloan Digital Sky Survey)에 의해 발견된 적색편이값은 $z=6.43$으로, 이 값은 $R_q = 1/(1+z) = 0.135$ 에 해당한다(q는 "퀘이사"를 나타내준다). 식 (6.129)를 이용하면, 빛이 퀘이사를 떠날 때 우주의 나이를 추정해보면, WMAP값을 사용했을 때, $2.75 \times 10^{16} s = 872\,\mathrm{Myr}$ 이 됨을 알 수 있다. 우리는 중력폭축 영역이 $\delta\rho/\rho \approx 1$일 때 시작될 수 있다고 가정한다. 이 점에서, 비선형효과가 중요해지며, 그래서 그 영역이 허블흐름과 분리되어 폭축을 시작한다. 이렇게 가장 멀리있는 퀘이사를 형성한 폭축에 대해

$(\delta\rho/\rho)_q = 1$을 취하면, 식 (7.23)은 재결합시간, $[t_{dec}]_{WMAP} = 3.79 \times 10^5 yr$(식 6.102)에서 밀도요동의 크기를 추정하는데 사용되어질 수 있다. 그 결과는 아래와 같다:

$$\left(\frac{\delta\rho}{\rho}\right)_{\rm rec} = \left(\frac{\delta\rho}{\rho}\right)_q \left(\frac{t_{\rm dec}}{t_q}\right)^{2/3} \simeq 0.005$$

더 멀리 있는 퀘이사를 만들어내기 위해서는 분리가 일어난 시간에 0.1%의 몇배 정도의 밀도요동이 존재했어야 한다.

이 예제의 결과들은 우주배경복사에서 비등방성에 대한 세심한 관측과 모순된다. 분리시간에, 광자들은 그들이 더 큰 요동을 둘러싸고 있는 중력위치에너지 장벽을 올라가면서 중력적색편이를 경험하게 되었을 것이다(이런 큰 요동은 511쪽에서 자세히 논의된다). 증가된 밀도영역으로부터의 복사는 배경 CMB보다 약간 차가울 것으로 보이는 반면, 더 낮은 밀도영역에서 나온 빛은 약간 뜨겁게 보일 것이다. 이런 CMB 온도의 요동은 $\delta T/T \simeq 1 - 7.5 \times 10^{-5}$의 영역에서 측정되었다. 이런 성질은 식 (6.5)와 식 (6.58)을 이용하여 밀도변화로 해석되어질 수 있는데, 이 두 식은 모두 $\rho \propto T^3$의 관계를 보여준다. 이로부터 선형관계

$$\frac{\delta\rho}{\rho} = 3\frac{\delta T}{T} \tag{7.30}$$

가 성립하는 것을 보이는 것은 연습문제로 남겨놓는다. $\delta\rho/\rho \simeq 0.3 - 2.3 \times 10^{-4}$의 결과값은 예제 7.2.1에서 취한 것과 같은 논증으로부터 예상되는 값보다 100배 정도 작다. 이런 온도요동에 의해 나타나는 바리온물질의 모여짐은 스스로 폭축하여서 현재우주에서 일반적으로 보이는 거대구조를 형성할 만큼 빠르게 성장할 수가 없었다. 이런 간단한 바리온물질에 대한 분석이 그들을 발견하지 못한다 할지라도, 재결합시간에 이들보다 수백 배 더 큰 밀도요동이 있었던 것 같다.

비 바리온 물질인 암흑물질이 이 수수께끼의 해답을 제공하는 것 같다. 만일 암흑물질이 복사와 무시할 정도의 상호작용을 하고 있다면, 물질기기 시작될 때,[13] 분리가 일어나기 오래 전에 물질 축적을 할 수 있었던 것 같다(바리온 요동은 이

13) 초기의 복사기동안에, 우주는 너무 빨리 팽창하여서, 그들의 구성성분이 무엇인지에 관계없이, 어떤 지평선 크기정도의 밀도요동이 생겨날 수 없었다.

▌표 7.3 구조형성에 대한 적색편이. 여러 구조들이 형성될 때의 대략적인 적색편이 (출처 : Peebles, Principles of Physical Cosmology, Princeton University Press, Princeton, NJ, 1993)

Structure	Redshift
Density fluctuations in CMB	$[z_{\text{dec}}]_{\text{WMAP}} = 1089$
Spheroids of galaxies	$z \sim 20$
The first engines of active galactic nuclei	$z \geq 10$
The intergalactic medium	$z \sim 10$
Dark halos of galaxies	$z \sim 5$
The first 10% of heavy elements	$z \geq 3$
Rich clusters of galaxies	$z \sim 2$
Thin disks of spiral galaxies	$z \sim 1$
Superclusters, walls, and voids	$z \sim 1$

시간 동안에 커질 수 없는데, 왜냐면 복사와 바리온물질의 밀접한 상호작용의 결과로 음속이 $c\sqrt{3}$ 이 되는데, 이는 또 바리온 진스 질량이 커지는 것을 금지하기 때문이라는 것을 회상해보자). 물질기 동안에, 암흑물질의 이런 농축은 식 (7.23)에 의해 주어지는 비율, $\delta\rho/\rho = (\delta\rho/\rho)_i (t?t_i)^{2/3}$로 커지게 되었다. 분리시간에는, 암흑물질의 상대적인 밀도증가가, 예제 7.2.1에서 요구된바와 같이, 0.1%의 몇 배 정도의 수준에 도달하게 된다. 분리가 일어난 후에는, 바리온 물질이 이런 암흑물질 덩어리들을 중력적으로 끌어 당기게 되었다. 결과적으로 생기는 바리온 요동의 크기는 거기에 놓여있는 암흑물질의 크기를 따라잡게 되었고 또 그 후에 그들은 우주전체에 걸쳐 보여지는 보통 물질의 농축이 형성되면서 같은 $\delta\rho/\rho$값을 공유한다고 여겨지고 있다. $\delta\rho/\rho = 1$일 때, 암흑물질과 바리온물질로 구성된 이 영역은 허블흐름으로부터 벗어나 구면체의 은하구성 성분, 퀘이사의 중심엔진 그리고 다른 초기형성 구조들을 형성하기 위해 폭축을 시작한다(표 7.3). 그러나, 시간제한이 엄격해서, 암흑물질영역의 폭축이 관측된 가장 초기의 구조들을 설명해줄 수 있는지의 여부는 아직 분명하지 않다.

항성들과 은하들이 최초로 형성된 시기 추정

은하단 Abell 2218보다 멀리 있는 것으로 발견된 은하는 은하형성을 위한 시기가 얼마나 어려운지를 보여준다. 약 $z \simeq 7$정도의 적색편이를 지니고 있는 이 은하는 지금까지 발견된 은하 중 가장 멀리 떨어져 있다. 우리가 관측하는 빛은 우주가 현재크기의 $1/(1+z) = 0.125$일 때 이 은하를 떠났다. WMAP값을 지닌 식 (6.129)

를 이용하면, 이는 빅뱅이 일어난 지 바로 7억 8000만년에 해당하는데, 우주의 현재나이의 5.7%밖에 되지 않는다. 이 은하는 작은데, 아마 직경이 600pc 정도되는 것 같다. 그럼에도 불구하고, 극도로 활발한 항성형성이 되고 있는 지역이다. Abell 2218이 가장 멀리있는 이 은하의 영상을 크게 해주는 중력렌즈역할을 해서 이 은하가 관측된다는 것은 아주 다행스러운 일이다. 이 은하가 빅뱅 후 10억년도 지나기 전에 형성되었기 때문에, 극도로 급속도로 형성되었음이 분명하다(아마 3.2절에 논의된 확산적 폭축과정을 통해).

처음 항성들과 은하가 형성될 때 시간의 증거가 되는 하나의 실마리가 큰 적색편이를 지닌 퀘이사의 라이만 알파 수풀의 관측으로부터 나온다(5.4절을 보라). 조밀하게 모여있는 Lyα 흡수선들은 퀘이사와 지구사이에 놓여있는 더 작은 적색편이를 지닌 중성수소구름들에 의해 생겨났다. 중성수소는 122nm(UV) 광자의 아주 효과적인 흡수체이다. 그러나, z=1089에서의 재결합이후에, 만일 은하간 매질에서 모든 수소들이 중성으로 남아있었다면, 모든 Lyα 수풀은 은하간 중성수소에 흡수되어 버렸을 것이다. 사실상, 은하간 매질에 있는 중성수소는 흡수하는 구름으로 작용하여 지구방향에서 적색편이를 끊임없이 감소하게 할 것이다. 이는 은하간 매질에서 수소가 중성이 아니고 완전히 이온화되었음을 나타내준다.

재결합이후에, 우주는 최초의 항성들과 은하들이 형성되어 빛을 내기 전에 "암흑기"에 들어갔다고 결론짓는다. 그리고 나서, 최초의 항성과 AGN의 생성으로부터 나온 UV복사가 우주를 재 이온화시켰고, 그래서 현재에 이르기까지 이온화된 상태로 유지되어왔다. 우리가 만일 큰 z를 지닌 퀘이사에서 Lyα가 약해짐을 관측한다면, 우리는 우리가 재이온화기간 동안에 있는 퀘이사를 관측하고 있다고 여긴다. 이런 퀘이사스펙트럼에서의 약해짐 영역을 이것을 관측한 영국의 군(Jame Gunn)과 호주의 페터슨(Peterson)이란 천문학자의 이름을 따서 군 페터슨 골(Gunn–Peterson trough)라고 부른다. 그림 7.8은 4개의 큰 적색편이를 지닌 퀘이사에 대한 군 페터슨 골을 보여준다. 라이만 알파 수풀에서 상대적으로 갑작스레 희미해지는 현상은 은하간 중성수소의 재이온화가 $z=6$에서 끝이 나고 또 최종단계가 아주 빨리 형성되었다는 것을 나타내준다. 우리는 "암흑기"의 끝까지 잘 통찰해볼 수 있게 되었다.

WMAP 결과들에 의하면, 최초의 항성들은 빅뱅이 일어난 지 2억년정도 후에 점화되었다. SST(Spitzer Space Telescope)는 우주의 재이온화를 시작하게 했던 천체들의 최초 형성 때에 나온 빛(적외선 파장으로 편이 된)을 검출한 것 같다. 용자리방향으로 계속해서 10시간 노출하여 관측을 하고, 알려진 모든 천체들은 영상으로부터 주의깊게 제거되었다. 그림 7.9에서 보여진바와 같이, 결과적으로 적외선 배경이 남아있었고, 아주 최초의 항성들(Pop Ⅲ)로부터 나오는 빛들인 얼룩들이 관측되었다.

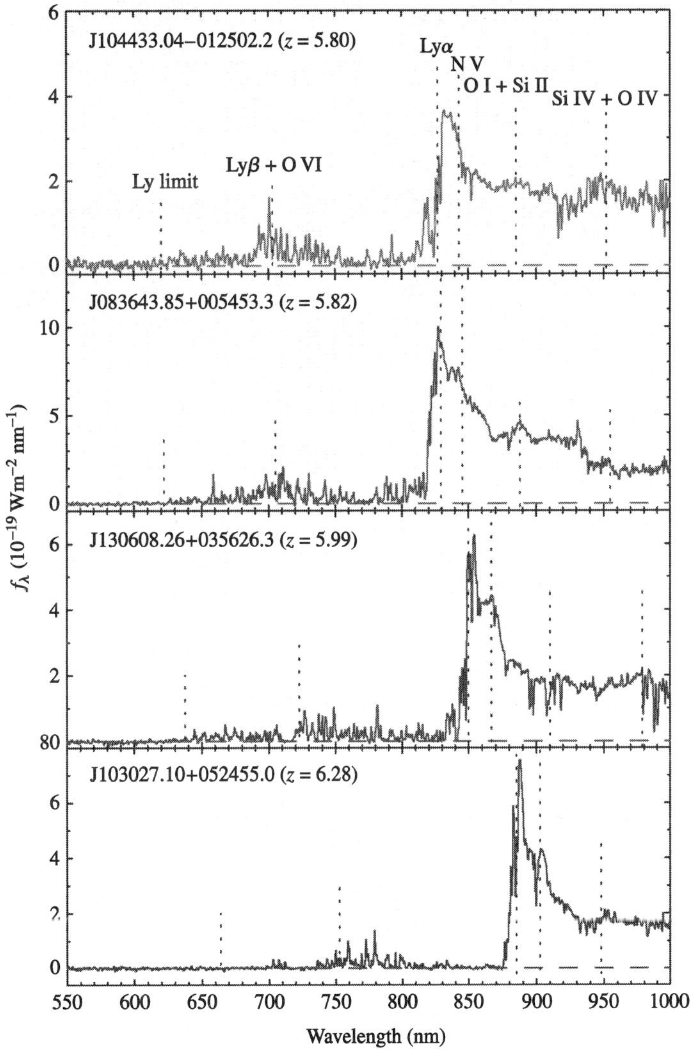

■ 그림 7.8 큰 적색편이를 지닌 4개의 퀘이사에서 관측된 군 페터슨 골은 z가 커지면서 Ly α수풀이 급속도로 억압되고 있음을 보여준다. 이는 이온화된 수소함량이 $z\sim5$에서 6사이에서 상당히 감소되고, 또 우주가 $z\sim6$에서 재이온화 시기로 접근하고 있다는 것을 보여준다. cgs 단위와 Å 단위가 그림에서 사용되었다.
(그림출처 : Becker et al., A.J., 122, 2850, 2001)

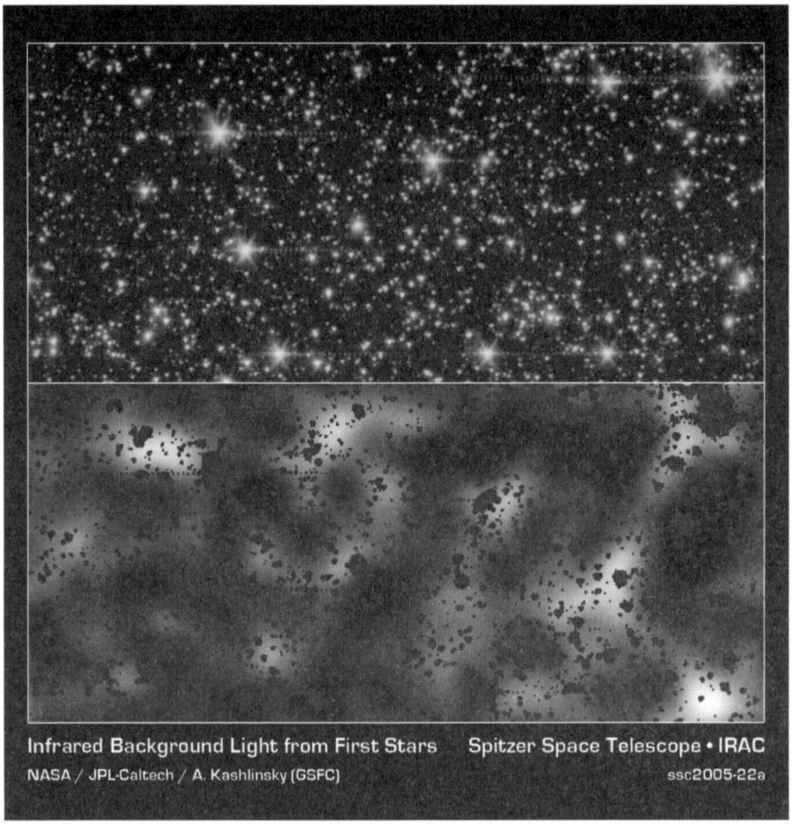

▌그림 7.9 위의 그림은 스피쳐우주망원경으로 10시간 노출해서 찍은 영상이다. 아래그림은 알려진 모든 천체들을 모두 빼냈을 때 나머지로 생기는 적외선 방출을 보여주는데, 아마 초기항성의 탄생으로부터 생긴 것 같다.

하향식 은하형성과 뜨거운 암흑물질

이전에 언급한 바와 같이, 재결합으로부터 나온 두 개의 질량 값들이 거의 은하 구조의 질량 영역에 퍼져있다는 것은 흥미로운 일이다. $M_J \simeq 10^6 M_\odot$ 인 진스질량은 구상성단에 전형적이다. 더 나아가, 재결합이전에 음파 진동기를 견뎌내는 단열요동 질량의 하한 값, $10^{13} M_\odot$ 는 cD 타원은하나 작은 은하단에 전형적이다(단열 밀도요동과 뜨거운 암흑물질은 비슷하게 행동하는 것으로 여겨지는데, 왜냐면 이들 모두 광자와 빨리 움직이는 입자들의 확산을 통한 덩어리짐을 방해하기 때문이다).

결과적인 은하형성의 전체적인 과정은 더 큰 구조의 붕괴를 포함한다. 이런 과정에서의 문제점은 초기은하들의 형성을 관측한 시간들과 일치하기에는 붕괴가 너무 늦게 일어난다는 것이다. 일어나는 어떤 덩어리짐도 엄청나게 큰 질량을 포함하고 ($10^{13}-10^{15}M_{\odot}$, 은하단과 초은하단에 전형적이다), 그래서 더 큰 물체의 붕괴로부터 은하가 형성하는 하향식 물리과정에 포함되어졌음이 분명하다.

상향식 은하형성과 차가운 암흑물질

반면, 차가운 암흑물질은 느리게 움직이고 있고 그래서 더 쉽게 모여진다. 차가운 암흑물질의 농축은 물질기가 시작될 때 다양한 질량규모로 모여지기 시작할 수 있는데, 결과적으로 더 작은 구성원들이 뭉쳐져서 은하를 형성하는 상향식 시나리오를 가능하게 한다. 차가운 암흑물질모델의 어려운 점은 초기우주의 수리모사가 그림 4.23에서 보여준 것 같은, 적색편이 전천탐사에서 관측된 은하 void를 재생시키는데 어려움이 있다는 것이다. 만일 은하형성이 치우쳐서 형성된다면, 은하들은 과밀영역에서 더 쉽게 형성되는 경향을 보이게 되는데, 차가운 암흑물질의 이런 문제는 극복될 수 있다. 그림 7.10은 차가운 암흑물질의 상향식 덩어리짐으로부터 구조가 형성되는 과정에 대한 수리모사를 보여준다. 1.2절과 3.2절에서 설명되어진 바와 같이, 현재의 관측들과 해석들은 강하게 은하들의 형성에 대한 상향식 과정을 강하게 뒷받침해주고 있다. 우리가 관측하고 있는 밝은 은하들은 큰 적색편이에서의 파편들로부터 짜맞추어졌다.

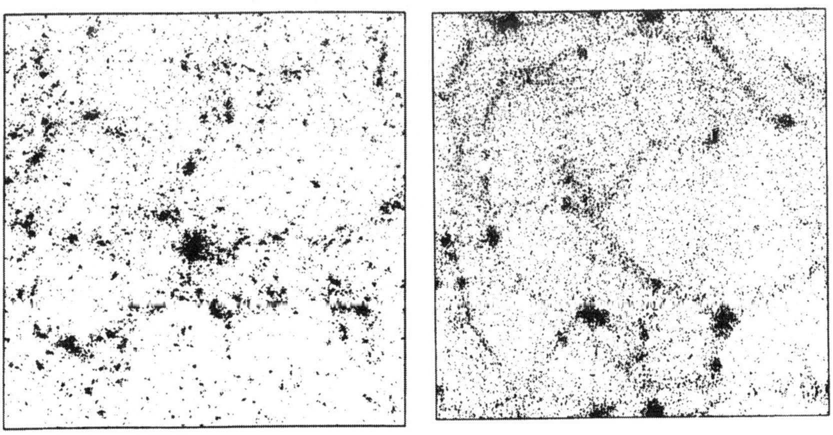

▮ 그림 7.10 차가운 암흑물질의 상향식 덩어리짐(왼쪽)으로 부터와 뜨거운 암흑물질의 하향식 파편화(오른쪽)로부터 생기는 우주의 구조형성에 대한 수리모사 결과들. 두 가지 모델 모두 $\Omega_0=1$과 $h=0.5$를 가정하였다.(그림출처 : Frenk, Physica Scripta, T36, 70,1991)

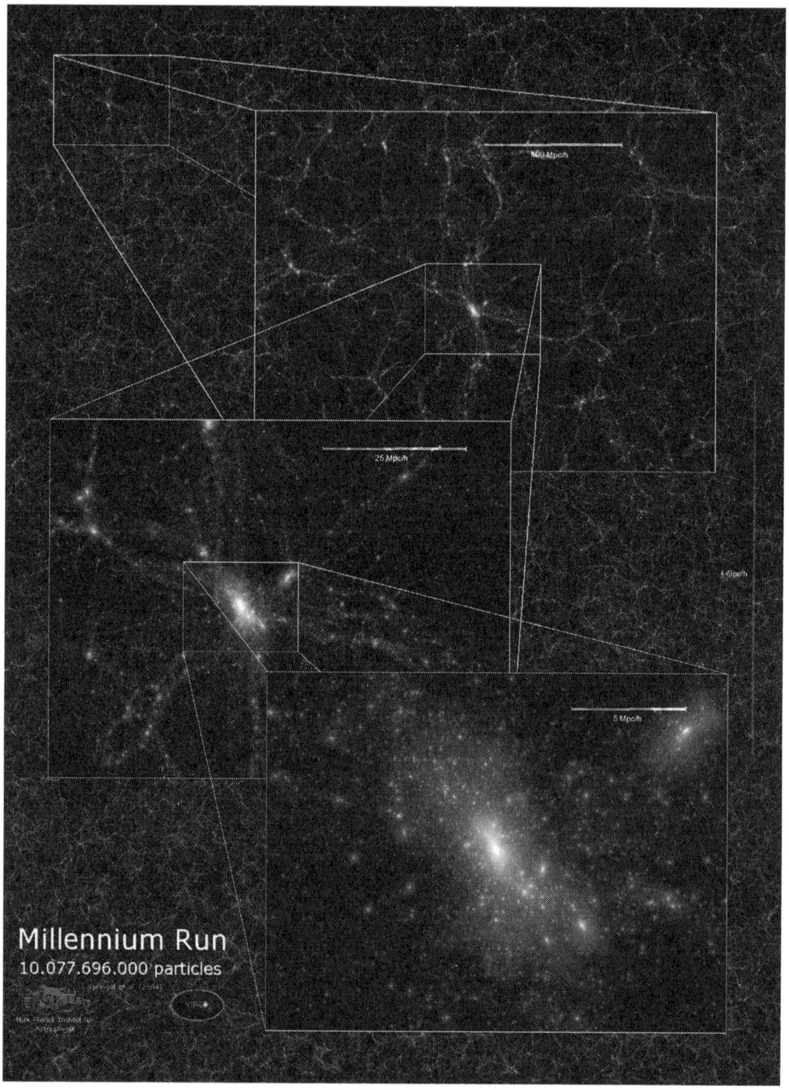

▌그림 7.11 은하 2억개를 계산한 Millennium 모사. 이것은 z=0에서 결과들의 15 Mpc h^{-1} 두께의 조각이다. 작은 그림들은 4배로 확대한 결과이다. 최대로 확대한 그림은 거대 은하단의 세부구조를 보여준다.(그림출처 : Virgo Consortium)

큰 적색편이를 지닌 은하들과 퀘이사들의 존재는 구조형성의 모든 이론에 어려운 도전장을 제시해준다. SDSS는 우주가 1 Gyr 되기도 전에 생긴 $10^9 - 10^{10} M_\odot$의 거대질량 블랙홀의 존재를 암시하는 $z > 6$인 밝은 퀘이사를 여러 개 발견하였다. 구조형성에 대한 아주 현실적인 수리모사는 이런 아주 초기의 우주성분을 재생해낼 수 있다. 영국, 독일, 일본, 캐나다와 미국학자들로 구성된 Virgo 조합이란 국제연구그룹이 한 면이 $500h^{-1}$Mpc인 정육면체에 들어있는 $\sim 10^{10}$입자들이 $z=127$로부터 2×10^{7}개의 은하들을 형성할 때 어떻게 움직이는가를 계산했는데, 이를 밀레니움(Millennium) 계산이라 부른다. 결과들(그림 7.11)은 몇 개의 질량이 큰 블랙홀이 SDSS 관측을 설명해 줄만큼 충분히 빨리(수 10^{8} yr) 형성될 수 있음을 보여준다. 이런 블랙홀들은 더 질량이 큰 은하들이 되는 방향으로 진화하는데, 그 중심에는 가장 큰 은하단을 남겨놓는다.

우주의 조화와 음파진동

"지구의 음악은 친개의 구멍을 통해 노래부르고
인간의 음악은 플룻과 악기들로 만들어지는데
무엇이 하늘의 음악을 만들어낼꼬?"

– Chuang Tzu(BC 4세기)14)

이제 우리는 491쪽에서 언급한 음파진동으로 되돌아가본다. 재결합이전에, 광자, 전자, 그리고 양성자는 함께 움직여서 광자–바리온 유체를 형성하였다는 것을 회상해본다. 양자역학적 밀도요동은 공간의 밀도영역들을 과밀 지역과 소밀 지역 사이에서 임의로 변하게 한다. 약 $10^{-36}s$에서, 급팽창이 갑자기 우주를 지수함수적 비율로 펼쳐지게 했는데, 이는 너무 빨라서 과밀지역과 소밀지역의 크기가 그 때 입자지평선을 엄청나게 초과해버렸다. 이들 밀도 요동들은 본질적으로 얼어붙게 되었다; 그들은 인과율적으로 연결되지 않았기 때문에 전체적으로 반응할 수 없게된 것이다.

입자지평선이 마침내 충분히 커져서 밀도요동을 삼켜버렸을 때, 요동은 해방되어서 주변과 반응하게 되었다. 이때, 우주의 나이는 약 10^{5} yr 정도 되었고, 우주는 플라즈마를 통해 움직이는 음파들로 꽉 채워지기 시작하였다. 한 영역의 밀도가 압축에 의해 커지면서, 복사압력이 운동을 뒤집어놓을 때까지 아주 작은 양($\delta T/T \approx 10^{-5}$)만큼 가열되었다. 밀도가 팽창에 의해 감소되는 것과 마찬가지로, 우주는 냉각되었다. 음파의 작은 진폭은 지나가는 파가 광자–바리온 유체에게 단순조화운동을 야기시킴을 의미한다. 전자가 양성자와 결합하고 또 무거운 원소가

14) The Way of Chuang Tzu란 책(Thomas Merton역, New Directions, 1965)에서 인용

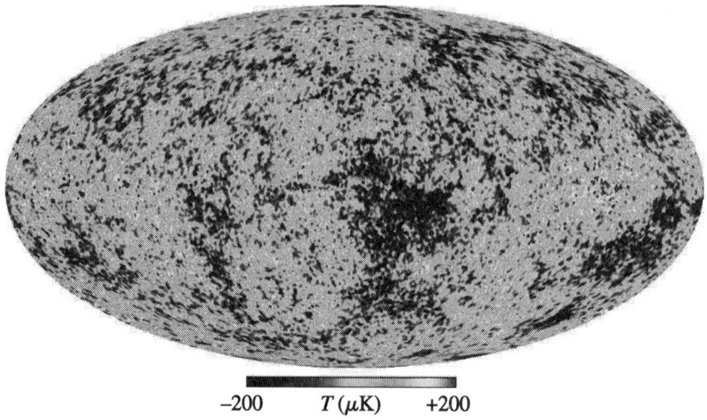

▮ **그림 7.12** WMAP 위성으로 관측한 CMB의 온도요동(그림출처 : Bennett et al., Ap. J. Suppl., 148, 1, 2003)

빅뱅 핵합성에서 형성될 때, 이런 운동은 분리시간까지 계속되었다. CMB 광자는 이제 해방되어서 우주를 자유롭게 여행하면서 음파진동의 흔적들을 운반하였다. CMB의 몇몇 영역들은 약간 뜨겁게 보이고(더 높은 주파수), 다른 영역은 약간 차갑게 보인다.

광자의 주파수는 또한 광자들이 밀도요동의 중력위치에너지 장벽을 넘어설 때 에너지를 손실하는 것과 같은 삭스–볼프(Sachs–Wolfe) 효과에 의해 영향을 받는다. 과밀영역은 광자주파수를 약간 작아지게 하는 반면(그래서 더 차갑게 보인다), 소밀영역은 반대효과를 지닌다.

천구상에서 CMB 온도변화의 전체적인 패턴(그림 7.12를 보라)은 8장(2권)에서 이미 다루어진, 구형조화함수 $Y_m^\ell(\theta,\phi)$의 합으로 표현될 수 있다. 그림 8.16(2권)을 참고해보면, 주어진 $Y_m^\ell(\theta,\phi)$에 대한 패턴은 ℓ개의 교선($Y_m^\ell(\theta,\phi)=0$인 곳에서)을 가지는데, 이들 교선들 중 $|m|$개가 그림의 북극($\phi=0$)을 통과한다.

각위치(θ,ϕ)의 방향에서 온도요동은

$$\frac{\delta T(\theta,\phi)}{T}=\sum_{\ell=1}^{\infty}\sum_{m=-\ell}^{\ell}a_{\ell,m}Y_m^\ell(\theta,\phi)$$

이 된다. 구형조화운동자체가 복소수이기 때문에, 계수 $a_{\ell,m}$은 복소수이다. $a_{\ell,m}$의 값은 CMB를 관측하고 또 모든 방향에서 $\delta T/T$를 측정해서 결정되어질 수 있

다. $\ell=1$은 CMB의 쌍극자 비등방성(허블흐름에 상대적으로 보이는 관측자의 공간을 통한 특이속도에 의해 야기되는 CMB의 도플러 편이; 그림 6.62를 보라)인데, 이는 계속되는 분석에서 무시된다.

$\phi=0$의 방향을 임의로 선택하는 효과를 제거하기 위해, m의 $2\ell+1$값에 대한 각평균이 취해진다:

$$C_\ell = \frac{1}{2\ell+1}\sum_{-\ell}^{\ell}|a_{\ell,m}|^2 = \frac{1}{2\ell+1}\sum_{-\ell}^{\ell}a_{\ell,m}a^*_{\ell,m}$$

여기서 a^*은 a의 켤레복소수이다. 각에 따른 파워스펙트럼은 이제 $\ell(\ell+1)C_\ell/2\pi$로 정의된다. 합계에서 모든 항들은 ≥ 0이어서, 양수와 음수 온도요동 모두가 각에 따른 파워스펙트럼에 기여한다는 것에 주목해 보자; 그들은 서로 상쇄되지 않는다.

계수 C_ℓ은 초기우주의 물리적 조건과 구성에 대한 많은 정보를 지니고 있다. 그림 7.13은 CMB의 각도에 따른 파워스펙트럼과 가장 잘 짜맞추어진 ΛCDM 모델을 보여준다. 이것은 아주 굉장한 결과이다. 음악적인 용어로 말하면, 한 악기(플룻

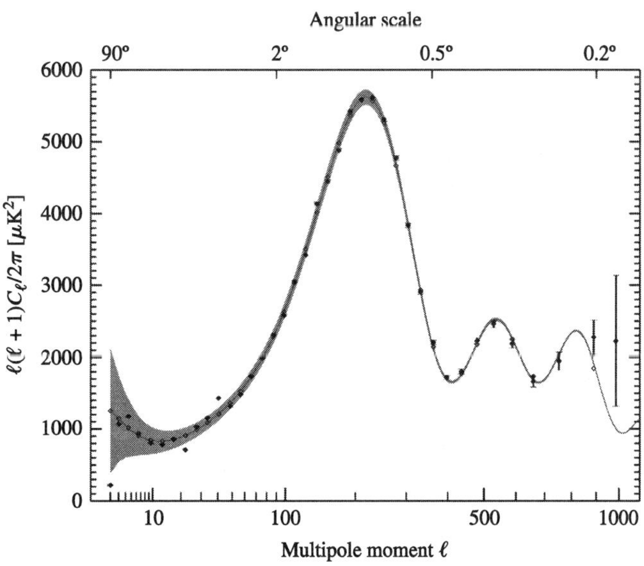

그림 7.13 CMB의 온도요동의 각도에 따른 파워스펙트럼. 실선은 가장 잘 fit된 ΛCDM모델을 보여준다.(그림출처 : Hinshaw et al., Ap. J. (submitted), 2006)

이라 하자)의 음을 오실로스코프에 배열할 때 만들어지는 파동의 형태와 비슷하다. 파동의 형태는 플롯의 기본음과 조화음을 구분해주고 있는데, 또 피이크의 높이는 배음의 상대적인 일률을 나타내준다. 이와 비슷하게, 그림 7.13은 초기우주 음파진동의 기본주파수(가장 큰 피이크)와 두 개의 조화주파수를 보여준다. 플롯속의 공기가 진동의 여러 가지 마디를 가지는 것과 같이 천구에서 CMB도 여러 개의 마디를 지니고 있다.

우주화성학을 더 자세히 이해하기

그러나 왜 우주 교향악은 이런 특이한 배음을 포함하고 있을까? 왜 작은 ℓ값에 대해 낮고 편평한 평지가 존재하고, 왜 $\ell \simeq 200$에서 기본 피이크가 생기며(이는 하늘에서 1°의 각거리에 해당한다), 또 왜 ℓ이 1000에 접근하면서 그 높이가 작아지는 몇 개의 배음 피이크가 생기는가? 이들은 어려운 문제들인데, 왜냐면 우리는 실제 음파의 단면적을 보고 있는데, 그곳은 음파들이 최근산란 표면과 교차하고 있다(편리성을 위해 우리가 무시하게 된다). 그럼에도 불구하고, 우리는 각도에 따른 파워스펙트럼의 주된 특징을 이해하기위해 간단한 모델들을 이용할 수 있다.

$\ell \simeq 200$에서 일어나는 첫 번째 피이크부터 시작해보자. 우리는 하나의 음파에 반응할 수 있었던 가장 큰 영역의 각직경을 결정해보길 원한다. 전체적으로 반응하는 영역에 대해, 음파는 분리시간 t_{dec}에 이 영역을 가로지를 수 있었음이 분명하다. 이는 음파 지평선거리로 알려졌다. 분리이전에 음속은 빛의 속도에 비례하기 때문에, 음파 지평선 거리 d_S는 입자 지평선 거리 d_h와 $d_S = d_h/\sqrt{3}$의 관계를 지닌다. 복사–질량이 같아지는 시간은 분리시간보다 훨씬 더 빨라서($t_{r,m} \ll t_{dec}$ (식 (6.85)와 식 (6.102)), 음파진동은 원래 물질기에 생성되었다. 물질기 동안의 입자 지평선거리에 대해 식 (6.155)를 사용하면, $d_h = 3ct$, 음파 지평선거리는

$$d_s(t) = ct\sqrt{3}$$

이 된다. 분리시간에 대해 식 (6.102)을 이용하면

$$d_s(t_{\rm dec}) = ct_{\rm dec}\sqrt{3} = 6.21 \times 10^{21}\ \rm m = 201\ kpc$$

을 얻게 된다.

이제 최종 산란이 일어난 표면까지의 고유거리, CMB 광자의 기원 그리고 직경이 $d_S(t_{dec})$인 곳을 추정해보자. 편평우주에 대해, 고유거리 d_p와 각거리 d_A는

$$d_p = d_A(1+z) = \frac{D(1+z)}{\theta} \tag{7.31}$$

로 관계되는데(식 6.169, 식 6.173 그리고 식 6.191), 여기서 θ는 적색편이 z에 놓여있는 물리적 직경 D인 천체의 각직경이다. 식 (6.145)와 물질기에 대해 $R(t) = Ct^{2/3}$[식 (6.91), C는 상수]을 이용하면, 우리는 아래와 같은 고유거리를 얻는다:

$$d_p = Ct_0^{2/3} \int_{t_{\rm dec}}^{t_0} \frac{c\,dt}{Ct^{2/3}} = 3ct_0 \left[1 - \left(\frac{t_{\rm dec}}{t_0}\right)^{1/3}\right] = \frac{D(1+z)}{\theta} \tag{7.32}$$

$D = d_S(t_{dec})$을 취하고 t_{dec}와 t_0에 대한 WMAP값과 함께 $[z_{dec}]_{WMAP} = 1089$를 이용하면,

$$\theta = 1.79 \times 10^{-2}\ \text{rad} = 1.03°$$

의 값을 얻는데, 이는 $\ell \simeq \pi/\theta = 175$에 해당하는데, 첫 번째 음파 피이크에 대해 관측된 값인 $\ell \simeq 200$에 아주 근접해 있다. 더 자세한 분석을 해보면 첫 번째 피이크의 위치는 Ω_0의 값에 민감하고 $\ell \simeq 200/\sqrt{\Omega_0}$로 주어진다. 사실상, Ω_0에 의해 결정된 알져진 크기 d_S를 우리는 찾고 있으며(우주 전체적인 기하의 중력렌즈를 통해), 그리고 그 각거리를 이론적인 기대치와 비교해보고 있다. 성층권에 오랜 기간 떠있는 기구에 실려진 부메랑(Boomerang)천문대[15]는 이런 측정을 처음으로 수행한 천문대 중 하나였다. 그림 7.14는 부메랑천문대의 관측과 닫힌우주, 편평우주, 그리고 열린우주에 대한 이론치와의 비교를 보여준다. 결과들은 확실하게 우주가 실제 거의 편평이라는 것을 보여준다.

15) 이 약어는 Balloon Observations Of Millimetric Extragalactic Radiation ANisotropy and Geophysics의 머릿글자를 따서 만들어졌다.

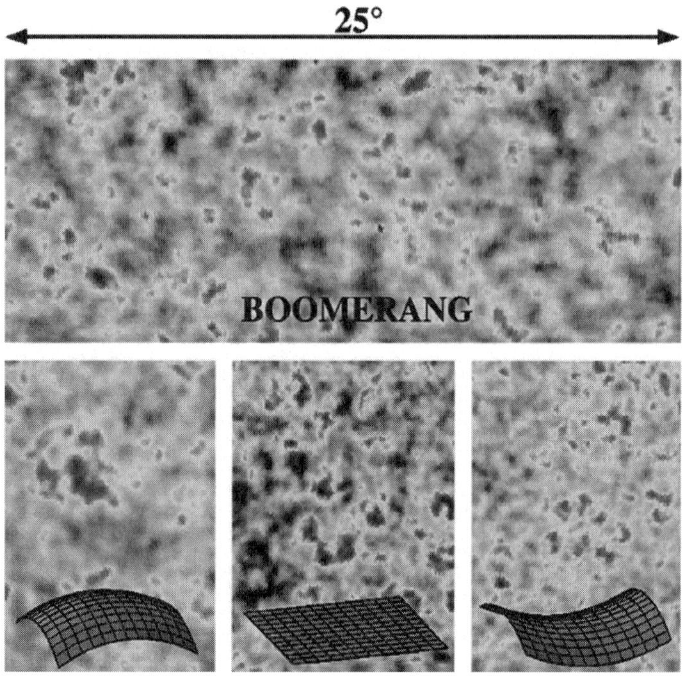

▮ 그림 7.14 CMB의 온도요동에 대한 부메랑관측(위 그림)과 닫힌우주(아래 왼쪽 그림), 편평우주(아래 중간 그림) 그리고 열린우주(아래 오른쪽 그림)에 대한 이론적 모사결과의 비교. 우주는 거의 편평하다는 것을 보여준다.

음파진동의 간단한 모델

음파진동을 더 연구하기 위해, 우리는 본질적인 물리를 아직 유지하고 있는 모델문제를 고려한다. 단면적이 A이고 길이가 2L인 실린더가 가스로 가득차 있다고 하자(그림 7.15). 광자–바리온 유체가 그 실린더를 통과하는 음파로서 그들의 밀물과 썰물을 모델링하기 위해서, 우리는 실린더안의 가스가 어떻게 단순조화운동을 경험할 수 있는지를 연구하려 한다. 물론, 실린더내의 가스는 정지파형태의 음파를 형성하지만, 우리는 정확한 답을 기술하려하기 보다는 작용되는 물리를 어림해보려 한다. 실린더의 끝에는, 중심에 움직일 수 있는 피스톤을 장착시킨다. 피스톤은 바리온물질의 관성력을 나타내주어서, 우리는 피스톤의 질량을 실린더에 있는 가스의 질량으로 간주한다. 만일 압력과 밀도의 평형값이 각각 P_0와 ρ_0라 하면, 피스톤의 질량은 $m = 2LA\rho_0$가 된다.

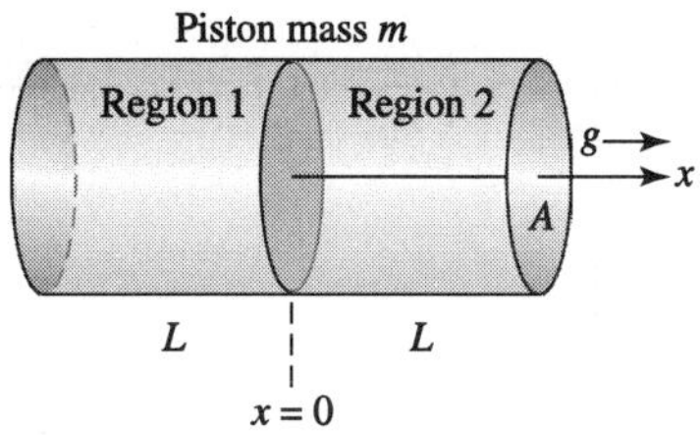

▌그림 7.15 가스로 가득찬 길이 2L이고 단면적이 A인 실린더. 움직일 수 있는 피스톤이 실린더의 중심에 장착되었다.

피스톤의 위치가 변하면, 다른 쪽의 밀도가 평형으로부터 작은 양 $\Delta\rho$만큼 변화하게 될 것이다. 그리고 아래와 같은 압력차이가 생기는데,

$$\Delta P = P_1 - P_2$$

여기서, 1차어림으로

$$P_1 = P_0 + \frac{dP}{d\rho}\Delta\rho_1$$

와

$$P_2 = P_0 + \frac{dP}{d\rho}\Delta\rho_2$$

이 성립한다. 식 (7.25)를 이용하면

$$\Delta P = \frac{dP}{d\rho}(\Delta\rho_1 - \Delta\rho_2) = v_s^2(\Delta\rho_1 - \Delta\rho_2)$$

이 된다. 피스톤의 변위 x에 대해, 피스톤 한쪽 면의 가스질량이 변하지 않는다는 것에 주목해 보면,

$$\Delta\rho_1 = \rho_1 - \rho_0 = \rho_0\left(\frac{\rho_1}{\rho_0} - 1\right) = \rho_0\left(\frac{L}{L+x} - 1\right)$$

과

$$\Delta\rho_2 = \rho_2 - \rho_0 = \rho_0\left(\frac{\rho_2}{\rho_0} - 1\right) = \rho_0\left(\frac{L}{L-x} - 1\right)$$

을 얻게 된다. 그래서

$$\Delta P = v_s^2\rho_0\left(\frac{1}{1+x/L} - \frac{1}{1-x/L}\right)$$

이 성립하여서, x의 1차어림으로

$$\Delta P = -2v_s^2\rho_0\left(\frac{x}{L}\right)$$

이 성립한다. $m = 2LA\rho_0$인 피스톤 질량에 대한 뉴턴 제2법칙은

$$m\frac{d^2x}{dt^2} = A\Delta P$$

이 되거나

$$2LA\rho_0\frac{d^2x}{dt^2} = -2v_s^2A\rho_0\left(\frac{x}{L}\right)$$

이 된다. 피스톤의 가속에 대해 풀어보면, 운동방정식이

$$\frac{d^2x}{dt^2} = -\frac{v_s^2}{L^2}x$$

이 됨을 발견한다. 결과적인 피스톤의 단순조화운동,

$$x = x_0\sin(\omega t)$$

은 아래와 같은 각주파수를 지닌다:

$$\omega = \frac{v_s}{L} \tag{7.33}$$

이는 양끝이 닫혀진 오르간 파이프에 대해 기본 주파수, $\omega = \pi v_s / 2L$와 논리적으로 일치하는 것이다. 이는 더 낮은 주파수와 진동하는 아주 심한 밀도 밀도요동(큰 L) 등을 보여주고 있다.

이제 우리는 x축 양의 방향으로 향하는 균일 중력장세기 g를 추가하려 한다. 이는 광자–바리온 유체에서 암흑물질의 농축 효과를 나타낸다. 암흑물질은 CMB의 강한 복사압을 내기는 쉽지 않기 때문에, 유체흐름을 중력적으로 지지하거나 또는 저항할 수 있는 덩어리를 형성할 수 있다. 우리의 실린더로 돌아와서, 뉴턴의 제2법칙은

$$m\frac{d^2x}{dt^2} = A\Delta P + mg$$

을 제공하는데, 이는

$$\frac{d^2x}{dt^2} = -\frac{v_s^2}{L^2}x + g$$

의 형태가 된다. 이 미분방정식을 풀기위해,

$$y \equiv x - \frac{L^2}{v_s^2}g$$

을 정의해보면, 뉴턴의 제2법칙은 아래와 같은 형태를 지닌다:

$$\frac{d^2y}{dt^2} = -\frac{v_s^2}{L^2}y$$

이전과 같이, 피스톤은 $\omega = v_s/L$인 각주파수를 지닌 단순조화운동을 하지만, 이제는 진동은 $y=0$에서 일어나서, $x_{eq} = L^2g/v_s^2 > 0$의 평형위치에 해당한다. 이는, 중력장의 방향에서, 영역2에서의 압축이 2영역에서의 희박해짐보다 크기가 더 크다는 것을 의미한다. 영역2에서 평형밀도($y=0$일 때)는

$$\rho_{2,\text{eq}} = \rho_0\left(\frac{L}{L - x_{\text{eq}}}\right) \tag{7.34}$$

이 되는데, 이는 실린더의 평균가스밀도 ρ_0보다 크다.

우리는 영역 2가 국부적으로 농축된 암흑물질로 둘려쌓여있는 광자–바리온 유체의 진동 모델이 된다고 간주한다. 이 모델은 밀도요동의 시간상태는 바깥으로 팽창하기 보다는 암흑물질 쪽으로 떨어지는 상태와 흡사하다. 양자밀도요동이 우주의 평균밀도(ρ_0)에 상대적으로 소밀(우리 모델에서 $\rho_2 < \rho_0$)과 과밀(우리모델에서 $\rho_2 > \rho_0$)사이를 무작위로 변화하였지, 암흑물질이 존재한 상태에서 평형구조의 평균밀도($\rho_{2,eq}$)에 상대적으로 변화하지 않았다는 것 때문에 이런 바이어스가 취해지게 된다. 이와 비슷하게, 우리 모델의 피스톤의 초기 위치가 $x=0$인 임의의 곳으로 택해진다면, $x_{eq}>0$이 바이어스 되기 때문에, 영역 2가 초기에는 $+x$방향(중력장의 방향으로)으로 움직이게 된다. 그래서, 초기우주에서는, 폭축하는 초기구조가 팽창하는 우주전체에 우세해졌다. 중력장 방향으로 압축이 희박해짐보다 크기가 크기 때문에, 우리는 홀수 조화진동자(압축)에 대해 세기가 강해지고 또 짝수 조화진동자(희박해짐)에 약해지는 각 멱급수 스펙트럼의 피이크를 기대한다.

각 멱급수 스펙트럼 피이크들의 의미

그림 7.16에 보여진바와 같이, CMB의 각 멱급수스펙트럼의 첫 번째 피이크(그림 7.13)는 분리시기에 최대 압축에 도달한 큰 영역(큰 L)의 압축에 기인한다. 첫 번째 골은 지평선–크기가 되기 바로 전에 초기에 진동이 시작된 작은 영역(작은 L)에 의해 생성된다. 이 작은 영역은 아주 빠르게 진동할 수 있어서(그림 7.33에서, 큰 ω) 분리시간에서 $\delta T=0$에 도달하였는데, 여기서 δT는 평형에서의 온도변화이다. 두 번째 피이크는 최고 압축을 통과하고 나서 분리시기에 최고 희석에 도달한 더 작은 영역의 진동에 기인하였다. 첫 번째 피이크에 대해 분리가 일어날 때 δT의 크기는 두 번째 피이크에 대해 분리가 일어날 때 δT의 크기보다 크다는 것에 주목해 보자. 이는 암흑물질의 국부적 농축에 의해 바리온 물질들에 중력적 인력이 생긴 바이어스 효과에 기인한다. 결과적으로, 압축에 대한 δT는 희박화 보다는(크기면에서) 더 크다. 그래서, 두 번째 피이크의 높이가 첫 번째 피이크의 높이보다 작고, 그래서 두 번째 피이크의 상대적 억압이 Ω_b의 값이 증가되면서 커지게 된다. 첫 번째와 두 번째 조화 피이크의 높이를 비교해보면 우주에서 바리온 물질의 밀도를 알아 볼 수 있다.

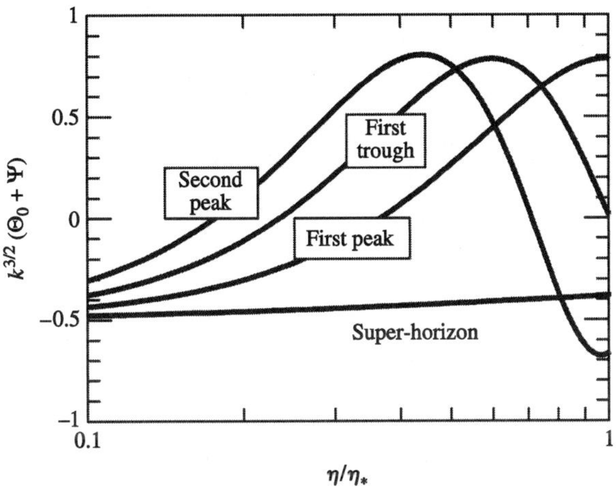

▮ 그림 7.16 초기우주에서 음파진동의 여러 모델들. y축에 그려진 퍼텐셜들의 합은 δT로 해석되어질 수 있어서, 양수값은 광자-바리온 유체의 압축을 의미하고, 음의 값은 희석됨을 의미한다. 시간 η는 x축에 재결합시간 η_*의 분수로 표시되었는데, 그래서 재결합기에는 $\eta/\eta_*=1$이 된다. 진동은 $\delta T=0$부근에서 대칭이 아닌데, 왜냐면 바리온물질이 암흑물질의 농축에 끌려졌기 때문이다.(그림출처 : Dodelson, Neutrinos, Flavor Physics, and Precision Cosmology: Fourth Tropical Workshop on Particle Physics and Cosmology, Jose F. Nieves and Raymond R. Volkas (eds.), AIP Conference Proceedings, 689, 184, 2003)

세 번째 피이크는(3번째 조화 진동) 분리시기에 두 번째 최고 압축에 도달했을 때의 진동에 기인한다. 처음 두 개의 피이크가 보이는 상대적 높이가 우주에서의 바리온물질의 양을 알려주는 것처럼, 세 번째 피이크는 암흑물질의 밀도에 민감하다. 본질적으로는, 3개의 피이크들의 위치와 높이는, 상당히 정확하게, 3개의 밀도 상수 Ω_0, $\Omega_{b,0}$ 그리고 $\Omega_{dark,0}$를 결정하는데 사용되어 질 수 있다. 두 번째와 세 번째 피이크의 높이를 비교해보면 우주에서 물질의 대부분이 암흑물질의 형태임을 알 수 있다.

그림 7.16에서 "Super Horizon(초지평선)"이라 표시된 선은 밀도요동의 범위가 너무 넓어서 입자지평선과 재결합 밖에서도 요동이 일어나서, 음파진동을 경험하지 않았다는 것을 말해주고 있다. 그런 초지평선 영역으로부터 나오는 CMB 광자는 그들이 중력 퍼텐셜 장벽을 넘어설 때 샥스-볼프 효과인 중력적색편이와 원시 온도 요동 모두의 영향을 받았다. 이들 영역의 각크기는 $\ell < 50$에 해당하는데, 그래서 각 멱급수 스펙트럼의 왼쪽이 이들의 ℓ값에 대해 낮고 편평한 평지를 보여준다.

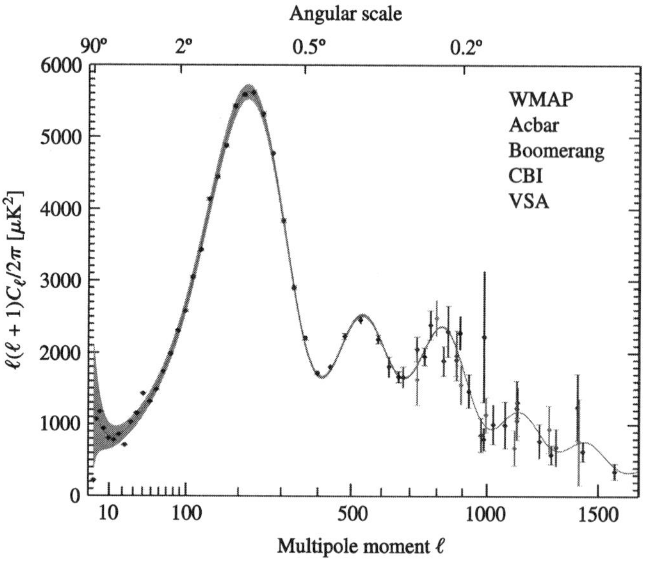

그림 7.17 다양한 연구들에서 관측한 각 멱급수 스펙트럼의 최근 결과들. 실선은 WMAP 들에 대한 최적 fit곡선이다.(그림출처 : Hinshaw et al., Ap. J.(submitted), 2006)

그림 7.17은 각 멱급수 스펙트럼의 오른쪽에서, 피이크가 $\ell > 1000$일 때 사라지는 것을 보여준다. 이는 무작위로 움직이는 광자가 단파장 음파의 압축과 희박해짐 사이에서 확산되어질 수 있어서 그 진폭이 감소되어질 때 일어나는 실크 진동흡수이다.

여러분들이 이들 천체의 음파가 조화구조를 보이는 것에 놀라는 것처럼, 급팽창을 강하게 지지해주는 조화진동자들의 실제 존재를 인정하는 것도 인상적인 일이다. 이런 조화진동자 구조에서의 규칙성은 주어진 크기(그래서 같은 주파수를 지닌)의 모든 밀도요동에 대한 진동이 그들의 최고 압축과 희박화가 동시에 도달된다는 것을 의미한다. 이는 그들이 그들의 진동을 동시에 시작함을 요구한다. 급팽창은 밀도요동을 야기시켜서 그들을 초지평선 크기로 팽창시키는 자연스런 작동기제를 제공해준다. 그들은 입자지평선이 그들을 덮기에 충분할만큼 커져서 그들이 진동하게 하기까지는 "얼어붙은" 상태로 가만히 있는다. 이런 급팽창 작동기제없이는, 시간에 대해 무작위로 생성된 다양한 밀도요동이 동시에 일어나지 않았을 것이고, 그래서 공간적으로 잘 분포된 피이크들이 멱급수 스펙트럼에서 관측되지 않았을 것이다.

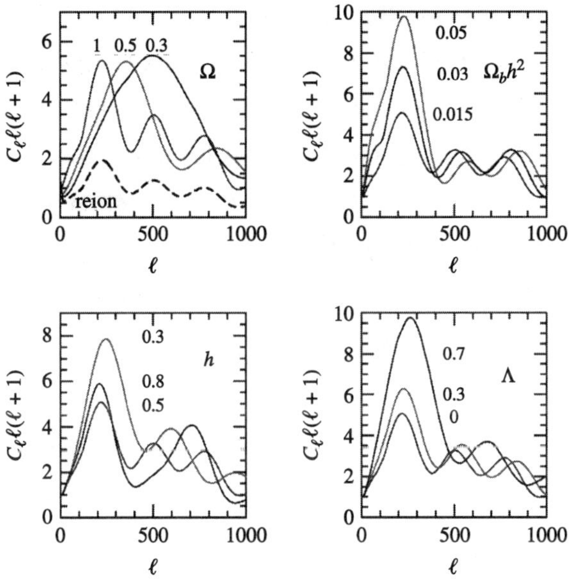

▮ 그림 7.18 다양한 우주론적 상수들에 대해 이론적으로 계산된 각 멱급수 스펙트럼. 오른쪽 아래 그림에 대해 $\Omega_0 = 1$.(그림출처 : Kamionkowski and Kosowsky, Annu. Rev. Nucl. Part. Scie., 49, 77, 1999)

그림 7.18은 우주론적 상수들이 다양하게 변할 때 멱급수스펙트럼에 미치는 영향을 보여준다. 여러분들은 CMBFΛST프로그램(참고문헌에 수록됨)을 내려받아 이 사실을 확인해볼 수 있는데, 이 프로그램은 모델 초기 상수들의 선택에 따른 각 멱급수 스펙트럼을 정확하게 계산해 준다. 앞으로의 목표는 더 큰 조화진동 피이크를 더 잘 분해하여서 모델에 대한 자세한 점을 알아보는 것이다. 구조형성에 대한 이론적 모델 몇 가지는 이미 그들을 관측된 각 멱급수 스펙트럼과의 비교를 통해서 배제되었다. 예를 들어, 단극 과 영역장벽과 같은 거짓진동의 이색적인 잔재들은 한때 구조형성의 "씨앗"으로 고려되었었다. 그러나, 그들의 멱급수 스펙트럼이 관측된 것과 아주 달랐다. 이들 잔재들은 존재할 수 있거나 또는 존재할 수 없을텐데, 그렇지만 그들은 구조형성에 중요한 역할을 하지 않는다.

CMB 비등방성의 편광

2006년 3월, WMAP의 최근 발견들이 보고 되었는데, 여기에는 CMB비등방성의 편광분석결과도 포함되었다. 편광신호의 크기는 온도요동크기보다 1%정도 작아서, 극도로 어려운 측정이었다. 우리은하 싱크로트론 방출과 티끌의 열적방출에 기인한 전방의 편광방출같은 복잡성들은 아주 조심스럽게 설명되어져야 한다. 편광은 광자–바리온 유체에서 자유전자들에 의해 CMB광자의 톰슨산란에서 생겨난다. 그림 7.19의 윗그림은 입사하는 비편광 복사($+y$방향)의 전기장이 하나의 전자를 어떻게 진동시키는지 보여준다. 이 과정은 $+x$방향과 $+z$방향에서 빛을 산란시켜서 선형편광되게 한다. 그러나, 모든 방향에서 한 전자에 입사하는 등방의 복사장에 대해서는 어떤 종합적인 편광도 생겨나지 않는다. 그래서 관측된 CMB의 부분편광은 다른 축들보다 한 축을 따라 복사장이 강하게 됨을 요구한다. 이것이 그림 7.19의 아래그림에서 보여졌는데, 여기에서는 $+y$방향으로 입사하는 빛이 $+x$방향에서의 빛보다 더 강하다($E_1 > E_2$). 우리는 이런 복사가 4중극 모멘트를 지녔다고 말한다. 결과적으로, z축을 따라 산란된 복사는 x방향에서 부분편광이 된다.

만일 톰슨 산란이 자주 일어난다면, 광자의 방향은 빠르게 무작위가 될 것이고, 그래서 복사장의 4중극 모멘트는 유지될 수 없게 된다. 이것은 관측된 편광이 우주가 투명하게되고 또 톰슨산란이 정지된 분리시기에 형성되었음이 분명하다는 것을

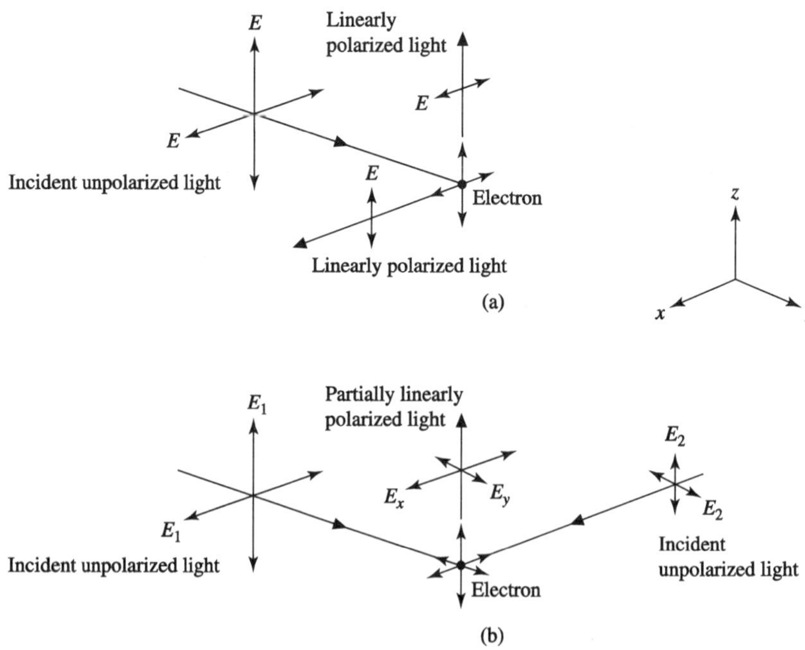

▮ 그림 7.19 한 전자로부터 톰슨산란으로 생긴 편광된 빛. (a)에서, 한 방향으로부터 입사되는 편광되지 않은 빛은 $x-z$평면에서 관측될 때 산란에 의해 선형평광을 생성한다. (b)에서는 두 방향으로부터 서로 다른 강도($E_1 > E_2$) 지닌 입사광이 z방향에서 관측될 때 부분평광된 빛($E_x > E_y$)을 생성한다.

뜻하게 된다. 분리시기 이후에는, 항성들이 최초로 형성되어 우주를 재이온화시킬 때까지, CMB 광자를 산란시킬 자유전자들이 존재하지 않게 된다. 이는 분리보다 ($[z_{dec}]_{WMAP} = 1089$) 훨씬 더 낮은 적색편이에서 일어나서, 재이온화의 증거가 편광관측에서 찾아질 수 있다. 결과는 $z = 10.9^{+2.7}_{-2.3}$의 적색편이에서 재이온화가 일어났다는 것을 보여준다.

CMB에서 국부적인 4중극 모멘트를 만들어내는 데는 광자-바리온 유체의 흐름과 중력복사효과의 2가지 방법이 있다. 광자-바리온 유체의 음파진동은 유체 내에 속도증분이 있다는 것을 의미한다. 간단히 말해, 유체가 암흑물질의 농축된 곳을 향해 안쪽으로 방사운동을 하는 상황을 고려해보자(그림 7.20). 유체 내 전자의 기준계로부터 볼 때, 유체의 이웃 원소들은 그 전자를 향하여 모두 움직이고 있는데, 이 유체에서는 수직방향보다 방사방향으로 더 빨리 접근하고 있다. 상대론적 랜턴효과(4.3절)는 방사방향으로부터의 복사가 수직방향의 복사보다 더 강하도록 만든다. 이는 전자에 의해 산란되면서 광자가 부분적으로 편광되는 현상에 야기하는 국부 복사장에서의 4중극 모멘트를 생성시킨다. 편광 패턴(CMB광자의 관측된 전기장의 방향)은 더 차가운 온도요동($\Delta T < 0$)으로부터 방사적으로 방향이 설정되고, 더 따뜻한 요동($\Delta T > 0$)주위에 접선방향의 고리를 형성한다. 이런 패턴을 E-모드라 부른다[그림 7.19(b)에서 부분적으로 편광된 빛의 전기장은 약한 광원의 방향에 놓여있고 또 강한 광원의 방향에 수직으로 놓여있다].

CMB에서 국부적인 4중극 모멘트가 형성되는 두 번째 수단은 원시밀도요동에 의해 생성된 중력복사효과를 통해서 일어나는 것이다. 중력파가 광자-바리온 유체를

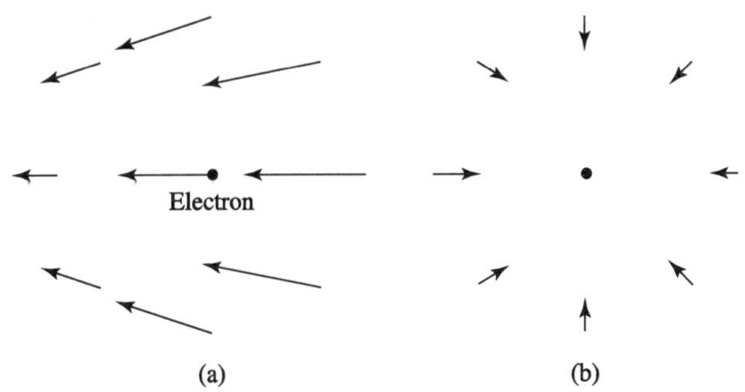

▌그림 7.20 (a) 유체가 최고 압축이 되는 쪽을 향해 안쪽으로 방사적으로 움직이면서 일어나는 광자-바리온유체내 전자의 운동 (b) 전자의 정지좌표계로부터 보여진 속도장

통과할 때, 광자를 포함한 공간은 한 축을 따라 펼쳐지게 되는 반면, 수직인 축을 따라서는 압축이 된다. 결과적으로 광자들의 밀해짐과 소해짐이 생겨서 복사장에 4중극 모멘트를 생성하고, 그래서 CMB의 부분편광이 관측이 된다. 편광의 E-모드 패턴에 덧붙여서, 중력파가 B-모드라 불리는 소용돌이치는 패턴을 형성하는데, 여기서 온도요동들로부터 바깥쪽으로 나선방향을 그리며 나온다(나선의 방향은 온도요동의 부호에 따라 달라진다). 어떤 편광패턴은 E-모드와 B-모드로 분해될 수 있어서, CMB의 편광 관측은 분리시기의 물리조건들에 대한 정보를 제공해준다.

그림 7.21은 5개 주파수 영역에서 CMB편광의 WMAP측정을 보여준다. 무엇보다도, y축은 지수적으로 표시되었고 또 그림 7.13에 제시된 멱급수스펙트럼의 제곱근을 보여준다. $\ell > 50$에 대해(삭스-볼프효과의 낮고, 평평한 부분을 넘어선), 우리는 TT 곡선과 EE 곡선들 사이에 상관관계를 볼 것을 기대한다. 음파진동의 속도증분이 분리시기에, 최고압축이나 희박해짐이 일어날 때보다 평형구조가 일어날 때의 모드에서 더 크기 때문에 이런 현상이 일어난다(조화진동자 파동에 대해, 가장 큰 속도증분은 파동변위가 최고인 곳에서 발견되는 반면, 매질의 최고 압축이나

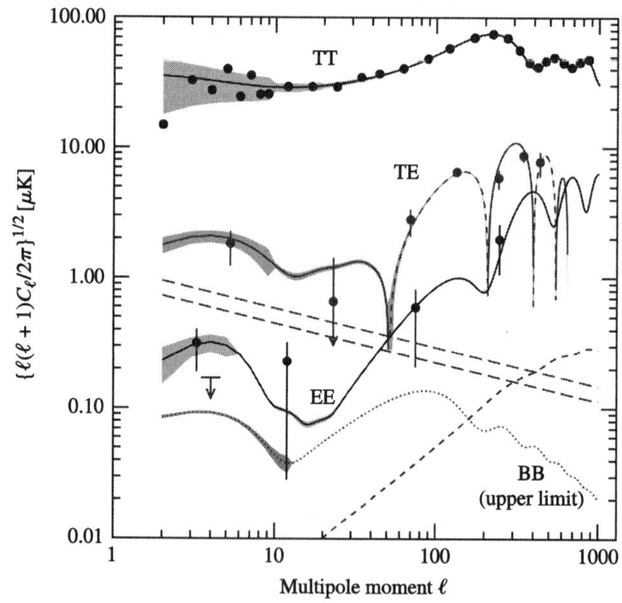

그림 7.21 각 멱급수스펙트럼의 WMAP 관측곡선(TT), 온도/E-모든 상관관계(TE), E-모드 편광(EE), 그리고 B-모드 편광(BB)곡선들. WMAP는 B-모드에 대한 증거를 찾지 못해서, 그들이 상한치들 점선으로 표시하였다. 이들 곡선들은 우주론적 모델에 best fit되었다.[그림출처 : Page et al., Ap. J. (submitted) 2006]

희박해짐은 변위가 0인 점에서 일어난다). 그래서, 각 멱급수 스펙트럼에서 피이크들은 E-모드 피이크의 위상과 반대인 것이 분명하다. 예를 들어, 각 멱급수스펙트럼에서 첫 번째 피이크는 E-모드 곡선의 최소점에 해당하게 될 것이고, 이것은 실제 관측이 되었다. "TE"라고 표시된 곡선은 온도와 E-모드 관측들 사이에서 기대되는 상관관계를 보여준다.

현재 WMAP는 B-모드에 대한 확증을 찾지 못했지만, 그들의 기대되는 신호는 희미하여서, WMAP천문대와 ESA의 프랑크 우주선(2007년도에 발사계획인)이 B-모드를 계속 찾아볼 예정이다. $\ell < 100$에 대한 B-모드가 확실하게 관측이 되면 $10^{15} - 10^{16}$GeV 에너지에서, 급팽창의 끝나는 곳인, 초기우주의 물리에 대한 통찰을 얻을수 있게 될 것이다.

B-모드의 검출은 또한 대안적인 우주론인 순환 모델에 충격을 주게 될 것이다. 빅뱅/급팽창 시나리오에 대안적으로 제시된 이 방사적(그러나 시험가능한) 모델은 우주의 거대구조가 빅뱅이전에 형성되어서, 이전의 팽창에 뒤따르는 느린 수축기간동안 주기적으로 변하는 우주를 제안한다. 이 이론에 의하면, 우리가 빅뱅에서 생겨났다고 여기고 있는 현재 관측되는 에너지는 4차원에 의해 분리된 2개의 평행 3차원 점막에 있는 2개의 우주의 충돌에 의해 방출되었다. 빅뱅/급팽창 모델과 순환모델은 거의 크기가 불변하는 단열요동을 생성하는 작동기제만을 제공해준다(WMAP에 의해 관측되는 것과 같이). 점막의 충돌은 CMB의 편광에서 B-모드를 생성할 수 없게 되어서, B-모드의 검출은 이런 모델을 배제시켜 줄 것이며, 동시에 급팽창이론을 확증시켜줄 것이다.[16)]

거대구조에서 조화 구조들(harmonics)의 확증

암흑물질의 농축에 의해 커진 양자물리요동이 실제 우주의 구조형성의 "씨"라 한다면, 그리고 밀도요동이 음파 조화진동자 구조를 지닌다고 한다면, 우주의 거대구조에 그런 조화구조들이 흔적들이 있는지 의문을 제기해보는 것은 논리적으로 타당한 듯 하다. 믿을 수 없을 정도로 그 대답은 "예"이다. SDSS과 관측한 46,748개의 은하들에서 그들 위치들 사이에 어떤 상관관계가 있었는지 검토해본바 있다. $100h^{-1}$Mpc 또는 $[h_{\mathrm{WMAP}}] = 0.71$에 대해 140Mpc로 구분되어 은하들의 약한 초

16) 순환모델은 137억년 전에 뜨겁고 밀한 상태에서의 팽창을 부정하지 않는다. 순환모델을 지지해주는 확증이 빌견된다면, 이 교과서의 7장만 다시 쓰어지면 될 것이다. 우주의 순환모델에 내한 사세한 것은 Steinhardt and Turok, 2002를 참고하라.

과현상이 발견되었다. 이는 우주의 일반적인 팽창에 기인한 구조형성이 고려될 때 첫 번째 조화진동 음파에 대해 예견된 분리거리와 잘 일치하는 것이다. 천문학자들은 초기우주의 신비를 알아보는 또 다른 강력한 통계적인 도구를 지니게 되었다.

첫 번째 피이크의 위치가 $\Omega_0 = \Omega_{m,0} + \Omega_{\Lambda,0}$의 값에 민감하기 때문에, 우리는 WMAP결과들을 큰 적색편이 초신성들의 결과(그림 6.28)과 함께 $\Omega_{m,0} - \Omega_{\Lambda,0}$ 평면에 그려볼 수 있다.우리는 또한 챤드라 X-선천문대가 관측한 은하단들의 X-선 연구결과를 추가하였는데, 이 결과에 중력렌즈 자료가 합쳐지면 $\Omega_{m,0}$이 결정되어 질 수 있다. 그림 7.22에 제시된 결과들은 환상의 일치를 보여준다 - 관측된 각 파워스펙트럼을 재생하기 위해 이론적인 모델을 사용하여 얻어진 WMAP값들과 놀랍게도 일치하는 것이다.

정밀우주론 과학이 성취된 것이다.

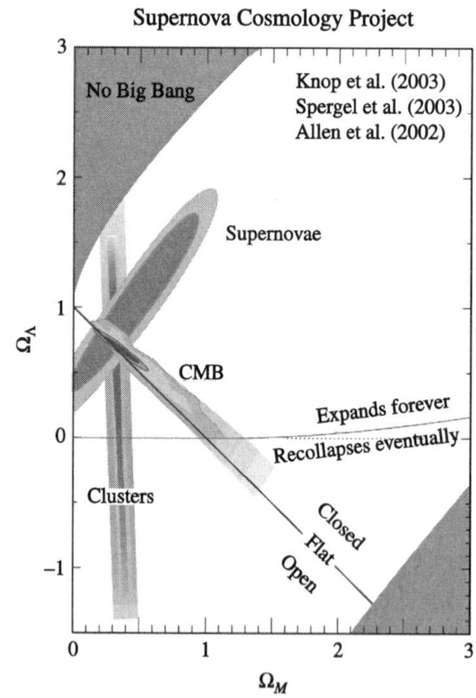

▮ 그림 7.22 $\Omega_{m,0} - \Omega_{\Lambda,0}$ 평면에서 3개의 서로 다른 관측연구들의 결과들이 우주론적인 일치(그림출처 : Supernova Cosmology Project)

의문점

우리의 천체물리 강의에서 한 학생이 질문했다, "왜 우리는 여기에 있어야 하나요?" 대답은 그 강의에서 뿐만아니라 우리에게도 놀랄만한 것이다.

137억년 전에, 우주가 진공으로부터 에너지를 뽑아내서 엄청난 양의 물질과 반물질을 같은 양으로 생성했기 때문에 우리가 지금 여기에 있다. 이들 중 대부분이 소멸되었고 또 운동하면서 우주에 채워졌다. 그들 중 10조분의 1보다 작은 양이 양성자와 중성자를 형성하면서 살아났고, 그리고 현재 우주를 구성하고 있는 대부분 물질인 수소와 헬륨을 형성하게 되었다. 이들 수소와 헬륨 중 일부가 중력으로 모여져서 질량이 큰 초기 항성을 형성하였는데, 이 과정은 그 중심 핵연소가 일어나는 곳에 무거운 원소들의 최초로 저장소를 만들었다. 이런 항성들이 폭발하고 또 다음 세대의 항성을 형성하게 될 성간구름을 풍부하게 만들었다. 결국, 46억 년전에, 한 특별한 은하에 있는 어떤 구름이 중력으로 뭉쳐서 태양을 형성하고 태양계 시스템을 형성하게 되었다. 태양계에서 3번째 행성에서, 원시 성운에서 발견되는 수소, 탄소, 질소, 산소와 다른 원소들을 바탕으로 생명이 탄생하게 되었다. 생명체의 진화는 지구의 대기를 변화하게 하였고 생명체들을 육지로 이동하는 것을 가능하게 되었다. 6500만년 전에, 하나의 거대한 운석이 다행스럽게 지구와 충돌하여 공룡의 멸종을 촉진하게 되었고, 그래서 작고 모피를 걸친 포유동물의 중심무대를 가능하게 하였다. 원시 남자와 여자들이 진화되어서 아프리카를 떠나, 그들의 연장, 언어, 그리고 농업에 대한 새로운 지식을 가지고 세계를 정복하기 위해 이주하였다. 육지에 음식물들을 재배하기 시작하면서, 여러분들의 조상, 여러분들의 부모 그리고 여러분들이 이 음식물을 소비하고 공기를 호흡하게 되었다. 여러분의 신체는 수 십억년 전에 항성의 내부에서 생성된 원자들의 집합체들로서, 이 물질은 우주가 태어난 지 처음 ms 내에 소멸을 탈출한 물질의 지극히 일부분이다. 여러분을 둘러싸고 있는 여러분의 삶과 세상의 모든 것은 현대천체물리학의 무수히 많은 연구관점들과 밀접하게 연관되어 있다.

제 7 장 참고 문헌

일반 도서

Abbott, Larry, "The Mystery of the Cosmological Constant," *Scientific American*, May 1988.

Bucher, Martin A., and Spergel, David N., "Inflation in a Low-Density Universe," *Scientific American*, January 1999.

Guth, Alan, *The Inflationary Universe: The Quest for a New Theory of Cosmic Origins*, Addison-Wesley, Reading, MA, 1997.

Hawking, Stephen W., *A Brief History of Time*, Bantam Books, Toronto, 1988.

Hedman, Matthew, "Polarization of the Cosmic Microwave Background," *American Scientist*, *93*, 236, 2005.

Hu, Wayne, and White, Martin, "The Cosmic Symphony," *Scientific American*, February 2004.

Lemonick, Michael D., "Before the Big Bang," *Discover*, February 2004.

Riordan, Michael, and Schramm, David N., *The Shadows of Creation*, W. H. Freeman and Company, New York, 1991.

Seife, Charles, *Alpha & Omega: The Search for the Beginning and End of the Universe*, Viking, New York, 2003.

Silk, Joseph, *The Big Bang*, Third Edition, W. H. Freeman and Company, New York, 2001.

Strauss, Michael A., "Reading the Blueprints of Creation," *Scientific American*, February 2004.

고급 도서

Allen, Steven W., "Cosmological Constraints from Chandra Observations of Galaxy Clusters," *Philosophical Transactions of the Royal Society of London. Series A.*, *360*, 2005, 2002.

Bennett, C. L., et al., "First-Year *Wilkinson Microwave Anisotropy Probe* (*WMAP*) Observations: Preliminary Maps and Basic Results," *The Astrophysical Journal Supplement Series*, *148*, 1, 2003.

Carroll, Sean M., Press, William H., and Turner, Edwin L., "The Cosmological Constant," *Annual Review of Astronomy and Astrophysics*, *30*, 499, 1992.

Dodelson, Scott, "Coherent Phase Argument for Inflation," *Neutrinos, Flavor Physics, and Precision Cosmology: Fourth Tropical Workshop on Particle Physics and Cosmology*, José F. Nieves and Raymond R. Volkas (eds.), AIP Conference Proceedings, *689*, 184, 2003.

Eisenstein, Daniel J., et al., "Detection of the Baryon Acoustic Peak in the Large-Scale Correlation Function of SDSS Luminous Red Galaxies," *The Astrophysical Journal, 633*, 560, 2005.

Fukugita, Masataka, and Peebles, J. P. E., "The Cosmic Energy Inventory," *The Astrophysical Journal, 616*, 643, 2004.

Gott, J. Richard III, et al., "A Map of the Universe," *The Astrophysical Journal, 624*, 463, 2005.

Hinshaw, G., et al., "First-Year *Wilkinson Microwave Anisotropy Probe* (*WMAP*) Observations: The Angular Power Spectrum," *The Astrophysical Journal Supplement Series, 148*, 135, 2003.

Hinshaw, G., et al., "Third-Year *Wilkinson Microwave Anisotropy Probe* (*WMAP*) Observations: Temperature Analysis," submitted to *The Astrophysical Journal*, 2006.

Hu, Wayne, "The Physics of Microwave Background Anisotropies," `http://background.uchicago.edu/`.

Hu, Wayne, Sugiyama, Naoshi, and Silk, Joseph, "The Physics of Microwave Background Anisotropies," *Nature, 386*, 1997.

Kolb, Edward W., and Turner, Michael S., *The Early Universe*, Addison-Wesley, Redwood City, CA, 1990.

Page, L., et al., "Three-Year *Wilkinson Microwave Anisotropy Probe* (*WMAP*) Observations: Polarization Analysis," submitted to *The Astrophysical Journal*, 2006.

Raine, D. J., and Thomas, E. G., *An Introduction to the Science of Cosmology*, Institute of Physics Publishing, Bristol, England, 2001.

Roos, Matts, *Cosmology*, Third Edition, John Wiley & Sons, West Sussex, England, 2003.

Ryden, Barbara, *Introduction to Cosmology*, Addison-Wesley, San Francisco, 2003.

Seljak, Uros, and Zaldarriaga, Matias, CMBFAST software, `http://www.cmbfast.org/`.

Steinhardt, Paul J., and Turok, Neil, "A Cyclic Model of the Universe," *Science, 296*, 1436, 2002.

Springel, Volker, et al., "Simulations of the Formation, Evolution, and Clustering of Galaxies and Quasars," *Nature, 435*, 629, 2005.

제 7 장 연습 문제

7.1 In Problem 9.3, you derived Eq. (9.65) for the number density of blackbody photons:

$$n = \frac{u}{2.70kT} = \frac{aT^3}{2.70k}.$$

Use this result along with the baryon density, $\rho_{b,0}$, to estimate the ratio of the number of baryons to the number of photons in today's universe. For convenience, assume that the universe is made solely of hydrogen.

7.2 **(a)** Suppose observations of the microlensing of stars in the Large Magellanic Cloud showed that most of the dark matter in the Milky Way's dark halo is in the form of ordinary brown dwarfs and Jupiter-sized objects. Explain whether this would favor hot or cold dark matter for the nonbaryonic matter in the universe, and why.

(b) In fact, observations indicate that this is probably *not* the case: Less than 20% of the Milky Way's dark halo is in the form of ordinary brown dwarfs and Jupiter-sized objects. How do these observations change the conclusion you reached in part (a)?

7.3 An example of spontaneous symmetry breaking can be obtained by considering a small ball of mass $m = 1/9.8$ kg that is free to roll on a surface whose height (in meters) is given by

$$h(x) = kx^2 + \varepsilon x^4,$$

where $k = \pm 1\ \text{m}^{-1}$ and $\varepsilon = 0.5\ \text{m}^{-3}$. The gravitational potential energy of the ball is then $V(x) = mgh(x)$.

(a) Make two graphs of $V(x)$ from $x = -2$ m to $x = 2$ m, one for each choice of sign for k.

(b) The case of $k = 1\ \text{m}^{-1}$ corresponds to the symmetric false vacuum. Where is the point of equilibrium? Is this point stable or unstable? (In the case of stable equilibrium, if the ball is displaced slightly, it will return to the equilibrium point.)

(c) The case of $k = -1\ \text{m}^{-1}$ corresponds to the broken symmetry of the true vacuum. Where are the three points of equilibrium? Which of these points are stable, and which are unstable?

(d) For the case of $k = -1\ \text{m}^{-1}$, consider the ball at rest at the origin. What are the implications of the uncertainty principle, Eq. (5.20), for the ball remaining in that position? In what ways is this situation analogous to that of the supercooled false vacuum just before inflation?

7.4 Compare the energy density of CMB photons at the end of the GUTs epoch to that of the false vacuum.

7.5 According to the standard Big Bang cosmology, what was the value of the scale factor, R, in the radiation era at the Planck time? When inflation is considered (take $t/\tau_i = 100$), what was the value of the scale factor at the Planck time? For both situations, what was the size of the presently observable universe at the Planck time?

7.6 Estimate the thickness of a typical cosmic string.

7.7 **(a)** Estimate the mass of baryonic matter contained within a causally connected region (diameter = the horizon distance) when $T = 10^9$ K during the radiation era. Express your answer in solar units. How does this compare with the Jeans mass shown in Fig. 30.7?

(b) Show that during the radiation era, the mass of the baryonic matter inside this causally connected region varied as T^{-3}. What does this say about the relative magnitudes of the region's mass and the Jeans mass throughout the radiation era?

7.8 Estimate the mass of baryonic matter contained within a causally connected region at the time of the transition from the radiation era to the matter era. Express your answer in solar units. (For convenience, set $\Omega_0 = 1$ and $h = 1$.) From the magnitude of your answer, did most of the baryonic density fluctuations become sub-horizon-sized during the radiation era or during the matter era?

7.9 Show that if a baryonic density perturbation at the present time is $(\delta\rho/\rho)_0 = 1$, then its value at a redshift z in the matter era was $\delta\rho/\rho = (1+z)^{-1}$. By what factor does any $\delta\rho/\rho < 1$ increase between a redshift z_1 and a redshift z_2 ($z_1 > z_2$) in the matter era? You may assume that the universe is nearly flat and that $z < 1100$ for baryonic fluctuations.

7.10 Follow the linearization procedure of Example 14.3.1 and show that the variations in the temperature of the CMB are related to the baryonic density fluctuations by Eq. (30.30).

7.11 Assuming a flat universe, find the angular size of the largest causally connected region of the CMB. *Hint:* We see this region as it existed at the time of decoupling, when the CMB photons were set free.

7.12 Estimate the value of ℓ when Silk damping becomes important for the angular power spectrum of the CMB anisotropies.

7.13 According to the WMAP CMB polarization results, how old was the universe when the first stars ignited?

부 록

APPENDIX

A Astronomical and Physical Constants

Astronomical Constants			
Solar mass	$1\ M_\odot$	=	1.9891×10^{30} kg
Solar irradiance	S	=	$1.365(2) \times 10^{3}$ W m^{-2}
Solar luminosity	$1\ L_\odot$	=	$3.839(5) \times 10^{26}$ W
Solar radius	$1\ R_\odot$	=	$6.95508(26) \times 10^{8}$ m
Solar effective temperature	$T_{e,\odot}$	≡	$L_\odot/(4\pi\sigma R_\odot^2)^{1/4}$
		=	5777(2) K
Solar absolute bolometric magnitdue	M_{bol}	=	4.74
Solar apparent bolometric magnitude	m_{bol}	=	−26.83
Solar apparent ultraviolet magnitude	U	=	−25.91
Solar apparent blue magnitude	B	=	−26.10
Solar apparent visual magnitude	V	=	−26.75
Solar bolometric correction	BC	=	−0.08
Earth mass	$1\ M_\oplus$	=	5.9736×10^{24} kg
Earth radius (equatorial)	$1\ R_\oplus$	=	6.378136×10^{6} m
Astronomical unit	1 AU	=	$1.4959787066 \times 10^{11}$ m
Light (Julian) year	1 ly	=	$9.460730472 \times 10^{15}$ m
Parsec	1 pc	=	206264.806 AU
		=	3.0856776×10^{16} m
		=	3.2615638 ly (Julian)
Sidereal day		=	$23^{h}56^{m}04.0905309^{s}$
Solar day		=	86400 s
Sidereal year		=	3.15581450×10^{7} s
		=	365.256308 d
Tropical year		=	$3.155692519 \times 10^{7}$ s
		=	365.2421897 d
Julian year		≡	3.1557600×10^{7} s
		≡	365.25 d
Gregorian year		≡	3.1556952×10^{7} s
		≡	365.2425 d

Note: Uncertainties in the last digits are indicated in parentheses. For instance, the solar radius, $1\ R_\odot$, has an uncertainty of $\pm 0.00026 \times 10^{8}$ m.

Physical Constants

Gravitational constant	G	$=$	$6.673(10) \times 10^{-11}$ N m^2 kg^{-2}
Speed of light (exact)	c	$\equiv$	2.99792458×10^8 m s^{-1}
Permeability of free space	μ_0	$\equiv$	$4\pi \times 10^{-7}$ N A^{-2}
Permittivity of free space	ϵ_0	$\equiv$	$1/\mu_0 c^2$
		$=$	$8.854187817\ldots \times 10^{-12}$ F m^{-1}
Electric charge	e	$=$	$1.602176462(63) \times 10^{-19}$ C
Electron volt	1 eV	$=$	$1.602176462(63) \times 10^{-19}$ J
Planck's constant	h	$=$	$6.62606876(52) \times 10^{-34}$ J s
		$=$	$4.13566727(16) \times 10^{-15}$ eV s
	$\hbar$	$\equiv$	$h/2\pi$
		$=$	$1.054571596(82) \times 10^{-34}$ J s
		$=$	$6.58211889(26) \times 10^{-16}$ eV s
Planck's constant × speed of light	hc	$=$	$1.23984186(16) \times 10^3$ eV nm
		$\simeq$	1240 eV nm
Boltzmann's constant	k	$=$	$1.3806503(24) \times 10^{-23}$ J K^{-1}
		$=$	$8.6173423(153) \times 10^{-5}$ eV K^{-1}
Stefan–Boltzmann constant	σ	$\equiv$	$2\pi^5 k^4/(15c^2h^3)$
		$=$	$5.670400(40) \times 10^{-8}$ W m^{-2} K^{-4}
Radiation constant	a	$=$	$4\sigma/c$
		$=$	$7.565767(54) \times 10^{-16}$ J m^{-3} K^{-4}
Atomic mass unit	1 u	$=$	$1.66053873(13) \times 10^{-27}$ kg
		$=$	$931.494013(37)$ MeV$/c^2$
Electron mass	m_e	$=$	$9.10938188(72) \times 10^{-31}$ kg
		$=$	$5.485799110(12) \times 10^{-4}$ u
Proton mass	m_p	$=$	$1.67262158(13) \times 10^{-27}$ kg
		$=$	$1.00727646688(13)$ u
Neutron mass	m_n	$=$	$1.67492716(13) \times 10^{27}$ kg
		$=$	$1.00866491578(55)$ u
Hydrogen mass	m_H	$=$	$1.673532499(13) \times 10^{-27}$ kg
		$=$	$1.00782503214(35)$ u
Avogadro's number	N_A	$=$	$6.02214199(47) \times 10^{23}$ mol^{-1}
Gas constant	R	$=$	$8.314472(15)$ J mol^{-1} K^{-1}
Bohr radius	$a_{0,\infty}$	$\equiv$	$4\pi\epsilon_0\hbar^2/m_e e^2$
		$=$	$5.291772083(19) \times 10^{-11}$ m
	$a_{0,H}$	$\equiv$	$(m_e/\mu)a_{0,\infty}$
		$=$	$5.294654075(20) \times 10^{-11}$ m
Rydberg constant	R_∞	$\equiv$	$m_e e^4/64\pi^3\epsilon_0^2\hbar^3 c$
		$=$	$1.0973731568549(83) \times 10^7$ m^{-1}
	R_H	$\equiv$	$(\mu/m_e)R_\infty$
		$=$	$1.09677583(13) \times 10^7$ m^{-1}

Note: Uncertainties in the last digits are indicated in parentheses. For instance, the universal gravitational constant, G, has an uncertainty of $\pm 0.010 \times 10^{-11}$ N m^2 kg^{-2}.

APPENDIX B Unit Conversions

SI to cgs Unit Conversions

Quantity	SI Unit	cgs Unit	Conversion Factor[a]
Distance	meter (m)	centimeter (cm)	10^{-2}
Mass	kilogram (kg)	gram (g)	10^{-3}
Time	second (s)	second (s)	1
Current[b]	ampere (A)	esu s^{-1}	$3.335640952 \times 10^{-10}$
Charge[c]	coulomb (C; A s)	esu	$3.335640952 \times 10^{-10}$
Velocity	m s^{-1}	cm s^{-1}	10^{-2}
Acceleration	m s^{-2}	cm s^{-2}	10^{-2}
Linear momentum	kg m s^{-1}	g cm s^{-1}	10^{-5}
Angular momentum	kg m^2 s^{-1}	g cm^2 s^{-1}	10^{-7}
Force	newton (N; kg m s^{-2})	dyne (g cm s^{-2})	10^{-5}
Energy (work)	joule (J; N m)	erg (dyne cm)	10^{-7}
Power (luminosity)	watt (W; J s^{-1})	erg s^{-1}	10^{-7}
Pressure	pascal (Pa; N m^{-2})	dyne cm^{-2}	10^{-1}
Mass density	kg m^{-3}	g cm^{-3}	10^{3}
Charge density	C m^{-3}	esu cm^{-3}	$3.335640952 \times 10^{-4}$
Current density	A m^{-2}	esu s^{-1} cm^{-2}	$3.335640952 \times 10^{-6}$
Electric potential	volt (V; J C^{-1})	statvolt (erg esu^{-1})	$2.997924580 \times 10^{2}$
Electric field	V m^{-1}	statvolt cm^{-1}	$2.997924580 \times 10^{4}$
Magnetic field	tesla (T; N A^{-1} m^{-1})	gauss (G; dyne esu^{-1})	10^{-4}
Magnetic flux	weber (Wb; T m^2)	G cm^2	10^{-8}

[a] Multiply the SI unit by the conversion factor to obtain the equivalent cgs unit; e.g., 10^{-2} m = 1 cm.

[b] The ampere is the fundamental electromagnetic unit in the SI system.

[c] The esu (*electrostatic unit*) is the fundamental electromagnetic unit in the cgs system.

SI to Miscellaneous Unit Conversions

Quantity	SI Unit	Misc. Unit	Conversion Factor (SI to Misc.)[d]
Distance	meter (m)	angstrom (Å)	10^{-10}
Distance	nanometer (nm)	angstrom (Å)	10^{-1}
Spectral flux density	W m^{-2} Hz^{-1}	jansky (Jy)	10^{-26}

[d] Multiply the SI unit by the conversion factor to obtain the equivalent micellaneous unit.

SI–cgs Electromagnetic Equation Conversions

Selected Equations of Electromagnetism	SI Version	cgs Version	Text Equation
Poynting Vector	$\langle S\rangle = \frac{1}{2\mu_0}E_0B_0$	$\langle S\rangle = \frac{c}{8\pi}E_0B_0$	(3.12)
Coulomb's Law	$F = \frac{1}{4\pi\epsilon_0}\frac{q_1q_2}{r^2}$	$F = \frac{q_1q_2}{r^2}$	(5.9)
Lorentz Equation	$\mathbf{F} = q(\mathbf{E} + \mathbf{v}\times\mathbf{B})$	$\mathbf{F} = q\left(\mathbf{E} + \frac{\mathbf{v}}{c}\times\mathbf{B}\right)$	(11.2)
Magnetic pressure	$P = \frac{B^2}{2\mu_0}$	$P = \frac{B^2}{8\pi}$	(11.10)

APPENDIX C Solar System Data

Planetary Physical Data

Planet	Mass[a] ($M_\oplus$)	Equatorial Radius[b] ($R_\oplus$)	Average Density (kg m^{-3})	Sidereal Rotation Period (d)	Oblateness $(R_e - R_p)/R_e$	Bond Albedo
Mercury	0.05528	0.3825	5427	58.6462	0.00000	0.119
Venus	0.81500	0.9488	5243	243.018	0.00000	0.750
Earth	1.00000	1.0000	5515	0.997271	0.0033396	0.306
Mars	0.10745	0.5326	3933	1.02596	0.006476	0.250
Jupiter	317.83	11.209	1326	0.4135	0.064874	0.343
Saturn	95.159	9.4492	687	0.4438	0.097962	0.342
Uranus	14.536	4.0073	1270	0.7183	0.022927	0.300
Neptune	17.147	3.8826	1638	0.6713	0.017081	0.290
Pluto	0.0021	0.178	2110	6.3872	0.0000	0.4 – 0.6
2003 UB313	0.002?	0.188	2100?			0.6?

Planetary Orbital and Satellite Data

Planet	Semimajor Axis (AU)	Orbital Eccentricity	Sidereal Orbital Period (yr)	Orbital Inclination to Ecliptic (°)	Equatorial Inclination to Orbit (°)	Number Natural Satellites
Mercury	0.3871	0.2056	0.2408	7.00	0.01	0
Venus	0.7233	0.0067	0.6152	3.39	177.36	0
Earth	1.0000	0.0167	1.0000	0.000	23.45	1
Mars	1.5236	0.0935	1.8808	1.850	25.19	2
Jupiter	5.2044	0.0489	11.8618	1.304	3.13	63
Saturn	9.5826	0.0565	29.4567	2.485	26.73	47
Uranus	19.2012	0.0457	84.0107	0.772	97.77	27
Neptune	30.0476	0.0113	164.79	1.769	28.32	13
Pluto	39.4817	0.2488	247.68	17.16	122.53	3
2003 UB313	67.89	0.4378	559	43.99		1

[a] $M_\oplus = 5.9736 \times 10^{24}$ kg
[b] $R_\oplus = 6.378136 \times 10^{6}$ m

Data of Selected Major Satellites

Satellite	Parent Planet	Mass (10^{22} kg)	Radius (10^3 km)	Density (kg m^{-3})	Orbital Period (d)	Semimajor Axis (10^3 km)
Moon	Earth	7.349	1.7371	3350	27.322	384.4
Io	Jupiter	8.932	1.8216	3530	1.769	421.6
Europa	Jupiter	4.800	1.5608	3010	3.551	670.9
Ganymede	Jupiter	14.819	2.6312	1940	7.155	1070.4
Callisto	Jupiter	10.759	2.4103	1830	16.689	1882.7
Titan	Saturn	13.455	2.575	1881	15.945	1221.8
Triton	Neptune	2.14	1.3534	2050	5.877	354.8

APPENDIX D

The Constellations

Latin Name	Genitive	Abbrev.	Translation	R. A. h	Dec. deg
Andromeda	Andromedae	And	Princess of Ethiopia	1	+40
Antlia	Antliae	Ant	Air Pump	10	−35
Apus	Apodis	Aps	Bird of Paradise	16	−75
Aquarius	Aquarii	Aqr	Water Bearer	23	−15
Aquila	Aquilae	Aql	Eagle	20	+5
Ara	Arae	Ara	Altar	17	−55
Aries	Arietis	Ari	Ram	3	+20
Auriga	Aurigae	Aur	Charioteer	6	+40
Boötes	Boötis	Boo	Herdsman	15	+30
Caelum	Caeli	Cae	Chisel	5	−40
Camelopardalis	Camelopardis	Cam	Giraffe	6	+70
Cancer	Cancri	Cnc	Crab	9	+20
Canes Venatici	Canum Venaticorum	CVn	Hunting Dogs	13	+40
Canis Major	Canis Majoris	CMa	Big Dog	7	−20
Canis Minor	Canis Minoris	CMi	Little Dog	8	+5
Capricornus	Capricorni	Cap	Goat	21	−20
Carina	Carinae	Car	Ship's Keel	9	−60
Cassiopeia	Cassiopeiae	Cas	Queen of Ethiopia	1	+60
Centaurus	Centauri	Cen	Centaur	13	−50
Cepheus	Cephei	Cep	King of Ethiopia	22	+70
Cetus	Ceti	Cet	Sea Monster (whale)	2	−10
Chamaeleon	Chamaeleontis	Cha	Chameleon	11	−80
Circinus	Circini	Cir	Compass	15	−60
Columba	Columbae	Col	Dove	6	−35
Coma Berenices	Comae Berenices	Com	Berenice's Hair	13	+20
Corona Australis	Coronae Australis	CrA	Southern Crown	19	−40
Corona Borealis	Coronae Borealis	CrB	Northern Crown	16	+30
Corvus	Corvi	Crv	Crow	12	−20
Crater	Crateris	Crt	Cup	11	−15
Crux	Crucis	Cru	Southern Cross	12	−60
Cygnus	Cygni	Cyg	Swan	21	+40
Delphinus	Delphini	Del	Dolphin, Porpoise	21	+10
Dorado	Doradus	Dor	Swordfish	5	−65
Draco	Draconis	Dra	Dragon	17	+65
Equuleus	Equulei	Equ	Little Horse	21	+10
Eridanus	Eridani	Eri	River Eridanus	3	−20
Fornax	Fornacis	For	Furnace	3	−30
Gemini	Geminorum	Gem	Twins	7	+20
Grus	Gruis	Gru	Crane	22	−45
Hercules	Herculis	Her	Son of Zeus	17	+30

Latin Name	Genitive	Abbrev.	Translation	R. A. h	Dec. deg
Horologium	Horologii	Hor	Clock	3	−60
Hydra	Hydrae	Hya	Water Snake	10	−20
Hydrus	Hydri	Hyi	Sea Serpent	2	−75
Indus	Indi	Ind	Indian	21	−55
Lacerta	Lacertae	Lac	Lizard	22	+45
Leo	Leonis	Leo	Lion	11	+15
Leo Minor	Leonis Minoris	LMi	Little Lion	10	+35
Lepus	Leporis	Lep	Hare	6	−20
Libra	Librae	Lib	Balance, Scales	15	−15
Lupus	Lupi	Lup	Wolf	15	−45
Lynx	Lyncis	Lyn	Lynx	8	+45
Lyra	Lyrae	Lyr	Lyre, Harp	19	+40
Mensa	Mensae	Men	Table, Mountain	5	−80
Microscopium	Microscopii	Mic	Microscope	21	−35
Monoceros	Monocerotis	Mon	Unicorn	7	−5
Musca	Muscae	Mus	Fly	12	−70
Norma	Normae	Nor	Square, Level	16	−50
Octans	Octantis	Oct	Octant	22	−85
Ophiuchus	Ophiuchi	Oph	Serpent-bearer	17	0
Orion	Orionis	Ori	Hunter	5	+5
Pavo	Pavonis	Pav	Peacock	20	−65
Pegasus	Pegasi	Peg	Winged Horse	22	+20
Perseus	Persei	Per	Rescuer of Andromeda	3	+45
Phoenix	Phoenicis	Phe	Phoenix	1	−50
Pictor	Pictoris	Pic	Painter, Easel	6	−55
Pisces	Piscium	Psc	Fish	1	+15
Piscis Austrinus	Piscis Austrini	PsA	Southern Fish	22	−30
Puppis	Puppis	Pup	Ship's Stern	8	−40
Pyxis	Pyxidis	Pyx	Ship's Compass	9	−30
Reticulum	Reticuli	Ret	Net	4	−60
Sagitta	Sagittae	Sge	Arrow	20	+10
Sagittarius	Sagittarii	Sgr	Archer	19	−25
Scorpius	Scorpii	Sco	Scorpion	17	−40
Sculptor	Sculptoris	Scl	Sculptor	0	−30
Scutum	Scuti	Sct	Shield	19	−10
Serpens	Serpentis	Ser	Serpent	17	0
Sextans	Sextantis	Sex	Sextant	10	0
Taurus	Tauri	Tau	Bull	4	+15
Telescopium	Telescopii	Tel	Telescope	19	−50
Triangulum	Trianguli	Tri	Triangle	2	+30
Triangulum Australe	Trianguli Australis	TrA	Southern Triangle	16	−65
Tucana	Tucanae	Tuc	Toucan	0	−65
Ursa Major	Ursae Majoris	UMa	Big Bear	11	+50
Ursa Minor	Ursae Minoris	UMi	Little Bear	15	+70
Vela	Velorum	Vel	Ship's Sai	9	−50
Virgo	Virginis	Vir	Maiden, Virgin	13	0
Volans	Volantis	Vol	Flying Fish	8	−70
Vulpecula	Vulpeculae	Vul	Little Fox	20	+25

APPENDIX E

The Brightest Stars

Name	Star	Spectral Class A	Spectral Class B	V^a A	V^a B	M_V A	M_V B
Sirius	α CMa	A1 V	wd[b]	−1.44	+8.7	+1.45	+11.6
Canopus	α Car	F0 Ib		−0.62		−5.53	
Arcturus	α Boo	K2 II Ip		−0.05		−0.31	
Rigel Kentaurus	α Cen	G2 V	K0 V	−0.01	+1.3	+4.34	+5.7
Vega	α Lyr	A0 V		+0.03		+0.58	
Capella[c]	α Aur	M1 III	M1 V	+0.08	+10.2	−0.48	+9.5
Rigel	β Ori	B8 Ia	B9	+0.18	+6.6	−6.69	−0.4
Procyon	α CMi	F5 IV–V	wd[b]	+0.40	+10.7	+2.68	+13.0
Betelgeuse	α Ori	M2Ib		+0.45v		−5.14	
Achernar	α Eri	B3 Vp		+0.45		−2.77	
Hadar	β Cen	B1 III	?	+0.61	+4	−5.42	−0.8
Altair	α Aql	A7 IV–V		+0.76		+2.20	
Acrux	α Cru	B0.5 IV	B3	+0.77	+1.9	−4.19	−3.5
Aldebaran	α Tau	K5 III	M2V	+0.87	+13	−0.63	+12
Spica	α Vir	B1 V		+0.98v		−3.55	
Antares	α Sco	M1 Ib	B4eV	+1.06v	+5.1	−5.58	−0.3
Pollux	β Gem	K0 III		+1.16		+1.09	
Fomalhaut	α PsA	A3 V	K4V	+1.17	+6.5	+1.74	+7.3
Deneb	α Cyg	A2 Ia		+1.25		−8.73	
Mimosa	β Cru	B0.5 III	B2 V	+1.25v		−3.92	

[a] Values labeled v designate variable stars.

[b] wd represents a white dwarf star.

[c] Capella has a third member of spectral class M5 V, $V = +13.7$, and $M_V = +13$.

Name	R. A.[a] (h m s)	Dec.[a] (° ′ ″)	Parallax[b] (″)	Distance[c] (pc)	Proper Motion[d] ($'' \text{ yr}^{-1}$)	Radial Velocity (km s^{-1})
Sirius	06 45 08.92	−16 41 58.0	0.37921(158)	2.64	1.33942	−7.7
Canopus	06 23 57.11	−52 41 44.4	0.01043(53)	95.88	0.03098	+20.5
Arcturus	14 15 39.67	+19 10 56.7	0.08885(74)	11.26	2.27887	−5.2
Rigel Kentaurus	14 39 36.50	−60 50 02.3	0.74212(140)	1.35	3.70962	−24.6
Vega	18 36 56.34	+38 47 01.3	0.12893(55)	7.76	0.35077	−13.9
Capella	05 16 41.36	+45 59 52.8	0.07729(89)	12.94	0.43375	+30.2
Rigel	05 14 32.27	−08 12 05.9	0.00422(81)	237	0.00195	+20.7
Procyon	07 39 18.12	+05 13 30.0	0.28593(88)	3.50	1.25850	−3.2
Betelgeuse	05 55 10.31	+07 24 25.4	0.00763(164)	131	0.02941	+21.0
Achernar	01 37 42.85	−57 14 12.3	0.02268(57)	44.09	0.09672	+19
Hadar	14 03 49.40	−60 22 22.9	0.00621(56)	161	0.04221	−12
Altair	19 50 47.0	+08 52 06.0	0.19444(94)	5.14	0.66092	−26.3
Acrux	12 26 35.90	−63 05 56.7	0.01017(67)	98.33	0.03831	−11.2
Aldebaran	04 35 55.24	+16 30 33.5	0.05009(95)	19.96	0.19950	+54.1
Spica	13 25 11.58	−11 09 40.8	0.01244(86)	80.39	0.05304	+1.0
Antares	16 29 24.46	−26 25 55.2	0.00540(168)	185	0.02534	−3.2
Pollux	07 45 18.95	+28 01 34.3	0.09674(87)	10.34	0.62737	+3.3
Fomalhaut	22 57 39.05	−29 37 20.1	0.13008(92)	7.69	0.36790	+6.5
Deneb	20 41 25.91	+45 16 49.2	0.00101(57)	990	0.00220	−4.6
Mimosa	12 47 43.26	−59 41 19.5	0.00925(61)	108	0.04991	+10.3

[a] Right ascension and declination are given in epoch J2000.0.

[b] Parallax data are from the Hipparcos Space Astrometry Mission. Uncertainties are in parentheses; for instance, the parallax of Sirius is $0.37921'' \pm 0.00158''$.

[c] Distance was calculated from the parallax measurement.

[d] Proper motion data are from the Hipparcos Space Astrometry Mission.

APPENDIX F

The Nearest Stars

Name	HIP[a]	Spectral Class	V^b	M_V	$B-V$	Parallax[c] ($''$)	Distance[d] (pc)
Proxima Centauri (α Cen C)	70890	M5 Ve	11.01	15.45	+1.81	0.77233(242)	1.29
α Cen B	71681	K1 V	1.35	5.70	+0.88	0.74212(140)	1.35
α Cen A	71683	G2 V	−0.01	4.34	+0.71	0.74212(140)	1.35
Barnard's Star	87937	M5 V	9.54	13.24	+1.57	0.54901(158)	1.82
Gl 411	54035	M2 Ve	7.49	10.46	+1.50	0.39240(91)	2.55
Sirius A (α CMa)	32349	A1 V	−1.44	1.45	+0.01	0.37921(158)	2.64
Sirius B (α CMa)		wd (DA)	8.44	11.33	−0.03	0.37921(158)[e]	2.64[e]
Gl 729	92403	M4.5 Ve	10.37	13.00	+1.51	0.33648(182)	2.97
ϵ Eri	16537	K2 V	3.72	6.18	+0.88	0.31075(85)	3.22
Gl 887	114046	M2 Ve	7.35	9.76	+1.48	0.30390(87)	3.29
Ross 128 (Gl 447)	57548	M4.5 V	11.12	13.50	+1.75	0.29958(220)	3.34
61 Cyg A (Gl 820)	104214	K5 Ve	5.20	7.49	+1.07	0.28713(151)	3.48
Procyon A (α CMi)	37279	F5 IV–V	0.40	2.68	+0.43	0.28593(88)	3.50
Procyon B (α CMi)		wd	10.7	13.0	+0.00	0.28593(88)[e]	3.50[e]
61 Cyg B (Gl 820B)	104217	K7 Ve	6.05	8.33	+1.31	0.28542(72)	3.50
Gl 725B	91772	M5 V	9.70	11.97	+1.56	0.28448(501)	3.52
Gl 725A	91768	M4 V	8.94	11.18	+1.50	0.28028(257)	3.57
GX And	1475	M2 V	8.09	10.33	+1.56	0.28027(105)	3.57
ϵ Ind	108870	K5 Ve	4.69	6.89	+1.06	0.27576(69)	3.63
τ Cet	8102	G8 Vp	3.49	5.68	+0.73	0.27417(80)	3.65
Gl 54.1	5643	M5.5 Ve	12.10	14.25	+1.85	0.26905(757)	3.72
Luyten's Star (Gl 237)	36208	M3.5	9.84	11.94	+1.57	0.26326(143)	3.80
Kapteyn's Star	24186	M0 V	8.86	10.89	+1.55	0.25526(86)	3.92
AX Mic	105090	M0 Ve	6.69	8.71	+1.40	0.25337(113)	3.95
Kruger 60	110893	M2 V	9.59	11.58	+1.61	0.24952(303)	4.01
Ross 614 (GL 234A)	30920	M4.5 Ve	11.12	13.05	+1.69	0.24289(264)	4.12

[a] HIP designates the Hipparcos catalog number.

[b] Values labeled v designate variable stars.

[c] Parallax data are from the Hipparcos Space Astrometry Mission. Uncertainties are in parentheses; for instance, the parallax of Proxima Centauri is $0.77233'' \pm 0.00242''$.

[d] Distances were calculated from the Hipparcos parallax data.

[e] Parallax and distance taken to be that of bright companion.

Name	R. A.[a] (h m s)	dec.[a] (° ′ ″)	Proper Motion R. A.[b] (″ yr^{-1})	Proper Motion dec.[b] (″ yr^{-1})	Radial. Velocity. (km s^{-1})
Proxima Centauri	14 29 42.95	−62 40 46.1	−3.77564(152)	0.76816(182)	−33.4
α Cen B	14 39 35.08	−60 50 13.8	−3.60035(2610)	0.95211(1975)	−23.4
α Cen A	14 39 36.50	−60 50 02.3	−3.67819(151)	0.48184(124)	−23.4
Barnard's Star	17 57 48.50	+04 41 36.2	−0.79784(161)	10.32693(129)	−112.3
Gl 411	11 03 20.19	+35 58 11.6	−0.58020(77)	−4.76709(77)	−85.
Sirius A	06 45 08.92	−16 41 58.0	−0.54601(133)	−1.22308(124)	−7.7
Gl 729	18 49 49.36	−23 50 10.4	0.63755(222)	−0.19247(145)	−7.0
ϵ Eri	03 32 55.84	−09 27 29.7	−0.97644(98)	0.01797(91)	+13.
Gl 887	23 05 52.04	−35 51 11.1	6.76726(70)	1.32666(74)	−6.4
Ross 128	11 47 44.40	+00 48 16.4	0.60562(214)	−1.21923(186)	−31.
61 Cyg A	21 06 53.94	+38 44 57.9	4.15510(95)	3.25890(119)	−65.
Procyon A	07 39 18.12	+05 13 30.0	−0.71657(88)	−1.03458(38)	−3.2
61 Cyg B	21 06 55.26	+38 44 31.4	4.10740(43)	3.14372(59)	−65.
Gl 725B	18 42 46.90	+59 37 36.6	−1.39320(1150)	1.84573(1202)	+1.
Gl 725A	18 42 46.69	+59 37 49.4	−1.32688(310)	1.80212(358)	−1.
GX And	00 18 22.89	+44 01 22.6	2.88892(75)	0.41058(63)	+13.5
ϵ Ind	22 03 21.66	−56 47 09.5	3.95997(55)	−2.53884(42)	−40.4
τ Cet	01 44 04.08	−15 56 14.9	−1.72182(83)	0.85407(80)	−16.4
Gl 54.1	01 12 30.64	−16 59 56.3	1.21009(521)	0.64695(391)	+37.0
Luyten's Star	07 27 24.50	+05 13 32.8	0.57127(141)	−3.69425(90)	+18.
Kapteyn's Star	05 11 40.58	−45 01 06.3	6.50605(95)	−5.73139(90)	+242.8
AX Mic	21 17 15.27	−38 52 02.5	−3.25900(128)	−1.14699(56)	+23.
Kruger 60	22 27 59.47	+57 41 45.1	−0.87023(300)	−0.47110(297)	−34.
Ross 614	06 29 23.40	−02 48 50.3	0.69473(300)	−0.61862(248)	+23.2

[a] Right ascension and declination are given in epoch J2000.0.

[b] Proper-motion data are from the Hipparcos Space Astrometry Mission. Uncertainties are in parentheses; for instance, the proper motion of Proxima Centauri in right ascension is $-3.77564'' \text{ yr}^{-1} \pm 0.00152'' \text{ yr}^{-1}$.

APPENDIX G Stellar Data

Sp. Type	T_e (K)	$L/L_\odot$	$R/R_\odot$	$M/M_\odot$	M_{bol}	BC	M_V	$U-B$	$B-V$
Main-Sequence Stars (Luminosity Class V)									
O5	42000	499000	13.4	60	−9.51	−4.40	−5.1	−1.19	−0.33
O6	39500	324000	12.2	37	−9.04	−3.93	−5.1	−1.17	−0.33
O7	37500	216000	11.0	—	−8.60	−3.68	−4.9	−1.15	−0.32
O8	35800	147000	10.0	23	−8.18	−3.54	−4.6	−1.14	−0.32
B0	30000	32500	6.7	17.5	−6.54	−3.16	−3.4	−1.08	−0.30
B1	25400	9950	5.2	—	−5.26	−2.70	−2.6	−0.95	−0.26
B2	20900	2920	4.1	—	−3.92	−2.35	−1.6	−0.84	−0.24
B3	18800	1580	3.8	7.6	−3.26	−1.94	−1.3	−0.71	−0.20
B5	15200	480	3.2	5.9	−1.96	−1.46	−0.5	−0.58	−0.17
B6	13700	272	2.9	—	−1.35	−1.21	−0.1	−0.50	−0.15
B7	12500	160	2.7	—	−0.77	−1.02	+0.3	−0.43	−0.13
B8	11400	96.7	2.5	3.8	−0.22	−0.80	+0.6	−0.34	−0.11
B9	10500	60.7	2.3	—	+0.28	−0.51	+0.8	−0.20	−0.07
A0	9800	39.4	2.2	2.9	+0.75	−0.30	+1.1	−0.02	−0.02
A1	9400	30.3	2.1	—	+1.04	−0.23	+1.3	+0.02	+0.01
A2	9020	23.6	2.0	—	+1.31	−0.20	+1.5	+0.05	+0.05
A5	8190	12.3	1.8	2.0	+2.02	−0.15	+2.2	+0.10	+0.15
A8	7600	7.13	1.5	—	+2.61	−0.10	+2.7	+0.09	+0.25
F0	7300	5.21	1.4	1.6	+2.95	−0.09	+3.0	+0.03	+0.30
F2	7050	3.89	1.3	—	+3.27	−0.11	+3.4	+0.00	+0.35
F5	6650	2.56	1.2	1.4	+3.72	−0.14	+3.9	−0.02	+0.44
F8	6250	1.68	1.1	—	+4.18	−0.16	+4.3	+0.02	+0.52

Main-Sequence Stars (Luminosity Class V)									
Sp. Type	T_e (K)	$L/L_{\odot}$	$R/R_{\odot}$	$M/M_{\odot}$	M_{bol}	BC	M_V	$U-B$	$B-V$
G0	5940	1.25	1.06	1.05	+4.50	−0.18	+4.7	+0.06	+0.58
G2	5790	1.07	1.03	—	+4.66	−0.20	+4.9	+0.12	+0.63
Sun[a]	5777	1.00	1.00	1.00	+4.74	−0.08	+4.82	+0.195	+0.650
G8	5310	0.656	0.96	—	+5.20	−0.40	+5.6	+0.30	+0.74
K0	5150	0.552	0.93	0.79	+5.39	−0.31	+5.7	+0.45	+0.81
K1	4990	0.461	0.91	—	+5.58	−0.37	+6.0	+0.54	+0.86
K3	4690	0.318	0.86	—	+5.98	−0.50	+6.5	+0.80	+0.96
K4	4540	0.263	0.83	—	+6.19	−0.55	+6.7	—	+1.05
K5	4410	0.216	0.80	0.67	+6.40	−0.72	+7.1	+0.98	+1.15
K7	4150	0.145	0.74	—	+6.84	−1.01	+7.8	+1.21	+1.33
M0	3840	0.077	0.63	0.51	+7.52	−1.38	+8.9	+1.22	+1.40
M1	3660	0.050	0.56	—	+7.99	−1.62	+9.6	+1.21	+1.46
M2	3520	0.032	0.48	0.40	+8.47	−1.89	+10.4	+1.18	+1.49
M3	3400	0.020	0.41	—	+8.97	−2.15	+11.1	+1.16	+1.51
M4	3290	0.013	0.35	—	+9.49	−2.38	+11.9	+1.15	+1.54
M5	3170	0.0076	0.29	0.21	+10.1	−2.73	+12.8	+1.24	+1.64
M6	3030	0.0044	0.24	—	+10.6	−3.21	+13.8	+1.32	+1.73
M7	2860	0.0025	0.20	—	+11.3	−3.46	+14.7	+1.40	+1.80

[a] Values adopted in this text.

Giant Stars (Luminosity Class III)									
Sp. Type	T_e (K)	$L/L_\odot$	$R/R_\odot$	$M/M_\odot$	M_{bol}	BC	M_V	$U-B$	$B-V$
O5	39400	741000	18.5	—	−9.94	−4.05	−5.9	−1.18	−0.32
O6	37800	519000	16.8	—	−9.55	−3.80	−5.7	−1.17	−0.32
O7	36500	375000	15.4	—	−9.20	−3.58	−5.6	−1.14	−0.32
O8	35000	277000	14.3	—	−8.87	−3.39	−5.5	−1.13	−0.31
B0	29200	84700	11.4	20	−7.58	−2.88	−4.7	−1.08	−0.29
B1	24500	32200	10.0	—	−6.53	−2.43	−4.1	−0.97	−0.26
B2	20200	11100	8.6	—	−5.38	−2.02	−3.4	−0.91	−0.24
B3	18300	6400	8.0	—	−4.78	−1.60	−3.2	−0.74	−0.20
B5	15100	2080	6.7	7	−3.56	−1.30	−2.3	−0.58	−0.17
B6	13800	1200	6.1	—	−2.96	−1.13	−1.8	−0.51	−0.15
B7	12700	710	5.5	—	−2.38	−0.97	−1.4	−0.44	−0.13
B8	11700	425	5.0	—	−1.83	−0.82	−1.0	−0.37	−0.11
B9	10900	263	4.5	—	−1.31	−0.71	−0.6	−0.20	−0.07
A0	10200	169	4.1	4	−0.83	−0.42	−0.4	−0.07	−0.03
A1	9820	129	3.9	—	−0.53	−0.29	−0.2	+0.07	+0.01
A2	9460	100	3.7	—	−0.26	−0.20	−0.1	+0.06	+0.05
A5	8550	52	3.3	—	+0.44	−0.14	+0.6	+0.11	+0.15
A8	7830	33	3.1	—	+0.95	−0.10	+1.0	+0.10	+0.25
F0	7400	27	3.2	—	+1.17	−0.11	+1.3	+0.08	+0.30
F2	7000	24	3.3	—	+1.31	−0.11	+1.4	+0.08	+0.35
F5	6410	22	3.8	—	+1.37	−0.14	+1.5	+0.09	+0.43
G0	5470	29	6.0	1.0	+1.10	−0.20	+1.3	+0.21	+0.65
G2	5300	31	6.7	—	+1.00	−0.27	+1.3	+0.39	+0.77
G8	4800	44	9.6	—	+0.63	−0.42	+1.0	+0.70	+0.94
K0	4660	50	10.9	1.1	+0.48	−0.50	+1.0	+0.84	+1.00
K1	4510	58	12.5	—	+0.32	−0.55	+0.9	+1.01	+1.07
K3	4260	79	16.4	—	−0.01	−0.76	+0.8	+1.39	+1.27
K4	4150	93	18.7	—	−0.18	−0.94	+0.8	—	+1.38
K5	4050	110	21.4	1.2	−0.36	−1.02	+0.7	+1.81	+1.50
K7	3870	154	27.6	—	−0.73	−1.17	+0.4	+1.83	+1.53
M0	3690	256	39.3	1.2	−1.28	−1.25	+0.0	+1.87	+1.56
M1	3600	355	48.6	—	−1.64	−1.44	−0.2	+1.88	+1.58
M2	3540	483	58.5	1.3	−1.97	−1.62	−0.4	+1.89	+1.60
M3	3480	643	69.7	—	−2.28	−1.87	−0.4	+1.88	+1.61
M4	3440	841	82.0	—	−2.57	−2.22	−0.4	+1.73	+1.62
M5	3380	1100	96.7	—	−2.86	−2.48	−0.4	+1.58	+1.63
M6	3330	1470	116	—	−3.18	−2.73	−0.4	+1.16	+1.52

Supergiant Stars (Luminosity Class Approximately Iab)									
Sp. Type	T_e (K)	$L/L_\odot$	$R/R_\odot$	$M/M_\odot$	M_{bol}	BC	M_V	$U-B$	$B-V$
O5	40900	1140000	21.2	70	−10.40	−3.87	−6.5	−1.17	−0.31
O6	38500	998000	22.4	40	−10.26	−3.74	−6.5	−1.16	−0.31
O7	36200	877000	23.8	—	−10.12	−3.48	−6.6	−1.14	−0.31
O8	34000	769000	25.3	28	−9.98	−3.35	−6.6	−1.13	−0.29
B0	26200	429000	31.7	25	−9.34	−2.49	−6.9	−1.06	−0.23
B1	21400	261000	37.3	—	−8.80	−1.87	−6.9	−1.00	−0.19
B2	17600	157000	42.8	—	−8.25	−1.58	−6.7	−0.94	−0.17
B3	16000	123000	45.8	—	−7.99	−1.26	−6.7	−0.83	−0.13
B5	13600	79100	51.1	20	−7.51	−0.95	−6.6	−0.72	−0.10
B6	12600	65200	53.8	—	−7.30	−0.88	−6.4	−0.69	−0.08
B7	11800	54800	56.4	—	−7.11	−0.78	−6.3	−0.64	−0.05
B8	11100	47200	58.9	—	−6.95	−0.66	−6.3	−0.56	−0.03
B9	10500	41600	61.8	—	−6.81	−0.52	−6.3	−0.50	−0.02
A0	9980	37500	64.9	16	−6.70	−0.41	−6.3	−0.38	−0.01
A1	9660	35400	67.3	—	−6.63	−0.32	−6.3	−0.29	+0.02
A2	9380	33700	69.7	—	−6.58	−0.28	−6.3	−0.25	+0.03
A5	8610	30500	78.6	13	−6.47	−0.13	−6.3	−0.07	+0.09
A8	7910	29100	91.1	—	−6.42	−0.03	−6.4	+0.11	+0.14
F0	7460	28800	102	12	−6.41	−0.01	−6.4	+0.15	+0.17
F2	7030	28700	114	—	−6.41	0.00	−6.4	+0.18	+0.23
F5	6370	29100	140	10	−6.42	−0.03	−6.4	+0.27	+0.32
F8	5750	29700	174	—	−6.44	−0.09	−6.4	+0.41	+0.56
G0	5370	30300	202	10	−6.47	−0.15	−6.3	+0.52	+0.76
G2	5190	30800	218	—	−6.48	−0.21	−6.3	+0.63	+0.87
G8	4700	32400	272	—	−6.54	−0.42	−6.1	+1.07	+1.15
K0	4550	33100	293	13	−6.56	−0.50	−6.1	+1.17	+1.24
K1	4430	34000	314	—	−6.59	−0.56	−6.0	+1.28	+1.30
K3	4190	36100	362	—	−6.66	−0.75	−5.9	+1.60	+1.46
K4	4090	37500	386	—	−6.70	−0.90	−5.8	—	+1.53
K5	3990	39200	415	13	−6.74	−1.01	−5.7	+1.80	+1.60
K7	3830	43200	473	—	−6.85	−1.20	−5.6	+1.84	+1.63
M0	3620	51900	579	13	−7.05	−1.29	−5.8	+1.90	+1.67
M1	3490	60300	672	—	−7.21	−1.38	−5.8	+1.90	+1.69
M2	3370	72100	791	19	−7.41	−1.62	−5.8	+1.95	+1.71
M3	3210	89500	967	—	−7.64	−2.13	−5.5	+1.95	+1.69
M4	3060	117000	1220	—	−7.93	−2.75	−5.2	+2.00	+1.76
M5	2880	165000	1640	24	−8.31	−3.47	−4.8	+1.60	+1.80
M6	2710	264000	2340	—	−8.82	−3.90	−4.9	—	—

APPENDIX H

The Messier Catalog

M	NGC	Name	Const.	m_V[a]	R. A.[b] h	m	Dec.[b] °	′	Type[c]
1	1952	Crab	Tau	8.4:	5	34.5	+22	01	SNR
2	7089		Aqr	6.5	21	33.5	−0	49	GC
3	5272		CVn	6.4	13	42.2	+28	23	GC
4	6121		Sco	5.9	16	23.6	−26	32	GC
5	5904		Ser	5.8	15	18.6	+2	05	GC
6	6405		Sco	4.2	17	40.1	−32	13	OC
7	6475		Sco	3.3	17	53.9	−34	49	OC
8	6523	Lagoon	Sgr	5.8:	18	03.8	−24	23	N
9	6333		Oph	7.9:	17	19.2	−18	31	GC
10	6254		Oph	6.6	16	57.1	−4	06	GC
11	6705		Sct	5.8	18	51.1	−6	16	OC
12	6218		Oph	6.6	16	47.2	−1	57	GC
13	6205		Her	5.9	16	41.7	+36	28	GC
14	6402		Oph	7.6	17	37.6	−3	15	GC
15	7078		Peg	6.4	21	30.0	+12	10	GC
16	6611		Ser	6.0	18	18.8	−13	47	OC
17	6618	Swan[d]	Sgr	7:	18	20.8	−16	11	N
18	6613		Sgr	6.9	18	19.9	−17	08	OC
19	6273		Oph	7.2	17	02.6	−26	16	GC
20	6514	Trifid	Sgr	8.5:	18	02.6	−23	02	N
21	6531		Sgr	5.9	18	04.6	−22	30	OC
22	6656		Sgr	5.1	18	36.4	−23	54	GC
23	6494		Sgr	5.5	17	56.8	−19	01	OC
24	6603		Sgr	4.5:	18	16.9	−18	29	OC
25			Sgr	4.6	18	31.6	−19	15	OC
26	6694		Sct	8.0	18	45.2	−9	24	OC
27	6853	Dumbbell	Vul	8.1:	19	59.6	+22	43	PN
28	6626		Sgr	6.9:	18	24.5	−24	52	GC
29	6913		Cyg	6.6	20	23.9	+38	32	OC
30	7099		Cap	7.5	21	40.4	−23	11	GC
31	224	Andromeda	And	3.4	0	42.7	+41	16	SbI–II
32	221		And	8.2	0	42.7	+40	52	cE2
33	598	Triangulum	Tri	5.7	1	33.9	+30	39	Sc(s)II–III
34	1039		Per	5.2	2	42.0	+42	47	OC
35	2168		Gem	5.1	6	08.9	+24	20	OC
36	1960		Aur	6.0	5	36.1	+34	08	OC
37	2099		Aur	5.6	5	52.4	+32	33	OC
38	1912		Aur	6.4	5	28.7	+35	50	OC
39	7092		Cyg	4.6	21	32.2	+48	26	OC
40			UMa	8:	12	22.4	+58	05	DS

M	NGC	Name	Const.	m_V[a]	R. A.[b] h	R. A.[b] m	Dec.[b] °	Dec.[b] ′	Type[c]
41	2287		CMa	4.5	6	47.0	−20	44	OC
42	1976	Orion[e]	Ori	4:	5	35.3	−5	23	N
43	1982		Ori	9:	5	35.6	−5	16	N
44	2632	Praesepe	Cnc	3.1	8	40.1	+19	59	OC
45		Pleiades	Tau	1.2	3	47.0	+24	07	OC
46	2437		Pup	6.1	7	41.8	−14	49	OC
47	2422		Pup	4.4	7	36.6	−14	30	OC
48	2548		Hya	5.8	8	13.8	−5	48	OC
49	4472		Vir	8.4	12	29.8	+8	00	E2
50	2323		Mon	5.9	7	03.2	−8	20	OC
51	5194	Whirlpool[f]	CVn	8.1	13	29.9	+47	12	Sbc(s)I–II
52	7654		Cas	6.9	23	24.2	+61	35	OC
53	5024		Com	7.7	13	12.9	+18	10	GC
54	6715		Sgr	7.7	18	55.1	−30	29	GC
55	6809		Sgr	7.0	19	40.0	−30	58	GC
56	6779		Lyr	8.2	19	16.6	+30	11	GC
57	6720	Ring	Lyr	9.0:	18	53.6	+33	02	PN
58	4579		Vir	9.8	12	37.7	+11	49	Sab(s)II
59	4621		Vir	9.8	12	42.0	+11	39	E5
60	4649		Vir	8.8	12	43.7	+11	33	E2
61	4303		Vir	9.7	12	21.9	+4	28	Sc(s)I
62	6266		Oph	6.6	17	01.2	−30	07	GC
63	5055	Sunflower	CVn	8.6	13	15.8	+42	02	Sbc(s)II–III
64	4826	Evil Eye	Com	8.5	12	56.7	+21	41	Sab(s)II
65	3623		Leo	9.3	11	18.9	+13	05	Sa(s)I
66	3627		Leo	9.0	11	20.2	+12	59	Sb(s)II
67	2682		Cnc	6.9	8	50.4	+11	49	OC
68	4590		Hya	8.2	12	39.5	−26	45	GC
69	6637		Sgr	7.7	18	31.4	−32	21	GC
70	6681		Sgr	8.1	18	43.2	−32	18	GC
71	6838		Sge	8.3	19	53.8	+18	47	GC
72	6981		Aqr	9.4	20	53.5	−12	32	GC
73	6994		Aqr	9.1	20	58.9	−12	38	OC
74	628		Psc	9.2	1	36.7	+15	47	Sc(s)I
75	6864		Sgr	8.6	20	06.1	−21	55	GC
76	650/651		Per	11.5:	1	42.3	+51	34	PN
77	1068		Cet	8.8	2	42.7	−0	01	Sb(rs)II
78	2068		Ori	8:	5	46.7	+0	03	N
79	1904		Lep	8.0	5	24.5	−24	33	GC
80	6093		Sco	7.2	16	17.0	−22	59	GC
81	3031		UMa	6.8	9	55.6	+69	04	Sb(r)I–II
82	3034		UMa	8.4	9	55.8	+69	41	Amorph
83	5236		Hya	7.6:	13	37.0	−29	52	SBc(s)II
84	4374		Vir	9.3	12	25.1	+12	53	E1
85	4382		Com	9.2	12	25.4	+18	11	S0 pec
86	4406		Vir	9.2	12	26.2	+12	57	S0/E3
87	4486	Virgo A	Vir	8.6	12	30.8	+12	24	E0
88	4501		Com	9.5	12	32.0	+14	25	Sbc(s)II
89	4552		Vir	9.8	12	35.7	+12	33	S0
90	4569		Vir	9.5	12	36.8	+13	10	Sab(s)I–II

M	NGC	Name	Const.	m_V[a]	R. A.[b] h	m	Dec.[b] °	′	Type[c]
91	4548		Com	10.2	12	35.4	+14	30	SBb(rs)I–II
92	6341		Her	6.5	17	17.1	+43	08	GC
93	2447		Pup	6.2:	7	44.6	−23	52	OC
94	4736		CVn	8.1	12	50.9	+41	07	RSab(s)
95	3351		Leo	9.7	10	44.0	+11	42	SBb(r)II
96	3368		Leo	9.2	10	46.8	+11	49	Sab(s)II
97	3587	Owl	UMa	11.2:	11	14.8	+55	01	PN
98	4192		Com	10.1	12	13.8	+14	54	SbII
99	4254		Com	9.8	12	18.8	+14	25	Sc(s)I
100	4321		Com	9.4	12	22.9	+15	49	Sc(s)I
101	5457	Pinwheel	UMa	7.7	14	03.2	+54	21	Sc(s)I
102	5866		UMa	10.5	15	06.5	+55	46	S0
103	581		Cas	7.4:	1	33.2	+60	42	OC
104	4594	Sombrero	Vir	8.3	12	40.0	−11	37	Sa/Sb
105	3379		Leo	9.3	10	47.8	+12	35	E0
106	4258		CVn	8.3	12	19.0	+47	18	Sb(s)II
107	6171		Oph	8.1	16	32.5	−13	03	GC
108	3556		UMa	10.0	11	11.5	+55	40	Sc(s)III
109	3992		UMa	9.8	11	57.6	+53	23	SBb(rs)I
110	205		And	8.0	0	40.4	+41	41	S0/E pec

[a] : indicates approximate apparent visual magnitude.

[b] Right ascension and declination are given in epoch 2000.0.

[c] Type abbreviations correspond to: SNR = supernova remnant, GC = globular cluster, OC = open cluster, N = diffuse nebula, PN = planetary nebula, DS = double star. Galaxies are indicated by their morphological Hubble types.

[d] M17, the Swan nebula, is also known as the Omega nebula.

[e] M42 also corresponds to the Trapezium H II region.

[f] M51 also includes NGC 5195, the satellite to the Whirlpool galaxy.

APPENDIX I Constants, A Programming Module

Constants is a Fortran 95 module implementation of the astronomical and physical constants data given in Appendix A (a C++ header file version is also available). Constants also includes high-precision values of mathematical constants (π, e) and conversion factors between degrees and radians. In addition, Constants provides various machine constants characteristic of the particular platform that a code is running on. For example, in the Fortran 95 implementation, Constants includes machine-queried KIND designations for single, double, and quadruple precision, the smallest and largest numbers that can be represented by the computer for a specific precision, and the number of significant figures that can be represented for each level of precision.

Constants is employed by the other codes described in the appendices that follow.

The source code is available for download from the companion website at http://www.aw-bc.com/astrophysics.

APPENDIX J

Orbit, A Planetary Orbit Code

`Orbit` is a computer program designed to calculate the position of a planet orbiting a massive star (or, alternatively, the orbit of the reduced mass about the center of mass of the system). The program is based on Kepler's laws of planetary motion as derived in Chapter 2. References to the relevant equations are given in the comment sections of the code.

The user is asked to enter the mass of the parent star (in solar masses), the semimajor axis of the orbit (in AU), and the eccentricity of the orbit. The user is also asked to enter the number of time steps desired for the calculation (perhaps 1000 to 100,000) and the frequency with which the time steps are to be printed to the output file (`Orbit.txt`). If 1000 time steps are specified with a frequency of 10, then 100 evenly spaced (in time) time steps will be printed.

The output file can be imported directly into a graphics or spreadsheet program in order to generate a graph of the orbit. Note that it may be necessary to delete the header information in `Orbit.txt` prior to importing the data columns into the graphics or spreadsheet program.

The source code is available in both Fortran 95 and C++ versions. Compiled versions of the code are also available.

The code may be downloaded from the companion website at `http://www.aw-bc.com/astrophysics`.

APPENDIX K

TwoStars, A Binary Star Code

As discussed in Chapter 7, binary star systems play a very important role in determining various stellar properties, including masses and radii. In addition, analyses using sophisticated binary-star modeling codes can provide information about variations in surface flux such as limb darkening (see Section 9.3) and the presence of star spots (e.g., Section 11.3) or reflective heating. Advanced codes can also detail the effects of gravitational tidal interactions and centrifugal forces that result in stars that deviate (sometimes significantly) from spherical symmetry; refer to Chapter 18.

A simple binary star code is developed in this appendix that incorporates a number of the basic features of more sophisticated codes. `TwoStars` is designed to provide position, radial-velocity, and binary light curve information that can be used to determine masses (m_1 and m_2 from determination of the semimajor axes and periods of the orbits), radii (R_1 and R_2 by measuring eclipse times), effective temperature ratios (from the relative depths of the primary and secondary minima), limb darkening, orbital eccentricity (e), orbital inclination (i), and orientation of periastron (ϕ). However, in order to greatly simplify the code, it is assumed that the two stars are strictly spherically symmetric, that they do not collide with one another, and that their surface fluxes vary only with stellar radius (i.e., there are no anomalous star spots or localized heating).

To begin, assume that the orbits of the two stars lie in the x–y plane with the center of mass of the system located at the origin of the coordinate system, as shown in Fig. K.1 (the z-axis is out of the page). In order to generalize the orientation of the orbit, periastron for Star 1 (the point in the orbit closest to the center of mass) is at an angle ϕ measured counterclockwise from the positive x-axis and in the direction of the orbital motion. It is also assumed that the orbital plane is inclined an angle i with respect to the plane of the sky (the y'–z' plane) as shown in Fig. K.2. The line of sight from the observer to the center of mass is along the x'-axis, and the center of mass is located at the origin of the primed coordinate system. Finally, the y'-axis is directed out of the page and is aligned with the y-axis of Fig. K.1.

It is a straightforward process to show that the transformation between the two coordinate systems is given by

$$x' = z\cos i + x\sin i \tag{K.1}$$

$$y' = y \tag{K.2}$$

$$z' = z\sin i - x\cos i, \tag{K.3}$$

which of course simplifies significantly for the case where the centers of mass lie along the x–y plane (i.e., $z = 0$).

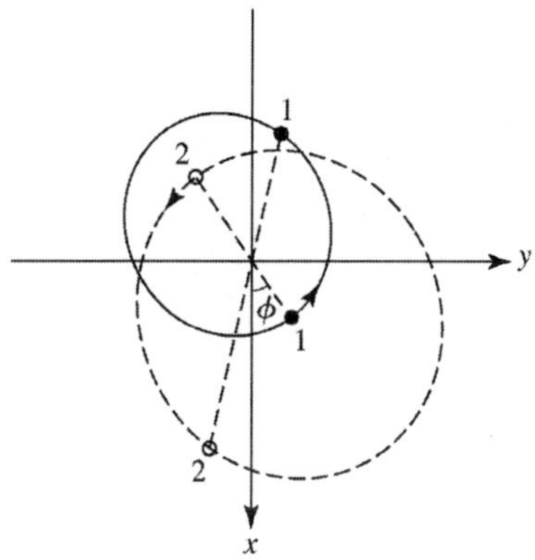

FIGURE K.1 The orbits of the stars in the binary system lie in the x–y plane, with the z-axis directed out of the page. The center of mass of the system is located at the origin of the coordinate system. In this example $m_2/m_1 = 0.68$, $e = 0.4$, and $\phi = 35°$. The two positions of Stars 1 and 2 are separated by $P/4$, where P is the orbital period.

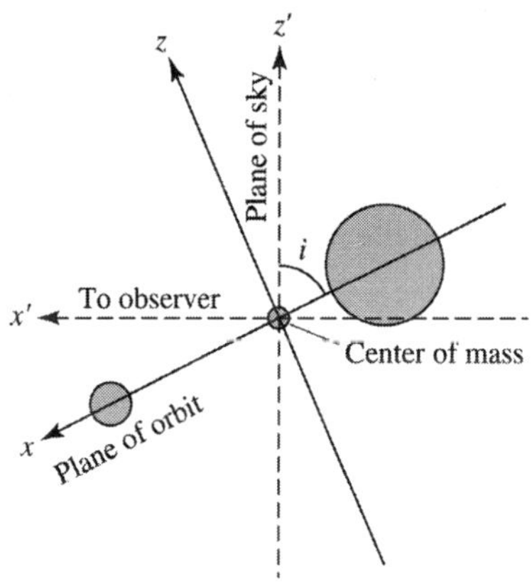

FIGURE K.2 The plane of the orbit is inclined an angle i with respect to the plane of the sky (the y'–z' plane). The line of sight from the observer to the center of mass is along the x'-axis, and the center of mass is located at the origin of the primed coordinate system. The y'-axis is aligned with the y-axis of Fig. K.1, and both are directed out of the page. The foreground star in this illustration is the smaller star.

The motions of the stars in the x–y plane are determined directly by using Kepler's laws and invoking the concept of the reduced mass, as described in Chapter 2. The approach is similar to what was used in `Orbit`, Appendix J, except that no assumption is made about the relative masses of the two objects in the system [in `Orbit` it was assumed that one object (a planet) was much less massive than the other object (the parent star)].

A careful reading of the code available on the companion website will identify several explicit instances of plus and minus signs associated with the variables `vr`, `v1r`, `v2r`, `x1`, `y1`, `x2`, and `y2`. The choice of minus signs corresponds to the choice of the coordinate system and its relationship to the observer. For instance, if the inclination angle is $i = 90°$, then

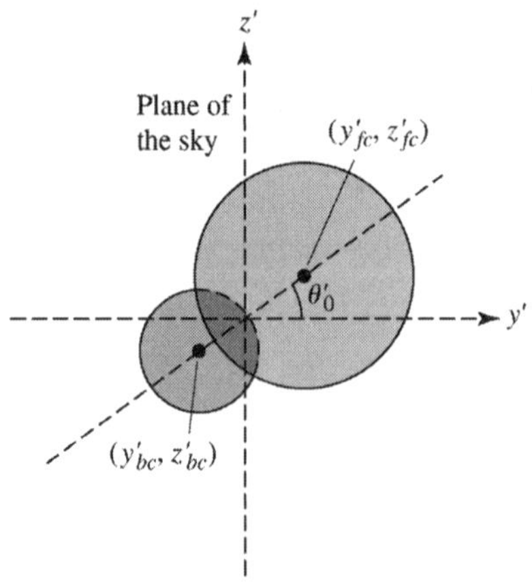

FIGURE K.3 The disks of the two stars projected onto the plane of the sky. The foreground star (assumed in this illustration to be the larger star) has $x'_c > 0$, where x'_c is the x' coordinate of its center of mass. The angle between the y'-axis and the line connecting the centers of the disks of the two stars projected onto the plane of the sky is θ'_0.

the x and x' axes are aligned and motion in the positive x direction corresponds to motion toward the observer (a negative radial velocity).

In order to compute the light curve for the eclipse, it is necessary to integrate the luminous flux over the portion of each star's surface that is visible to the observer. This is done by first determining which star is in front of the other. Given that the plane of the sky corresponds to the y'–z' plane, the center of mass of the star that is closest to the observer has the coordinate value $x' > 0$ (see Fig. K.3).

If the star in front is partially or entirely eclipsing the background star, then the distances between their centers of mass projected onto the y'–z' plane must be less than the sum of their radii; or, for an eclipse to be taking place,

$$\sqrt{\left(y'_{fc} - y'_{bc}\right)^2 + \left(z'_{fc} - z'_{bc}\right)^2} < R_f + R_b, \tag{K.4}$$

where (y'_{fc}, z'_{fc}) and (y'_{bc}, z'_{bc}) are the locations of the centers of mass of the foreground and background stars, respectively, as projected onto the plane of the sky.

To optimize the computation of the integrated luminous flux, it is appropriate to locate the line of symmetry between the centers of mass of the two stars. Again referring to Fig. K.3, we see that the angle between the y'-axis and the line connecting the projected centers of mass is given by

$$\theta'_0 = \tan^{-1}\left(\frac{z'_{fc} - z'_{bc}}{y'_{fc} - y'_{bc}}\right). \tag{K.5}$$

Once the background star has been identified and the line of symmetry determined, the decrease in the amount of light due to the eclipse can be computed by first finding out which parts of the background star are behind the foreground star. If a point on the eclipsed disk is within a distance R_f of the center of the foreground star's disk as projected onto the y'–z'

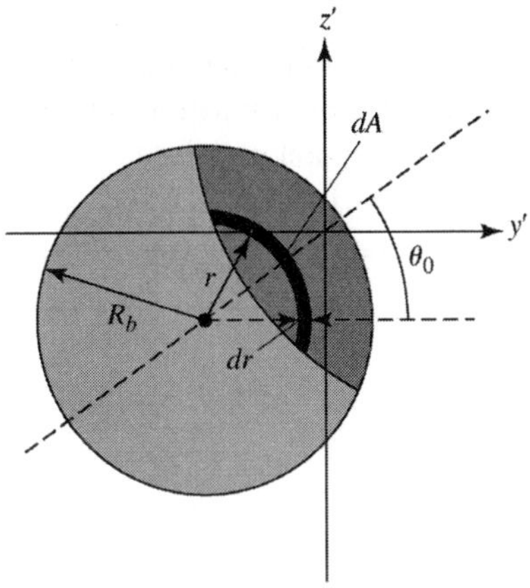

FIGURE K.4 The region of the background star being eclipsed is shown in dark gray. Numerical integration of the flux over arcs of various radii r and thickness dr makes it possible to determine how much light is blocked by the foreground star.

plane, then that point on the star's surface is behind the foreground star. In other words, the condition for a point (y'_b, z'_b) on the disk of the background star to be behind the disk of the foreground star is

$$\sqrt{\left(y'_b - y'_{fc}\right)^2 + \left(z'_b - z'_{fc}\right)^2} < R_f. \tag{K.6}$$

The eclipsed region can then be mapped out by starting along the line of symmetry at some distance r from the center of the disk of the background star and moving at increasing angles of $\Delta\theta'$ from θ'_0 until the inequality of Eq. (K.6) is no longer satisfied or until $\Delta\theta'$ exceeds 180°. In the later case, this would imply that the entire disk within the radius r of its center is eclipsed. Given the assumption of spherical symmetry, the region of the background star's disk between $\theta'_{\text{min}} = -\Delta\theta' + \theta'_0$ and θ'_0 is identical to the region between θ'_0 and $\theta'_{\text{max}} = \Delta\theta' + \theta'_0$ for a fixed value of r (see Fig. K.4). For an arc-shaped surface of radius r and width dr, the area of the surface is given by

$$dA = r\,dr\,\left(\theta'_{\text{max}} - \theta'_{\text{min}}\right) = 2r\,dr\,\Delta\theta'. \tag{K.7}$$

Now, if the luminous flux at that radius from the center of the background star's disk is $F(r)$, the amount of light in that arc that has been blocked is given by

$$dS = F(r)\,dA = 2F(r)\,r\,dr\,\Delta\theta'. \tag{K.8}$$

By subtracting the loss in light due to each eclipsed arc from the total light of the uneclipsed star, we can determine the total amount of light received from the background star during a partial or total eclipse. (Note that due to the effects of limb darkening, $F(r)$ is not constant across the entire disk.)

Finally, all that remains is to convert the total amount of light received to magnitudes (see Eq. 3.8).

TwoStars implements each of the ideas described. An example of the input required for TwoStars, along with the first ten lines of model output, is shown in Fig. K.5.

The source code for (TwoStars), together with compiled versions of the program, is available for download from the companion website at
http://www.aw-bc.com/astrophysics.

```
Specify the name of your output file: c:\YYSgr.txt

Enter the data for Star #1
   Mass (solar masses):              5.9
   Radius (solar radii):             3.2
   Effective Temperature (K):        15200

Enter the data for Star #2
   Mass (solar masses):              5.6
   Radius (solar radii):             2.9
   Effective Temperature (K):        13700

Enter the desired orbital parameters
   Orbital Period (days):            2.6284734
   Orbital Eccentricity:             0.1573
   Orbital Inclination (deg):        88.89
   Orientation of Periastron (deg): 214.6

Enter the x', y', and z' components of the center of mass velocity vector:
Notes:  (1)  The plane of the sky is (y',z')
        (2)  If v_x' < 0, then the center of mass is blueshifted
   v_x' (km/s)                       0
   v_y' (km/s)                       0
   v_z' (km/s)                       0


The semimajor axis of the reduced mass is      0.084318 AU
   a1 =        0.040971 AU
   a2 =        0.043166 AU

         t/P           v1r (km/s)      v2r (km/s)          Mbol          dS (W)
      0.000000        112.824494     -118.868663       -2.457487     0.000000E+00
      0.000999        114.247263     -120.367652       -2.457487     0.000000E+00
      0.001998        115.660265     -121.856351       -2.457487     0.000000E+00
      0.002997        117.063327     -123.334576       -2.457487     0.000000E+00
      0.003996        118.456275     -124.802147       -2.457487     0.000000E+00
      0.004995        119.838940     -126.258884       -2.457487     0.000000E+00
      0.005994        121.211155     -127.704610       -2.457487     0.000000E+00
      0.006993        122.572755     -129.139152       -2.457487     0.000000E+00
      0.007992        123.923575     -130.562338       -2.457487     0.000000E+00
      0.008991        125.263455     -131.973998       -2.457487     0.000000E+00
```

FIGURE K.5 An example of the input required for the Fortran 95 command-line version of TwoStars for the system YY Sgr (Fig. 7.2). The first ten lines of model output to the screen are also shown.

APPENDIX L

StatStar, A Stellar Structure Code

StatStar is based on the equations of stellar structure and the constitutive relations developed in Chapters 9 and 10. An example of the output generated by StatStar is available on the companion website.

StatStar is designed to illustrate as clearly as possible many of the most important aspects of numerical stellar astrophysics. To accomplish this goal, StatStar models are restricted to a fixed composition throughout [in other words, they are homogeneous zero-age main-sequence models (ZAMS)].

The four basic stellar structure equations are computed in the functions dPdr (Eq. 10.6), dMdr (Eq. 10.7), dLdr (Eq. 10.36), and dTdr [either Eq. (10.68) or Eq. (10.89), for radiation or adiabatic convection, respectively].

The density [$\rho(r) =$ rho] is calculated directly from the ideal gas law and the radiation pressure equation (Eq. 10.20) in FUNCTION Opacity, given local values for the pressure [$P(r) =$ P], temperature [$T(r) =$ T], and mean molecular weight ($\mu =$ mu, assumed here to be for a completely ionized gas only). Once the density is determined, both the opacity [$\overline{\kappa}(r) =$ kappa] and the nuclear energy generation rate [$\epsilon(r) =$ epsilon] are calculated. The opacity is determined in FUNCTION Opacity using the bound–bound and bound–free opacity formulae [Eqs. (9.22) and (9.23), respectively], together with electron scattering (Eq. 9.27) and H^- ion (Eq. 9.28) contributions. The energy generation rate is calculated in Function Nuclear from the equations for the total pp chain (Eq. 10.46) and the CNO cycle (Eq. 10.58).[1]

The program begins by asking the user to supply the desired stellar mass (Msolar, in solar units), the trial effective temperature (Teff, in kelvins), the trial luminosity (Lsolar, also in solar units), and the mass fractions of hydrogen (X) and metals (Z). Using the stellar structure equations, the program proceeds to integrate from the surface of the star toward the center, stopping when a problem is detected or when a satisfactory solution is obtained. If the inward integration is not successful, a new trial luminosity and/or effective temperature must be chosen. Recall from page 333 that the Vogt–Russell theorem states that a unique stellar structure exists for a given mass and composition. Satisfying the central boundary conditions therefore requires specific surface boundary conditions. It is for this reason that a well-defined main sequence exists.

Since it is nearly impossible to satisfy the central boundary conditions exactly by the crude *shooting method* employed by StatStar, the calculation is terminated when the core is approached. The stopping criteria used here are that the interior mass $M_r < M_{\rm min}$ and the interior luminosity $L_r < L_{\rm min}$, when the radius $r < R_{\rm min}$, where $M_{\rm min}$, $L_{\rm min}$, and

1) State-of-the-art research codes use much more sophisticated prescriptions for the equations of state.

$R_{\min}$ are specified as fractions of the surface mass (M_s), luminosity (L_s), and radius (R_s), respectively. Once the criteria for halting the integration are detected, the conditions at the center of the star are estimated by an extrapolation procedure.

`StatStar` makes the simplifying assumptions that the pressure, temperature, and density are all zero at the surface of the star. As a result, it is necessary to begin the calculation with approximations to the basic stellar structure equations. This can be seen by noting that the mass, pressure, luminosity, and temperature gradients are all proportional to the density and are therefore exactly zero at the surface. Curiously, it would appear that applying these gradients in their usual form implies that the fundamental physical parameters cannot change from their initial values, since the density would remain zero at each step!

One way to overcome this problem is to assume that the interior mass and luminosity are both constant through a small number of surface zones. In the case of the luminosity, this is clearly a valid assumption since temperatures are not sufficient to produce nuclear reactions near the surfaces of ZAMS stars; and furthermore, since ZAMS stars are static, changes in gravitational potential energy are necessarily zero. For the interior mass, the assumption is not quite as obvious. However, we will see that in realistic stellar models, the density is so low near the surface that the approximation is indeed very reasonable. Of course, it is important to verify that the assumptions are not being violated to within specified limits.

Given the surface values $M_r = M_s$ and $L_r = L_s$, and assuming that the surface zone is radiative, dividing Eq. (10.6) by Eq. (10.68) leads to

$$\frac{dP}{dT} = \frac{16\pi ac}{3}\frac{GM_s}{L_s}\frac{T^3}{\overline{\kappa}}.$$

Since relatively few free electrons exist in the thin outer atmospheres of stars, electron scattering and H^- ion contributions to the opacity will be neglected in the surface zone approximation. In this case $\overline{\kappa}$ may be replaced by the bound–free and free–free Kramers opacity laws [Eqs. (9.22) and (9.23)], expressed in the forms $\overline{\kappa}_{bf} = A_{bf}\rho/T^{3.5}$ and $\overline{\kappa}_{ff} = A_{ff}\rho/T^{3.5}$, respectively. Defining $A \equiv A_{bf} + A_{ff}$ and using Eq. (10.11) to express the density in terms of the pressure and temperature through the ideal gas law (assuming that radiation pressure may be neglected), we get

$$\frac{dP}{dT} = \frac{16\pi}{3}\frac{GM_s}{L_s}\frac{ack}{A\mu m_H}\frac{T^{7.5}}{P}.$$

Integrating with respect to temperature and solving for the pressure, we find that

$$P = \left(\frac{1}{4.25}\frac{16\pi}{3}\frac{GM_s}{L_s}\frac{ack}{A\mu m_H}\right)^{1/2} T^{4.25}. \tag{L.1}$$

It is now possible to write T in terms of the independent variable r through Eq. (10.68), again using the ideal gas law and Kramers opacity laws, along with Eq. (L.1) to eliminate the dependence on pressure. Integrating yields

$$T = GM_s\left(\frac{\mu m_H}{4.25k}\right)\left(\frac{1}{r} - \frac{1}{R_s}\right). \tag{L.2}$$

Equation (L.2) is first used to obtain a value for $T(r)$; then Eq. (L.1) gives $P(r)$. At this point it is possible to calculate ρ, $\overline{\kappa}$, and ϵ from the usual equation-of-state routines.

A very similar procedure is used in the case that the surface is convective. In this situation, Eq. (10.89) may be integrated directly if γ is constant. This gives

$$T = GM_s\left(\frac{\gamma-1}{\gamma}\right)\left(\frac{\mu m_H}{k}\right)\left(\frac{1}{r}-\frac{1}{R_s}\right). \tag{L.3}$$

Now, since convection is assumed to be adiabatic in the interior of our simple model, the pressure may be found from Eq. (10.83). The routine `Surface` computes Eqs. (L.1), (L.2), and (L.3).

The conditions at the center of the star are estimated by extrapolating from the last zone that was calculated by direct numerical integration. Beginning with Eq. (10.6) and identifying $M_r = 4\pi\rho_0 r^3/3$, where ρ_0 is taken to be the average density of the central ball (the region inside the last zone calculated by the usual procedure),[2] we get

$$\frac{dP}{dr} = -G\frac{M_r\rho_0}{r^2} = -\frac{4\pi}{3}G\rho_0^2 r.$$

Integrating yields

$$\int_{P_0}^{P} dP = -\frac{4\pi}{3}G\rho_0^2\int_0^r r\,dr,$$

and solving for the central pressure results in

$$P_0 = P + \frac{2\pi}{3}G\rho_0^2 r^2.$$

Other central quantities can now be found more directly. Specifically, the central density is estimated to be $\rho_0 = M_r/(4\pi r^3/3)$, where M_r and r are the values of the last zone calculated. T_0 is determined from the ideal gas law and radiation pressure using an iterative procedure (the Newton–Raphson method). Finally, the central value for the nuclear energy generation rate is computed using $\epsilon_0 = L_r/M_r$.

The numerical integration technique employed here is a Runge–Kutta algorithm. The Runge–Kutta algorithm evaluates derivatives at several intermediate points between mass shell boundaries to significantly increase the accuracy of the numerical integration. Details of the algorithm will not be discussed further here; you are encouraged to consult Press, Teukolsky, Vetterling, and Flannery (1996), for details of the implementation.

The source code, together with compiled versions of the program, is available for download from the companion website at `http://www.aw-bc.com/astrophysics`.

2) You might notice that dP/dr goes to zero as the center is approached. This behavior is indicative of the smooth nature of the solution. Close inspection of the graphs in Section 11.1 showing the detailed interior structure of the Sun illustrates that the first derivatives of many physical quantities go to zero at the center.

APPENDIX M `Galaxy`, A Tidal Interaction Code

`Galaxy` is a program that calculates the gravitational effect of the close passage of two galactic nuclei on a disk of stars. It is adapted from a program written by M. C. Schroeder and Neil F. Comins and published in *Astronomy* magazine. This program is very similar to the one used by Alar and Juri Toomre in 1972 to perform their ground-breaking studies of the effect of violent tides between galaxies.

In the program there are two galactic nuclei of masses M_1 and M_2. They are treated as point masses, and they move under the influence of their mutual gravitational attraction. To speed the calculations, only M_1 is surrounded by a disk of stars, with the stars initially in circular Keplerian orbits. The gravitational influence of the stars is neglected, meaning that they do not affect the motions of the nuclei or one another. There is no dynamical friction, and so the nuclei follow the simple two-body trajectories that were discussed in Chapter 2. One advantage of a non-self-gravitating disk is that results do not depend on the number of stars in the disk. You can experiment, changing the initial conditions by using just a few stars for a faster running time and then increasing the number of stars to see more detail. The stars respond only to the gravitational pull of the two nuclei.

The goal is to calculate the positions of the nuclei and stars through a number of time steps separated by a time interval Δt. Let the positions of the nuclei at time step i be

$$[X_1(i), Y_1(i), Z_1(i)] \quad \text{and} \quad [X_2(i), Y_2(i), Z_2(i)],$$

and let the position of a star be[1]

$$[x(i), y(i), z(i)].$$

Also, let the velocities of the nuclei and the star be

$$[V_{1,x}(i-1/2), V_{1,y}(i-1/2), V_{1,z}(i-1/2)],$$
$$[V_{2,x}(i-1/2), V_{2,y}(i-1/2), V_{2,z}(i-1/2)],$$

and

$$[v_x(i-1/2), v_y(i-1/2), v_z(i-1/2)].$$

1) The results do not change with the number of stars used, so one star is enough to illustrate the procedure.

The velocities are the average velocities between the present (i) and the previous ($i-1$) time steps, so

$$v_x\left(i-\frac{1}{2}\right)=\frac{x(i)-x(i-1)}{\Delta t} \tag{M.1}$$

is the x component of the star's velocity. In a similar manner, the x component of the star's acceleration is

$$a_x(i)=\frac{v_x(i+1/2)-v_x(i-1/2)}{\Delta t}. \tag{M.2}$$

Thus the positions and accelerations, which are determined at each time step, "leapfrog" over the velocities, which are determined between time steps.

Given these values of the positions and velocities, the program calculates the x components of the positions and velocities for the next time step in the following way:

1. Find the star's acceleration at the present time step i, using Newton's law of gravity, Eq. (2.11):

$$a_x(i)=\frac{GM_1}{r_1^3(i)}[X_1(i)-x(i)]+\frac{GM_2}{r_2^3(i)}[X_2(i)-x(i)], \tag{M.3}$$

   where $r_1(i)$ is the distance between the star and M_1 at time step i,

$$r_1(i)=\sqrt{[X_1(i)-x(i)]^2+[Y_1(i)-y(i)]^2+[Z_1(i)-z(i)]^2+s_f^2}, \tag{M.4}$$

   and similarly for $r_2(i)$.

   Note that because the nuclei and stars are treated as points, their separations could become very small, even zero (although the conservation of angular momentum makes this rather unlikely). As a result, arbitrarily large values of $1/r_1^3$ and $1/r_2^3$ could cause a numerical overflow and bring a lengthy calculation to an abrupt halt. To avoid this numerical disaster, a *softening factor*, s_f, has been included in the calculations of all separations. This is the smallest separation permitted by the program. Its value is large enough to prevent an overflow, but small enough to have little effect on the overall results.

2. Find the star's average velocity at $i+1/2$,

$$v_x\left(i+\frac{1}{2}\right)=v_x\left(i-\frac{1}{2}\right)+a_x(i)\Delta t. \tag{M.5}$$

3. Find the star's position at the next time step $i+1$, using

$$x(i+1)=x(i)+v_x\left(i+\frac{1}{2}\right)\Delta t. \tag{M.6}$$

4. Find the acceleration of the nuclei at the present time step i, using Newton's law of gravity,

$$A_{1,x}(i) = \frac{GM_2}{s^3(i)}[X_2(i) - X_1(i)] \tag{M.7}$$

and

$$A_{2,x}(i) = \frac{GM_1}{s^3(i)}[X_1(i) - X_2(i)], \tag{M.8}$$

where $s(i)$ is the separation of the nuclei at time step i,

$$s(i) = \sqrt{[X_1(i) - X_2(i)]^2 + [Y_1(i) - Y_2(i)]^2 + [Z_1(i) - Z_2(i)]^2 + s_f^2}. \tag{M.9}$$

5. Find the velocity of the nuclei at $i + 1/2$,

$$V_{1,x}\left(i + \frac{1}{2}\right) = V_{1,x}\left(i - \frac{1}{2}\right) + A_{1,x}(i)\Delta t, \tag{M.10}$$

and similarly for $V_{2,x}(i + 1/2)$.

6. Find the position of the nuclei at the next time step $i + 1$, using

$$X_1(i + 1) = X_1(i) + V_{1,x}\left(i + \frac{1}{2}\right)\Delta t, \tag{M.11}$$

and similarly for $X_2(i + 1)$.

The procedure is the same for the y and z components. By repeatedly applying this prescription, it is possible to follow the motions of the nuclei and star(s).

The target galaxy (M_1) is initially placed at rest at the origin. You will be asked to provide the initial position and velocity of the intruder galaxy (M_2), its mass (as a fraction of M_1), and the number of stars around the target galaxy. After each time step, the results are displayed as two graphs showing the positions of the nuclei and stars on the x–y and x–z planes.

You will note in the source code that the program uses a special system of units to speed the calculations. The masses are in units of 2×10^{10} $M_\odot$. When the program assigns the target galaxy a mass of 5 in these units, its mass is 10^{11} $M_\odot$. The unit of time is 1.2 million years. This is also the value used for the time interval, Δt, so (in these units) $\Delta t = 1$. As a result, Δt does not appear explicitly in the program. (It would just multiply the term involved by 1 and waste computer time.) The unit of distance is 500 pc, and so the unit of velocity is (500 pc)/(1.2 million years) $\simeq$ 400 km s^{-1}. By design, in these units the gravitational constant $G = 1$; thus G does not appear explicitly in the program either.

The source code for `Galaxy`, along with executable versions, is available for download from the companion website at `http://www.aw-bc.com/astrophysics`.

APPENDIX N

WMAP Data

"Best" Cosmological Parameters[a]				
Description	Text Symbol	Value	+ uncertainty	− uncertainty
Total density	Ω_0	1.02	0.02	0.02
Equation of state of quintessence[b]	w	< -0.78	95% CL	
Dark energy density	$\Omega_{\Lambda,0}$	0.73	0.04	0.04
Baryon density	$\Omega_{b,0}h^2$	0.0224	0.0009	0.0009
Baryon density	$\Omega_{b,0}$	0.044	0.004	0.004
Baryon density (m^{-3})	$n_{b,0}$	0.25	0.01	0.01
Matter density	$\Omega_{m,0}h^2$	0.135	0.008	0.009
Matter density	$\Omega_{m,0}$	0.27	0.04	0.04
Light neutrino density (m^{-3})	$\Omega_{\nu,0}h^2$	< 7600	95% CL	
CMB temperature (K)[c]	T_0	2.725	0.002	0.002
CMB photon density (m^{-3})[d]	$n_{\gamma,0}$	4.104×10^8	0.009×10^8	0.009×10^8
Baryon-to-photon ratio	η_0	6.1×10^{-10}	0.3×10^{-10}	0.2×10^{-10}
Baryon-to-matter ratio	$\Omega_{b,0}\Omega_{m,0}^{-1}$	0.17	0.01	0.01
Redshift at decoupling	z_{dec}	1089	1	1
Thickness of decoupling (FWHM)	Δz_{dec}	195	2	2
Hubble constant	h	0.71	0.04	0.03
Age of universe (Gyr)	t_0	13.7	0.2	0.2
Age at decoupling (kyr)	t_{dec}	379	8	7
Age at reionization (Myr, 95% CL)	t_r	180	220	80
Decoupling time interval (kyr)	Δt_{dec}	118	3	2
Redshift of matter–energy equality	$z_{r,m}$	3233	194	210
Reionization optical depth	τ	0.17	0.04	0.04
Redshift at reionization (95% CL)	z_r	20	10	9
Sound horizon at decoupling (deg)	θ_A	0.598	0.002	0.002
Angular size distance (Gpc)	d_A	14.0	0.2	0.3
Acoustic scale[e]	ℓ_A	301	1	1
Sound horizon at decoupling (Mpc)[f]	r_s	147	2	2

[a] All data from Bennett et al., *Ap. J. S.*, 148, 1, 2003.

[b] CL means "confidence level."

[c] From COBE (Mather et al., *Ap. J.*, *512*, 511, 1999).

[d] Derived from COBE (Mather et al., *Ap. J.*, *512*, 511, 1999).

[e] $\ell_A = \pi\theta_A^{-1}$ for θ_A in radians.

[f] $\theta_A = r_s d_A^{-1}$ for θ_A in radians.

Suggested Reading

SUGGESTED READING FOR APPENDIX A

Technical

Brown, T. M., and Christensen-Dalsgaard, J., "Accurate Determination of the Solar Photospheric Radius," *The Astrophysical Journal, 550*, L493, 2001.

Cox, Arthur N. (ed.), *Allen's Astrophysical Quantities*, Fourth Edition, Springer-Verlag, New York, 2000.

Lean, Judith, "Solar Irradiance," *Encyclopedia of Astronomy and Astrophysics*, Nature Publishing Group, Houndmills, UK, 2001.

Mohr, Peter J., and Taylor, Barry N., "CODATA Recommended Values of the Fundamental Constants: 1998," *Reviews of Modern Physics*, *72*, 351, 2000.

SUGGESTED READING FOR APPENDIX C

Technical

Arnett, Bill, *The Nine Planets: A Multimedia Tour of the Solar System*, `http://www.nineplanets.org/`.

Beatty, J. Kelly, Petersen, Carolyn Collins, and Chaikin, Andrew, *The New Solar System*, Fourth Edition, Sky Publishing Corporation, Cambridge, 1999.

Cox, Arthur N. (ed.), *Allen's Astrophysical Quantities*, Fourth Edition, Springer-Verlag, New York, 2000.

Lodders, Katharina, and Fegley, Jr., Bruce, *The Planetary Scientist's Companion*, Oxford University Press, New York, 1998.

National Space Science Data Center, `http://nssdc.gsfc.nasa.gov`.

SUGGESTED READING FOR APPENDIX E

Technical

Cox, Arthur N. (ed.), *Allen's Astrophysical Quantities*, Fourth Edition, Springer-Verlag, New York, 2000.

Hipparcos Space Astrometry Mission, European Space Agency, `http://astro.estec.esa.nl/Hipparcos/`.

Hoffleit, Dorrit, and Warren, Wayne H. Jr., *The Bright Star Catalogue*, Fifth Edition, Yale University Observatory, New Haven, 1991.

Lang, Kenneth R., *Astrophysical Data: Planets and Stars*, Springer-Verlag, New York, 1992.

SIMBAD Astronomical Database, `http://simbad.u-strasbg.fr/Simbad/`.

SUGGESTED READING FOR APPENDIX F

Technical

Cox, Arthur N. (ed.), *Allen's Astrophysical Quantities*, Fourth Edition, Springer-Verlag, New York, 2000.

Hipparcos Space Astrometry Mission, European Space Agency, `http://astro.estec.esa.nl/Hipparcos/`.

Lang, Kenneth R., *Astrophysical Data: Planets and Stars*, Springer-Verlag, New York, 1992.

SIMBAD Astronomical Database, `http://simbad.u-strasbg.fr/Simbad/`.

SUGGESTED READING FOR APPENDIX G

Technical

Cox, Arthur N. (ed.), *Allen's Astrophysical Quantities*, Fourth Edition, Springer-Verlag, New York, 2000.

de Jager, C., and Nieuwenhuijzen, H., "A New Determination of the Statistical Relations between Stellar Spectra and Luminosity Classes and Stellar Effective Temperature and Luminosity," *Astronomy and Astrophysics*, *177*, 217, 1987.

Schmidt-Kaler, Th., "Physical Parameters of the Stars," *Landolt-Börnstein Numerical Data and Functional Relationships in Science and Technology*, New Series, Group VI, Volume 2b, Springer-Verlag, Berlin, 1982.

SUGGESTED READING FOR APPENDIX H

Technical

Hirshfeld, Alan, Sinnott, Roger W., and Ochsenbein, Francois, *Sky Catalogue 2000.0*, Second Edition, Cambridge University Press and Sky Publishing Corporation, New York, 1991.

Sandage, Allan, and Bedke, John, *The Carnegie Atlas of Galaxies*, Carnegie Institution of Washington, Washington, D.C., 1994.

SUGGESTED READING FOR APPENDIX K

Technical

Bradstreet, D. H., and Steelman, D. P., "Binary Maker 3.0—An Interactive Graphics-Based Light Curve Synthesis Program Written in Java," *Bulletin of the American Astronomical Society*, January 2003.

Kallrath, Josef, and Milone, Eugene F., *Eclipsing Binary Stars: Modeling and Analysis*, Springer-Verlag, New York, 1999.

Terrell, Dirk, "Eclipsing Binary Stars: Past, Present, and Future," *Journal of the American Association of Variable Star Observers, 30*, 1, 2001.

Van Hamme, W., "New Limb-Darkening Coefficients for Modeling Binary Star Light Curves," *The Astronomical Journal, 106*, 2096, 1993.

Wilson, R. E., "Binary-Star Light-Curve Models," *Publications of the Astronomical Society of the Pacific, 106*, 921, 1994.

SUGGESTED READING FOR APPENDIX L

Technical

Clayton, Donald D., *Principles of Stellar Evolution and Nucleosynthesis*, McGraw-Hill, New York, 1968.

DeVries, Paul L., *A First Course in Computational Physics*, John Wiley and Sons, New York, 1994.

Fowler, William A., Caughlan, Georgeanne R., and Zimmerman, Barbara A., "Thermonuclear Reaction Rates, II," *Annual Review of Astronomy and Astrophysics, 13*, 69, 1975.

Hansen, C. J., Kawaler, S. D., and Trimble, V., *Stellar Interiors: Physical Principles, Structure, and Evolution*, Second Edition, Springer-Verlag, New York, 2004.

Kippenhahn, Rudolf, and Weigert, Alfred, *Stellar Structure and Evolution*, Springer-Verlag, Berlin, 1990.

Novotny, Eva, *Introduction to Stellar Atmospheres and Interiors*, Oxford University Press, New York, 1973.

Press, William H., Flannery, Brian P., Teukolsky, Saul A., and Vetterling, William T., *Numerical Recipes in FORTRAN 77: The Art of Scientific Computing*, Second Edition, Cambridge University Press, Cambridge, 1996.

SUGGESTED READING FOR APPENDIX M

General

Schroeder, Michael C., and Comins, Neil F., "Galactic Collisions on Your Computer," *Astronomy*, December 1988.

Toomre, Alar, and Toomre, Juri, "Violent Tide between Galaxies," *Scientific American*, December 1973.

Technical

Toomre, Alar, and Toomre, Juri, "Galactic Bridges and Tails," *The Astrophysical Journal, 178*, 623, 1972.

찾아보기

숫자

A

B

C

D

E

F

G

H

I

K

L

M

N

Q

R

S

T

V

W

X

ㄱ

ㄴ

ㅅ

ㅇ

ㅈ

ㅊ

ㅋ

ㅌ

ㅍ

ㅎ

역자약력

강영운 kangyw@sejong.ac.kr
연세대학교 졸업
미국 플로리다 대학 이학박사
세종대학교 천문우주학과 교수

김용기 ykkim153@chungbuk.ac.kr
연세대학교 졸업
독일 베르린 공대 이학박사
충북대학교 천문우주학과 교수

이희원 hwlee@sejong.ac.kr
서울대학교 졸업
미국 캘리포니아 공과대학 이학박사
세종대학교 천문우주학과 교수

Homepage : www.Chungbum.co.kr

현대천체물리학 3권

발 행 일	2009. 4. 15. 제1판 세1쇄 인쇄 2009. 4. 25. 제1판 제1쇄 발행
저 자	Bradley W. Carroll, Dale A. Ostlie
역 자	강영운, 김용기, 이희원
발 행 인	연 규 산
발 행 처	청범출판사
주 소	서울시 노원구 공릉1동 598-7
전 화	02-971-5385 02-971-5376 02-971-5377
팩 스	02-977-8967
등 록	1991년 8월 13일 No. 5-282
I S B N	978-89-88247-48-8 978-89-88247-45-7 (SET)